普通高等教育十三五规划教材

电子信息科学与工程类专业规划教材

单片机原理与应用

——基于 STC 系列增强型 80C51单片机

（第 3 版）

朱兆优　陈　坚　王海涛　等编著

姚永平（STC 创始人）　主审

電子工業出版社

Publishing House of Electronics Industry

北京 · BEIJING

内 容 简 介

本书系统、全面地介绍了基于 80C51 内核的单片机基本原理、硬件结构、指令系统，并从应用的角度介绍了汇编语言程序设计、STC89C51RC 单片机外部电路的扩展，以及与键盘、LED 显示、LCD 显示、打印机等多种硬件接口的设计方法，详细介绍了串行、并行接口的 A/D、D/A 转换器功能特点和典型应用，以及增强型单片机的应用技术、单片机 C51 程序设计、单片机应用系统设计、Proteus 仿真、单片机实验等内容。本书从现实教学和工程实际应用出发，对传统单片机教材内容进行了改良。针对单片机更注重单芯片、少引脚扩展应用，对并行器件、并行总线扩展及 8255、8155、8279 等已经淘汰的器件进行了精简或摒弃，只着重介绍它们的扩展方法、并行总线工作原理和典型应用，补充了串行总线技术、串行总线器件接口应用以及 C51 编程规范等内容。书中还特别针对 STC15F2K61S2 系列新型高性能单片机和新增功能部件应用方法、在线仿真技术做了全面阐述。本书结构完整、内容丰富，应用实例详实，实验内容精练，力求做到与市场接轨，与现实同步，既重视原理，更注重实效。

本书配有 PPT、程序源代码、课程设计指导书等教学资源；为便于实验环节的教学，可为任课教师提供本书设计的单片机实验开发板。

本书可作为高等院校相关专业单片机课程的教材，也可供电子技术、计算机应用方面的工程技术人员阅读、参考。

图书在版编目（CIP）数据

单片机原理与应用：基于 STC 系列增强型 80C51 单片机 / 朱兆优等编著. —3 版. —北京：电子工业出版社，2016.3
电子信息科学与工程类专业规划教材
ISBN 978-7-121-28179-2

Ⅰ. ①单… Ⅱ. ①朱… Ⅲ. ①单片微型计算机—高等学校—教材 Ⅳ. ①TP368.1

中国版本图书馆 CIP 数据核字（2016）第 030735 号

责任编辑：竺南直

印　　刷：北京虎彩文化传播有限公司
装　　订：北京虎彩文化传播有限公司
出版发行：电子工业出版社
　　　　　北京市海淀区万寿路 173 信箱　邮编　100036
开　　本：787×1 092　1/16　印张：25　字数：720 千字
版　　次：2010 年 9 月第 1 版
　　　　　2016 年 3 月第 3 版
印　　次：2025 年 1 月第 14 次印刷
定　　价：49.80 元

推 荐 序

21 世纪全球全面进入了计算机智能控制/计算时代，而其中的一个重要方向就是以单片机为代表的嵌入式计算机控制/计算。最适合中国工程师/学生入门的 8051 单片机已有 30 多年的应用历史，绝大部分工科院校均有此必修课，有几十万名对该单片机十分熟悉的工程师可以相互交流开发/学习心得，有大量的经典程序和电路可以直接套用，从而大幅降低了开发风险，极大地提高了开发效率，这也是 STC 宏晶科技基于 8051 系列单片机产品的巨大优势。

Intel 8051 技术诞生于 20 世纪 70 年代，不可避免地面临着落伍的危险，如果不对其进行有效的创新，我国的单片机教学与应用就会陷入被动局面。本书在系统介绍了基于 8051 内核单片机原理和编程规范基础上，顺应现实形势，站在教学高度，结合实际对现有的单片机教材进行了有益改良，淘汰了一些过时的教学内容，补充了单片机的新技术（如串行总线接口技术），增加了对 STC 宏晶科技最新推出的 STC15F2K60S2 系列单片机内容的讲授。由于 STC15F2K60S2 系列单片机采用 Flash 技术（可反复编程 10 万次以上）和 ISP/IAP（在系统可编程/在应用可编程）技术，完全兼容 8051，但指令执行速度最快提高了 24 倍；针对抗干扰进行了专门设计，具有超强抗干扰能力，并有特别加密设计，无法解密；同时，片内集成了 A/D、CCP/PCA/PWM、高速同步串行通信端口 SPI、高速异步串行通信端口 UART、双串口、看门狗、大容量 SRAM、E^{2}PROM（Data Flash）和大容量 Flash 程序存储器，定时器最多可达 6 个，片内高可靠复位电路可彻底省掉外部复位，内部高精准时钟可彻底省掉外部昂贵的晶振，使单片机应用系统设计真正步入"单片"时代。

如今的高性能单片机，内部都集成了丰富的硬件资源。因此，在单片机应用系统设计中，应逐步摒弃多芯片设计方法，转变传统单片机应用系统的设计思路，充分利用单片机内部资源开发新产品、掌握新技术，提高系统的可靠性和稳定性。也正是这些高性能单片机的不断推出，使智能电子产品的小型化、袖珍式设计变为可能。

本书作者朱兆优老师长期从事单片机应用系统设计和项目开发工作，在 8051 单片机应用中积累了丰富的教学经验和实践能力，从而保证本书内容集理论性、实践性、前瞻性于一体。本书的特点是准确把握了单片机发展的脉络，精简或摒弃了很多已淘汰的并行器件（如 8255、8155、8279、0809 等），对比较实用的串行总线技术、串行总线器件接口应用做了必要的补充，对引领现代潮流的新型高性能 STC15F2K60S2 系列单片机进行了系统讲述与实践应用，对 ASM 编程、C 语言编程和混合编程技术也进行了实例展示，使之兼有时代感、大融合和创新性。本书配有简单实用的单片机应用开发板，为单片机应用开发提供了众多典型教学案例和实践应用，可有效保证单片机教学的时效性和实用性，对提升单片机教学水平、教学效果有诸多益处。

最后，感谢 Intel 公司发明了经久不衰的 8051 体系结构，感谢朱兆优教授编写出版的新书，从而保证了中国 30 多年来的单片机教学与世界同步。

STC 创始人：姚永平

www.STCMCU.com

前　言

自 1972 年 Intel 公司推出第一款微处理器以来，计算机技术遵循着摩尔定律，以每 18 个月为一个周期微处理器性能提高一倍、价格降低一半的速度快步向前发展。以微处理器为核心的微型计算机在最近 20 年中发生了巨大的变化，经历了从 8088/8086 到 286、386、486、586、PⅡ、PⅢ 等系列众多 CPU 的飞跃。计算机对整个社会进步的影响有目共睹，其应用面的迅速拓宽，对个人与社会多方面的渗透，表明计算机技术已不再是深踞于高层次科技领域里的宠儿，它已经深入到社会活动的一切领域之中，闯进了平常百姓的生活里，使人们跨入信息时代、数字时代。

随着电子技术的发展和近代超大规模集成电路的出现，通过对计算机的功能部件进行剪裁及优化，将 CPU、程序存储器(ROM)、数据存储器(RAM)、并行 I/O 口(PIO)、串行 I/O 口(SIO)、定时/计数器(CTC)及中断控制器(ICU)等基本部件集成在一块芯片中，制成了单芯片微型计算机(Single Chip Microcomputer)，简称单片机，又称为微控制器(Micro Controller Unit，MCU)。由于它能嵌入到某个电路或电子产品设备中，也称为嵌入式控制器(Embedded Controller)。要把前面提到的众多功能集合在一起，在过去需要具备专门的知识，采用很多电路组建成一个电子系统来实现。而今却简化成只需选择一片合适的单片机，并对其已有的功能、指标、参数及引脚进行合理的使用即可完成。单片机与可编程逻辑器件相结合，构成了新一代电子工程应用技术。

20 世纪 90 年代，单片机在我国迅速普及。在电子技术日新月异的今天，在人们的生活里，到处都可以看到单片机的具体应用。单片机可以嵌入到各种电子产品之中，成为机电产品的核心部件，控制着各种产品的工作。随着大规模集成电路的发展，单片机已从过去的单一品种，发展成为多品种、多系列机型，其内部结构从过去的基本部件发展到集成有 A/D、D/A、监控定时器(WDT)、通信控制器(CCU)、脉宽调制器(PWM)、浮点运算器(FPU)、模糊控制器(FCU)、数字信号处理器(DSP)，具有 I²C、SPI、ISP 等众多特殊功能的部件，成为功能越来越强的增强型、高档型单片机。由于单片机具有功能强、体积小、功耗低、成本低、裸机编程、软件代码少、工作可靠、自动化程度高、实时响应速度快、使用方便等特点，因此被广泛应用于工业制造、过程控制、数据采集、通信、智能化仪器仪表、汽车、船舶、航空航天、军工及消费类电子产品中。

由单片机作为主控制器的全自动洗衣机、高档电风扇、电子厨具、变频空调、遥控彩电、摄像机、VCD/DVD 机、组合音响、电子琴等产品早已进入了人们的生活。从家用消费类电器到复印机、打印机、扫描仪、传真机等办公自动化产品，从智能仪表、工业测控装置到 CT、MRI、γ 刀等医疗设备，从数码相机、摄录一体机到航天技术、导航设备、现代军事装备，从形形色色的电子货币(如电话卡、水电气卡)到身份识别卡、门禁控制卡、档案管理卡以及相关读/写卡终端机等，都有单片机在其中扮演重要角色。因此有人说单片机"无处不在，无所不能"。

现今，炙手可热的"三网"(即电信网、有线电视网、国际互联网)融合产品、物联科技已开始兴起。在汽车中普遍都需要有 30 多个单片机用于其中的空调、音响、仪表盘、自动窗、遥控门、自控前后盖、空气质量监测、反射镜角度调整、自动灭火、防盗报警等的控制，协调控制着发动机、传动器、制动器、安全气囊、车载全球定位系统(GPS)等有条不紊地工作。此外，还有工业自动化控制和军事科技等。这些领域的应用开发都还存在很多技术问题尚要解决，这正是电子技术人员可以大展拳脚的领域。

从学习的角度，单片机作为一个完整的数字处理系统，具备了构成计算机的主要单元部件，在这个意义上称为单片微机并不过分。通过学习和应用单片机进入计算机硬件设计之门，可达到事半功倍的效果。学习单片机建议要从汇编语言学起，从内核做起，把低层做实，以便能更加深入地理解单片机嵌入式系统的工作原理、体系结构，很好地解决内核接口和底层驱动设计，实际应用时可选用 C 语言编程。学好汇编可轻松过渡到 C 语言编程。

从应用的角度，单片机是一片大规模集成电路，可自成一体，对于其他微处理器所需的大量外部器件的连接都在单片机内部完成，各种信息传递的时序关系变得非常简单，易于理解和接受。用单片机实现某个特定的控制功能十分方便。

从设计思想的角度，单片机的应用意味着"从以硬件电路设计为主的传统设计方法向以软件设计为主、对单片机内部资源及外部引脚功能加以利用的设计方法的转变"，从而使硬件成本大大降低，设计工作灵活多样。往往只需改动部分程序，就可以增加产品功能，提高产品性能。

单片机技术的功效神奇，有时也给人一种神秘莫测、难于驾驭之感。究其原因，很多初学者不太重视实践，缺乏行之有效的经验总结，缺乏将分散的实践经验上升到知识的理解层面。其实，如果从应用的角度来看，单片机既不神秘，也不难驾驭。单片机课程是一门实践性、综合性、应用性很强的课程，初学者应树立在学中"做"，在做中"学"的思想。先学习单片机硬件结构、存储结构、指令系统及中断系统，然后不断地进行编程练习，通过实验提升技能，加深理解，结合单片机最小系统板或开发板等实物进行硬件编程控制，提高动手能力。如此循序渐进、举一反三，才会有"登堂入室"之感，才能逐步将单片机应用于各种场合中以解决实际问题。

总之，单片机不同于通用微型计算机，它能够灵活嵌入到各类电子产品中，使产品具备智能化和"傻瓜"式操作功能，已经成为电子自动化技术的核心基础，而宏晶科技公司推出的增强型、高性能 STC 系列单片机无疑是 8051 内核中最卓越的一款单片机之一。因此，学习单片机和学会 STC 系列单片机的技术应用非常有必要。

由于目前的单片机教材大多是沿用20世纪 80 年代的内容，使用的芯片(如 8031)过于陈旧，很多学生学完单片机课程后，到工作单位从事实际的单片机系统设计时总感觉学无所用，而且脱离实际。现在，单片机的应用已真正步入"单片"时代。单片机内部集成的功能部件越来越多，功能越来越强，对单片机应用系统的设计已很少采用外部的并行总线扩展 RAM 和 ROM，而是采用选择包含不同存储容量的单片机。即使是需要扩展外部 RAM 存储器，也往往会选用串行 I^2C、SPI 总线扩展技术。对 I/O 口的扩展也不再使用 8255 或 8155 这样的芯片，而是选择具有不同引脚封装的单片机。当需要的 I/O 口少时，可以选择封装引脚少的单片机(最少的只有 8 个引脚，含 6 个 I/O 口引脚)；若需要的 I/O 口较多时，可以选择引脚封装多的单片机(最多的有上百个引脚)。很多单片机内部都集成有 8 位或 10 位的中低精度的 A/D、D/A 转换器。因此，在精度要求不高的场合，完全可以选用片内带有 A/D、D/A 转换器的单片机。只有在要求高精度(12 位以上)、高速采样的场合，才需要选用扩展外部串行或并行接口的 A/D、D/A 转换器，这样可以大大降低成本，减小产品体积。基于上述原因，本书在编写过程中，对原有的单片机教材做了较大的改良，尽量将那些在实际应用中很少见的或已经淘汰的芯片不写入教材，而将实际应用中比较流行的技术吸收进来，形成具有特色的教材，力求做到与市场接轨，与现实同步。为了帮助读者更快地进入单片机应用领域，本书附有实验和课程设计实例。

全书共 15 章。第 1 章是单片机概述，介绍单片机的发展历程、应用领域和各种常用的低功耗单片机、增强型单片机的性能特点，介绍 STC 系列单片机的选型；第 2 章介绍 8051 单片机的体系结构、内部主要部件的功能，以及存储器结构与编址范围；第 3 章介绍 8051 单片机指令系统和指令的使用方法；第 4 章介绍 8051 单片机程序结构和设计方法；第 5～7 章介绍 8051 单片机中断系统结构、中断控制、编程和串行口使用方法；第 8 章以 STC15Fxx 系列单片机为例，介绍增强型单片机新增功能部件的使用方法；第 9 章介绍单片机系统的扩展，重点介绍串行总线扩展技术，精简了并行总线扩展内容；第 10 章介绍单片机与键盘、数码显示、液晶显示、打印机的接口形式和编程方法；第 11 章介绍 A/D、D/A 转换器性能指标、芯片选型，着重介绍了串行 A/D、D/A 转换器的接口使用方法；第 12 章介绍 C51 在单片机中的编程方法，以及混合编程的具体运用；第 13 章介绍单片机应用系统结构和设计方法；第 14～15 章以单片机应用实验为主，介绍了使用 Proteus 进行单片机仿真和应用单片机设计实验开发板，并精选了 9 个实验项目，在单片机实验开发板上完成软件编程调试。

本书可作为高等院校相关专业单片机课程的教材，也可供电子技术、计算机应用方面的工程技术人员阅读、参考。本书涉及的内容较多，参考教学学时为 60～80 学时，授课教师可参照下表并使用本书配套资源完成教学任务。

教 学 内 容	学　　时
第 1 章　单片机概述	2
第 2 章　8051 单片机体系结构	6
第 3 章　8051 单片机指令系统	6
第 4 章　单片机汇编语言程序设计	6
第 5 章　8051 单片机的中断系统	4
第 6 章　8051 单片机定时器/计数器及其应用	4
第 7 章　8051 单片机串行口及其应用	4
第 8 章　STC15 系列单片机技术应用	6
第 9 章　单片机系统的扩展	6
第 10 章　单片机与键盘、显示器、打印机的接口设计	6
第 11 章　单片机与 A/D、D/A 转换器的接口	6
第 12 章　单片机 C51 程序设计	2
第 13 章　单片机应用系统设计	2
第 14 章　Proteus 电路设计与仿真技术	2
第 15 章　单片机实验与指导	20

由于各学校教学计划和生源素质有所不同，授课教师可以根据具体情况适当调整教学内容、学时分配。为配合教学，各章配有练习与思考题。

本书配有 PPT、程序源代码、课程设计指导书(带温度计的电子钟设计、可控波形发生器设计、LED 点阵显示设计、可控流动灯设计等 4 个设计实例)等教学资源，可登录电子工业出版社华信教育资源网(www.hxedu.com.cn)，免费注册、下载。

本书也可为任课教师提供单片机实验开发板(第 15 章设计的实验开发板)，相关事宜可与本书编著者联系(Email：you2006cn@sina.com)。

全书主要由朱兆优负责编写，陈坚、朱日兴参与了第 5～7 章的编写，邓文娟、刘琦参与了第 4 章的编写，王海涛、朱日兴参与了第 12 章的编写。参加本书编写工作的还有赵永科、胡文龙、涂晓红、吴光文和范淑娜等，他们对书稿的编写、插图、校对和程序调试做了很多工作。朱兆优负责全书的策划、内容安排、文稿编写修改和审定。

本书在编写过程中得到周航慈教授的大力支持，他对本书初稿进行了审阅；还得到 STC 公司创始人、总经理姚永平先生的大力支持和帮助。在此，对他们付出的辛勤工作表示衷心感谢！

由于本书涉及的知识点较多，尽管在编写中做了很多努力，但由于时间仓促，难免有不足和疏漏之处，欢迎广大读者提出宝贵意见和建议，以便进一步改进和提高，使之满足实际教学的需要。

编 著 者

目　录

第1章　单片机概述 …………………… （1）
1.1　什么叫单片机 ………………… （1）
1.2　单片机的特点 ………………… （2）
1.3　单片机的发展概况 …………… （2）
1.4　单片机主要制造厂家和机型… （3）
1.5　8 位单片机系列介绍 ………… （4）
　1.5.1　8051 内核的单片机……… （4）
　1.5.2　Motorola 内核的单片机 … （8）
　1.5.3　PIC 内核的单片机 ……… （8）
　1.5.4　其他公司 8 位单片机 …… （8）
1.6　16 位和 32 位单片机系列介绍· （9）
　1.6.1　16 位单片机 ……………… （9）
　1.6.2　32 位单片机 …………… （10）
1.7　单片机的发展趋势 ………… （11）
1.8　单片机的应用领域 ………… （13）
1.9　单片机技术主要网站介绍… （14）
本章小结 ………………………… （14）
练习与思考题 …………………… （15）

第2章　8051 单片机体系结构 ……… （16）
2.1　8051 单片机内部结构 ……… （16）
2.2　8051 单片机芯片引脚功能 … （18）
2.3　8051 中央处理器 …………… （20）
　2.3.1　运算器 …………………… （20）
　2.3.2　控制器 …………………… （22）
　2.3.3　程序执行过程 …………… （23）
2.4　8051 单片机的存储结构 …… （24）
　2.4.1　8051 单片机的存储器结构· （24）
　2.4.2　程序存储器 ……………… （25）
　2.4.3　内部数据存储器 ………… （25）
　2.4.4　特殊功能寄存器 ………… （28）
　2.4.5　外部数据存储器 ………… （30）
2.5　并行输入/输出端口 ………… （31）
　2.5.1　P0 口结构 ……………… （31）
　2.5.2　P1 口结构 ……………… （33）
　2.5.3　P2 口结构 ……………… （33）

　2.5.4　P3 口结构 ……………… （34）
2.6　单片机的时序与复位操作…… （35）
　2.6.1　时钟电路 ………………… （35）
　2.6.2　CPU 的时序 …………… （36）
　2.6.3　复位电路 ………………… （38）
　2.6.4　复位和复位状态 ………… （40）
2.7　单片机的省电工作模式 …… （41）
本章小结 ………………………… （42）
练习与思考题 …………………… （42）

第3章　8051 单片机指令系统 ……… （44）
3.1　指令系统概述 ……………… （44）
3.2　指令格式 …………………… （44）
　3.2.1　指令的构成 ……………… （44）
　3.2.2　指令格式 ………………… （45）
　3.2.3　指令中常用的符号 ……… （45）
3.3　指令系统的寻址方式 ……… （46）
3.4　8051 单片机指令系统 ……… （50）
　3.4.1　数据传送类指令 ………… （50）
　3.4.2　算术操作类指令 ………… （55）
　3.4.3　逻辑运算与移位指令 …… （61）
　3.4.4　控制转移类指令 ………… （64）
　3.4.5　位操作指令 ……………… （69）
本章小结 ………………………… （71）
练习与思考题 …………………… （71）

第4章　单片机汇编语言程序设计 …… （74）
4.1　汇编语言程序设计概述 …… （74）
　4.1.1　计算机编程语言 ………… （74）
　4.1.2　单片机源程序的汇编 …… （75）
　4.1.3　伪指令 …………………… （75）
　4.1.4　汇编程序分段格式 ……… （78）
4.2　汇编语言程序设计 ………… （79）
　4.2.1　基本结构 ………………… （79）
　4.2.2　汇编语言程序设计步骤 … （82）
　4.2.3　程序流程图 ……………… （82）
4.3　汇编语言程序设计实例 …… （83）

4.3.1 分支转移程序 …………… （83）
4.3.2 循环程序 ………………… （85）
4.3.3 子程序 …………………… （86）
4.3.4 算术运算程序 …………… （87）
4.3.5 逻辑运算程序 …………… （89）
4.3.6 数制转换程序 …………… （90）
4.3.7 查表程序 ………………… （93）
4.3.8 关键字查找程序 ………… （95）
4.3.9 数据极值查找程序 ……… （96）
4.3.10 数据排序程序 ………… （97）
本章小结 ……………………… （99）
练习与思考题 ………………… （99）

第 5 章 8051 单片机的中断系统 …… （102）
5.1 中断的概念 ………………… （102）
5.2 8051 单片机中断系统结构 … （103）
5.2.1 中断系统结构 …………… （103）
5.2.2 中断源 …………………… （103）
5.2.3 中断的控制(IE、IP) …… （105）
5.3 中断响应处理过程 ………… （108）
5.3.1 中断响应条件 …………… （108）
5.3.2 外部中断响应时间 ……… （108）
5.3.3 中断请求的撤销 ………… （109）
5.3.4 中断返回 ………………… （109）
5.3.5 中断服务程序编程方法 · （110）
5.4 外部中断扩充方法 ………… （111）
5.4.1 中断和查询结合法 …… （111）
5.4.2 矢量中断扩充法 ……… （112）
5.5 中断系统软件设计 ………… （113）
5.6 中断系统应用实例 ………… （114）
本章小结 ……………………… （117）
练习与思考题 ………………… （117）

**第 6 章 8051 单片机定时器/计数器
及其应用** …………… （119）
6.1 8051 单片机定时器/计数器的
结构 ……………………… （119）
6.1.1 工作方式控制寄存器
TMOD ………………… （119）
6.1.2 定时器/计数器控制
寄存器 TCON ………… （120）
6.2 定时器/计数器的工作方式 … （120）

6.2.1 方式 0 …………………… （120）
6.2.2 方式 1 …………………… （121）
6.2.3 方式 2 …………………… （121）
6.2.4 方式 3 …………………… （122）
6.3 定时器/计数器的编程 ……… （123）
6.3.1 定时器/计数器的初始化 … （123）
6.3.2 定时器/计数器的编程
实例 …………………… （124）
6.4 定时器/计数器的应用实例 … （127）
6.4.1 门控位 GATE 的应用 … （127）
6.4.2 简易实时时钟设计 ……… （128）
6.4.3 读定时器/计数器 ……… （130）
6.4.4 用定时器/计数器作
外部中断 ……………… （130）
本章小结 ……………………… （131）
练习与思考题 ………………… （131）

第 7 章 8051 单片机串行口及其应用 （133）
7.1 单片机串行口结构 ………… （133）
7.1.1 串行口的结构 …………… （133）
7.1.2 串行口控制寄存器 SCON · （134）
7.1.3 特殊功能寄存器 PCON · （134）
7.2 串行口的工作方式 ………… （135）
7.2.1 方式 0 …………………… （135）
7.2.2 方式 1 …………………… （136）
7.2.3 方式 2 和方式 3 ……… （136）
7.3 单片机串行通信波特率 …… （137）
7.3.1 波特率的定义 …………… （137）
7.3.2 波特率的计算 …………… （137）
7.4 串行口的编程应用 ………… （138）
7.4.1 串行口做串/并转换 …… （139）
7.4.2 串行口双机通信接口 …… （139）
7.4.3 串行口多机通信接口 …… （141）
本章小结 ……………………… （142）
练习与思考题 ………………… （142）

第 8 章 STC15 系列单片机技术应用 （144）
8.1 STC15 系列单片机性能特点 … （144）
8.2 STC15 系列单片机体系结构 … （145）
8.3 STC15 系列单片机内部存储器 · （147）
8.3.1 STC15 系列单片机内部
存储器的使用 ………… （147）

8.3.2 单片机 ISP/IAP 技术……（150）
8.4 STC15 系列单片机输入/
　　输出口………………（153）
8.5 STC15 系列单片机中断系统（154）
　8.5.1 中断系统结构…………（155）
　8.5.2 中断控制寄存器………（156）
　8.5.3 中断系统应用程序设计·（158）
8.6 STC15 系列单片机定时器/
　　计数器………………（159）
　8.6.1 定时器/计数器的控制
　　　　寄存器……………（159）
　8.6.2 定时器/计数器的
　　　　工作方式…………（160）
　8.6.3 定时器/计数器的
　　　　编程应用…………（160）
8.7 STC15 系列单片机串行通信··（161）
　8.7.1 STC15 系列单片机串行
　　　　通信口……………（162）
　8.7.2 SPI 同步串行外围接口··（164）
8.8 STC15 系列单片机片上 A/D
　　转换器………………（169）
　8.8.1 片上 A/D 转换器原理····（169）
　8.8.2 片上 A/D 转换器的使用·（171）
8.9 STC15 系列单片机片上
　　PCA/PWM 模块…………（172）
　8.9.1 PCA/PWM 模块
　　　　工作原理…………（172）
　8.9.2 CCP/PCA 模块的
　　　　工作模式…………（176）
　8.9.3 CCP/PCA 模块编程使用··（179）
8.10 STC15 系列单片机的时钟
　　　系统与节电模式…………（182）
　8.10.1 主时钟和系统时钟……（183）
　8.10.2 看门狗工作原理及应用··（183）
　8.10.3 STC15 系列单片机
　　　　 节电模式…………（185）
8.11 STC 系列单片机 ISP 编程··（187）
　8.11.1 ISP 编程典型电路……（187）
　8.11.2 ISP 编程下载软件……（188）
本章小结…………………（190）
练习与思考题………………（190）

第 9 章　单片机系统的扩展…………（191）
9.1 单片机系统扩展概述………（191）
9.2 单片机系统总线的构造………（192）
　9.2.1 单片机系统总线………（192）
　9.2.2 单片机系统三总线的
　　　　构造………………（193）
9.3 单片机系统的三总线
　　接口应用……………（193）
　9.3.1 外部并行器件的扩展…（193）
　9.3.2 地址空间分配与编址…（194）
　9.3.3 单片机扩展存储器的
　　　　接口设计…………（195）
9.4 I/O 端口扩展与设计………（198）
　9.4.1 I/O 接口概述…………（198）
　9.4.2 TTL 电路扩展并行 I/O 口··（199）
9.5 串行总线的扩展应用………（202）
　9.5.1 I^{2}C 总线结构与
　　　　工作原理…………（202）
　9.5.2 I^{2}C 总线的时序………（204）
　9.5.3 I^{2}C 总线上的数据
　　　　传输格式…………（205）
　9.5.4 I^{2}C 总线的信号模拟与
　　　　编程技术…………（207）
9.6 I^{2}C 总线器件的接口应用……（209）
　9.6.1 串行 E2PROM 存储器
　　　　接口应用…………（209）
　9.6.2 串行日历时钟芯片的
　　　　接口应用…………（215）
9.7 1/2/3Wire 总线器件的
　　接口应用……………（220）
　9.7.1 单线制串行总线器件……（220）
　9.7.2 双线制、三线制串行
　　　　总线器件…………（226）
9.8 SPI 总线器件的接口应用……（229）
　9.8.1 ISD4004 语音录/放电路……（229）
　9.8.2 ISD4004 的工作时序……（230）
　9.8.3 ISD4004 接口电路与
　　　　编程应用…………（231）
本章小结…………………（233）
练习与思考题………………（234）

第 10 章　单片机与键盘、显示器、
**　　　　打印机的接口设计**………（236）
10.1　单片机与键盘的接口………（236）
　10.1.1　键盘的工作原理………（236）
　10.1.2　键盘的接口方式………（237）
　10.1.3　键盘扫描工作方式………（243）
　10.1.4　键盘接口及应用………（244）
10.2　单片机与显示器接口设计…（245）
　10.2.1　显示器结构与
　　　　　工作原理………（246）
　10.2.2　LED 数码显示方式与
　　　　　接口电路设计………（248）
　10.2.3　专用显示驱动芯片
　　　　　接口设计………（250）
10.3　单片机与键盘/显示器
　　　接口设计………（255）
　10.3.1　用串行接口设计键盘/
　　　　　显示电路………（255）
　10.3.2　ZLG7290 键盘/显示器
　　　　　接口设计………（257）
10.4　单片机与液晶显示器的
　　　接口设计………（263）
　10.4.1　液晶显示器类型与
　　　　　工作原理………（263）
　10.4.2　字符型液晶显示器
　　　　　接口设计………（264）
　10.4.3　点阵图形液晶显示器
　　　　　接口设计………（268）
10.5　单片机与微型打印机的
　　　接口设计………（271）
　10.5.1　MP-D16 微型打印机的
　　　　　接口电路设计………（271）
　10.5.2　MP-D16 微型打印机的
　　　　　使用………（272）
本章小结………（274）
练习与思考题………（274）

第 11 章　单片机与 A/D、D/A 转换器的
**　　　　接口设计**………（276）
11.1　A/D 转换器的接口设计…（276）
　11.1.1　A/D 转换器概述………（276）

　11.1.2　单片机与 AD574 的并行
　　　　　接口设计………（279）
　11.1.3　单片机与串行 A/D 转换器
　　　　　MCP3202 接口设计…（283）
　11.1.4　单片机与 MC14433
　　　　　接口设计………（287）
11.2　D/A 转换器接口设计………（290）
　11.2.1　D/A 转换器概述………（290）
　11.2.2　DAC0832 的功能特性…（292）
　11.2.3　DAC0832 与单片机并行
　　　　　接口设计………（295）
　11.2.4　单片机与串行 D/A 转换器
　　　　　AD7543 接口设计………（298）
11.3　单片机与 V/F 转换器
　　　接口设计………（301）
　11.3.1　V/F 转换器实现 A/D
　　　　　转换的原理………（301）
　11.3.2　V/F 转换器的接口方法…（302）
　11.3.3　V/F 转换器与单片机的
　　　　　接口设计及应用………（303）
本章小结………（306）
练习与思考题………（306）

第 12 章　单片机 C51 程序设计………（307）
12.1　C51 概述………（307）
12.2　C51 数据结构和语法………（307）
　12.2.1　常量与变量………（307）
　12.2.2　整型变量与字符型变量…（308）
　12.2.3　关系运算符和关系
　　　　　表达式………（310）
　12.2.4　逻辑运算符和逻辑
　　　　　表达式………（310）
12.3　C51 流程控制语句………（310）
　12.3.1　if 语句………（311）
　12.3.2　switch 语句………（311）
　12.3.3　for 语句………（312）
　12.3.4　while 语句………（313）
　12.3.5　do-while 语句………（313）
　12.3.6　其他语句………（313）

12.4　C51 构造数据类型 ………… （314）
　　12.4.1　结构体…………………… （314）
　　12.4.2　共用体…………………… （315）
　　12.4.3　指针……………………… （316）
　　12.4.4　typedef 类型定义 ……… （316）
12.5　C51 和标准 C 语言的异同·· （317）
　　12.5.1　Keil C51 数据类型 …… （317）
　　12.5.2　8051 的特殊功能
　　　　　　寄存器………………… （317）
　　12.5.3　8051 的存储类型 ……… （317）
　　12.5.4　Keil C51 的指针 ……… （319）
　　12.5.5　Keil C51 的使用 ……… （320）
　　12.5.6　C51 关键字 …………… （321）
12.6　C51 硬件编程 ……………… （322）
　　12.6.1　8051 的 I/O 接口编程… （322）
　　12.6.2　8051 的定时器编程 …… （323）
　　12.6.3　8051 的中断服务 ……… （324）
　　12.6.4　8051 的串行口编程 …… （325）
12.7　C51 与汇编语言的混合编程· （326）
12.8　C51 程序设计实例 ………… （330）
本章小结……………………………… （333）
练习与思考题………………………… （333）

第 13 章　单片机应用系统设计……… （334）
13.1　单片机应用系统设计的
　　　基本原则…………………… （334）
13.2　单片机应用系统设计及
　　　开发过程…………………… （334）
13.3　单片机应用系统设计的
　　　基本结构…………………… （336）
13.4　单片机应用系统
　　　设计实例…………………… （337）
　　13.4.1　系统任务设计………… （337）
　　13.4.2　系统设计方案………… （338）
　　13.4.3　系统整体电路设计…… （339）
　　13.4.4　系统软件设计………… （339）
本章小结……………………………… （345）
练习与思考题………………………… （345）

第 14 章　Proteus 电路设计与
　　　　　仿真技术……………… （346）
14.1　Proteus 快速入门………… （346）
　　14.1.1　Proteus 工作界面……… （346）
　　14.1.2　Proteus ISIS 软件
　　　　　　基本操作……………… （349）
14.2　Proteus 电路原理图设计… （351）
　　14.2.1　元器件选取与放置…… （351）
　　14.2.2　电路连线设计………… （351）
14.3　Proteus 电路仿真………… （352）
　　14.3.1　单片机源代码生成
　　　　　　与编译………………… （352）
　　14.3.2　目标文件装载与仿真… （353）
14.4　Keil 与 Proteus 的协同仿真·· （353）
本章小结……………………………… （354）
练习与思考题………………………… （354）

第 15 章　单片机实验与指导………… （355）
15.1　单片机实验系统设计……… （355）
　　15.1.1　单片机应用开发板结构·· （355）
　　15.1.2　单片机应用开发板
　　　　　　电路设计……………… （355）
15.2　实验 1　选择排序法编程… （358）
15.3　实验 2　多字节数的
　　　　　　　除法编程………… （359）
15.4　实验 3　定时器/计数器的
　　　　　　　使用…………… （362）
15.5　实验 4　外部中断的使用… （365）
15.6　实验 5　可控交通灯实现… （367）
15.7　实验 6　键盘与数码显示… （371）
15.8　实验 7　A/D 转换………… （373）
15.9　实验 8　D/A 转换………… （376）
15.10　实验 9　XL12864 图形液晶
　　　　　　　 显示器的使用 ……… （378）

附录 A　8051 单片机指令表……… （381）
附录 B　ASCII 码与控制字符功能…… （384）
参考文献……………………………… （386）

第1章 单片机概述

本章学习要点:

   (1) 单片机和嵌入式系统的概念,单片机与PC的区别和联系;
   (2) 单片机的发展历程、趋势和应用领域;
   (3) 单片机的分类、主要特性、主要生产厂家、常用系列和主要芯片型号。

    单片机自20世纪70年代产生以来,凭借其极高的性能价格比,受到人们的重视和关注,应用广泛,发展迅猛。单片机体积小,质量小,抗干扰能力强,对运行环境要求不高,价格低廉,可靠性高,灵活性好,开发比较容易,已广泛应用在工业自动化控制、通信、自动检测、智能仪器仪表、信息家电、汽车电子、电力电子、医疗仪器、航空航天、机电一体化设备等各个方面,成为现代生产和生活中不可缺少的元素。

1.1 什么叫单片机

    一台能够工作的 PC(个人计算机)至少需要的部件有:CPU(中央处理器,负责运算与控制)、RAM(随机存储器用于数据存储)、ROM(只读存储器,用于程序存储)、输入/输出设备(如键盘、鼠标、显示器、打印机等)。这些部件被分成若干芯片,安装在一块印制电路板上,便组成了个人计算机。而在单片机中,是将计算机主板的一部分功能部件进行剪裁后,把余下的功能部件集成到一块芯片上,因此这个芯片具有PC的属性,称为单片微型计算机或单芯片计算机,简称单片机。

    单片机是在一块半导体硅片上集成了控制器、运算器、存储器和各种输入/输出接口的集成芯片(如图1-1所示)。在一些高性能单片机中除了上述部件外,还集成了 A/D、D/A、PCA/PWM 等部件。

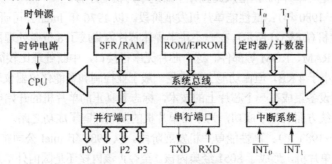

图1-1　8051单片机结构框图

    单片机主要应用于测控领域,用于实现各种测量与控制。为了突出其控制特性,国内外大多数人把单片机称为微控制器(Micro Controller Unit,MCU)。由于单片机在各系统应用中处于系统核心,并嵌入其中,因此通常又把单片机称为嵌入式控制器(Embedded Micro Controller Unit,EMCU)。而国内的大多数工程技术人员则比较习惯地采用"单片机"这个名称。

    单片机价格不高,体积也不大,一般封装40个引脚。功能多的引脚也比较多,有的多达几十或上百个引脚;功能少的只有十几个引脚,最少的只有8个引脚。这对面向实际应用的单片机非常有利,使得不同性能的产品可以根据需要选择不同的单片机。比如,在实际应用中,人们都喜欢使用高性能的计算机，但如果只是控制一个电冰箱温度时就没必要用高性能的计算机，用一个 8 引脚的单片机就足够了。所以，实际应用的关键要视功能是否够用，是否有很高的性价比。这就是 8051 单片机推出 30 多年来依然没有被淘汰，而且还在不断发展的重要原因。

1.2 单片机的特点

单片机以其卓越的性能得到广泛的应用，已深入到检测、控制等各个领域，并表现出显著特点：

（1）小巧灵活、成本低，易于产品化。可以方便地嵌入到各种测控设备、仪器仪表，使仪器设备智能化。

（2）可靠性好，抗干扰能力强，适应温度范围宽，在各种恶劣环境下都能可靠地工作。单片机是按工业测控环境设计的，分为民品（0～+70℃）、工业用品（−40～+85℃）、军品（−65～+125℃）三类。其中工业用品和军品具有较强的抗恶劣环境适应能力，是其他机型无法比拟的。

（3）实时控制功能强。单片机面向控制，可以直接通过 I/O 口进行各种操作，运行速度快，对实时事件的响应和处理速度快，能针对性地解决从简单到复杂的各类控制任务，因而可获得最佳性能价格比。

（4）易扩展，可很容易、灵活地构成各种智能型应用系统。

（5）具有通信接口，可方便地构成多机和分布式控制系统，使系统的效率和可靠性大为提高。

1.3 单片机的发展概况

单片机出现的历史并不长，它的产生与发展和 PC 的微处理器的产生与发展大体同步，自 1971 年 Intel 公司首先研制出 4 位微处理器以来，就出现了单片机。单片机的发展历程大致可分为 5 个阶段：

第一阶段（1971～1976 年）：单片机发展的初级阶段。1971 年年底 Intel 公司首先研制出集成 2000 只晶体管的 4 位微处理器 Intel 4004，并配有 RAM、ROM 和移位寄存器，构成了世界上第一款微处理器。此后，又推出了 8 位微处理器 Intel 8008。受生产工艺限制，当时的微处理器采用双片结构，功能简单，还不是"单片机"，但从此拉开了研制单片机的序幕。

第二阶段（1976～1980 年）：低性能单片机发展阶段。以 1976 年 Intel 公司研制出以 8048 为代表的 MCS–48 系列单片机（如表1-1所示），在一小块半导体芯片内集成了 8 位微处理器、8 位并行 I/O 口、8 位定时器/计数器、RAM、ROM 等部件。这个芯片无串行接口，中断处理比较简单，RAM 和 ROM 容量很小，寻址范围小于 4 KB，但在功能上可满足一般工业控制和智能化仪器仪表的需要。这种将微处理器和计算机外围设备集成在一个芯片上的技术，标志着真正的单片机的开始研制。由于单片机在构建新型工业控制系统方面取得了成功，为今后单片机的发展开辟了成功之路。

第三阶段（1980～1983 年）：高性能单片机发展阶段。以 1980 年 Intel 公司推出以 8031 为代表的 MCS–51 系列基本型单片机，形成了 8051 经典内核。至今，该内核还是国内外单片机产品的主流，众多芯片制造商还在不断地改进和发展它。这个阶段推出的 8 位单片机带有串行接口，有多级中断处理系统，含有多个 16 位定时器/计数器，片内 RAM、ROM 容量增大，寻址范围可达 64 KB，个别片内带有 A/D 转换接口。其他 8 位单片机的代表产品有 Motorola 公司的 6801 和 Zilog 公司的 Z8 等。

在 8 位单片机中，MCS–51 系列历史最长，长盛不衰，不断更新，形成了既具有经典性，又不乏生命力的系列单片机。它在以下几方面奠定了单片机的经典体系结构：① 完善的外部总线，MCS–51 设置了经典的 8 位单片机总线结构，包括 8 位数据总线、16 位地址总线、控制总线及具有多机通信功能的串行通信接口；② 开创了 CPU 外围功能单元的集中管理模式；③ 开发出了具有工控特性的位地址空间及位操作方式；④ 指令系统趋于丰富和完善，并增加了很多突出控制功能的指令。

表 1-1 Intel 公司单片机系列配置一览表

系列	片内存储器（字节）				定时器/计数器	并行 I/O 口	UART	中断源	制造工艺
	ROM	ROM	EPROM	RAM					
MCS–48	8035 无	8048 1 K	8748 1 K	64	1×8 位	27 位	无	2	HMOS
MCS–51	8031 无	8051 4 K	8751 4 K	128	2×16 位	32 位	1	5	HMOS
	80C31 无	80C51 4 K	87C51 4 K	128	2×16 位	32 位	1	5	CMOS
MCS–52	8032 无	8052 8 K	8752 8 K	256	3×16 位	32 位	1	6	HMOS
	80C232	80C252 8 K	87C252 8 K	256	3×16 位	32 位	1	7	CMOS
MCS–96	8096BH 8 K	8396BH 8 K	8796BH 8 K	232	2×16 位	40 位	1	20	HMOS
	8098 无	8398 8 K	8798 8 K	232	2×16 位	24 位	1	20	HMOS
	80C196KA 无	83C196KB 8 K	87C196KB 8 K	232	4×16 位 软件 Timer	40 位	1	28	CMOS

　　第四阶段（1983～1990 年）：8 位单片机的巩固发展和 16 位单片机推出阶段。1983 年 Intel 公司又研制了 MCS–96 系列 16 位单片机。它支持 16 位算术逻辑运算，具有 32 位除以 16 位的除法功能；片内 256 字节 RAM、8 K 字节 ROM 容量进一步增大，除 2 个 16 位定时器、计数器外，还可设置 4 个软件定时器；具有 8 个中断源，中断系统更加完善；片内带有 8 通道高精度 10 位 A/D 和高速输入/输出部件（HSIO），以及 Watch Dog、PWM 等部件。MCS–96 系列单片机片内 CPU 为 16 位，运算速度和控制功能大幅提高，有很强的实时处理能力。采用 HMOS 或 CMOS 制造工艺，芯片集成度达 12 万个晶体管，使单片机的发展进入到一个新阶段。

　　第五阶段（1990 年至今）：单片机全面发展阶段。随着单片机在各个领域全面深入地发展和应用，出现了高速、寻址范围大、运算能力强的通用型单片机，以及小型廉价的专用型单片机。单片机在集成度、功能、速度、可靠性、应用领域等方面向更高水平发展。CPU 的位数达到了 8 位、16 位、32 位。在结构上，更进一步采用了双 CPU 结构或内部流水线结构，提高了处理能力和运算速度；时钟频率高达 20 MHz，提供了新型串行总线结构，增加了 PWM 输出、WDT 监视定时器、PCA 可编程计数器阵列、DMA 传输、调制解调器、通信控制器、浮点运算单元等新的特殊功能部件。随着半导体制造工艺的不断改进，促使芯片向高集成化、低功耗方向发展。基于这些优势，单片机在大量数据实时处理、高性能通信、数字信号处理、复杂工业过程控制、机器人及局域网络等方面扮演着越来越重要的角色。

1.4 单片机主要制造厂家和机型

　　单片机系列是指同一芯片厂家生产的具有相同体系结构的微处理器。目前，各芯片制造厂商已推出很多单片机产品，如 Intel、STC、Atmel、Philips、Motorola、TI、NEC、SAMSUNG、AMD、Microchip 等公司都是著名的芯片制造厂商。就通用单片机而言，其主流产品有几十个系列，数百个品种。单片机制造厂家和型号如表 1-2 所示。

　　此外，还有仙童公司的 FS、3870 系列，ADI 公司的 ADµC8xx 系列，松下公司的 MN6800 系列，Scenix 公司的 SX 系列，东芝公司的 870 系列与 90 系列，EPSON 公司的 4 位 SMC6x 系列与 8 位 SMC88 系列，LG 公司的 GMS90 系列和日立公司的 HD6301、Hd65 系列单片机，以及义隆、松翰、凌阳等系列单片机。尽管单片机制造厂家很多，品种各异，但在我国最早且最广泛使用的是 8051 及其兼容机型。由于 8051 单片机具有品种多、兼容性好、性价比高，且软、硬件设计资料丰富等特点，所以成为我国广大工程技术人员最熟悉的机型。直至现在，8051 单片机及其衍生兼容机型仍然是单片机中的主流系列，预计在今后的若干年内仍将是现代工业检测、控制应用的重要机型。

表 1-2　单片机制造厂家和型号

生 产 厂 家	单片机型号
Intel 公司	MCS-48 和 MCS-51 系列（如 8048、8031、8051、8751 等基本型单片机）
STC 公司	STC89Cxx 系列（如 STC89C51RC），STC12C5A60S2、STC15F2K60S2 系列增强型单片机
Winbond 公司	W78C52 和 W78C54 系列（如 W78C51C、W78C52C、W78E52）
Syncmos 公司	SM8951AC25PP、SM59R、Slim-52、Tiny-51 系列
Atmel 公司	AT89 和 AT90 系列（如 AT89S51、AT89S52、AT89C55、AT90S1200、AT90S4414）
Philips 公司	NXP 半导体（如 5VLPC900、LPC9001、LPC900、LPC700 系列）
NEC 公司	μCOM87（μPD7800）系列（如 μPD780208、μPD78F9222）
SST 公司	SST89 系列（如 SST89C54/58、SST89E/V58RD2、SST89E/V516RD2）
Cygnal 公司	C8051F 系列（如 C8051F120、C8051F130、C8051F206、C8051F330）
Motorola 公司	6805 和 6808 系列（如 MC68HC05、MC68HC08）
Microchip 公司	PIC16Cxx、PIC17Cxx、PIC18Cxxx（如 PIC16C70、PIC18C858）
SAMSUNG 公司	S3C9xxx 和 KS88Cxxx 系列
TI 公司	MSP430 和 TMS320 系列
ARM 公司	ARM 系列（如 ARM7、ARM9、ARM10、ARM11）

1.5　8 位单片机系列介绍

单片机根据微处理器字长可分为 4 类：4 位、8 位、16 位和 32 位单片机。在这些机型中，8051 单片机以其卓越品质，仍是今后单片机发展的主流。虽然世界上的单片机品种繁多，功能各异，开发装置也互不兼容，但是客观发展表明，8051 可能最终成为事实上的标准单片机芯片。

在 8 位单片机家族中，主流产品有 80C51 内核、Motorola 内核、PIC 内核的单片机。它们的基本结构相似，但由于采用的内核不同，所以在性能上存在很多差别。

1.5.1　8051 内核的单片机

20 世纪 80 年代中期以后，Intel 把 8051 内核使用权以专利互换或出售形式转让给了 Atmel、Philips、NEC、AMD、Winbond、ADI、DALLAS 等 IC 制造厂商。这些公司在保持与 8051 单片机兼容的基础上改善了 8051 的很多特性，采用 CMOS 工艺，并对 8051 做了一些扩充，使产品特点更突出、功能更强、市场竞争力更强。因此，通常用 8051 系列来称谓所有具有 8051 指令系统的单片机。在众多 IC 制造厂商支持下，8051 内核单片机已经发展成上百个品种的大家族，现在都统称为 8051 系列单片机。

通常，从功能特性上 8051 系列单片机可分为基本型、增强型、低功耗型和专用型。目前，使用的 8051 单片机都是 MCS-51 系列单片机的低功耗增强型、扩展型的衍生机型，它们与 MCS-51 系列有很大的不同，内部结构有些区别，但指令系统完全兼容。目前常用 8051 系列单片机有以下几种类型。

1. STC 系列单片机

STC89C51RC/RD+系列是宏晶科技公司于 2005 年中国本土推出的第一款具有全球竞争力、与

MCS–51 兼容的 STC 单片机，表 1-3 是 STC89C51RC/RD+系列低功耗增强型 STC 单片机。这些单片机采用 PDIP40、PLCC44、LQFP44 封装，内部含有高保密、可编程 Flash 程序存储器，可进行 100 000 次擦写操作；包含 32 位或 36 位可编程 I/O 口，6～8 个中断源(分 4 个优先级)、3 个 16 位定时器/计数器，1 个通用串行接口；端口驱动能力达 20 mA，具有正常工作模式(4～7 mA)、空闲模式(1 mA)、掉电模式(<0.1 mA)三种工作模式；5 V 单片机工作电压 3.4～5.5 V，3 V 单片机工作电压 2.0～3.8 V；工作频率 0～40 MHz，相当于 8051 的 0～80 MHz，实际工作频率可达 48 MHz。

表 1-3　STC89C51RC/RD+系列单片机性能一览表

型　号	Flash 程序存储器	RAM 数据存储器	定时器	看门狗	双倍速	P4 口	ISP	IAP	E²PROM	A/D	串口	中断源	优先级	速度(Hz)
STC89C51 RC	4 KB	512 B	3	√	√	√	√	√	2 KB+	—	1ch	8	4	0～80 M
STC89C52 RC	8 KB	512 B	3	√	√	√	√	√	2 KB+	—	1ch	8	4	0～80 M
STC89C53 RC	13 KB	512 B	3	√	√	√	√	√	—	—	1ch	8	4	0～80 M
STC89C54 RD+	16 KB	1280 B	3	√	√	√	√	√	16 KB+	—	1ch	8	4	0～80 M
STC89C55 RD+	20 KB	1280 B	3	√	√	√	√	√	16 KB+	—	1ch	8	4	0～80 M
STC89C58 RD+	32 KB	1280 B	3	√	√	√	√	√	16 KB+	—	1ch	8	4	0～80 M
STC89C516 RD+	63 KB	1280 B	3	√	√	√	√	√	—	—	1ch	8	4	0～80 M
STC89LE51 RC	4 KB	512 B	3	√	√	√	√	√	2 KB+	—	1ch	8	4	0～80 M
STC89LE52 RC	8 KB	512 B	3	√	√	√	√	√	2 KB+	—	1ch	8	4	0～80 M
STC89LE53 RC	13 KB	512 B	3	√	√	√	√	√	—	—	1ch	8	4	0～80 M
STC89LE54 RD+	16 KB	1280 B	3	√	√	√	√	√	16 KB+	—	1ch	8	4	0～80 M
STC89LE58 RD+	32 KB	1280 B	3	√	√	√	√	√	16 KB+	—	1ch	8	4	0～80 M
STC89LE516 RD+	63 KB	1280 B	3	√	√	√	√	√	—	—	1ch	8	4	0～80 M
STC89LE516 AD	64 KB	512 B	3	--	√	√	√	√	—	√	1ch	6	4	0～90 M
STC89LE516 X2	64 KB	512 B	3	--	√	√	√	√	—	√	1ch	6	4	0～90 M

STC89C51xx 系列单片机是一种低功耗、高性能 CMOS 8 位微控制器，使用高密度非易失性存储器技术制造，片内包含 ISP Flash、Data Flash 存储器，具有双倍速、双 DPTR 数据指针、降低 EMI 等特性。在单芯片上拥有灵巧的 8 位 CPU、系统可编程 ISP、应用可编程 IAP，使得 STC89C51xx 系列单片机可以为众多嵌入式控制应用系统提供高灵活、超有效的解决方案，完全可以取代其他公司生产的 8051 系列单片机(如 Atmel 公司的 AT89C51/52/55、Philips 公司 P89C51/52/54 等)。

该系列采用 CMOS 工艺，型号中间带 C 的表示 5 V 单片机，中间带 LE 的表示 3 V 单片机。

继 STC89C51 系列单片机之后，STC 公司又陆续推出 STC15W4K32S4、STC15F2K60S2、STC15F408AD、STC15F100W、STC15W1K16S、STC15W10x、STC15W201AS 等系列高性能、增强型单片机等多个系列的单片机(如表 1-4 所示)。这个系列包括 5 V 和 3 V 工作电压的单片机。它们都是每机器周期 1 个时钟的高速单片机，工作频率 0～35 MHz，最大相当于普通 8051 的 420 MHz；芯片引脚封装多样，从 8 引脚到最多 64 引脚，通用 I/O 脚最大达 62 个，内部新增 PCA/PWM、ISP/IAP、SPI 串行通信、看门狗和大容量存储器；每个 I/O 口驱动能力达 20 mA，但 40 引脚及以上封装的单片机整个芯片最大功耗不能超过 120 mA，16～32 引脚封装的单片机不能超过 90 mA；可针对电机控制，抗干扰能力强，对开发小型电子产品有比较高的实用性，性价比高。

表 1-4　STC15 系列高性能单片机一览表

系列或型号	Flash（KB）	SRAM	E²PROM（KB）	PCA,PWM,D/A	A/D	定时器（个）	中断源	掉电唤醒	复位门槛	引脚数	串口
STC15W4K32S4	16～56	4096 B	2～42	8 路	8 路 10 位	5+2ccp	21 个	有	16 级	28～64	4 个
IAP15W4K61S4	61	4096 B	IAP	8 路	8 路 10 位	5+2ccp	21 个	有	16 级	28～64	4 个
IRC15W4K63S4	63.5	4096B	IAP	8 路	8 路 10 位	5+2ccp	21 个	有	16 级	28～64	4 个
STC15F2K08S2	8	2048 B	53	3 路	8 路 10 位	3+3ccp	16 个	有	8 级	20～44	2 个
STC15F2K16S2	16	2048 B	45	3 路	8 路 10 位	3+3ccp	16 个	有	8 级	20～44	2 个
STC15F2K24S2	24	2048 B	37	3 路	8 路 10 位	3+3ccp	16 个	有	8 级	20～44	2 个
STC15F2K32S2	32	2048 B	29	3 路	8 路 10 位	3+3ccp	16 个	有	8 级	20～44	2 个
STC15F2K40S2	40	2048 B	21	3 路	8 路 10 位	3+3ccp	16 个	有	8 级	20～44	2 个
STC15F2K48S2	48	2048 B	13	3 路	8 路 10 位	3+3ccp	16 个	有	8 级	20～44	2 个
STC15F2K56S2	56	2048 B	5	3 路	8 路 10 位	3+3ccp	16 个	有	8 级	20～44	2 个
STC15F2K60S2	60	2048 B	1	3 路	8 路 10 位	3+3ccp	16 个	有	8 级	20～44	2 个
IAP15F2K61S2	61	2048 B	IAP	3 路	8 路 10 位	3+3ccp	16 个	有	8 级	20～44	2 个
IRC15F2K63S2	63.5	2048 B	IAP	3 路	8 路 10 位	3+3ccp	16 个	有	8 级	40 或 44	2 个
STC15F408AD	8	512 B	5	3 路	8 路 10 位	2+2ccp	14 个	有	8 级	28 或 32	1 个
IAP15F413AD	13	512 B	IAP	3 路	8 路 10 位	2+2ccp	14 个	有	8 级	28 或 32	1 个
STC15F100W	0.5～7	128 B	1～4	—	—	2	10 个	有	8 级	8	1 个
IAP15F105W	5	128 B	IAP	—	—	2	10 个	有	8 级	8	1 个
IRC15F107W	7	128 B	IAP	—	—	2	10 个	有	8 级	8	1 个

型号中间带 F 的单片机为 5 V 单片机，带 L 的是低压型，如 STC15L104ES/104EW/204ESW，是 3 V 低压型单片机系列

2. NXP 增强型单片机

　　Philips 公司的 P89LPC900 系列是采用低功耗增强型 80C51 内核制造的增强高档型单片机。它们采用了高性能的处理器结构，含有 PLCC、TSSOP、HVQFN、LQFP 等多种低成本的封装形式，引脚数有 8、10、14、16、20、28、44、64 引脚封装，可以满足多方面的性能要求。指令执行时间只需 2～4 个时钟周期，是标准 80C51 的 6 倍；此外还集成扩充了很多系统级的功能部件，包括多路 A/D、D/A、PWM 输出、模拟比较器和看门狗定时器；具有波特率发生器、间隔检测、帧错误检测、自动地址识别和通用的中断功能；具有 UART、I²C 和 SPI 通信端口，提供片内振荡器、频率范围和 RC 振荡器的可配置选项。可大大减少元件的数目，减小 PCB 面积，降低系统设计成本。

　　LPC93x 系列单片机还具有 2 个模拟比较器、2 个 16 位定时/计数器和 1 个 23 位系统定时器。工作频率为 20 kHz～18 MHz，工作电压范围为 2.4～3.6 V，I/O 口可承受 5 V（可上拉或驱动到 5.5 V），具有可编程 I/O 口输出配置，口线驱动能力 20 mA。具有 17 个中断源，4 个中断优先级。

3. AVR 高速型单片机

　　AVR 系列单片机是 Atmel 公司结合 Flash 技术，于 1997 年推出的全新配置的精简指令集（RISC）的 8 位单片机，简称 AVR。目前，AVR 单片机已形成低档、中档、高档系列产品，分别对应于 ATtiny11/12/13/15/26/28、AT90 S1200/2313/8515/8535、AT Mega8/16/32/64/128、ATmega8515/8535 等单片机。AT90 系列正在淘汰或转型到 Mega 系列中，高档单片机含 JTAG ICE 仿真功能。AVR 单片机的主要特点如下：

　　（1）采用哈佛结构，具备高速运行处理能力，低功耗，具有 Sleep（休眠）功能及 CMOS 技术，时钟为 20 MHz 时每条指令执行速度为 50 ns，耗电 1～2.5 mA，典型功耗在 WDT 关闭时为 100 nA，具

有空闲、省电、掉电三种低功耗方式，掉电模式下工作电流小于 1 μA。

（2）超功能精简指令集（RISC），具有 32 个通用工作寄存器，解决了 8051 单片机采用单一 ACC 进行数据处理造成的瓶颈问题。

（3）快速的存取寄存器组、单周期指令系统，极大地优化了目标代码，提高了执行效率，有的 Flash 容量很大，特别适用于使用高级语言（如 C 语言）进行开发，且易学、易写、易移植。

（4）作为输出时，与 PIC 的 HI/LOW 相同，可输出 40 mA（单一输出）。作为输入时，可设置为三态高阻抗输入或带上拉电阻输入，具备 10～20 mA 灌电流的能力。

（5）片内集成多种频率的 RC 振荡器、上电自动复位、看门狗、启动延时等功能，外围电路更加简单，系统更加稳定可靠。

（6）AVR 片上资源丰富，内部集成了 E^2PROM、PWM、RTC、SPI、UART、TWI、ISP、A/D、Analog Comparator、WDT 等部件。

（7）大部分 AVR 除具有 ISP 功能外，还有 IAP 功能，便于升级或销毁应用程序。

（8）高度保密，保密位在芯片底部，无法利用设备看到，可多次烧写的 Flash 具有多重密码保护锁死功能。

（9）性价比高，宽电压工作范围（2.7～6.0 V），电源抗干扰能力强。

所以，AVR 单片机和 8051 单片机有所不同，开发设备也不通用。AVR 的纳秒级指令运行速度是 8051 处理器的 50 倍，是一款真正的 8 位高速单片机。

4．C8051Fxxx 系列高速单片机

Cygnal 公司推出的 C8051F 系列单片机，其指令集与 MCS–51 兼容，弥补了 8051 系列单片机速度慢、内部资源少的不足。

C8051F 系列单片机是完全集成的混合信号系统级芯片，具有与 8051 指令集完全兼容的 CIP–51 内核。它在单片机内集成了很多数据采集或系统控制所需的功能部件。这些功能部件包括：8～64 KB 的 Flash 存储器、ADC、DAC、可编程增益放大器、电压比较器、电压基准、温度传感器、SMBus/I^2C、UART、SPI、定时器、可编程计数器/定时器阵列（PCA）、内部振荡器、看门狗定时器、电源监视器及 20 个中断源等。这些部件的高集成度为设计小体积、低功耗、高可靠、高性能的应用系统提供了便利，同时也极大地降低了系统的成本。C8051F 系列单片机运行速度在 25 MIPS 以上，工作电压 2.7～3.6 V，I/O、RST、JTAG 引脚均允许输入 5 V 电压，典型工作电流 10 mA，睡眠方式下电流 0.1 μA。

C8051F12x 系列单片机中资源丰富、功能多、运算速度快（可达到 100 MIPS），标准的 8051 单片机一个机器周期要占用 12 个系统时钟周期，执行一条指令最少要 1 个机器周期。C8051F 系列单片机指令处理采用流水线结构，机器周期由标准的 12 个时钟周期降为 1 个时钟周期，指令处理能力比 MCS–51 大大提高。CIP–51 内核 70% 的指令执行是在 1 个或 2 个系统时钟周期内完成的，4 条指令的执行只需 4 个以上时钟周期。CIP–51 指令与 MCS–51 指令系统全兼容，共有 111 条指令。

因此，熟悉 MCS–51 系列单片机的工程技术人员可以很容易掌握 C8051F 系列单片机的应用和软件移植。但是不能将 8051 的程序直接应用于 C8051F 单片机，因为这两种系列单片机的内部资源存在较大差异，不能完全移植照搬，必须经过"改良"（主要是初始化控制字的改写）后才能正确运行。

5．专用型单片机

就单片机的应用面来说，有通用型和专用型。通用型单片机的主要特点是：内部资源比较丰富，性能全面，而且通用性强，可覆盖多种应用要求。通用型单片机的用途很广泛，使用不同的接口电路及编制不同的应用程序就可实现不同的功能。上述介绍的 8051 系列都是低功耗通用型单片机。

专用型单片机的主要特点是：针对某一种产品或某一种控制应用而专门设计，设计时已使结构最简，软、硬件应用最优，可靠性及应用成本最佳。专用型单片机用途专一，出厂时已将程序一次性固化好，因此生产成本低。例如，电子表、电话机、电视机和空调里就嵌入了专用型单片机；Cypress 公司推出的 EZU SR-2100 单片机，在 8051 内核的基础上增加了 USB 接口电路，可以专门用于 USB 串行接口通信；日立公司推出的 H8/310 系列单片机是用于制作 IC 卡的专用 8 位单片机。

1.5.2　Motorola 内核的单片机

在单片机家族中，8051 系列单片机一直扮演着重要的角色，在教学及科研等领域已经成为单片机入门应用的首选，该产品以其易读性好、扩展能力强而著称，从而成为广大单片机开发者最熟悉、最具代表性的机型。由于 8051 系列单片机在运算速度、功耗、内部资源等方面略有不足，所以人们往往在熟悉 8051 系列单片机之后，又会选择其他系列单片机去开发电子产品。

Motorola 公司是世界上最大的单片机厂商之一，从 M6800 开始，推出了众多品种的单片机。其中 MC68H 系列单片机 MC68HC05 和 MC68HC08 是两个典型的、应用广泛的 8 位单片机。其电压范围为 3.3～5.0 V，正常工作电流大约为 2 mA，等待方式电流为 0.5～1 mA，停止方式电流为 1～2 μA，总线速度为 2.1～4 MHz，I/O 口驱动能力为 20 mA。

MC68HC05 采用 HCMOS 工艺制造，是一种高性能、低功耗的 8 位单片机，内部有 64～920 KB RAM、0.9～32 KB EPROM 或 E^2PROM 和各种 I/O 接口，有的还集成了 A/D、PWM、COP 监视定时器，以及 SPI、I^2C、USB、CAN 等串行接口，适用于家电、消费产品、仪器仪表和工业控制系统中。

MC68HC08 系列单片机是在 MC68HC05 的基础上改进的 8 位单片机，采用 0.35 μm 工艺，具有速度更快（总线速度 8 MHz）、价格低、功耗小、功能强等优点，其 Flash 存储器比 MC68HC05 具有更高的性价比。这个系列单片机包括 GP、JL 和 XL 通用型，汽车控制的 AZ 型，模糊控制的 KX、KJ 型，马达控制 MR 型，电话用的 W 型，以及 DSP 型、家用消费型、智能 IC 卡型和 LCD 驱动型等。

Motorola 单片机在同样速度下所用的时钟频率比 Intel 公司的单片机低很多，因此高频噪声低、抗干扰能力强，更适用于工控领域等恶劣环境，是一种很有应用前景的单片机。

1.5.3　PIC 内核的单片机

PIC 系列单片机是 Microchip 公司制造的一款 8 位单片机，采用 RISC 指令集（指令系统和开发工具与 8051 系列不同），仅有 33 条指令，指令最短执行时间为 160 ns，功耗较低（在 5 V，4 MHz 振荡频率时工作电流<2 mA），可采用降低工作频率的方法降低功耗，睡眠方式下电流小于 15 μA，工作电压为 2.5～6 V，带负载能力强，每个 I/O 接口可提供 20 mA 拉电流或 25 mA 灌电流。由于其超小型、低功耗、低成本、多品种等特点，已广泛应用于工业控制、仪器、仪表、通信、家电、玩具等领域。

PIC 系列单片机价格低、性能高，在国内应用得越来越多，目前已形成低档、中档、高档和高性能系列单片机，分别对应 PIC16C5x、PIC16Cxx、PIC17Cxx 和 PIC18Cxxx 系列。其中 PIC17Cxx 系列是目前工业用单片机中速度最快的单片机，具有 16 位字宽的 RISC 指令系统（只有 58 条指令），时钟频率可至 25 MHz，指令周期可达 160 ns，片内集成了丰富的硬件资源。PIC18Cxxx 系列是集高性能、CMOS、全静态、模/数转换器于一体的 16 位单片机（价格与 8 位单片机相当），具有嵌入分层控制能力，内部包含灵活的 OTP 存储器和先进的模拟功能，可为用户提供完美的片上系统解决方案。

1.5.4　其他公司 8 位单片机

除上述单片机外，还有各式各样的单片机，如 Micon 公司的 MDT20xx 系列单片机是工业级 OTP 单片机，它与 PIC 单片机引脚完全兼容，海尔电冰箱、TCL 通信产品和长安奥拓、铃木轿车等设备的功率分配器就是使用的这款单片机。

TOSHIBA 公司的单片机允许使用慢模式，采用 32 kHz 时钟，功耗可降至 10 μA 数量级，其种类齐全，4 位机在家电领域占有很大市场，8 位机主要包含 870 系列和 90 系列。东芝公司的 32 位单片机采用 MIPS3000A RISC 的 CPU 结构，适用于 VCD、数码相机和图像处理等方面。

Z8 是 Zilog 公司的单片机，采用多累加器结构，有较强的中断处理能力，开发工具价廉物美。Z8 单片机采用低价位手段面向低端市场应用。

EPSON 公司的单片机以低电压、低功耗和内置 LCD 驱动器等特点闻名于世。目前已推出 4 位 SMC62、SMC63 系列和 8 位 SMC88 系列单片机，广泛应用于工业控制、医疗设备、家用电器、仪器仪表、通信设备和手持式消费产品等领域。

COP8 单片机是 NS 公司的产品，其内部集成了 16 位 A/D 转换器，在多路看门狗和 STOP 工作方式下，单片机的唤醒方式很有特色，程序加密性很强。

Scenix 公司推出的 8 位 RISC 结构的 SX 系列单片机和 Intel 的 Pentium Ⅱ 等产品被 *Electronic Industry Yearbook 1998* 评选为 1998 年世界十大处理器。SX 系列采用双时钟设置，指令运行速度可达 50、75、100 MIPS，具有虚拟外设功能，可柔性化 I/O 接口，所有 I/O 接口都可单独编程设定。提供各种编程函数库，用于实现各种模块功能，如多路 UART、多路 A/D、PWM、SPI、DTMF、FS 和 LCD 驱动等。内含 E²PROM/Flash 程序存储器，可进行在线编程和仿真。

Chipcon 先锋公司推出了全新概念的新一代 ZigBee 无线单片机 CC2430/CC2431 系列和短距离通信的新一代无线单片机 CC2510/CC1110 系列；这些以经典 8051 微处理器为内核的无线单片机，也称射频 SoC（片上系统），以其优异的无线性能、超低功耗、超低成本，在单片机技术领域开创了单片机无线化和无线网络化的全新时代，采用这些新型无线单片机，进行无线通信、RFID 产品等产品设计，是开发低成本、低功耗单片机应用产品的理想方案。

三星单片机有 KS51 和 KS57 系列 4 位单片机，KS86 和 KS88 系列 8 位单片机，KS17 系列 16 位单片机和 KS32 系列 32 位单片机。三星公司在单片机技术上以引进消化发达国家的技术、生产与之兼容的产品，然后以价格优势取胜。例如，在 4 位机上采用 NEC 的技术，8 位机引进 Z8 的技术，在 32 位机上购买 ARM7 内核。三星的 OTP 型具有 ISP 在线编程功能，其单片机裸片的价格有相当的竞争力。

LG 公司生产的 GM90 系列单片机与 8051 单片机兼容，多用于电话机、智能传感器、电度表、工业控制、防盗报警装置、各种计费器、各种 IC 卡装置、VCD、DVD 及 CD-ROM 等领域。

此外，HITACHI、SIEMENS、NEC、富士通等公司的单片机，都具有各自的特点和体系结构。

1.6　16 位和 32 位单片机系列介绍

1.6.1　16 位单片机

16 位单片机是高性能单片机，比较典型的产品有凌阳 16 位单片机、TI MSP430 系列（极低功耗的单片机）和 PIC24 系列单片机。

（1）凌阳 16 位单片机

2001 年凌阳公司推出了第一代单片机，该单片机采用片上系统 SoC 技术设计而成，内部集成有 ADC、DAC、PLL、AGC、DTMF 及 LCD 驱动等电路。该单片机采用 RISC 精简指令集，指令周期均以 CPU 时钟数为单位，驱动兼有 DSP 芯片功能，内置 16 位硬件乘法器和加法器，并配有 DSP 特殊指令，大大加快了各种算法的运行速度。在数字语音播报和识别等应用领域得到了广泛的应用，是数字语音识别和信号处理的理想产品。

凌阳 16 位单片机具有高速、低价、可靠、实用、体积小、功耗低和简单易学等特点。这些特点体现了微控制器工业发展的新趋势。凌阳公司在自行研发设计单片机的同时，也配有自行研发设计单片机的应用开发环境工具。此工具可在 Windows 环境下操作，支持标准 C 语言和凌阳单片机汇编语言，集设计、编程、仿真等功能于一体，操作方便简单易学，同时提供大量的函数库，大大缩短了软件开发的进程。

（2）MSP430 单片机

MSP430 是 TI 公司推出的单片机，采用冯·诺伊曼结构，利用通用存储器地址总线(MAB)与存储器数据总线(MDB)将 16 位 RISC CPU、多种外设和高度灵活的时钟系统进行完美结合。MSP430 能够为混合信号应用提供很好的解决方案，所有 MSP430 外设仅需少量的软件服务。例如，模数转换器具备自动输入通道扫描功能和硬件启动转换触发器，有些还带有 DMA 数据传输机制。卓越的硬件特性使编程人员能够充分利用 CPU 资源，实现应用目标特性，而不必花费大量时间用于基本的数据处理。这意味着能用最精简的软件与超低的功耗来实现低成本的应用系统，在计量设备、便携式仪表、智能传感系统等方面具有广泛的应用。

（3）PIC24 系列单片机

在 8 位 PIC 系列产品性能、外设和特性的基础上开发的 16 位 PIC24 单片机，可提供高达 40 MIPS 的性能。当结合优化的 MPLABC@30C 编译器时，PIC24 可以提供实现系统目标高吞吐能力和代码密度。PIC24 系列包括 PIC24FJxxx 和 PIC24HJxxx 两个子系列，可为超出 8 位单片机性能范围的很多应用带来性能、存储及外设方面的效益提升，满足更苛刻的应用要求。

此外，16 位 dsPIC 数字信号控制器(DSC)系列具备一个完全实现的数字信号处理器引擎，40 MIPS 非流水线运算性能，采用了高性能 RISC CPU、改进的哈佛结构、灵活的寻址方式、84 条指令、24 位宽指令、16 位宽数据地址、优化的 C 编译器指令系统，以及用户熟悉的单片机架构和设计环境。dsPIC30F 和 dsPIC33F 的 16 位闪存 DSC 具有业界最好的性能，适用于电动机控制、电源转换、语音和音频、电信、因特网和调制解调连接、高速感测、汽车应用等领域。PIC 的 16 位单片机和数字信号控制器采用通用的开发工具，具有引脚排列兼容、软件兼容、外设兼容的特性。

1.6.2　32 位单片机

32 位单片机又称为嵌入式处理器，是面向特定应用，隐藏于应用系统或电子产品内部的专用计算机。比较有影响的嵌入式 RISC 处理器产品有 ST 意法半导体公司 STM32 系列，以 ARM Cortex-M3 为内核，专门为高性能、低成本、低功耗的嵌入式应用专门设计。还有 Philips 公司的 LPC2220 系列、SAMSUNG 公司的 S3C44B0X 系列、IBM 公司的 PowerPC 系列、MIPS 公司的 MIPS 系列、Sun 公司的 Sparc 系列和 ARM 公司的 ARM 系列嵌入式处理器。

ARM 系列处理器是 ARM 公司的产品。ARM 是业界领先的知识产权供应商，只采用 IP (Intelligence Property)授权的方式来许可其他半导体公司生产基于 ARM 处理器的产品，本身不提供具体芯片，仅提供基于 ARM 处理器内核的系统芯片解决方案和技术授权。

ARM 公司设计先进数字产品的核心应用技术，应用领域涉及无线、网络、影像、消费电子、汽车电子、安全和存储装置等嵌入式应用领域。ARM 公司提供广泛的产品，包括 16/32 位 RISC 处理器、数据引擎、三维图形处理器、数字单元库、嵌入式存储器、软件、开发工具和高速连接产品。ARM 公司协同众多技术合作伙伴为业界提供快速、稳定、完整的系统解决方案。

ARM 公司已形成了完整的产业链，在全球拥有 122 家半导体与系统合作伙伴、50 家操作系统合作伙伴、35 家技术共享合作伙伴，并于 2002 年在上海成立了中国全资子公司。

ARM 取得了巨大的成功，世界上所有主要半导体厂商都从 ARM 公司购买了 IP 许可，并利用 ARM 核开发出面向各类应用的 SoC 芯片。目前 ARM 系列芯片已被广泛应用于移动电话、PDA、机顶盒等嵌入式应用领域，成为世界上销售量最大的 32 位微处理器。ARM 的成功在于它拥有极高的性能和极低的功耗，使之能够与高端的 MIPS、Power PC 嵌入式处理器抗衡。随着嵌入式应用系统的发展，在未来一段时间内，ARM 将成为各种应用系统的 32 位主流嵌入式处理器。

基于 ARM 核嵌入式处理器的典型应用有：

(1) 汽车产品，如车上娱乐系统、车上安全装置、自主导航系统等；

(2) 消费娱乐产品，如数字视频、Internet 终端、交互电视、机顶盒、网络计算机等；

(3) 数字音频播放器、数字音乐板、游戏机等；

(4) 数字影像产品，如信息家电、数字照相机、数字系统打印机等；

(5) 工业控制产品，如机器人、工程机械、冶金控制、化工生产控制等；

(6) 网络产品，如 PCI 网卡、ADSL 调制解调器、路由器等；

(7) 安全产品，如电子付费终端、银行系统付费终端、智能卡、32 位 SIM 卡等；

(8) 存储产品，如 Ultra2 SCSI 64 位 RAID 控制器、硬盘控制器等；

(9) 无线产品，如手机、PDA，目前 85%以上手机采用 ARM 系统。

以上基于 ARM 的应用只是粗略的概述，随着经济的快速发展，自动化装备的不断更新，人民生活水平的不断提高，嵌入式系统渗透到社会生活的各个方面，为人们的学习、工作和生活提供高效、便捷的服务。

1.7 单片机的发展趋势

现在正是单片机类型快速更新的时期，世界上各大芯片制造商都推出了各自的单片机，从 4 位、8 位、16 位到 32 位，应有尽有。有的与主流 8051 系列兼容，有的不兼容，各具特色，为单片机应用提供了广阔天地。从单片机的发展过程可以预见单片机的发展趋势，大致如下：

1. 改进 CPU 结构

(1) 采用双 CPU 或多 CPU 结构，提高微处理器的处理能力。

(2) 扩展数据总线宽度，内部采用 16 位数据总线，其数据处理能力明显优于 8 位数据总线的单片机。

(3) 开发串行接口总线结构，用 I^2C、SPI 串行总线代替并行数据总线，大大简化了单片机外部接口的电路连接。

2. 低电压、低功耗、CMOS 化

MCS–51 系列的 8031 推出时的功耗达 630 mW，而现在的单片机功耗普遍都在 100 mW 以下。随着对单片机低功耗要求越来越迫切，各制造商基本上都采用了 CMOS(互补金属氧化物半导体工艺)。例如，80C51 采用了 HMOS(高密度金属氧化物半导体工艺)和 CHMOS(互补高密度金属氧化物半导体工艺)。CMOS 虽然功耗较低，但由于其物理特征决定了其工作速度不够快。而 CHMOS 则具备了高速和低功耗的特点，这些特征更适合应用在低功耗要求的场合。例如，采用 CHMOS 工艺的 80C31/80C51 在正常运行时(5 V/12 MHz)，工作电流为 16 mA，在空闲模式下工作电流为 3.7 mA，在掉电模式下工作电流为 50 nA，所以这种工艺将是今后一段时期内单片机发展的主要工艺。

几乎所有的单片机都有空闲、掉电等省电运行方式，允许使用的电源电压范围也越来越宽，一般都能够在 3～6 V 范围内工作，用电池供电的单片机不再需要对电源采取稳压措施。低压供电的单片机电源下限由 2.7 V 降至 2.2～1.8 V，0.9 V 供电的单片机也已经问世。

3. 改善存储器性能

(1) 存储容量扩大化。新型的单片机片内程序存储器容量一般为 4～8 KB，有的可达 128 KB。片内数据存储器容量为 256 B，有的可达 1 KB 以上。

（2）编程在线化。片内程序存储器从原先的 EPROM、E²PROM 发展到采用 Flash 或 ISP Flash 存储器，使单片机编程既有读/写操作简便的静态 RAM 的优点，又有在线编程的优点，极大地简化了应用系统的结构。

（3）单片机编程保密化。一般写入 EPROM 中的程序很容易被复制。为了保证程序的保密性，对写入单片机片内 E²PROM、Flash 或 ISP Flash 存储器中的程序进行了加锁和加密。加锁后将无法读取单片机内的程序，达到了片内程序保密的目的。

4．改进 I/O 接口性能

单片机都有较多并行接口，用于满足外围设备或芯片的扩展需要，并配置了串行接口，以满足多机通信的要求。目前单片机并行接口的性能改进如下：

（1）并行 I/O 接口的驱动能力增强。目前的 I/O 接口可直接输出大电流（15～25 mA），I/O 口驱动能力的增强可减少外部驱动芯片，能够直接驱动 LED 和 VFD（荧光显示器）。

（2）并行 I/O 接口的逻辑控制功能增强。大部分单片机 I/O 接口都能够进行逻辑操作，中、高档单片机的位处理系统能够对 I/O 接口进行位寻址及位操作，提高了 I/O 接口线的控制能力。

（3）增加了特殊串行接口功能，为构建分布式和网络化的系统提供了方便。

5．外围电路内装化

现在常规的单片机普遍都是将微处理器（CPU）、随机数据存储器（RAM）、只读程序存储器（ROM）、并行和串行通信接口、中断系统、定时电路和时钟电路集成在一块单一的芯片上。增强型单片机集成了 A/D 转换器、PWM 脉宽调制电路、WDT 看门狗等器件。有些单片机将 LCD 液晶驱动电路也集成在芯片上，单片机包含的单元电路越多，功能就越强大。单片机厂商还可以根据用户的要求量身定做，制造出具有用户特色的单片机芯片。

此外，现在的产品普遍要求体积小、质量轻，这就要求单片机除了功能强和功耗低外，还要追求小体积。现在的很多单片机都具有多种封装形式，其中 SMD 表面封装形式越来越受欢迎，这使得由单片机构成的系统朝微型化方向发展。

6．片内 ROM 固化软件

将一些应用软件和系统软件固化于片内 ROM 中，简化了用户应用程序的编制工作，提供了在线下载与仿真功能，省去了价格不菲的编程器和仿真器，为用户开发和应用提供了方便。

7．主流与多品种共存

现在虽然单片机的种类繁多，各具特色，但以 80C51 为内核的单片机，占据了单片机应用领域的主要地位。而 Microchip 公司的 PIC 精简指令集（RISC）也有着强劲的发展势头，HOLTEK 公司近年的单片机产量与日俱增，以其低价、质优的优势，占据了部分市场份额。此外还有 Motorola 公司的产品，日本几大公司的专用单片机等。在一定时期内，这种情形将得以延续，不会存在某个单片机一统天下的垄断局面，依然走的是依存互补、相辅相成、共同发展的道路。

综观单片机的发展，可以看到，今后单片机将朝着多功能、高性能、高速度、低功耗、低电压、低价格、单片化、大容量、编程在线化等方向发展；并进一步向着多品种、小体积、少引脚和外围电路内装化等方面发展；那些针对单一用途的专用单片机也将越来越普遍。可以预见，今后的单片机将会功能更强、集成度更高、可靠性更好、功耗更低、使用更方便。单片机嵌入式系统的开发正朝着"无所不能、无所不在"的方向迅速发展。

1.8　单片机的应用领域

单片机作为一种常用的微处理器控制器件，应用面广、使用量大，对各个行业的技术改造和产品更新换代起到了重要的推动作用，特别在下述的各个领域中得到广泛应用：

1．测控系统

在自动化技术中离不开单片机。用单片机可以构成各种工业控制系统、过程控制系统、自适应控制系统、实时控制系统和数据采集系统等，以达到测量与控制的目的。如一般温度控制、液面控制、电动机控制、简单生产线顺序控制、啤酒自动灌装生产线，以及汽车的安全保障与控制、点火控制、变速器控制、防滑制动和排气控制等。

2．智能仪器仪表

目前，对仪器仪表的自动化和智能化要求越来越高。用单片机改进原有的测量、控制仪表，有助于提高仪器仪表的精度和准确度，简化结构，减少体积，使之易于携带和使用，促进仪器仪表向数字化、智能化、多功能化、综合化和柔性化方向发展。如温度、压力、流量、浓度等的测量、显示和控制，均采用了单片机编程技术，不仅可以完成测量，而且具有运算、误差修正、线性化、零漂处理和监控等功能，使仪器仪表集测量、处理、控制等功能于一体。

3．消费类电子产品

该应用主要在家电领域，如录像机、摄像机、洗衣机、电冰箱、微波炉、电视机、空调机、游戏机、手机、电子秤、收银机、办公设备、汽车电子设备及程控玩具、电子宠物，以及对温度、湿度、流量、流速、电压、频率、功率、厚度、角度、长度、硬度、元素等的测定。单片机控制器的引入，使这些产品的功能大大提高，性能得到不断改善，并向数字化、智能化、微型化方向发展，形成了一系列智能化家电产品和最优化控制系统。

4．机电一体化产品

单片机与传统的机械产品相结合，使传统的机械产品结构简化，控制智能化。这种集机械、电子、计算机于一体的机电一体化技术、自动控制综合技术，在现代生活中发挥着越来越重要的作用。例如，数控机床、计算机绣花机、医疗器械、机器人等，就是典型的机电一体化产品。

5．武器装备

在现代化武器装备中，如飞机、军舰、坦克上的各种控制仪表，导弹的精确导航装置，各种智能武器装备，航空航天的导航系统，都有单片机的踪迹。单片机在军事武器装备中发挥着重要作用。

6．终端及外部设备智能接口

在计算机控制系统中，特别是大型工业自动化控制系统中，通常采用单片机进行接口的控制与管理，单片机与主机的并行工作，大大提高了系统的运行速度。例如，在大型数据采集系统中，单片机负责对 A/D 转换器接口控制，不仅提高了采集速度，还能够对数据进行预处理（如数字滤波、线性化处理、误差处理等）。单片机可以用在硬盘驱动器、微型打印机、图形终端、CRT 显示器等设备中。

7．通信技术

单片机采用 CAN 总线、以太网等技术完成网络通信与数据传输，因此在调制解调器、程控交换技术、无线遥控系统，以及各种智能通信设备（如小型背负式通信机、列车无线通信等）中，单片机得到了广泛的应用。

8. 多机分布式系统

采用多个单片机构成分布式测控系统。单片机的多机应用系统可分为功能集散系统、并行多机控制系统、局部网络系统。

（1）功能集散系统是为了满足工程系统多种外围功能需求而设置的多机系统。例如，一个加工中心的计算机系统除完成机床加工运行控制外，还需要控制对刀系统、坐标指示、刀库管理、状态监视、伺服驱动等机构。

（2）并行多机控制系统主要解决工程应用系统的快速性问题，用于构成大型实时工程应用系统。典型的应用有快速并行数据采集、实时图像处理系统等。

（3）局部网络系统。单片机网络系统的出现，使单片机应用进入了一个新领域。目前由单片机构成的网络系统主要是分布式测控系统。如大型食堂 IC 卡售饭系统就是采用分布式、多子网结构，每个窗口机以单片机为核心，通过 CAN 总线或以太网把几百个窗口机终端连接起来，形成分布检测、集中处理的工作模式，单片机在此系统中负责完成 IC 卡的读/写、控制数据通信和对子系统的管理等工作。

综上所述，从工业自动化、智能仪器仪表、家电产品等方面，到国防尖端科技领域，单片机都发挥着十分重要的作用，几乎找不到哪个领域没有单片机。因此，对单片机的学习、开发与应用，必将造就一批计算机应用与智能化控制方面的科学家、工程师。

1.9　单片机技术主要网站介绍

在资讯发达的今天，单片机技术资料随处可见。Internet 上有很多介绍各种单片机系列特性和应用技术的网站。下面列出主要的一些网址供读者参考。

- 宏晶科技 STC 系列单片机(http://www.stcmcu.com)
- 周立功单片机(http://www.zlgmcu.com)
- 中国电子网(http://www.21ic.com)
- ARM 嵌入式学习网(http://www.helloarm.com/)
- 单片机爱好者(http://www.mcufan.com)
- 单片机资讯网(http://www.c51.com)
- 中源单片机(http://www.zymcu.com)
- 中国单片机在线(http://www.mcuchina.com)
- 中国单片机公共实验室(http://www.bol-system.com)

除此之外，还有很多单片机培训网站、单片机工作室、单片机开发网站，读者可以查看相关网站，获得更多的单片机技术应用信息。

本章小结

本章介绍了单片机的概念、主要厂家、主要芯片型号、主要特点及应用领域；介绍了单片机的起源、发展历程、发展趋势；介绍了 MCS–51、STC、Atmel、Philips、PIC 等众多单片机系列的主要特性。重点应掌握单片机的主要特性、应用领域和技术选型。

练习与思考题

1. 什么是单片机？单片机有什么功能？可以完成哪些工作？

2. MCS–51 系列和 8051 系列单片机是否相同？

3. MCS–51 系列单片机基本型包括哪几个型号？对应的低功耗型号是什么？

4. 从功能特性上，8031、8051 和 8751 单片机的主要区别是什么？STC89C51、AT89C51、AT89LV51、AT89S51、AT89LS51 单片机有什么异同点？

5. 从功能特性上，单片机可分为几种类型？STC15F2K60S2 片内包含哪些存储器？容量多少？

6. 单片机与计算机有什么区别？比较 MC68H 系列、PIC 系列、C8051Fxxx 系列、AVR 系列、STC 系列单片机的性能差别。

7. 单片机的发展大致分为哪几个阶段？

8. 单片机的发展方向是什么？单片机主要有哪些特点和应用领域？

9. 单片机有哪几种工作模式？各种模式如何设置？有什么工作特点？

10. 基于 8051 内核的 STC 单片机有哪些系列？其主要特点是什么？

11. 什么是分布式测控系统？单片机在分布式测控系统中起什么作用？

12. 单片机的主要性能指标参数有哪些？

13. 专用型与通用型单片机有什么区别？发展专用型单片机有什么意义？

14. 除了 8051 内核外，还有哪些内核的单片机？它们各自有什么特性？

15. 16 位和 32 位单片机系列分别有哪些特点和应用领域？

16. STC 系列单片机有什么特性？其端口驱动电流和最大运行速度是多少？

17. AVR AT90S 系列单片有什么特点？AVR 和 PIC 单片机有什么区别？

18. 什么是驱动能力？AVR、PIC、LPC900 等单片机 I/O 接口的驱动能力各是多少？

19. MC68H、C8051F12x、MSP430 系列单片机各有什么特点？

20. Motorola 公司的 MC68H 系列单片机的特点是什么？

21. 在工业自动化和智能仪器仪表应用领域，单片机主要作用是什么？

22. 单片机的发展趋势如何？为什么说单片机有广泛的应用领域？

23. 什么是 ARM？单片机与 ARM 有什么区别？STM32 嵌入式微控制器有哪些特性？

24. 什么是多机分布式系统？分布式系统有什么特点？

25. 如何开展单片机系统的开发？需要什么条件？怎样从新手成为单片机应用开发的专家？

第2章　8051 单片机体系结构

本章学习要点：

(1) 8051 单片机特点、内部结构及片内各组成部件的功能作用；

(2) 8051 单片机引脚名称、功能和控制信号、三总线的组成；

(3) 单片机的存储结构，程序存储器、数据存储器、特殊功能寄存器的编址和地址空间分配，单片机堆栈的特点、程序状态字 PSW 各位的含义；

(4) 单片机工作时序、时钟电路、复位电路工作原理；机器周期、指令周期的计算方法；I/O 的结构功能特点，单片机的工作模式。

本章介绍基于 8051 内核单片机的硬件结构，熟悉单片机内部硬件资源，了解单片机内部工作原理，掌握单片机内部功能部件的作用和操作方法以及为用户提供的各种资源与应用。由于单片机是计算机的一个重要分支，它继承了计算机的很多特性，在工作原理和结构上并没有本质的区别。

2.1　8051 单片机内部结构

MCS–51 系列和基于 8051 内核的单片机产品很多，其基本型包括 MCS–51 和 MCS–52 子系列（见表 1-1）。20 世纪 80 年代中期以后，Intel 公司以专利的形式把 8051 内核卖给了 Atmel、Philips 等公司。这些公司继承和发展了 MCS–51 系列单片机，并采用 CMOS 工艺，在功能及性能上对 8051 单片机进行了扩充，开发出更具特点、功能更强、市场竞争力更强的单片机。它们的结构基本相同，其内部结构如图 2-1 所示，那些控制应用所必需的基本部件都被集成到一块尺寸有限的集成电路芯片上。按功能划分，其内部基本结构主要含有以下 8 大功能部件：

(1) 微处理器(8 位 CPU)；

(2) 程序存储器(ROM、EPROM 或 Flash 等)；

(3) 数据存储器(RAM、E^2PROM)；

(4) 4 个 8 位并行可编程 I/O 端口(P0、P1、P2、P3)；

(5) 1 个串行口(UART)；

(6) 2 个 16 位定时器/计数器；

(7) 中断系统(包含 5~8 个中断源、2 个优先级)；

(8) 特殊功能寄存器(Special Function Register，SFR)。

其他辅助功能部件还有时钟振荡器、总线控制器和供电电源等。

除此之外，很多增强型单片机还集成了 A/D、D/A、PWM、PCA、WDT 等功能部件，以及 SPI、I^2C、ISP 等数据传输接口方式。这些使单片机应用更具特色，更有市场发展前景。

从图 2-1 的单片机内部结构可以看出，以上 8 大功能部件以 CPU 为核心，各个部件通过一条单总线与 CPU 连接在一起，并集成在一块芯片上来实现部分计算机的功能。单片机中的 CPU 通过特殊功能寄存器(Special Function Register，SFR)对各功能部件采用集中控制的方式来进行控制管理。

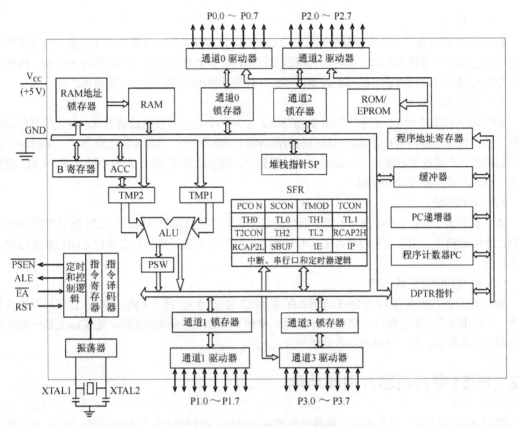

图 2-1　8051 单片机内部结构

8051 单片机内部功能部件的功能介绍如下：

（1）微处理器（CPU）

8051 单片机的 CPU 是 8 位微处理器，主要由运算器和控制器组成，其中包括振荡电路和时钟电路。它决定了单片机的性能，是单片机的核心部件，主要完成运算和控制功能。它与通用 CPU 基本相同，只是增加了面向控制的处理功能，使之既能处理字节数据，也能处理位变量进行位运算。

（2）程序存储器

8051 系列单片机片内程序存储器配置情况如图 2-1 所示。程序存储器主要用于存储用户的应用程序，也可存储一些原始数据和表格。如果片内存储器容量不够用，在其片外可扩展程序存储器，片外最大扩展寻址范围为 64 KB。单片机片内包括 ROM 或 EPROM 存储器，由于这种存储器编程、修改操作比较复杂，所以现在新式的单片机都进行了改进，采用 Flash 作为程序存储器。

（3）数据存储器

8051 片内包含 128 字节 RAM，8052 片内包含 256 字节 RAM，用于存储单片机在运行期间需要保存的工作变量、中间结果或最终结果、数据暂存或缓冲、标志位等。单片机片内数据存储器采用高速 RAM 的形式集成在单片机内部，提高了单片机运行速度，降低了系统功耗。如果片内 RAM 容量不够用，在片外可扩展。传统的方法是在片外采用并行存储器扩展，最大可扩展寻址范围为 64 KB。现在一般选择串行存储器（如 24C64）作为片外数据存储器，可简化扩展电路设计。

（4）可编程 I/O 端口

8051 单片机包含 4 个 8 位可编程 I/O 端口，名称是 P0 口、P1 口、P2 口、P3 口。用于数据输入或输出，单片机对外部信号的检测、对外部对象的控制都是通过 I/O 口来实现的。

（5）串行口

8051 单片机包含一个全双工异步串行口（UART），它具有 4 种工作模式，能一位一位地实现单片机与外设之间的串行数据传输。串行口可用做串行通信、多处理器通信、扩展并行 I/O 口。可通过它把多个单片机相互连接构成多机测控或通信系统，使单片机的功能更强大，应用更广泛。

（6）定时器/计数器

8051 单片机有 2 个 16 位定时器/计数器（8052 有 3 个），它可设置为计数方式，对外部事件（脉冲）进行计数；也可设置为定时方式，对标准时钟脉冲进行定时计时。它有 4 种工作方式，定时和计数范围可以通过软件编程进行设定。一旦定时或计数到位，就会立即向 CPU 发出中断请求，CPU 根据定时或计数结果可对外设实行控制。

（7）中断系统

单片机具有 5～8 个中断源，2 级中断优先级。它可接收外部中断请求、定时器/计数器中断请求和串行口中断请求。用于对紧急事件的实时控制、故障自动处理、单片机与外设之间的数据传输、人机对话等。

（8）特殊功能寄存器（SFR）

8051 单片机片内具有 18 个特殊功能寄存器（8052 有 22 个），用于 CPU 控制和管理片内算术逻辑部件、并行 I/O 口、串行接口、定时器/计数器、中断系统等功能模块的工作。它实际上是一些控制寄存器和状态寄存器，是一个具有特殊功能的 RAM 区。

2.2　8051 单片机芯片引脚功能

学习 8051 单片机，首先必须了解单片机芯片的引脚，掌握单片机引脚的功能。8051 系列单片机型号很多，但各种型号芯片的引脚相互兼容，大都采用 40 引脚的双列直插封装方式或 44 引脚的方形封装方式（其中有 4 个引脚未使用），如图2-2、图2-3所示。

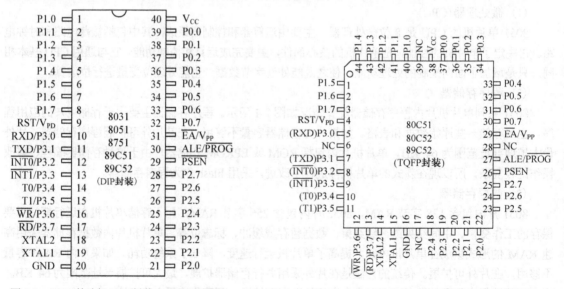

图 2-2　8051 单片机 DIP 封装方式的引脚图　　　　图 2-3　8051 单片机 TQFP 封装方式的引脚图

单片机芯片 40 引脚按功能划分可分为以下 4 类。

1．主电源引脚

(1) GND 接地。

(2) V_{CC} 正常操作时为 +5 V 电源。

2．时钟电路引脚

(1) XTAL1：外接石英晶体的一个引脚。该引脚内部是一个反相放大器的输入端，这个反相放大器构成了片内振荡电路。当采用外部振荡器时，对于 HMOS 单片机，此引脚接地；对于 CHMOS 单片机，此引脚作外部信号输入端。

(2) XTAL2：外接石英晶体的另一端。该引脚与片内振荡器的反相放大器的输出端相连。当采用外部振荡器时，对于 HMOS 单片机，此引脚接外部振荡信号的输入端；对于 CHMOS 单片机，此引脚悬空不接。

3．控制线与电源复用引脚

(1) RST/V_{PD}：RST(RESET) 是复位信号输入端，高电平有效。当单片机运行时，在此引脚上出现 2 个机器周期的高电平(由低到高跳变)就可实现复位操作，使单片机复位到初始状态。当单片机正常工作时，此引脚应为低电平(≤0.5 V)。

V_{PD} 为该引脚的第二功能，即备用电源输入端。在 V_{CC} 电源降低到某一规定值时或在掉电期间，将备用电源(+5 V)自动接入 RST 端，由 V_{PD} 为内部 RAM 提供备用电源，以保证片内 RAM 中的数据不丢失。

(2) ALE/$\overline{PROG}$ (Address Latch Enable/PROGramming)：ALE 为地址锁存允许信号输出引脚。当单片机正常工作时，在 ALE 引脚上能周期性地、自动连续不断地输出正脉冲信号。当需要访问外部存储器时，该信号负跳沿将用于把 P0 口输出的低 8 位地址信号锁存在外部锁存器上。

在不访问外部存储器时，ALE 引脚以 1/6 振荡频率 f_{osc} 周期性地输出正脉冲信号。因此，可用做对外输出时钟或定时信号，也可用示波器观察 ALE 信号来初步判断单片机的好坏。如果 ALE 上有正脉冲信号输出，则基本上可以判定单片机是好的。

但在访问外部数据存储器时，在 2 个机器周期中 ALE 只出现一次，即丢失一个 ALE 脉冲。因此 ALE 不宜作为精确的时钟或定时信号。ALE 端可以驱动(吸收或输出电流)8 个 LS 型 TTL 电路。

$\overline{PROG}$ 为编程信号，是该引脚的第二功能，低电平有效。对于片内 EPROM 型单片机，在 EPROM 编程期间，此引脚接收编程脉冲，作 EPROM 编程信号的输入端。

(3) $\overline{PSEN}$ (Program Strobe ENable)：外部程序存储器数据读选通信号输出端，在每个机器周期内 2 次有效，低电平有效。单片机在访问外部程序存储器进行取指令(或数据)期间，该引脚输出脉冲负跳沿作为读外部存储器的选通信号。$\overline{PSEN}$ 同样可以驱动 8 个 LS 型 TTL 负载。

可用示波器观察 $\overline{PSEN}$ 引脚是否有正确的脉冲输出，来判断单片机能否正常从外部程序存储器中读取指令或数据。

(4) $\overline{EA}$/V_{PP} (Enable Address/Voltage Pulse of Programming)：EA 为内部和外部程序存储器选择控制端。

当 $\overline{EA}$ =1 时，单片机访问内部程序存储器，但在 PC 值超过片内存储器最大编址时(如 89C51 是 4 KB，最大地址值 0FFFH)，将自动转向执行外部程序存储器内的程序。

当 $\overline{EA}$ =0 时，则只访问外部程序存储器，即不论单片机内部是否有程序存储器，单片机只读取、执行外部程序存储器中的程序。

V_{PP} 是编程电源输入端。对于 EPROM 型 8751 单片机，在 EPROM 编程期间，此引脚上接 21 V 或 +12 V 电压作 EPROM 编程电压。对于 89C51 单片机，则在 V_{PP} 引脚上接 +12 V 或 +5 V 作编程电压。

4．并行输入/输出引脚

（1）P0 口：P0.0～P0.7 统称为 P0 口，它是一个 8 位漏极开路型双向 I/O 口。在访问外部存储器时，它用做地址/数据复用口，分时提供低 8 位地址总线和 8 位数据总线。当不扩展外部存储器或 I/O 端口时，它可用做准双向 8 位 I/O 口。P0 口能以吸收电流的方式驱动 8 个 LS 型 TTL 负载。

（2）P1 口：P1.0～P1.7 统称为 P1 口，它是一个内部带有上拉电阻的 8 位准双向 I/O 口。它能以吸收或输出电流的方式驱动 4 个 LS 型 TTL 负载。

（3）P2 口：P2.0～P2.7 统称为 P2 口，它是一个内部带有上拉电阻的 8 位准双向 I/O 口。在访问外部存储器时，用做高 8 位地址总线，输出高 8 位地址信号。P2 口可以驱动(吸收或输出电流)4 个 LS 型 TTL 负载。

（4）P3 口：P3.0～P3.7 统称为 P3 口，它是一个内部带有上拉电阻的 8 位准双向 I/O 口，能以吸收或输出电流的方式驱动 4 个 LS 型 TTL 负载。

P3 口也可以将每一位用做第二功能，而且 P3 口的每一条引脚都可以独立设置为第一功能的 I/O 口功能和第二功能(P3 口的第二功能见表 2-6)。

综上所述，8051 单片机的引脚功能总结如下：

（1）单片机功能多，引脚数少，有些引脚具有复合功能或第二功能；

（2）单片机对外呈现三总线形式，其中 P0 口可分时复用作为数据总线；P2、P0 口可组成 16 位地址总线；ALE、$\overline{PSEN}$、RST、$\overline{EA}$，以及 P3 口的 $\overline{INT0}$、$\overline{INT1}$、T0、T1、$\overline{WR}$、$\overline{RD}$ 共 10 个引脚信号可组成控制总线。由于单片机最大只有 16 位地址总线，因此外部寻址范围最大为 64 KB。

2.3　8051 中央处理器

从 8051 单片机的硬件结构可以知道，单片机具有片内部件齐全、功能强等特点，片内的中央处理器 CPU 由运算器和控制器构成。值得注意的是，单片机中的 CPU 实际上是一个完整的 1 位微计算机。这个 1 位微计算机具有自己的 CPU、位寄存器、I/O 口和指令集。1 位机在开关决策、逻辑电路仿真、工业控制方面非常有效；而 8 位机在数据采集、运算处理方面有明显优势。在单片机中把 8 位机和 1 位机的硬件资源复合在一起，二者相辅相成，这是单片机技术上的一个突破，更是单片机在设计上的精妙所在。

2.3.1　运算器

8051 运算器的功能是进行算术运算、逻辑运算和位运算。可对半字节(4 位)、单字节等数据进行操作，操作结果的状态信息送至状态寄存器。主要包括算术逻辑运算单元 ALU、累加器 A、位处理器、程序状态字寄存器 PSW 和 BCD 码修正电路等。

1．算术逻辑运算单元 ALU

ALU 的功能很强，可对 8 位变量进行逻辑与、或、异或、循环、求补、清 0 等逻辑操作，还可进行加、减、乘、除、加 1、减 1、BCD 码十进制调整、比较等基本算术运算。

ALU 还有一个布尔处理器，用来处理位操作。它以进位标志位 C 为累加器，可执行置位、复位、取反、等于 1 转移、等于 0 转移、等于 1 转移且清 0，以及进位标志位与其他可位寻址的位之间进行数据传送等操作。也可执行进位标志位与其他可位寻址的位之间的逻辑与、或操作。

2．累加器 A 和寄存器 B

累加器 A 是一个 8 位特殊功能寄存器，是 CPU 中使用最频繁的一个寄存器，编程时也可用 Acc 表示。累加器有如下作用：

（1）数据传送来源。进入 ALU 作算术和逻辑运算的操作数大多来自于 A，运算结果也送回 A 中保存。

（2）数据中转站。CPU 中的数据传送大多通过 A 进行，故累加器 A 相当于数据中转站。由于 CPU 数据传送量大，仅靠累加器 A 传送数据容易产生"堵塞"现象或形成数据传送"瓶颈"。为此，8051 单片机增加了一些可以不经过累加器的传输指令，这样既可加快 CPU 数据的传输速度，也可减少累加器的瓶颈、堵塞现象。

寄存器 B 是为 ALU 做乘、除法设置的。在执行乘法运算指令时，用于存储其中一个乘数和乘积的高 8 位；执行除法运算指令时，用于存储除数和余数。若不进行乘、除运算时，也可用做通用寄存器。

3. 程序状态字寄存器 PSW

程序状态字寄存器（Program Status Word，PSW）是一个 8 位可读/写的标志寄存器，位于单片机片内特殊功能寄存器区，字节地址为 D0H。PSW 中保存了指令执行结果的 8 位特征信息，每一位都包含了程序运行状态信息，以供程序查询和判断。PSW 的格式及含义如下：

	D7	D6	D5	D4	D3	D2	D1	D0
PSW	Cy	Ac	F0	RS1	RS0	OV	—	P

Cy（PSW.7）：进位标志位。Cy 也可写成 C，在执行算术运算和逻辑指令时，Cy 可以被硬件或软件置位或清 0；在用于位处理器时，它是位累加器。

Ac（PSW.6）：辅助进位（或称半进位）标志位。它表示 2 个 8 位数运算时，低 4 位是否有进位或借位的情况。当低 4 位相加或相减时，若 D3 位向 D4 位有进位或借位，则 Ac=1，否则 Ac=0。Ac 用于在 BCD 码运算时，用做十进制调整，同 DA 指令结合起来使用这个标志。

F0（PSW.5）：由用户自定义的标志位。用户可以根据自己的编程需要用软件对 F0 赋予一定的含义，可用软件使它置 1 或清 0，也可由指令来测试 F0 标志位的值，用以控制程序的流向。编程时，用户可以充分利用这个标志位来实现程序的循环分支。

RS1、RS0（PSW.4、PSW.3）：4 个工作寄存器组选择位。2 位有 4 种组合，可用软件使它置 1 或清 0，用以设定 4 个寄存器组当前使用哪一组工作寄存器，每组有 8 个工作寄存器，寄存器名用 R0~R7 表示，对应单片机片内 RAM 区的 00~1FH 地址。RS1、RS0 与 4 个工作寄存器区的对应关系表如表 2-1 所示。

表 2-1　RS1、RS0 与 4 个工作寄存器区的对应关系表

RS1	RS0	对应的工作寄存器组
0	0	0 区（用 R0~R7 表示，对应片内 RAM 地址 00H~07H）
0	1	1 区（用 R0~R7 表示，对应片内 RAM 地址 08H~0FH）
1	0	2 区（用 R0~R7 表示，对应片内 RAM 地址 10H~17H）
1	1	3 区（用 R0~R7 表示，对应片内 RAM 地址 18H~1FH）

OV（PSW.2）：溢出标志位。当执行算术指令时，由硬件置 1 或清 0，以反映运算结果是否溢出（即运算结果的正确性）。溢出时 OV=1，表明运算结果不正确；否则 OV=0，表示运算没有发生溢出。溢出标志 OV 和进位标志 Cy 是两种不同性质的标志。溢出是指有符号的两个数进行运算时，运算结果超出了累加器用补码所能表示的一个有符号数的范围（−128~+127）。而进位则表示两个数运算时最高位（D7）相加或相减，有无进位或借位。因此使用时应注意区分。

PSW.1：未定义位。

P（PSW.0）：奇偶标志位。在执行指令后，单片机根据累加器 A 中为"1"的位的个数的奇偶性自

动地给该标志置 1 或清 0。若累加器 A 中"1"的个数为奇数，则 P=1；若累加器 A 中"1"的个数为偶数，则 P=0。在串行通信中常用奇偶校验的办法来检验数据传输的可靠性。因此，该标志在串行口通信中可作数据传输的校验码。通过奇偶校验可检验通信数据传输的可靠性。实际应用时，在发送端可根据 P 的值对数据的奇偶位置位或清 0。若在通信协议中规定采用奇校验的办法，则 P=0 时，应对数据（假定由 A 取得）的奇偶位置位；否则就清 0。

2.3.2　控制器

控制器是单片机的指挥部件，主要包括指令寄存器 IR、指令译码器、程序计数器 PC、程序地址寄存器、条件转移逻辑电路和时序控制逻辑电路。控制器的主要任务是识别指令，并根据指令的性质控制单片机各功能部件，从而保证单片机各部分能自动有序地工作。

1．指令、指令译码及控制器

所谓指令就是完成某项操作的命令。计算机采用二进制形式的编码来表示指令，一条指令即由一个或多字节组成的一串二进制代码。

指令由两部分组成：一是指示系统需要完成操作的操作码，二是提供被操作的操作数。例如，单片机的一条指令：

```
00100101  00110000
```

该指令是 2 字节加法指令，其功能是把寄存器 A 中的数据与地址为 30H 的存储单元中的数据相加，并将结果存储在 A 中。其中高 8 位"00100101"为操作码，而低 8 位"00110000"为操作数。

在单片机中有一个由数字电路构成的指令译码器，它负责对指令进行解析和翻译，并向与译码器相连的控制器发出相应的控制信息，指挥运算器和存储器协同完成指令所要求的操作。

2．指令集和指令助记符

计算机系统的指令译码器所能解析的指令是系统设计者在设计时规定的。凡是该计算机系统的指令译码器所能翻译的指令就是该系统能够使用的合法指令，这些合法指令的集合就是计算机系统的指令系统。

由于采用二进制或十六进制代码形式表示的指令既不便于记忆，也不便于使用，为此，采用带有语义的英文缩写来表示指令的操作码，并规定指令的书写格式，形成指令助记符。例如，上面的加法指令用助记符表示的形式为：

```
ADD    A,30H
```

显然，指令的助记符形式要比用二进制和十六进制的表示方式更直观方便。

3．程序及程序计数器 PC

为完成一个完整的运算任务，按照执行步骤、用计算机指令编写的指令集合称做计算机程序。一般情况下，程序应事先存储在程序存储器中，并占据存储器的一段空间，程序第一条指令所在的存储单元地址称做程序的起始地址（首地址）。

计算机在执行程序之前必须要获得程序的首地址，这个首地址存储在程序计数器 PC 中。当启动执行程序时，在计算机控制器的控制下，取指令装置会按 PC 的指向从存储器中读出第一条指令并译码，执行指令所要求的操作。在当前指令执行完之后，PC 自动进行加 1，使 PC 指向下一条指令的地址。若所有指令都执行完毕，那么运算任务也就完成了，PC 指向停止指令地址。

可见，PC 中内容的变化决定了程序的流向。PC 的位数决定了单片机对程序存储器直接寻址的范围。在单片机中，程序计数器 PC 是一个 16 位计数器，故对程序存储器的寻址范围可达 64 KB（即 2^{16} = 65 536 = 64 K）。

单片机被复位后，PC=0000，即单片机总是从 0000H 地址开始读取指令执行程序。因此，用户的应用程序编译生成机器码后应从程序存储器的 0000H 地址开始写入固化。

4．指令的执行过程

计算机执行一条指令的动作分为 3 个阶段：取指令、指令译码和执行指令。

取指令是按 PC 的指向从存储器中取出指令的第一字节，然后自动将 PC 值加 1，指向下一个存储单元。如果是多字节指令，则取指令装置再取指令的第二字节，并把 PC 再加 1，按此方法直到取出一条完整指令并存入指令寄存器。此时，PC 值已指向下一条指令的首地址。

指令译码是对指令寄存器中的指令进行分析，若指令要求操作数，则自动提取操作数地址。

执行指令是按操作数的地址获得操作数，执行指令规定的操作，并根据指令的要求保存操作结果。

然后周而复始地执行上述 3 个阶段操作，直至遇到停止指令。

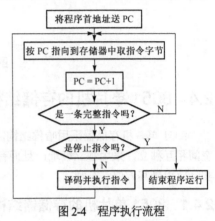

图 2-4　程序执行流程

2.3.3　程序执行过程

从指令的取指过程可以看出，计算机的取指令装置是按 PC 中的地址来读取指令的。因此，程序的执行线路实际上是由 PC 来决定的，更改 PC 中的值就会改变程序的流向。所以说，PC 是计算机执行程序的引路人，又叫程序指针。程序执行流程如图2-4所示。

为更进一步了解程序执行过程，加深对指令、程序、PC 这些概念的认识，下面通过如图 2-5 所示的程序执行过程来分析一段简单程序，程序段如下：

```
        ORG     0000H          机器码
        MOV     A,#46H         76H,46H
        ADD     A,30H          25H,30H
        JB      OV,EXIT        20H,0D2H,02H
        MOV     30H,A          0F5H,30H
EXIT:   END
```

把程序的机器码存入程序存储器中。由于程序的首地址是 0000H，所以在执行这个程序之前必须把首地址 0000H 存入 PC 中，然后启动程序执行。程序执行过程如下：

（1）将 PC 中的地址值送地址寄存器，然后 PC 自动加 1，即 PC 中地址变为 0001H；

（2）地址寄存器中的地址经地址总线送到存储器，经译码选通 0000H 单元；

（3）CPU 控制器发出读信号，将 0000H 单元中的数据 76H 经数据总线传送到数据寄存器，由于该数据是指令中的操作码，因此由数据寄存器再传送到指令寄存器；

（4）指令译码器对指令寄存器中的指令码进行分析，由控制器发出指令所规定的控制信号；

（5）根据控制信号的指示，确认本指令还需要操作数，因此单片机又把 PC 中的地址值 0001H 送入地址寄存器，然后 PC 自动加 1 变为 0002H；

（6）地址寄存器中的地址 0001H 通过地址总线选通指向存储器的 0001H 单元，并发出读出信号，将该存储单元中的数据 46H 读入到数据寄存器；

（7）因为 46H 为操作数，所以按照指令的规定，该数据被送入累加器 A。

至此，程序的第一条指令执行结束，程序下面的每条指令执行都类似重复上面的过程。

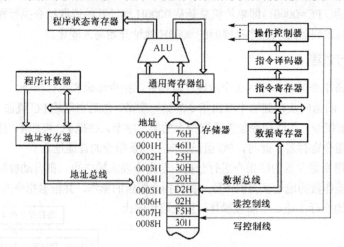

图 2-5　程序执行过程示意图

2.4　8051 单片机的存储结构

8051 单片机存储器采用哈佛结构，采用单一的地址、数据总线，程序存储器空间和数据存储器空间相互独立，采用独立编址，且拥有各自的寻址方式和寻址空间。这对于单片机"面向控制"的实际应用极其方便、有利。

2.4.1　8051 单片机的存储器结构

8051 单片机存储器从物理结构上可以分为：片内程序存储器、片外程序存储器、片内数据存储器、片外数据存储器 4 种。从寻址空间分布情况上又可分为程序存储器、内部数据存储器和外部数据存储器 3 种。从功能作用上可划分为程序存储器、内部数据存储器、特殊功能寄存器、位地址空间存储器和外部数据存储器 5 种。

8051 单片机种类很多，不同型号的单片机配置了不同的存储器，其片内、片外程序存储器和数据存储器各自的最大总容量为 64 KB。8051 系列单片机存储器系统空间结构如图 2-6 所示。

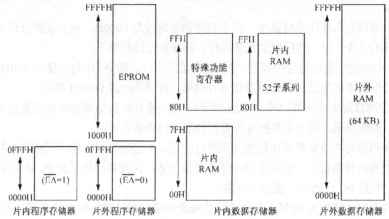

图 2-6　8051 系列单片机存储器系统空间结构

2.4.2　程序存储器

程序存储器由只读存储器 ROM、EPROM 或 Flash 组成，是存储单片机应用程序和表格常数的存储空间。单片机工作时，从程序存储器中取出一条条指令执行。为了有序地执行程序，设置了一个 16 位专用寄存器(PC 程序计数器)，用来存储将要执行的指令地址。因此，可寻址的地址空间为 64 KB。程序存储器起始地址从 0000H 开始编址，最大地址可至 FFFFH。程序存储器的使用应注意以下两点：

(1) 用 $\overline{EA}$ 引脚信号选择片内、片外程序存储器。单片机的程序存储器空间分为片内和片外两部分，CPU 要访问片内还是片外程序存储器，可由 $\overline{EA}$ 引脚上所接的电平来确定。当 $\overline{EA}$=1 时，单片机先从片内程序存储器开始执行程序；当 $\overline{EA}$=0 时，单片机只执行片外程序存储器空间的程序。

对于 89C51/89S51 单片机，其片内有 4 KB 程序存储器(0000H～0FFFH)，$\overline{EA}$=1，单片机从片内 0000H 开始执行程序(片内程序执行完后会自动转到片外 1000H 开始执行)。

对于 8031 无内部程序存储器的单片机，$\overline{EA}$=0，程序存储在外部程序存储器空间，单片机正常启动后，就从片外开始执行程序。

(2) 中断向量地址。单片机至少有 5 个中断向量地址，规定在程序存储器 0000H～002FH 地址之间有 5 个特殊地址被固定用于 5 个中断源的中断服务程序入口地址。

当单片机复位后，程序存储器 PC 的内容为 0000H，引导系统从 0000H 开始读取指令执行程序。程序存储器中的 0000H 地址是单片机系统的启动地址。因此，为了不错误闯入中断向量地址，在 0000H 地址应存储一条绝对跳转指令，以便转入到系统主程序的入口地址开始执行程序，这点要牢记。中断服务程序入口地址如表 2-2 所示。

表 2-2　6 种中断源的中断服务程序入口地址

中　断　源	入　口　地　址
$\overline{INT0}$ (外部中断 0)	0003H
T0 (定时器/计数器 0)	000BH
$\overline{INT1}$ (外部中断 1)	0013H
T1 (定时器/计数器 1)	001BH
串行口	0023H
T2 (定时器/计数器 2)	002BH(8052 和 STC89C51 存在有)

实际应用中，在这些中断入口地址上要存储一条绝对跳转指令，以便转入到中断服务子程序的入口地址，而不是存储中断服务子程序。因为在两个中断入口地址之间只相隔 8 个地址单元，一般不够存储中断服务子程序。这样，才不至于影响其他中断子程序的设置。当然，如果中断服务子程序很短(只有几字节)，也可以直接将中断子程序从固定的中断入口地址开始存储。

2.4.3　内部数据存储器

片内数据存储器为随机存取存储器(RAM)，容量很少(51 子系列只有 128 B，52 子系列只有 256 B)，通常用来存储程序运行时所需要的常数或变量。

1. 内部数据存储器编址

单片机的片内数据存储器由 RAM 区和特殊功能寄存器(SFR)块组成，其编址方法如下：

(1) 51 子系列片内 RAM 包括：

①基本内存 128 B，编址为 00H～7FH，读/写访问采用直接和间接寻址方式均可；

②特殊内存 (即特殊功能寄存器) 128 B，编址为 80H～FFH，读/写访问采用直接寻址方式。

（2）52 子系列片内 RAM 包括：

①基本内存 128 B，编址为 00H～7FH，读/写访问采用直接和间接寻址方式均可；

②扩充内存 128 B，编址为 80H～FFH，读/写访问采用间接寻址方式；

③特殊内存（即特殊功能寄存器）128 B，编址为 80H～FFH，读/写访问采用直接寻址方式。

由于扩展内存和特殊内存的地址重叠，为不引起读/写访问混乱，规定扩展内存 RAM 采用间接寻址方式读/写，特殊内存采用直接寻址方式进行访问。

2. 内部数据存储器的划分

8051 单片机片内 RAM 块的基本内存编址为 00H～7FH，分为工作寄存器区、位寻址区、数据缓冲区和堆栈数据区 4 部分。内部数据存储器结构如图 2-7 所示。

（1）工作寄存器区

图 2-7 中，基本内存中的 00H～1FH 是工作寄存器区，分为 4 个组，每组包含 8 个工作寄存器 R0～R7，共 32 个内部 RAM 地址单元。用户可以通过指令改变 PSW 状态寄存器中的 RS1、RS0 的值来选择当前要使用的工作寄存器组（注意，4 个工作寄存器组不能同时使用）。如果程序中并不需要 4 个工作寄存器组，那么剩下的工作寄存器组所对应的地址单元也可以作为一般数据缓冲区或堆栈区使用。

单片机的这种功能为软件设计带来了便利，特别是在中断嵌套的应用中，为实现工作寄存器的现场保护提供了方便。工作寄存器和片内 RAM 地址对应关系如表 2-3 所示。

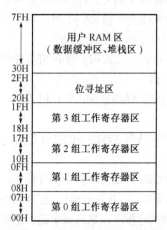

图 2-7　单片机的基本内存分配

表 2-3　工作寄存器和片内 RAM 地址对应关系

第 0 组工作寄存器 （RS1=0，RS0=0）		第 1 组工作寄存器 （RS1=0，RS0=1）		第 2 组工作寄存器 （RS1=1，RS0=0）		第 3 组工作寄存器 （RS1=1，RS0=1）	
地址	寄存器	地址	寄存器	地址	寄存器	地址	寄存器
00H	R0	08H	R0	10H	R0	18H	R0
01H	R1	09H	R1	11H	R1	19H	R1
02H	R2	0AH	R2	12H	R2	1AH	R2
03H	R3	0BH	R3	13H	R3	1BH	R3
04H	R4	0CH	R4	14H	R4	1CH	R4
05H	R5	0DH	R5	15H	R5	1DH	R5
06H	R6	0EH	R6	16H	R6	1EH	R6
07H	R7	0FH	R7	17H	R7	1FH	R7

（2）位寻址区

基本内存中的 20H～2FH 为位寻址区域（如表 2-4 所示），这 16 个单元（共 128 位）的每一位都有一个位地址，位地址编址范围为 00H～7FH。

表 2-4　内部 RAM 中位单元与位地址对应表

RAM 地址	D7	D6	D5	D4	D3	D2	D1	D0
20H	07H	06H	05H	04H	03H	02H	01H	00H
21H	0FH	0EH	0DH	0CH	0BH	0AH	09H	08H
22H	17H	16H	15H	14H	13H	12H	11H	10H
23H	1FH	1EH	1DH	1CH	1BH	1AH	19H	18H

（续表）

RAM 地址	D7	D6	D5	D4	D3	D2	D1	D0
24H	27H	26H	25H	24H	23H	22H	21H	20H
25H	2FH	2EH	2DH	2CH	2BH	2AH	29H	28H
26H	37H	36H	35H	34H	33H	32H	31H	30H
27H	3FH	3EH	3DH	3CH	3BH	3AH	39H	38H
28H	47H	46H	45H	44H	43H	42H	41H	40H
29H	4FH	4EH	4DH	4CH	4BH	4AH	49H	48H
2AH	57H	56H	55H	54H	53H	52H	51H	50H
2BH	5FH	5EH	5DH	5CH	5BH	5AH	59H	58H
2CH	67H	66H	65H	64H	63H	62H	61H	60H
2DH	6FH	6EH	6DH	6CH	6BH	6AH	69H	68H
2EH	77H	76H	75H	74H	73H	72H	71H	70H
2FH	7FH	7EH	7DH	7CH	7BH	7AH	79H	78H

位寻址区域的这 16 个单元构成了 1 位处理机的存储器空间，每一位都有自己的位地址，每一位都可以用做软件触发器或标志位，由程序直接进行位处理。通常可以把各种程序状态标志、位控制变量存于位寻址区内。当位寻址区空闲不用时，这 16 个单元也可以进行字节寻址，作为一般数据缓冲器使用。

（3）数据缓冲区

基本内存中的 30H～7FH 是数据缓冲区，也称为用户 RAM 区，共 80 个单元。

52 子系列内部有 256 个单元的数据存储器，用户 RAM 区范围为 30H～FFH，共 208 个单元。工作寄存器区和位寻址区的地址及单元数与上述一致。

3．堆栈和堆栈指针

计算机在实际的程序运行中，往往需要一个后进先出的 RAM 区，以保存 CPU 的现场，这种后进先出的缓冲器区称为堆栈。堆栈是一种数据项按序排列的数据结构，占一段内部数据单元，按后进先出的方式工作，使用一个专用寄存器作堆栈指针，指明当前堆栈的操作位置，堆栈指针总是指向栈顶。

堆栈就好比水桶或手枪中的弹匣，更似一个装乒乓球的小圆筒（圆筒一端开口，一端封闭，直径比乒乓球稍大），将编写了不同编号的乒乓球放入圆筒里时，就相当于把数据压入了堆栈。这时，通过对乒乓球的放入和取出可以发现一个规律：先放进去的乒乓球只能在后面取出来，后放进去的乒乓球却能够先行取出。堆栈的"后进先出"就是这样的结构特点。

堆栈只能在栈顶的一端对数据项进行插入和删除。当堆栈指针指向最后压入堆栈的数据时，称为满堆栈（Full Stack）；而当堆栈指针指向下一个将要放入数据的空位置时，称为空堆栈（Empty Stack）。根据堆栈的生成方式，又分为递增堆栈（Ascending Stack）和递减堆栈（Decending Stack）。如果把堆栈比做一个水桶，那么桶底就相当于栈底，桶中的水面就相当于栈顶，栈顶随水面的高低而变化。

因此，堆栈就是这样一种数据结构，它在内存中开辟了一个存储区域，数据按顺序一个一个地存入（即用 PUSH 指令压入）这个区域。堆栈指针总是指向最后一个压入堆栈的数据单元，存储这个地址指针的寄存器就叫堆栈指示器。开始放入数据的单元叫"栈底"。数据顺序存入的过程叫"压栈"。在压栈的过程中，每当有一个数据压入堆栈，就顺序存储在随后的一个单元中，堆栈指示器中的地址数自动加 1。读取这些数据时，按照堆栈指示器中的地址读取数据，每取出一字节的数据，堆栈指示器中的地址数自动减 1，这个过程叫弹出（即用 POP 指令）。如此就实现了后进先出的操作。

单片机在实际程序运行中需要在内部开辟一段缓冲区作为堆栈，以便在子程序调用、中断服务处理等场合保存 CPU 的运行现场。单片机的堆栈区不是固定的，原则上可设在内部 RAM 的任意区域内，栈顶的位置由栈顶指针（SP）指出。但为了防止与工作寄存器区和位寻址区的数据冲突，一般在 30H～

7FH 范围内选择一块作堆栈区，栈顶的位置由专用的堆栈指针寄存器 SP 给出。复位时，SP 为 07H 单元，堆栈的实际位置从 08H 开始，即位于工作寄存器区内。因此，在程序开始初始化时，用户可以给 SP 赋以新值（也可以不变），用来确定堆栈的起始位置，即栈底位置。

单片机的堆栈属于向上生长型，如图 2-8 所示。当一个数据压入堆栈时，SP 的内容先自动加 1，然后再压入数据。随着数据的压栈，SP 的值也越来越大。当一个数据从堆栈弹出之后，SP 自动减 1。随着数据的弹出，SP 的值也随之减小。

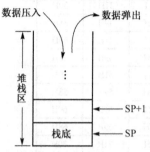

图 2-8   单片机堆栈操作示意图

除用软件方式直接改变 SP 值外，执行 PUSH 和 POP、子程序调用、中断响应、子程序返回（RET）和中断返回（RETI）等指令时，SP 值将自加或自减。

堆栈有 3 个具体功能：

（1）保护断点

单片机在调用子程序操作或执行中断操作后，最后都要返回主程序。因此，在调用子程序前应预先把主程序的断点（即当前执行子程序调用指令的下一条指令的 PC 值）保存在堆栈中，为程序的正确返回做好准备。在调用子程序或产生中断时，单片机将自动把当前的 PC 值压入堆栈。假设堆栈指针（SP）=60H，则：

```
PUSH    PCL    ;先将(SP)=(SP)+1=61H，然后压入低字节(PCL)→((SP))
PUSH    PCH    ;再将(SP)=(SP)+1=62H，然后压入高字节(PCH)→((SP))
```

当子程序或中断返回时均应执行一条返回指令 RET 或 RETI，则单片机在执行返回指令时将自动把堆栈栈顶的 2 字节数据传送到 PC 中。如：

```
POP    PCH    ;先弹出高字节→PCH，然后(SP)=(SP)−1=61H
POP    PCL    ;再弹出低字节→PCL，最后(SP)=(SP)−1=60H
```

操作时，满足堆栈数据后进先出的原则。

（2）现场保护

单片机在执行子程序或中断服务子程序之后，需要用到一些 RAM 单元和寄存器单元。如果这些单元已经被主程序使用，这时就会破坏单元中原有的内容，造成资源冲突。因此，为了不破坏原有的数据，必须在实际执行子程序之前将这些数据保存起来，待子程序执行完毕后再按原样恢复，这就是现场保护。

现场保护最方便、最快捷的办法就是采用堆栈。要保护数据时，使用 PUSH 指令把数据压入堆栈；要恢复数据时，使用 POP 指令按照后进先出的原则，将堆栈数据送回指定的寄存器。

（3）临时暂存数据

在程序设计时，有些中间变量或数据需要暂时保存，以备下一步数据处理，待数据处理完成后，就可丢弃这些数据。这时，可把数据临时存储在堆栈中，以减少不必要的内存开销，并快速实现数据缓存。

2.4.4   特殊功能寄存器

在 8051 单片机中，CPU 是通过特殊功能寄存器（SFR）对各种功能部件进行集中控制的，内部的功能性锁存器、定时器、串行口数据缓冲器、控制寄存器和状态寄存器都是以特殊功能寄存器（或称专用功能寄存器）形式出现的，专门用于控制、管理算术逻辑部件、并行 I/O 口锁存器、串行口数据缓冲器、定时器/计数器（T0、T1、T2）和中断系统等功能模块的工作。它们分散在内部 RAM 地址空间 80H～FFH 中，表 2-5 列出了这些特殊功能寄存器的助记标识符、名称和地址。

在表 2-5 中可以计算出，除程序计数器 PC 外，51 子系列有 18 个特殊功能寄存器，其中 3 个为双字节寄存器，共占 21 字节。52 子系列有 21 个特殊功能寄存器，其中 5 个为双字节寄存器，共占 26 字节。凡是字节地址可以被 8 整除的特殊功能寄存器都可以位寻址，共有 12 个特殊功能寄存器，共计 96 位，其中 AEH、BEH、BFH 位未定义，因此实际可寻址位为 93 位。

表 2-5　特殊功能寄存器名称、地址符号对照表

寄存器名		功 能 描 述	字 节 地 址	位 地 址
P0		P0 口，双向 I/O 口	80H	87H～80H
SP		堆栈指针	81H	无位地址
DPTR	DPL	数据指针低字节	82H	无位地址
	DPH	数据指针高字节	83H	无位地址
PCON		电源控制寄存器	87H	有位名称，无位地址
TCON		定时器/计数器控制寄存器	88H	8FH～88H
TMOD		定时器/计数器方式控制寄存器	89H	有位名称，无位地址
TL0		T0 低字节	8AH	无位地址
TL1		T1 低字节	8BH	无位地址
TH0		T0 高字节	8CH	无位地址
TH1		T1 高字节	8DH	无位地址
P1		P1 口，准双向 I/O 口	90H	97H～90H
SCON		串行口控制寄存器	98H	9FH～98H
SBUF		串行数据缓冲寄存器	99H	无位地址
P2		P2 口，准双向 I/O 口	A0H	A7H～A0H
IE		中断允许控制寄存器	A8H	AFH～A8H
P3		P3 口，准双向 I/O 口	B0H	B7H～B0H
IP		中断优先级控制寄存器	B8H	BFH～B8H
T2CON*		定时器/计数器 2 控制寄存器	C8H	CFH～C8H
RLDL*		T2 自动重装低字节	CAH	无位地址
RLDH*		T2 自动重装高字节	CBH	无位地址
TL2*		T2 低字节	CCH	无位地址
TH2*		T2 高字节	CDH	无位地址
PSW		程序状态字	D0H	D7H～D0H
A（或 Acc）		累加器	E0H	E7H～E0H
B		B 寄存器	F0H	F7H～F0H

特殊功能寄存器实际上是单片机的状态和控制寄存器，它可分为两大类。

（1）芯片内部功能控制用寄存器，如累加器 A、寄存器 B、PSW、堆栈指针 SP、数据指针 DPTR，还有定时器/计数器、中断控制、串行口控制等。

累加器 A 是一个最常用的专用寄存器。大部分指令的操作取自累加器，加、减、乘、除算术运算指令的运算结果都存储在累加器 A 中。

寄存器 B 在乘、除指令中会被用到，用于存储操作数和运算结果。此外，B 寄存器可作为 RAM 中的一个单元来使用。

程序状态字 PSW 是一个 8 位寄存器，它包含了程序状态信息。

栈指针 SP 是一个 8 位专用寄存器，它指示出堆栈顶部在内部 RAM 中的位置。SP 的初始值越小，堆栈深度就越深。堆栈指针的值可由软件改变，因此堆栈在内部 RAM 中的位置比较灵活。

数据指针 DPTR 是一个 16 位专用寄存器，其高位字节寄存器用 DPH 表示，低位字节寄存器用 DPL 表示。既可以作为一个 16 位寄存器 DPTR 来处理，也可以作为两个独立的 8 位寄存器 DPH 和 DPL 来处理。DPTR 主要用来存储 16 位地址，当对外部 64 KB 数据存储器空间寻址时，可作为间址寄存器用。外部数据传送指令有下面 2 条：

```
MOVX   A,@DPTR   ;把 DPTR 指向的外部地址单元的内容送入 A 中
MOVX   @DPTR,A   ;把 A 中数据送入 DPTR 指向的外部地址单元中
```

在访问程序存储器时，DPTR 可用做基址寄存器，有一条采用基址加变址寻址方式的指令（MOVX A，@A + DPTR），该指令常用于读取存储在程序存储器内的表格常数。

串行数据缓冲器 SBUF 用于存储预发送或已接收的数据，它实际上由两个独立的寄存器组成，一个是发送缓冲器，另一个是接收缓冲器。当要发送的数据传送到 SBUF 时，用的是发送缓冲器。当要从 SBUF 读数据时，则取自接收缓冲器，取走的是刚接收到的数据。

定时器/计数器 T0 和 T1 是 8051 单片机上的 2 个 16 位定时器/计数器。它们各由 2 个独立的 8 位寄存器组成，共有 TH0、TL0、TH1 和 TL1 四个独立的寄存器，可以对这 4 个寄存器寻址，但不能把 T0 和 T1 当做一个 16 位寄存器来寻址。

（2）与芯片引脚控制有关的寄存器，如 P0、P1、P2 和 P3 端口。它们实际是 4 个锁存器，每个锁存器再附加上一个相应的输出驱动器和输入缓冲器构成了一个并行口。这 4 个 I/O 端口和 RAM 是统一编址的，使用起来很方便。P0～P3 作为专用寄存器还可用直接寻址方式参与其他操作指令，所有访问 RAM 单元的指令均可用来访问 I/O 端口。

IP、IE、TMOD、TCON、SCON 和 PCON 寄存器分别包含中断系统、定时器/计数器、串行口、供电方式的控制位和状态位，这些寄存器将在后面叙述。

2.4.5　外部数据存储器

8051 单片机的内部 RAM 容量有限，一般只有 128 B 或 256 B。当内部 RAM 不够用时，可以选择内部 RAM 容量更大的单片机或内部集成了 Data Flash 的单片机（如增强型 STC 系列单片机）。如果系统需要海量存储器时，就必须扩展外部数据存储器。

扩展外部数据存储器可采用并行方式扩展，也可采用串行方式扩展。并行方式扩展时需要消耗很多 I/O 口线，最大可扩展 64 K 字节的外部数据存储器，但这对很多实际应用来说已足够了。串行方式扩展数据存储器，需要使用的 I/O 口少，接口电路简单，可扩展的容量也比前者大，但数据读/写速度比前者慢。

对外部并行数据存储器的访问用 MOVX 指令，采用间接寻址方式，由 R0、R1 和 DPTR 作间址寄存器。对外部串行数据存储器采用 I²C 或 SPI 总线方式进行访问。

至此，本节已对 8051 单片机的存储结构详细讲述，现对数据存储器和程序存储器的使用总结如下：

（1）地址的重叠性。数据存储器和程序存储器分别编址，编址的 64 KB 空间完全重叠。如 89C51 单片机，程序存储器中片内、片外低 4 KB 地址是重叠的，数据存储器中片内、片外低 128 B 地址也是重叠的。虽然它们的地址编码重叠，为什么不会产生数据访问混乱呢？因为单片机对不同的存储器空间进行数据访问时，采用了不同的操作指令，并用 $\overline{EA}$ 信号来控制、选择与自动区分这些重叠的存储空间，用户不必考虑地址冲突问题。

（2）数据存储器（RAM）和程序存储器（ROM）在操作使用上是严格区分的，不同的操作指令不能混用。程序存储器只能存储程序指令及表格常数，除了程序的运行控制外，其操作指令不分片内、片外。程序运行读取指令时使用 $\overline{PSEN}$ 信号，程序烧写时使用 $\overline{PROG}$ 信号。而数据存储器只存储数据，对片内数据 RAM 的操作使用 MOV 指令，对片外数据 RAM 的操作则使用 MOVX 指令，并用 $\overline{RD}$、$\overline{WR}$ 信号来控制。

（3）位地址空间有 2 个区域，一个区域是片内 RAM 中的 20H～2FH，共 16 个单元 128 位；另一个区域是 SFR 中的位地址，共有 12 个寄存器，其中的 93 个位可位寻址。这些位寻址单元与位指令集，以及 PSW 中的进位 Cy 位，构成了位处理器系统。

（4）片外数据存储器区中，RAM 存储单元与单片机外部扩展的 I/O 端口是统一编址的。因此在单片机应用系统中，所有外围扩展 I/O 口的地址均占用 RAM 地址单元，外部 I/O 口的访问方法与外部存储器单元相同。

2.5　并行输入/输出端口

8051 单片机设有 4 个 8 位双向并行 I/O 端口（P0、P1、P2、P3），每个端口都能按位编程设置，独立地用做输入或输出。每个端口功能有所不同，但都包含 8 个位锁存器、8 个驱动器和三态缓冲器（除 P3 口每位有 3 个三态缓冲器外，其他每位都具有 2 个三态缓冲器）。它们都被定义为特殊功能寄存器，可进行位寻址，也可按字节寻址。

4 个端口的功能有所不同，电路结构也不完全一样，但工作原理基本相似，各端口内部结构、工作原理和功能特点介绍如下。

2.5.1　P0 口结构

P0 口是一个三态双向端口，其字节地址为 80H，位地址为 80H～87H。P0 口可作为地址/数据分时复用总线，也可用做通用 I/O 口。

1．P0 口的 1 位电路结构

P0 口有 8 位，各位口线具有完全相同但又互相独立的逻辑电路，其 1 位的内部位结构电路原理如图 2-9 所示。P0 口由 8 个这样的电路组成，每位电路包含：

（1）一个数据输出锁存器，用于进行数据位的锁存，8 个锁存器构成了特殊功能寄存器 P0 口。

（2）两个三态数据输入缓冲器，其中三态门 1 是引脚输入缓冲器，三态门 2 是读锁存器端口。

（3）一个多路模拟转接开关 MUX，选择传送来自"锁存器"或"地址/数据"的输入信号。MUX 开关由 CPU 的控制信号控制转接输入信号，并在"控制"信号的控制下，实现锁存器数据的输出和"地址/数据"线的转接。

（4）一个输出驱动电路和一个输出控制电路。两个场效应管 T1 和 T2 组成输出驱动电路，以提高带负载能力，其工作状态受输出控制电路的控制。输出控制电路包括一个与门 3、一个反相器 4 和模拟转换开关 MUX。

2．通用输入和输出接口功能

P0 口作为通用 I/O 口是准双向口。当用做通用 I/O 口时，来自 CPU 的"控制"信号为低电平时，它把锁存器的 Q 端与输出级 T1 的栅极接通。同时，因为与门 3 输出为低电平，输出级 T2 处于截止状态，因此输出级是漏极开路的开漏电路。这种情况下 P0 口可用做一般的 I/O 线。

当 CPU 从 P0 端口输出数据时，写脉冲加在锁存器的时钟端 CP 上，此时与内部总线相连的 D 端数据经反向后出现在 $\overline{Q}$ 端上，再经 T1 管反相，于是在 P0.x 位引脚上出现的数据正好是内部总线上的数据。

当从 P0 端口输入数据时，P0 端口中的两个三态缓冲器用于读操作。图 2-9 中的缓冲器 1 用于读入 P0 端口引脚的数据。当执行一般的端口输入指令时，"读引脚"信号把三态缓冲器 1 打开，于是端口上的数据经过缓冲器输送到内部总线。当执行"读→修改→写"这类指令时，"读锁存器"信号把缓冲器 2 打开，使锁存器 Q 端的数据送到内部总线上。这时锁存器 Q 端上的数据实际上与引脚处的数据是一致的，这类指令实现了"先读端口，再对读入的数据进行修改操作，然后再写到端口上"的功能。例如：

```
ANL  P0,A      ;逻辑"与"指令(P0)←(P0)∧(A)
ORL  P0,#0FH   ;逻辑"或"指令(P0)←(P0)∨0FH
DEC  P0        ;自减 1 指令(P0)←(P0)-1
```

这些指令的功能就是先把 P0 口锁存器 Q 端上的数据读入 CPU，然后把读入的数据与累加器 A 中的数据按位进行逻辑"与"操作（即对读入的数据做修改），最后把操作结果写回到 P0 口引脚上。

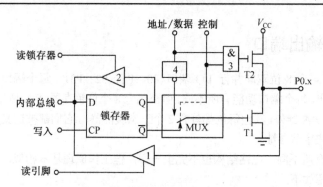

图 2-9　P0 口的位电路结构原理图

对于"读→修改→写"这类指令，不直接读引脚上的数据，而是读锁存器 Q 端上的数据，是为了避免可能错读引脚上的电平信号。例如，用一条口线去驱动一个晶体管的基极，当向此口线写"1"时，晶体管导通并把引脚上的电平拉低。这时，若从引脚上读取数据，就会把该数错读为"0"（实际上应是"1"电平）。而从锁存器 Q 端读入，则能得到正确的结果。

P0 口作为通用 I/O 口使用时，需要注意以下两点：

（1）用 P0 口输出数据时，T2 截止，输出级属于开漏电路，要使高电平"1"信号正确输出，应外接上拉电阻。

（2）用 P0 口输入数据时，应先对 P0 口置 1，此时锁存器 $\overline{Q}$ 端为 0，使得输出级的两个场效应管 T1、T2 均截止，P0 引脚处于悬浮状态，这时作为高阻输入，才能确保数据正确输入。否则，如果 T1 处于导通状态，相当于把 P0 引脚接地，引脚上的信号始终被钳位在"0"电平上，这时，"1"电平将无法从外界输入。

3. 地址/数据复用功能

P0 口作为地址/数据分时复用时，P0 口既做低 8 位地址总线，又做数据总线，如图 2-9 所示，P0 口的分时复用由"控制"信号控制，具体操作可分下列两种情况：

（1）从 P0 口输出地址或数据

在访问片外存储器时，需要从 P0 口分时输出地址和数据，这时"控制"信号为"1"电平，转换开关 MUX 把反相器 4 的输出端与 T1 接通，同时把与门 3 打开。输出的"地址/数据"信号通过与门 3 驱动 T2 管，同时通过反相器 4 驱动 T1，完成信息传送。当"地址/数据"信号为"1"时，经反向器 4 使 T1 截止，并经与门 3 使 T2 导通，在 P0.x 引脚上出现相应的"1"电平；当"地址/数据"信号为"0"时，这时 T1 导通，T2 截止，在 P0.x 引脚上出现相应的"0"电平。这样就完成了地址/数据的输出。

（2）从 P0 口输入数据

当输入数据时，P0 引脚上的外部信号既加在三态缓冲器 1 的输入端上，又加在输出级场效应管 T1 的漏极上（这时的"控制"信号为"0"电平）。若此时 T1 是导通的（如曾经输出过数据"0"），则引脚上的电位被钳在"0"电平上，无法正确输入数据。为使引脚上输入的逻辑电平能正确地读入，在输入数据时，要先向锁存器写入 1，使其 Q 端为"1"，使输出级 T1 和 T2 两个管子均被截止，引脚处于悬浮状态，作为高阻抗输入。这样就能正确地从引脚通过缓冲器 1 输入外界数据到内部总线。

实际上，在访问外部存储器期间，CPU 会自动向 P0 口的锁存器写入 FFH，因此对用户而言，P0 口作为地址/数据分时复用总线时是一个真正的三态双向口。

2.5.2　P1 口结构

P1 口是一个准双向端口，只能用做通用 I/O 口，其字节地址为 90H，位地址为 90H～97H。P1 口的内部位电路结构原理图如图2-10所示。

P1 口的输出部分由场效应管 T1 和上拉电阻 R 组成。当要输出高电平时，可以提供拉电流负载，而不像 P0 口那样需要外接上拉电阻。因此，P1 口的输出不是三态的，而是一个准双向口，具有驱动 4 个 LS 型 TTL 负载的能力。

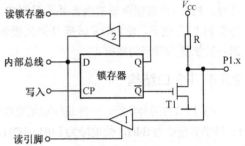

图 2-10　P1 口的内部位电路结构原理图

从功能上来看，P1 只能作为通用的 I/O 口使用，具有输入、输出、端口操作三种工作方式，P1 口每一位都能作为可编程的输入或输出口线。

当 P1 口作为输出线时，将"1"写入锁存器，使 T1 截止，输出线通过内部上拉电阻把 P1.x 引脚拉成高电平（即输出"1"信号）；将"0"写入锁存器时，T1 导通，P1.x 输出"0"电平。由于具有内部上拉电阻，可以直接被集电极开路或漏极开路的电路驱动，而不必外加提升电阻。

当 P1 口作为输入线时，必须先将"1"写入锁存器，使 T1 截止，作高阻输入，使 P1.x 线通过内部上拉电阻拉成高电平。此时，当外部输入为高电平信号时，该口线为"1"；如果输入为低电平信号时，该口线为"0"，使 P1.x 输入端的电平随外部输入信号而变，用于保证 CPU 能正确地读入引脚上的数据信息。P1 口作为输入时，可被任何 TTL 电路和 MOS 电路所驱动。

CPU 对 P1 口的操作与对 P0 口的操作相同，也可以进行"读→修改→写"操作。CPU 读 P1 口有读引脚和读锁存器状态两种情况。读引脚时，打开三态门 1，读入引脚上的输入信号状态（如 MOV A,P1）；读锁存器状态时，打开三态门 2，与 P0 口的 I/O 功能一样（如 ANL P1,A）。

2.5.3　P2 口结构

P2 口字节地址为 A0H，位地址为 A0H～A7H，其内部位电路结构原理如图2-11所示。

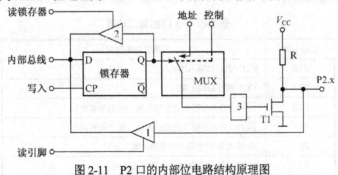

图 2-11　P2 口的内部位电路结构原理图

P2 口也是一个准双向端口，具有两种功能，一种作为通用 I/O 口使用，外接 I/O 设备；另一种作为扩展系统时的地址总线口，输出高 8 位地址。这两种功能由"控制"信号控制转换开关来实现。

从图2-11上来看，P2 口的输出驱动结构比 P1 口多了一个输出模拟开关 MUX 和一个反相器 3。P2 口的输出不是三态的，也是一个准双向口，具有驱动 4 个 LS 型 TTL 负载的能力。

当做为准双向 I/O 口使用时，来自 CPU 的"控制"信号将 MUX 转换开关接向左边，使锁存器的 Q 端与反相器连接，其工作原理与 P1 口相同，具有输入、输出、端口操作三种工作方式。

当需要扩展外部存储器时，用 P2 口作为扩展的外部存储器的高 8 位地址总线。此时来自 CPU 的"控制"信号为"1"电平，将 MUX 转换开关接向右边，使得 P2 口的引脚输出高 8 位地址（A15～A8）。P2 口的高 8 位地址信息来源于 PCH 或 DPH，经反相器 3 和 T1 驱动后呈现在 P2 口的引脚上。此时，P2 口内部锁存器的内容并不受影响。因此，在取指令或访问外部存储器结束后，"控制"信号变为"1"电平，使 MUX 转换开关又接到左侧，使锁存器 Q 端与输出驱动器相连接，引脚上的数据将被恢复为原来的数据。

2.5.4　P3 口结构

P3 口具有两种功能，一种是作通用准双向 I/O 口使用，可外接 I/O 设备；另一种作第二功能口。P3 口字节地址为 B0H，位地址为 B0H～B7H，其内部位电路结构原理图如图2-12 所示。

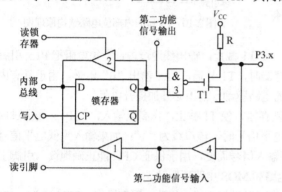

图 2-12　P3 口的内部位电路结构原理图

（1）通用准双向 I/O 口

P3 口的输出驱动部分由与非门 3 和 T1 组成，比 P0、P1 和 P2 口多了一个缓冲器 4。当 P3 口作为第一功能口（通用的 I/O 口）使用时，工作原理与 P1 口和 P2 口类似，但"第二功能信号输出"信号应保持为高电平，使与非门 3 对锁存器 Q 端是畅通的，即与非门 3 的输出只取决于 Q 端的信号量。

（2）第二功能口

表2-6 列出了 P3 口的第二功能定义。当 P3 口作为第二功能使用时，具有输入和输出两类第二功能信号。当输出第二功能信号时，相应位的锁存器必须置"1"，而与非门 3 的输出电平将由"第二功能信号输出"信号来确定。此时，第二功能信号从"第二功能信号输出"端输出，经与非门 3 和 T1 呈现在 P3.x 引脚上；当输入第二功能信号时，内部锁存器 Q 端和"第二功能信号输出"线都应保持高电平，使端口呈现高阻输入状态，即可在 P3.x 口线上输入第二功能信号。

表 2-6　P3 口的第二功能

口线引脚	第二功能定义
P3.0	RXD（串行口输入端）
P3.1	TXD（串行口输出端）
P3.2	$\overline{INT0}$（外部中断 0 请求输入端，低电平有效）
P3.3	$\overline{INT1}$（外部中断 1 请求输入端，低电平有效）
P3.4	T0（定时器/计数器 0 计数脉冲输入端）
P3.5	T1（定时器/计数器 1 计数脉冲输入端）
P3.6	$\overline{WR}$（外部数据存储器写选通信号输出端，低电平有效）
P3.7	$\overline{RD}$（外部数据存储器读选通信号输出端，低电平有效）

对 P3 口而言，不管是作为通用输入口还是作为第二功能输入口，相应位的锁存器和"第二功能信号输出"线都必须保持高电平。

在 P3 口的输入通道中，内部有 2 和 4 两个缓冲器，第二功能输入信号通过缓冲器 4 的输出端读取，通用 I/O 口输入数据通过三态缓冲器 2 的输出端读取。

需要特别注意的是准双向口和双向三态口的区别：

(1) P1 口、P2 口、P3 口是准双向的 I/O 口，各个口线在片内都接有一个固定的上拉电阻。当这 3 个准双向 I/O 口作为输入口使用时，必须要先向该端口写"1"电平才能读入端口的输入信号；另外准双向 I/O 口没有高阻的"浮空"状态。

(2) P0 口片内没有固定的上拉电阻，是由 2 个 MOS 管串接，这样既可开漏输出，也可处于高阻"浮空"状态，因此称为双向三态 I/O 口。

(3) 当需要用 I/O 口输出驱动较大的电流时，应外接上拉电阻。

总之，单片机的 4 个并行口都具有写端口操作(输入)、读端口操作(输出)、"读→修改→写"端口操作功能。读端口指令实际上分为读锁存器和读端口引脚状态两种。"读→修改→写"指令用来读锁存器 Q 端的信号，而不是读引脚状态，其操作是读入一个锁存器的值后，可能进行修改，然后重新写进锁存器中。当指令中的目的操作数是端口或端口的某位时，常使用的指令如表2-7所示。

表 2-7　I/O 端口常用指令

助 记 符	功　能	实　例
ANL	逻辑"与"	ANL　P1,A
ORL	逻辑"或"	ORL　P2,A
XRL	逻辑"异或"	XRL　P3,A
JBC	测试位为 1 跳转并清 0	JBC　P1.1,LOOP
CPL	各位求反	CPL　P3.1
INC	增 1	INC　P2
DEC	减 1	DEC　P0
DJNZ	减 1 后判断结果不为 0 时跳转	DJNZ　P3,LOOP
MOV　$P_{X.Y}$,C	把进位位送入 P_X 口的第 Y 位	MOV　P1.0,C
CLR　$P_{X.Y}$	把 P_X 口的第 Y 位清 0	CLR　P2.1
SETB　$P_{X.Y}$	把 P_X 口的第 Y 位置 1	SETB　P3.2

2.6　单片机的时序与复位操作

计算机在执行指令时，通常把一条指令分解成若干基本的微操作，这些微操作所对应的脉冲信号在时间上的先后次序称为计算机的时序。例如，在执行指令时，CPU 首先要从程序存储器中取出指令操作码，然后译码，并由时序电路产生一系列控制信号去完成规定的操作。CPU 发出的时序信号有两类：一类用于内部对各种功能部件的控制，这类信号很多，对用户来说无需了解；另一类用于对片外存储器或 I/O 端口的读/写控制，这部分时序对于用户分析、设计硬件电路至关重要，也是单片机应用系统设计者必须关心和重视的内容。时序中的脉冲信号由时钟电路产生。

2.6.1　时钟电路

单片机的各功能部件的运行都是以时钟控制信号为基准，一拍一拍地工作。因此时钟频率直接影响单片机的速度，时钟电路的质量也直接影响单片机系统的可靠性和稳定性。常用的时钟电路设计和时钟输出方式如下。

1. 内部时钟方式

单片机内部有一个由反向放大器构成的振荡电路，芯片上的 XTAL1 和 XTAL2 分别为振荡电路的输入端和输出端。只要在这两个引脚上跨接一个石英晶体振荡器(简称晶振)和两个微调电容就构成了内部方式的振荡器电路，由振荡器产生自激振荡，便构成一个完整的振荡信号发生器，如图2-13所示。

图中晶振和电容组成并联谐振回路，晶振可以在 1.2～12 MHz 之间选择。晶振的频率越高，则系统的时钟频率也就越高，单片机的运行速度也就越快。但是，单片机运行速度越高，对存储器的速度要求

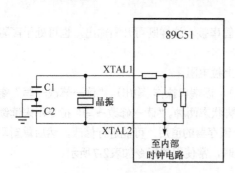

也就越高，对印制电路板的工艺要求也就越高，即要求线间的寄生电容要小。两个电容值在 5～30 pF 之间选择，电容的大小可起到频率微调的作用。尽管对外接的电容值没有严格限制，但电容的大小会影响振荡器频率的高低、振荡器的稳定性和起振的快速性，使用温度特性好的电容，可以提供温度稳定性。晶振和电容应尽量靠近单片机安装，以减小寄生电容，以便更好地保证振荡器稳定、可靠地工作。

图 2-13　内部时钟电路

8051 单片机常选用 6 MHz 和 12 MHz 的晶振。随着集成电路制造工艺的提高，单片机的时钟频率也随着逐步提高，如 STC89C51 最大时钟频率可选用 40 MHz 晶振，现在的某些高速单片机芯片的时钟频率可达到 80 MHz 以上。

2．外部时钟方式

外部时钟方式是采用外部振荡器脉冲信号输入，常用于多片单片机同时工作，以便实现多个单片机之间的同步。对外部振荡信号无特殊要求，只须保证脉冲宽度，一般采用小于 12 MHz 的方波信号。

采用外部时钟信号时，CMOS 和 HMOS 型单片机的接入方式不同，图2-14是HMOS型外部方式的时钟电路。其中 XTAL1 接地，XTAL2 接外部振荡器，并通过 XTAL2 端输入到片内的时钟发生器上。由于 XTAL2 的逻辑电平不是 TTL 电平，因此，在实际应用中建议外接一个 4.7～10 kΩ 的上拉电阻。CMOS 型的外部时钟信号从 XTAL1 接入，XTAL2 悬空。

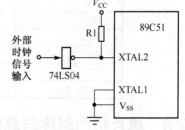

图 2-14　外部时钟电路

3．时钟信号输出方式

当使用片内振荡器时，XTAL1、XTAL2 引脚还能为应用系统中的其他芯片提供时钟，但需要增加驱动能力，其输出方式有两种，如图2-15 所示。

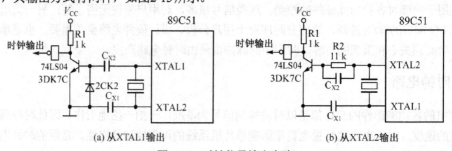

(a) 从XTAL1输出　　　　　　　　(b) 从XTAL2输出

图 2-15　时钟信号输出电路

2.6.2　CPU 的时序

CPU 以不同的方式执行各种指令，而不同的指令其功能各异，有的涉及内部寄存器，有的涉及单片机内部各功能部件，有的则与外部器件发生联系。事实上，单片机通过复杂的时序电路来完成不同的指令功能，都是在 CPU 控制的时序控制电路的控制下进行的，而各种时序均与时钟周期有关。因此，

所谓时序是指控制器按照指令功能发出的一系列在时间上有严格次序的信号，控制和启动相应的逻辑电路，完成指令功能。为便于理解时序，先了解如下几个常用名词：

(1) 时钟周期 T_{osc}：为单片机提供时钟信号的振荡源周期，由外部晶振构成的振荡信号发生器产生的周期性信号，又称振荡周期或外加振荡源周期。

(2) 状态周期 T_{sy}：由两个时钟周期构成一个状态周期，用 S 表示。两个时钟周期分为两个节拍，分别称为 P1 节拍和 P2 节拍。

(3) 机器周期 T_{cy}：CPU 完成一个基本操作所需要的时间称为机器周期。单片机中常把执行一条指令的过程分为若干机器周期。每个机器周期由 6 个状态周期组成。每个状态周期又分成两个节拍 P1 和 P2。所以，一个机器周期可以依次表示为 S1P1、S1P2、…、S6P1、S6P2。通常算术逻辑操作在 P1 节拍进行，而内部寄存器之间的数据传送在 P2 节拍进行。

(4) 指令周期 T：完成一条指令所需要的时间称为指令周期，它以机器周期为单位，是机器周期的整数倍。8051 单片机大多数指令是单字节单机器周期指令，也有些单字节双机器周期指令、双字节单机器周期指令和双字节双机器周期指令，只有乘法、除法指令是单字节 4 个机器周期指令。

例如，若 8051 单片机外部晶振为 $f_{osc}=6\,MHz$ 时，则各个时间周期的计算为：

时钟周期 $T_{osc}=1/f_{osc}=\frac{1}{6}\,\mu s \approx 166.667\,ns$。

状态周期 $T_{sy}=2\times T_{osc}=2/f_{osc}=\frac{1}{3}\,\mu s \approx 333.33\,ns$。

机器周期 $T_{cy}=6\times T_{sy}=12\times T_{osc}=12/f_{osc}=2\,\mu s$。

此时，如果执行乘法指令 (MUL AB)，则指令周期 $T=8\,\mu s$。

图 2-16 是 8051 单片机的取指令和执行指令的时序图，这些内部时钟信号不可能从外部观察到，所以用 XTAL2 振荡信号作参考。在图中可看到，低 8 位地址的锁存信号 ALE 在每个机器周期中两次有效，一次在 S1P2 与 S2P1 期间，另一次在 S4P2 与 S5P1 期间。

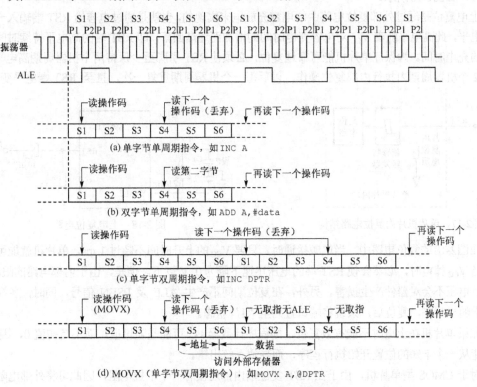

图 2-16　8051 单片机取指令和执行指令的时序

　　对于单周期指令，当操作码被送入指令寄存器时，便从 S1P2 开始执行指令。如果是双字节单机器周期指令，则在同一机器周期的 S4 期间读入第二字节。若是单字节单机器周期指令，则在 S4 期间仍进行读，但所读的这字节操作码被忽略，PC 程序计数器也不加 1，在 S6P2 结束时完成指令操作。图2-16(a)、(b)给出了单字节单机器周期和双字节单机器周期指令的典型时序。

　　8051 指令大部分在一个机器周期内执行完成。乘（MUL）和除（DIV）指令是仅有的需要 2 个以上机器周期的指令，占用 4 个机器周期。

　　对于双字节单机器周期指令，通常是在一个机器周期内从程序存储器中读入 2 字节，唯有 MOVX 指令例外。MOVX 是访问外部数据存储器的单字节双机器周期指令。在执行 MOVX 指令期间，外部数据存储器被访问且被选通时跳过两次取指操作。图2-16(c)、(d)给出了单字节双机器周期指令的典型时序。

2.6.3　复位电路

　　通过某种方式，使单片机内部各类寄存器的值变为初始状态的操作称为复位。单片机的复位是由外部的复位电路来实现的，单片机片内复位电路结构如图2-17所示。复位引脚 RST 通过一个施密特触发器与复位电路相连，施密特触发器用做噪声抑制，在每个机器周期的 S5P2 时刻，复位电路采样一次施密特输出电平，获得内部复位操作所需的信号。当单片机的时钟电路正常工作后，CPU 在 RST/V_{PD} 引脚上连续采集到两个机器周期的高电平后就可以完成复位操作了，但在实际应用时，复位电平的正脉冲宽度一般应大于 1 ms。

　　复位电路通常采用上电复位、手动按键复位和看门狗电路复位三种方式。

　　(1) 上电复位电路

　　上电复位是最简单的复位电路，在 RST 复位输入引脚上连接一个电容至 V_{CC}，再连接一个电阻到地即可，如图2-18所示。

　　上电复位是通过外部复位电路中的电容充放电来实现的，也就是通过电容给 RST 端输入一个短暂的高电平，此高电平随着 V_{CC} 对电容充电时间的增加而逐渐回落，即 RST 端的高电平持续时间取决于电容的充电时间。为保证单片机能可靠地复位，必须使 RST 引脚至少保持两个机器周期高电平，CPU 在第 2 个机器周期内执行内部复位操作，以后每一个机器周期重复一次，直至 RST 端电平变低。

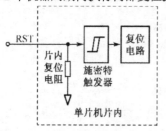

图 2-17　单片机片内复位电路结构

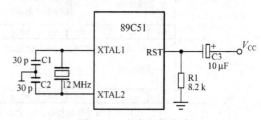

图 2-18　上电复位电路

　　在图2-18的复位电路中，当电源接通时，只要 V_{CC} 的上升时间不超过 1 ms，单片机就能可靠地复位。当 V_{CC} 掉电时，必然会使 RST 端的电压迅速下降为 0 V 以下。但是，由于内部电路的限制作用，这个负电压不会对器件产生损害。另外，在复位期间不产生 ALE 及 PSEN 信号，同时，各端口引脚也处于随机状态，复位后，系统将端口置为全"1"状态。

　　如果单片机在上电时不能有效复位，则程序计数器 PC 可能是随机值，而不是初值 0，因此 CPU 有可能从一个未知的位置开始执行程序，而导致系统出错。

　　对于 CMOS 型单片机，由于在 RST 复位端内部连接有一个下拉电阻，因此可将外部电阻去掉，外接的电容也可减为 1 µF。

（2）手动复位电路

手动复位需要人为在复位输入端加一个高电平，一般采用一个按键接在 RST 端与电源 V_{CC} 之间。因此，系统接通电源时，单片机自动上电复位后进入正常运行状态。当系统运行出现问题时，可以人为按下复位按键，使 V_{CC} 的 +5 V 电平直接加到 RST 端，迫使单片机复位。

手动复位有电平方式和脉冲方式两种。其中，电平复位是通过 RST 端经电阻与电源 V_{CC} 接通来实现的，复位电路如图 2-19 所示。当时钟频率采用 12 MHz 时，电容 C3 取 10 μF，电阻 R1 取 8.2 kΩ，R2 取 1 kΩ。

按键脉冲复位是利用 RC 微分电路产生的正脉冲来实现的，手动脉冲方式复位电路如图 2-20 所示。

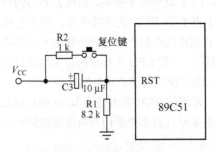
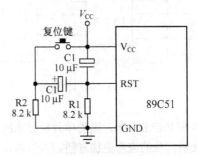

图 2-19　手动电平方式复位　　　　　　　图 2-20　手动脉冲方式复位电路

另外，单片机在实际应用中，有时需要外扩 I/O 接口芯片，这些外扩的芯片可以设计为独立的上电复位电路，为节省成本，外部芯片的复位端也可以与单片机复位端连接。但单片机和有些外部芯片的复位电路、复位时间不完全一致，为保证复位的可靠性，复位电路中的 R、C 参数会受影响，必须统一考虑，否则会导致单片机初始化程序不能正常运行。图 2-21 是一个能输出高、低电平的复位电路，图 2-22 是一个采用 74LS122 为单稳电路的复位电路，它们都兼有上电复位与按键复位功能，可以适应外部 I/O 接口芯片所要求的不同复位电平信号。一般来说，单片机的复位速度比外部 I/O 芯片的电路要快些。为保证系统可靠复位，在初始化程序中，应安排一定的复位延迟时间。

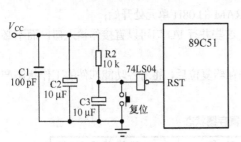
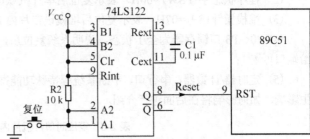

图 2-21　电平复位控制信号　　　　　　　图 2-22　单稳态复位控制信号

（3）Watch Dog 复位电路

在单片机构成的微型计算机系统中，由于单片机的工作常常会受到来自外界电磁场的干扰，使执行程序跑飞，造成程序的正常运行被打断而陷入死循环，使整个系统陷入停滞状态，引发不可预料的后果。因此，为了实时监测单片机运行状态，便产生了一种专门用于监测单片机程序运行状态的芯片，称为 Watch Dog 电路，俗称"看门狗"。

看门狗分为硬件看门狗和软件看门狗两种。

硬件看门狗利用一个定时器来监控主程序的运行。看门狗电路一般有一个输入端，叫喂狗，有一个信号输出端，叫复位（连接到单片机的 RST 端）。单片机正常工作时，每隔一段时间输出一个信号到喂狗端，使 WDT 清 0，如果程序跑飞或发生死循环时，在规定的时间不能去喂狗，WDT 定时计数器超过预定值，看门狗电路就会在输出端产生一个高电平信号使单片机复位，使程序重新开始执行。

因此，看门狗能有效地防止单片机死机，使单片机在无人状态下实现连续工作。电路如图 2-23 所示，DS1232L 看门狗芯片和单片机的 P1.7 引脚相连，通过程序控制 P1.7 定时地向看门狗的这个引脚上送入高电平，这一程序语句是分散地放在单片机其他控制语句中间的。当单片机由于干扰造成程序跑飞后而陷入到某一程序段进入死循环状态时，P1.7 就失去了控制。这时，看门狗电路就会由于得不到 P1.7 送来的信号，便在它和单片机 RST 相连的引脚上送出一个高电平，使单片机发生复位，导致 CPU 从程序的起始位置开始重新执行，这样便实现了单片机的自动复位。

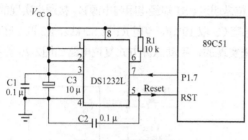

图 2-23　看门狗电路

常用的 WDT 芯片还有 MAX801、MAX813、X5045 和 IMP 813 等。随着单片机技术的发展，现在的很多单片机都把看门狗电路集成到单片机的内部，使看门狗的应用更加方便。

软件看门狗技术的原理和硬件看门狗差不多，只不过是用软件的方法来实现。设计软件看门狗时，可以采用单片机内部的两个定时器来对主程序的运行进行监控，保证系统的稳定运行。

2.6.4　复位和复位状态

单片机复位后，程序计数器 PC 和特殊功能寄存器的复位状态如表 2-8 所示。复位不影响片内 RAM 存储的内容，而 ALE、$\overline{\text{PSEN}}$ 在复位期间将输出高电平。

单片机复位时的状态决定了单片机内部有关功能部件的初始状态。因此，从表 2-8 中可以看出：

（1）程序计数器（PC）=0000H，表示复位后程序的入口地址为 0000H；

（2）程序状态字（PSW）=00H，表示复位后单片机默认选择 0 组工作寄存器；

（3）堆栈指针（SP）=07H，表示复位后堆栈设在片内 RAM 的 08H 单元处开始；

（4）P0～P3 口锁存器为全 1 状态，说明系统复位后，这些并行 I/O 口可以直接作输入口，而不必给端口再置 1；

（5）定时器/计数器、串行口、中断系统等特殊功能寄存器复位后，将对各功能部件的工作状态产生影响，如何影响将在后面进行介绍。

表 2-8　复位时单片机片内寄存器状态

寄 存 器	复 位 状 态	寄 存 器	复 位 状 态
PC	0000H	TMOD	00H
A	00H	TCON	00H
B	00H	T2CON	00H
PSW	00H	TH0	00H
SP	07H	TL0	00H
DPTR	0000H	TH1	00H
P0	FFH	TL1	00H
P1	FFH	SCON	00H
P2	FFH	SBUF	××H
P3	FFH	PCON	0××× 0000B（89C51）
IP	×××0 0000B（89C51） ××00 0000B（89C52）	IE	0××0 0000B（89C51） 0×00 0000B（89C52）

2.7　单片机的省电工作模式

单片机除具有正常工作方式外，还具有两种低功耗运行方式，即空闲模式(Idle Mode)和掉电模式(Power-down Mode)。只要用软件设置电源控制寄存器 PCON 中的 IDL 和 PD 位就可进入空闲模式和掉电模式。STC89C51 单片机的 PCON 电源控制寄存器格式如下：

	D7	D6	D5	D4	D3	D2	D1	D0
PCON	SMOD	SMOD0	—	POF	GF1	GF0	PD	IDL

PCON 的字节地址为 87H，不能位寻址，系统复位时 PCON=00×1 0000B。

1．空闲模式

设置 IDL=1 即可进入空闲模式。在空闲模式下，CPU 处于休眠状态，但振荡器和所有片内外围电路仍然在正常工作，片内 RAM 和 SFR 中的内容保持不变。退出或终止空闲工作模式的方法有两种：

(1) 用中断方式退出空闲模式。任何一条允许中断的事件被激活时，IDL 被硬件清除，即可终止空闲工作模式。程序会首先响应中断，进入中断服务程序，执行完中断服务程序返回后，CPU 返回到使单片机进入空闲模式前的断点处开始执行程序。

(2) 用硬件复位方式退出空闲模式。采用硬件复位退出空闲工作模式时，硬件复位脉冲要保持 2 个机器周期，即硬件复位需 2 个机器周期才能完成。从内部系统复位开始，CPU 会继续执行 2～3 个机器周期时间的指令，在这期间，系统硬件禁止访问片内 RAM，但不禁止访问外部 RAM 或端口。为了避免用硬件复位退出空闲模式时，可能对外部数据存储器或端口进行不应有的访问，一般在设置进入空闲模式的指令后面，不能是写端口或写外部数据存储器指令。

2．掉电模式

设置 PCON 中的 PD=1 即可进入掉电模式。在掉电模式下，振荡器停止工作。由于没有时钟信号，所有的功能部件都停止工作，片内 RAM 和 SFR 的内容保持不变，各端口的输出状态值被保存在对应的 SFR 中，ALE、$\overline{\text{PSEN}}$ 都为低电平。退出掉电模式必须采取硬件复位或外部中断输入，复位后全部的特殊功能寄存器内容被初始化，但不会改变 RAM 中的内容。

在掉电模式下，V_{CC} 可降到 2 V，在进入掉电模式前，V_{CC} 不能降低。当要退出掉电模式时，V_{CC} 应恢复到正常工作电压，且必须保持一段时间(约 10 ms)，使振荡器重新启动并稳定工作后，方可退出掉电模式。

单片机在省电模式下可以降低电源的消耗，以 STC89C51 单片机为例，正常工作时功耗为 25 mA，空闲节电模式下功耗是 6.5 mA，掉电模式时功耗仅 50 μA。

单片机处于空闲和掉电模式下外部引脚状态如表 2-9 所示。

表 2-9　空闲和掉电模式下外部引脚状态

模式	程序存储区	ALE	$\overline{\text{PSEN}}$	P0	P1	P2	P3
空闲模式	内部	1	1	数据	数据	数据	数据
空闲模式	外部	1	1	浮空	数据	地址	数据
掉电模式	内部	0	0	数据	数据	数据	数据
掉电模式	外部	0	0	浮空	数据	数据	数据

本章小结

　　本章介绍了 8051 单片机的体系结构，包括内部结构组成、内部功能部件和基本工作原理，重点介绍了存储器结构、地址空间分配、I/O 口结构和使用方法，以及堆栈的概念、特殊功能寄存器功能作用、I/O 口的工作方式和负载能力，最后介绍了时钟系统、时钟电路、复位电路及单片机的工作模式。本章是学习单片机的基础，读者应充分重视和理解这些内容。

练习与思考题

　　1．半导体存储器分为几大类？ ROM、RAM 存储器的作用各是什么？

　　2．什么是位？什么是字节？位与字节有什么关系？

　　3．为什么 4 根线在单片机中能编出 16 种状态？是如何组合出来的？8 根线能编出多少种状态？

　　4．在 8051 单片机芯片上集成了＿＿个＿＿位的 CPU，＿＿个片内振荡器及时钟电路，包含了＿＿字节 ROM 程序存储器、＿＿字节 RAM 数据存储器和＿＿个＿＿位的定时计数器，最大可寻址外部 RAM＿＿字节、外部 ROM＿＿字节，还包含＿＿条可编程的 I/O 口线，＿＿个全双工串行口，＿＿个中断源，＿＿个优先级嵌套中断结构。

　　5．单片机 EA 引脚的作用是什么？在下列情况下，EA 引脚应接何种电平？

　　① 只有片内 ROM；② 只有片外 ROM；③ 有片内 ROM 和片外 ROM；④ 有片内 ROM 和片外 ROM，片外 ROM 所存内容为调试程序。

　　6．8051 单片机数据总线、地址总线各有多少根？实际应用时数据总线和地址总线如何形成？

　　7．8051 单片机的时钟频率范围是多少？若采用内部时钟，外接的电容起什么作用？

　　8．若单片机的时钟分别为 3 MHz、6 MHz、12 MHz、18 MHz、24 MHz，则它们的状态周期、机器周期和指令周期分别为多少？

　　9．8051 单片机的程序存储器与数据存储器在物理上和逻辑上都是＿＿，各有自己的＿＿、＿＿和＿＿。程序存储器用来存储＿＿和始终要保持的＿＿；数据存储器用来存储程序运行中所需要的＿＿或＿＿。

　　10．8051 单片机内部 RAM 区中，有＿＿组工作寄存器区，其地址范围分别是＿＿、＿＿、＿＿、＿＿；要选择当前的工作寄存器区，应对＿＿寄存器的＿＿和＿＿位进行设置。

　　11．8051 单片机内部 RAM 区中，可位寻址区的字节地址范围是＿＿，位地址范围是＿＿。

　　12．8051 单片机的内部 RAM 分为哪几个工作区？各区的地址范围是多少？

　　13．8051 单片机的数据存储器在物理上和逻辑上都＿＿，访问＿＿用 MOV 指令，访问＿＿用 MOVX 指令。

　　14．8051 单片机的程序存储器是＿＿编址的，要使单片机上电复位后程序从内部 ROM 开始执行程序，应将 $\overline{EA}$ 接＿＿；要使复位后从外部 ROM 开始执行程序，应将 $\overline{EA}$ 接＿＿。

　　15．8051 单片机的特殊功能寄存器中哪些寄存器可以位寻址？

　　16．累加器 A 的作用是什么？

　　17．简述程序状态字 PSW 中各位的含义。

　　18．什么是堆栈？堆栈有什么作用？堆栈有什么特点？

　　19．89C51 单片机复位后，下面各内部寄存器的状态为：

　　(PC)＝＿＿，(A)＝＿＿，(B)＝＿＿，(PSW)＝＿＿，(SP)＝＿＿，(DPTR)＝＿＿，(P0)〜

(P3)=＿＿＿＿，(TMOD)=＿＿＿＿，(TCON)=＿＿＿＿，(TH0)=＿＿＿＿，(TL0)=＿＿＿＿，(TH1)=＿＿＿＿，(TL1)=＿＿＿＿，(SCON)=＿＿＿＿，(SBUF)=＿＿＿＿。

20．8051 单片机的并行 I/O 口是准双向口，需要输入数据应如何操作？

21．简述 8051 单片机 P3 口的第二功能。

22．试分析单片机 I/O 端口的两种读操作的结果：读端口引脚和读锁存器。"读→修改→写"操作是由哪种操作进行的？

23．单片机的工作电压是多少伏？8051 单片机提供了哪些省电模式？它们是由哪些特殊功能寄存器控制的？各种省电模式如何唤醒？

24．单片机能实现数据输入、输出，什么叫数据输入？什么叫数据输出？

25．P0、P1、P2、P3 口的驱动电流分别是多少？

26．(SP)=25H，(PC)=2040H，(24H)=12H，(25H)=34H，(26H)=56H。执行 RET 指令后，(SP)=＿＿＿＿，(PC)=＿＿＿＿。

27．如果(DPTR)=507BH，(SP)=32H，(30H)=50H，(31H)=5FH，(32H)=3CH，则依次执行指令 POP　DPH，POP　DPL 和 POP　SP 后，则：(DPH)=＿＿＿＿，(DPL)=＿＿＿＿，(SP)=＿＿＿＿

28．设计单片机上电复位、手工复位电路，分析上电复位的原理和复位过程。

29．单片机的 P0、P1、P2、P3 口各有什么功能？如何实现这些功能？

30．STC89C51 单片机有几种工作模式？各模式下的工作电流功耗是多少？

第3章　8051单片机指令系统

本章学习要点：

 (1) 8051 单片机指令系统和指令格式，以及指令系统的寻址方式；
 (2) 8051 单片机中 111 条指令的使用要点，以及存储器、寄存器的使用方法；
 (3) 灵活运用汇编指令，并能用单片机指令编写汇编语言程序。

  通过前面的学习，已经了解了单片机内部的结构，并且知道了要控制单片机完成操作必须要用指令。指令是用来指示微处理器执行操作的命令，不同的微处理器具有不同的功能，而这些功能的实现是通过执行一系列相关指令来完成的。因此，计算机所能执行的每一种操作称为一条指令，计算机所能执行的全部指令的集合称为指令系统。

  8051 单片机的指令系统包括 111 条汇编指令。汇编指令常用英文名称或缩写形式作为助记符，这种采用助记符、符号地址和标号编写的程序语言称为汇编语言。本章将着重介绍 8051 汇编语言的指令系统。

3.1 指令系统概述

  8051 单片机的指令系统是一种占用存储空间少、执行速度快、功能强、效率高的指令系统，共有 111 条指令。若按指令在程序存储器所占的字节数，可分为三类：单字节指令 49 条；双字节指令 45 条；三字节指令 17 条。

  若按指令的执行时间，也可分为三类：单机器周期指令 64 条；双机器周期指令 45 条；四机器周期指令 2 条，只有乘法、除法指令是四机器周期的指令。

  当晶振频率为 12 MHz 时，每个机器周期为 1 μs，指令的执行时间分别为 1 μs、2 μs 和 4 μs。由此可见，指令的执行速度较快，指令系统对存储空间和时间的利用率较高。

  若按指令的功能来分，可分为五类：数据传送类指令 29 条；算术运算类指令 24 条；逻辑运算类指令 24 条；控制转移类指令 17 条；位操作类指令 17 条。

  因此，8051 单片机的指令系统具有较强的运算、控制及处理能力。

3.2 指令格式

  指令格式是指令的表示方式。要让计算机做事，就要给计算机发送指令。构成计算机的电子器件特性，决定了计算机只能识别二进制代码。所以，起初的指令格式就是机器码格式，即采用数字的形式，如指令 75H,90H,00 等。但这种指令形式，太难记了，于是出现了另一种格式，助记符格式，如 MOV P1,#00H 等。该指令功能与数字形式表示的完全一样，本质上完全等价，但后者直观、好记，便于设计人员编程和修改。

3.2.1 指令的构成

  一条指令通常由两部分组成，即操作码和操作数。操作码规定了指令的操作功能，而操作数指定了指令操作的对象。操作数可以是一个具体的数据，也可以是指向数据的地址或符号。各种指令的长度不同，指令的格式也有所区别：单字节指令只有一字节，操作码和操作数包含在一字节中；双字节指令包含两字节数据，其中，前 1 字节为操作码，后 1 字节为操作数；三字节指令包含三字节数据，其中，前 1 字节为操作码，后 2 字节为操作数，对应 2 字节的操作数中，可能是数据，也可能是指向数据的地址。

3.2.2 指令格式

单片机汇编指令的标准格式如下：

[标号：] 操作码   [目的操作数] [，源操作数]   [；注释]
LOOP： MOV   A   ，R0   ；A←(R0)

方括号[ ]表示该项是可选项，根据情况可以省去。

标号是用户编程时设置的入口地址符号，代表该地址所处的地址值，控制转移指令可以根据此标号跳转到该指令开始执行程序。标号必须是以字母开头、以"："号结束的一段字符串，字符串可以是字母或数字。

操作码是采用英文缩写的指令助记符，表示一条指令要完成的操作功能。如 SUBB 指令表示减法操作。单片机的每一种功能操作都有确定的指令助记符，编程时不能省略。

目的操作数提供了操作的对象，并指出目标地址，表明指令操作结果存储的地址单元。它与操作码之间至少要用一个空格符分隔开。如 ADD A,#09 指令，表示目的操作数是累加器 A 的内容，指令执行加法操作后，将运算结果又送回到 A 中保存。

源操作数提供了一个源地址(或立即数)，表示指令的源操作数的来源，它与目的操作数之间用"，"分隔开。如 ADD A,30H 指令，表示源操作数从片内 30H 单元取出，并与 A 的内容相加，相加结果保存到 A 中。

注释部分是在编程过程中，为了提高程序的可读性，程序员对某一条指令或某一段程序进行的功能性说明和解析。注释要以"；"号开头，可以用中文、英文或某些符号来表达，编译器对注释部分不编译。因此，它不是程序指令，编译时不会写入到程序的执行代码中，只会出现在源程序中。

3.2.3 指令中常用的符号

8051 单片机指令有 111 条，分五大功能类指令，因此在分类介绍指令之前，先把一些符号的含义做简单的约定。

Ri：R 表示当前选定的工作寄存器组的名字，i 只能取值 0 或 1，特指可作间接寻址的两个工作寄存器 R0、R1。

Rn：表示当前选定的工作寄存器组 R0～R7(n 可取值 0～7)。当前的工作寄存器组选定由 PSW 的 RS1、RS0 位确定。

#data：只能作源操作数，表示包含在指令中的 8 位立即数。其中#表示立即数，data 为 8 位常数。

#data16：同上，表示包含在指令中的 16 位立即数。

rel：以补码形式表示的相对地址(偏移量)，是一个 8 位带符号位的补码数，地址转移的范围为：−128～127，即以当前指令为起点，可向前跳转 128 字节或向后跳转 127 字节处开始执行程序。主要用在无条件转移指令(SJMP)和条件转移指令中。

addr11：表示 11 位目的地址。指令跳转的目的地址应在相同的 2 KB 程序存储器地址段内转移，主要用于绝对转移指令(AJMP)和子程序调用指令(ACALL)中。

addr16：表示 16 位目的地址。指令跳转的目的地址可在 64 KB 程序存储器地址范围内转移，主要用于绝对转移指令(LJMP)和子程序调用指令(LCALL)中。

direct：表示 8 位可直接寻址的地址，即单片机片内 RAM 的地址单元(00～7FH)和 SFR 特殊功能寄存器的地址。对于特殊功能寄存器可用其名称代替其直接地址。

bit：位寻址，指片内 RAM 单元(20H～2FH)和 SFR 中可直接寻址的位地址。

C 或 Cy：表示进位标志位或位处理器中的累加器。

DPTR：16 位数据指针，可用做 16 位的地址寄存器。

@：间接寻址前缀符号，如@Ri、@DPTR，表示寄存器间接寻址；@A+DPTR 表示基址+变址间接寻址。

(x)：表示 x 中内容，其中 x 代表寄存器名或片内单字节单元地址。

$((x))$：表示用 x 中的内容作地址，该地址单元的内容用 $((x))$ 表示。

/：位操作，表示对该位操作数取反，但不影响该位的原值。

←：表示指令操作流程，即把箭头一边的内容送入箭头指向的单元中去。

3.3 指令系统的寻址方式

指令通常由操作码和操作数组成。也就是说，指令执行时大多数都需要使用操作数。操作数指出了参与运算的数或操作数所在的地址单元，如何从指定的地址中获得指令需要的操作数就是寻址。一般说来，寻址方式的多少是计算机功能强弱的重要标志，寻址方式越多，计算机的功能越强，灵活性越好，指令系统越复杂。下面介绍 8051 单片机指令系统的 7 种寻址方式：立即寻址、直接寻址、寄存器寻址、寄存器间接寻址、基址加变址间接寻址、相对寻址和位寻址。

1. 立即寻址

立即寻址，操作数以常数的形式直接出现在指令中。立即数(常数)作为指令的一部分，并与操作码一起存储在程序存储器中。程序执行时，可立即得到操作数，而不需要到寄存器或存储器单元中寻找或取数。指令中的立即数用“#”作前缀，立即数可以是 8 位或 16 位，可以用十进制、十六进制或二进制的形式表示。

```
例如： MOV    A,#1FH              ;用十六进制表示的立即数，A←#1FH
       MOV    A,#31               ;用十进制表示的立即数，A←#31
       MOV    A,#00011111B        ;用二进制表示的立即数，A←#00011111B
```

这三条指令的功能都是把一个立即数 1FH 送到累加器 A 中，分别用十六进制、十进制或二进制的形式表示立即数。这三条指令编译后对应的机器码和操作数都相同，其中机器码是 74H，占用一个存储单元，立即数紧随其后作为指令的操作数，操作数是 1FH，占用下一个存储单元。因此，这三条指令都是双字节指令，其机器码均为 74H 1FH。

立即寻址主要用来给寄存器或存储单元赋初值，并且只能用于源操作数，而不能用做目的操作数。

立即数的数值范围：对工作寄存器和片内 RAM 单元赋初值范围为 00H～FFH 或 0～256；对特殊功能寄存器，除 DPTR 赋初值范围为 0000H～FFFFH 外，其他的赋初值范围为 00H～FFH 或 0～256；对片外 RAM 地址单元不能直接赋初值，即不能采用立即寻址，只能采用间接寻址赋初值，赋初值范围为 00H～FFH 或 0～256。

2. 直接寻址

在直接寻址方式的指令中，操作数直接用一个单元地址的形式给出。对该单元地址进行取数或存数的寻址方式称为直接寻址。

例如：MOV　A,30H　　;A←(30H)

　　　　MOV　40H,A　　;40H←(A)

该指令的功能是把片内 RAM 存储单元 30H 的内容取出送到累加器 A 中。在指令中直接给出了源操作数的地址 30H，该指令的机器码为 E5H 30H。

8051 单片机的直接寻址方式只能支持 8 位二进制数表示的地址，因此直接寻址方式的寻址范围只限于以下三种地址：

（1）对片内 RAM 的基本地址 00H～7FH 单元的访问要采用直接寻址。

（2）对特殊功能寄存器 SFR 的访问要采用直接寻址。特殊功能寄存器 SFR 除了以单元地址的形式表示外，还可以采用寄存器符号的形式表示。例如，MOV　A,90H 表示把 P1 口（地址为 90H）的内容传送给 A，该指令也可以书写为 MOV　A,P1，其功能同样是把 P1 口的内容传送给 A，因此，两条指令的功能是等价的。

（3）在程序存储器中程序的跳转或子程序调用要采取直接寻址。例如，长转移 LJMP　addr16 指令和绝对转移 AJMP　addr11 指令，长调用 LCALL　addr16 指令和绝对调用 ACALL　addr11 指令，指令中都直接给出了 16 位程序存储器地址或 11 位程序存储器地址。当 CPU 执行这样的指令时，程序计数器 PC 的整个 16 位或低 11 位将更换为指令中直接给出的地址，机器将按照访问所给定的程序存储器地址取指令或取数，并依次执行。

3. 寄存器寻址

指令中包含寄存器名，并通过寄存器来读取或存储操作数的指令称为寄存器寻址。

例如：MOV　A,R0　　;A←(R0)

　　　　MOV　R7,A　　;R7←(A)

表示把工作寄存器 R0 中的内容传送给累加器 A，也可以把累加器 A 的内容传送给工作寄存器 R7。该指令中的源操作数和目的操作数是通过寻址 A 和 R0 寄存器得到的，因此是寄存器寻址。

寄存器寻址的范围：工作寄存器 R0～R7，4 组共 32 个可以采用寄存器寻址；特殊功能寄存器（如 A、B、DPTR）也可以作为寄存器寻址。

4. 寄存器间接寻址

指令中指出一个寄存器存储操作数的地址，通过寄存器访问该地址的方法称为寄存器间接寻址。

指令中包含了可间接寻址的寄存器，指令功能是把寄存器中的内容当做操作数的地址，并通过寄存器间接地对该地址进行读或写操作来完成指令功能。

例如：MOV　R0,#30H　　　;R0←#30H

　　　　MOV　A,@R0　　　　;A←((R0))

　　　　INC　R0　　　　　　;R0←(R0)+1

　　　　MOV　@R0,A　　　　;((R0))←(A)

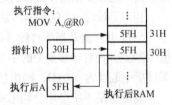

图 3-1　寄存器间接寻址示意图

第一条指令把立即数 30H 存入 R0 寄存器中（即把 R0 指针指向 30H 单元）。第二条指令用 R0 作间接寻址，即把 R0 中存储的数据 30H 当做地址，把这个地址的内容 5FH 取出来送入累加器 A 中，如图 3-1 所示。第三条指令是 R0 自加 1 为(R0)=31H，即 R0 指向 31H 单元。第四条指令用 R0 作间接寻址，作为目标操作数，即从 A 取出数据，存储到 R0 指向的地址单元中（即把 A 中的内容存储到 31H 单元，执行后 30H 和 31H 单元的内容都是 5FH）。

寄存器间接寻址的范围：

（1）工作寄存器中只有 R0、R1 可以作为寄存器间接寻址，当做单字节地址的数据指针。间接访问片内 RAM 的基本地址（00H～7FH）和扩展地址（80H～FFH）（对 52 子系列）时，必须采用@R0 或@R1 形式。

（2）特殊功能寄存器中只有 DPTR、SP 能够作为寄存器间接寻址。其中 DPTR 数据指针当做双字节地址的数据指针，SP 是堆栈指针。

（3）对片外 RAM 的 64 KB 地址中的某个地址访问时，必须采用@DPTR 形式，如 MOVX A, @DPTR。对片外 RAM 的低 256 B 地址中的某个地址访问时，可以采用@DPTR、@R0 或@R1 形式。

（4）堆栈操作区采用寄存器间接寻址。堆栈操作有压栈指令（PUSH）和出栈指令（POP），通过堆栈指针 SP 作间接寻址实现堆栈地址单元中数据的压入和弹出。

5. 基址加变址间接寻址

基址加变址间接寻址是把基址寄存器中的内容（即基本地址）和变址寄存器中的内容（即偏移量）相加后得到一个数据，把这个数据作为地址，并对该地址进行访问。这种寻址方式只能以 DPTR 或 PC 作基址寄存器，以累加器 A 作为变址寄存器，并把两者相加后形成 16 位数据作为操作数的地址。例

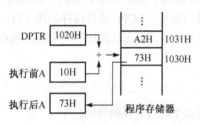

如：MOVC A, @A+DPTR，假设 A 的内容为 10H，DPTR 的内容为 1020H，程序存储器 1030H 单元内容为 73H，则该指令执行的结果是把程序存储器 1030H 单元中的内容 73H 传送给 A，如图 3-2 所示。

说明：

（1）这种寻址方式是专门针对程序存储器的寻址方式，寻址范围可达到 64 KB。多用在访问程序存储器中的数据表格或查表应用中。

图 3-2   基址加变址寻址示意图

（2）这种寻址方式的指令只有三条：

```
MOVC    A, @A+DPTR    ;读取程序存储器地址中的数据传送给 A
MOVC    A, @A+PC      ;读取程序存储器地址中的数据传送给 A
JMP     @A+DPTR       ;跳转到程序存储器的某个地址处执行
```

这三条指令都是单字节指令，其中前两条是读程序存储器单元指令，最后一条是无条件转移指令。

6. 相对寻址

在相对寻址的转移指令中，给出了地址偏移量，以“rel”表示，是在当前程序计数器 PC 值加上偏移量，构成实际操作数目的地址，使程序转移到目的地址处执行。

相对寻址时 PC 值和偏移量的计算：

当前 PC 值是指相对转移指令的下一条指令的首地址。如果把相对转移指令作为源地址，则 PC 值=源地址+相对转移指令的字节数。例如，JNZ LOOP 是判断累加器 A 是否为零的双字节指令，如果该指令地址为 0101H，则执行该指令时，此时的 PC 值应为 0103H。

偏移量是单字节用补码形式表示的有符号数，因此其相对值的范围为–128～127，负数表示从当前指令地址向上转移，最大可转移的偏移量 rel=128–转移字节数。用二进制补码表示为 rel=1000 0000–转移字节数。

例 3-1 以下是一段 10 个单字节无符号数相加的程序代码，从源地址转移到目的地址的转移字节数为 4，则偏移量 rel=128–4=FCH（注意：最高位是符号位）。

地址	机器码	指令助记符	
0100	78 30	MOV	R0,#30H

```
0102        7A 0A           MOV     R2,#10
0104        E4              CLR     A
0105        C3              CLR     C
0106        36      LOOP:   ADDC    A,@R0        ;目的地址
0107        08              INC     R0
0108        DA FC           DJNZ    R2,LOOP      ;相对转移指令(源地址)
010A        22              RET
```

执行相对转移指令时，当前 PC 值为 0108H+2=010AH，再通过该相对转移指令的执行结果，计算出下一条执行指令的目的地址，并存入 PC 中。当相对转移指令中 R2 减 1 不为零时，目的地址=PC+偏移量=0106H；为零时，目的地址就是当前 PC 所指出的地址。

对于正数偏移量表示从当前指令地址向下转移，最大可转移的偏移量 rel=转移字节数(即从当前转移地址的下一条指令算起到目的地址之间的字节数)。

例 3-2 以下是一段取出两个数相除的程序代码，从源地址转移到目的地址相隔 10 字节，则偏移量 rel=0AH(注意：向下转移最大值为 7FH)。

地址	机器码	指令助记符	
0100H	E6	MOV	A,@R0
0101H	60 0A	JZ	QUIT ;相对转移指令(源地址)
0103H	C5 F0	XCH	A,B
0105H	08	INC	R0
0106H	E6	MOV	A,@R0
0107H	84	DIV	AB
0108H	F6	MOV	@R0,A
0109H	18	DEC	R0
010AH	C5 F0	XCH	A,B
010CH	F6	MOV	@R0,A
010DH	22	QUIT: RET	;子程序返回

执行相对转移指令时，当前 PC 值为 0101H+2=0103H，再通过该相对转移指令的执行结果，计算出下一条执行指令的目的地址，并存入 PC 中。当满足条件时，目的地址=PC+偏移量=010DH；不满足条件时，目的地址就是当前 PC 所指出的地址。

所以，相对转移指令中偏移量的计算公式为：偏移量 rel=目的地址−源地址−转移指令的字节数。

7. 位寻址

8051 单片机有位寻址能力，可以对数据位进行位操作。

例如：MOV C,20H 是把位地址为 20H 的二进制值送到进位位 C，也就是把 24H.0 的位值送入 C 中。

位寻址范围说明如下：

(1) 内部 RAM 中的位寻址区，即 20H～2FH 单元共 128 个位可以进行位操作，位地址 00～7FH。这些位在指令中有如下两种表示方法：

① 位地址表示法，例如，MOV C,30H 是把位地址 30H 送到 C 中。

② 点操作符表示法(即单元地址加上位)，例如，MOV C,26H.0，是把 26H 单元中的最低位送入 C 中。它与上一条指令是等价的。

(2) 特殊功能寄存器中的可寻址位。这些可寻址位在指令中有如下 4 种表示方法：

① 直接使用位地址。例如：P1 口有 8 位，这 8 位的位地址分别为 90H～97H。

② 位名称的表示方法。有些位有专用名称，可以用此名称表示该位。例如，PSW.6 是 AC 标志位，可使用 AC 表示该位。

③ 点操作符表示法。例如：P1 口字节地址为 90H，表示第一位可以用 90H.1，也可用 P1.1 表示；特殊功能寄存器 PSW 的字节地址为 D0H，表示第五位可以用 0D0H.5，也可用 PSW.5 表示。

④ 用户自定义的位名称表示法。如用户可通过定义 TEMP 这个名称来代替 20H.2 位，这样在指令中就可以用 TEMP 来表示 20H.2 位。

综上所述，在 8051 单片机的存储空间中，指令究竟对哪个存储器地址进行操作是由指令的操作码和寻址方式确定的。七种寻址方式及使用空间如表 3-1 所示。

表 3-1　七种寻址方式及使用空间

序　号	寻址方式	使用的范围
1	立即寻址	使用常数对寄存器、RAM、ROM 存储器赋值
2	直接寻址	使用片内 RAM 的 00H～7FH、SFR 寄存器地址
3	寄存器寻址	使用 R0～R7、A、B、CY、DPTR 寄存器寻址
4	寄存器间接寻址	使用片内 RAM 的 00H～FFH、片外 RAM 进行寻址
5	基址加变址寻址	使用 PC 或 DPTR 对程序存储器进行寻址
6	相对寻址	使用相对转移指令或绝对转移指令对程序存储器寻址
7	位寻址	片内 RAM 的 20H～2FH 的 128 位、SFR 中的 93 位

3.4　8051 单片机指令系统

8051 单片机指令系统共计 111 条指令，按功能分为五大类：数据传送类指令、算术运算类指令、逻辑运算类指令、控制转移类指令和位操作(布尔操作)类指令。下面按其分类分别介绍各条指令的格式、功能、影响状态标志的变化及应用。

3.4.1　数据传送类指令

数据传送类指令有 29 条，是使用最频繁的一类指令。指令的操作功能是把源操作数传送到目的操作数(地址或寄存器)中。指令执行后，目的操作数改为源操作数(即被源操作数覆盖)，源操作数保持不变，即属于"复制"性质，而不是"搬家"。如果希望指令执行后目的操作数和源操作数都能保留，则可以使用交换型指令。

数据传送指令不会影响进位标志 C、半进位标志 AC 和溢出标志 OV。但数据传送改变累加器 A 的同时，将影响奇偶标志 P 和 Z。

指令格式：　MOV　<目的操作数>，<源操作数>

1. 以累加器 A 为目的操作数的指令

这组指令有如下 4 条：

```
MOV  A,#data      ; A←#data
MOV  A,direct     ; A←(direct)
MOV  A,Rn         ; A←(Rn)，n=0～7
MOV  A,@Ri        ; A←((Ri))，i=0～1
```

这组指令的功能是源操作数(8 位数)传送到累加器 A 中，源操作数传送时可以使用立即数寻址、直接寻址、寄存器寻址和寄存器间接寻址方式。例如：

```
MOV  A,#8CH       ;A←8CH，立即寻址
MOV  A,30H        ;A←(30H)，直接寻址
```

```
MOV    A,P1           ;A←(P1)，直接寻址，等价于 MOV    A,90H
MOV    A,R2           ;A←(R2)，寄存器寻址
MOV    A,@R0          ;A←((R0))，间接寻址
```

2. 以工作寄存器 Rn 为目的操作数的指令

这组指令有如下 3 条：

```
MOV    Rn,#data       ; Rn←#data，n=0～7
MOV    Rn,A           ; Rn←(A)，n=0～7
MOV    Rn,direct      ; Rn←(direct)，n=0～7
```

这组指令功能是把源操作数的内容送入当前工作寄存器区(R0～R7)中的某一个寄存器。但在片内 RAM 中有 4 组 Rn，选择哪一组 Rn 需要由 PSW 的 RS1 和 RS0 的设置而定。例如：

```
MOV    R3,#0F2H       ;R3←#0F2H
MOV    R0,A           ;R0←(A)
MOV    R7,3AH         ;R7←(3AH)
```

3. 以直接地址 direct 为目的操作数的指令

这组指令有如下 5 条：

```
MOV    direct,#data       ;direct←#data
MOV    direct,A           ;direct←(A)
MOV    direct,Rn          ;direct←(Rn)，n=0～7
MOV    direct1,direct2    ;direct1←(direct2)
MOV    direct,@Ri         ;direct←((Ri))，i=0～1
```

这组指令的功能是把源操作数送入直接地址指出的存储单元。direct 指的是内部 RAM(地址范围 00H～7FH)或 SFR 寄存器(地址范围 80H～FFH)，可以实现片内 RAM 之间、SFR 特殊寄存器之间、SFR 与片内 RAM 之间直接传送数据。数据直接传送不需要通过累加器 A 或者使用 Ri 工作寄存器来间接寻址，从而提高了数据传送效率(但是访问 52 子系列单片机片内的高 128 个单元(地址范围 80H～FFH)时，不能使用直接寻址传送数据，而必须通过累加器 A 和 Ri 来间接寻址进行数据传送)。例如：

```
MOV    30H,6FH        ;30H←(6FH)
MOV    P3,P1          ;P3←(P1)
MOV    81H,0D0H       ;SP←(PSW)
```

另外，SFR 特殊功能寄存器区的地址范围为 80H～FFH，对应于 51 子系列单片机只定义了 18 个专用寄存器，共占 21 个地址单元；52 子系列单片机只定义了 22 个专用寄存器，共占 26 个地址单元，其他地址单元没有定义。因此，访问 SFR 区中没有定义的单元地址是没有意义的。例如：

```
MOV    R0,#81H        ;R0←#81H
MOV    A,P1           ;A ←(P1)
MOV    @R0,A          ;((R0))←(A)，把 A 的内容传送到片内 RAM 地址 81H 单元
```

4. 以寄存器间接地址为目的操作数的指令

这组指令有如下 3 条：

```
MOV    @Ri,A          ;((Ri))←(A)，i=0、1
MOV    @Ri,direct     ;((Ri))←(direct)
MOV    @Ri,#data      ;((Ri))←#data
```

这组指令的功能是把源操作数传送到以 Ri 的内容作为地址的片内 RAM 单元中（即 Ri 做指针）。间接寻址方式可以访问片内 RAM 的低 128 个单元（00H～7FH）和高 128 个单元（80H～FFH），但不能用于访问 SFR 特殊功能寄存器。

例 3-3 假设单片机片内 RAM 单元（40H）=30H，（30H）=20H，（20H）=10H，（P1）=5AH，分析下面一段程序执行后各单元及寄存器的内容是什么。

```
MOV    R1,#40H        ;(R1)=40H
MOV    A,@R1          ;(A)=30H
MOV    R0,A           ;(R0)=30H
MOV    B,@R0          ;(B)=20H
MOV    @R1,P1         ;(40H)=5AH
MOV    P2,P1          ;(P2)=5AH
MOV    R0,B           ;(R0)=20H
MOV    A,@R0          ;(A)=10H
MOV    B,A            ;(B)=10H
MOV    @R0,#1FH       ;(20H)=1FH
MOV    P1,@R0         ;(P1)=1FH
```

上述指令执行后，自下向上得出的最后结果为：（P1）=1FH，（40H）=5AH，（30H）=20H，（20H）=1FH，（A）=10H，（B）=10H，（R0）=20H，（R1）=40H，（P2）=5AH。

5. 外部数据存储器传送指令

这组指令有如下 5 条：

```
MOV    DPTR,#data16   ;DPTR←#data16
MOVX   A,@DPTR        ;A←((DPTR))，读外部 RAM 或 I/O 端口
MOVX   A,@Ri          ;A←((Ri))，读外部 RAM 或 I/O 端口
MOVX   @DPTR,A        ;((DPTR))←(A)，写外部 RAM 或 I/O 端口
MOVX   @Ri,A          ;((Ri))←(A)，写外部 RAM 或 I/O 端口
```

这组指令的功能是访问外部扩展的 RAM 存储器或 I/O 端口。8051 单片机对外部扩展的 RAM 存储器或 I/O 端口进行数据传送时，必须使用寄存器间接寻址。间接寻址寄存器可以是 DPTR、R0 和 R1，由累加器 A 作为数据中转，每次传送一字节数据。数据传送实际要通过 P0、P2 口来完成，即片外地址总线的低 8 位由 P0 口送出，高 8 位由 P2 口送出，数据由数据总线 P0 口传送（P0 口分时复用，是双向口）。

MOV DPTR,#data16 是唯一的一条 16 位数据的传送指令，立即数的高 8 位送入 DPH，立即数的低 8 位送入 DPL。采用 16 位寄存器 DPTR 做间接寻址时，高 8 位地址（DPH）由 P2 口输出，低 8 位地址（DPL）由 P0 口输出，最大可寻址 64 KB 片外数据存储器。例如：

```
MOV    DPTR,#1020H    ;DPTR←#1020H
MOVX   A,@DPTR        ;A←(1020H)，把片外 1020H 单元的内容送入 A
```

采用工作寄存器 R0 或 R1 做间接寻址时，R0 或 R1 存储低 8 位地址，8 位地址和数据均由 P0 口传送，因此最大可寻址片外 256 B 的数据存储器。当扩展的外部 RAM 空间不大（在 256 个单元以内）时，可以直接使用 R0 或 R1 做间接寻址。例如：

```
MOV    R0,#9DH        ;R0←#9DH
MOVX   A,@R0          ;A←(9DH)，把片外 9DH 单元的内容送入 A
```

如果使用 R0 或 R1 间接寻址大于 8 位的外部 RAM 地址，也可选用 P2 口输出高 8 位的地址，低 8 位地址由 R0 或 R1 暂存，这样由 P2 R0 或 P2 R1 也可组成 16 位外部 RAM 寻址。例如，要读取外部 2010H 单元的内容，可采用以下指令：

```
MOV    P2,#20H    ;P2←#20H
MOV    R0,#10H    ;R0←#10H
MOVX   A,@R0      ;A←(2010H)，把片外 2010H 单元的内容送入 A
```

用 MOVX 指令访问外部数据存储器单元，指令执行时，将从 P3 口输出 $\overline{WR}$、$\overline{RD}$ 信号。对外部数据存储器单元读操作时，$\overline{RD}$ (P3.7) 读信号有效；对外部数据存储器单元写操作时，$\overline{WR}$ (P3.6) 写信号有效。

6. 程序存储器数据表格传送指令

程序存储器数据表格只能读取到 A，共有 2 条指令，又称查表指令。它采取基址加变址的方式，把程序存储器中的数据表格读出来，传送到累加器 A 中。指令形式如下：

```
MOVC   A,@A+DPTR    ;A←((A)+(DPTR))
MOVC   A,@A+PC      ;A←((A)+(PC))
```

指令的功能是把基址寄存器 (PC、DPTR) 的内容与变址寄存器 A 的内容进行 16 位无符号数的加法操作，得到程序存储器内的一个地址，把该地址单元中的内容读出并送到 A。指令执行后，DPTR 的内容保持不变，PC=(PC)+1。

以 DPTR 作为基址寄存器，A 的内容作为无符号数和 DPTR 的内容相加后得到一个 16 位的地址，把该地址指出的程序存储器单元的内容送到累加器 A 中。

例 3-4 设 (DPTR)=2100H，(A)=07H，分析下面程序段的结果：

```
MOV    DPTR,#2100H    ;DPTR←#2100H
MOV    A,#07H         ; A←#07H
MOVC   A,@A+DPTR      ; A←((A)+(DPTR))
...
ORG    2100H
DB     00,01,04,09,16,25,36,49,64,81    ;表格是 0～9 对应的平方值
...
```

指令执行结果：(DPTR)=2100H，(A)=31H。

因此，MOVC A,@A+DPTR 指令的执行结果只与指针 DPTR 和累加器 A 的内容有关，与该指令存储的地址及常数表格存储的地址无关，所以表格的大小和位置可以在 64 K 程序存储器中任意安排，各个程序块可以共用一个表格。

对于 MOVC A,@A+PC 指令，是以 PC 作为基址寄存器，CPU 在程序存储器取出该指令的操作码时 PC 会自动加 1，指向下一条指令的首地址。因此，执行该指令时，当前的 PC 值已经增加了 1，然后计算目的地址=(A)+(DPTR)，即把 A 中的无符号整数与当前 PC 中的内容相加后得到一个 16 位的地址，把该地址指出的程序存储器单元的内容送到累加器 A 中。

另外，由于累加器 A 中的内容为单字节，最大值为 255，使得该指令查表范围只能在 PC+0～PC+255 之间，即以当前 PC 值开始的 256 字节范围内，表格地址空间分配受到了限制。而且，编程时还需要进行偏移量的计算，偏移量是指 MOVC A,@A+PC 指令所在的下一条指令地址与存储表格的首地址之间相差的字节数，并且要用一条加法指令将偏移量加到 A 中进行地址调整。偏移量的计算公式为：

$$偏移量=表格首地址-(MOVC \text{ 指令所在地址}+1)$$

例 3-5 把 0～9 对应的平方值做表格，查表求 04 的平方值，分析下面程序段的结果：

```
ORG    1030H
MOV    A,#04H          ;A←#04H
ADD    A,#03H          ;A←#03H,偏移量是 03H
MOVC   A,@A+PC         ;A←((A)+(PC))
MOV    30H,A
RET
DB     00,01,04,09,16,25,36,49,64,81   ;0～9 对应的平方值表格
...
```

以上程序段中，数据表格首地址为 1038H，MOVC 指令所在地址为 1034H，因此根据计算公式偏移量为 03H，MOVC 指令执行后，结果为：(PC)=1035H，(A)=10H。

MOVC A,@A+PC 指令的优点是不改变特殊功能寄存器及 PC 的状态，根据 A 的内容就可以取出表格中的常数；缺点是表格只能存储在该条查表指令后面的 256 个单元之内，表格的大小受到限制，且表格只能被一段程序所利用。

以上两条指令是在 MOV 的后面加 C，"C" 是 CODE 的第一个字母，即代码的意思。注意：MOVC 指令执行时，要对((A)+(PC))指出的程序存储器地址单元的内容进行读操作，此刻 $\overline{PSEN}$ 信号有效。

7. 堆栈操作指令

在 8051 单片机内部 RAM 中可以设定一个后进先出(Last In First Out, LIFO)的区域，称做堆栈，堆栈的栈顶位置由堆栈指针 SP 指出。堆栈操作有进栈和出栈操作，即压入数据和弹出数据，常用于保存数据或恢复现场。堆栈操作有如下 2 条指令：

(1) 进栈指令 PUSH direct

进栈操作时包含两个步骤：先将堆栈指针 SP 加 1，即(SP)+1→SP；然后把 direct 中的内容送到堆栈指针 SP 指示的内部 RAM 单元中，即(direct)→((SP))。

例 3-6 当(SP)=6FH，(A)=30H，(B)=5CH，(40H)=9FH 时，执行以下指令：

```
PUSH   ACC    ;(SP)+1=70H→SP, (A)→70H, 即(A)→((SP))
PUSH   B      ;(SP)+1=71H→SP, (B)→71H, 即(B)→((SP))
PUSH   40H    ;(SP)+1=72H→SP, (40H)→72H, 即(40H)→((SP))
```

指令执行的最后结果为：(70H)=30H，(71H)=5CH，(72H)=9FH，(SP)=72H。

(2) 出栈指令 POP direct

出栈操作时也包含两个步骤：先将堆栈指针 SP 指示的内部 RAM 单元中的内容送到 direct 地址，即((SP))→direct；然后把堆栈指针 SP 减 1，即(SP)-1→SP。

例 3-7 当 (70H)=30H，(71H)=1CH，(72H)=9FH，(SP)=72H 时，执行以下指令：

```
POP    30H    ;((SP))→30H, (SP)-1→SP
POP    DPH    ;((SP))→DPH, (SP)-1→SP
POP    DPL    ;((SP))→DPL, (SP)-1→SP
```

指令执行的最后结果为：(30H)=9FH，(DPTR)=1C30H，(SP)=6FH。

例 3-8 设在程序存储器的 0600H 开始的地址单元依次存储了一段表格数据，数据指针(DPTR)=12F0H，要求用查表指令取出 0605H 单元的数据后，查表后 DPTR 的内容不变。分析下面程序：

```
MOV    A,#05
PUSH   DPH
PUSH   DPL
MOV    DPTR,#0600H
```

```
        MOVC    A,@A+DPTR
        POP     DPL
        POP     DPH
        …
        ORG     0600H
        DB      11H,22H,33H,44H,55H,66H77H,88H,99H
```

程序执行结果：(A)=66H，(DPTR)=12F0H。可见，虽然在程序中改变了 DPTR 的内容，但利用 PUSH 和 POP 指令可对其进行保护和恢复。

8. 数据交换指令

这组指令有如下 5 条：

```
    XCH     A,direct    ;(A)←→(direct)
    XCH     A,Rn        ;(A)←→(Rn)，n=0~7
    XCH     A,@Ri       ;(A)←→((Ri))，i=0~1
    XCHD    A,@Ri       ;(A3~0)←→((Ri)3~0)，i=0~1
    SWAP    A           ;(A3~0)←→(A7~4)
```

这组指令中，前 3 条是字节交换指令，其指令功能是把源操作数的内容与累加器 A 的内容相互交换。源操作数可以使用直接寻址、寄存器寻址和寄存器间接寻址。

第 4 条是半字节交换指令，指令功能是把累加器 A 的低 4 位数与寄存器间址单元的低 4 位数相互交换，而各自的高 4 位数保持不变。

第 5 条是累加器半字节交换指令，指令功能是把累加器 A 中的低 4 位(低半字节)与高 4 位(高半字节)进行交换。

有了这些交换指令，使单片机处理数据更加高效、快捷，且保证数据的稳定可靠。

例 3-9　设(A)=60H，(R5)=32H，(40H)=57H，(R0)=40H，分析下列指令执行结果：

```
    XCH     A,40H       ;互换结果(A)=57H，(40H)=60H
    XCH     A,R5        ;互换结果(A)=32H，(R5)=57H
    XCH     A,@R0       ;互换结果(A)=60H，(40H)=32H
    XCHD    A,@R0       ;互换结果(A)=62H，(40H)=30H
    SWAP    A           ;互换结果(A)=26H
```

因此，指令执行的最后结果为：(A)=26H，(R5)=57H，(40H)=30H，(R0)=40H。

3.4.2　算术操作类指令

8051 单片机指令系统中，共有算术操作类指令 24 条，可分为加法、带进位加法、带借位减法、加 1、减 1、乘/除法和十进制数调整指令。它们都是二进制数算术运算指令，能直接用指令完成单字节操作数的加法、减法、乘法或除法，通过编程也能完成加、减、乘、除四则混合运算。

加、减、乘、除法指令是单字节二进制数算术运算指令，对单字节数可直接运算；借助 OV 溢出标志，可对有符号数进行二进制补码运算；借助进位标志，可进行多字节二进制数加法、减法运算，对多字节压缩 BCD 码也能进行加法、减法运算。加、减、乘、除指令必须在累加器 A 中进行。

算术运算指令执行的结果对 Cy、Ac、OV 三种标志位有影响，但对加 1 和减 1 指令除外。只要修改了累加器 A 的值，就会影响 P 标志。

1. 加法指令

这组指令有如下 4 条：

```
ADD    A,#data          ;A←(A)+ #data
ADD    A,Rn             ;A←(A)+(Rn),n=0～7
ADD    A,direct         ;A←(A)+(direct)
ADD    A,@Ri            ;A←(A)+((Ri)),i=0,1
```

这组指令的功能是把累加器 A 的内容与源操作数相加，相加结果存储在 A 中。这些指令中参加运算的都是 8 位二进制数，对用户而言，这两个 8 位数可当做无符号数（0～255），也可以当做有符号数（-128～127），即补码数。例如：对应二进制数 10110110，用户可以认为它是无符号数，即等于十进制数 182；也可认为它是带符号数，即为十进制负数-54。但不管如何，计算机在进行加法运算时，都是按以下的规则进行计算：

（1）进行求和运算时，两个操作数以二进制数的形式直接进行对应位相加，而不经过任何变换。例如：设（A）=10111101B，（R2）=11000111B，则执行指令 ADD A,R2 时，其实际算式为：

$$
\begin{array}{r}
1011\ 1101 \\
+\quad 1100\ 0111 \\
\hline
1\quad 1000\ 0100
\end{array}
$$

相加后（A）=10000100B。如果认为是无符号数相加，则 A 的内容表示为十进制数 132；如果认为这是有符号数相加，那么 A 的内容表示为十进制数-4。

（2）进位标志 Cy 是两个无符号操作数相加时标明加法指令执行结果是否有进位的一个标志，若位 7 有进位，Cy=1，此时的 Cy 表示十进制数的 256（如上例）；若位 7 没有进位 Cy=0。同时，辅助进位标志 AC 也会有影响，若位 3 有进位 AC=1，否则 AC=0。如果是两个有符号操作数相加，此时进位标志 Cy 无实际意义。

（3）加法指令会影响 OV 溢出标志，溢出标志是否有意义，要看用户定义的数是否为有符号数，若是两个有符号数进行算术运算，当 OV=1，数据运算溢出，运算结果有错误；当 OV=0，数据运算结果正确。

然而，在进行算术运算时，计算机不会区分有符号、无符号的数，它总是把参加运算的操作数当做带符号数来对待，即只要位 6 和位 7 其中一个向高位有进位，OV=1，表明数据运算溢出；否则，如果位 6 和位 7 同时有进位或同时没有进位，OV=0，表明数据运算没有溢出。事实上，一个正数与一个负数相加是不会产生溢出的，只有两个正数或两个负数相加时才有可能产生溢出，运算结果出错。

例 3-10　若（A）=57H，（R2）=E5H，执行指令 ADD　A,R2

运算式为：

$$
\begin{array}{r}
0101\ 0111 \\
+\quad 1110\ 0101 \\
\hline
1\quad 0011\ 1100
\end{array}
$$

结果为：（A）=3CH，Cy=1，AC=0，OV=0，P=0。

注意：上面的运算中，位 6 和位 7 同时有进位，故 OV=0，运算结果是正确的。

若（A）=9DH，（R1）=40H，（40H）=D6H，执行指令 ADD　A,@R1

运算式为：

$$
\begin{array}{r}
1001\ 1101 \\
+\quad 1101\ 0110 \\
\hline
1\quad 0111\ 0011
\end{array}
$$

结果为：（A）=73H，Cy=1，AC=1，OV=1，P=1。

注意：上面的运算中，位 6 无进位，位 7 有进位，故 OV=1，运算结果是错误的。

（4）加法指令也会影响辅助进位位 AC 和奇偶标志 P，在上面的例子中，可以看出 AC 标志和 P 标志的变化。

2. 带进位加法指令

这组指令有如下 4 条：

```
ADDC   A,Rn          ;A←(A)+(Rn)+C, n=0～7
ADDC   A,direct      ;A←(A)+(direct)+C
ADDC   A,@Ri         ;A←(A)+((Ri))+C, i=0,1
ADDC   A,#data       ;A←(A)+#data+C
```

这组指令的功能是把源操作数所指出的内容、进位标志 Cy 都与累加器 A 的内容相加，结果存储在 A 中。这组指令的特点是进位位 Cy 也参加了运算，因此带进位位相加的操作得到的是 3 个数相加的结果。

例 3-11 （A)=69H，(30H)=ADH，Cy=1，执行指令 ADDC　　A,30H

运算式为：

$$
\begin{array}{r}
0110\ 1001 \qquad 69H \\
1010\ 1101 \qquad ADH \\
+\qquad\qquad 1 \qquad Cy \\
\hline
0001\ 0111
\end{array}
$$

结果为：(A)=17H，Cy=1，Ac=1，OV=0，P=0

例 3-12 编程实现两个双字节无符号数加法，即 (R5 R4)+(R7 R6)，结果存储在 (R3 R2) 中。

根据题意，双字节无符号数是一个 16 位数，这 3 个 16 位数的高 8 位分别存储在 R5、R7、R3 中，低 8 位分别存储在 R4、R6、R2 中。由于单片机没有 16 位二进制数的加法指令，因此必须编写程序来完成。按照加法原则，应从低位开始相加，即先加低 8 位，后加高 8 位，低位产生的进位应同时加到高位上。程序如下：

```
MOV    A,R4        ;取被加数的低字节
ADD    A,R6        ;低字节相加，得到低字节和
MOV    R2,A        ;和的低字节送到 R2
MOV    A,R5        ;取被加数的高字节
ADDC   A,R7        ;把高字节的加数、被加数和 Cy 相加，得到高字节和
MOV    R3,A        ;保存高字节和
```

3. 加 1、减 1 指令

加 1 指令有如下 5 条，指令助记符为 INC：

```
INC    A           ;A←(A)+1
INC    Rn          ;Rn←(Rn)+1, n=0～7
INC    direct      ;direct←(direct)+1
INC    @Ri         ;((Ri))←((Ri))+1, i=0,1
INC    DPTR        ;DPTR←(DPTR)+1
```

减 1 指令有如下 4 条，指令助记符为 DEC：

```
DEC    A           ;A←(A)-1
DEC    Rn          ;Rn←(Rn)-1, n=0～7
DEC    direct      ;direct←(direct)-1
DEC    @Ri         ;((Ri))←((Ri))-1, i=0,1
```

这组指令的功能是将操作数所指定的单元内容自加 1、自减 1。其指令执行特点是：

（1）指令操作是按二进制的形式进行加 1、减 1。

（2）执行加 1、减 1 指令后不会影响 Cy、OV、Ac 标志位。

（3）当操作单元的内容为 00H 时，执行 DEC 减 1 指令后，操作单元内容为 FFH，且有借位，但不影响 Cy、OV、Ac 标志。

（4）当操作单元的内容为 FFH 时，执行 INC 加 1 指令后，操作单元内容为 00H，且有进位，但不影响 Cy、OV、Ac 标志。

（5）只有涉及累加器 A 的指令，如 INC A、DEC A 指令，才会影响 P 标志。

（6）INC DPTR 指令，是 16 位数加 1 指令。指令首先对低 8 位指针 DPL 的内容执行加 1 的操作，当产生溢出时，就对 DPH 的内容进行加 1 操作，并不影响标志 Cy 的状态。

（7）加 1、减 1 指令中，只有操作数为直接地址时，指令为双字节指令，其他指令为单字节指令。

（8）当操作数的直接地址为 P0～P3 端口时，其功能是修改 I/O 口的输出内容。其指令的执行过程是：先从端口的锁存器读入原始数据，然后在 CPU 中加 1、减 1，再将结果写入端口寄存器输出。这类指令具有"读→修改→写"的功能。

例 3-13 设（R0）=31H，（30H）=00H，（31H）=0FH，（P1）=FFH，（DPTR）=21FFH，逐条分析下面指令执行后各单元的内容。

```
INC   @R0    ;使 31H 单元的内容加 1 后变为 10H，即(31H)=((R0))+1=10H
DEC   R0     ;(R0)=(R0)-1=30H
INC   P1     ;(P1)=(P1)+1=00H
DEC   @R0    ;使 30H 单元的内容减 1 变为 FFH，即(30H)=((R0))-1=FFH
INC   DPTR   ;(DPTR)=(DPTR)+1=2200H
INC   DPTR   ;(DPTR)=(DPTR)+1=2201H
```

4．十进制调整指令

这是一条对二进制和十进制的加法进行调整的指令，用于对 BCD 码数加法运算结果的修正，修正后的结果仍然按 BCD 码的形式存储。

指令格式：DA A。指令的功能是在两个 BCD 码按二进制相加后，采用该指令对相加的和进行调整，以得到正确的累加和。指令的应用特点如下：

（1）二进制和十进制调整必须在 A 中进行，两个压缩的 BCD 码按二进制相加后必须经过本指令调整后，才能得到正确的 BCD 码数，实现十进制的加法运算。

（2）BCD 码加法问题：二进制数的加法运算原则上并不能适用于十进制数的加法运算，有时会产生错误结果。例如：4+5=9，0100+0101=1001，运算结果正确；6+9=15，0110+1001=1111，运算结果不正确；9+8=17，1001+1000=00001，Cy=1，结果不正确。通过以上 3 个例子，说明二进制数加法指令不能完全适用于 BCD 码十进制数的加法运算。这是因为 BCD 码是用 4 位二进制数表示的 1 位十进制数，而 4 位二进制可以组成 16 个编码，BCD 码只用了其中的 10 个，有 6 个没用到。这 6 个没用到的编码（1010、1011、1100、1101、1110、1111）称为无效码。所以在 BCD 码的加法运算中，只要"和"数进入或跳过无效码，其运算结果一定是错误的。1 位 BCD 码的加法运算，其结果出错可分以下两种：相加的和大于 9，说明已经进入无效码区；相加后有进位，即 Cy=1 或 Ac=1，说明已经跳过无效码。

因此，造成 BCD 码加法出错的原因就是因为存在 6 个无效码，显然 BCD 码是一种假二进制数。所以，要想得到正确结果，必须进行二进制"和"的十进制调整。

（3）十进制调整方法：累加器低 4 位大于 9 或辅助进位位 Ac=1，则进行低 4 位加 6 修正；累加器高 4 位大于 9 或进位位 Cy=1，则进行高 4 位加 6 修正；累加器高 4 位为 9，低 4 位大于 9，则高 4 位和低 4 位分别加 6 修正。

例 3-14 设有两个单字节压缩 BCD 码数（A）=47H，（R5）=65H，将两个 BCD 码进行加法运算得到的 BCD 码存储在 R6 R5 中。分析执行以下程序：

```
ADD    A,R5      ;A←(A)+(R5)，相加后标志位 Cy=0、Ac=0
DA     A         ;由于高、低 4 位都大于 9，故对 A 的内容进行十进制调整要加 66H
MOV    R5,A      ;R5←(A)
CLR    A         ;把 A 清 0
ADDC   A,#00     ;A←(A)+00+Cy
MOV    R6,A      ;R6←(A)
```

运算式为：

```
      0100 0111      47H
   +  0110 0101      65H
      1010 1100      ACH
   +  0110 0110      加 66H 调整
    1 0001 0010      ←结果
```

程序执行结果为：(R6)=01H，(R5)=12H。可见 47+65=112，结果是正确的。

（4）特别需要注意的是，DA 指令不能对减法进行十进制调整，也不能对十六进制的加法进行十进制调整，只能对两个单字节的 BCD 码加法进行十进制调整。

5. 带借位的减法指令

带借位减法指令有如下 4 条：

```
SUBB   A,Rn      ;A←(A)-(R)-Cy, n=0～7
SUBB   A,direct  ;A←(A)-(direct)-Cy
SUBB   A,@Ri     ;A←(A)-((Ri))-Cy, i=0, 1
SUBB   A,#data   ;A←(A)-#data-Cy
```

这组指令的功能是从累加器 A 中的内容减去指定的变量和借位标志 Cy 的值，结果存储在累加器 A 中。指令的应用特点如下：

（1）这组指令是单字节二进制数减法指令，必须在累加器 A 中做减法，将 A 的内容减去 Cy 和操作数。

（2）指令执行会影响 Cy、OV、Ac、P 四个标志位。对于借位标志，如果位 7 需借位则置 Cy=1，否则清 Cy=0；如果位 3 需借位则置 Ac=1，否则清 Ac=0。对于溢出标志，如果位 6 有借位，而位 7 无借位，或者位 7 有借位，位 6 无借位，则置溢出标志位 OV=1；否则，如果位 6、位 7 同时有借位或同时无借位，则清 OV=0。

（3）标志值的意义：计算机总是把操作数当做带符号的数进行减法。对于有符号数的两个数相减后，若 OV=1，表明结果是错误的；若 OV=0，表明结果是正确的。对于无符号数的两个数相减后，也会影响标志位，但此时的 OV 标志值无实际意义。

借位标志 Cy，表示两个无符号数相减时，最高位是否有借位产生，Cy=1 表示有借位（被减数比减数小），Cy=0 表示无借位（被减数比减数大）。

（4）减法指令都是带借位的减法指令，因此，如果要求进行不带借位的减法操作，应事先把借位标志清 0，即 Cy=0。

例 3-15　假设(A)=D3H,(R2)=7CH,Cy=1,用减法指令计算(A)-(R2)的值，则执行指令 SUBB　A,R2

运算式为：

```
      1101 0011      D3H
      0111 1100      7CH
   -         1       Cy
      0101 0110      56H
```

结果：(A)=56H，Cy=0，Ac=1，OV=1。

6. 乘、除法指令

乘、除法指令是单字节四机器周期的指令，是单片机指令系统中执行周期最长的两条指令。指令是二进制乘、除法指令，即只能对两个单字节的二进制数进行乘除。如果要求对两个多字节数进行乘、除法运算，则必须编写算法程序。

(1) 乘法指令格式

```
MUL  AB      ;(A)×(B)→B A
```

该指令的功能是把累加器 A 和寄存器 B 中的无符号 8 位二进制整数相乘得到 16 位的乘积，其低 8 位在累加器 A 中，高 8 位在寄存器 B 中。如果乘积大于 255，则置溢出标志位 OV＝1，否则清 OV＝0。进位标志总是零，即 Cy＝0。

若(A)=0CH，(B)=7AH，则执行指令 MUL   AB

结果为：(B)=05H，(A)=B8H。

由于乘积为 5B8H 大于 255，则标志位 Cy=0，OV=1，P=0。

例 3-16 利用单字节乘法指令进行双字节数乘以单字节数操作，即(R3 R2)×(R4)，乘积存储在寄存器(R7、R6、R5)中。

分析题意可知双字节数乘以单字节数，乘积最大是三字节数。该运算的算法步骤为：将双字节被乘数分成高 8 位、低 8 位分别与乘数相乘，然后把两次得到的乘积进行错位相加，即可得到最后的乘积。算法思路如下：

	R3	R2	
×		R4	
	R6	R5	(R2)×(R4)乘积暂存 R6、R5 中
+	B	A	(R3)×(R4)乘积暂存 B、A 中
R7	R6	R5	对应位相加后把最后结果存储在 R7、R6、R5 中

参考程序如下：

```
MOV   A,R2      ;取被乘数低字节送 A
MOV   B,R4      ;取乘数送 B
MUL   AB        ;(A)×(B)
MOV   R5,A      ;乘积低 8 位存 R5
MOV   R6,B      ;高 8 位暂存 R6
MOV   A,R3      ;取被乘数高字节送 A
MOV   B,R4      ;取乘数送 B
MUL   AB        ;(A)×(B)
ADD   A,R6      ;(A)+(R6)得乘积第二字节
MOV   R6,A      ;乘积存 R6
XCH   A,B       ;A,B 交换，将 B 中的乘积高 8 位送给 A
ADDC  A,#00     ;(A)+Cy 得到高字节
MOV   R7,A      ;乘积的高字节送 R7
```

(2) 除法指令格式

```
DIV  AB      ;(A)/(B)→A(商)，余数→B
```

该指令的功能是把累加器 A 中的 8 位单字节无符号数除以 B 中的单字节无符号数，所得商存储在累加器 A 中，余数存储在寄存器 B 中。指令的应用特点是：

（1）除法指令按照 8 位无符号二进制的形式进行相除；

（2）执行除法指令后，进位标志和溢出标志均被清 0；

（3）若除数等于 0 时，除法运算没有意义，运算结果 A、B 中的内容不确定，此时溢出标志位 OV=1，进位标志 Cy=0。

若（A）=0EFH，（B）=1AH，则执行指令 DIV　AB

结果为：（A）=09H，（B）=05H，Cy=0，OV=0。

3.4.3　逻辑运算与移位指令

逻辑运算与移位指令共有 24 条，其中移位指令 4 条，累加器清 0、取反指令 2 条，逻辑指令（包括 "与"、"或"、"异或"）18 条。下面将分别介绍这类指令。

1．累加器 A 清 0 与取反指令

```
CLR  A     ;累加器 A 清 0，不影响 Cy、Ac、OV 等标志
CPL  A     ;将累加器 A 的内容按位逻辑取反，不影响标志
```

这组指令均为单字节指令，可以很方便地实现对累加器 A 的清 0 或按位取反操作。当然也可以用其他指令对 A 或其他寄存器进行清 0 或取反。

例如：用数据传送指令 MOV　A，#00 可对累加器 A 送 0（指令占双字节）。也可用逻辑异或指令清 0，则需要两条指令 MOV　R2，A 和 XRL　A，R2，共占 4 字节。而用 CLR　A 指令清 0 只需单字节指令码，大大节省了程序的存储空间，提高了程序的执行速度。

例 3-17　要求对一个单字节有符号数求补码。

一个单字节数是 8 位数，其最高位 D7 是符号位，其余 7 位是有效数字位。

假设 A 中已存储一个有符号单字节数，将其转换求得的补码仍存储在 A 中。正数的补码是其本身，负数的补码是有效数字位按位取反加 1。参考程序如下：

```
CMPT:  JNB    ACC.7,EXT   ;符号位=0 为正数，不需转换
       MOV    C,ACC.7     ;否则符号位=1 为负数，符号位暂存入 Cy
       CPL    A           ;对（A）取反加 1
       ADD    A,#01
       MOV    ACC.7,C     ;符号位放回 A 的最高位，A 中即为求得的补码
EXT:   RET
```

2．移位指令

移位指令是按二进制位移动指令，包括循环左移指令、循环右移指令、循环带进位左移指令、循环带进位右移指令 4 条指令。指令格式如下：

```
RL   A    ;(A_{n+1}) ← (A_n)，(A_0) ← (A_7)，n=0～6
RR   A    ;(A_n) ← (A_{n+1})，(A_7) ← (A_0)，n=0～6
RLC  A    ;(A_{n+1}) ← (A_n)，(Cy) ← (A_7)，(A_0) ← (Cy)，n=0～6
RRC  A    ;(A_n) ← (A_{n+1})，(Cy) ← (A_0)，(A_7) ← (Cy)，n=0～6
```

这组指令的功能均是按二进制位的形式按位移动，指令必须在累加器 A 中操作。各指令的应用特点如下所述：

（1）RL　A 左移指令的功能是把累加器 A 中内容按二进制位、以内部循的方式向左移一位，同时位 7 循环移入位 0，不影响标志。左移位操作示意图如图3-3所示。

（2）RR　A 右移指令的功能是把累加器 A 中内容按二进制位、以内部循的方式向右移一位，同时位 0 循环移入位 7，不影响其他标志。右移位操作示意图如图3-4所示。

（3）RLC　A 带进位左移指令的功能是将累加器 A 的内容和进位位 Cy 一起向左环移一位，Acc.7 移入进位位 Cy，Cy 移入 Acc.0，不影响 OV、AC 标志。带 Cy 左移位操作示意图如图3-5所示。

（4）RRC　A 指令的功能是累加器 A 的内容和进位标志 Cy 一起向右环移一位，Acc.0 进入 Cy，Cy 移入 Acc.7，不影响 OV、AC 标志。带 Cy 右移位操作示意图如图 3-6 所示。

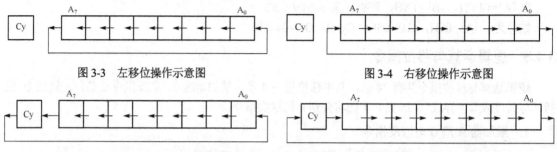

图 3-3　左移位操作示意图　　　　　　　　　　　图 3-4　右移位操作示意图

图 3-5　带 Cy 左移位操作示意图　　　　　　　　图 3-6　带 Cy 右移位操作示意图

循环移位指令的特性：执行一次左移指令相当于乘 2，执行一次右移指令相当于除 2。因此，在求解多个数的算术平均值时可以采用右移指令，在处理一个数的 2 的倍数运算时可以使用左移指令。

另外，SWAP　A 指令实际上相当于执行 4 次 RL　A 循环左移指令。

例 3-18　把一个 16 位数进行算术左移，此 16 位数分高、低 8 位分别存储在 31H 30H 单元中，算术左移后结果放回 31H、30H 单元中。

所谓的算术左移就是将操作数左移一位，并使最低位补 0，相当于完成 16 位数的乘 2 操作。要实现 16 位数的算术左移，应执行带进位左移指令，先移低 8 位，再移高 8 位。参考程序如下：

```
CLR  C          ;进位位清 0
MOV  R0,#30H     ;R0 指针指向 30H 地址
MOV  A,@R0       ;取低 8 位数送 A
RLC  A           ;低 8 位左移，最低位补 0
MOV  @R0,A       ;低 8 位左移后送回原地址单元保存
INC  R0          ;R0 指针加 1，指向存高 8 位数的地址
MOV  A,@R0       ;取高 8 位数送 A
RLC  A           ;高 8 位数左移
MOV  @R0,A       ;高 8 位左移后送回原地址单元保存
```

如果要求对 16 位数进行循环左移，则应设法把最高位 D15 放入进位位 Cy 中，然后再对低 8 位数左移，最后再对高 8 位左移即可。

3. 逻辑"与"指令

逻辑"与"运算指令有如下 6 条，指令助记符为 ANL。

```
ANL  A,Rn        ;(A)∧(Rn)→A, n=0～7
ANL  A,direct    ;(A)∧(direct)→A
ANL  A,#data     ;(A)∧#data→A
ANL  A,@Ri       ;(A)∧((Ri))→A, i=0～1
ANL  direct,A    ;(direct)∧(A)→direct
ANL  direct,#data ;(direct)∧#data→direct
```

这组指令的功能是将两个指定的操作数按位进行逻辑"与"操作，运算结果保存在目的操作数所指定的累加器 A 或内部地址单元中。

例 3-19　若(A)=D8H，(R2)=5AH，则执行指令 ANL　A,R2
运算式为：

```
        1101 1000          累加器 A 的内容
   ∧)  0101 1010          寄存器 R2 的内容
        0101 1000          指令执行后累加器 A 的结果
```

结果为：(A)=58H，R2 的内容不变。

逻辑"与"指令特性：ANL 指令是单字节二进制数逻辑指令，常用于对目的操作数中的某些位做屏蔽或清 0 操作。例如，若要求对 8 位二进制数的某位进行清除，则用"0"和该位相"与"；若要求保留某位，则用"1"和该位相"与"。

例 3-20　若(P1)=A6H=1010 0110B，要求屏蔽 P1 口的低 4 位，则执行指令：

```
ANL  P1,#0F0H        ;(P1)∧#11110000B→P1
```

指令执行结果为：(P1)=A0H=1010 0000B。

4. 逻辑"或"指令

逻辑"或"运算指令有如下 6 条，指令助记符为 ORL。

```
ORL  A,Rn            ;(A)∨(Rn)→A,n=0~7
ORL  A,direct        ;(A)∨(direct)→A
ORL  A,#data         ;(A)∨#data→A
ORL  A,@Ri           ;(A)∨((Ri))→A,i=0,1
ORL  direct,A        ;(direct)∨(A)→direct
ORL  direct,#data    ;(direct)∨#data→direct
```

这组指令的功能是将两个指定的操作数按位进行逻辑"或"操作，运算结果保存在目的操作数所指定的累加器 A 或内部地址单元中。

例 3-21　若(A)=B8H,(R0)=50H，(50H)=37H。则执行指令 ORL　A,@R0
运算式为：

```
        1011 1000          累加器 A 的内容
   ∨)  0011 0111          片内存储器 50H 单元的内容
        1011 1111          指令执行后累加器 A 的结果
```

结果为：(A)=BFH，R0 和 50H 单元的内容不变。

逻辑"或"指令特性：ORL 指令是单字节二进制数逻辑指令，常用于对目的操作数中的某些位做置 1 或保留操作。例如：若要求对 8 位二进制数的某位置 1，则用"1"与该位相"或"；若要求保留某位的原值，则用"0"与该位相"或"。

例 3-22　若(P1)=E8H=1110 1000B，要求高 5 位保留，低 3 位置 1。则执行指令：

```
ORL  P1,#07H         ;(P1)∨0000 0111B→P1
```

指令执行结果为：(P1)=EFH=1110 1111B。

例 3-23　要求把累加器 A 中的高 5 位送到 P1 口的高 5 位，P1 口的低 3 位保持不变，用逻辑指令来实现如下：

```
ANL  A,#0F8H         ;屏蔽累加器 A 的低 3 位
ANL  P1,#07H         ;保留 P1 口的低 3 位
ORL  P1,A            ;将 A 的高 5 位送到 P1 口的高 5 位
```

5. 逻辑"异或"指令

逻辑"异或"运算指令有如下 6 条，指令助记符为 XRL。

```
XRL  A,Rn         ;(A) ⊕ (Rn)→A
XRL  A,direct     ;(A) ⊕(direct)→A
XRL  A,@Ri        ;(A) ⊕ ((Ri))→A, i=0, 1
XRL  A,#data      ;(A) ⊕ #data→A
XRL  direct,A     ;(direct) ⊕ (A)→direct
XRL  direct,#data ;(direct) ⊕ #data→direct
```

这组指令的功能是将两个指定的操作数按位进行逻辑"异或"操作，运算结果保存在目的操作数所指定的累加器 A 或内部地址单元中。

例 3-24　若(A)=D9H，(35H)=5BH。则执行指令 XRL A,35H
运算式为：

$$
\begin{array}{r}
1101\ 1001 \\
\oplus)\quad 0101\ 1011 \\
\hline
1000\ 0010
\end{array}
$$
　　　　累加器 A 的内容
　　　　片内存储器 35H 单元的内容
　　　　指令执行后累加器 A 的结果

结果为：(A)=82H，35H 单元的内容不变。

逻辑"异或"指令特性：XRL 指令是单字节二进制数逻辑运算指令，常用于对目的操作数中的某些位做取反操作。例如，若要求对 8 位二进制数的某位取反，则用"1"与该位做"异或"操作；若要求保留某位，则用"0"与该位相"异或"。XRL 异或指令还可以把一个寄存器或地址单元的内容做自身"异或"，来实现清 0 操作。

例 3-25　若(A)=C5H=1010 0101B，要求与 0FH 相"异或"操作，则执行指令：

```
XRL   A,#0FH      ;(A)⊕0000 1111B→(A)=CAH
MOV   40H,A       ;(A)→(40H)=CA
XRL   A,40H       ;(A)⊕ (40H)→(A)=00H
```

指令执行结果为：(A)=00H，(40H)=CAH。

3.4.4　控制转移类指令

控制转移类指令共有 17 条，分为无条件转移指令、条件转移指令、子程序调用与子程序返回指令。利用这些控制转移指令，可以很方便地控制程序向前或向后跳转，并根据条件判断实现分支程序、循环程序和子程序调用等。

1. 无条件转移指令

无条件转移指令有如下 4 条指令，它们提供了不同的转移范围和寻址方式。

```
AJMP  addr11      ;PC←addr11
LJMP  addr16      ;首先 PC←(PC)+2，然后(PC10~0)←addr11
SJMP  rel         ;PC←(PC)+2+rel
JMP   @A+DPTR     ;PC←(A)+(DPTR)
```

这组指令的功能是无条件转移到指定的地址上开始执行程序。

(1) AJMP 是绝对转移指令，是双字节指令。指令的机器码由指令提供的 11 位直接地址 addr11 和 5 位指令操作码 00001 组成，并按下列格式分布：$a_{10}\,a_9\,a_8\,0\,0\,0\,0\,1\,a_7\,a_6\,a_5\,a_4\,a_3\,a_2\,a_1\,a_0$

因此，执行该指令时，先由 AJMP 指令所在位置的地址 PC 值加 2（该指令字节数）构成当前的 PC 值，然后把指令中的 addr11 送入 $PC_{10\sim0}$，$PC_{15\sim11}$ 不变，形成程序转移的目的地址。

　　由于 addr11 是 11 位地址送入 PC 的低 11 位，目标地址的高 5 位由当前 PC 值确定，所以该指令只能在 2 KB 范围内进行无条件转移。也就是 AJMP 把单片机的 64 K 程序存储器空间分为 32 个区，每个区 2 K 字节，程序可转移的位置只能是和当前 PC 值在同一个 2 KB 的范围内，即转移的目标地址必须与 AJMP 下一条指令的地址的高 5 位地址码 $A_{15} \sim A_{11}$ 相同，否则将会引起指令执行混乱。

　　该指令可以向前也可以向后转移，指令执行后不影响状态标志位。

　　例如：若当前 AJMP 指令 (PC) = 3102H，执行指令 AJMP 1F0H 时，执行过程如下：先把当前 PC 值加 2，(PC) = (PC) + 2 = 3104H = 0011 0001 0000 0100B；再把 1F0H (001 1111 0000B) 送入 $PC_{10 \sim 0}$。

　　结果为：(PC) = 0011 0001 1111 0000B = 31F0H，程序向后转移到 31F0H 地址开始执行程序。

　　例如：若当前 AJMP 指令 (PC) = 0302H，执行指令 AJMP 1F0H 时，执行过程如下：先把当前 PC 值加 2，(PC) = (PC) + 2 = 0304H = 0000 0011 0000 0100B；再把 1F0H (001 1111 0000B) 送入 $PC_{10 \sim 0}$。

　　结果为：(PC) = 0000 0001 1111 0000B = 01F0H，程序向前转移到 01F0H 地址开始执行程序。

　　(2) LJMP 是长转移指令，指令中提供了 16 位目标地址 addr16，是 3 字节指令。该指令执行时把指令码的第 2 和第 3 字节分别装入程序计数器 PC 的高位和低位字节中（即 PC 的高 8 位为 $addr_{15 \sim 8}$，低 8 位为 $addr_{7 \sim 0}$），可无条件地转向 addr16 指出的目标地址去执行程序。目标地址可以是 64 K 程序存储器地址空间的任何位置。

　　该指令的缺点是执行时间长，占字节数多。

　　例如：LJMP 1000H 指令执行后，(PC) = 1000H，程序跳转到 1000H 地址开始执行程序。

　　(3) SJMP 是无条件相对转移指令，指令中的操作数是相对地址偏移量 rel，是双字节指令。rel 是一个带符号 8 位二进制数的补码数，能实现程序向前或向后跳转，转移地址范围为 –128～127。若 rel 为正，则向后转移；若 rel 为负，则向前转移。该指令执行时，先把 PC 加 2，再将 rel 偏移量加到 PC 上，计算出目的地址。计算公式如下：向后转移，目的指令首地址=源指令首地址+2+rel；向前转移，目的指令首地址=源指令首地址+2–(FFH–rel+1)。其中源地址就是 SJMP 指令所在的地址。

　　例 3-26　假设在 1042H 地址存储了 SJMP 指令 1042H：SJMP 71H，则执行该指令时，(PC) = 1042H，rel = 71H（正数），目的地址 = 1042H + 2 + 71H = 10B5H，因此该指令执行后，(PC) = 10B5H，CPU 向后转移到 10B5H 地址处开始执行程序。

　　例 3-27　假设在 1042H 地址存储了 SJMP 指令 1042H：SJMP C2H。由于 C2H 是负数的补码，则源码 = (FFH–C2H+1) = –3EH，则执行该指令时，(PC) = 1042H，rel = –3EH（负数），目的地址 = 1042H + 2 – 3EH = 1006H，因此该指令执行后，(PC) = 1006H，CPU 向前转移到 1006H 地址处开始执行程序。

　　在编写程序时，直接写出要转向的目标地址标号就可以了。例如：

```
LOOP:    MOV    A,R6
         ⋮
         SJMP   LOOP    ;转移到 LOOP 标号地址
         ⋮
```

　　这样程序在汇编时，由汇编程序自动计算和填入偏移量。若手工汇编时，偏移量 rel 的值则需要程序设计人员计算。

　　(4) JMP 是间接跳转指令，是以累加器 A 的内容为相对偏移量，以 DPTR 的内容为基地址，在 64 KB 范围内可无条件转移的单字节指令。指令的功能是控制程序跳转到 (A) + (DPTR) 所指出的地址上开始执行程序。

　　转移的目的地址可以在程序运行中加以改变。例如，当 DPTR 的值确定时，根据累加器 A 的不同值可以实现多分支选择的转移，起到用一条指令完成多条分支指令的功能，常用在通过键盘进行的按键处理上。

该指令执行后，累加器 A 和 DPTR 的内容不变，也不会影响标志寄存器 PSW。

例 3-28 要求处理键盘输入的数字键值 0～9，假设查得的键值（如 02）已送到 A 中，则可使用 JMP 指令跳转到不同键值处理的程序入口中。程序指令如下：

```
        MOV     DPTR,#TAB
        RL      A                   ;A←(A)×2
        JMP     @A+DPTR
        ⋮
TAB:    AJMP    KEY0                ;当 A=0 时跳转到 KEY0 执行，即键值为 00H
        AJMP    KEY1                ;当 A=1 时跳转到 KEY1 执行，即键值为 01H
        AJMP    KEY2                ;当 A=2 时跳转到 KEY2 执行，即键值为 02H
        ⋮
```

以上程序中，利用 AJMP 指令转移到对应的数字键处理程序，由于 AJMP 是双字节指令，故应先将 A 乘以 2，再由 A 中 8 位无符号数与 DPTR 中的 16 位数内容之和来确定键值，处理目的地址，实现键值处理多分支转移。

2. 条件转移指令

条件转移指令有 8 条，当判断指定的某种条件满足时，程序转移执行；条件不满足时，程序仍按原来的顺序继续执行。该类指令采用相对寻址，偏移量是带符号的补码，程序可在以当前 PC 值为中心的 -128～127 的范围内向前或向后转移。

(1) 累加器判零转移指令

```
JZ      rel     ;如果(A)=0，即 Z=1，则转移，即 PC←(PC)+2+rel
                ;如果(A)≠0，即 Z≠1，则顺序执行下一条指令，即 PC←(PC)+2
JNZ     rel     ;如果(A)≠0，即 NZ=0，则转移，即 PC←(PC)+2+rel
                ;如果(A)=0，即 NZ≠0，则顺序执行下一条指令，即 PC←(PC)+2
```

这两条指令是判断累加器是否为零的双字节条件转移指令，当条件满足时，把下一条指令的首地址装入 PC，再把带符号的相对偏移量 rel 加到 PC 上，计算出目标地址；当条件不满足时，把下一条指令的首地址装入 PC，顺序执行下一条指令。

该指令不做任何运算，也不会影响标志。rel 作为相对转移偏移量，在程序编写时用标号代替，手工汇编时，偏移量 rel 的值需要程序设计人员计算。

例 3-29 把首地址为 DAT1 的外部 RAM 数据块传送到单片机内部 RAM 的 DAT2 地址开始存储，如果遇到传送的数据为零，则停止传送。

编程思路：外部数据存储器的数据传送到内部 RAM，必须采用累加器 A 作中转站，每次从外部 RAM 地址单元中取出一个数据到 A，再用 JZ 指令判断是否为零，如果不为零则传送到内部 RAM 对应的地址中，直至遇到零数据时停止。参考程序如下：

```
MRAM:   MOV     DPTR,#DAT1
        MOV     R0,#DAT2
LOOP:   MOVX    A,@DPTR
        JZ      EXT
        MOV     @R0,A
        INC     DPTR
        INC     R0
        SJMP    LOOP
EXT:    RET
```

值得注意的是，程序中用了 SJMP LOOP 指令，其标号 LOOP 是指转移到目标地址标号 LOOP 处的 8 位相对转移偏移量 rel，并非程序的地址标号。而 MOVX 指令上的 LOOP 标号指的是程序中的地址标号（表示 16 位地址单元）。

（2）比较不相等转移指令

比较不相等转移指令有 4 条，指令格式为：

```
CJNE 目的操作数, 源操作数, rel
```

这组指令的功能是先对前面两个规定的操作数比较大小，如果两个数值不相等则转移，否则不转移，程序继续执行下一条指令。4 条比较转移指令如下：

```
CJNE    A,direct,rel        ;如果(A)≠(direct)，则转移
CJNE    A,#data,rel         ;如果(A)≠#data，则转移
CJNE    Rn,#data,rel        ;如果(Rn)≠#data，则转移
CJNE    @Ri,#data,rel       ;如果((Ri))≠#data，则转移
```

这 4 条指令都是三字节指令，两个操作数按无符号数做减法来比较（减法操作后，两个操作数不变，差值不保留）。如果目的操作数大于或等于源操作数，则置进位标志 Cy=0，否则进位标志 Cy=1。因此，可以采用 CJNE 指令来实现三分支转移。

以上 4 条指令的差别在于操作数寻址方式的不同，但它们均按以下方式操作：如果目的操作数=源操作数，则 PC←(PC)+3；如果目的操作数>源操作数，则 PC←(PC)+3+rel，Cy=0；如果目的操作数<源操作数，则 PC←(PC)+3+rel，Cy=1。

（3）减 1 不为 0 转移指令

减 1 不为 0 指令有如下 2 条：

```
DJNZ    Rn,rel            ;首先执行 Rn←(Rn)-1，n=0～7，然后判断，即：
                          ;如果(Rn)=0，则 PC←(PC)+2
                          ;如果(Rn)≠0，则 PC←(PC)+rel+2
DJNZ    direct,rel        ;首先执行 direct←(direct)-1，n=0～7，然后判断，即：
                          ;如果(direct)=0，则 PC←(PC)+3
                          ;如果(direct)≠0，则 PC←(PC)+rel+3
```

这是一组减 1 操作和条件判断转移两种功能结合在一起的指令。该指令每执行一次，源操作数（Rn 或 direct）将自减 1，结果回送到 Rn 寄存器或 direct 单元中去，然后判断操作数是否为零。如果结果不为 0，则转移到指定的目的地址执行，否则按顺序执行程序。转移的目的地址可在以当前 PC 值为中心的-128～127 的范围内向前或向后转移。如果操作数为 0，则执行该指令后，操作数结果为 FFH，不会影响任何标志位。

rel 作为相对转移偏移量，是带符号的二进制数补码，在程序编写时以标号代替，手工汇编时，偏移量 rel 的值则需程序设计人员计算。

这组指令是构成循环程序的重要指令，可以指定一个寄存器或内部 RAM 单元为计数器，以减 1 后是否为 0 作为转移条件，即可实现循环次数控制。

例 3-30　将内部 30H 开始的 10 个无符号单字节数相加，相加结果存储在内部 RAM 单元中。

编程思路：10 个 8 位无符号数相加后，结果可能得到双字节数。因此，用 R3、R2 存储累加和（事先置(R3 R2)=00）。采用 R0 作指针指向 30H 单元，用 R7 作计数器控制累加循环次数，初值为 10，即 10 个数相加应加 10 次。参考程序如下：

```
BADD:   MOV     R0,#30H       ;指针 R0 指向 30H 地址
        MOV     R7,#10
LOOP:   MOV     A,R2          ;取累加和的低字节数→A
        ADD     A,@R0
        MOV     R2,A
```

```
        CLR     A
        ADDC    A,R3            ;进位 C 与累加和高字字节 R3 相加
        MOV     R3,A            ;累加和高字字节存入 R3 中
        INC     R0
        DJNZ    R7,LOOP         ;判断 10 个数是否累加完。若没有完则跳转到 LOOP
        RET
```

3. 子程序调用与返回指令

在程序设计中，有时需要多次执行某段程序，通常把这段程序设计成子程序供主程序调用。当调用一个子程序时，CPU 暂停执行当前程序（当前程序的地址被压入堆栈），转向该子程序的入口地址开始执行，待子程序执行完毕后（把压入堆栈的地址恢复到 PC），使 CPU 自动返回到原来被中断的位置继续执行。因此，调用子程序时，要使用压栈指令（PUSH）保存被中断位置的地址，子程序返回时，要使用出栈指令（POP）以便恢复原来中断位置的地址，并从该地址处继续执行程序。

子程序调用指令有 4 条，指令格式如下：

```
        ACALL   addrll          ;短调用指令
        LCALL   addr16          ;长调用指令
        RET                     ;子程序返回指令
        RETI                    ;中断服务程序返回指令
```

(1) ACALL 是双字节的绝对调用指令，只能在 2 KB 范围内调用子程序。该指令的执行过程如下：

首先程序计数器 PC 自加 2，指向下一条指令的地址，即 PC←(PC)+2；把当前 PC 值压栈保护，先压低字节入栈 SP←(SP)+1，((SP))←(PCL)，再压高字节入栈 SP←(SP)+1，((SP))←(PCH)；把指令中的直接地址 addr11 送入 PC 的低 11 位，即 $PC_{10\sim0}$←addr11，PC 的高 5 位保存不变，最后根据 PC 值转向要执行的子程序。

需要注意的是，所调用子程序的首地址必须与 ACALL 指令中的下一条指令的首地址在同一个 2 KB 区内。也就是说，ACALL 指令相当于把单片机的 64 K 程序存储器空间划分为 32 个区，每个区 2K 字节。用 ACALL 调用子程序时应在同一个 2 KB 的范围之内，即 16 位地址的高 5 位相同，否则将引起程序转移的混乱。

ACALL 指令与 AJMP 跳转指令相似，都是双字节指令，执行该指令时 PC 要加 2 才能获得下一条指令地址，指令提供 11 位目的地址。所不同的是，调用指令应先将 PC 值压栈，然后把指令中的直接地址送至 PC，并转向 PC 指定的地址开始执行程序。

例 3-31 设(SP)=6FH，子程序标号 SUB1 首地址为 130CH，ACALL 指令的首地址为 10F3H，则执行指令：

```
    10F3H:  ACALL   SUB1
    10F5H:  NOP         :
```

结果为：(SP)=71H，(70H)=F5H，(71H)=10H，(PC)=130CH。由于 ACALL 指令首地址的高 5 位是 00010B，因此，在此处可调用 1000H～17FFH 之间存储的子程序。

(2) LCALL 是三字节的长调用指令，能在 64 KB 范围内调用子程序。该指令的执行过程如下：首先程序计数器 PC 自加 3，指向下一条指令的地址，即 PC←(PC)+3；把当前 PC 值压栈保护，先压低字节入栈 SP←(SP)+1，((SP))←(PCL)，再压高字节入栈 SP←(SP)+1，((SP))←(PCH)；把指令中的直接地址 addr16 送入 PC 中，并根据 PC 值转向要执行的子程序。

LCALL 指令与 LJMP 跳转指令相似，都是三字节指令，执行该指令时 PC 要加 3 才能获得下一条指令地址，指令提供 16 位目的地址。所不同的是调用指令应先将 PC 值压栈，然后把直接地址送入 PC，并转向 PC 指定的地址开始执行程序。

例 3-32 设(SP)=6FH，子程序标号 SUB2 首地址为 7B16H，LCALL 指令的首地址为 23DFH，执行指令：

```
23DFH:   LCALL   SUB2
23E2H:   NOP      ⋮
```

结果为：(SP)=71H，(70H)=E2H，(71H)=23H，(PC)=7B16H。

(3) RET 和 RETI 是单字节返回指令，指令的功能是从堆栈中连续两次弹出数据送入 PC 的高 8 位和低 8 位字节，恢复 PC 值，并从 PC 值指定的地址开始继续执行程序。该指令的执行过程如下：首先从 SP 指向的栈顶弹出一个数据送入 PC 高字节，即 PCH←((SP))，SP←(SP)−1；再弹出一个数据送入 PC 低字节，即 PCL←((SP))，SP←(SP)−1；最后 CPU 根据 PC 值转向执行子程序。

RET 与 RETI 指令操作完全一致，不同之处在于：RET 是子程序返回指令，应写在子程序的末尾；而 RETI 是中断返回指令，应写在中断服务子程序的最后；RETI 指令执行后将清除内部中断优先级寄存器(中断响应时被置"1")的优先级状态，使得已申请的同级或低级中断申请可以被响应。

4. 空操作指令

空操作指令只有 1 条，指令格式：NOP

空操作指令是一条单字节单周期指令，它控制 CPU 不做任何操作，只是消耗这条指令执行所需要的时间，不影响任何标志位。常用于产生程序等待或设计准确的延时程序，用来拼凑精确的延时时间。

3.4.5 位操作指令

用字节来处理一些数学问题，如控制冰箱的温度、电视的音量等，很直观，可以直接用数值来表示级数。但如果用它来控制一些开关的打开和闭合、灯的亮和灭等，就不直观了。例如，用 P1 口设计一个流水灯，就不能用字节数来控制灯的亮和灭了，工业中有很多场合需要处理这类开关输出、继电器吸合的问题，用字节来处理就有些麻烦，所以在 8051 单片机中特意引入了一个位处理机制。

位操作指令又称布尔变量操作，是一种以二进制位为单位来进行运算和操作的指令。8051 单片机内部设计了一个位处理器，包含位运算器、位累加器(用进位位 Cy)和位存储器(采用位寻址区)，可以完成各种位操作。位操作指令共有 17 条，能够完成以位为对象的传送、运算和转移控制等操作。

这类指令的操作数可采用片内 RAM 区中的位寻址区(20H~2FH，对应位地址是 00H~7FH)和特殊功能寄存器 SFR 中的位寻址位。

1. 位传送指令

位传送指令有以下 2 条互逆的双字节单周期指令，可实现进位位 Cy 与直接地址位 bit 之间的数据位传送。

```
MOV   C,bit     ;Cy←(bit)
MOV   bit,C     ;bit←(Cy)
```

这组指令的功能是位地址与 Cy 间传送 1 位数据，指令执行不影响标志位。其中 bit 为直接位地址，由于两个可寻址位之间不能直接传输数据，故用 Cy 作为中介来传送要寻址的位。如把 Cy 的内容传送给 P0~P3 中的某一位时，CPU 先读某一端口中的 1 位锁存器内容，再把 Cy 传送给端口的指定位，最后把修改了的 8 位数据写入端口锁存器。所以，这也是一条"读→修改→写"指令。

例 3-33 设单片机片内 RAM 单元(21H)=58H，(P1)=FFH，要求把 21H.2 位(其位地址为 0AH)的内容送入到 P1.6 中，则程序指令如下：

```
MOV   C,0AH
MOV   P1.6,C
```

结果为：(P1)=BFH，Cy=1，(21H)=58H。

2. 清 0 置位指令

这组指令共有 4 条，可对进位位 Cy 和位地址所指定的位清 0 或置 1 操作，指令执行后不影响其他标志。指令格式如下：

```
CLR    C        ;清 0 Cy, Cy←0
CLR    bit      ;清 0 bit 位, bit←0
SETB   C        ;置 1 Cy, Cy←1
SETB   bit      ;置 1 bit 位, bit←1
```

前 2 条是对"位"清 0 指令，后 2 条是对"位"置 1 指令。当直接地址 bit 为 P0～P3 中的某一位时，指令执行具有"读→修改→写"功能。

例 3-34 要求将 P2.1 位置 1，把 23H.1 位清 0，则指令程序如下：

```
SETB   P2.1     ;P2.1←1
CLR    23H.1    ;23H.1←0
```

3. 位逻辑运算指令

位逻辑运算指令包括"与"ANL、"或"ORL、"非"CPL 三种位逻辑运算操作，共有 6 条操作指令。指令格式如下：

```
CPL    C        ;Cy 求反
CPL    bit      ;bit 位求反
ANL    C,bit    ;位逻辑"与"指令, bit∧Cy→Cy
ANL    C,/bit;  ;位逻辑"与"指令, /bit∧Cy→Cy
ORL    C,bit    ;位逻辑"或"指令, bit∧Cy→Cy
ORL    C,/bit   ;位逻辑"或"指令, /bit∧Cy→Cy
```

上述指令的操作数中，/bit 表示先对 bit 位取反，然后拿 bit 取反后的数去参加逻辑运算，指令执行后 bit 位本身的内容保持不变。

另外 CPL bit 指令中，当 bit 直接地址为 P0～P3 中的某一位时，指令执行具有"读→修改→写"功能。

利用以上的位逻辑指令，可以很方便地模拟数字逻辑电路的功能。指令系统中没有"位异或"指令，但可以通过以上的指令组合来实现异或功能。

例 3-35 图 3-7 是用与、或、非门电路构成的数字逻辑电路，要求利用位逻辑运算指令实现硬件电路功能。参考程序如下：

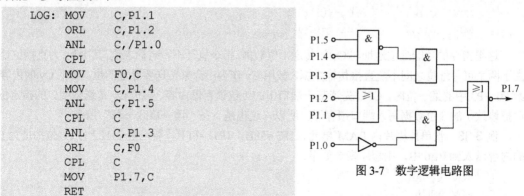

```
LOG:   MOV    C,P1.1
       ORL    C,P1.2
       ANL    C,/P1.0
       CPL    C
       MOV    F0,C
       MOV    C,P1.4
       ANL    C,P1.5
       CPL    C
       ANL    C,P1.3
       ORL    C,F0
       CPL    C
       MOV    P1.7,C
       RET
```

图 3-7　数字逻辑电路图

例如，设有 X、Y、Z 三个位地址，试利用位逻辑指令，实现位地址间的"异或"运算，即 Z=(X)⊕(Y)。

```
LXR:  MOV    C,X
      ANL    C,/Y
      MOV    Z,C
      MOV    C,Y
      ANL    C,/X
      ORL    C,Z
      MOV    Z,C
      RET
```

4. 位条件转移指令

位条件转移指令是通过判断进位标志 Cy 或位地址 bit 的内容是否满足条件来控制转移，共有 5 条指令，指令格式如下：

```
JC   rel         ;如果进位位 Cy=1，则转移
JNC  rel         ;如果进位位 Cy=0，则转移
JB   bit,rel     ;如果直接寻址位=1，则转移
JNB  bit,rel     ;如果直接寻址位=0，则转移
JBC  bit,rel     ;如果直接寻址位=1，则转移，并清 bit 为 0
```

前 2 条指令是以 Cy 内容为条件的双字节双周期转移指令。这 2 条指令可以与 CJNE 指令一起联合构成三分支控制转移方式。

后 3 条指令是以位地址内容为条件的三字节双周期转移指令。这 3 条指令可测试直接地址位，并根据位变量的值控制程序转向目的地址执行。至于对位变量的判断，测试值为"0"还是为"1"要视编程方便而定。当 bit 直接地址为 P0～P3 的某一位时，指令执行具有"读→修改→写"功能。

以上 5 条指令中的 rel 是 8 位带符号的偏移量，用补码表示。当指令测试向前转移时，偏移量为负数的补码；当指令测试向后转移时，偏移量为正数的补码。因此，偏移量的范围是以当前位条件转移指令为中心的−128～127，即从当前位置向前或向后转移 rel 字节所对应的指令开始执行程序。实际编程时，rel 以标号代替，手工汇编时，偏移量 rel 的值则需程序设计人员计算。

本章小结

指令系统是单片机的编程基础，本章介绍了指令系统的寻址方式，指令的格式，111 条指令的功能作用。应充分理解直接寻址、间接寻址、位寻址的区别，相对寻址和变址寻址的功能，以及指令运行后数据参数的传递方式。重点应掌握单片机的指令、寄存器、存储器的使用，学会指令的运用和程序的设计。

练习与思考题

1. 8051 单片机共有哪几种寻址方式？各有什么特点？
2. 8051 单片机指令按功能可以分为哪几类？每类指令的作用是什么？
3. 什么叫立即数？在单片机中立即数的范围是多少？
4. 立即数可以用二进制、八进制、十进制、十六进制表示吗？不同进制的数如何转换？
5. 判断以下指令的正误：

(1) MOVC   A,@PC+A   (2) ADD   A,DPTR
(3) DEC   DPTR   (4) CLR   P1
(5) CPL   R5   (6) MOV   R0,R1
(7) PHSH   PC   (8) SWAP   B

　　(9) MOV　　F0,Acc.3　　　　　(10) MOVX　A,@R2

6. 下列说法是否正确：

(A) 立即寻址方式是被操作的数据本身在指令中，而不是它的地址在指令中。

(B) 指令周期是执行一条指令的时间。

(C) 指令中直接给出的操作数称为直接寻址。

(D) 特殊功能寄存器都可以位寻址。

7. 基址加变址的寻址方式有什么作用？在基址加变址寻址方式中，以_____作变址寄存器，以_____或_____作基址寄存器。

8. 访问 SFR，可使用哪些寻址方式？访问片内 RAM 地址应使用什么寻址方式？

9. 指令格式是由_____和_____组成，也可能仅由_____组成。

10. 假定累加器 A 中的内容为 20H，执行下面的首条指令后，把程序存储器的_____单元的内容送入累加器 A 中，即 (A)=_____。

```
1000H: MOVC  A,@A+PC
...
1020H: MOV   A,40H
```

11. 在 8051 单片机中，PC 和 DPTR 都用于提供地址，但 PC 是为访问_____存储器提供地址，而 DPTR 是为访问_____存储器提供地址。

12. 如何理解寄存器间接寻址？在寄存器间接寻址方式中，哪些寄存器可作为间接寻址，其寄存器的内容指的是什么？

13. 下列程序指令执行后，特殊功能寄存器 PSW 中的 CY、AC、OV、P 有什么变化（假设开始的 (PSW)=00）？A 的结果是什么？

```
MOV    A,#5CH
ADD    A,#9AH
SUBB   A,#7DH
```

14. 下列程序段实现了什么功能？

```
PUSH   Acc
PUSH   B
POP    Acc
POP    B
```

15. 假定程序执行前有 (A)=04H，(SP)=79H，(78H)=EEH，(79H)=EEH，下述程序执行到 RET 指令后，这时的 A、SP、78H、79H、PC 存储器的内容各是什么？

```
POP    DPH
POP    DPL
MOV    DPTR,#2000H
RL     A
MOV    B,A
MOVC   A,@A+DPTR
PUSH   Acc
MOV    A,B
DEC    A
MOVC   A,@A+DPTR
PUSH   Acc
RET
ORG    2000H
DB     10H,20H,30H,40H,50H,60H,70H,80H,90H
```

16. 写出完成如下要求的指令，但是不能改变未涉及位的内容。

(A) 把 Acc.3、Acc.4、Acc.5 和 Acc.6 清 0。

(B) 把累加器 A 的中间 4 位清 0。

(C) 使 Acc.2 和 Acc.3 置 1。

(D) 将 Acc.0、Acc.1 与 Acc.6、Acc.7 的内容交换。

17. 假定 (A)＝97H，(R0)＝53H，(53H)＝72H，执行以下指令后，A 的内容为＿＿＿＿＿。

```
ANL    A,#53H
ORL    53H,A
XRL    A,@R0
CPL    A
```

18. 假设 (A)＝55H，(30H)＝0AAH，在执行以下指令后，(A)＝＿＿＿＿＿，(30H)＝＿＿＿＿＿。

```
ANL    A,30H
ORL    30H,A
```

19. 如果 (DPTR)＝230AH，(SP)＝62H，(60H)＝50H，(61H)＝4FH，(62H)＝3AH，则执行下列指令后，(DPH)＝＿＿＿＿＿，(DPL)＝＿＿＿＿＿，(SP)＝＿＿＿＿＿。

```
POP    DPH
POP    DPL
POP    SP
```

20. 假定，(SP)＝6FH，(A)＝30H，(B)＝70H，执行下列指令后，SP 的内容为＿＿＿＿＿，71H 单元的内容为＿＿＿＿＿，72H 单元的内容为＿＿＿＿＿。

```
PUSH   B
PUSH   Acc
PUSH   B
```

21. 借助书中的指令表将下面程序手工编译成机器码。

```
        MOV    R2,#06
        MOV    R0,#00
        CLR    A
LOOP:   MOV    @R0,A
        INC    R0
        DJNZ   R2,LOOP
```

22. 下面是一段延时程序，指出其中的指令错误和逻辑结构错误，并加以改正。

```
DEY:    MOV    60H,#2F7H
LP2:    MOV    61H,#6E
LP1:    DJNE   60H,LP2
        DJNE   61H,LP1
        RET
```

23. 问题编程：根据下列要求，编写出相应的功能程序段指令代码。

(1) 将立即数 32H 传送到 R3。

(2) 将 40H 单元中的数传送到以 R1 中的内容作地址的片内 RAM 单元中。

(3) 将 R7 中的数据传送到以 R0 中的内容做地址的片内 RAM 单元中。

(4) 将片外 1020H 单元中的数据传送到片内 RAM 的 30H 单元中。

(5) 将程序存储器 1010H 单元中的数据传送到片外 RAM 的 1210H 单元中。

(6) 若数据表头地址为 1120H，要求查表找出表中第 80 字节开始的 10 个数据→首址 200H。

(7) 要求判断若 30H 单元等于 100，则把 30H 单元清 0 后退出，否则把 30H 单元加 1 后退出。

(8) 要求判断若 20H.0＝0，则将 40H 单元加 1 后退出，否则将 40H 单元减 1 后退出。

第4章　单片机汇编语言程序设计

本章学习要点：

  (1) 计算机编程语言的种类与编程的基本知识；

  (2) 汇编语言编程特点，程序设计的基本步骤和方法；

  (3) 8051 单片机汇编语言程序结构、程序算法流程图设计，按流程图编写出源程序；

  (4) 用单片机汇编语言实现算术运算、数值转换、查表及数值处理等程序设计；

  (5) 汇编语言编程规范，参数变量宏定义、伪指令的应用。

  第 3 章介绍了 8051 单片机的 111 条汇编语言指令，每一条指令就是汇编语言的一条命令语句。单片机汇编语言程序实际上就是单片机支持的、能完成指定功能的指令序列。构成汇编语言程序的是汇编语句。汇编语言是单片机提供给用户最快、最有效的语言，是利用单片机所有硬件特性并能直接控制硬件的编程语言。

  由于汇编语言是面向机器硬件的语言，因此要使用汇编语言进行程序设计，就必须熟悉 8051 单片机的硬件结构、指令系统、寻址方式等，从而编写出符合要求的程序。

4.1　汇编语言程序设计概述

4.1.1　计算机编程语言

  计算机所用的程序设计语言基本上可分为三类：第一类是完全面向机器的机器语言；第二类是非常接近机器语言的符号化语言；第三类为面向过程的高级语言。

1. 机器语言

  机器语言是由二进制码 "0" 和 "1" 组成的，能够被计算机直接识别和执行的语言。用机器语言表示的程序，又称目标程序。机器语言编写的程序，不易看懂，不便于记忆，而且容易出错。

2. 汇编语言

  汇编语言是一种符号化语言。用英文字符来代替机器语言，这些英文字符称为助记符。例如，用 MOV 代表 "传送"，ADD 代表 "加"。第 3 章中介绍的 111 条指令都属于汇编语言。

  汇编语言具有如下特点：助记符指令和机器指令一一对应，用汇编语言编写的程序效率高，占用的存储空间小，运行效率高，因此用汇编语言能编写出最优化的程序；汇编语言程序能直接管理和控制硬件设备，能处理中断、直接访问存储器和 I/O 接口电路；汇编语言是面向机器的语言，程序设计人员必须对单片机的硬件和指令有深入的了解。

  和机器语言一样，汇编语言是一种低级语言，脱离不开具体的机器硬件，缺乏通用性。为了充分发挥其灵活性，编程时不仅要掌握指令选择，还要了解计算机内部结构。在单片机的实际应用中，汇编语言仍是目前广泛使用的语言。

  单片机并不能直接执行汇编语言程序，需要转换成用二进制代码表示的机器语言程序后，单片机才能识别和执行，通常把转换(翻译)工作称为 "汇编"。

3．高级语言

高级语言是一种不依赖于具体计算机的语言，其形式类同于自然语言和数学公式。高级语言的出现，使人们不必深入了解主机的内部结构和工作原理，只要设计出算法就很容易用高级语言表示出来。

但是，单片机并不能直接执行高级语言程序，需要先"翻译"成机器语言，一般通过解释程序和编译程序来实现。用高级语言编程要经过解释程序解释和编译程序编译，其目标程序较长，占用内存单元多，运行速度相对较慢，但因其表达能力强，可移植性好，在实际开发设计中得到了普遍应用。

常用的高级语言有 BASIC、C、FORTRAN 等。随着自动控制、工程设计等方面的高级语言的发展，采用高级语言进行单片机系统的开发也得到了较快的发展。但是，对于空间和时间要求很高的场合，汇编语言仍然是必不可缺的。在这种场合下，可使用 C 语言和汇编语言进行混合编程。在很多需要直接控制硬件的应用场合，则非使用汇编语言不可。从某种意义上来说，掌握汇编语言并能使用汇编语言来进行程序设计，是学习和掌握单片机程序设计的基本功之一。而使用 C51 语言进行单片机程序设计是单片机开发与应用的必然趋势。本章主要介绍单片机汇编语言程序设计，关于 C51 语言的程序设计方法将在后面章节中介绍。

4.1.2　单片机源程序的汇编

用汇编语言编写成的程序称为汇编语言程序，或称源程序。将源程序翻译成机器代码的过程称为"汇编"，翻译后的代码程序称为目标程序。汇编可分为人工汇编和机器汇编两类。

1．人工汇编

人工汇编是将源程序由人工查表方式将各指令翻译成目标代码，然后把目标代码写入到单片机中进行调试运行。这样通过人工查表翻译指令的方式称为"人工汇编"。

人工汇编都是按绝对地址定位，在遇到相对转移指令时，其偏移量的计算要根据当前指令地址与转移的目标地址来计算，偏移量用补码表示。通常只有小程序或者受条件限制时才采用人工汇编。在实际的程序设计中，都采用机器汇编来自动完成。

2．机器汇编

机器汇编是将汇编程序输入计算机后，由汇编程序编译成机器代码。因此，机器汇编实际上是通过执行汇编程序来对源程序进行自动汇编的。用户在计算机上完成汇编，而汇编后得到的机器代码则写入到单片机上运行，这种机器汇编称为交叉汇编。

交叉汇编成功后，通过计算机的串行口或并行口把汇编得到的机器代码传送到用户样机或仿真器中进行程序的调试和运行。

在分析现成产品的 ROM/EPROM 中的程序时，有时要将机器代码程序翻译成汇编语言程序，这个过程称为"反汇编"。

4.1.3　伪指令

每种汇编语言都有自己的伪指令，用来向汇编源程序发出指示信息，告诉它如何完成汇编工作，或者对符号、标号赋值。伪指令和指令是完全不同的，伪指令不是执行的指令，在汇编时起控制作用，只在源程序中才出现，自身并不产生机器代码，是为汇编服务的一些指令。

伪指令具有控制汇编程序输入/输出、定义数据和符号、条件汇编、分配存储空间等功能。不同的伪指令功能有所不同，但基本用法是相似的。

下面介绍在 8051 单片机汇编语言中常用的伪指令。

1. ORG 汇编起始地址命令

汇编起始地址命令的功能是规定目标程序的起始地址。如果不用 ORG 规定，则汇编得到的目标程序将从 0000H 地址开始。

格式：ORG　16 位地址

例如：ORG　　1000H

　　　START：MOV　　R0,#30H

规定了 START 所在的地址为 1000H，该指令就从 1000H 开始存储。

在一个源程序中可以多次使用 ORG 指令，以规定不同程序段的起始位置。但所规定的地址应该从小到大，不能交叉也不能重叠。

例如：ORG　　1000H
　　　　 ⋮
　　　ORG　　1500H
　　　　 ⋮
　　　ORG　　2000H
　　　　 ⋮

若按下面的顺序排列则是错误的，因为地址出现了交叉。

　　　ORG　　1600H
　　　　 ⋮
　　　ORG　　1500H
　　　　 ⋮
　　　ORG　　2000H
　　　　 ⋮

2. END 汇编结束命令

END 是汇编语言源程序的结束标志，用于终止源程序的汇编工作，出现 END 指令时，说明把源程序翻译成指令代码的工作到此为止。因此，在整个源程序中只能有一条 END 命令，且位于源程序的最后。如果 END 指令出现在源程序中间，则编译器将不会汇编其后面的程序。

3. EQU 等值命令

EQU 是将一个数或者特定的汇编符号赋予规定的字符名称，用于给标号赋值。

格式：字符名称　EQU　数或汇编符号

用 EQU 指令赋值以后的字符名称可作为数据地址、代码地址、位地址或者一个立即数来使用。

例如：TEMP　EQU　　R2　　　　;TEMP 等值为汇编符号 R2
　　　X　　　EQU　　10H　　　;X 等值为汇编符号 10H
　　　Y　　　EQU　　1020H　　;Y 等值为汇编符号 1020H
　　　MOV　A,TEMP　　　　　;把 R2 寄存器的内容取出送给 A
　　　MOV　A,X　　　　　　 ;把 X 单元内容取出送给 A
　　　MOV　DPTR,#Y　　　　 ;把 Y 作立即数送入 DPTR
　　　LCALL Y　　　　　　　 ;把 Y 作子程序入口地址

4. DATA 数据地址赋值命令

DATA 命令将数据地址或代码地址赋予规定的字符名称。

格式：字符名称　　DATA　　表达式

DATA 伪指令的功能与 EQU 有些相似,它们有以下区别:

(1) EQU 伪指令必须先定义后使用,而 DATA 伪指令则无此限制(即 DATA 用来定义变量,而 EQU 用来定义常量);

(2) 用 EQU 伪指令可以把一个汇编符号赋给一个字符名称,而 DATA 伪指令则不能;

(3) DATA 伪指令可将一个表达式的值赋给一个字符变量,所定义的字符变量也可以出现在表示式中,而 EQU 定义的字符则不能。DATA 伪指令在程序中常用来定义数据地址。

5. DB 定义字节命令

DB 命令是从指定的地址单元开始,定义若干单字节内存单元的内容。

格式: [标号:] DB 8 位二进制数表

DB 指令是在汇编时告诉编译器从指定的地址单元开始,定义若干字节存储单元,并将指定的数据或数据表赋予这些存储单元。注意,数据表中各字节数据用逗号分隔,如果是字符数据还需要用单引号标注起来,数据可以是二进制、十六进制和 ASCII 码,DB 指令在汇编语言程序中可以多次使用。

例如: ORG   1000H
       DB   09,32H,0F2H,'A'
       DB   "123CE"   ;字符串用双引号标注,最后多了 1 字节 '\0', 即 00H
汇编后: (1000H)=09   (1001H)=32H   (1002H)=0F2H
        (1003H)=41H   (1004H)=31H   (1005H)=32H
        (1006H)=33H   (1007H)=43H   (1008H)=45H

6. DW 定义数据字命令

格式: [标号:] DW 16 位二进制数表

本命令用于从指定的地址开始,在程序存储器的连续单元中定义 16 位的数据字。一个 16 位的数据要占据存储器的两字节,其中高 8 位数存入低地址字节,低 8 位数存入高地址字节。若不足 16 位,高位用 0 填充。

例如: ORG   2030H
        TAB: DW 1066H,6080H,100,32H
汇编后: (2030H)=10H   (2031H)=66H   (2032H)=60H   (2033H)=80H
        (2034H)=00H   (2035H)=64H   (2036H)=00H   (2037H)=32H

7. DS 定义空间命令

DS 定义空间命令是从指定的地址开始,保留若干字节的内存空间作为备用。

格式: [标号:] DS 表达式

在汇编后,将根据表达式的值来决定从指定的地址开始留出多少字节空间,表达式也可以是一个指定的数值。

例如: ORG   0600H
       DS   06H
       DB   36H,0A1H

汇编后,从 0600H 开始保留 6 字节单元,从 0606H 开始按照下一条 DB 命令给单元赋值,即 (0606H)=36H, (0607H)=A1H。保留空间的用途将由程序决定。

DB、DW 和 DS 伪指令都只对程序存储器起作用,不能用来对数据存储器的内容进行赋值或初始化。

8. BIT 位地址符号命令

格式：　字符名称　　　BIT　　　位地址

例如：　flag　　　BIT　　　20H　　　;定义位地址 20H(即 24H.0)赋值给 flag

　　　　key　　　　BIT　　　P1.0　　;定义 P1.0 赋给 key，即 key 当做 P1.0 使用

需要说明的是，并非所有汇编程序都有这条伪指令，若不具备 BIT 命令时，则可以用 EQU 命令定义地址变量，但所赋的值必须是位地址。例如，P1.0 要用地址 90H 来代替。

4.1.4　汇编程序分段格式

大部分汇编语言的语法规则基本相同，每句程序一般由四部分组成，即标号、操作码、操作数和注释。每部分之间要用分隔符隔开，即如下形式：

标号字段	操作码字段	操作数字段	注释字段
LABLE	OPCODE	OPRAND	COMMENT

上面格式中，标号字段和操作码字段之间要有冒号隔开，操作码和操作数之间要用空格隔开，而双操作数之间用逗号隔开，操作数字段和注释字段之间用分号隔开。操作码字段是必选项，其余各段为任选项。为了书写美观并便于修改程序，各段间应空开 4~6 个空格，左对齐。

例 4-1　下面是一段汇编程序分段对齐书写格式。

标号字段	操作码字段	操作数字段	注释字段
START:	MOV	A,#00H	;0→A
	MOV	R1,#10	;10→R1
	MOV	R7,#10	;10→R7
LOOP:	ADD	A,R1	;(A)+(R1)→A
	DJNZ	R7,LOOP	;(R1)减 1 不为 0 时转 LOOP
WAIT:	SJMP	WAIT	

有关 4 个字段在汇编语言程序中的作用及应该遵守的基本语法规则说明如下：

1. 标号字段

标号是语句所在地址的标记，有了标号，程序中的转移指令才能跳转访问到该语句。有关标号的规定如下：标号后边必须加冒号"："；标号一般由 1~8 个 ASCII 字符组成（超过 8 个字符也可以），但第一个字符必须是字母；在同一个程序中不能重复定义同一个标号；不能用汇编语言已经定义的符号作标号，如指令助记符、伪指令及寄存器的符号名称等；一条语句可以没有标号。

2. 操作码字段

操作码字段规定了语句执行的操作，操作码是汇编语言指令中唯一不能空缺的部分。汇编程序就是根据这一字段生成机器代码。

3. 操作数字段

操作数字段用来存储指令的操作数或操作数的地址，可以采用字母和数字等多种表示形式。指令的操作数分为无操作数、单操作数和双操作数三种情况。如果有双操作数，则操作数之间要以逗号隔开。在操作数的表示中，有以下情况需要注意。

(1) 用十六进制、二进制和十进制形式表示的操作数。多数情况下，操作数或操作数地址都用十六进制形式来表示，只有在某些特殊场合才采用二进制或十进制的形式。用十六进制表示时，在其后加后缀"H"；用十进制表示时，在其后加后缀"D"，也可以省略；用二进制表示时，在其后加后缀"B"。

若十六进制的操作数以字符 A~F 开头时，则还需要在它前面加一个 "0"，以便在汇编时把它和字符 A~F 区别开来。

(2) 美元符号$的使用。美元符号$常在转移类指令的操作数字段中使用，用于表示该转移指令操作码所在的地址，即为当前指令地址。例如，指令 JNB　20H，$表示当(20H)=0 时，机器总是执行该指令，当(20H)=1 时，才执行下一条指令。它与指令 HERE：JNB　20H，HERE 是等价的。

4．注释字段

注释字段用于解释指令或程序的含义，对编写程序和提高程序的可读性非常有用。注释字段是任选项，使用时必须以分号 "；" 开头，注释的长度不限，一行写不下可以换行书写，但必须注意也要以分号 "；" 开头。在汇编时，注释字段不会产生机器代码。

4.2　汇编语言程序设计

目前在单片机的应用程序设计中，广泛采用结构化的程序设计方法，采用这种方法设计的程序，具有程序结构清晰、可读性好、易于调试、可靠性高等优点。

4.2.1　基本结构

按照结构化程序设计的观点，功能复杂的程序结构通常采用以下几种基本结构：

1．顺序结构

顺序结构是指按顺序依次执行程序，也称为简单程序或直线程序。其特点是按指令的排列顺序一条条地执行，直到全部指令执行完毕为止。整个程序无分支、无循环。这类程序往往用来解决一些简单的算术及逻辑运算问题，主要用数据传送指令和数据运算类指令来实现。顺序结构如图 4-1(a) 所示。

例 4-2　有两个 4 位压缩 BCD 码，分别存储在 30H、31H 和 40H、41H 单元，要求把两个 BCD 码数相加，结果送至 51H、52H 中(高位在前，低位在后)。

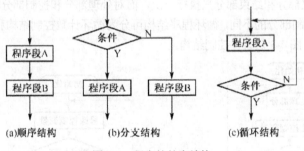

图 4-1　程序的基本结构

根据 BCD 码的加法运算规则，考虑 BCD 码在加法运算后，有可能变成十六进制数，需要进行调整。进行 BCD 码的加法运算时，只需要在加法运算指令后紧跟一条 DA　A 指令，即可实现 BCD 码调整。程序如下：

```
ORG   0000H
CLR   C          ;CY 清 0
MOV   A,31H      ;(31H)→A
ADD   A,41H      ;(31H)+(41H)→A
DA    A          ;对 A 进行十进制调整
```

```
MOV    52H,A       ;(A)→52H
MOV    A,30H       ;(30H)→A
ADDC   A,40H       ;(30H)+(40H)+CY→A
DA     A           ;对(A)进行十进制调整
MOV    51H,A       ;(A)→51H
END
```

2. 分支结构

根据不同条件转向不同的处理程序，这种结构的程序称为分支程序。

分支程序是利用条件转移指令，使程序执行某一指令后，根据运算结果是否满足条件来改变程序的执行次序。分支结构如图 4-1(b) 所示。在设计分支程序时，关键是如何判断分支条件。在 8051 指令系统中，可以直接用于判断分支条件的指令有 JZ/JNZ、CJNE、JC/JNC、JB/JNB、JBC、DJNZ 等。通过这些指令，可以实现各种各样的条件判断，如判断正负数、借/进位判断、大小判断等。值得注意的是，执行一条判断指令时，只能形成两路分支，若要形成多路分支，就要进行多次判断。

3. 循环结构

在程序设计时，往往会遇到同样的一个程序段要重复运行多次，虽然可以重复使用同样的指令来完成，但若采用循环结构，则该程序段只需要使用一次，这样可以大大地简化程序结构，减少程序占用的存储单元数。循环程序是一种常用的程序结构形式。基本循环结构如图 4-1(c) 所示。

循环程序一般由 4 部分组成：

(1) 初始化部分：设置循环初值，包括预置变量、计数器和数据指针初值，为实现循环做准备。

(2) 循环处理部分：要求重复执行的程序段，是程序的主体，称为循环体。循环体既可以是单个指令，也可以是复杂的程序段，通过它可完成对数据进行实际的任务处理。

(3) 循环控制部分：控制循环次数，为进行下一次循环修改计算器和指针的值，并检查该循环是否已执行了足够的次数。也就是说，该部分用来控制条件转移循环次数并判断循环是否结束。

(4) 循环结束部分：分析和存储结果。

单片机对于初始化部分和结束部分只执行一次，而对处理部分和控制部分则可执行多次，一般称为循环体。根据循环控制部分的不同，循环程序结构可分为循环计数控制结构和条件控制结构。图 4-2 是计数循环控制结构，图 4-3 是条件控制结构。

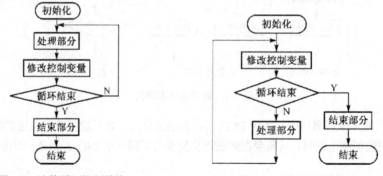

图 4-2　计数循环控制结构　　　　图 4-3　条件控制结构

在进行循环程序设计时，应根据实际情况采用适当的结构形式。

从以上 4 部分来看，循环控制部分是循环程序主体中的关键环节。常用的循环控制方法有计数器控制和条件标志控制两种。用计数器控制循环时，循环次数是已知的，可在循环初始部分将次数置入计数器中，每循环一次计数器减 1，当计数器内容减到 0 时，循环结束，常用 DJNZ 指令实现。相反，有些循环程序无法事先知道循环次数，只能知道循环的有关条件，这时只能根据给定的条件标志来判断循环是否继续，一般可参照分支程序设计方法中的条件来判断。

4．子程序

在实际程序设计时，常常会在一个程序中遇到多次用到相同的运算或操作，若每遇到这些运算或操作，都从头编起，就会使程序内容繁琐、浪费内存。因此在实际中，经常把这种多次使用的程序段，按一定结构编好，存储在存储器中，当需要时，就可以调用这些独立的程序段。通常将这种可以被调用的程序段称为子程序。

子程序在程序设计中非常重要。读者应熟练地掌握子程序的设计方法。

（1）子程序设计原则和应注意的问题

子程序是一种能完成某一特定任务的程序段。其资源可共享给所调用程序。因此，子程序在结构上应具有独立性和通用性，在编写子程序时应注意以下问题。

① 子程序第一条指令的地址称为子程序的入口地址。该指令前必须要有标号。

② 主程序调用子程序，是通过主程序或调用程序中的调用指令来实现的。在 8051 的指令集中，有如下两条子程序调用指令：

a．绝对调用指令 ACALL addr11：该语句调用的子程序只能放置在同一个 2 KB 程序存储区内。

b．长调用指令 LCALL addr16：调用的子程序可以放置在 64 KB 程序存储区的任意位置。

③ 在子程序运行时，首先要保护现场。因此，需要注意设置堆栈指针和现场保护，调用子程序时，要把断点压入堆栈，子程序返回时，执行 RET 指令再把断点弹出堆栈送入 PC 指针。需要现场保护时，要在子程序的开始安排压入堆栈指令 PUSH，将要保护的内容压入堆栈；在子程序最后的 RET 指令前，则要设置出栈指令 POP，将保护的内容弹出堆栈，送回到原来的单元，即恢复现场。

④ 子程序返回主程序时，最后一条指令必须是 RET 指令。它的功能是实现子程序返回调用程序的断点处继续执行。

⑤ 子程序可以嵌套，即主程序可以调用子程序，子程序又可以调用另外的子程序，通常情况下可以允许嵌套 8 层（但嵌套层数与堆栈空间大小有关）。

⑥ 要能正确地传递参数。首先要有入口条件，说明进入子程序时，它所要处理的数据放在何处（例如，是放在 A 中，还是放在某个工作寄存器中）。另外，要有出口条件，即处理的结果存储在何处。

（2）子程序的基本结构

综上所述，典型的子程序基本结构如下：

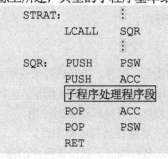

```
    STRAT:          ⋮
            LCALL   SQR
                    ⋮
    SQR:    PUSH    PSW
            PUSH    ACC
            子程序处理程序段
            POP     ACC
            POP     PSW
            RET
```

注意，上述子程序结构中，现场保护与现场恢复不是必要的，需要根据实际情况来定。另外，所需保护的寄存器是哪些，也要根据实际情况来确定。

4.2.2　汇编语言程序设计步骤

程序设计有时可能是一件很复杂的工作，为了把复杂的工作条理化，就需要有相应的编写步骤和方法。汇编语言程序设计的步骤主要分为以下几步。

（1）分析题意，明确要求。仔细分析问题，明确所要解决的问题。

（2）建立思路，确定算法。在程序设计时，要研究实际问题特点、逻辑关系或数学模型，决定所要采用的计算公式和计算方法，这就是所谓的算法。算法是程序设计的依据，决定了程序的正确性和质量。例如，在测量系统中，从模拟输入通道得到的温度、压力或流量等现场信息往往与对应的实际值之间存在非线性关系，这时需要进行线性化处理，其处理方法是设计程序基础，称为算法思路。

（3）编制框图，绘出流程。根据既定的算法和指令系统，制定出运算步骤和顺序，把运算过程画成程序流程图，通常在编写程序之前，先绘制程序流程图。

（4）分配内存工作区及相关端口地址。分配内存工作区，尤其是片内 RAM 的分配，把内存区、堆栈区、各种缓冲区进行合理地分配，并确定每个区域的首地址。

（5）编写源程序及相关注释，上机调试。根据程序流程图和汇编指令，编写出实现流程图的汇编语言程序。在编写程序时，应遵循尽可能节省数据存储单元、缩短代码长度和降低运行时间 3 个原则。在计算机上将汇编语言程序用汇编程序汇编成目标程序。对于没有自开发功能的单片机来说，需要使用仿真器，通过计算机将目标程序装入仿真器，在仿真器上对程序进行测试，排除程序中的错误，直到正确为止。

（6）优化程序。程序优化就是优化程序结构、缩短程序长度、加快运算速度和节省数据存储单元。

显然，算法和流程是至关重要的。程序结构有顺序、分支、循环和子程序等几种基本形式。在程序设计中，经常使用循环程序和子程序的形式来缩短程序长度，通过改变算法和正确使用指令来节省工作单元，减少程序执行的时间。

4.2.3　程序流程图

真正的程序设计过程应该是流程图的设计，上机编程只是将设计好的程序流程图转换成程序设计语言而已。程序流程图和对应的源程序是等效的，但是给人的感觉是不同的。源程序是一维指令流，而流程图是二维平面图形。在表达逻辑策略时，二维图形要比一维指令流直观得多，因而更有利于查错和修改。多花一些时间来设计程序流程图，就可以节约几倍的源程序编辑和调试时间。

1．程序流程图的画法

流程图的画法是先粗后细，只考虑逻辑结构和算法，不考虑或少考虑指令。画流程图就可以集中精力考虑程序的结构，从根本上保证程序的合理性和可靠性。余下的工作是进行指令代换。这样就很容易编出质量比较高的源程序。

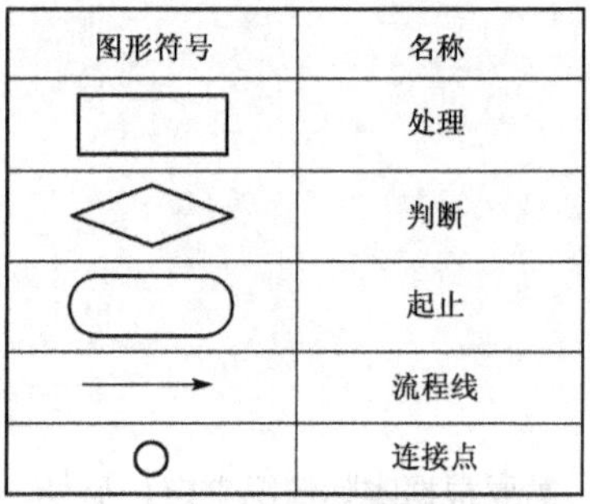

2．流程图的符号

画流程图是指用各种图形、符号、指向线等来说明程序设计的过程。国际通用的图形符号说明如图 4-4 所示。

椭圆框：起止框，在程序的开始和结束时使用。

矩形框：处理框，表示要进行的各种操作。

菱形框：判断框，表示条件判断，以决定程序的流向。根据条件在两个可供选择的程序处理流程中做出判断，选择其中的一条程序处理流程。

图形符号	名称
▭	处理
◇	判断
⬭	起止
→	流程线
○	连接点

图 4-4　国际通用的图形符号说明

指向线：流程线，表示程序执行的流向。

圆圈：连接点，表示不同页之间的流程连接，也表示与程序流程图其他部分相连接的入口或出口。

4.3　汇编语言程序设计实例

4.3.1　分支转移程序

根据不同条件转向不同的处理程序，这种结构的程序称为分支程序。分支转移程序按结构类型来分，可分为单分支转移结构和多分支转移结构。

1. 单分支转移结构

程序的判断仅有两个出口，两者选一，称为单分支选择结构。单分支转移的程序设计一般根据运算结果的状态标志，用条件判断指令选择并转移。

例 4-3　求双字节有符号数的补码。

双字节数是一个 16 位二进制数，其最高位 D15 是符号位，低 15 位是有效数字位。设 R7 存储高字节，R6 存储低字节，求得的补码仍存储在 R7、R6 中。正数的补码是其本身，负数的补码是有效数字位按位取反加 1。编程时先判断被转换数据的符号，通过判断数据的最高位来确定正负，数据最高位为 1 则为负数，为 0 则为正数。程序框图如图 4-5 所示。参考程序如下：

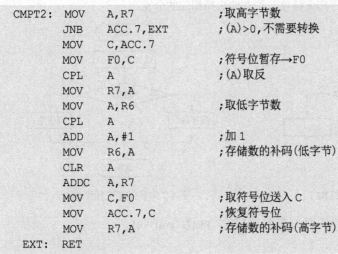

```
CMPT2:  MOV    A,R7         ;取高字节数
        JNB    ACC.7,EXT    ;(A)>0,不需要转换
        MOV    C,ACC.7
        MOV    F0,C         ;符号位暂存→F0
        CPL    A            ;(A)取反
        MOV    R7,A
        MOV    A,R6         ;取低字节数
        CPL    A
        ADD    A,#1         ;加 1
        MOV    R6,A         ;存储数的补码(低字节)
        CLR    A
        ADDC   A,R7
        MOV    C,F0         ;取符号位送入 C
        MOV    ACC.7,C      ;恢复符号位
        MOV    R7,A         ;存储数的补码(高字节)
EXT:    RET
```

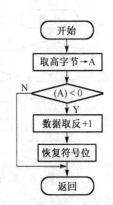

图 4-5　双字节数求补码程序框图

2. 多分支转移结构

当程序的判断部分有两个以上的出口流向时，为多分支转移结构。多分支转移结构有两种常见的形式，如图 4-6、图 4-7 所示。8051 的指令系统提供了两种非常有用的多分支选择指令，例如 CJNE、JMP。

其中，比较转移指令 CJNE 能对两个单元内容进行比较(或称为散转指令)。当不相等时，程序做出相对转移，并指出其大小，以备做第二次判断；若两者相等，则程序按顺序往下执行。

最简单的多分支转移程序的设计，一般常采用逐次比较法，就是把所有的不同情况一个个进行比较，发现符合就转向相应的处理程序。这种方法的主要缺点是程序太长，有 n 种可能的情况，就需要 n 个判断和转移。

例 4-4　求分段函数的值。分段函数定义如下：

$$Y = \begin{cases} X+1 & X>0 \\ 0 & X=0 \\ -1 & X<0 \end{cases}$$

X 是自变量，存储在 30H 单元，Y 是因变量结果，存入 31H 单元。这是一个三分支程序结构，按照 X 值的不同对应不同的 Y 值，程序有 3 个出口。程序流程图如图 4-6 所示。程序如下：

```
FENFUC:  MOV    A,30H            ;取数据 X 至 A
         CJNE   A,#00H,NZEAR     ;判断 A 不等于 0 跳转
         AJMP   NEGT            ;A 等于 0
NZEAR:   JB     ACC.7,POSI      ;判断符号位，A<1 跳转
         ADD    A,#1            ;A>0，Y=X+1
         AJMP   NEGT
POSI:    MOV    A,#81H          ;X<0 时，Y=-1
NEGT:    MOV    31H,A           ;保存结果
         RET
```

在实际应用中，经常会遇到图 4-7 结构形式的分支转移程序的设计，即在很多应用场合，需根据某一单元的内容是 0、1、…、n，来分别转向处理程序 0、1、…、n。对于这种情况，可以利用间接转移指令 JMP @A+DPTR 和直接转移指令（LJMP 或 AJMP）组成一个转移表，由指针 DPTR 决定分支转移程序的首地址，由累加器 A 的内容作偏移量，动态地选择相应的分支。

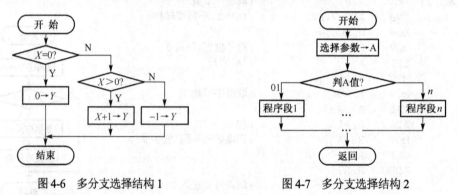

图 4-6　多分支选择结构 1　　　　图 4-7　多分支选择结构 2

例 4-5　根据寄存器 R2 的内容，转向各个处理程序 PRGx（$x=0\sim n$）。

(R2)=0,转 PRG0
(R2)=1,转 PRG1
⋮
(R2)=n,转 PRGn

题意：根据 R2 的内容跳转到相应的分支处理程序，可以将各分支程序的首地址标号组成一个表格，再按 R2 的内容选择表格中的相应首地址，从而实现多分支选择。

程序如下：

```
JMP8:  MOV    DPTR,#TAB       ;转移表首地址送 DPTR
       MOV    A,R2            ;分支转移参数送 A
       ADD    A,R2            ;分支转移参数乘 2
       MOV    R3,A            ;结果的低字节存入 R3
       CLR    A
```

```
        ADDC    A,DPH           ;结果的高字节数据加到 DPH 中
        MOV     DPH,A
        MOV     A,R3
        JMP     @A+DPTR         ;分支转移选择
        ⋮
TAB:    AJMP    PRG0            ;多分支转移表
        AJMP    PRG1
        ⋮
        AJMP    PRGn
```

R2 中的分支转移参数乘 2 是由于绝对跳转指令 AJMP 要占 2 个单元,而乘 2 可以用自加运算来实现。对分支转移数超过 256 个时,自累加时必定有进位,需要对分支转移参数的高位进行处理,即要把它加到 DPH 中去。

例 4-6　根据 31H(高字节)、30H(低字节)的内容(分支转移参数)转向不同的处理程序。程序如下:

```
JMP4:   MOV     DPTR,#TAB1      ;分支转移表首地址送 DPTR
        MOV     A,30H           ;分支转移参数低字节送 A
        MOV     B,#3
        MUL     AB              ;参数低字节乘 3
        MOV     R3,A            ;乘积低字节送 R3
        MOV     A,B             ;乘积高字节送 A
        ADD     A,DPH           ;DPH+高字节内容
        MOV     DPH,A
        MOV     A,31H           ;参数高字节送 A 并乘 3
        MOV     B,#3
        MUL     AB
        ADD     A,DPH           ;DPH+乘积低字节内容
        MOV     DPH,A           ;和送 DPH
        MOV     A,R3            ;参数低字节送 A
        JMP     @A+DPTR         ;跳相应的分支
        ⋮
TAB1:   LJMP    PRG0            ;分支转移表
        LJMP    PRG1
        ⋮
        LJMP    PRGn
```

对分支转移参量进行乘 3 处理,是因为长跳转指令 LJMP 要占 3 个单元。

4.3.2　循环程序

循环结构的特点和组成在 4.2.1 节已经介绍。由于循环程序可以大大缩短程序长度,程序所占的内存单元数量少,从而使得程序结构紧凑且可读性好。因此,很多实际设计中都包含循环结构部分。下面介绍一些循环结构程序设计例题。

例 4-7　设有一串字符,依次存储在内部 RAM 从 30H 单元开始的连续单元中,该字符串以 0FFH 为结束标志,要求编程测试字符串长度。

本例采用逐个字符与"0FFH"比较的方法。用一个长度计数器来累计字符串的长度,用一个字符串指针来找指定字符。如果指定字符与"0FFH"不相等,则长度计数器和字符串指针都加 1,以便继续往下比较;如果比较相等,则标识该字符为"0FFH",字符串结束,长度计数器的值就是字符串的长度。程序流程图如图 4-8 所示。

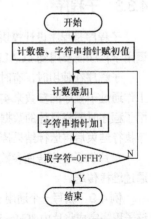

图 4-8　字符串长度测试流程

参考程序如下：

```
        MOV   R0,#0FFH        ;计数器初值送 R0
        MOV   R1,#2FH         ;字符串指针初值送 R1
NEXT:   INC   R0
        INC   R1
        CJNE  @R1,#0FFH,NEXT  ;比较不相等循环
        RET
```

上述循环结构中的循环程序内不包含其他循环程序，则称该循环程序为单循环结构。如果一个循环程序中包含了其他循环程序，则称为多重循环结构。如下面由 DJNZ 指令构成的延时程序就是双重循环结构的程序。

例 4-8　设 8051 使用 12 MHz 晶振，试设计软件延迟 100 ms 的延时程序。

机器周期 $T = 12 / f_{osc} = 12 / (12 \times 10^6) = 1\ \mu s$，执行一条 DJNZ 指令的时间为 2 μs。这时，可用双重循环方法写出如下的延时程序：

```
DELAY: MOV   R2,#200      ;延时一个机器周期 T = 1 μs
LOOP1: MOV   B,#250       ;每循环延时 1 μs
LOOP2: DJNZ  B,LOOP2      ;250×2×1us =500 μs
       DJNZ  R2,LOOP1     ;500×200×1 μs = 100 ms
       RET
```

以上计算的延时时间不够精确，没有考虑到除 DJNZ B,LOOP2 指令外的其他指令的执行时间，如把其他指令的执行时间计算在内（指令的执行周期可在指令附录中查阅），它的延时时间为：

$$[((250 \times 2) + 1 + 2) \times 200 + 1 + 2] \times 1\ \mu s = 100.603\ ms$$

如果要求比较精确的延时，可修改程序：

```
DELAY: MOV   R2,#200      ;延时一个机器周期 T = 1 μs
LOOPS: MOV   B,#248       ;每循环延时 1 μs
       NOP                ;每循环延时 1 μs
       DJNZ  B,$          ;248×2×1us =496 μs
       DJNZ  R2,LOOPS     ;(496+2+2)×200×1 μs
       RET                ;[(496+2+2)×200+1+2]×1 μs =100.003 ms
```

该段程序的实际延时时间是 100.003 ms。需要注意的是，软件延时需要占 CPU 时间；且用软件实现准确延时时，不允许被中断，否则将严重影响定时的准确性。对于需要更长的延时时间，可采用更多重的循环，如 1 s 延时，则需要用三重循环。如果需要精确延时，最好采用定时中断实现。

4.3.3　子程序

子程序是程序设计模块化的重要技术，可大幅提高程序代码的可重用性。使用子程序时，主程序调用子程序需要用到 LCALL 或 ACALL 指令，在子程序末尾必须用返回指令 RET 返回。

子程序在使用时，有时需要从主程序获得某些数据，也可能需要将处理结果返回给主程序。这些工作通过子程序的参数来实现。根据数据传送的方向可将参数分为入口参数和出口参数。主程序在调用子程序时需将具体的数据传递给子程序中的相应变量（如寄存器等），这些数据称为入口参数；子程序执行结束后将运行结果传递给主程序供主程序使用，这些结果数据称为出口参数。

单片机子程序传递参数的方法主要有三种：通过累加器和通用寄存器传送；通过指针寄存器传送；通过堆栈传送。

例 4-9　编写一个通用子程序，实现 N 个单字节无符号数之和（N<100H，存储在 2FH 单元）。调用该子程序完成将片内 30H～5FH 中存储的单字节无符号数求和，结果存入 60H、61H 单元中（高位在前）。

　　本例中需要传递的参数有三种：参与运算的字节无符号数个数 N，用寄存器 R2 传递参数；参与运算的数据存放在 RAM 单元中，以 R0 为指针寄存器，通过间接寻址传送；运算结果，共两个，用 R1 间接寻址传送。

　　子程序如下：

```
        ORG     0100H
SUB2:   PUSH    PSW             ;保护现场
        MOV     @R1,#0          ;目的单元清 0
        INC     R1
        MOV     @R1,#0
LOOP:   MOV     A,@R0           ;取数
        ADD     A,@R1           ;求和
        MOV     @R1,A           ;存的低字节数
        DEC     R1              ;修改指针，指向和的高位地址
        CLR     A
        ADDC    A,@R1           ;取进位位
        MOV     @R1,A           ;存的高字节数
        INC     R1              ;修改指针，指向和的低位地址
        INC     R0              ;修改指针，指向下一个单元
        DJNZ    R2,LOOP
        POP     PSW             ;恢复现场
        RET
```

　　主程序如下：

```
        ORG     0000
MAIN:   MOV     R0,#2FH         ;设置 R0 为入口指针，指向 2FH 单元
        MOV     R1,#60H         ;设置 R1 为出口指针，指向 60H 单元
        MOV     A,@R0
        MOV     R2,A            ;取传递字节数→R2
        INC     R0
        ACALL   SUB2
        ⋮
        END
```

4.3.4　算术运算程序

　　工程实践中通常离不开数据的运算。下面介绍基本算术运算汇编语言程序设计。8051 单片机算术运算类指令有单字节的加（ADD）、带进位加（ADDC）、带借位减（SUBB）、乘（MUL）、除（DIV）等 。

　　例 4-10　单字节有符号数的加减法子程序。

　　假设 2 个单字节有符号数原码分别在 R2 和 R3 中，进行 $(R2) \pm (R3)$ 运算后的结果原码在 R7 中。运算结果溢出时 OV 置位。有符号数的减法设计时可以看成一个有符号数与另一个有符号数的相反数相加。设使用 F0 标志加法、减法运算，例如，若 F0=0 做加法，若 F0=1 做减法，程序设计如下：

```
        ORG     0000
START:  JNB     F0,ADR3         ;判断标志 F0=0 跳转到 ADR3 做加法
        ACALL   SUB1            ;否则 F0=1，做减法，调用减法子程序
        SJMP    EXQ
ADR3:   ACALL   ADD1            ;调用加法子程序
        AJMP    EXQ             ;程序结束，原地踏步
SUB1:   MOV     A,R3
        CPL     ACC.7           ;符号位取反，即相当于把减号变为加号
        MOV     R3,A
```

```
ADD1:    MOV    A,R3
         ACALL  CMPT              ;调用 CMPT 单字节求补码子程序
         MOV    R3,A
         MOV    A,R2
         ACALL  CMPT              ;调用 CMPT 单字节求补码子程序
         ADD    A,R3
         JB     OV,OVER           ;判断运算是否产生溢出
         ACALL  CMPT              ;调用 CMPT 单字节求补码子程序，将结果转换成原码
         MOV    R7,A              ;保存结果值
OVER:    RET
EXQ:     END
```

例 4-11　4 字节无符号数加法程序设计。

假设两个 4 字节无符号数分别存储在以 DATA1 和 DATA2 为首址的连续单元中（低字节在前），设计程序求两数的和，结果放在被加数单元中。程序如下：

```
MADD:    MOV    R0,#DATA1
         MOV    R1,#DATA2
         MOV    R2,#04H
         CLR    C
LOOP:    MOV    A,@R0
         ADDC   A,@R1             ;带进位加法
         MOV    @R0,A
         INC    R0
         INC    R1
         DJNZ   R2,LOOP
         JC     OTHER             ;最高字节有进位，转其他程序处理
         RET
```

例 4-12　4 位 BCD 码的减法程序设计。

假设有两个 4 位压缩 BCD 码，被减数存储在 30H 和 31H 单元中，减数存储在 40H 和 41H 单元中，两数的差存储在 50H 和 51H 单元中。

对于 BCD 码减法，不能在减法指令的后面用 DA 调整指令进行十进制调整。必须转换为 BCD 码加法运算。程序设计如下：

```
         ORG    0000H
         MOV    R0,#30H           ;R0 指向被减数首地址(低位)
         MOV    R1,#40H           ;R1 指向减数首地址(低位)
         CLR    C                 ;进位符号位清 0
         ACALL  SUBCD             ;调用 BCD 码减法子程序
         MOV    50H,A
         ACALL  SUBCD             ;调用 BCD 码减法子程序
         MOV    51H,A
         SJMP   EXQ
SUBCD:   MOV    A,#9AH            ;BCD 码减法子程序
         SUBB   A,@R1
         ADD    A,@R0
         DA     A                 ;十进制调整
         CPL    C                 ;进位符号位取反
         INC    R0
         INC    R1
         RET
EXQ:     END
```

例 4-13　编写程序实现"1+2+3+…+99"加法运算，结果 BCD 码的千、百位存储在 31H 单元，十、个位存储在 30H 单元。

本例是十进制数累加，要求结果为十进制数，必须使用循环控制累加次数，每加一次就进行一次 BCD 码调整。程序如下：

```
ADDM:   MOV     30H,#00     ;存储单元清 0
        MOV     31H,#00
        MOV     R2,#99      ;控制循环次数
        MOV     R3,#01      ;加数初值
LOOP:   MOV     A,30H       ;取累加和的低字节
        ADD     A,R3
        DA      A           ;十进制调整
        MOV     30H,A       ;存储累加和的低字节
        CLR     A
        ADDC    A,31H       ;取累加和的高字节
        DA      A           ;十进制调整
        MOV     31H,A       ;存储累加和的高字节
        MOV     A,R3        ;调整加数自加 1
        ADD     A,#01
        DA      A           ;十进制调整
        MOV     R3,A        ;存储加数
        DJNZ    R2,LOOP
        RET
```

4.3.5　逻辑运算程序

8051 单片机逻辑运算指令有与(ANL)、或(ORL)、异或(XRL)、求反(CPL)、清 0(CLR)等指令，可以进行字节操作，也可逐位进行操作。

例 4-14　设片内 RAM 有两个数据段分别从地址 DATA1 和 DATA2 开始存储了 N 个数据，编写程序实现两个数据段中相同数据的个数统计，结果放入 DATA 中。

本例比较两个数据是否相同，可以采用异或逻辑指令，相同时结果为 0，不相同时结果为非 0，程序流程如图4-9所示。程序如下：

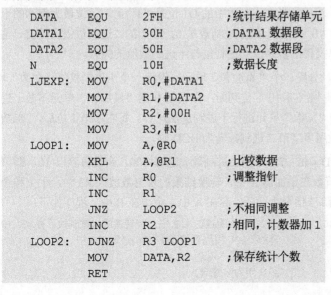

```
DATA    EQU     2FH         ;统计结果存储单元
DATA1   EQU     30H         ;DATA1 数据段
DATA2   EQU     50H         ;DATA2 数据段
N       EQU     10H         ;数据长度
LJEXP:  MOV     R0,#DATA1
        MOV     R1,#DATA2
        MOV     R2,#00H
        MOV     R3,#N
LOOP1:  MOV     A,@R0
        XRL     A,@R1       ;比较数据
        INC     R0          ;调整指针
        INC     R1
        JNZ     LOOP2       ;不相同调整
        INC     R2          ;相同，计数器加 1
LOOP2:  DJNZ    R3 LOOP1
        MOV     DATA,R2     ;保存统计个数
        RET
```

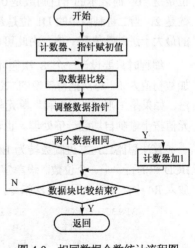

图 4-9　相同数据个数统计流程图

例 4-15　试编程实现以下逻辑运算：$Q = X \cdot Y + Y \cdot \overline{Z}$，其中，$Q$ 为 P1.0，X 为 P1.1，Y 为 P1.2，Z 为 P1.3。程序如下：

```
        Q    BIT    P1.0
        X    BIT    P1.1
        Y    BIT    P1.2
        Z    BIT    P1.3
START:  MOV  C,X
        ANL  C,Y            ;X·Y
        MOV  F0,C           ;保存 X·Y 的值
        MOV  C,Y
        ANL  C,/Z           ;Y·Z̄
        ORL  C,F0           ;X·Y+Y·Z̄
        MOV  Q,C            ;保存结果
        END
```

4.3.6　数制转换程序

在单片机应用程序的设计中，经常会涉及各种码制的转换问题。在单片机系统内部进行数据计算和存储时，常采用二进制码，二进制码具有运算方便、存储量小的特点。而在输入/输出时，根据人的习惯均采用十进制数的 BCD 码标识。此外，打印机要打印某个数字字符，也需要将该数字的二进制码转换为该字符的 ASCII 码。

1．二进制码到 BCD 码的转换

BCD 码有两种形式：一种是 1 字节存储一位 BCD 码，适用于显示或输出；另一种是压缩的 BCD 码，即 1 字节存储两位 BCD 码，这样可以节省存储单元。

例 4-16　单字节二进制码转换为 BCD 码。

算法思路一：单字节包含 8 个二进制位，每位都对应一个最大的十进制数权值，例如：

单字节二进制数位	D7	D6	D5	D4	D3	D2	D1	D0
各位对应的十进制数	128	64	32	16	8	4	2	1

也就是说，二进制数中的 D0 位是"1"时，该位最大表示的十进制数是 1，当二进制数中的 D0 位是是"0"时表示的十进制数是 0；相应的当二进制数中的 D1 位是"1"时，该位最大表示的十进制数是 2，当二进制数中的 D1 位是是"0"时表示的十进制数是 0；后面的二进制位依次是前一位表示的最大十进制数值翻一倍。由此可以类推出多字节二进制位与十进制数值的关系。

编程时只要设计一个 8 次循环，分配一个"累加和"单元，设计一个十进制权值"加数"单元，加数初值为 1。每次把待转换的二进制数右移出 1 位判断：如果是 0 则"累加和"单元不做十进制加法，如果是 1 则对"累加和"单元与"加数"单元进行十进制加法运算。每右移出 1 位后，"加数"单元值按十进制自加翻一倍处理。也适用多字节二进制数转为 BCD 码。

算法思路二：二进制数转为 BCD 码的方法可把二进制数先除以 100，余数再除以 10，即可得到 BCD 码的百、十、个位数。设单字节数在累加器 A 中，转换结果的百位数放入 R3 中，十位和个位数放入 R4 中。本例中用到除法指令，除法指令执行后，商在 A 中，余数在 B 中。程序如下：

```
BINBCD: MOV   B,#100      ;100 作为除数送入 B 中，待转换的二进制数已存储 A 中
        DIV   AB          ;除以 100 得到百位在 A 中，余数在 B 中
        MOV   R3,A        ;百位数送入 R3
        MOV   A,#10       ;10 作为除数送 A
```

```
        XCH     A,B
        DIV     AB              ;余数除以 10 得到十位数在 A 中，个位数在 B 中
        SWAP    A               ;分离出的十位数交换到 A 的高 4 位
        ADD     A,B             ;十位数与个位数相加送入 A
        MOV     R4,A            ;保存分离出的十位数和个位数
        RET
```

例 4-17　双字节二进制码转换为 BCD 码。

假设一个待转换的 16 位二进制数存储在 R3 和 R2 中，欲将其转换成 BCD 码，结果存储到片内 RAM 的 30H、31H、32H 单元，其中低位存放在 30H，高位存放在 32H 单元。

算法思路：采用迭代乘法原理，将 16 位的二进制数变成如下展开式：

$$d_{15}d_{14}d_{13}\cdots d_2d_1d_0 = ((\cdots(00)\times 2 + d_{15})\times 2) + d_{14}\cdots)\times 2 + d_0$$

由展开式可以设想逐位迭代编程法，其中 00 就是初始值，从 00 开始向外有 17 对括号层，每层的表达式结构相似，即每层都进行 $(\cdots)\times 2 + d_i$ 的运算，共循环 16 次即可。由内到外的每一层括号都是外一层括号的初值。编程时先把存放转换结果的存储器单元清 0，然后将 16 位二进制数的最高位左移进入 C，再把结果单元乘以 2、再加进位 C，即 $(\cdots)\times 2 + d_{15}$，完成一次对二进制最高位的 BCD 码运算转换。之后，又把这个运算转换值作为初值存放到转换结果的存储器单元，将余下的 15 位二进制数的最高位左移进入 C，再把结果单元乘以 2、再加进位 C，即 $(\cdots)\times 2 + d_{14}$，又完成一次对二进制次高位的 BCD 码运算转换。如此循环执行 16 次，就可以完成把 16 位二进制数转换为 BCD 码。由于双字节五符合二进制数转换为 BCD 码最大为 65535，故需要用三字节存储单元保存压缩的 BCD 码值。

资源分配：R3、R2 作源数据存放寄存器，待转换的双字节二进制数存放点；(R7)=16 控制 16 次循环；30H、31H、32H 地址单元存放转换结果 BCD 码。程序如下：

```
BINBCD: CLR     A                       ;清 0，初始化
        MOV     30H,A
        MOV     31H,A
        MOV     32H,A
        MOV     R7,#16                  ;设置循环计数初值
START:  CLR     C
        MOV     A,R2
        RLC     A
        MOV     R2,A
        MOV     A,R3
        RLC     A
        MOV     R3,A                    ;二进制左移一位，移入 C
        MOV     A,30H                   ;30H 单元存储转换结果的低字节
        ADDC    A,30H                   ;做 (···)×2+d_i 运算
        DA      A                       ;十进制调整
        MOV     30H,A
        MOV     A,31H
        ADDC    A,31H
        DA      A
        MOV     31H,A
        MOV     A,32H
        ADDC    A,32H
        DA      A
```

```
        MOV    32H,A          ;32H 单元存储转换结果的高字节
        DJNZ   R7,STRAT
        RET
```

2. BCD 码到二进制数的转换

例 4-18　4 位 BCD 码转换成二进制数。

假设有一个 4 位的 BCD 码 $d_3d_2d_1d_0$，要求将这个 BCD 码转换为二进制数。设 4 位 BCD 码分别放在 40H～43H 单元中，转换完毕的二进制数放在 50H、51H 单元中。

本例把 4 位 BCD 码按照十进制展开得：$d_3d_2d_1d_0=((d_3\times10)+d_2)\times100)+(d_1\times10+d_0)$，利用乘法和加法运算即可转换得到二进制数。程序如下：

```
BCDBIN: MOV    A,40H          ;从 40H 单元取高位 d₃
        MOV    B,#10
        MUL    AB
        ADD    A,41H          ;从 41H 单元取 d₂ 与 A 相加
        MOV    B,#100
        MUL    AB
        MOV    50H,B          ;50H 单元存储高字节
        MOV    51H,A          ;51H 单元存储低字节
        MOV    A,42H          ;从 42H 单元取 d₁
        MOV    B,#10
        MUL    AB
        ADD    A,43H          ;从 40H 单元取低位 d₀ 与 A 相加
        ADD    A,51H
        MOV    51H,A
        CLR    A
        ADDC   A,50H
        MOV    50H,A
        RET
```

3. 二进制数与 ASCII 码之间的转换

（1）4 位二进制数转换成 ASCII 码

例 4-19　把存储在 R3 中的低 4 位二进制数转换为对应的 ASCII 码。

采取连续两次加法和 DA 调整可实现 ASCII 转换。程序如下：

```
HASC:   MOV    A,R3
        ANL    A,#0FH
        ADD    A,#90H
        DA     A              ;(A)>9 时起作用
        ADDC   A,#40H
        DA     A              ;(A)≤9 时起作用，转换结果在 A 中
        RET
```

（2）ASCII 码转换成 4 位二进制数

例 4-20　把存储在 R3 中的 ASCII 码转换为对应的十六进制数。

实际上在 R3 中存储的 ASCII 码，对应的十六进制数（0～F），转换时对于小于等于 9 的 ASCII 减去 30H 即可得到 4 位二进制数；对于大于 9 的 ASCII 减去 37H 即可得到 4 位二进制数。程序如下：

```
ASCTH:    MOV       A,R3
          CLR       C
          SUBB      A,#30H
          CJNE      A,#0AH,ASCTH1
ASCTH1:   JC        ASCTH2          ;(A)≤9 时，跳转 ASCTH2
          SUBB      A,#07H          ;(A)>9
ASCTH2:   RET
```

例 4-21 将 40H 单元存储的单字节十六进制数转换为 ASCII 码，转换结果存储在 30H 和 31H 中。程序设计如下：

```
          ORG       0000H
START:    MOV       A,40H
          ACALL     HASC            ;调用十六进制数转 ASCII 码子程序
          MOV       30H,A           ;把低位转换的 ASCII 码存入 30H
          MOV       A,40H
          SWAP      A
          ACALL     HASC            ;调用 ASCII 码转换子程序
          MOV       31H,A           ;把高位转换的 ASCII 码存入 31H
          AJMP      EXQ
HASC:     ANL       A,#0FH          ;十六进制数转 ASCII 码子程序
          ADD       A,#90H
          DA        A               ;(A)>9 时起作用
          ADDC      A,#40H
          DA        A               ;(A)≤9 时起作用，转换结果在 A 中
          RET
EXQ:      END
```

4.3.7 查表程序

查表程序是单片机应用系统中常用的一种程序。利用它能避免进行复杂的运算或转换过程，可完成数据的补偿、修正、转换等功能，具有程序简单、执行速度快等优点。

查表就是根据自变量 x，在表格中寻找 y，使 $y = f(x)$。数据表格一般存储于程序存储器内。在 8051 的指令系统中，提供了两条极为有用的查表指令：

```
MOVC      A,@A+DPTR
MOVC      A,@A+PC
```

两条指令的功能相同，但在具体使用上有一些差别。

指令 MOVC A,@A+DPTR 是把 A 中的内容作为一个无符号数与 DPTR 中的内容相加，所得结果为某一程序存储单元的地址，然后把该地址单元中的内容送到累加器 A 中。DPTR 作为一个基址寄存器，执行完这条指令后，DPTR 的内容不变。

指令 MOVC A,@A+PC 以 PC 作为基址寄存器，PC 的内容和 A 的内容作为无符号数，相加后得到程序存储器单元的地址，并从该地址单元取出数据送入累加器 A，这条指令执行完以后，PC 的内容仍指向查表指令的下一条指令。该指令的优点在于预处理较少，且不影响其他特殊功能寄存器的值。缺点是该表格只能存储在这条指令地址以下的 00H～FFH 之中，这使得表格所在的程序空间受到了限制。

例 4-22   根据累加器 A 中的数 x（0～9 之间）查 x 的函数 y 值，其中 $y=2x^2+6$。

先计算 x 对应的 y 值形成表格数据，再根据 x 的值查表找出对应的 y 值，程序如下：

```
                ORG     1000H
(1000H) CHAB:   ADD     A,#01H              ;A加上查表指令到表头的距离
(1002H)         MOVC    A,@A+PC
(1003H)         RET
(1004H)         DB      06,08,14,24,36      ;数字0～9的函数值表
                DB      56,78,104,134,168
```

累加器 A 中的数反映的仅是从表头开始向后查找多少个单元，基址寄存器 PC 的内容并非表头，执行查表指令时，PC 中的内容为 1003H，即指向 RET 指令，而距离表头还差 1 字节，所以必须加上 PC 基址到表头的距离，形成偏移量。

上面的例子中，在进入程序前，将 A 的内容预置 0～9 之间的数。如果 A 中的内容为 02H，则运行查表程序后，应该得到对应的 y 值为 14；依此类推，可以根据 A 的内容查出对应的 y 值。

MOVC A,@A+DPTR 这条指令的应用范围较为广泛，一般情况下都使用该指令进行查表。该指令的优点是表格可以设在 64 KB 程序存储器空间内的任何地方，而不必像 MOVC A,@A+PC 那样只能设在 PC 下面的 256 个单元以内。使用该指令不用计算偏移量。该指令的缺点在于如果 DPTR 已被使用，则在进入查表前必须保护 DPTR，查表结束后再恢复 DPTR。上例的查表子程序修改如下：

```
                ORG     1000H
CHAB:   PUSH    DPH
        PUSH    DPL
        MOV     DPTR,#TAB
        MOVC    A,@A+DPTR
        POP     DPL
        POP     DPH
        RET
TAB:    DB      06,08,14,24,36          ;数字0～9的函数值表
        DB      56,78,104,134,168
```

例 4-23   设有一个巡回检查报警装置，需要对 16 路输入进行检测，每路有一个最大允许值，为双字节数。装置运行时，需根据测量的路数，找出每路的最大允许值。如果输入大于允许值就报警。下面根据上述要求编制查表程序。

取路数为 x（0～15），设进入查表前，已经把 x 值放入 R7 中，y 为最大允许值，已放在表格中。

查表程序如下：

```
                ORG     1000H
(1000H) CHAB1:  MOV     A,R7
(1001H)         ADD     A,R7                ;(R7)*2→(A)
(1002H)         MOV     R3,A                ;保存指针
(1003H)         ADD     A,#07               ;加偏移量
(1005H)         MOVC    A,@A+PC             ;查第一字节
(1006H)         INC     R3
(1007H)         XCH     A,R3
(1008H)         ADD     A,#2
(100AH)         MOVC    A,@A+PC             ;查第二字节
(100BH)         MOV     R4,A
```

```
(100CH)              RET
(100DH)   TAB1:      DW      1512,2345,43567,2567,8795,3456    ;最大值表
                     DW      2310,32657,890,9945,10000,20511
                     DW      23478,100,2356,27808
```

上述查表程序是有限制的，表格长度不能超过 256 B，且表格只能存储于 MOVC A,@A+PC 指令以下的 256 个单元中，如果表格的长度超过 256 B，且需要把表格放在 64 KB 程序存储器空间的任何地方，则应使得指令 MOVC A,@A+DPTR，且对 DPH、DPL 进行运算，求出表目的地址。

例 4-24　在一个以 8051 为核心的温度控制器中，温度传感器输出的电压与温度为非线性关系，传感器输出的电压已由 A/D 转换为 10 位二进制数。根据测得的不同温度下的电压值数据构成一个表，表中存储温度值 y，数据 x 为电压值。设测得的电压值 x 已放入 R3 和 R4 中，要求根据电压值 x 查找对应的温度值 y，结果仍放入 R3 和 R4 中。程序如下：

```
CHAB2:    MOV       DPTR,#TAB2
          MOV       A,R4           ;先将 x 值乘以 2(使用左移的办法)
          CLR       C
          RLC       A
          MOV       R4,A
          MOV       A,R3
          RLC       A
          MOV       R3,A
          MOV       A,R4
          ADD       A,DPL          ;再把(R3R4)+(DPTR)→(DPTR)
          MOV       DPL,A
          MOV       A,DPH
          ADDC      A,R3
          MOV       DPH,A
          CLR       A
          MOVC      A,@A+DPTR      ;然后查表,先查出第一字节
          MOV       R3,A           ;第一字节存入 R3 中
          CLR       A
          INC       DPTR
          MOVC      A,@A+DPTR      ;再查表,查出第二字节
          MOV       R4,A           ;第二字节存入 R4 中
          RET
TAB2:     DW        112H,201H,…,…,…      ;温度值表
```

4.3.8　关键字查找程序

关键字查找也称为数据检索。数据检索有两种方法，即顺序检索和对分检索。

1. 顺序检索

如果要查找的表是无序的，查找时只能从第一项数据开始逐项顺序查找，判断所取数据是否与关键字相等。

例 4-25　从 100 个无序的单字节数据表中查找关键字 55H 在表中的位置。

分析：由于表的数据没有规律，是无序数据，所以只能从表头开始顺序查找，直到找到与关键字相同的数据后结束查找。参考程序如下：

```
            ORG     0000H
            MOV     40H,#55H        ;关键字 55H 送 40H 单元
            MOV     R7,#100         ;查找次数送 R7
            MOV     A,#14H          ;修正值送 A
            MOV     DPTR,#TAB4      ;表头地址送 DPTR
LOOP:       PUSH    ACC             ;保存修正值
            MOVC    A,@A+PC         ;查表结果送 A
            CJNE    A,40H,LOOP1     ;不等于关键字跳转
            MOV     R2,DPH
            MOV     R3,DPL
            AJMP    EXQ
LOOP1:      POP     ACC             ;修正值弹出
            INC     A               ;修正值加 1，查下一个数据
            INC     DPTR            ;修改数据指针 DPTR
            DJNZ    R7,LOOP         ;R7 不等于 0，未查完，继续查找
            MOV     R2,#00H         ;若 R7 等于 0，对 R2、R3 清 0
            MOV     R3,#00H         ;表中 100 个数已查完
            AJMP    EXQ             ;从子程序返回
TAB4:       DB      …,…,…,…         ;100 个无序数据表
EXQ:        END
```

2．对分检索

对分检索用于需要查找的数据表已经排好序，按照对分的原则查找关键字，可以提高查找效率。

对分检索方法：取数据表中间位置的数和关键字进行比较，如相等，则查找到。如果数据大于关键字，则下次对分检索的范围是从数据区起点到本次取数点。如果取数小于关键字，则下次对分检索的范围是从本次取数点到数据区的终点。依此类推，逐渐缩小检索范围，减少次数，提高查找速度。

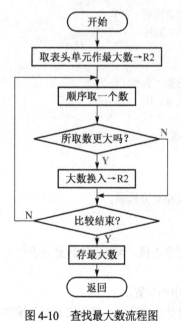

图 4-10　查找最大数流程图

4.3.9　数据极值查找程序

数据极值查找就是在数据区中找出最大或最小值。极值查找操作的主要任务就是比较大小，从这些数据中找出最大或最小值并存于某一单元中。

例 4-26　若在片内 RAM 中存储 20 个数据，查找出最大值并存储于首地址中。设 R1 中存首地址，R3 中存储字节数。程序流程图如图 4-10 所示。

分析：要从一批数据中查找最大值，就要将一批数据做大小比较，假设首地址中的数据为最大值，然后取出其后的数据逐一比较，比首地址中的数据大则替换首地址中的内容，否则保持其内容。参考程序如下：

```
MOV     R3,#20          ;数据个数
MOV     A,R1            ;存首地址指针
MOV     R0,A
DEC     R3
MOV     A,@R0
```

```
LOOP:      MOV   R2,A
           INC   R0
           CLR   C
           SUBB  A,@R0            ;两个数比较
           JNC   LOOP1            ;C=0，A 大，跳 LOOP1
           MOV   A,@R0            ;C=1，则大数送 A
           SJMP  LOOP2
LOOP1:     MOV   A,R2
LOOP2:     DJNZ  R3,LOOP          ;是否比较结束
           MOV   @R1,A            ;存最大数
           RET
```

4.3.10　数据排序程序

数据排序就是将一批数按照升序或降序排列。下面介绍无符号数据的升序排序程序设计方法。

最常用的数据排序算法是冒泡法。冒泡法是相邻数互换的排序方法，因其过程类似水中气泡上浮，故称冒泡法。排序时从前向后进行相邻两个数的比较，如果数据的大小次序与要求的顺序不相符，就将两个数互换，否则就不互换。进行升序排序时，应通过这种相邻数互换方法，使小的数据向前移。经过一次次相邻数据互换，就把一批数据的最大数排到最后，次大数排在倒数第二的位置，从而实现了这一批数据由小到大排序。

假设有 8 个原始数据的排列顺序为：8，4，5，7，3，9，0，1。第一次冒泡的过程是：

8，4，5，7，3，9，0，1	;原始数据的排列
4，8，5，7，3，9，0，1	;逆序，互换
4，5，8，7，3，9，0，1	;逆序，互换
4，5，7，8，3，9，0，1	;逆序，互换
4，5，7，3，8，9，0，1	;逆序，互换
4，5，7，3，8，9，0，1	;正序，不互换
4，5，7，3，8，0，9，1	;逆序，互换
4，5，7，3，8，0，1，9	;逆序，互换，第 1 次冒泡结束

如此进行，各次冒泡的结果如下：

第 1 次冒泡结果：4，5，7，3，8，0，1，9
第 2 次冒泡结果：4，5，3，7，0，1，8，9
第 3 次冒泡结果：4，3，5，0，1，7，8，9
第 4 次冒泡结果：3，4，0，1，5，7，8，9
第 5 次冒泡结果：3，0，1，4，5，7，8，9
第 6 次冒泡结果：0，1，3，4，5，7，8，9　　;已完成排序
第 7 次冒泡结果：0，1，3，4，5，7，8，9

由以上的冒泡法可以看出，对于 n 个数，理论上应进行 $(n-1)$ 次冒泡才能完成排序，但实际上有时不到 $(n-1)$ 次就已完成排序。例如，上面的 8 个数，应进行 7 次排序，但是实际上到第 6 次就已经完成了排序。判断排序是否完成的方法是看各次冒泡中是否有互换发生，如果有，说明排序还没有完成，否则就表示已经排好序了。在程序设计中，常用设置互换标志的方法，标记在一次冒泡中是否有互换进行。下面介绍具体冒泡程序。

例 4-27　一批单字节无符号数以 R0 为待排序数据的首地址指针，R2 为待排序字节数，将这批数按升序排列。程序流程如图 4-11 所示。

算法思想和资源分配：

(1) 用 R0 作数据备份指针，指向待排序的数据首地址；

(2) 用 R1 作数据工作指针，指向待排序数据地址，并取出逐个比较排序，每比较一次指针自加 1；比较完成一遍后，指针复制 R0 的值回到待排序数据首地址；

(3) 用 R2 作数据长度，若有 10 个数，则 (R2)=10；

(4) 用 R5 作工作计数器，控制一遍比较排序次数，若有 10 个数，则一遍最多比较 9 次；

(5) 用 R3 作排序比较器，存放每次两个数比较出来的最大值；

(6) 用 F0 作排序标志位，记录本次排序是否有数据交换：

若 F0=1 有交换，本次比较的最大数排序放在底部，需要继续从首部开始比较排序；

若 F0=0 无交换，表示数据已从小到大排序完毕，结束排序。

参考程序如下：

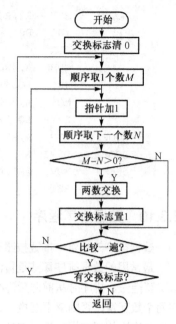

图 4-11　单字节无符号数排序

```
        SORT:  MOV   A,R0          ;R0 备份指针,指向待排序数据首地址
               MOV   R1,A          ;把 R0 的值复制给 R1 指针
               MOV   A,R2          ;R2 存放备份待排序数据的个数
               MOV   R5,A          ;R2 的值复制送入 R5
               CLR   F0            ;互换标志位 F0 清 0
               DEC   R5            ;若排序数有 10 个,则最多需排序 9 次,故自减 1
               MOV   A,@R1
        LOOP:  MOV   R3,A
               INC   R1
               CLR   C
               MOV   A,@R1         ;比较大小
               SUBB  A,R3
               JNC   LOOP1
               SETB  F0            ;互换标志位 F0 置 1
               MOV   A,R3
               XCH   A,@R1         ;两个数互换
               DEC   R1
               XCH   A,@R1
               INC   R1
        LOOP1: MOV   A,@R1
               DJNZ  R5,LOOP
               JB    F0,SORT       ;判断此遍比较是否有数据交换,若 F0=1 有交换,需再排
               RET
```

本章小结

软件是系统的灵魂。本章介绍了单片机程序结构、伪指令和汇编程序编写格式；介绍了多种类型的程序设计实例，包括分支、查表、循环、算术运算、数制转换、数据排序、关键字查找等子程序设计。重点应掌握程序设计方法、算法分析、程序算法流程图及按照流程图编写汇编源代码。

练习与思考题

1. 8051 单片机汇编语言有何特点？
2. 简述 8051 单片机汇编语言程序设计的步骤。
3. 什么是伪指令？常用的伪指令有哪些？各有什么功能作用？
4. 下列程序段汇编后，从 2000H 开始的各有关存储器单元的内容是什么？

```
ORG      2000H
TAB1     EQU      3478H
TAB2     EQU      70H
DB       "START"
DW       TAB1,TAB2,3456H,70H
```

5. 子程序调用时，参数的传递方法有哪几种？
6. 若 8051 的晶振频率为 6 MHz，试计算下面延时子程序的延时时间。

```
DELAY:   MOV R7,#0FFH
LP:      MOV R6,#00H
         DJNZ   R6,$
         NOP
         DJNZ   R7,LP
         RET
```

7. 假定(A)=56H，(R1)=30H，(30H)=46H，执行以下指令，指令执行后，A 的内容为_____

```
ANL  A,#17H
ORL  30H,A
XRL  A,@R0
CPL  A
```

8. 假设单片机片内 RAM 单元(42H)=3DH，(41H)=2AH，阅读下面一段程序，说明程序实现的功能，并指出程序运行的结果。

```
         TMPE     EQU  42H
BXC:     MOV      R0,#TMPE
         MOV      DPTR,#TAB
         MOV      A,@R0
         ANL      A,#0FH
         MOVC     A,@A+DPTR
         XCH      A,@R0
         SWAP     A
         ANL      A,#0FH
         INC      A
```

```
        MOVC    A,@A+DPTR
        DEC     R0
        XCH     A,@R0
TAB:    DB      "ABCDEF0123456789"
        RET
```

9. 在 8051 片内 RAM 中，已知 (30H)=38H，(38H)=40H，(40H)=48H，(48H)=90H。分析下面每句是什么类型的指令，说明源操作数的寻址方式，按顺序执行每条指令后，结果是什么？

```
MOV     A,40H
MOV     R0,A
MOV     P1,#0F0H
MOV     @R0,30H
MOV     DPTR,#3848H
MOV     40H,38H
MOV     R0,30H
MOV     P0,R0
MOV     18H,#30H
MOV     A,@R0
MOV     P2,P1
```

10. 已知程序执行前 (A)=03H，(SP)=65H，(65H)=02H，(64H)=02H，下面程序执行后寄存器 A、SP、65H、64H、DPTR、PC 的值各是什么？

```
        POP     DPH
        POP     ACC
        MOV     DPTR,#TAB
        RL      A
        MOV     B,A
        MOVC    A,@A+DPTR
        PUSH    ACC
        MOV     A,B
        INC     A
        MOVC    A,@A+DPTR
        PUSH    ACC
        RET
        ORG     200H
TAB:    DB      20H,50H,30H,60H,50H,80H,70H,10H
```

11. 说明下面程序运行后的结果。

```
MOV     20H,#0A5H
MOV     C,00H
ANL     C,/04H
CPL     07H
SETB    01H
MOV     A,20H
RLC     A
MOV     02H,C
```

12. 假设在内部 RAM 的 30H~4FH 单元存有一组单字节无符号数，要求找出最大数存入 50H 单元。试编写程序实现。

13．按下列算式编程实现单字节二进制无符号数乘法和加法：(30H)×(31H)+(32H)×(33H)。

14．按下列算式编程实现 2 字节二进制无符号数乘法：(R3R2)×(R4R5)。

15．按下列算式编程实现 2 字节二进制无符号数除法：(R3R2)÷(R4R5)。

16．要求用冒泡法编程，对片内 RAM 的 40H～49H 单元中的无符号数按从小到大的顺序排序。

17．假设在单片机片内 30H 存储了 8 个单字节无符号二进制数，要求编写程序计算这些数的平均值，余数四舍五入，结果存储在 40H 单元中。

18．假设在片内 30H～39H 中分别存储 10 个单字节压缩 BCD 码数，要求编写一个加法程序，将这 10 个数相加，结果存储在 R4、R3 中。

19．试用选择法编写排序程序，对片内 RAM 的 40H～49H 单元中的无符号数按从小到大（或从大到小）的顺序排序。

20．假设在单片机片内 30H 开始存放了 8 个双字节无符号二进制数，要求编程计算出这 8 个数的平均值，余数四舍五入，结果（高字节）存放在 40H 开始的单元。

21．假设在单片机片内 30H 开始存放了 5 个三字节无符号 BCD 码，要求编程计算出这 5 个数的和，结果（高字节）存放在 40H 开始的单元。

22．假设在单片机片内 30H 开始存放了 4 个三字节无符号二进制数，要求编程计算出这 4 个数的平均值，余数应四舍五入，结果（高字节）存放在 40H 开始的单元。

23．数值转换题：

(1) 把十进制数转换为二进制数：①$(37)_{10}$=> (　　)$_2$　　②$(359)_{10}$=> (　　)$_2$

(2) 把十六进制数转换为八进制数：①$(68)_{16}$=> (　　)$_8$　　②$(6E9)_{16}$=> (　　)$_8$

(3) 把八进制数转换为十进制数：①$(26)_8$=> (　　)$_{10}$　　②$(237)_8$=> (　　)$_{10}$

(4) 把十进制数转换为字长为 8 位的补码：①$(-64)_{10}$=> (　　)$_补$　②$(-109)_{10}$=> (　　)$_补$

第5章 8051单片机的中断系统

本章学习要点：

(1) 8051 单片机中断系统的概念与内部结构；

(2) 中断系统的应用，中断控制寄存器设置，中断源和中断入口地址；

(3) 中断信号的处理，中断源的扩展方法，中断应用程序的设计方法。

8051 单片机主要用于实时测控，要求单片机能及时响应和处理单片机内部或外部发生的紧急事件。由于很多事件都是随机发生的，如果采用定时查询方式来处理这些事件请求，有可能得不到实时处理，且单片机的工作效率也会变得很低。因此，单片机要实时处理这些事件，就必须采用中断技术来实现，这就要用到一个重要的功能部件——中断系统。STC89C51RC 是 8051 内核单片机的一种，下面结合 STC89C51RC 芯片介绍 8051 单片机的中断系统。

5.1 中断的概念

所谓中断，是指当 CPU 正在处理某件事情时，外部发生的某一事件(如一个电平的变化，一个脉冲沿的发生或定时器计数溢出等)请求 CPU 迅速去处理。于是，CPU 暂时中止当前的工作，转去处理所发生的事件。中断服务处理完该事件后，再回到原来被中止的地方，继续原来的工作，这样的过程称为中断，如图 5-1 所示。

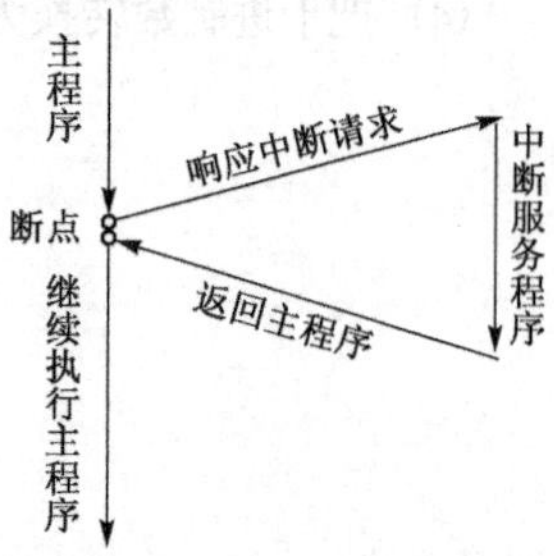

实现这种功能的部件称为中断系统，产生中断请求的来源称为中断源。中断源向 CPU 提出的处理请求，称为中断请求或中断申请，中断请求信号何时发生是预先无法知道的，但它们一旦产生，便会马上通知 CPU，这样 CPU 就无须花费大量的时间去查询这些信号是否存在。CPU 暂时中止自身的事务，转去处理事件的过程，称为 CPU 的中断响应过程。其中对事件的整个处理过程，称为中断服务(或中断处理)。处理完毕，再回到原来被中止的地方，称为中断返回。

图 5-1 中断响应过程

例如，假设你在网上选购了一本书，商家承若三天内快递送达你学校门口。如果没有中断系统，到了第 3 天你就要在指定地点等待，若中途发生一点意外，则可能就要白白等待很久，浪费很多时间，你想去图书馆看书也不安心。如果大家事先留好电话，说好快递到了就打电话告知你，这样你就可以安心地去图书馆看书。当接到电话后，暂时中止看书，到指定地点取快递，拿到快递后回到图书馆继续看书。这一系列工作就相当于单片机的中断系统：电话是中断事件触发源，人相当于 CPU；CPU 接收到电话中断后暂停看书，起身出去取快递，这就相当于中断事件处理；拿到快递后回去看书是中断返回。

采用中断技术能实现以下的功能。

1. 分时操作

计算机的中断系统可以使 CPU 与外设同时工作。当 CPU 在执行程序过程中，若需要进行数据的输入/输出，则先启动外部设备，当外部设备为数据的输入/输出做好准备后，即向 CPU 发出中断请求信号，CPU 响应中断，停止当前程序的执行，转去为外部设备进行数据输入/输出服务，中断服务结束后，CPU 返回断点处继续往下执行程序，而外部设备则为下一次数据的传送做准备。因此，CPU 可以使多个外设同时工作，并分时为各外设提供输入/输出服务，从而大大提高了 CPU 的利用率和数据输入/输出的速度。

2．实时处理

当计算机用于实时控制时，要求计算机能及时完成被控对象随机提出的分析和计算任务，以便使被控对象保持在最佳工作状态，达到预定的控制要求。在自动控制系统中，各控制参量可随机地在任何时刻向计算机发出请求，有了中断系统，CPU 就可以立即响应、及时处理。

3．故障处理

单片机应用时由于外界的干扰，以及硬件或软件设计中存在问题等因素，在实际运行中会出现各种硬件故障、运算错误、程序运行故障等问题。通过中断技术，单片机系统就能及时发现故障并自动处理。

5.2　8051 单片机中断系统结构

5.2.1　中断系统结构

8051 单片机的中断系统有 5 个中断请求源，具有两个中断优先级，可实现两级中断服务程序嵌套。用户可以用软件屏蔽所有的中断请求，也可以用软件使 CPU 接受中断请求，每一个中断源可以用软件独立地控制为开中断或关中断状态，每一个中断源的中断级别均可用软件设置。8051 的中断系统结构如图 5-2 所示。

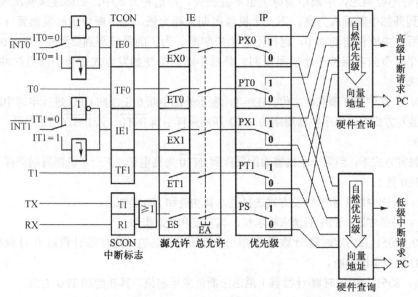

图 5-2　8051 中断系统结构

5.2.2　中断源

8051 中断系统共有 5 个中断请求源，分别为：

（1）外部中断 0 请求，由 $\overline{\text{INT0}}$ 引脚输入，中断请求标志为 IE0；

（2）外部中断 1 请求，由 $\overline{\text{INT1}}$ 引脚输入，中断请求标志为 IE1；

（3）定时器/计数器 T0 溢出中断请求，中断请求标志为 TF0；

（4）定时器/计数器 T1 溢出中断请求，中断请求标志为 TF1；

（5）串行口中断请求，中断请求标志为 TI 或 RI。

这些中断请求源的中断请求标志位分别由特殊功能寄存器 TCON 和 SCON 的相应位锁存。

1. TCON

TCON 为定时器/计数器控制寄存器，字节地址为 88H，可位寻址。TCON 的格式如下：

	D7	D6	D5	D4	D3	D2	D1	D0	
TCON	TF1	TR1	TF0	TR0	IE1	IT1	IE0	IT0	88H

与中断系统有关的各标志位的功能如下：

（1）IT0：外部中断 0 中断触发方式选择位。

外部中断有两种触发方式：电平触发方式和跳变触发方式。

IT0=0，为电平触发方式，引脚 $\overline{\text{INT0}}$ 上出现低电平时向 CPU 申请中断。

IT0=1，为跳变触发方式，引脚 $\overline{\text{INT0}}$ 上出现从高电平到低电平的跳变时向 CPU 申请中断。

若外部中断定义为电平触发方式，外部中断申请触发器的状态随着 CPU 在每个机器周期采样到的外部中断输入线的电平变化而变化，这能提高 CPU 对外部中断请求的响应速度。外部中断源被设定为电平触发方式时，在中断服务程序返回之前，外部中断请求输入必须变为高电平，否则 CPU 返回主程序后会再次响应中断。电平触发方式适合外部中断以低电平输入的情况。

若外部中断定义为跳变触发方式，外部中断申请触发器能锁存外部中断输入线上的负跳变。即使 CPU 暂时不能响应，中断申请标志也不会丢失。在这种方式中，如果连续两次采样，一个机器周期采样到外部中断输入为高，下一个机器周期采样为低，则中断申请触发器置 1，直到 CPU 响应此中断后才由硬件自动清 0，这样不会丢失中断。为了确保检测到负跳变，$\overline{\text{INT0}}$ 引脚上的高电平与低电平至少应各保持一个机器周期。外部中断的跳变触发方式适合于以负脉冲形式输入的外部中断请求。

（2）IE0：外部中断 0 请求标志位。IE0=1，表示外部中断 0 正在向 CPU 进行申请中断。

在电平触发方式下，每个机器周期的 S5P2 期间采样引脚 $\overline{\text{INT0}}$，若 $\overline{\text{INT0}}$ 为低电平，则 IE0 置 1，否则 IE0 清 0。

在跳变触发方式下，当第一个机器周期采样到 $\overline{\text{INT0}}$ 为高电平，下一个机器周期采样到 $\overline{\text{INT0}}$ 为低电平时，则 IE0 置 1。

（3）IT1：外部中断 1 中断触发方式选择位，其功能和 IT0 类似。

（4）IE1：外部中断 1 的中断请求标志位，其功能和 IE0 类似。

（5）TF0：8051 片内定时器/计数器 0 溢出中断请求标志位。定时器/计数器 0 计数溢出时，TF0 置 1，向 CPU 发出申请中断。

（6）TF1：8051 片内定时器/计数器 1 溢出中断请求标志位，其功能和 TF0 类似。

TR1、TR0 与中断无关，仅与定时器/计数器 T1 和 T0 有关。

8051 复位后，TCON 清 0。

2. SCON

SCON 为串行口控制寄存器，字节地址为 98H，可位寻址。SCON 的格式如下：

	D7	D6	D5	D4	D3	D2	D1	D0	
SCON	SM0	SM1	SM2	REN	TB8	RB8	TI	RI	98H

与中断系统有关的标志位是 TI 和 RI，其功能如下：

(1) TI：串行口的发送中断请求标志位。CPU 将一字节的数据写入发送缓冲器 SBUF 时，就启动一帧串行数据的发送，每发送完一帧串行数据后，硬件自动置 TI 位为 1。

(2) RI：串行口的接收中断请求标志位。在串行口允许接收时，每接收完一帧串行数据，硬件自动置 RI 为 1。

5.2.3 中断的控制 (IE、IP)

1. 中断允许控制寄存器 IE

8051 单片机的中断系统对中断的开放和关闭采用两级控制，即有一个总开关控制所有中断请求源的打开或关闭。当该开关关闭时，所有的中断请求被屏蔽，CPU 对任何中断请求都不接受。当该开关打开时，CPU 允许中断，但 5 个中断源的中断请求是否被允许，还要由各自对应的控制开关所决定。这些开关分别由中断允许控制寄存器 IE 的各位所决定，IE 的字节地址为 A8H，可进行位寻址，其格式及各位的功能如下：

	D7	D6	D5	D4	D3	D2	D1	D0	
IE	EA	—	—	ES	ET1	EX1	ET0	EX0	A8H

(1) EA：中断允许总控制位。

EA=0，CPU 屏蔽所有的中断请求(也称 CPU 关中断)；

EA=1，CPU 允许所有的中断请求(也称 CPU 开中断)。

(2) ES：串行口中断允许控制位。

ES=0，禁止中断；

ES=1，允许中断。

(3) ET1：定时器/计数器 1 溢出中断允许控制位。

ET1=0，禁止中断；

ET1=1，允许中断。

(4) EX1：外部中断 1 允许控制位。

EX1=0，禁止中断；

EX1=1，允许中断。

(5) ET0：定时器/计数器 0 溢出中断允许控制位。

ET0=0，禁止中断；

ET0=1，允许中断。

(6) EX0：外部中断 0 中断允许控制位。

EX0=0，禁止中断；

EX0=1，允许中断。

8051 复位以后，IE 清 0，CPU 禁止所有中断。用户可编程对 IE 相应的位置 1 或清 0，以允许或禁止各中断源的中断申请。若要使某一个中断源允许中断，必须同时使 IE 中的总控制位和该中断源对应的控制位均为 1。对 IE 的编程，可由位操作指令来实现，也可用字节操作指令来实现。

例 5-1 在 8051 单片机中，假设允许片内定时器/计数器 1 溢出中断和串行口中断，禁止其他中断源的中断申请。试编程设置 IE 的相应值。

使用位操作指令编写的程序段如下：

```
CLR    EX1    ;禁止外部中断 1 中断
CLR    EX0    ;禁止外部中断 0 中断
CLR    ET0    ;禁止定时器/计数器 0 溢出中断
SETB   ET1    ;允许定时器/计数器 1 溢出中断
SETB   ES     ;允许串行口中断
SETB   EA     ;开总中断
```

使用字节操作指令编写的程序段如下：

```
MOV  IE,#98H
```

2. 中断优先级控制寄存器 IP

8051 的中断请求源有两个中断优先级，每个中断请求源可由软件设定为高优先级或低优先级中断，实现两级中断嵌套。所谓两级中断嵌套，是指 CPU 正在执行低优先级中断的服务程序时，可被高优先级的中断请求所中断，去执行高优先级中断服务程序，待高优先级中断处理完毕，再返回低优先级中断服务程序继续处理。

两级中断嵌套的过程如图 5-3 所示。

CPU 正在执行的中断服务程序不能被另一个同级或低优先级的中断源所中断。若 CPU 正在执行高优先级的中断，不能被任何中断源所中断，直到其执行结束。遇到中断返回指令 RETI，返回主程序后再执行一条指令后才能响应新的中断请求。以上可以归纳为下面两条基本规则：

(1) 低优先级可被高优先级中断，反之则不能。

(2) 任何一种中断(不管是高级还是低级)，一旦得到响应，不会再被它的同级或低级中断源所中断。如果某一中断源被设置为高优先级中断，在执行该中断源的中断服务程序时，不能被任何其他的中断源所中断。

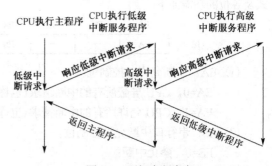

图 5-3 两级中断嵌套

8051 内有一个中断优先级控制寄存器 IP，其字节地址为 B8H，可位寻址。改变其内容即可设置各中断源的中断级别，IP 寄存器格式及各位的含义如下：

	D7	D6	D5	D4	D3	D2	D1	D0	
IP	—	—	—	PS	PT1	PX1	PT0	PX0	B8H

(1) PS：串行口中断优先级控制位。

　　PS=1，为高优先级中断；

　　PS=0，为低优先级中断。

(2) PT1：定时器/计数器 1 溢出中断优先级控制位。

　　PT1=1，为高优先级中断；

　　PT1=0，为低优先级中断。

(3) PX1：外部中断 1 中断优先级控制位。

　　PX1=1，为高优先级中断；

　　PX1=0，为低优先级中断。

(4) PT0：定时器/计数器 0 中断优先级控制位。

PT0=1，为高优先级中断；

PT0=0，为低优先级中断。

(5) PX0：外部中断 0 中断优先级控制位。

PX0=1，为高优先级中断；

PX0=0，为低优先级中断。

中断优先级控制寄存器 IP 的各位可通过用户程序置 1 或清 0，可用位操作指令或字节操作指令更新 IP 的内容，改变各中断源的中断优先级。

8051 复位以后 IP 的内容为 0，各个中断源均为低优先级中断。

在同时收到几个中断请求时，首先响应高优先级的中断请求，若是多个同一优先级的中断请求，哪一个中断请求能优先得到响应，则取决于 CPU 内部查询的顺序。这相当于在同一个优先级内，还同时存在另一个优先权结构，称为自然优先权，其查询顺序如下：

中　断　源	中断优先权
外部中断 0	高
定时器/计数器 0 溢出中断	↓
外部中断 1	
定时器/计数器 1 溢出中断	
串行口中断	低

由此可见，各中断源在同一优先级条件下，外部中断 0 的优先权最高，串行口中断的优先权最低。

例 5-2　设置 IP 寄存器的初始值，使得 8051 的两个定时器/计数器溢出中断为高优先级，其他中断为低优先级。

使用位操作指令：

```
SETB    PT0     ;定时器/计数器 0 溢出中断为高优先级
SETB    PT1     ;定时器/计数器 1 溢出中断为高优先级
CLR     PX0     ;外部中断 0 为低优先级
CLR     PX1     ;外部中断 1 为低优先级
CLR     PS      ;串行口中断为低优先级
```

使用字节操作指令：

```
MOV     IP,#0AH
```

例 5-3　在某 8051 单片机应用系统中，假设有 3 个中断请求源，分别为压力超限（使用外部中断 0）、温度超限（使用外部中断 1）和定时检测（使用定时器/计数器 0）。现要求 3 个中断源的优先权顺序为压力超限→温度超限→定时检测，试确定 IE 和 IP 的值。

根据要求，应允许外部中断 0、外部中断 1 和定时器/计数器 0 溢出中断，所以 IE 的相应位 EX0、EX1、ET0 均应为 1，同时，中断允许总控制位 EA 也必须为 1，其他各位为 0。故 IE 的值应设置为 87H。

按照 8051 单片机自然优先权顺序，若外部中断 0、外部中断 1 和定时器/计数器 0 处于同一优先级，则定时检测的优先权将高于温度检测，这与题目要求不符。为了保证温度检测的优先权高于定时检测，必须使外部中断 1 的优先级高于定时器/计数器 0 的优先级，故 IP 的相应位 PX1 应为 1，PT0 为 0。同时，为保证压力超限的优先权高于温度超限，外部中断 0 应和外部中断 1 保持同一优先级，故 PX0 应和 PX1 一样设置为 1。所以 IP 的值应设置为 05H。

使用字节操作的指令如下：

```
MOV     IE,#87H
MOV     IP,#05H
```

5.3   中断响应处理过程

5.3.1   中断响应条件

中断响应就是 CPU 接受中断源提出的中断请求，是在中断查询之后进行的。满足以下条件时，某中断源的中断请求信号才能被查询：

（1）CPU 开中断，即中断允许控制寄存器 IE 中的中断总允许位 EA=1；

（2）该中断源的中断允许位=1，即该中断源没有被屏蔽；

（3）中断源发出中断请求，即该中断源对应的中断请求标志为 1。

当查询到中断请求信号时，中断响应是有条件的，并不是查询到的所有中断请求都能被立即响应，当遇到下列三种情况之一时，中断响应将被封锁：

（1）CPU 正在处理同级或高优先级的中断。因为当一个中断被响应时，要把对应的中断优先级状态触发器置 1（该触发器指出 CPU 所处理的中断优先级别），从而封锁了同级和低优先级中断。

（2）所查询的机器周期不是所执行指令的最后一个机器周期。目的是使当前指令执行完毕后，才能进行中断响应，以确保当前指令完整地执行。

（3）正在执行的指令是 RETI 或是访问 IE、IP 寄存器的指令。在执行完这些指令后，需要再执行完一条其他指令才能响应新的中断请求。

如果存在上述三种情况之一，CPU 将丢弃中断查询结果，不能进行中断响应。

中断响应的主要过程，是由硬件自动生成一条长调用指令 LCALL addr16。这里的 addr16 就是程序存储区中相应的中断源的中断入口地址。各中断源的入口地址如表 5-1 所示。

例如，对于外部中断 0 的响应，产生的长调用指令为 LCALL 0003H。生成 LCALL 指令后，CPU 执行该指令。首先将程序计数器 PC 的内容压入堆栈以保护断点，再将中断入口地址装入 PC，使程序转向相应的中断入口地址。

表 5-1   各中断源的入口地址

中 断 源	入 口 地 址
外部中断 0	0003H
定时器/计数器 T0 溢出中断	000BH
外部中断 1	0013H
定时器/计数器 T1 溢出中断	001BH
串行口中断	0023H
定时器/计数器 T2 溢出中断	002BH（52 子系列含 T2）

各中断入口地址间只相隔 8 字节，一般情况下难以安排下一个完整的中断服务程序。因此，通常总是在中断入口地址处放置一条无条件转移指令，使程序转向执行在其他地址中存储的中断服务程序。

5.3.2   外部中断响应时间

在设计者使用外部中断时，有时需考虑从外部中断请求有效（外中断请求标志置 1）到转向中断入口地址所需要的响应时间。

外部中断的最短响应时间为 3 个机器周期。其中中断请求标志位查询占 1 个机器周期，而这个机器周期恰好是处于正在执行指令的最后一个机器周期，在这个机器周期结束后，中断即被响应，CPU 接着执行一条硬件子程序调用指令 LCALL 以转到相应的中断服务程序入口，而该硬件调用指令本身需 2 个机器周期。

外部中断响应最长时间为 8 个机器周期。该情况发生在中断标志查询时，刚好开始执行 RETI 或访问 IE 和 IP 指令，则需把当前指令执行完再继续执行完一条指令后，才能响应中断。执行 RETI 或 IE 和 IP 指令，最长需要 2 个机器周期；接着再执行一条指令，按执行时间最长的指令（乘法指令和除法指令）来算，需要 4 个机器周期；再加上硬件子程序调用指令 LCALL 的执行需要 2 个机器周期；所以，外部中断响应最长时间为 8 个机器周期。

如果正在处理同级或高优先级中断，外部中断请求的响应时间就取决于正在执打的中断服务程序的处理时间，这种情况下，响应时间就无法计算了。

这样，在一个单一中断的系统里，外部中断请求的响应时间总是在 3～8 个机器周期之间。

5.3.3　中断请求的撤销

中断请求响应完成后，需要撤销中断请求。下面按中断类型分别说明中断请求的撤销方法。

1．外部中断请求的撤销

外部中断的中断请求被响应后，硬件会自动把中断请求标志(IE0 或 IE1)清 0。

对于跳变触发方式的外部中断，当中断响应后，由于负跳变已经消失，所以中断请求标志(IE0 或 IE1)保持 0 不变，因此此触发方式下的外部中断请求是自动撤销的。

对于电平触发方式的外部中断，当中断响应后，若中断请求的低电平继续存在，又会将已清 0 的中断请求标志(IE0 或 IE1)置 1，从而再次向 CPU 发出中断请求。为此，要彻底撤销电平触发方式的外部中断请求，除了中断请求标志(IE0 或 IE1)清 0 之外，必要时还需在中断响应后把中断请求信号引脚上的低电平撤销。为此，可在系统中增加如图5-4所示的电路。

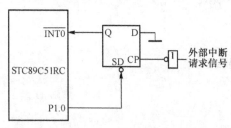

图 5-4　电平触发方式外部中断请求的撤销电路

D 触发器采用边沿结构(正跳变触发)，当外部中断请求信号到来时，D 输入端上的低电平锁存使 D 触发器的输出端 Q=0，向 CPU 申请中断。中断响应后，只要在 P1.0 端输出一个负脉冲就可以使 D 触发器置 1，从而撤销了外部中断请求信号引脚上的低电平。所需的负脉冲可通过在中断服务程序中增加如下两条指令得到：

```
CLR     P1.0    ;P1.0清 0，D 触发器置 1，撤销中断请求信号
SETB    P1.0    ;P1.0 置 1，允许下次中断
```

可见，电平触发方式外部中断请求的撤销是通过软、硬件相结合的方法来实现的。

2．定时器/计数器溢出中断请求的撤销

定时器/计数器的中断请求被响应后，硬件会自动把中断请求标志位(TF0 或 TF1)清 0，因此定时器/计数器的中断请求是自动撤销的。

3．串行口中断请求的撤销

串行口中断请求被响应后，硬件不会自动把中断请求标志位(TI 或 RI)清 0，只能使用指令将标志位清 0。因此，串行口中断请求的撤销需在中断服务程序中进行，即用如下的指令清除标志位：

```
CLR     TI      ;清 TI 标志位
CLR     RI      ;清 RI 标志位
```

5.3.4　中断返回

8051 的中断系统有两个不可寻址的优先级状态触发器：一个指示某高优先级的中断正在执行，所有后来的中断均被阻止；另一个触发器指示某低优先级的中断正在执行，所有同级的中断都被阻止，但不阻止高优先级的中断请求。中断请求被响应后，对应的中断优先级状态触发器置 1，中断服务程序从相应的中断入口地址开始执行，直至遇到中断返回指令 RETI 为止。执行完中断返回指令 RETI

后，一是清除中断优先级状态触发器，使得后来的中断请求可以被响应；二是结束中断服务程序，弹出断点地址并送入 PC，使 CPU 从断点处重新执行被中断的程序。

5.3.5　中断服务程序编程方法

1. 中断方式编程

单片机的工作因为要求处理中断事件而暂时被打断，其实还是为了实现源程序设计的功能。因此采用中断方式处理一个事件的编程步骤：设置 SP 堆栈指针；设置中断优先级；控制中断源的操作（如外部中断触发方式、定时器方式与启动）；允许中断，开放中断；设计中断服务子程序（包括中断入口设置）。

例 5-4　使用外部中断 $\overline{\text{INT0}}$ 编程，当 $\overline{\text{INT0}}$ 发生中断请求时，把 R2 的内容左移一位送 P1 口。

```
        ORG     0000
        LJMP    MAIN
        ORG     0003H       ;中断服务子程序入口地址
        LJMP    INP0
        ORG     0030H
MAIN:   MOV     SP,#6FH     ;设置堆栈栈底地址
        SETB    IT0         ;设置 INT0 中断边沿触发方式
        CLR     PX0         ;低优先级
        SETB    EX0         ;允许 INT0 中断
        SETB    EA          ;开放中断
        ...
        SJMP    $
INP0:   PUSH    ACC         ;中断服务子程序，保护现场(把 A 压栈)
        MOV     A,R2        ;中断处理
        RL      A
        MOV     P1,A
        XCH     A,R2        ;左移后的数据保存到 R2
        POP     A           ;恢复现场
        RETI                ;中断返回
        END
```

在中断方式下，单片机一直在执行主程序，当发生 $\overline{\text{INT0}}$ 中断时，立即响应中断，暂停主程序，转到 INP0 开始执行中断子程序，中断子程序执行完成后，又返回主程序工作，可提高单片机执行效率。

2. 查询中断方式编程

采用查询方式处理中断事件，应在主程序中设置好中断标志。这种方式编程比较简单，但会浪费 CPU 的时间，适合于单片机工作任务少，其全部时间都可以用于等待中断的发生的情况。

例 5-5　使用外部中断 $\overline{\text{INT1}}$ 编程，当 $\overline{\text{INT1}}$ 发生中断请求时，把 R2 的内容左移一位送 P2 口。

```
        ORG     0000
        ...
        CLR     EA
        SETB    IT1         ;设置 INT1 中断下降沿触发方式
        JNB     IE1,$       ;查询中断标志位 IE1，若 IE1=0 则等待中断
        CLR     IE1         ;清除中断标志
        XCH     A,R2
        RL      A
```

```
        MOV     P2,A
        XCH     A,R2            ;左移后的数据保存到 R2
        SETB    EA              ;处理结束，开放中断
        ⋯
        END
```

在查询方式下，单片机的 CPU 应不断查询标志位是否被置位，当没有发生中断时，需要一直等待中断的发生，在此期间不能处理其他工作或事件，占用 CPU 大量时间，无法实现并行工作处理，CPU 运行效率很低。

5.4　外部中断扩充方法

8051 单片机为用户提供了两个外部中断请求输入端 $\overline{INT0}$ 和 $\overline{INT1}$，但在实际应用系统中，两个外部中断请求源往往不够用，需对外部中断源进行扩充。本节介绍扩充外部中断源的方法。

5.4.1　中断和查询结合法

若系统中有多个外部中断源，可以采用如图 5-5 所示的外部中断源扩充电路。

外设 IR1～IR4 产生的中断请求信号用"线与"的办法连到一个外部中断源输入端 $\overline{INT1}$，并同时分别接到 P1 口线上。无论哪一个外设出现有效的高电平中断请求信号，都会使 $\overline{INT1}$ 引脚的电平变低，向 CPU 申请中断。究竟是哪个外设发出的中断请求，可通过程序查询 P1.0～P1.3 引脚上的高电平即可知道，查询的顺序可按照外设 IR1～IR4 这 4 个中断请求源的轻重缓急进行排队。其中断服务程序查询部分程序如下：

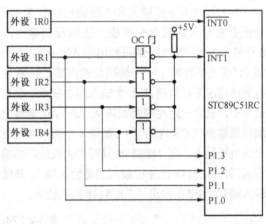

图 5-5　中断和查询相结合的多个外部中断源系统

```
        ORG     0013H           ;外部中断 1 中断入口
        LJMP    INT1P           ;转去实际的中断服务程序
                ⋮
INT1P:  PUSH    PSW             ;现场保护
        PUSH    ACC
        JB      P1.0,IR1P       ;若 P1.0 引脚为高电平，则外设 IR1 有中断请求，转 IR1P 处理
        JB      P1.1,IR2P       ;若 P1.1 引脚为高电平，则外设 IR2 有中断请求，转 IR2P 处理
        JB      P1.2,IR3P       ;若 P1.2 引脚为高电平，则外设 IR3 有中断请求，转 IR3P 处理
        JB      P1.3,IR4P       ;若 P1.3 引脚为高电平，则外设 IR4 有中断请求，转 IR4P 处理
INTIR:  POP     ACC             ;恢复现场
        POP     PSW
        RETI
IR1P:           ⋮               ;外设 IR1 的中断处理程序
        AJMP    INTIR
IR2P:           ⋮               ;外设 IR2 的中断处理程序
        AJMP    INTIR
IR3P:           ⋮               ;外设 IR3 的中断处理程序
        AJMP    INTIR
IR4P:           ⋮               ;外设 IR4 的中断处理程序
```

```
        AJMP    INTIR
```

　　查询法扩展外部中断源比较简单，而且这种方法原则上可处理任意多个外部中断，但是当扩展的外部中断源个数较多时，查询时间较长。

5.4.2　矢量中断扩充法

　　当所要处理的外部中断源的数目较多，且其响应速度又要求很快时，采用软件查询的方法常常满足不了时间上的要求。因为查询法是按照优先权从高到低的顺序，由软件逐个进行查询的，在外部中断源很多的情况下，响应优先权最高的中断和响应优先权最低的中断所需的时间可能相差很大。如果采用硬件对外部中断源进行排队就可以避免这个问题。这里将讨论采用优先权编码器扩充 8051 单片机外部中断源的方法，称为矢量中断扩充法。

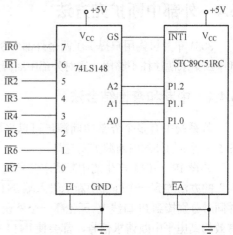

　　矢量中断扩充法基本硬件电路如图5-6所示。

　　74LS148 是 8 线输入和 3 线输出的优先编码器，功能是将输入的低电平编成二进制反码输出。它有 8 个输入端 0～7，3 个编码输出端 A2～A0，一个使能端 EI(低电平有效)，一个编码器输出端 GS。在使能端有效的情况下，只要其 8 个输入端中任意一个输入为低电平，就有一组相应的编码从 A2～A0 端输出，且编码器输出端 GS 为低电平。如果 8 个输入端同时有多个低电平输入，则 74LS148 只对优先权最高的输入进行编码，74LS148 优先权最高的是输入端 7，最低的是输入端 0。表 5-2 给出了 74LS148 的真值表。

图 5-6　矢量中断扩充法的多外部中断源系统

表 5-2　74LS148 的真值表

输　　入									输　出			
EI	0	1	2	3	4	5	6	7	A2	A1	A0	GS
H	×	×	×	×	×	×	×	×	H	H	H	H
L	H	H	H	H	H	H	H	H	H	H	H	H
L	×	×	×	×	×	×	×	L	L	L	L	L
L	×	×	×	×	×	×	L	H	L	L	H	L
L	×	×	×	×	×	L	H	H	L	H	L	L
L	×	×	×	×	L	H	H	H	L	H	H	L
L	×	×	×	L	H	H	H	H	H	L	L	L
L	×	×	L	H	H	H	H	H	H	L	H	L
L	×	L	H	H	H	H	H	H	H	H	L	L
L	L	H	H	H	H	H	H	H	H	H	H	L

　　图5-6中，74LS148 的编码输出端 A2～A0 接至 8051 的 P1 口的 P1.2～P1.0，编码器输出端 GS 和 8051 外部中断信号输入引脚 $\overline{\text{INT1}}$ 相连。当 8 个外部中断源 IR0～IR7 中有中断申请时(低电平有效)，74LS148 的编码器输出端 GS 为低电平，向 CPU 申请中断；同时，与输入低电平对应的一组编码出现在 8051 的 P1.2～P1.0 口线上，在中断服务程序中，读取该编码就可跳转到相应的中断处理程序。中断响应处理程序如下：

```
                ORG      0013H              ;外部中断1中断入口
                LJMP     INT1P              ;转去实际的中断服务程序
                ⋮
    INT1P:      ORL      P1,#07H            ;设置 P1.2~P1.0 为输入
                MOV      A,P1               ;读入编码
                ANL      A,#07H             ;屏蔽高五位
                RL       A                  ;中断处理转移表中转移指令为双字节
                MOV      DPTR,#JTAB         ;跳转表首地址
                JMP      @A+DPTR            ;跳转到各中断处理转移指令处
                ⋮
    JTAB:       AJMP     IR0P               ;8 个中断处理转移表
                AJMP     IR1P
                ⋮
                AJMP     IR7P
```

5.5　中断系统软件设计

中断系统虽然是硬件系统，但必须在相应的软件配合下才能正确使用。设计中断系统软件要弄清楚以下几个问题。

1. 中断系统软件设计的任务

中断系统软件设计需要考虑很多问题，基本任务有以下 4 个：

(1) 设置中断允许控制寄存器 IE，允许相应的中断请求源申请中断；

(2) 设置中断优先级控制寄存器 IP，确定并分配所使用的中断源的优先级；

(3) 若是外部中断源，还要设置中断请求的触发方式，以确定采用电平触发方式还是跳变触发方式；

(4) 编写中断服务程序，处理中断请求。

前 3 个一般放在主程序的初始化程序段中。

2. 中断系统软件的程序结构

由于 8051 单片机复位后，程序是从地址 0000H 处开始执行的，而从 0003H 开始的若干单元分别对应各中断源的中断服务程序的入口地址，因此在 0000H 开始的几个地址(0000H~0002H)单元中，一般都用一条无条件转移指令，跳转到主程序，主程序的首地址一般在 0030H 之后。另外，各中断源的中断服务程序入口地址之间依次相差 8 字节，中断服务程序稍长就会超过 8 字节，这样中断服务程序就会占用其他中断源的中断入口地址，影响其他中断源的中断。为此，一般在进入中断服务程序入口后，利用一条无条件转移指令，跳转到实际的中断服务子程序。

常用的中断系统软件的程序结构如下：

```
                ORG      0000H
                LJMP     MAIN
                ORG      ××××H             ;中断入口地址(见表 5-1)
                LJMP     INTP
                ORG      ××××H             ;主程序的首地址，一般应大于 0030H
    MAIN:       ⋮                          ;主程序开始
                ⋮
    INTP:       ⋮                          ;实际的中断服务子程序开始
```

在以上的程序结构中，如果有多个允许的中断源，就对应有多条定义中断入口地址的 ORG 伪指

令，这些 ORG 伪指令必须依次由小到大进行地址的定义。

3．中断服务程序的流程

8051 响应中断后，就进入中断服务程序。中断服务程序的基本流程如图5-7所示。下面对中断服务程序执行过程中的一些问题进行说明。

（1）现场保护和现场恢复

所谓现场是指中断时刻单片机中某些寄存器和存储器单元中的数据或状态。为了使中断服务程序的执行不破坏这些数据或状态，以免在中断返回后影响主程序的运行，要把寄存器或存储单元中的数据送入堆栈保存起来，这就是现场保护。现场保护一定要位于中断处理程序的前面。中断处理结束后，在返回主程序前，需要把保存的现场内容从堆栈中弹出，以恢复那些寄存器或存储器单元中原有的内容，这就是现场恢复。现场恢复一定要位于中断处理程序的后面。8051 现场保护和现场恢复使用的主要堆栈操作指令是 PUSH direct 和 POP direct。至于要保护哪些内容，应该由用户根据中断处理程序的具体情况来决定。

图 5-7　中断服务程序的基本流程

（2）关中断和开中断

图 5-7 中现场保护和现场恢复前关中断，是为了防止此时有高优先级的中断进入，避免现场被破坏。在保护现场之后开中断，是允许有高优先级的中断进入；中断返回前开中断，是为下一次的中断做准备。这样做的结果是，中断处理可以被打断，实现两级中断嵌套，且原来的现场保护和恢复不受影响。

但有的时候，一个重要的中断在执行时，不允许被其他的中断所打断，对此可在进入中断服务子程序后先关中断，屏蔽其他中断请求，待中断处理完成后再开中断。这样，就需要将图 5-7 中的"中断处理"步骤前后的"开中断"和"关中断"两个过程去掉。

（3）中断处理

中断处理是中断服务程序的主体，设计者应根据任务的具体要求编写中断处理部分的程序。

（4）中断返回

中断服务程序的最后一条指令必须是中断返回指令 RETI，RETI 指令是中断服务程序结束的标志。

根据图 5-7 所示的中断服务程序流程，假设只需对 PSW 寄存器和累加器 A 进行现场保护，编写的一个典型的中断服务程序如下：

```
        INTP:   CLR     EA          ;关中断
                PUSH    PSW         ;现场保护
                PUSH    ACC
                SETB    EA          ;开中断
                 ⋮                  ;中断处理程序段
                CLR     EA          ;关中断
                POP     ACC         ;现场恢复
                POP     PSW
                SETB    EA          ;开中断
                RETI                ;中断返回
```

5.6　中断系统应用实例

例 5-6　用 STC89C51RC 单片机实现中断控制 LED 灯的变化，功能如下：

按照图 5-8 设计电路，单片机的 P2 口连接 8 个 LED 灯，P3.2 与 P3.3 外部中断输入口分别连接一

个按键 K_1、K_2（低电平有效）。当系统运行时，初态下 8 个 LED 亮灭闪烁。若 K_1 有按键，则触发外部中断 INT0 中断，使 LED 灯从上往下逐个单灯点亮 5 遍，然后恢复到初态；若 K_2 有按键，则触发外部中断 INT1 中断，使 LED 灯从下往上逐个单灯点亮 5 遍，然后恢复到初态。如此反复运行。

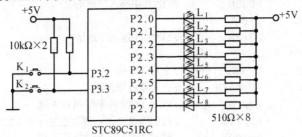

图 5-8　按键触发中断控制点亮 LED 电路

算法思路：程序采用中断结构设计，整个软件分主程序、INT0 中断服务子程序、INT1 中断服务子程序三个模块，其中 INT1 为高优先级，INT0 为低优先级，INT1 可以中断 INT0。每个模块实现的功能任务如下：

主程序完成设定中断向量，设置堆栈顶初值、中断允许、开放中断和中断优先级，预置变量初值，然后反复循环执行程序（死循环），控制 P2 口输出使 8 个 LED 同时亮、灭闪烁。

INT0、INT1 中断服务子程序首先需要现场保护，然后循环控制点亮 5 遍、每遍把显示初值移动 1 位逐个控制单灯点亮，8 个 LED 要循环移动 8 次。因此需要做双层循环，算法流程如图 5-9 所示。

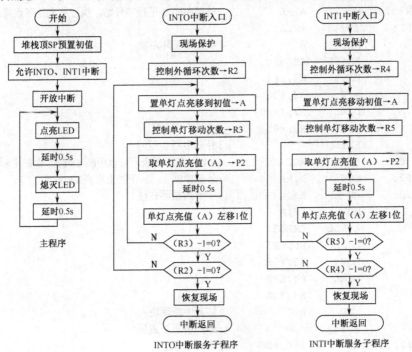

图 5-9　程序算法流程图

资源分配：用 R2、R3 分别作 INT0 中断后控制外循环 5 遍和内循环控制单灯点亮值左移 8 次，依次点亮对应 LED；用 R4、R5 分别作 INT1 中断后控制外循环 5 遍和内循环控制单灯点亮值左移 8 次，依次点亮对应 LED；用 R6 预存单灯点亮初值，INT0 中断后先输出点亮 LED 再左移，INT1 中断后先左移再输出点亮 LED，实现 LED 显示不同状态。按键触发中断控制 LED 点亮程序如下：

```
              ORG     0000            ;主程序入口
              AJMP    MAIN
              ORG     0003H           ;INT0 中断入口地址
              AJMP    INP0
              ORG     0013H           ;INT1 中断入口地址
              AJMP    INP1
              ORG     0030H           ;主程序开始
MAIN:         MOV     SP,#6FH         ;设置堆栈顶位置
              MOV     R2,#05          ;触发 INT0 中断时循环 5 遍
              MOV     R3,#08          ;控制移位 8 次，逐次点亮 8 个 LED
              MOV     R4,#05          ;触发 INT1 中断时循环 5 遍
              MOV     R5,#08          ;控制移位 8 次，逐次点亮 8 个 LED
              MOV     R6,#0FEH        ;单灯点亮 LED 初值，低电平有效
              MOV     TCON,#05        ;设置外部中断边沿触发
              MOV     IE,#85H         ;允许 2 个外部中断，开放中断
              MOV     IP,#04          ;INT1 为高优先级，INT0 为低优先级
LOOP:         MOV     P2,#00          ;8 个 LED 全亮
              ACALL   DEL05           ;调延时子程序
              MOV     P2,#0FFH        ;8 个 LED 全灭
              ACALL   DEL05           ;调延时子程序
              AJMP    LOOP            ;主程序死循环
INP0:         MOV     A,R6            ;外部中断 0 子程序开始，执行从上往下点亮 LED
LP1:          MOV     P2,A
              RL      A               ;字节内循环左移
              ACALL   DEL05
              DJNZ    R3,LP1
              MOV     R3,#08
              DJNZ    R2,INP0
              MOV     R2,#05
              RETI                    ;外部中断 0 返回
INP1:         PUSH    ACC             ;INP1 高优先级，可以中断 INT0，保护中断现场
LP2:          MOV     A,R6            ;外部中断 1，从下往上点亮 LED
LP3:          RR      A               ;字节内循环右移
              MOV     P2,A
              ACALL   DEL05
              DJNZ    R5,LP3
              MOV     R5,#08
              DJNZ    R4,LP2
              MOV     R4,#05
              POP     ACC             ;恢复中断现场
              RETI                    ;外部中断 1 返回
DEL05:        MOV     30H,#00         ;延时子程序
LP4:          MOV     31H,#00
              DJNZ    31H,$
              DJNZ    30H,LP4
              RET                     ;子程序返回
              END
```

例 5-7　如图 5-10 所示为故障源显示电路。当系统无故障时，3 个故障源输入端 X1～X3 均为低电平，对应的 3 个指示灯 LED1～LED3 全灭。当某部分出现故障时，其对应的故障源输入端由低电平变为高电平，此时要求点亮 LED1～LED3 中对应的发光二极管以指示故障。试采用中断方式编程实现。根据题意要求，编写的参考程序如下：

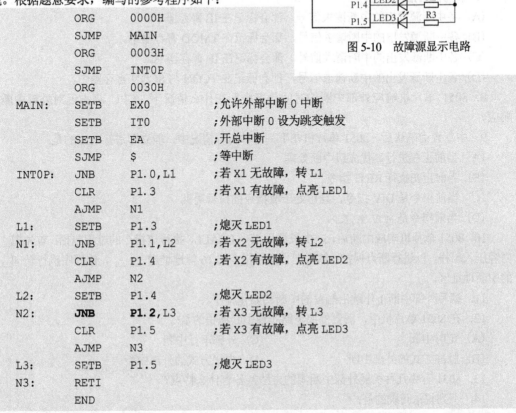

图 5-10　故障源显示电路

```
            ORG     0000H
            SJMP    MAIN
            ORG     0003H
            SJMP    INT0P
            ORG     0030H
MAIN:       SETB    EX0         ;允许外部中断 0 中断
            SETB    IT0         ;外部中断 0 设为跳变触发
            SETB    EA          ;开总中断
            SJMP    $           ;等中断
INT0P:      JNB     P1.0,L1     ;若 X1 无故障，转 L1
            CLR     P1.3        ;若 X1 有故障，点亮 LED1
            AJMP    N1
L1:         SETB    P1.3        ;熄灭 LED1
N1:         JNB     P1.1,L2     ;若 X2 无故障，转 L2
            CLR     P1.4        ;若 X2 有故障，点亮 LED2
            AJMP    N2
L2:         SETB    P1.4        ;熄灭 LED2
N2:         JNB     P1.2,L3     ;若 X3 无故障，转 L3
            CLR     P1.5        ;若 X3 有故障，点亮 LED3
            AJMP    N3
L3:         SETB    P1.5        ;熄灭 LED3
N3:         RETI
            END
```

单片机中断系统有一个重要的特性，即执行中断返回指令 RETI 后至少还要执行一条指令后，才能响应新的中断。利用这一特点，还可用单片机编程实现单步操作。

本章小结

中断系统在计算机系统中起着十分重要的作用，一个功能强大的中断系统，可以极大地提高计算机处理外部事件的能力。本章首先从总体上介绍了中断在单片机系统中的重要作用，讲授了 8051 单片机中断系统的内部结构、中断源的控制、触发方式，以及中断优先级的设置、中断的响应和处理过程。介绍了中断响应时的断点保护和现场恢复方法。由于 8051 单片机只有两个外部中断源，而在实际应用中有时需要多个外部中断源，因此在本章的最后，介绍了外部中断源的扩展方法和软件编程实现。

练习与思考题

1. 什么是中断？什么是中断处理？单片机为什么要采用中断结构？

2．什么是中断系统？中断系统的功能是什么？

3．什么是中断嵌套？8051 单片机最多能嵌套多少层？

4．什么是中断源？8051 有哪些中断源？各有什么特点？

5．8051 单片机的 5 个中断源所对应的中断入口地址是什么？

6．在 8051 单片机的中断源中，对中断源的优先级进行设置需要通过什么寄存器来编程实现？

7．下列说法错误的是：

（A）各中断源发出的中断请求信号，都会标记在 IE 寄存器中。

（B）各中断源发出的中断请求信号，都会标记在 TMOD 寄存器中。

（C）各中断源发出的中断请求信号，都会标记在 IP 寄存器中。

（D）各中断源发出的中断请求信号，都会标记在 TCON 与 SCON 寄存器中。

8．8051 单片机响应外部中断的时间是多少？在什么情况下，CPU 将推迟对外部中断请求的响应？

9．中断查询确认后，8051 单片机在下列各种运行情况中，能立即进行响应的是：

（A）当前正在进行高优先级中断处理

（B）当前正在执行 RETI 指令

（C）当前指令是 DIV 指令，且正处于取指令的机器周期

（D）当前指令是 MOV A,R3

10．8051 单片机响应中断后，产生长调用指令 LCALL，执行该指令的过程包括：首先把_____的内容压入堆栈，以进行断点保护，然后把长调用指令的 16 位地址送_____，使程序执行转向_____中的中断地址区。

11．编写外部中断 1 作跳沿触发的中断初始化程序。

12．在 8051 单片机中，需要外加电路实现中断撤销的是：

（A）定时中断　　　　　　　　　　（C）外部串行中断

（B）脉冲方式的外部中断　　　　　　（D）电平方式的外部中断

13．8051 有哪几种扩展外部中断源的方法？各有什么特点？

14．下列说法正确的是：

（A）同一级别的中断请求按时间的先后顺序响应。

（B）同一时间同一级别的多中断请求，将形成阻塞，系统无法响应。

（C）低优先级中断请求不能中断高优先级中断请求，但是高优先级中断请求能中断低优先级中断请求。

（D）同级中断不能嵌套。

15．中断服务子程序返回指令 RETI 和普通子程序返回指令 RET 有什么区别？

16．某系统有 3 个外部中断源 1、2、3，当某一中断源变为低电平时，要求 CPU 进行处理，它们的优先处理次序由高到低为 3、2、1，对中断处理程序的入口地址分别为 1000H、1100H、1200H。试编写主程序及中断服务程序(转至相应的中断处理程序的入口即可)。

17．如何采用外部中断对预防火灾现场进行监控？假设检测到有火警后发出声光报警，设计出监测电路，并完成监控程序设计。

18．根据下列寄存器内容，判断中断开关和优先级的状态。

（1）IE=97H，IP=1CH　　（2）IE=82H，IP=E3H　　（3）IE=92H，IP=1CH　　（4）IE=13H，IP=E6H

第6章　8051单片机定时器/计数器及其应用

本章学习要点:

（1）8051单片机定时器/计数器的内部结构和工作原理;
（2）定时器/计数器的控制寄存器设置和工作方式选择;
（3）定时器/计数器初值计算、初始化设计和定时器/计数器中断的应用。

在工业检测、实时控制系统中，经常要用到定时或计数功能，用于产生精确的定时时间，对外部脉冲进行计数等。8051单片机片内有两个完全相同的可编程定时器/计数器，以满足这方面的要求。这两个定时器/计数器都具有定时器和计数器两种工作模式，并有4种工作方式可供选择。

6.1　8051单片机定时器/计数器的结构

8051单片机的定时器/计数器结构如图6-1所示，其核心是两个16位的加法计数器，定时器/计数器T0由两个8位的特殊功能寄存器TH0、TL0构成，定时器/计数器T1由两个8位的特殊功能寄存器TH1、TL1构成。当启动定时器/计数器工作时，计数器从THx、TLx（x为0或1）中的初值开始计数。

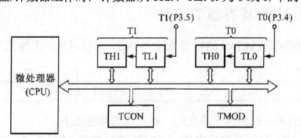

图6-1　8051单片机的定时器/计数器结构

特殊功能寄存器TMOD用于选择定时器/计数器T0、T1的工作模式和工作方式，TCON用于控制定时器/计数器T0、T1的启动和停止，同时还包含了定时器/计数器T0、T1的状态。它们的内容由软件设置或查询，单片机复位时，TMOD、TCON的各位均为0。

6.1.1　工作方式控制寄存器TMOD

工作方式控制寄存器TMOD用于选择定时器/计数器T0、T1的工作模式和工作方式，它的字节地址为89H，不可位寻址，其格式及各位的功能如下:

	D7	D6	D5	D4	D3	D2	D1	D0	
TMOD	GATE	C/$\overline{\text{T}}$	M1	M0	GATE	C/$\overline{\text{T}}$	M1	M0	89H
	← 定时器/计数器T1 →				← 定时器/计数器T0 →				

8位分为两组，高4位为定时器/计数器T1的方式控制字段，低4位为定时器/计数器T0的方式控制字段。

（1）GATE：门控位。

GATE=0 时，定时器/计数器只由软件控制位 TRx（x 为 0 或 1）来控制启/停。TRx 位为 1 时，定时器/计数器启动工作；为 0 时，定时器/计数器停止工作。

GATE=1 时，定时器/计数器的启动要受外部中断引脚和 TRx 共同控制。只有当外部中断引脚 $\overline{\text{INT0}}$ 或 $\overline{\text{INT1}}$ 为高电平，同时 TR0 或 TR1 置 1 时，才能启动定时器/计数器 T0 或定时器/计数器 T1。

（2）C/$\overline{\text{T}}$：定时器/计数器工作模式选择位。

C/$\overline{\text{T}}$=0 时，定时器/计数器为定时器方式，定时器/计数器对晶振脉冲的 12 分频信号（机器周期）进行计数，从定时器/计数器的计数值便可求得计数时间，因此称为定时器方式。

C/$\overline{\text{T}}$=1 时，定时器/计数器为计数器方式，定时器/计数器对外部引脚 T0(P3.4) 或 T1(P3.5) 上输入的脉冲进行计数。CPU 在每个机器周期的 S5P2 期间，对 T0 或 T1 引脚进行采样，如在前一个机器周期采得的值为 1，后一个机器周期采得的值为 0，则计数器加 1。由于确认一次负跳变需要两个机器周期，因此最高计数频率为晶振频率的 1/24。

（3）M1、M0：定时器/计数器工作方式选择位。

定时器/计数器有 4 种工作方式，由 M1、M0 两位的状态确定，对应关系如下：

M1	M0	工作方式
0	0	方式 0，为 13 位定时器/计数器
0	1	方式 1，为 16 位定时器/计数器
1	0	方式 2，8 位自动重装载计数初值的定时器/计数器
1	1	方式 3，定时器/计数器 T0 分成两个独立的 8 位定时器/计数器

6.1.2 定时器/计数器控制寄存器 TCON

定时器/计数器控制寄存器 TCON 的字节地址为 88H，可位寻址，其格式及各位的功能如下：

	D7	D6	D5	D4	D3	D2	D1	D0	
TCON	TF1	TR1	TF0	TR0	IE1	IT1	IE0	IT0	88H

低 4 位与外部中断有关，已在第 5 章介绍，高 4 位的功能如下：

（1）TF1：定时器/计数器 T1 溢出标志位。当定时器/计数器 T1 计数溢出时，该位由硬件置 1，可向 CPU 申请中断或供 CPU 查询。若为中断方式，CPU 响应中断后，由硬件自动清 0；若为查询方式，可由软件清 0。

（2）TR1：定时器/计数器 T1 运行控制位。该位由软件置 1 或清 0，当 TR1=1 时，启动定时器/计数器 T1 计数；当 TR1=0 时，停止定时器/计数器 T1 计数。

（3）TF0：定时器/计数器 T0 溢出标志位，其功能和 TF1 类似。

（4）TR0：定时器/计数器 T0 运行控制位，其功能和 TR1 类似。

6.2 定时器/计数器的工作方式

6.2.1 方式 0

定时器/计数器 Tx（x=0 或 1）工作在方式 0 时，为 13 位计数方式，图 6-2 是定时器/计数器 T1 工作在方式 0 的逻辑结构框图（定时器/计数器 T0 与之类似）。

方式 0 的 13 位计数器是由 TH1 的全部 8 位和 TL1 的低 5 位构成，TL1 低 5 位计数溢出则向 TH1 进位，TH1 计数溢出则置位溢出标志 TF1，向 CPU 申请中断或供 CPU 查询。

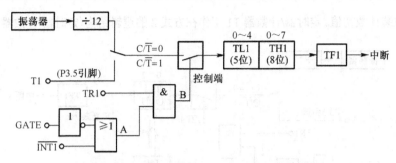

图 6-2　定时器/计数器 T1 方式 0 的逻辑结构

如图 6-2 所示，C/$\overline{T}$ 位控制的电子开关决定了定时器/计数器的工作模式。

(1) 当 C/$\overline{T}$=1 时，电子开关打在下方位置，定时器/计数器工作在计数器方式，计数脉冲为 T1(P3.5)引脚上的外部输入脉冲。

(2) 当 C/$\overline{T}$=0 时，电子开关打在上方位置，定时器/计数器工作在定时器方式，计数脉冲为 CPU 晶体振荡器经 12 分频产生的机器周期信号。

控制计数器启动、停止的信号主要是门控位 GATE 和运行控制位 TR1。GATE=0 时，定时器/计数器运行只取决于 TR1；GATE=1 时，则由 TR1 和 $\overline{INT1}$ 共同决定。

GATE=0 时，或门输出总是 1(与 $\overline{INT1}$ 无关)。若 TR1=1，与门输出为 1，控制电子开关闭合，计数器从 TH1、TL1 中的初值开始计数，直到溢出。若 TR1=0，则封锁与门，电子开关断开，计数器无计数脉冲，停止计数。

GATE=1 时，或门的输出状态受 $\overline{INT1}$ 控制。当 $\overline{INT1}$=1 时，或门输出为 1，若 TR1=1，与门输出为 1，控制电子开关闭合，计数器从 TH1、TL1 中的初值开始计数，直到溢出。当 $\overline{INT1}$=0 时，或门输出为 0，此时不论 TR1 为何状态，与门输出均为 0，电子开关断开，计数器无计数脉冲，停止计数。

6.2.2　方式 1

定时器/计数器 Tx(x=0 或 1)工作在方式 1 时，为 16 位计数方式，图 6-3 是定时器/计数器 T1 工作在方式 1 的逻辑结构框图(定时器/计数器 T0 与之类似)。方式 1 的结构和工作过程几乎与方式 0 完全相同，唯一的区别是计数器的长度为 16 位(TH1 作高 8 位、TL1 作低 8 位)。

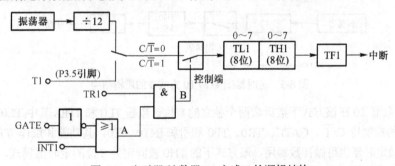

图 6-3　定时器/计数器 T1 方式 1 的逻辑结构

6.2.3　方式 2

定时器/计数器 Tx(x=0 或 1)工作在方式 2 时，为 8 位自动重装载初值的计数方式。

方式 0、方式 1 在每次计数溢出时，寄存器 THx、TLx(x=0 或 1)全部为 0；若要重复循环定时或计数，还要重新装入计数初值。这样不仅编程麻烦，而且影响定时时间精度。方式 2 克服了它们的缺点，能自动重装计数初值。定时器/计数器 T1 工作在方式 2 的逻辑结构（定时器/计数器 T0 与之类似）如图 6-4 所示。

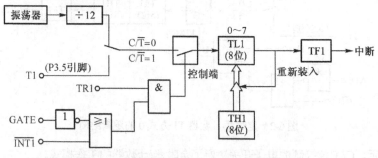

图 6-4　定时器/计数器 T1 方式 2 的逻辑结构

寄存器 TL1 作 8 位计数器用，寄存器 TH1 作为 8 位常数缓冲器，保存计数初值。当 TL1 计数产生溢出时，在 TF1 置 1 的同时，将保存在 TH1 中的计数初值自动装入 TL1 中，使 TL1 从设定的初值重新计数，如此循环不止。

6.2.4　方式 3

方式 3 是把定时器/计数器 T0 拆成两个独立的 8 位定时器/计数器使用，从而使得 8051 单片机具有 3 个定时器/计数器。方式 3 只适用于定时器/计数器 T0，定时器/计数器 T1 不能工作在方式 3。如果强行把定时器/计数器 T1 工作在方式 3，则定时器/计数器 T1 将处于关闭状态。定时器/计数器 T0 方式 3 的逻辑结构如图 6-5 所示。

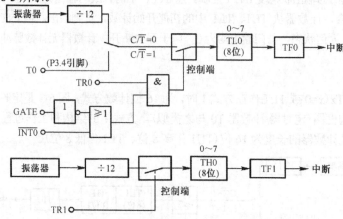

图 6-5　定时器/计数器 T0 方式 3 的逻辑结构

定时器/计数器 T0 在该方式下被拆成两个独立的 8 位计数器 TL0 和 TH0，其中 TL0 使用原来定时器/计数器 T0 的控制位 C/$\overline{T}$、GATE、TR0、TF0 和引脚 $\overline{INT0}$、T0，其功能和操作与方式 0、方式 1 完全相同，可做定时器也可做计数器用。该方式下的 TH0 被固定为 8 位的定时器模式，只能对内部的机器周期计数，它借用原定时器/计数器 T1 的控制位 TR1 和 TF1，同时占用了定时器/计数器 T1 的中断请求源。

当定时器/计数器 T0 工作在方式 3 时，虽然定时器/计数器 T1 仍可工作在方式 0、方式 1 和方式 2，但由于 TH0 占用了 TR1 和 TF1，定时器/计数器 T1 的启/停不受 TR1 的控制，也不能向 CPU 申请中断，所以此时定时器/计数器 T1 只能工作在不需要中断的场合。这时，定时器/计数器 T1 往往工作在方式 2，作为串行口波特率发生器使用。定时器/计数器 T0 工作在方式 3 时，定时器/计数器 T1 的各种工作方式如图 6-6 所示。

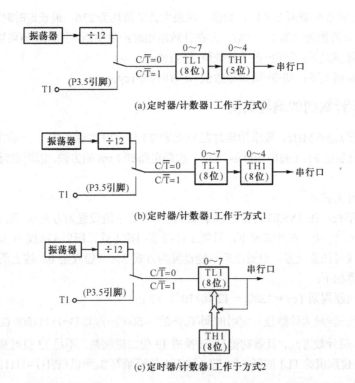

图 6-6　定时器/计数器 T0 工作在方式 3 时定时器/计数器 T1 的各种工作方式

6.3　定时器/计数器的编程

6.3.1　定时器/计数器的初始化

1．初始化的步骤

定时器/计数器的功能是由软件编程确定的，一般在使用定时器/计数器前都要对其进行初始化，使其按设定的功能工作。定时器/计数器初始化的步骤一般如下：

(1) 确定工作方式(即对 TMOD 赋值)。

(2) 预置定时器/计数器的初值，可直接将初值写入 TH0、TL0 或 TH1、TL。

(3) 根据需要决定是否开放定时器/计数器的中断，直接对 IE 对应位赋。

(4) 启动定时器/计数器。若步骤(1)中设定为非门控方式(GATE=0)，则将 TRx(x 为 0 或 1)置 1，定时器/计数器即开始工作；若设定为门控方式(GATE=1)，则必须由外部引脚 $\overline{\text{INT}x}$ (x 为 0 或 1)和 TRx 共同控制，只有当 $\overline{\text{INT}x}$ 引脚为高电平时，将 TRx 置 1 才能启动定时器/计数器工作。定时器一旦启动就按规定的方式定时或计数。

2．定时器/计数器初值的计算

因为在不同工作方式下定时器/计数器的计数位数不同，因而对应的最大计数值或最长定时时间也不同。定时器/计数器各工作方式下的最大计数值和最长定时时间如下：

方式 0：最大计数值 = 2^{13} = 8192，最长定时时间 = 8192×Tcy；

方式 1：最大计数值 = 2^{16} = 65 536，最长定时时间 = 65 536×Tcy；

方式 2：最大计数值 = 2^{8} = 256，最长定时时间 = 256×Tcy；

方式 3：定时器 0 分成两个 8 位计数器，其最大计数值均为 256，最长定时时间均为 256×Tcy。

因为定时器/计数器为"加 1"计数，并在计数溢出时产生中断，因此初值可以这样计算：

工作在计数器模式下：初值=最大计数值-计数值；

工作在定时器模式下：初值=最大计数值-定时时间/Tcy。

6.3.2　定时器/计数器的编程实例

例 6-1　假设 f_{osc}=6 MHz，要求用定时器/计数器 T1 作定时实现在 P1.1 上输出周期为 1 ms 方波。

根据题意，只要使 P1.1 每隔 500 μs 取反一次即可得到 1 ms 的方波，因而定时器/计数器的定时时间为 500 μs。

（1）采用工作方式 0

因定时时间不长，在 TMOD 对定时器/计数器 T1 方式字段设置为方式 0，则 M1M0=00。因是定时器方式，所以 C/$\overline{T}$=0。在此情况下，只需工作在非门控方式，所以 GATE=0。定时器/计数器 T0 不用，其方式字段可任意设置，但要注意不能设置为方式 3，一般取全 0。综上所述，TMOD 可设置为 00H。初值计算如下：

$$机器周期 Tcy = 12/f_{osc} = 12/(6\times10^6) = 2 \text{ μs}$$

$$初值=最大计数值 - 定时时间/Tcy=2^{13} - 500/2=7942 \text{ D}=11111000\ 00110 \text{ B}$$

方式 0 为 13 位计数方式，计数初值（应转换成 13 位二进制数，不足 13 位时高位补 0）的高 8 位应赋值给 TH1，低 5 位赋值给 TL1 的低 5 位，TL1 的高 3 位可填写 0。所以（TH1）=11111000B=F8H，（TL1）=00000110B=06H。

采用查询方式编程，参考程序如下：

```
        ORG     0000H
        MOV     TMOD,#00H        ;定时器/计数器 T1 工作在非门控定时器方式 0
        MOV     TL1,#06H         ;定时器/计数器 T1 赋初值
        MOV     TH1,#0F8H
        SETB    TR1              ;启动定时器/计数器 T1
LP1:    JBC     TF1,LP2          ;查询定时时间到否？若到了，清 TF1=0 后跳到 LP2
        AJMP    LP1              ;定时时间未到，继续查询
LP2:    MOV     TL1,#06H         ;定时时间到，重新赋初值
        MOV     TH1,#0F8H
        CPL     P1.1             ;P1.1 的状态取反
        AJMP    LP1              ;循环
        END
```

（2）采用工作方式 1

定时器/计数器方式 1 和方式 0 基本相同，只是方式 1 的计数位数是 16 位。由（1）中可知，方式 0 的计数初值在赋给寄存器 THx 和 TLx 时比较麻烦，使初学者容易出错，所以在实际应用中，一般不用方式 0，而采用方式 1。因此，在 TMOD 的定时器/计数器 T1 方式字段，M1M0=01，其他各位同（1）。所以，TMOD 可设置为 10H。初值计算如下：

$$机器周期 Tcy = 12/f_{osc} = 12/(6\times10^6) = 2 \text{ μs}$$

$$初值=最大计数值-定时时间/Tcy = 2^{16}-500/2 = 65286\text{D} = 0FF06H$$

$$则定时器 T1 的初值为：（TH1）= FFH，（TL1）= 06H$$

采用查询方式的参考程序和（1）中基本相同，下面给出采用中断方式编程的参考程序：

```
        ORG     0000H
```

```
        AJMP    MAIN
        ORG     001BH                   ;定时器/计数器 T1 中断入口
ITOP:   MOV     TL1,#06H                 ;重新赋初值
        MOV     TH1,#0FFH
        CPL     P1.1                    ;P1.1 的状态取反
        RETI
        ORG     0100H
MAIN:   MOV     TMOD,#10H               ;定时器/计数器 T1 工作在非门控定时器方式 1
        MOV     TL1,#06H                ;定时器/计数器 T1 赋初值
        MOV     TH1,#0FFH
        SETB    TR1                     ;启动定时器/计数器 T1
        MOV     IE,#88H                 ;允许定时器/计数器 T1 中断
        SJMP    $                       ;等中断
        END
```

例 6-2　假设 $f_{osc} = 12\,\text{MHz}$，使用定时器/计数器 T0 工作在方式 1，实现在 P1.3 引脚上输出 50 Hz 的方波。

编程思路分析：

(1) 计算定时时间。要求产生周期性的方波，定时器/计数器 T0 应工作在定时方式。50 Hz 方波周期为 20 ms，即高、低电平各 10 ms。因此，T0 的定时时间应设置为 10 ms，每定时中断一次，P1.3 取反一次，即可实现在 P1.3 引脚上输出频率为 50 Hz 的方波。

(2) 定时初值 x 的计算。T0 工作在方式 1 是 16 位定时器，其最大计数值为 $2^{16} = 65\,536$。

因为 $f_{osc} = 12\,\text{MHz}$，则机器周期 $= 1\,\mu\text{s}$。

$$定时时间 = (65\,536 - x) \times 机器周期，即 10\,\text{ms} = (65\,536 - x) \times 1\,\mu\text{s}$$

$$x = 65\,536 - 10000 = 55\,536 = 0\text{D8F0H}$$

因此，定时器 T0 的初值为：(TH0) = 0D8H，(TL0) = 0F0H

(3) 定时器工作方式设置。TMOD 的低 4 位控制定时器 T0 的工作方式选择，T0 作定时，工作在方式 1，则 TMOD 预置值为 01H。

(4) 定时中断方式程序设计如下：

```
        ORG     0000
        AJMP    MAIN
        ORG     000BH                   ;T0 中断入口地址
        AJMP    CTM0
        ORG     0030H
MAIN:   MOV     TMOD,#01                ;设置 T0 工作模式和工作方式
        MOV     TH0,#0D8H               ;预置定时初值
        MOV     TL0,#0F0H
        SETB    ET0                     ;允许 T0 中断
        SETB    TR0                     ;启动 T0 定时器开始计时
        SETB    EA                      ;开放中断
WAIT:   SJMP    WAIT                    ;等待 10 ms 定时时间到
CTM0:   MOV     TH0,#0D8H               ;进入中断服务子程序，重装定时初值
        MOV     TL0,#0F0H
        CPL     P1.3                    ;P1.3 取反，输出方波
        RETI                            ;中断返回
        END
```

例 6-3　假设 $f_{osc} = 6\,\text{MHz}$，使用定时器/计数器 T1 工作在方式 1，P2.0 引脚连接一只 LED，实现使 LED 以亮 0.5 s，灭 0.5 s 的速度闪烁(设低电平使 LED 亮)。

编程思路分析：

（1）计算定时时间。LED 以 0.5 s 的速度闪烁，T1 应工作在定时方式，定时时间为 500 ms，即在 500 ms 对 P2.0 取反一次。由于在时钟频率 $f_{osc}=6$ MHz 时，T1 最大定时时间只有 131 ms，因此采用定时时间 100 ms 中断一次，定时中断 5 次对 P2.0 取反一次，实现对 LED 以 0.5 s 的速度闪烁控制。

（2）定时初值 x 的计算。T1 工作在方式 1 是 16 位定时器，其最大计数值为 $2^{16}=65\,536$。

因为 $f_{osc}=6$ MHz，则机器周期=2 μs。

$$定时时间=(65\,536-x)\times 机器周期，即 100\text{ ms}=(65\,536-x)\times 2\text{ μs}$$

$$x=655\,36-50\,000=15\,536=3CB0H$$

因此，定时器 T1 的初值为：（TH1）=3CH，（TL1）=0B0H

（3）定时器工作方式设置。TMOD 的高 4 位控制定时器 T1 的工作方式选择，T1 作定时，工作在方式 1，则 TMOD 预置值为 10H。

（4）定时中断方式程序设计如下：

```
        ORG     0000
        AJMP    MAIN
        ORG     001BH           ;T1 中断入口地址
        AJMP    CTM1
        ORG     0030H
MAIN:   MOV     TMOD,#10H       ;设置 T1 工作模式和工作方式
        MOV     TH1,#3CH        ;预置定时初值
        MOV     TL1,#0B0H
        MOV     R2,#05          ;置中断次数（5 次=500ms）
        SETB    ET1             ;允许 T1 中断
        SETB    TR1             ;启动 T1 定时器开始计时
        SETB    EA              ;开放中断
WAIT:   SJMP    WAIT            ;等待 100 ms 定时时间到
CTM1:   MOV     TH0,#3CH        ;进入中断服务子程序，重装定时初值
        MOV     TL0,#0B0H
        DJNZ    R2,EXT          ;判断是否中断了 5 次？
        MOV     R2,#05
        CPL     P2.0            ;P2.0 取反，输出方波
EXT:    RETI                    ;中断返回
        END
```

例 6-4 若在定时器/计数器 T1(P3.5) 引脚输入一个脉冲信号，在 P2.0 引脚上连接一 LED 灯，编写对 T1 输入脉冲进行计数的程序，当计数到 30 000 个脉冲后停止计数，使 LED 亮(低电平亮)。

编程思路分析：

（1）计数工作模式。需要对 P3.5 引脚输入的脉冲进行计数，定时器/计数器 T1 做计数器用。平时 LED 灯灭，当计数到 30 000 个脉冲后，使 LED 亮。

（2）计算计数初值 x。使用 T1 工作在方式 1(16 位计数器)，其最大计数值为 $2^{16}=65\,536$。要求计数值为 30 000，则

$$计数值=65\,536-x，即 30\,000=65\,536-x$$

$$x=65\,536-30\,000=35\,536=8AD0H$$

因此，计数器 T1 的初值为：（TH1）=8AH，（TL1）=0D0H

（3）计数器工作方式设置。TMOD 的高 4 位控制 T1 的工作方式选择，T1 作计数，工作在方式 1，则 TMOD 预置值为 50H。

(4) 查询方式编写计数程序如下：

```
            ORG     0000
            AJMP    MAIN
            ORG     0030H
MAIN:       MOV     TMOD,#50H       ;设置 T1 工作模式和工作方式
            MOV     TH1,#8AH        ;预置定时初值
            MOV     TL1,#0D0H
            SETB    TR1             ;启动 T1 定时器开始计时
WAIT:       JNB     TF1,WAIT        ;等待计数 30000 个脉冲到
            CLR     TF1
            CLR     P2.0
            END
```

例 6-5　假设 $f_{osc} = 12\,\text{MHz}$，使用定时器/计数器 T0 工作在方式 2，实现在 P1.3 引脚上连续输出周期为 100 μs 的方波。

编程思路分析：

(1) 计算定时时间。要求产生周期性的方波，定时器/计数器 T0 应工作在定时方式。方波周期为 100 μs，即高、低电平各 50 μs。因此，T0 应设置为 50 μs 定时，每定时中断一次，P1.3 取反一次。

(2) 定时初值 x 的计算。要求 T0 工作在方式 2，8 位自动重装，其最大计数值为 $2^8 = 256$。

因为 $f_{osc} = 12\,\text{MHz}$，则机器周期=1 μs。

$$定时时间=(256 - x)\times 机器周期，即 \; 50\,\mu s = (256 - x)\times 1\,\mu s$$

$$x=256 - 50=206=\text{CEH}$$

因此，定时器 T0 的初值为：(TH0)=0CEH，(TL0)=0CEH

(3) 定时器工作方式设置。TMOD 的低 4 位控制定时器 T0 的工作方式选择，T0 作定时，工作在方式 2，则 TMOD 预置值为 02H。

(4) 中断方式程序设计如下：

```
            ORG     0000
            AJMP    MAIN
            ORG     000BH           ;T0 中断入口地址
            CPL     P1.3            ;P1.3 取反，输出方波
            RETI                    ;中断返回
            ORG     0030H
MAIN:       MOV     TMOD,#02        ;设置 T0 工作在方式 2，定时模式
            MOV     TH0,#0CEH       ;预置定时初值
            MOV     TL0,#0CEH
            SETB    ET0             ;允许 T0 中断
            SETB    TR0             ;启动 T0 定时器开始计时
            SETB    EA              ;开放中断
WAIT:       SJMP    WAIT            ;等待 50 μs 定时时间到
            END
```

6.4　定时器/计数器的应用实例

6.4.1　门控位 GATE 的应用

利用门控位 GATE 可对 $\overline{\text{INT}x}$（x 为 0 或 1）引脚上正脉冲的宽度进行测量。将 GATE 位设置为 1，当启动定时器/计数器时，只有 $\overline{\text{INT}x}$ 引脚上为高电平，定时器/计数器才能开始计数工作。若定时器/计数器

工作在定时器模式，则定时器/计数器的计数值乘以机器周期就是相应 $\overline{INTx}$ 引脚上高电平的持续时间，即正脉冲宽度。通过附加外部二分频电路，此方法也可用于在 $\overline{INTx}$ 引脚上输入波形的周期。

例 6-6　假设晶振 f_{osc}=12 MHz，要求编程检测 $\overline{INT1}$ 引脚上出现的高电平的宽度，并将计数结果存储在片内 31H、30H 单元中。

编程思路分析：

(1) 利用定时器/计数器测量，波形的正脉冲宽度如图 6-7 所示。

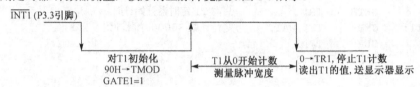

图 6-7　利用门控方式测量正脉冲宽度

(2) 门控位 GATE 为 1 时，允许从 $\overline{INT1}$ 引脚上外部输入电平控制启动定时器。利用这个特性可以测量外部输入脉冲的宽度。

(3) 选择定时器 T0 工作在方式 1，作 16 位定时。

(4) 测量外部输入脉冲的宽度，应从 0 开始计数，因此定时器的初值为 00。

(5) 查询方式编写测脉宽程序如下：

```
        ORG   0000H
MAIN:   MOV   TMOD,#90H    ;设置定时器/计数器 T1 为门控定时器方式 1
        MOV   TL0,#00H
        MOV   TH0,#00H
        JB    P3.3,$        ;等待 INT1 为低电平
        SETB  TR1           ;INT1 为低电平，启动定时器/计数器 T1
        JNB   P3.3,$        ;等待 INT1 为高电平
        JB    P3.3,$        ;等待 INT1 回到低电平
        CLR   TR1           ;停止定时器/计数器计数
        MOV   30H,TL1       ;保存定时器/计数器 T1 的计数值
        MOV   31H,TH1       ;计数值传给后续程序进行代码转换，调用显示程序
        ...
```

需要注意的是：本方案最大被测脉冲宽度为 $(65\,536×Tcy)$ μs，且由于依靠软件进行启动和停止计数，所以存在一定的测量误差。

6.4.2　简易实时时钟设计

1. 实时时钟实现的基本方法

实时时钟是以秒、分、时为单位进行计时的。时钟的最小计时单位是秒，假如使用定时器的方式 1，在 6 MHz 的系统振荡频率下，最大的定时时间也只能大约达到 131 ms。因此，可把定时器的定时时间定为 100 ms，这样，计数溢出 10 次即可得到时钟的最小计时单位——秒，而计数 10 次可用软件累计溢出次数来实现。

(1) 定时器/计数器计数初值的计算。设定定时器/计数器工作在方式 1，进行 100 ms 的定时。单片机的晶振频率为 6 MHz，则机器周期 Tcy=2 μs，所以计数初值为：

$$初值=最大计数值-定时时间/Tcy=2^{16}-100×10^3/2=15536D=3CB0H$$

(2) 秒、分、时计时的实现。秒计时是采用中断方式进行溢出次数的累计得到的。从秒到分，从

分到时可通过软件累加和比较的方法来实现。要求每满 1 秒，则"秒"单元中的内容加 1；"秒"单元每满 60，则"秒"单元清 0，同时"分"单元中的内容加 1；"分"单元每满 60，则"分"单元清 0，同时"时"单元中的内容加 1；"时"单元每满 24，则将"时"单元清 0。

2. 程序设计

（1）主程序的设计

主程序的主要功能是进行定时器/计数器的初始化，然后读取计数值（秒、分、时）处理显示出走时时钟；待 100 ms 定时中断到来后暂停主程序，转去执行中断计时处理。本次中断处理完成后返回主程序断点处继续执行，时钟主程序流程图如图 6-8 所示。

（2）中断服务程序的设计

中断服务程序的主要功能是实现秒、分、时的计时处理，流程图如图 6-9 所示。

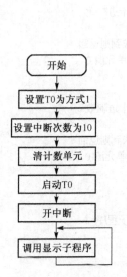

图 6-8　主程序流程图

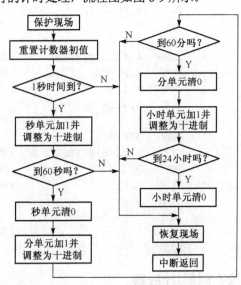

图 6-9　时钟中断服务程序流程图

下面是简易实时时钟的参考程序。程序中，使用定时器/计数器 T1 作为 100 ms 定时器，片内 33H 单元作为 100 ms 计数单元，32H、31H、30H 单元分别作为时、分、秒单元。

```
            ORG   0000H
            AJMP  MAIN
            ORG   001BH         ;定时器/计数器 T1 中断入口
            AJMP  IT0P
            ORG   0100H
    MAIN:   MOV   33H,#0AH       ;100ms 计数单元装入中断次数
            MOV   32H,#00H       ;"时"单元清 0
            MOV   31H,#00H       ;"分"单元清 0
            MOV   30H,#00H       ;"秒"单元清 0
            MOV   TMOD,#10H      ;定时器/计数器 T1 工作在非门控定时器方式 1
            MOV   TL1,#0B0H      ;定时器/计数器 T1 赋 100ms 定时初值
            MOV   TH1,#3CH
            SETB  TR1            ;启动定时器/计数器 T1
            MOV   IE,#88H        ;允许定时器/计数器 T1 中断
            ……
            SJMP  $             ;等中断(也可调用显示子程序或按键处理)
```

```
ITOP:    PUSH  PSW                ;保护现场
         PUSH  ACC
         MOV   TL1,#0B0H          ;重新赋初值
         MOV   TH1,#3CH
         DJNZ  33H,RETURN         ;1s 未到，返回
         MOV   33H,#0AH           ;1s 到，重置中断次数
         MOV   A,30H              ;"秒"单元加 1
         ADD   A,#01H
         DA    A                  ;"秒"单元调整为十进制数
         MOV   30H,A
         CJNE  A,#60H,RETURN      ;是否到 60s，未到则返回
         MOV   30H,#00H           ;到 60s，"秒"单元清 0
         MOV   A,31H              ;"分"单元加 1
         ADD   A,#01H
         DA    A                  ;"分"单元调整为十进制数
         MOV   31H,A
         CJNE  A,#60H,RETURN      ;是否到 60 分钟，未到则返回
         MOV   31H,#00H           ;到 60 分钟，"分"单元清 0
         MOV   A,32H              ;"时"单元加 1
         ADD   A,#01H
         DA    A                  ;"时"单元调整为十进制数
         MOV   32H,A
         CJNE  A,#24H,RETURN      ;是否到 24 小时，未到则返回
         MOV   32H,#00H           ;到 24 小时，"时"单元清 0
RETURN:  POP   ACC                ;恢复现场
         POP   PSW
         RETI
         ......                   ;显示、按键或其他子程序
         END
```

6.4.3　读定时器/计数器

定时器/计数器在运行时，有时需要随时读取 8051 寄存器 THx 和 TLx（x 为 0 或 1）的值，比如实时获取定时时间、实时显示计数值等。但在读取时应特别注意分时读取 THx 和 TLx 带来的问题：如果读取定时器/计数器时，恰好出现了 TLx 溢出并向 THx 进位的情况，由于定时器/计数器是在不断运行的，就会造成读取的结果与实际的计数值之间存在比较大的误差。

其解决办法是，先读 THx，后读 TLx，再重读 THx。若两次读入的 THx 是相同的，则可以确定读入的数据是正确的；若两次读入的 THx 的值不一致，则必须重读。下面是程序运行中读定时器/计数器 T0 的子程序，读入的结果存储在片内 RAM 的 41H 和 40H 单元中。

```
RDTIMER: MOV   A,TH0              ;读 TH0
         MOV   40H,TL0            ;读 TL0，存入 40H 单元
         CJNE  A,TH0,RDTIMER      ;再读 TH0，与上次读入的 TH0 比较。若不等，重读
         MOV   41H,A              ;若相等，存入 41H 单元
         RET
```

6.4.4　用定时器/计数器作外部中断

定时器/计数器工作在计数器模式时，T0（或 T1）引脚上发生负跳变，定时器/计数器 T0（或 T1）加 1，当定时器/计数器 T0（或 T1）出现计数溢出时，溢出中断标志 TF0（或 TF1）置 1，向 CPU 申请中断。

利用这个特性，可以把 T0（或 T1）引脚作为外部中断请求输入引脚，而定时器/计数器 T0（或 T1）的溢出中断标志 TF0（或 TF1）作为外部中断请求标志。具体做法是：定时器/计数器设置为计数方式，且计数初值设为最大（全 1）时，允许定时器/计数器中断。相关程序如下：

```
        ORG     0000H
        LJMP    MAIN
        ORG     000BH           ;定时器/计数器 T0 中断入口地址
        LJMP    ITOP
        ORG     0030H
MAIN:   MOV     TMOD,#06H        ;设置定时器/计数器 T0 为非门控计数器方式 2
        MOV     TL0,#0FFH        ;计数器初值设为全 1
        MOV     TH0,#0FFH
        MOV     IE,#82H          ;允许定时器/计数器 T0 中断
        SETB    TR0              ;启动定时器/计数器 T0
        ⋮                        ;其他程序段
ITOP:   ⋮                        ;实际的外部中断服务子程序
```

执行上述初始化程序后，当连接在 T0 引脚（P3.4）上的外部中断请求输入线上的电平发生负跳变时，TL0 计数加 1 产生溢出，TF0 置 1，向 CPU 申请中断，同时 TH0 的内容 FFH 送入 TL0，为下一次中断做准备。这样，T0 引脚（P3.4）就相当于一个跳变触发外部中断请求输入端。

在上述程序中，定时器/计数器 T0 也可设置为其他工作方式，只是要注意，当设置为其他工作方式时，在进入中断服务程序时要给定时器/计数器重新赋初值为最大值（为全 1）。

对于 T1 引脚（P3.5）也可做同样的应用。

本章小结

本章介绍了 8051 单片机定时器/计数器的结构特点、方式控制和中断溢出处理方法；介绍了定时器/计数器 4 种工作方式的特点和定时、计数值范围，并结合实例说明了 4 种工作方式的使用方法。重点应掌握定时器/计数器初值计算方法、定时中断和编程应用。

练习与思考题

1．单片机有定时器、计数器功能，其工作的实质是什么？

2．如果单片机的晶振频率为 3 MHz，定时器/计数器工作在方式 0、1、2 下时，其最大的定时时间各为多少？

3．定时器/计数器用做定时器时，其计数脉冲由谁提供？定时时间与哪些因素有关？

4．定时器/计数器作计数器模式使用时，对外界计数频率有何限制？

5．采用定时器/计数器 T0 对外部脉冲进行计数，每计数 100 个脉冲后，T0 转为定时工作方式。定时 1 ms 后，又转为计数方式，如此循环不止。假定 f_{osc}= 6 MHz，请编写出程序。

6．定时器/计数器的工作方式 2 有什么特点？适用于什么应用场合？

7．编写程序，要求使用 T0，采用方式 2 定时中断，在 P1.0 输出周期为 400 μs，占空比为 1∶10 的矩形脉冲。

8．一个定时器的定时时间有限，如何实现两个定时器的串联定时，以实现更长时间的定时？

9．当定时器 T0 用于方式 3 时，应该如何控制定时器 T1 的启动和关闭？

10．用定时器/计数器测量某正脉冲的宽度，采用何种方式可得到最大量程？若 f_{osc}=12 MHz，求允许测量的最大脉冲宽度是多少？

11．编写一段程序，功能要求为：当 P1.0 引脚的电平上跳变时，对 P1.1 的输入脉冲进行计数；当 P1.0 引脚的电平下跳变时，停止计数，并将计数值写入 R2、R3（高位存 R3，低位存 R2）。

12．定时器/计数器中的 THx 与 TLx（x=0，1）是普通寄存器还是计数器？其内容可以随时用指令更改吗？更改后的新值是立即刷新还是等当前计数器计满之后才能刷新？

13．判断下列说法是否正确？

（1）特殊功能寄存器 SCON，与定时器/计数器的控制无关；

（2）特殊功能寄存器 TCON，与定时器/计数器的控制无关；

（3）特殊功能寄存器 IE，与定时器/计数器的控制无关；

（4）特殊功能寄存器 TMOD，与定时器/计数器的控制无关。

14．使用定时器/计数器扩展外部中断源，应如何设计和编程设置？

15．利用单片机的定时器/计数器编写程序，要求实现从 P1.1 输出一个频率为 20 Hz 的方波（f_{osc}=12 MHz）。如果要实现输出占空比为 2∶5 的方波，应如何编程？

16．使用 NE555 设计一个方波发生器，再用单片机的定时器/计数器测量其输出的频率，试完成电路设计，并编程实现频率的测量。

17．当 f_{osc}=4 MHz 和 f_{osc}=8 MHz 时，计算定时器/计数器 T0 工作在方式 0、方式 1、方式 2 时的最大计数值和最大定时值？

18．用 T0 工作在方式 2 作定时 0.2 ms 中断，用 T1 工作在方式 1 作计数 4000 中断，请编程对 T0、T1 初始化（f_{osc}= 6 MHz）。

19．在 T1（P3.5）引脚上输入脉冲信号，编写程序实现：计数到 2000 个脉冲后使 P1.7 输出低电平。

第 7 章 8051 单片机串行口及其应用

本章学习要点：

(1) 8051 单片机串行通信的基本概念，串行口的结构和工作原理；

(2) 串行口的控制寄存器、工作方式及波特率计算与设置；

(3) 串行通信格式，双机通信、多机通信的编程方法和串行口中断及应用。

8051 单片机内部有一个功能强大的全双工异步通信串行口。所谓全双工就是双机之间串行通信时接收和发送数据可同时进行。所谓异步通信，就是接收和发送双方不使用共同的同步时钟来控制收、发双方的同步，而是依靠各自的时钟来控制数据的传送。异步通信传送的串行数据是一帧一帧进行的，一帧信息一般包括以下内容：一个起始位，一般为 0，表示一帧信息的开始；若干数据位，一般为 8～9 位；一个停止位，一般为 1，表示一帧信息的结束；数据与数据之间用空闲位"1"来填充。在串行通信中，为保证收发双方数据的正确传送，发送和接收的速率(即波特率)必须一致。

7.1 单片机串行口结构

7.1.1 串行口的结构

8051 单片机的串行口主要由两部分组成：一部分是由 T1 及其内部的一些控制开关和分频器组成的波特率发生器，提供串行口发送和接收数据时所需的时钟信号；另一部分是如图 7-1 虚线框内所示的内部结构。

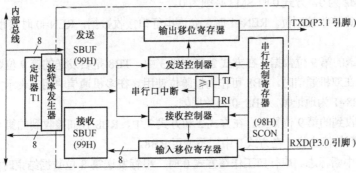

图 7-1 串行口的结构

(1) 串行数据缓冲器 SBUF

SBUF 实际上是两个物理上独立的发送缓冲器和接收缓冲器，可同时发送、接收数据，实现全双工串行通信，两个缓冲器共用一个特殊功能寄存器字节地址 99H。串行发送时，从内部总线向发送缓冲器 SBUF 写入数据；串行接收时，从接收缓冲器 SBUF 中读出数据。

(2) 串行口控制逻辑

① 接收来自波特率发生器的时钟信号。

② 控制内部的输入移位寄存器，将外部的串行数据转换为并行数据送入接收缓冲器 SBUF，并控制产生接收结束标志 RI。

③ 控制内部的输出移位寄存器，将发送缓冲器 SBUF 中的并行数据转换成串行数据输出，并控制产生发送结束标志 TI。

(3) 控制寄存器

控制 8051 单片机串行口的控制寄存器主要是串行口控制寄存器 SCON，另外还有一个电源管理寄存器 PCON。

7.1.2　串行口控制寄存器 SCON

串行口控制寄存器 SCON 用于选择单片机串行口的工作模式和工作方式，它的字节地址为 98H，可位寻址，其格式及各位的功能如下：

	D7	D6	D5	D4	D3	D2	D1	D0	
SCON	SM0	SM1	SM2	REN	TB8	RB8	TI	RI	98H

(1) SM0、SM1：串行口工作方式控制位。串行口有 4 种工作方式，由 SM0、SM1 两位的状态确定，对应关系如表 7-1 所示。

表 7-1　串行口的 4 种工作方式

SM0	SM1	工 作 方 式
0	0	方式 0，移位寄存器方式，用于并行 I/O 扩展
0	1	方式 1，8 位通用异步通信方式，波特率可变
1	0	方式 2，9 位通用异步通信方式，波特率为 $f_{osc}/64$ 或 $f_{osc}/32$
1	1	方式 3，9 位通用异步通信方式，波特率可变

(2) SM2：多机通信控制位。SM2=1 时，如果接收到的一帧信息中的第 9 位数据（RB8）为 1，则硬件将 RI 置 1；如果第 9 位数据为 0，则 RI 不置 1，且接收的数据无效。SM2=0 时，不管接收到的第 9 位数据是 1 还是 0，硬件都将 RI 置 1。SM2 由软件置 1 或清 0，多机通信时，SM2 必须置为 1，双机通信时，通常使 SM2 为 0，方式 0 时 SM2 必须为 0。

(3) REN：允许接收控制位。REN=1 时，允许串行口接收数据，REN=0 时禁止接收。REN 由软件置 1 或清 0。

(4) TB8：发送的第 9 位数据。在方式 2 和方式 3 中，TB8 是要发送的第 9 位数据，其值由软件预先置 1 或清 0。在双机通信时，TB8 可作为校验位使用。在多机通信中用来表示主机发送的是地址帧还是数据帧，TB8=1 为地址帧，TB8=0 为数据帧。

(5) RB8：接收到的第 9 位数据。在方式 2 和方式 3 中，RB8 存储接收到的第 9 位数据。在方式 1 中，RB8 是接收到的停止位，在方式 0 中，不使用 RB8。

(6) TI：发送中断标志。串行口工作在方式 0 时，串行发送第 8 位数据结束时由硬件置 1，在其他工作方式，串行口开始发送停止位时由硬件置 1。TI 必须由软件清 0。

(7) RI：接收中断标志。串行口工作在方式 0 时，串行接收完第 8 位数据时由硬件置 1，在其他工作方式，串行口接收到停止位时由硬件置 1。RI 必须由软件清 0。

7.1.3　特殊功能寄存器 PCON

PCON 主要是用于单片机电源管理的特殊功能寄存器，字节地址为 87H，不可位寻址。8051 单片机 PCON 寄存器的位格式如下：

	D7	D6	D5	D4	D3	D2	D1	D0	
PCON	SMOD	—	—	—	GF1	GF0	FD	IDL	87H

PCON 中仅有 D7 位 SMOD 与串行口有关,称为波特率选择位,可以由软件设置为 1 或 0。当 SMOD=1 时,要比 SMOD=0 时的波特率加倍,所以也称 SMOD 为波特率倍增位。

7.2　串行口的工作方式

串行口有 4 种工作方式,由串行口控制寄存器 SCON 中的 SM0、SM1 两位的状态定义,编码见表 7-1。

7.2.1　方式 0

串行口的工作方式 0 为同步移位寄存器输入/输出方式,常用于外接移位寄存器扩展并行 I/O 口。这种方式不适用于单片机之间的串行通信。

方式 0 以 8 位数据为一帧,不设起始位和停止位,发送和接收均以 $f_{osc}/12$ 的固定速率按照由低位到高位的顺序进行,其帧格式如下:

D0	D1	D2	D3	D4	D5	D6	D7

1. 方式 0 发送

发送过程中,当 CPU 执行一条写入发送缓冲器 SBUF 的指令时,产生一个正脉冲,串行口开始将发送缓冲器 SBUF 中的 8 位数据按照从低位到高位,以 $f_{osc}/12$ 的固定速率从 RXD 引脚串行输出,TXD 引脚输出同步移位脉冲。8 位数据发送完毕,发送结束标志 TI 置 1。发送时序如图 7-2 所示。一帧数据发送完毕,必须由用户软件将 TI 清 0。

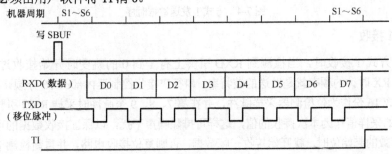

图 7-2　方式 0 发送时序

2. 方式 0 接收

接收过程中,当 CPU 向串行口的 SCON 寄存器写入控制字(置串行口为方式 0,并置 REN 位为 1,同时将 RI 清 0)时,产生一个正脉冲,串行口开始按照从低位到高位,以 $f_{osc}/12$ 的固定速率从 RXD 引脚串行输入 8 位数据至接收缓冲器 SBUF,TXD 引脚输出同步移位脉冲。当接收完 8 位数据时,接收结束标志 RI 置 1。接收时序如图 7-3 所示。一帧数据接收完毕,必须由用户软件将 RI 清 0。

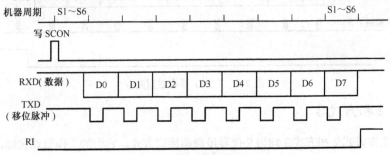

图 7-3　方式 0 接收时序

7.2.2　方式 1

串行口的工作方式 1 为波特率可变的 8 位异步通信接口方式。TXD 和 RXD 分别用于串行发送和接收数据。方式 1 收发的一帧数据为 10 位：1 位起始位(0)，8 位数据位，1 位停止位(1)，按照先低位后高位的顺序收发，其帧格式如下：

起始位	D0	D1	D2	D3	D4	D5	D6	D7	停止位

1. 方式 1 发送

发送过程中，当 CPU 执行一条写入发送缓冲器 SBUF 的指令时，就启动发送。其发送时序如图7-4 所示。TX 时钟的频率就是发送的波特率。发送开始时，内部发送控制信号 SEND 变为有效(低电平)，将起始位向 TXD 输出，此后每经过一个 TX 时钟周期，便产生一个移位脉冲，TXD 引脚就输出一位数据。8 位数据全部发送完毕，发送结束标志位 TI 置 1，然后 SEND 信号失效(回到高电平)。

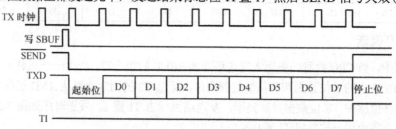

图 7-4　方式 1 发送数据时序

2. 方式 1 接收

串行口以方式 1 接收时，当检测到 RXD 引脚上有 1 到 0 的跳变时开始接收过程，接收时序如图7-5 所示。RX 时钟的频率就是发送的波特率。串行口接收控制器内部的 16 分频计数器把一个 RX 时钟周期等分成 16 份作为位检测器采样脉冲，并在第 7、8、9 个脉冲时采样 RXD 引脚的电平，并取其中两次相同的采样值作为本次接收的值，这样可排除噪声干扰，以保证接收数据的可靠。当检测到 RXD 引脚为有效的起始位时，就开始接收一帧数据，否则复位接收电路，并重新检测下一个数据是否为有效的起始位。接收数据时，也都是在每个 RX 时钟周期内采样第 7、8、9 个脉冲，取两次相同的采样值作为当前接收的值。

当一帧数据接收完毕后，若 RI = 0，且 SM2 = 0 或接收到有效的停止位(停止位已进入 RB8)，则将接收到的数据装入接收缓冲器 SBUF，并置接收结束标志 RI 为 1，否则丢弃该帧数据。

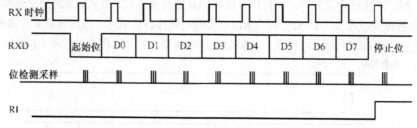

图 7-5　方式 1 接收数据时序

7.2.3　方式 2 和方式 3

串行口的工作方式 2 和方式 3 均为 9 位异步通信接口方式，它们的工作原理相似，唯一的区别是方式 2 的波特率是固定的，而方式 3 的波特率是可变的。这两种方式下，TXD 和 RXD 都分别用于串行发送和接收数据。收发的一帧数据为 11 位：1 位起始位(0)，8 位数据位，1 位可预置为 1 或 0 的第 9 位数据和 1 位停止位(1)。按照先低位后高位的顺序收发，其帧格式如下：

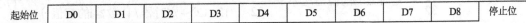

起始位	D0	D1	D2	D3	D4	D5	D6	D7	D8	停止位

方式 2 和方式 3 的发送和接收过程与方式 1 类似。所不同的是，发送时，要先根据通信协议由软件设置待发送的第 9 位数据 TB8(如双机通信时的校验位或多机通信中的地址/数据标志位)，然后将要发送的 8 位数据写入发送缓冲器 SBUF 启动发送。接收时，装入 RB8 中的是第 9 位数据，而不是停止位(方式 1 中装入的是停止位)。

方式 2 和方式 3 的发送和接收时序分别如图 7-6、图 7-7 所示。

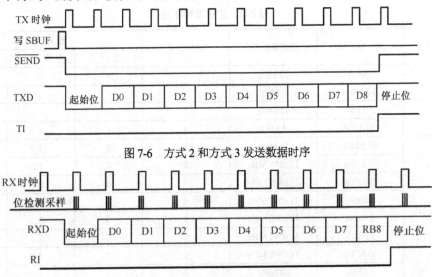

图 7-6 方式 2 和方式 3 发送数据时序

图 7-7 方式 2 和方式 3 接收数据时序

7.3 单片机串行通信波特率

在串行口异步通信中，收发双方发送和接收串行数据的速率必须一致。波特率发生器就是用来协调收发双方串行通信速率保持一致的。

7.3.1 波特率的定义

所谓波特率，是指串行口每秒发送或接收数据的位数，单位为 b/s。设发送一位所需的时间为 T，则波特率为 $1/T$。

7.3.2 波特率的计算

在 8051 单片机串行口的 4 种工作方式中，方式 0 和方式 2 的波特率是固定的，方式 1 和方式 3 的波特率是可变的，由定时器/计数器 T1 的溢出速率(即每秒溢出的次数)来确定。

(1) 串行口工作在方式 0 时，波特率固定为 $f_{osc}/12$。若 $f_{osc}=12$ MHz，则波特率为 1 Mb/s。

(2) 串行口工作在方式 2 时，波特率计算公式如下：

$$波特率 = \frac{2^{SMOD}}{64} \times f_{osc} \tag{7-1}$$

若 $f_{osc}=12$ MHz，则 SMOD = 0 时，波特率=187.5 kb/s；SMOD=1 时，波特率=375 kb/s。

（3）串行口工作在方式 1 和方式 3 时，波特率计算公式如下

$$波特率 = \frac{2^{SMOD}}{32} \times 定时器T1的溢出速率 = \frac{2^{SMOD}}{32} \times \frac{f_{osc}}{12 \times (2^n - 定时器/计数器1的初值x)} \tag{7-2}$$

式中，n 是定时器/计数器 T1 在不同工作方式下的计数位数。在进行串行通信时，为减小波特率误差，单片机常选用 11.0592 MHz 的时钟晶振。

为避免繁杂的初值计算，按照式（7-2），可计算出常用时钟晶振频率 f_{osc} 对应的波特率和初值 x 的数值如表 7-2 所示，用户可以在选定晶振频率 f_{osc} 和 SMOD 的值后，通过查表选择波特率对应的定时器 T1 的初值。

表 7-2　常用波特率表

串行口工作方式	波 特 率	晶振频率 f_{osc}	SMOD 位	定 时 器 T1		
				C/$\overline{T}$	工 作 方 式	初 值 x
方式 0	1 Mb/s	12 MHz	×	×	×	×
	0.5 Mb/s	6 MHz	×	×	×	×
方式 2	375 kb/s	12 MHz	1	×	×	×
	187.5 kb/s	6 MHz	1	×	×	×
方式 1 或 方式 3	62.5 kb/s	12 MHz	1	0	2	FFH
	19.2 kb/s	11.0592 MHz	0	0	2	FDH
	9.6 kb/s	11.0592 MHz	0	0	2	FDH
	4.8 kb/s	11.0592 MHz	0	0	2	FAH
	2.4 kb/s	11.0592 MHz	0	0	2	F4H
	1.2 kb/s	11.0592 MHz	0	0	2	E8H
	137.5 b/s	11.0592 MHz	0	0	2	1DH
	110 b/s	12 MHz	0	0	1	FEE4H
	19.2 kb/s	6 MHz	1	0	2	FEH
	9.6 kb/s	6 MHz	1	0	2	FDH
	4.8 kb/s	6 MHz	0	0	2	FDH
方式 1 或 方式 3	2.4 kb/s	6 MHz	0	0	2	FAH
	1.2 kb/s	6 MHz	0	0	2	F4H
	0.6 kb/s	6 MHz	0	0	2	E8H
	110 b/s	6 MHz	0	0	2	72H
	55 b/s	6 MHz	0	0	1	FEEBH

例 7-1　若 8051 单片机的时钟振荡频率为 11.0592 MHz，选用定时器/计数器 T1 工作在方式 2 作为波特率发生器。现要求波特率为 2400 b/s，求定时器/计数器 T1 的初值。

选定 SMOD = 0，将各已知条件代入式（7-2）中。

$$波特率 = \frac{2^0}{32} \times \frac{11.0592 \times 10^6}{12 \times (2^8 - 定时器/计数器1的初值)} = 2400$$

解得，定时器/计数器 T1 的初值 = 244 = F4H。所以，（TH1）= F4H，（TL1）= F4H。

7.4　串行口的编程应用

串行口 4 种工作方式中的方式 0 是移位寄存器工作方式，主要用做串/并转换以扩展 I/O 口，其他三种方式均用于双机串行通信，方式 2 和方式 3 还可用于多机通信。

7.4.1　串行口做串/并转换

单片机串行口在方式 0 下是作为同步串行移位寄存器用的，因此，通过外接串行输入/并行输出移位寄存器和并行输入/串行输出移位寄存器可以进行串行口数据输入/输出的串/并转换。

使用 STC8951RC 单片机串行口实现串/并转换电路如图 7-8 所示。其中图 7-8(a) 是串行输入/并行输出，图 7-8(b) 是并行输入/串行输出。

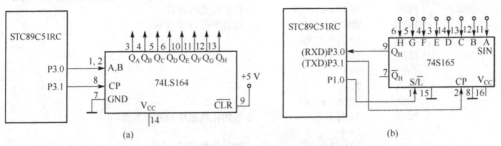

图 7-8　8051 单片机串行口的串/并转换电路

串行口做串/并转换仅仅有硬件转换电路还不能实现，还需要相应的软件配合。

图 7-8(a) 中的串行输入/并行输出的相关程序如下：

```
MOV     SCON,#00H        ;设置串行口为工作方式 0
MOV     SBUF,A           ;启动串行口发送一字节的数据
JNB     TI,$             ;等待发送结束
CLR     TI               ;清除发送结束标志，为下一次输出做准备
```

执行完上述程序，即可实现串行口串行输出的数据在 74LS164 的输出端并行输出。

图 7-8(b) 中的并行输入/串行输出的相关程序如下：

```
CLR     P1.0             ;并行数据置入 74LS165
SETB    P1.0             ;置 74LS165 串行移位状态
MOV     SCON,#10H        ;设置串行口为工作方式 0，并启动接收
JNB     RI,$             ;等待一字节的数据接收结束
CLR     TI               ;清除接收结束标志，为下一次输入做准备
MOV     A,SBUF           ;读取输入的数据
```

执行完上述程序，即可实现从 74LS165 的输入端并行输入的数据由串行口串行输出。

利用以上串/并转换的原理，可以实现 8051 单片机通过串行口扩展多个并行口。

7.4.2　串行口双机通信接口

8051 单片机串行口工作在方式 1、方式 2 和方式 3 时，均可进行双机通信，双机通信接口如图 7-9 所示，各方式下的双机通信程序设计方法基本相同。

例 7-2 甲机将片外 RAM 中 200H 开始的 N(小于 255) 个单元中的内容发送给乙机，乙机接收后存入 200H 开始的片外 RAM 单元中。单片机的时钟频率为 11.0592 MHz，串行口设为工作方式 1，选用 T1(工作在方式 2) 作为波特率发生器，波特率为 2400 b/s。

(1) 甲机发送程序。

甲机在主程序中先启动一次发送，将数据块长度 N

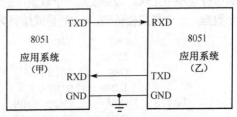

图 7-9　双机通信示意图

发送给乙机，然后开启串行口中断。片外 RAM 单元中的内容均在串行口中断服务程序中进行发送，所有数据发送完毕，最后向乙机发送一个异或校验用以验证收发双方通信是否正确。

```
            ORG     0000H
            LJMP    MAIN
            ORG     0023H
            LJMP    SINT
            ORG     0030H
MAIN:       MOV     DPTR,#200H          ;初始化数据指针
            MOV     TMOD,#20H           ;设置串行口波特率
            MOV     TL1,#0F4H
            MOV     TH1,#0F4H
            SETB    TR1
            CLR     TI
            MOV     SCON,#40H
            MOV     30H,#N1             ;初始化数据块长度计数器
            INC     30H
            MOV     31H,#N2             ;初始化校验码
            MOV     SBUF,#N1            ;发送数据块长度
            SETB    ES                  ;允许串行中断
            SETB    EA
            SJMP    $                   ;等串行口中断
SINT:       PUSH    ACC                 ;保护现场
            PUSH    PSW
            CLR     TI                  ;清除发送完成标志
            DJNZ    30H,SINT1           ;是否发送完全部数据
            CLR     ES                  ;发送完，关闭串行中断，结束数据发送过程
            MOV     A,31H               ;接着发送校验码
            MOV     SBUF,A
            JNB     TI,$
            CLR     TI
            SJMP    SINT2
SINT1:      MOVX    A,@DPTR             ;读取数据，并发送
            MOV     SBUF,A
            XRL     31H,A               ;校验运算
            INC     DPTR                ;调整地址指针，指向下一字节
SINT2:      POP     PSW                 ;恢复现场
            POP     ACC
            RETI                        ;中断返回
            END
```

（2）乙机接收程序。

乙机在主程序中完成数据块长度码的接收，其余内容（N 个数据，一个异或校验码）的接收都在中断服务程序中完成。每接收到一个数据，都进行异或校验，若接收到的所有 $N+2$（一字节的长度码，N 个数据，一个异或校验码）字节的异或结果为 0，说明此次通信正确。

```
            ORG     0000H
            LJMP    MAIN
            ORG     0023H
            LJMP    SINT
MAIN:       MOV     TMOD,#20H           ;设置串行口波特率
            MOV     TL1,#0F4H
            MOV     TH1,#0F4H
```

```
            SETB    TR1
            MOV     SCON,#50H           ;设置串行口方式 1 并允许接收
            JNB     RI,$                ;等待一帧数据(数据块长度)接收完毕
            CLR     RI
            MOV     A,SBUF              ;读取接收到的内容(数据块长度)
            MOV     30H,A               ;设置数据块长度计数器
            INC     30H                 ;还需要接收的字节数包括一字节的校验码
            MOV     31H,A               ;初始化校验码
            MOV     DPTR,#200H          ;初始化数据存储地址指针
            SETB    ES                  ;允许串行口中断
            SETB    EA
            SJMP    $                   ;等串行口中断
SINT:       PUSH    ACC                 ;保护现场
            PUSH    PSW
            CLR     RI                  ;清除接收结束标志
            MOV     A,SBUF              ;读取接收到的内容
SINT1:      MOVX    @DPTR,A             ;保存数据
            XRL     31H,A               ;校验运算
            INC     DPTR                ;调整地址指针,指向下一字节
            DJNZ    30H,SINT2           ;是否接收完全部数据(包括校验码)
            CLR     ES                  ;接收完,关闭串行中断,结束接收过程
            MOV     A,31H               ;取校验结果
            JZ      SINT2               ;接收成功
            SETB    F0                  ;接收出错,F0 置 1 作为出错标志
SINT2:      POP     PSW                 ;恢复现场
            POP     ACC
            RETI                        ;中断返回
            END
```

7.4.3　串行口多机通信接口

如前所述,串行口控制寄存器 SCON 中的 SM2 为多机通信控制位。串行口以方式 2 或方式 3 接收时,若 SM2 为 1,则仅当串行口接收到的第 9 位数据 RB8 为 1 时,才把数据装入接收缓冲器 SBUF,并将接收结束标志 RI 置 1;如果接收到的第 9 位数据 RB8 为 0,则不会将接收结束标志 RI 置 1,信息将丢失。当 SM2 为 0 时,在收到一帧信息后,不管第 9 位数据 TB8 是 1 还是 0,都将接收结束标志 RI 置 1,并将接收到的数据装入接收缓冲器 SBUF。应用这个特性,便可实现多机通信。

如图 7-10 所示是一个主机和 3 个从机构成的多机通信系统示意图。8051 单片机串行口实现的多机通信只能采用主从方式,在一个多机通信系统中,只能有一个主机,可以有多个从机,主机的 RXD 端与所有从机的 TXD 端相连,TXD 端与所有从机的 RXD 端相连,每个从机都有各自的地址。为了区分主机发送的是地址信息还是数据信息,主机用第 9 位数据 TB8 作为地址/数据的识别位,地址帧时 TB8=1,数据帧时 TB8=0。

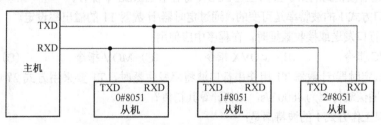

图 7-10　多机通信系统示意图

多机通信的工作过程如下：

（1）所有从机初始化程序都将串行口编程为方式 2 或方式 3，即 9 位异步通信方式，且将 SM2 和 REN 置 1，使每台从机都处于接收状态，同时允许串行口中断。

（2）主机在和某一个从机通信之前，先将该从机的地址发送给所有从机，主机发出的地址帧的第 9 位 TB8 为 1。由于各从机的 SM2=1，且接收到的地址帧第 9 位数据 RB8 为 1，所以各从机接收的信息都有效，送入各自的接收缓冲器 SBUF，并将接收结束标志 RI 置 1。各从机 CPU 响应中断，执行中断服务程序，判断主机发送的地址是否和本机地址相符，若为本机地址，则 SM2 清 0，准备接收主机的数据或命令，若地址不一致，则保持 SM2 为 1。

（3）接着主机发送数据帧，因为数据帧的第 9 位 TB8 为 0，所以那些 SM2 保持为 1 的从机由于接收到的第 9 位数据 RB8 为 0，不会将接收结束标志 RI 置 1，数据将丢失。只有地址相符的从机由于已经将 SM2 清 0，故可以将接收结束标志置 1，并将 8 位数据装入接收缓冲器 SBUF，从而实现了主机和从机的一对一通信。

本章小结

本章介绍了 8051 单片机串行通信的基本概念，串行通信格式，介绍了串行口的功能结构、4 种工作方式及串行中断。最后以实例的方式介绍了 8051 单片机串行口进行双机通信、多机通信的设计方法。本章重点应掌握串行口设置、波特率计算选择、串行通信编程应用。

练习与思考题

1．串行数据传送的主要优点和用途是什么？

2．全双工、半双工、单工通信有什么异同？

3．简述串行口接收和发送数据的过程。

4．帧格式为一个起始位，8 个数据位和 1 个停止位的异步串行通信方式是方式＿＿＿＿。

5．串行口有几种工作方式？有几种帧格式？各种工作方式的波特率如何确定？

6．串行口的 4 种工作方式各有什么特点？各应用在什么场合？

7．假定串行口串行发送的字符格式为 1 个起始位，8 个数据位，1 个奇校验位，1 个停止位，请画出传送字符 "A" 的帧格式。

8．判断下列说法是否正确：

（A）串行口通信的第 9 数据位的功能可由用户定义；

（B）发送数据的第 9 数据位的内容在 SCON 寄存器的 TB8 位中预先准备好；

（C）串行通信帧发送时，指令把 TB8 位的状态送入发送 SBUF 中；

（D）串行通信接收到的第 9 数据位送 SCON 寄存器的 RB8 中保存；

（E）串行口方式 1 的波特率是可变的，通过定时器/计数器 T1 的溢出率设定。

9．通过串行口发送或接收数据时，在程序中应使用：

（A）MOVC 指令　　　　（B）MOVX 指令　　　　（C）MOV 指令　　　　（D）XCHD 指令

10．为什么定时器/计数器 T1 用作串行口波特率发生器时，T1 要采用方式 2？若已知时钟频率 $f_{osc}=12\ \text{MHz}$，通信波特率为 4800 b/s，如何计算其初值？

11．串行口工作方式 1 的波特率是：

（A）固定为 $f_{osc}/32$。　　　　　　　　　　　　　　　　（B）固定为 $f_{osc}/16$。

(C) 可变的，通过定时器/计数器 T1 的溢出率设定。　　　(D) 固定为 $f_{osc}/64$。

12．在串行通信中，收发双方对波特率的设定应该是_____的。

13．若晶体振荡器为 11.0592 MHz，串行口工作于方式 1，波特率为 4800 b/s，写出用 T1 作为波特率发生器的方式控制字和计数初值。

14．简述利用串行口进行多机通信的原理。

15．使用 8051 的串行口按方式 1 工作，实现 10 字节数据的传送，假定波特率为 2400 b/s，以查询或中断方式传送数据，请编写双机通信程序。

16．使用 8051 的串行口按方式 3 工作进行串行数据通信，假定波特率为 1200 b/s，第 9 数据位作奇偶校验位，以查询方式和中断方式传送数据，请分别编写通信程序。

17．使用 8051 串行口，传送数据的帧格式为 1 个起始位(0)，7 个数据位，1 个偶校验位和 1 个停止位(1)组成。当该串行口每分钟传送 1800 个字符时，试计算出波特率。

18．为什么 8051 串行口的方式 0 的帧格式没有起始位(0)和停止位(1)？

第8章　STC15系列单片机技术应用

本章学习要点：

(1) STC 单片机与其他 8051 单片机的区别；

(2) STC 单片机内部新增功能部件的名称和功能作用；

(3) STC 单片机内部新增功能部件的编程使用，以及 IAP、ISP 功能的应用。

随着电子技术的发展，单片机不仅在种类、系列上层出不穷，而且片内功能部件也日益丰富。单片机系统的应用设计越来越简化，往往只需一颗单片机芯片就能完成一款电子产品的开发应用，真正进入单芯片应用开发时代。本章以 STC15F2K60S2 系列高档增强型单片机为例，介绍单片机内部新增功能部件的使用。

8.1　STC15系列单片机性能特点

STC15 系列单片机是宏晶科技生产的 1 时钟/机器周期的单片机，是高速、低功耗、超强抗干扰的新一代、具有全球竞争力的 8051 内核单片机，可直接替换 Atmel、Philips、Winbond 等产品，指令代码与传统的 8051 完全兼容，但运行速度快 8～12 倍。针对电动机控制进行设计，适合应用于强干扰场合。

(1) STC15 全系列单片机主要性能

● 增强 80C51 内核，运行速度比普通 8051 快 8～12 倍。

● 宽工作电压(3.5～5.5 V，2.2～3.8 V)，不怕电源抖动；温度范围–40～85℃。

● 工作频率 0～35 MHz，相当于普通 8051 的 0～420 MHz，内部高精度 R/C 时钟温漂±1%。

● 工作时钟：外部晶振或内部 R/C 振荡器可选，在 ISP 下载编程用户程序时设置。

● 1～61 KB Flash 存储器，擦写次数 10 万次以上。

● 有 ISP/IAP 功能，无需专用编程器和仿真器。

● 片内含 128B～4 KB 的 SRAM，还有 1～53 KB E^{2}PROM(Data Flash)。

● 有 4 通道捕获/比较单元(PWM/PCA/CCU)。

● 有 8 路 10 位高速 A/D 转换和 4 路 PWM(可当 4 路 D/A 使用)。

● 有 6 个 16 位定时器，与普通 8051 兼容，4 路 PCA 也可作定时器。

● 1～4 个全双工异步串行通信接口。

● 有硬件看门狗、SPI 通信口和双 DPTR 数据指针。

● 有 6～46 个通用 I/O 口，8～48 引脚封装，封装形式有 SOP、PDIP、SKDIP、LQFP。复位后为准双向口/弱上拉。可以设置为 4 种模式：准双向口/弱上拉，推挽/强上拉，仅为输入/高阻态，开漏。每个 I/O 口驱动能力达 20 mA，但整个芯片最大不超过 120 mA。

● 内置一个掉电检测电路，可实现外部实时低压检测中断，有掉电唤醒专用定时器。5 V 单片机最低电压为 1.32 V(误差 ± 5%)，3.3 V 单片机最低电压为 1.3 V(误差 ± 3%)。

● 内置复位功能，有 8 级可选复位门槛电压，可省去外部复位电路。

● 高抗静电(ESD 保护)，加密性强，很难解密或破解。

● 低功耗设计：掉电模式(典型功耗< 0.1 μA)，空闲模式(典型功耗<1 mA)，正常工作模式(典型功耗 4~7 mA)，掉电模式可由外部中断唤醒，适用于外接电池供电系统。

(2) STC15 全系列单片机种类

已经开发出多个系列，内部增加了很多新的功能部件。最新推出的 STC15 系列更是加密性超强的新一代 8051 单片机，主要有 STC15F2K60S2、STC15F4K60S4、STC15F1K28AD、STC15F104W、STC15F104ES、STC15F204ESW、STC15F204AD、STC15F412AD 系列，其部分型号如表 1-4 所示。

表 1-4 列出的单片机中，在 E²PROM 栏上标有 IAP 的单片机，表示可以用 Flash 程序存储器作为 E²PROM。也就是说，在实际使用时，Flash 程序存储器在存储完用户应用程序后，余下的空间可当做 E²PROM(Data Flash) 使用，即应用程序占用 Flash 的前段地址，数据从最后一个存储程序的扇区的下一个扇区开始存储。没有 IAP 标识的单片机，其内部拥有的 E²PROM(Data Flash) 起始地址与 Flash 程序存储器相同，即都是从 0000H 开始编址。尽管编址范围重叠，但在物理空间上是分开的。

8.2　STC15 系列单片机体系结构

1. 内部结构

STC15F2K60S2 系列单片机与传统 8051 单片机兼容，但功能更加强大，在片内新增了很多功能部件。内部包含 3 个可重装载通用定时器/计数器(T0/T1/T2)；3 路可用作定时器/计数器的 CCP/PWM/PCA，其中 PWM 功能可当做 D/A 转换器用；有掉电唤醒专用定时器；有 5 个外部中断输入：INT0、INT1、$\overline{INT2}$、$\overline{INT3}$、$\overline{INT4}$，中断触发具有下降沿和上升沿两种方式；拥有 12 个中断源、2 个优先级；有 2 个高速异步串行通信口，2 个串口可同时使用；有 1 个高速同步串行通信口 SPI；内含 8 路 10 位的高速 A/D 转换器和 2 个 DPTR 数据指针，具有外部数据总线功能；内存容量大，有 8~62 KB 的 Flash 程序存储器、2 KB 的 SRAM；I/O 端口丰富，增加扩充了 P4、P5 端口，引脚采用 SOP、LQFP、PDIP、SKDIP 封装；具有 ISP/IAP 应用功能。内部结构如图 8-1 所示。

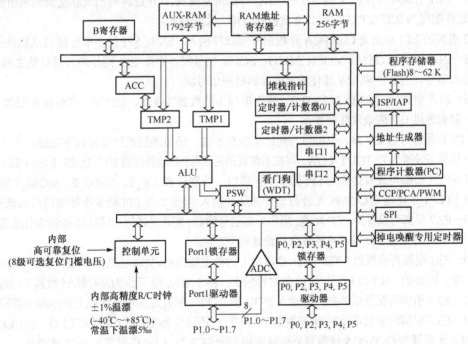

图 8-1　STC15F2K60S2 系列单片机内部结构

2．引脚封装与功能

STC15 系列引脚封装多样，有 8、16、20、28、40、44、48 引脚的，而且引脚排列与传统 8051 单片机的不同，其中 STC15F2K60S2 系列单片机有 40 引脚、44 引脚、48 引脚封装形式，扩充了 P4、P5 口，引脚功能也有很大变化，几乎每个引脚都复合了 2 个及以上功能，引脚功能如图 8-2 所示。

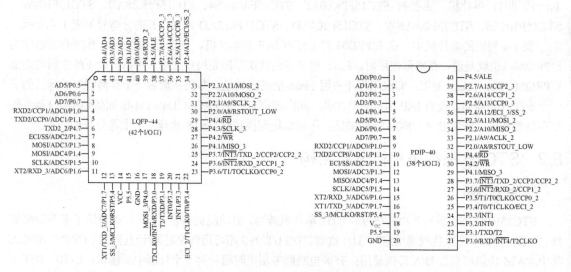

图 8-2　STC15F2K60S2 系列单片机引脚功能

图 8-2 中 PDIP–40 封装引脚有 38 个 I/O 口，除具有基本 I/O 口功能外，还复合了其他功能：

（1）P0 口可用作 8 位 I/O 口，具有数据/地址总线复用功能。

（2）P1 口可用作 8 位 I/O 口，也可配置为 8 路 A/D 模拟输入通道，还可通过软件设置如下功能：

P1.0～P1.1 引脚可置为 CCP 通道 0～1，用作外部信号捕获、高速脉冲输出或脉宽调制输出通道 0～1；还可软件配置为 RXD2/TXD2（串口 2 数据接收端、发送端）。

P1.2 引脚的 ECI 功能是 CCP/PCA 计数器外部脉冲输入。SS 是 SPI 同步串行接口从机选择信号。

P1.3～P1.5 引脚可设置成 MOSI、MISO、SCLK 信号线，用作 SPI 同步串行接口的主器件输出/从器件输入信号、主器件输入/从器件输出信号和时钟信号线。

P1.6～P1.7 引脚置成 RXD_3/ TXD_3，用作串口 1 的数据接收端、发送端。作外接晶振 XT2/ XT1 引脚时，要求通过 ISP 烧录软件设置。

（3）P2 口用作 8 位 I/O 口，也可作为地址总线高 8 位，还可通过软件设置如下功能：

P2.0 引脚可设置为 RSTOUT_LOW，可在系统复位后，用 ISP 软件配置 P2.0 复位时输出 1 或 0 电平。

P2.1～P2.3 引脚可设置切换为 SPI 同步串行接口，分别作 SCLK_2、MISO_2、MOSI_2 信号线。

P2.4 的 ECI_3 功能是 CCP/PCA 计数器外部脉冲输入。SS_2 作 SPI 同步串行接口从机选择信号。

P2.5～P2.7 引脚可设置为 CCP 功能，用作外部信号捕获、高速脉冲输出或脉宽调制输出通道 0～2。

（4）P3 口用作 8 位 I/O 口，可通过软件设置如下功能：

P3.0～P3.1 引脚可设置为 RXD/ TXD，作串口 1 的数据接收端、发送端；P3.0 的 $\overline{INT4}$ 是外部中断 4，下降沿中断；P3.0 的 T2CLKO 可作为 T2 的时钟输出；P3.1 置成 T2 可作为定时器/计数器 T2 使用。

P3.2～P3.3 引脚可配置成外部中断输入 INT0 和 INT1，触发方式可设置成上升沿和下降沿中断。

P3.4～P3.5 引脚可配置成定时器/计数器 T0 和 T1；还可作为 T0、T1 的 T0CLKO、T1CLKO 时钟输出；P3.4 还可置为 CCP/PCA 计数器外部脉冲输入端 ECI_2；P3.5 还可置为 CCP 通道 0。

P3.6～P3.7 引脚可配置成外部中断输入 $\overline{INT2}$ 和 $\overline{INT3}$，下降沿中断；还可置为串口 1 的数据接收/发送端(RXD_2/ TXD_2)；还可置为 CCP 通道 1～2；P3.7 还可作为 CCP2_2 通道 2。

(5) P4 口有 4 位，P5 口有 2 位，可用作 I/O 口，还可通过软件设置如下功能：

P4.1 引脚可配置成 MISO_3 功能，作为 SPI 同步串行接口的主器件的输入和从器件的输出。

P4.2 引脚可用作 $\overline{WR}$，低电平允许写外部数据单元；P4.4 引脚可用作 $\overline{RD}$，低电平允许读外部数单元；P4.5 引脚可用作 ALE，高电平地址锁存允许。这些信号在扩展了数据总线时由外部寻址指令产生。

P5.4 引脚可配置成 SS_3 作 SPI 同步串行接口从机选择信号；置为 MCLKO 作为主时钟输出，输出频率可为 MCLK 的 1/2、1/4；要作为 RST 复位引脚时，应在 ISP 烧录程序时设置。P5.5 作标准 I/O 口用。

8.3　STC15 系列单片机内部存储器

STC15F2K60S2 系列单片机片内集成有 8～62 KB 的 Flash 程序存储器，编址范围为 0000～F7FFH，具有 E^2PROM 或 IAP 功能。单片机复位后，程序计数器(PC)= 0000H，从 0000H 单元开始执行程序。另外中断服务程序的入口地址(又称中断向量)也位于程序存储器单元，每个中断都有一个固定的入口地址，当中断发生并得到响应后，单片机就会自动跳转到相应入口地址上开始执行程序。

8.3.1　STC15 系列单片机内部存储器的使用

STC15F2K60S2 系列单片机在普通 8051 系列单片机的基础上再增加到 2 KB 的片内 SRAM，用以解决在编程时片内存储器资源的不足。这 2 KB 的 SRAM 编址 000H～7FFH，与外部扩展 RAM 地址重叠，为了防止访问冲突，单片机通过软件设置辅助寄存器 AUXR.1 来选择控制内部与外部的读/写操作，默认为访问内部 SRAM。外部扩展 RAM 最大可达 64 KB(0000H～FFFFH)。

STC15F2K60S2 系列单片机片内集成的 2 KB 的 SRAM 数据存储器，其中 00H～FFH 单元分为低 128 B 和高 128 B，增加了 1792 B 内存。为了区分方便，把低 128 B(00H～7FH) 单元称为基本内存；把高 128 B(80H～FFH) 单元称为扩展内存；把增加的 1792 B(100H～7FFH) 单元称为扩充内存；还有 128 B 的特殊功能寄存器 SFR 叫做特殊单元，与扩展内存地址范围相同，都使用 80H～FFH 地址。访问方法上，对片内 00H～FFH 单元和 SFR 与传统 8051 单片机相同，基本内存采用直接或内部间接寻址均可；扩展内存使用内部间接寻址；SFR 特殊单元采用直接寻址；扩充内存使用外部间接寻址。

1. SFR 特殊功能寄存器

SFR 是用来对片内各功能模块进行管理、控制、监视的控制寄存器和状态寄存器，是一个特殊功能的 RAM 区，用直接寻址指令访问。STC15F2K60S2 系列单片机内的特殊功能寄存器在传统 8051 单片机基础上(见表 2-5)增加了很多，新增的特殊功能寄存器如表 8-1 所示。

表 8-1　新增的特殊功能寄存器名称、符号、地址对照表

寄存器名	功能描述	地址	MSB　　　　　　位地址及位名称　　　　　　LSB	复 位 值
S4CON	串口 4 控制寄存器	84H	S4SM0 | S4ST4 | S4SM2 | S4REN | S4TB8 | S4RB8 ＼ S4TI | S4RI	0000 0000
S4BUF	串口 4 数据缓冲器	85H		xxxx xxxx
PCON	电源控制寄存器	87H	SMOD | SMOD0 | LVDF | POF | GF1 | GF0 | PD | IDL	0011 0000
AUXR	辅助寄存器	8EH	T0x12 | T1x12 |UART_M0x6|T2R|T2_C/$\overline{T}$ | T2x12|EXTRAM|SIST2	0000 0000
INT_CLKO (AUXR2)	外部中断允许和时钟输出辅助寄存器 2	8FH	— | EX4 | EX3 | EX2 | — | T2CLKO | T1CLKO | T0CLKO	x000 x000
P1M0	P1 口模式配置寄存器 0	91H		0000 0000
P1M1	P1 口模式配置寄存器 1	92H		0000 0000

（续表）

寄存器名	功能描述	地址	MSB　　　　位地址及位名称　　　　LSB	复位值
P0M0	P0 口模式配置寄存器 0	93H		0000 0000
P0M1	P0 口模式配置寄存器 1	94H		0000 0000
P2M0	P2 口模式配置寄存器 0	95H		0000 0000
P2M1	P2 口模式配置寄存器 1	96H		0000 0000
CLK_DIV	PCON2 时钟分频寄存器	97H	mcko_S1|mcko_S0|ADRJ|Tx_Rx|Tx2_Rx 2|clkS2|clkS1|clkS0	0000 x000
S2CON	串口 2 控制寄存器	9AH	S2SM0|—|S2SM2|S2REN|S2TB8|S2RB8|S2TI|S2RI	0000 0000
S2BUF	串口 2 数据缓冲器	9BH		xxxx xxxx
P1ASF	P1 模拟功能配置寄存器	9DH	P17ASF|P16ASF|P15ASF|P14ASF|P13ASF|P12ASF|P11ASF|P10ASF	0000 0000
BUS_SPEED	总线速度控制	A1H	—|—|—|—|—|—|EXRT1|EXRT0	xxxx xx10
P_SW1	AUXR1 辅助寄存器	A2H	S1_S1|S1_S0|CCP_S1|CCP_S0|SPI_S1|SPI_S0|0|DPS	0100 0000
IE	中断控制寄存器	A8H	EA|ELVD|EADC|ES|ET1|EX1|ET0|EX0	0000 0000
SADDR	从机地址控制寄存器	A9H		0000 0000
WKTCL	掉电唤醒定时器寄存器低位	AAH		1111 1111
WKTCH	掉电唤醒定时器寄存器高位	ABH	WKTEN|—|—|—|—|—|—|—	0111 1111
S3CON	串口 3 控制寄存器	ACH	S3SM0|S3ST3|S3SM2|S3REN|S3TB8|S3RB8|S3TI|S3RI	0000 0000
S3BUF	串口 3 数据缓冲器	ADH		xxxx xxxx
IE2	中断允许控制寄存器	AFH	—|ET4|ET3|ES4|ES3|ET2|ESPI|ES2	x000 0000
P3M0	P3 口模式配置寄存器 0	B1H		0000 0000
P3M1	P3 口模式配置寄存器 1	B2H		0000 0000
P4M0	P4 口模式配置寄存器 0	B3H		0000 0000
P4M1	P4 口模式配置寄存器 1	B4H		0000 0000
IP2	中断优先级低字节寄存器 2	B5H	—|—|—|—|—|—|PSPI|PS2	xxxx xx00
IP	中断优先级寄存器	B8H	PPCA|PLVD|PADC|PS|PT1|PX1|PT0|PX0	0000 0000
SADEN	从机地址掩模寄存器	B9H		0000 0000
P_SW2	外设功能切换控制寄存器	BAH	—|—|—|—|—|S4_S|S3_S|S2_S	xxxx x000
ADC_CONTR	A/D 转换控制寄存器	BCH	ADC_POWER|SPEED1|SPEED0|ADC_FLAG|ADC_START|CHS2|CHS1|CHS0	0000 0000
ADC_RES	A/D 转换结果高 8 位寄存器	BDH		0000 0000
ADC_RESL	A/D 转换结果低 2 位寄存器	BEH		0000 0000
P4	P4 口	C0H	P4.7|P4.6|P4.5|P4.4|P4.3|P4.2|P4.1|P4.0	1111 1111
WDT_CONTR	看门狗控制寄存器	C1H	WDT_FLAG|—|EN_WDT|CLR_WDT|IDLE_WDT|PS2|PS1|PS0	0x00 0000
IAP_DATA	ISP/IAP 数据寄存器	C2H		1111 1111
IAP_ADDRH	ISP/IAP 高 8 位地址寄存器	C3H		0000 0000
IAP_ADDRL	ISP/IAP 低 8 位地址寄存器	C4H		0000 0000
IAP_CMD	ISP/IAP 命令寄存器	C5H	—|—|—|—|—|—|MS1|MS0	xxxx xx00
IAP_TRIG	ISP/IAP 命令触发寄存器	C6H		xxxx xxxx
IAP_CONTR	ISP/IAP 控制寄存器	C7H	IAPEN|SWBS|SWRST|CMD_FAIL|—|WT2|WT1|WT0	0000 x000
P5	P5 口	C8H	—|—|P5.5|P5.4|P5.3|P5.2|P5.1|P5.0	xx11 1111
P5M0	P5 口模式配置寄存器 0	C9H		xxx0 0000
P5M1	P5 口模式配置寄存器 1	CAH		xxx0 0000
P6M0	P6 口模式配置寄存器 0	CBH		
P6M1	P6 口模式配置寄存器 1	CCH		
SPSTAT	SPI 状态寄存器	CDH	SPIF|WCOL|—|—|—|—|—|—	00xx xxxx
SPCTL	SPI 控制寄存器	CEH	SSIG|SPEN|DORD|MSTR|CPOL|CAPHA|SPR1|SPR0	0000 0100
SPDAT	SPI 数据寄存器	CFH		0000 0000
T4T3M	T4 和 T3 控制寄存器	D1H	T4R|T4_C/$\overline{\text{T}}$|T4x12|T4CLKO|T3R|T3_C/$\overline{\text{T}}$|T3x12|T3CLKO	0000 0000
T4H	定时/计数器 4 高 8 位寄存器	D2H		0000 0000
T4L	定时/计数器 4 低 8 位寄存器	D3H		0000 0000
T3H	定时/计数器 3 高 8 位寄存器	D4H		0000 0000
T3L	定时/计数器 3 低 8 位寄存器	D5H		0000 0000

（续表）

寄存器名	功能描述	地址	MSB　　　　　　位地址及位名称　　　　　　LSB								复位值
T2H	定时/计数器 2 高 8 位寄存器	D6H									0000 0000
T2L	定时/计数器 2 低 8 位寄存器	D7H									0000 0000
CCON	PCA 控制寄存器	D8H	CF	CR	—	—	CCF3	CCF2	CCF1	CCF0	00xx 0000
CMOD	PCA 模式寄存器	D9H	CIDL	—	—	—	—	CPS1	CPS0	ECF	0xxx 0000
CCAPM0	PCA-0 模式寄存器	DAH	—	ECOM0	CAPP0	CAPN0	MAT0	TOG0	PWM0	ECCF0	x000 0000
CCAPM1	PCA-1 模式寄存器	DBH	—	ECOM1	CAPP1	CAPN1	MAT1	TOG1	PWM1	ECCF1	x000 0000
CCAPM2	PCA-2 模式寄存器	DCH	—	ECOM2	CAPP2	CAPN2	MAT2	TOG2	PWM2	ECCF2	x000 0000
P7M0	P7 口模式配置寄存器 0	E1H									
P7M1	P7 口模式配置寄存器 1	E2H									
P6	P6 口	E8H									
CL	工作寄存器低字节	E9H									0000 0000
CCAP0L	PCA-0 捕获寄存器低字节	EAH									0000 0000
CCAP1L	PCA-1 捕获寄存器低字节	EBH									0000 0000
CCAP2L	PCA-2 捕获寄存器低字节	ECH									0000 0000
PCA_PWM0	PWM 辅助寄存器 0	F2H	EBS0_1	EBS0_0	—	—	—	—	EPC0H	EPC0L	xxxx xx00
PCA_PWM1	PWM 辅助寄存器 1	F3H	EBS1_1	EBS1_0	—	—	—	—	EPC1H	EPC1L	xxxx xx00
PCA_PWM2	PWM 辅助寄存器 2	F4H	EBS2_1	EBS2_0	—	—	—	—	EPC2H	EPC2L	xxxx xx00
P7	P7 口	F8H									0000 0000
CH	工作寄存器高字节	F9H									0000 0000
CCAP0H	PCA-0 捕获寄存器高字节	FAH									0000 0000
CCAP1H	PCA-1 捕获寄存器高字节	FBH									0000 0000
CCAP2H	PCA-2 捕获寄存器高字节	FCH									0000 0000

STC15 系列单片机增加了 75 个特殊功能寄存器，丰富了单片机的性能。只要配置好寄存器的功能位，就可以完成各种功能和操作。

2. 内部存储器的使用

AUXR 辅助寄存器的字节地址为 8EH，可位寻址，AUXR 的格式如下：

AUXR	T0x12	T1x12	UAR_M0x6	T2R	T2_C/$\overline{\text{T}}$	T2x12	EXTRAM	S1ST2

其中 EXTRAM（AUXR.1）位控制片内、外部 RAM 的访问：当 EXTRAM= 0，允许访问内部扩充内存；EXTRAM=1，允许访问外部 RAM。访问片内扩展内存必须使用外部间接寻址方式。

例 8-1　如果要把片内 RAM 地址 100H 单元的数据复制到片内 200H 单元中，程序指令如下：

```
AUXR    EQU 8EH         ;宏定义
ANL     AUXR,#0FDH      ;置 EXTRAM=0，允许访问内部扩展内存
MOV     DPTR,#100H
MOVX    A,@DPTR         ;读取片内扩充内存地址 100H 单元的内容
MOV     DPTR,#200H
MOVX    @DPTR,A         ;将 A 中的数据写到片内扩充内存 200H 单元中
```

当 DPTR 大于等于 800H 时，系统自动访问外部扩展 RAM。

3. 数据指针 DPTR 的使用

STC15 系列单片机无外部数据总线时，数据指针只有一个 DPTR。在扩展有外部数据总线时，设计了两个 16 位的数据指 DPRT0、DPTR1，它们共用同一个地址单元，可通过设置 P_SW1 辅助寄存器的 DPS 位来选择。当 DPS=0 时，选择使用 DPRT0；DPS=1 时，选择使用 DPTR1。例如：

```
P_SW1   DATA A2H        ;P_SW1 辅助寄存器地址
```

```
MOV      P_SW1,#00          ;置 DPS=0，选择 DPTR0
MOV      DPTR,#1FFH         ;置 DPTR0 为 1FFH
MOVX     @DPTR,A            ;写外部存储器，将 A 中内容写入 1FFH 单元
INC      P_SW1              ;置 DPS=1，选择 DPTR1
MOV      DPTR,#2FFH         ;置 DPTR1 为 2FFH
MOVX     A, @DPTR           ;读出 2FFH 单元的内容放入 A 中
```

8.3.2 单片机 ISP/IAP 技术

ISP/IAP 是单片机的新技术，IAP（In Application Program）是指在应用中可编程。STC15 系列单片机片内集成了大量 Flash 程序存储器和 E²PROM，利用 ISP/IAP 技术可将内部 Flash 存储器当作 Data Flash（即 E²PROM），可以在程序运行过程中修改、擦写片内 Flash 单元中的内容。E²PROM 可用于保存一些需要在应用过程中修改并且掉电不丢失的参数数据。在用户程序中，可以对 E²PROM 进行字节读、字节编程或扇区擦除操作。在工作电压偏低时，建议不进行 E²PROM 的 IAP 操作（5 V 单片机的工作电压≥3.7 V 时，IAP 操作 E²PROM 才有效，3 V 单片机必须≥2.4 V 时操作 E²PROM 才有效；否则单片机不执行此功能，但会继续往下执行程序）。

高档的智能化仪器都具有自诊断、自修复、自组织、自适应和自学习等功能，而这些功能实现的物质基础，就是仪器的程序可以根据实际情况进行改变和调整。因此，ISP/IAP 对于仪器仪表的智能化意义重大。

1. 单片机存储器结构

在实际的应用系统中，往往有一些关键的数据需要保存，如用户设置数据或重要的过程数据等。目前的解决方法有两种：一种解决方法是在外围电路中扩展非易失性 SRAM，多用在对时间要求比较苛刻的场合；另一种解决方法是外部扩展 E²PROM（并行或串行）存储器，多用在对时间要求不太苛刻的场合。这两种方法可以达到掉电后数据不丢失的目的。

STC15 系列系列单片机集成了可装载应用程序的 Flash 存储器和可存储数据的 E²PROM（称为 Data Flash），这两者地址重叠，但物理存储空间是分开的，并采用了不同的操作方式。Flash 程序存储器采用 PC 指针寻址，Data Flash 数据存储器采取特殊功能寄存器 IAP_ADDRH 和 IAP_ADDRL 寻址，最大寻址空间可达 64 KB。

很多 STC 单片机具有 IAP 功能，IAP 提供一种改变 Flash 数据的方法，也就是说程序自己可以往程序存储器里写数据或修改程序。这种单片机片内的 Flash 程序存储器划分为很多块，应用程序按块装载存储用户程序，多余的块可作为 E²PROM 存储数据，且可使用 IAP 应用编程实现数据读/写。程序在系统 ISP 程序区时可以对用户应用程序区和数据 Flash（E²PROM）区进行字节读、字节编程或扇区擦除；当程序在用户应用程序区时，只可以对数据 Flash 区进行字节读、写或扇区擦除，这时，如果用户程序对应用程序区进行修改或擦除操作，单片机将忽略该操作而执行下一条指令。STC15F2K62S2 单片机可以在应用程序区修改应用程序。

STC 单片机对内部 E²PROM 按扇区分区操作，把片内 E²PROM 地址分成若干扇区，每个扇区 512 字节。如果需要对扇区内的 1 个地址进行数据修改，必须先把该扇区整个擦除，然后才能进行字节写入。如某扇区地址没有被写过，则可以直接对其进行字节编程写数据，一旦某扇区地址被写过要改写其数据时，则必须把该整个扇区擦除才能修改。STC15F2K60S2 系列单片机存储器概况如表 8-2 所示。

表 8-2　STC15F2K60S2 系列单片机存储器一览表

型　　号	E²PROM	扇区数	用 IAP 读 E²PROM 起始扇区首地址	用 IAP 读 E²PROM 结束扇区末地址	用 MOVC 读其起始扇区首地址	用 MOVC 读其结束扇区末地址
STC15F2K08S2	53 KB	106 个	0000	D3FFH	2000H	F3FFH
STC15F2K16S2	45 KB	90 个	0000	B3FFH	4000H	F3FFH
STC15F2K24S2	37 KB	74 个	0000	93FFH	6000H	F3FFH
STC15F2K32S2	29 KB	58 个	0000	73FFH	8000H	F3FFH
STC15F2K40S2	21 KB	42 个	0000	53FFH	A000H	F3FFH
STC15F2K48S2	13 KB	26 个	0000	33FFH	C000H	F3FFH
STC15F2K56S2	5 KB	10 个	0000	13FFH	E000H	F3FFH
STC15F2K60S2	1 KB	2 个	0000	03FFH	F000H	F3FFH
STC15F2K62S2	IAP	124 个	0000	F7FFH		

在表 8-2 中可以看出，STC15F2K60S2 系列单片机具有 IAP 功能，片内 E²PROM 还可用 MOVC 指令读，但此时的首地址不再是 0000H，而是程序存储空间结束地址的下一个地址。具有 IAP 功能的单片机，其片上 Flash 在装载应用程序后，剩余的空间可以用作 Data Flash 数据存储器。没有 IAP 功能的单片机，其剩余的 Flash 空间只能作为程序升级的备用空间，而不能作为数据空间。

2. 单片机 ISP/IAP 技术使用

STC15F2K60S2 系列单片机的 E²PROM 均使用了 Data Flash 来充当。要使用 Data Flash 必须首先启用 ISP/IAP 功能。使用 ISP/IAP 功能操作时，涉及 6 个寄存器，具体名称和功能如表 8-3 所示。

表 8-3　IAP 功能控制寄存器

寄存器名称	地址	MSB	位地址或位名称						LSB	复　位　值
IAP_DATA	C2H									1111 1111
IAP_ADDRH	C3H									0000 0000
IAP_ADDRL	C4H									0000 0000
IAP_CMD	C5H	—	—	—	—	—	—	MS1	MS0	xxxx xx00
IAP_TRIG	C6H									xxxx xxxx
IAP_CONTR	C7H	IAPEN	SWBS	SWRST	CMD_FAIL	—	WT2	WT1	WT0	0000 x000

(1) IAP_DATA 是 ISP/IAP 操作时的数据寄存器，用于存储 ISP/IAP 从 Data Flash 读出的数据或要待写入的数据。读 1 字节数据需要时间为 0.2 s，写 1 字节需要数据时间约 60 s。

(2) IAP_ADDRH、IAP_ADDRL 是使用 ISP/IAP 进行读/写/擦除操作时存储指定存储器单元的双字节地址。

(3) IAP_CMD 命令寄存器用于选择操作模式，共有 8 位，其中高 6 位保留未用，低 2 位作为命令/操作模式选择，命令格式如下：

MS1	MS0	命令/操作模式选择
0	0	待机模式，无 ISP 操作
0	1	允许从用户应用程序区对"Data Flash/E²PROM 区"进行字节读操作
1	0	允许从用户应用程序区对"Data Flash/E²PROM 区"进行字节编程(写)
1	1	允许从用户应用程序区对"Data Flash/E²PROM 区"进行扇区擦除

程序在用户应用程序区时，只能对数据 Flash 区 (E²PROM) 进行字节读操作、字节编程操作和扇区擦除操作，不能在应用程序区内对应用程序区进行修改。

(4) IAP_TRIG 是命令触发寄存器。当控制寄存器 IAP_CONTR.7=1 时，首先对 IAP_TRIG 寄存器写入 5AH，再写入 A5H 后，ISP/IAP 的读、擦除和编程命令才能生效。

（5）IAP_CONTR 是 ISP/IAP 控制寄存器，其中 D3 位无效，各位功能如下：

① IAPEN：ISP/IAP 功能控制位。该位为 0 时关闭 ISP/IAP 功能，禁止 ISP/IAP 读/写/擦除 DataFlash 或 E²PROM；该位为 1 时打开 ISP/IAP 功能，允许 ISP/IAP 读/写/擦除 Data Flash 或 E²PROM。

② SWBS：启动方式选择位。为 0 时复位后从用户区启动；为 1 时复位后从 ISP 程序区启动。

③ SWRST：软件复位控制。为 0 时不操作；为 1 时软件控制产生复位，单片机自动复位。

④ CMD_FAIL：如果 IAP 地址（由 IAP 地址寄存器 IAP_ADDRH 和 IAP_ADDRRL 的值决定）指向了非法地址或无效地址，且发送了 ISP/IAP 命令，则在发送 ISP/IAP 命令失败后，对 IAP_TRIG 送 5Ah/A5h 触发失败，CMD_FAIL 被置 1（需要软件清 0）。有了 SWBS、SWRST 功能位，只要对这 2 位进行设置修改，就可以很方便地对系统实现热启动复位。例如：

```
MOV  IAP_CONTR,#00100000B    ;从 AP 区软件复位，并从 AP 区开始执行程序
MOV  IAP_CONTR,#01100000B    ;从 AP 区软件复位，并从 ISP 区开始执行程序
MOV  IAP_CONTR,#00100000B    ;从 ISP 区软件复位，并从 AP 区开始执行程序
MOV  IAP_CONTR,#01100000B    ;从 ISP 区软件复位，并从 ISP 区开始执行程序
```

其中 IAP 区是用户应用程序区，ISP 区是系统监控程序区。

⑤ WT2、WT1、WT0 是等待时间选择位，用于设置 CPU 等待多少个工作时钟。Flash 操作等待时间设置如表 8-4 所示。

表 8-4　Flash 操作等待时间设置

WT2	WT1	WT0	读等待	编程等待	扇区擦除	对应的系统推荐时钟
1	1	1	2 个时钟	55 个时钟	21 012 个时钟	≤1 MHz
1	1	0	2 个时钟	110 个时钟	42 024 个时钟	≤2 MHz
1	0	1	2 个时钟	165 个时钟	63 036 个时钟	≤3 MHz
1	0	0	2 个时钟	330 个时钟	126 072 个时钟	≤6 MHz
0	1	1	2 个时钟	660 个时钟	252 144 个时钟	≤12 MHz
0	1	0	2 个时钟	1100 个时钟	420 240 个时钟	≤20 MHz
0	0	1	2 个时钟	1320 个时钟	504 288 个时钟	≤24 MHz
0	0	0	2 个时钟	1760 个时钟	672 384 个时钟	≤30 MHz

下面以 STC15F2K60S2 系列单片机为例介绍片内 Data Flash（E²PROM）的编程使用。

例 8-2　假定要读出 E²PROM 内 0100H 地址的内容，修改 0101H 地址的内容，读子程序、擦除子程序、编程写入子程序程序段如下：

```
;声明与 IAP/ISP/E²PROM 有关的特殊功能寄存器的地址
IAP_DATA      EQU    0C2H
IAP_ADDRH     EQU    0C3H
IAP_ADDRL     EQU    0C4H
IAP_CMD       EQU    0C5H
IAP_TRIG      EQU    0C6H
IAP_CONTR     EQU    0C7H
Byte_Read:                        ;读一字节，调用前需打开 IAP 功能
    MOV    IAP_CONTR,#82H         ;打开 IAP 功能，设置 E²PROM 操作等待时间
    MOV    IAP_CMD,#01            ;设置字节读模式命令
    MOV    IAP_ADDRH,#01          ;高 8 位地址
    MOV    IAP_ADDRL,#00          ;低 8 位地址
    MOV    IAP_TRIG,#5AH
    MOV    IAP_TRIG,#0A5H         ;触发启动读操作
```

```
        NOP
        MOV       A,IAP_DATA            ;读出的数据存在 IAP_DATA 单元中,送入累加器 A
        ACALL     IAP_Disable           ;关闭 IAP 功能
        RET
Byte_Program:
        MOV       IAP_CONTR,#82H        ;打开 IAP 功能,设置 Flash 操作等待时间
        MOV       IAP_CMD,#02           ;设置命令为 IAP/ISP/E²PROM 字节编程模式
        MOV       IAP_ADDRH,DPH         ;设置目标单元地址的高 8 位地址
        MOV       IAP_ADDRL,DPL         ;设置目标单元地址的低 8 位地址
        MOV       IAP_DATA,A            ;将要编程的数据先送进 ISP_DATA 寄存器
        MOV       IAP_TRIG,#5AH
        MOV       IAP_TRIG,#0A5H        ;触发启动编程操作
        NOP
        ACALL     IAP_Disable           ;关闭 IAP 功能
        RET
Sector_Erase:
        MOV       IAP_CONTR,#82H        ;打开 IAP 功能, 设置 Flash 操作等待时间
        MOV       IAP_CMD,#03H          ;设置命令为 IAP/ISP/E²PROM 扇区擦除模式
        MOV       IAP_ADDRH,DPH         ;设置目标单元地址的高 8 位地址
        MOV       IAP_ADDRL,DPL         ;设置目标单元地址的低 8 位地址
        MOV       IAP_TRIG,#5AH
        MOV       IAP_TRIG,#0A5H        ;触发启动扇区擦除操作
        NOP
        ACALL     IAP_Disable           ;关闭 IAP 功能
        RET
```

在一次连续的 IAP 操作完成之后建议关闭 IAP 功能,将相关的特殊功能寄存器清 0,使 CPU 处于安全状态,但是不需要每次都关。IAP 功能关闭子程序段如下:

```
IAP_Disable:
        MOV       IAP_CONTR,#0          ;关闭 IAP 功能
        MOV       IAP_CMD,#0            ;清命令寄存器,使命令寄存器无命令,此句可不用
        MOV       IAP_TRIG,#0           ;清命令触发寄存器,使命令触发寄存器无触发,此句可不用
        MOV       IAP_ADDRH,#0FFH       ;送地址高字节单元为 00,指向非 E²PROM 区
        MOV       IAP_ADDRL,#0FFH       ;送地址低字节单元为 00,防止误操作
        RET
```

8.4 STC15 系列单片机输入/输出口

STC15F2K60S2 系列单片机有 6 个 I/O 端口,除 P0~P3 外,新增了 P4、P5 口,且在 I/O 口上复合了 PCA、PWM、SPI 和 UART2 第二串口等功能。单片机启动后,各引脚功能默认为 I/O 口功能,其使用方法与传统 8051 单片机相同。当 I/O 口用作其他功能时,需要配置相应的特殊功能寄存器。

STC15F2K60S2 系列单片机包括 P0~P5 共 6 个 I/O 口,所有 I/O 口都可由软件配置成 4 种工作模式:准双向口/弱上拉(标准 8051 输出模式)、推挽输出/强上拉、仅为输入(高阻)和开漏输出功能。每个口由 2 个控制寄存器中的相应位控制每个引脚工作类型。STC15 系列单片机上电复位后为准双向口/弱上拉。每个端口的驱动能力可达 20 mA,整个芯片功耗不能超过 120 mA。在使用 P0~P5 口时,应先设置对应的端口模式配置寄存器 PxM1、PxM0(x=0~5)。

表 8-1 中 P0～P5 端口都对应一个工作模式配置寄存器，I/O 工作模式设定如下：

PxM1	PxM0	I/O 工作模式
0	0	准双向 I/O 口模式，灌电流 20 mA，拉电流 270 μA
0	1	推挽输出(强上拉输出可达 20 mA，要外加限流电阻 470～1 kΩ)
1	0	仅作为输入(高阻态)
1	1	开漏模式，内部上拉电阻断开(作 I/O 口时应外接上拉电阻)

例 8-3 把 P4 口的 P4.7 设为开漏，P4.6 设为推挽输出，P4.5 设为高阻输入，P4.0～4 为准双向口。先对 P4 口做宏定义：

```
P4M0    EQU    0B3H      ;定义 P4 口的功能模式寄存器地址
P4M1    EQU    0B4H      ;定义 P4 口的功能模式寄存器地址
P4      EQU    0C0H      ;定义 P4 口地址
```

对 P4 口做 I/O 口操作：

```
MOV    P4M0, #1100 0000B    ;P4M1、P4M0 的对应位组合控制 P4 口相应位的工作模式
MOV    P4M1, #1010 0000B    ;配置 P4 工作模式
CLR    P4.6
SETB   P4.1
...
```

每个 I/O 口的弱上拉、强推挽输出和开漏模式都能承受 20 mA 的灌电流，在推挽时能输出 20 mA 的拉电流，但外部应加 470～1 kΩ 限流电阻。以下是其他引脚功能的设置：

（1）P1.7、P1.6 引脚功能设置：STC15 系列单片机的所有 I/O 口上电复位后均为准双向口、弱上拉模式。但是由于 P1.7 和 P1.6 口可作外部晶体或时钟电路的引脚 XTAL1 和 XTAL2，当 P1.7、P1.6 作外部晶体或时钟电路的引脚时，上电复位后的模式是高阻输入。

（2）复位引脚设置：P5.4/RST 可作普通 I/O 使用，也可作复位引脚。用户可以在 ISP 烧录程序时设置 P5.4/RST 的功能。当用户 ISP 烧录程序将 P5.4/RST 设置为普通 I/O 口用时，其上电后为准双向口/弱上拉模式。每次上电时，单片机会自动判断上一次用户 ISP 烧录程序时是将 P5.4/RST 设置成普通 I/O 口还是复位引脚。如果上一次用户在 ISP 编程时将 P5.4/RST 设置为普通 I/O 口，则单片机会将 P5.4/ RST 上电后的模式设置为准双向口；若上一次用户在 ISP 编程时将 P5.4/RST 设置复位引脚，则上电后仍为准双向口。

（3）RSTOUT_LOW 引脚：P2.0/RSTOUT_LOW 引脚在单片机上电复位后输出可以为低电平，也可以为高电平。当单片机的工作电压高于门槛电压(POR，3 V 电源 POR=1.8 V；5 V 电源 POR=3.2 V)时，用户可以在 ISP 烧录程序时设置该引脚上电复位后输出低电平或高电平。当单片机检测到工作电压低于 POR 时，上电复位后 P2.0/RSTOUT_LOW 引脚默认输出低电平；当单片机检测到工作电压高于 POR 时，单片机首先读取用户在 ISP 烧录程序时的设置，如果将 P2.0 引脚设置为上电复位后输出高电平，则上电复位后输出高电平，如果将 P2.0 引脚设置为上电复位后输出低电平，则上电后 P2.0 输出低电平。

8.5 STC15 系列单片机中断系统

中断系统是为使 CPU 具有对外界紧急事件的实时处理能力而设置的。单片机 CPU 正在执行程序时，若外界发生了紧急事件请求，要求 CPU 暂停当前程序，转而去处理这个紧急事件。事件处理完后，再回到原来被中断的地方继续原来的程序。这样的过程称为中断。单片机的中断系统一般有多个中断源，当几个中断源同时向 CPU 请求中断时，应给每一个中断源设定一个优先级别，中断源按轻重缓急排队，CPU 总是先响应优先级别最高的中断请求。

当 CPU 正在处理一个中断源请求时，发生了另外一个优先级更高的请求，CPU 将暂停对原来中

断源的服务程序，转而去处理优先级更高的中断请求源的程序。处理完后，再回到原来的中断执行服务程序，这种过程称为中断嵌套。这样的中断系统称为多级中断系统，没有中断嵌套功能的中断系统称为单级中断系统。

8.5.1 中断系统结构

STC15F2K60S2 系列单片机提供 14 个中断源，分别是外部中断 INT0，定时器 T0，外部中断 INT1，定时器 T1，串口 1 中断，A/D 转换中断，低压检测(LVD)中断，CCP/PWM/PCA 中断，串口 2 中断，SPI 中断，外部中断 $\overline{INT2}$、$\overline{INT3}$、$\overline{INT4}$ 和定时器 T2 中断。通过软件对每一个中断源设置为允许中断或禁止中断，可控制相应位使 CPU 是否响应中断请求。其中断系统结构如图 8-3 所示。

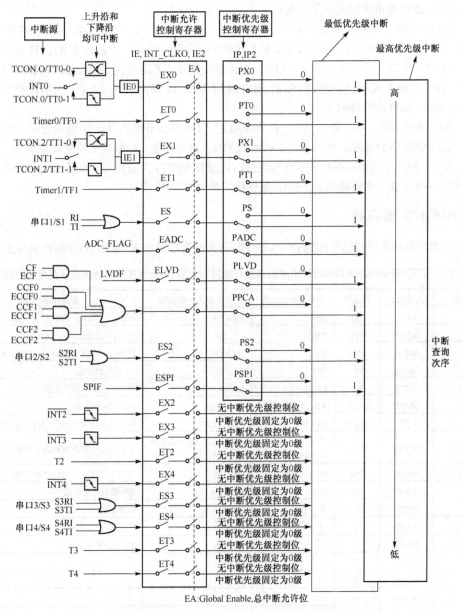

图 8-3 STC15F2K60S2 系列单片机中断系统结构

（1）INT0/INT1 外部中断输入：这 2 个外部中断既可上升沿触发，又可下降沿触发中断。中断请求标志是寄存器 TCON 中的 IE0 和 IE1 位。当 INT0/INT1 中断被响应后，IE0/IE1 中断标志位会自动被清 0。TCON 中的 IT0 和 IT1 控制中断触发方式，如果 IT0 和 IT1 为 0，允许上升沿和下降沿均可触发中断；IT0 和 IT1 为 1 时，只能下降沿触发中断。

（2）T0/T1 定时器：由 TMOD、TCON 控制，使用方法与传统 8051 单片机相似。

（3）$\overline{INT2}$、$\overline{INT3}$、$\overline{INT4}$ 外部中断输入：这 3 个外部中断只能下降沿触发中断，其中断请求标志被隐藏。当相应的中断响应后或 EXn=1（n=2，3，4），中断请求标志会自动清 0。这 3 个外部中断还可以作单片机掉电唤醒。

（4）T2/T3/T4 定时器：T2/T3/T4 的中断请求标志也被隐藏。当相应的中断响应后或 ETn=0（n=2，3，4），该中断请求标志会自动清 0。

（5）串行口中断：串行口中断有 4 个，即串口 1、串口 2、串口 3、串口 4，可以用作串行发送和接收数据。串口 1 的使用方法与传统 8051 单片机相同，中断响应后，中断标志 RI、TI 应软件清 0。串口 2、串口 3、串口 4 的用法与串口 1 相似，对应的中断请求标志使用 SnRI、SnTI（n=2，3，4）。当串行发送、接收数据完成，会将相应的 SnRI、SnTI 标志位置 1，触发串行口中断。当串口中断响应后，中断标志 SnRI、SnTI 应软件清 0。

（6）A/D 转换中断：此中断由 ADC_FLAG/ADC_CONTR.4 请求产生，中断响应后应软件清 0。

（7）低压检测 LVD 中断：此中断由 LVDF/PCON.5 请求产生，中断响应后应软件清 0。

（8）SPI 中断：当同步串行口 SPI 传输完成时，SPIF/SPCTL.7 被置 1。如果 SPI 中断被打开，则向 CPU 请求 SPI 中断。中断响应后，SPIF 需软件向其写入"1"清 0。

8.5.2　中断控制寄存器

STC15 系列单片机中断已增加到 14 个，与中断有关的寄存器如表 8-6 所示（中断控制位见表 8-5）。

表 8-5　STC15F2K60S2 系列单片机中断向量与触发行为表（中断源按同级优先级从高低顺序排列）

中断源	入口地址	优先级	中断源申请标志	中断源允许控制位	触发中断行为
INT0	0003H	PX0	IE0	EX0/EA	IT0=1，下降沿；IT0=0，上升沿/下降沿均可
T0	000BH	PT0	TF0	ET0/EA	T0 定时器溢出
INT1	0013H	PX1	IE1	EX1/EA	IT0=1，下降沿；IT0=0，上升沿/下降沿均可
T1	001BH	PT1	TF1	ET1/EA	T1 定时器溢出
S1(UART1)	0023H	PS	RI+TI	ES/EA	串行口发送、接收数据完成
ADC	002BH	PADC	ADC_FLAG	EADC/EA	ADC 转换完成
LVD	0033H	PLCD	LVDF	ELVD/EA	电源电压下降到低于 LVD 检测电压
CCP/PCA	003BH	PPCA	CF+CCF0+CCF1 +CCF2	(ECF+ECCF0+ECCF1+ ECCF2)/EA	计数溢出、匹配或捕获比较触发中断
S2(UART2)	0043H	PS2	S2TI+S2RI	ES2/EA	串行口 2 发送、接收数据完成
SPI	004BH	PSPI	SPIF	ESPI/EA	SPI 数据传输完成
$\overline{INT2}$	0053H	0	—	EX2/EA	下降沿
$\overline{INT3}$	005BH	0	—	EX3/EA	下降沿
T2	0063H	0	—	ET2/EA	T2 定时器溢出
—	006BH	0	—	—	—
保留	0073H	0	—	—	—
保留	007BH	0	—	—	—
$\overline{INT4}$	0083H	0	—	EX4/EA	下降沿
S3(UART3)	008BH	0	S3TI+S3RI	ES3/EA	串行口 3 发送、接收数据完成

（续表）

中断源	入口地址	优先级	中断源申请标志	中断源允许控制位	触发中断行为
S4(UART4)	0093H	0	S4TI+S3RI	ES4/EA	串行口 4 发送、接收数据完成
T3	009BH	0	—	ES3/EA	T3 定时器溢出
T4	00A3H	0	—	ES4/EA	T4 定时器溢出

表 8-6　中断控制寄存器

寄存器名称	MSB			位地址或位名称				LSB	地址
IE	EA	ELVD	EADC	ES	ET1	EX1	ET0	EX0	A8H
IE2	—	ET4	ET3	ES4	ES3	ET2	ESPI	ES2	AFH
INT_CLKO	—	EX4	EX3	EX2	—	T2CLKO	T1CLKO	T0CLKO	8FH
IP	PPCA	PLVD	PADC	PS	PT1	PX1	PT0	PX0	B8H
IP2	—	—	—	—	—	—	PSPI	PS2	B5H
TCON	TF1	TR1	TF0	TR0	IE1	IT1	IE0	IT0	88H
SCON	SM0/FE	SM1	SM2	REN	TB8	RB8	TI	RI	98H
S2CON	S2SM0	—	S2SM2	S2REN	S2TB8	S2RB8	S2TI	S2RI	9AH
S3CON	S3SM0	S3ST3	S3SM2	S3REN	S3TB8	S3RB8	S3TI	S3RI	ACH
S4CON	S4SM0	S4ST4	S4SM2	S4REN	S4TB8	S4RB8	S4TI	S4RI	84H
PCON	SMOD	SMOD0	LVDF	POF	GF1	GF0	PD	IDL	87H
ADC_CONTR	ADC_PW	SPED1	SPED0	ADC_FG	ADC_STR	CHS2	CHS1	CHS0	BCH

（1）IE、IE2、INT_CLKO：中断允许控制寄存器，控制中断源允许或关闭，其中 EA 为总控制位，其他为中断允许位。各位被置为 1 就允许相应的中断源中断，若被置为 0 则关闭中断。但 T0CLKO、T1CLKO、T2CLKO 是定时器输出时钟控制位，用法见定时器/计数器的使用。

（2）IP、IP2：中断优先级控制寄存器，控制中断源的优先级。STC15 系列单片机除 $\overline{\text{INT2}}$、$\overline{\text{INT3}}$、定时器 T2 和 $\overline{\text{INT4}}$ 中断是固定的最低优先级，其他中断都有 2 个中断优先级，可实现 2 级中断服务的程序嵌套。各位被置为 1 相应的中断源是高优先级中断，若被置为 0 是低优先级中断。

（3）TCON：定时器/计数器 T0、T1 的控制寄存器，用法与传统 8051 相同。

（4）SCON、S2CON、S3CON、S4CON：串行口 1～4 的控制寄存器，SCON 寄存器的用法与传统 8051 相同。S2CON、S3CON、S4CON 的用法与传统 8051 相似（见第 5 章）。

（5）低压检测中断：LVDF 是低压检测中断标志位（PCON.5）。在正常工作和空闲工作状态时，如果内部工作电压 V_{CC} 小于低压检测门槛电压，自动置 LVDF=1，与低压检测中断是否被允许无关。即在 V_{CC} 低于门槛电压时，不管有没有允许低压检测中断，该位都自动为 1。该位要用软件清 0。清 0 后，如果 V_{CC} 继续低于门槛电压，LVDF 又被自动置 1。

在进入掉电工作状态前，如果低压检测电路未被允许可产生中断，则在进入掉电模式后，该低压检测电路不工作，以降低功耗。如果被允许可产生低压检测中断，则在进入掉电模式后，该低压检测电路继续工作，当 V_{CC} 低于门槛电压时，产生中断。可将单片机从掉电模式中唤醒。LVDF 被置 1 后，若 IE 的 ELVD=1，则允许中断；反之 ELVD=0，则屏蔽中断。

（6）ADC_CONTR：A/D 转换控制寄存器，与中断相关的控制位如下：

① ADC_PW：ADC 电源控制位。当 ADC_PW =1 时打开电源，ADC_PW =0 时关闭电源。

② ADC_FG：ADC 转换结束标志位。当 A/D 转换结束后，ADC_FG=1，应软件清 0。

③ ADC_STR：A/D 转换启动控制位。当 ADC_STR=1，开始 A/D 转换，转换结束后自动清 0。

④ EADC：A/D 转换中断允许位。当 EADC =1 时允许中断，EADC =0 时禁止中断。

8.5.3　中断系统应用程序设计

中断服务程序是一种特定功能的独立程序段，它以中断源的特定任务或要求编写程序，最后要以 RETI 指令返回结束中断。在 CPU 中断响应过程中，断点的保护由硬件电路来实现，用户只需考虑现场的保护和恢复。在具有多级中断和允许中断嵌套的系统中，为了能可靠地做好现场的保护和恢复，可以在此时关闭中断，以免 CPU 响应更高级中断而破坏现场。待现场保护好后再开放中断。

例 8-4　由外部中断 $\overline{INT2}$ 产生中断请求，当响应中断后把 R2 的内容左移一位送 P2 口。

```
        INT_CLKO   EQU     8FH              ;定义中断允许与时钟输出控制寄存器地址
        P2M0       EQU     95H              ;定义 P2M0 功能寄存器地址
        P2M1       EQU     96H              ;定义 P2M1 功能寄存器地址
                   ORG     0000
                   LJMP    MAIN
                   ORG     0053H            ;INT2 中断入口地址
                   LJMP    INT02
                   ORG     0100H
        MAIN:      ORL     INT_CLKO,#10H    ;置 EX2=1，允许 INT2 中断
                   MOV     P2M0,#0FFH       ;把 P2 口 8 位都设置成推挽输出(强上拉输出)
                   MOV     P2M1,#00
                   SETB    EA               ;置 EA=1，中断开放
                   SJMP    $                ;等待中断触发(从 INT2 引脚输入下降沿信号)
        INT02:     PUSH    ACC              ;保护现场
                   MOV     A,R2
                   RL      A                ;数据左移 1 位
                   MOV     R2,A
                   MOV     P2,A
                   POP     ACC              ;恢复现场
                   RETI                     ;中断返回
                   END
```

例 8-5　由 INT1 作按键输入产生中断请求，每当响应中断后把 R3 按 BCD 码加 1，加到 60 清 0。

```
                   ORG     0000
                   LJMP    MAIN
                   ORG     0013H            ;INT1 中断入口地址
                   LJMP    INT00
                   ORG     0100H
        MAIN:      MOV     SP,#6FH
                   SETB    EX1              ;置 EX1=1，允许 INT1 中断
                   SETB    IT1
                   SETB    EA               ;置 EA=1，中断开放
                   SJMP    $                ;等待中断触发(从 INT1 引脚按键输入下降沿信号)
        INT02:     PUSH    ACC              ;保护现场
                   MOV     A,R3             ;取 R3 的内容
                   ADD     A,#01            ;数据加 1
                   DA      A                ;十进制调整
                   MOV     R3,A
                   CJNE    A,#60H,EQIT
```

```
          MOV     R3,#00        ;计数到，把 R3 清 0
EQIT:     POP     ACC           ;恢复现场
          RETI                  ;中断返回
          END
```

8.6　STC15 系列单片机定时器/计数器

定时器/计数器工作原理与传统 8051 相同,其核心部件是加 1 计数器,实质是对输入脉冲进行计数:如果计数脉冲来自系统时钟,则为定时方式; 若计数脉冲来自 T0～T4 的引脚输入,则是计数方式。

8.6.1　定时器/计数器的控制寄存器

STC15 系列单片机内部最多集成了 5 个 16 位定时器/计数器(T0、T1、T2、T3、T4),它们都具有定时和计数两种工作方式: T0、T1 的工作方式由 TMOD 控制(与传统的 8051 相同); T2、T3、T4 的工作方式分别由特殊功能寄存器 AUXR、T4T3M 中对应的 $Tn\_C/\overline{T}$ 位控制($n=2\sim4$); 若置 $C/\overline{T}=0$ 为定时方式,置 $C/\overline{T}=1$ 为计数方式。但 STC15F2K60S2 系列单片机只有 T0、T1、T2 三个定时器/计数器。与定时器/计数器有关的模式控制、中断允许、优先级控制寄存器前面已经介绍(见表 8-1),下面着重介绍 AUXR 和 T4T3M 控制寄存器的格式和各位功能。

AUXR	T0x12	T1x12	UAR_M0x6	T2R	T2_C/$\overline{T}$	T2x12	EXTRAM	S1ST2	8EH
T4T3M	T4R	T4_C/$\overline{T}$	T4x12	T4CLKO	T3R	T3_C/$\overline{T}$	T3x12	T3CLKO	D1H

STC15 系列单片机是 1T 的 8051 单片机,通过 AUXR 辅助寄存器设置,定时器的计数速度可以是系统时钟的 12 分频,也可以不分频。通过 T4T3M 寄存器可以控制 T4、T3 定时器。各位功能如下:

T0x12、T1x12、T2x12、T3x12、T4x12: 分别控制 T0、T1、T2、T3、T4 的计数速度。当置 $Tnx12=0$ 时($n=0\sim4$),T0～T4 的定时计数脉冲是系统时钟的 12 分频,为 12T 模式; 当置 $Tnx12=1$ 时($n=0\sim4$),T0～T4 的定时计数脉冲不分频,为 1T 模式,此时的计数速度是传统 8051 的 12 倍。如果串口 1 用 T1 作波特率发生器,则由 T1x12 决定串口 1 是 12T 还是 1T 的传输速度。

S1ST2: 串口 1 选择 T1/T2 作波特率发生器控制位。当置 S1ST2=0 时,选择 T1; 当置 S1ST2=1 时,选择 T2 作串口 1 的波特率发生器,此时 T1 可以作为独立定时器使用。

T2_C/$\overline{T}$、T3_C/$\overline{T}$、T4_C/$\overline{T}$: 定时器、计数器控制位(分别控制对应的 T2、T3、T4)。当该位被置 1 时,做计数器; 当该位被清 0 时,做定时器使用。

T2R、T3R、T4R: 启动定时器控制位(分别控制对应的 T2、T3、T4)。当该位被置 1 时,启动定时器开始计数; 当该位被清 0 时,定时器停止计数。

UAR_M0x6: 串口 1 模式 0 的传输速度控制位。当置 UAR_M0x6=0 时,串口 1 的时钟经过了 12 分频; 置 UAR_M0x6=1 时,串口 1 的时钟只 2 分频(传输速度是传统 8051 的 6 倍)。

TnCLKO($n=0\sim4$): 定时器/计数器 Tn($n=0\sim4$) 的可编程时钟输出控制位。当置 TnCLKO =1 时($n=0\sim4$),由对应的 Tn($n=0\sim4$)产生时钟,并从对应的 TnCLKO 引脚输出时钟频率,且频率=Tn 溢出率/2; 当置 TnCLKO =0 时,对应引脚不允许输出时钟频率。Tn 作时钟频率输出时,定时器/计数器必须工作在自动重装模式,且要屏蔽中断。

例如,要将定时器/计数器 T1 设置为时钟输出功能。首先配置定时器 T1 工作在模式 0(16 位自动重装模式),清 $C/\overline{T}=0$,当置 T1CLKO =1 且 T1x12=1 时,则在对应的 P3.4/ T1CLKO 引脚上会输出时钟频率 $=f_{sys}/[65\,536-(TH1,TL1)]/2$; 置 T1x12=0,则输出时钟频率 $=f_{sys}/12/[65\,536-(TH1,TL1)]/2$。

若 C/$\overline{\text{T}}$=1，当置 T1CLKO =1 时，这时定时器/计数器 T1 将对外部 P3.5 引脚输入的脉冲进行计数，并在对应的 P3.4/ T1CLKO 引脚上输出时钟频率=pin_CLK/[65 536 −（TH1,TL1）]/2。

8.6.2　定时器/计数器的工作方式

STC15 系列单片机的定时器/计数器 T0、T1 的工作模式由 TMOD 设置，有 4 种工作模式：模式 0 是 16 位自动重装模式，模式 1 是 16 位非重装模式，模式 2 是 8 位自动重装模式，模式 3 是不可屏蔽中断的 16 位自动重装模式。图 8-4 是 T0 或 T1 的模式 0 逻辑结构图。而定时器/计数器 T2、T3、T4 工作方式只有固定的模式 0，可做定时器、计数器用，也可用作可编程时钟输出和串口的波特率发生器，但不能测脉冲宽度。定时器/计数器 T2、T3、T4 工作在模式 0 的结构与 T0/T1 相似。

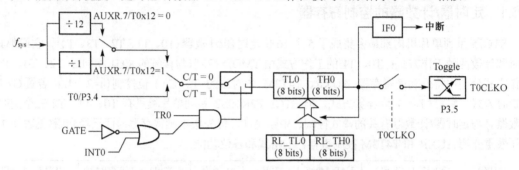

图 8-4　定时器/计数器 T0 模式 0 逻辑结构图

如图 8-4 所示，当 GATE=0 时，则 TR0=1 启动开始计数；当 GATE=1 时，允许从 INT0 引脚外部输入信号控制启动定时器 T0 计数，这样可实现脉宽测量。主时钟 f_{osc} 经分频后产生系统时针 f_{sys}。

当 C/$\overline{\text{T}}$=0 时，多路开关连接到上端的系统时钟分频输出，T0 对内部系统时钟计数，T0 工作在定时方式。当 C/$\overline{\text{T}}$=1 时，多路开关连接到下边的外部脉冲输入 T0/ P3.4 引脚，即 T0 工作在计数方式。

STC15 系列单片机的定时器/计数器有两种计数速率：一种是 12T 模式，每 12 个时钟加 1，与传统 8051 单片机相同；另一种是 1T 模式，每个时钟加 1，速度是传统 8051 单片机 12 倍。这两种计数速率通过 AUXR 辅助寄存器设置。

另外定时器/计数器 T0 在模式 0 可以 16 位自动重装，主要是内部隐含了 2 个寄存器（RL_TL0、RL_TH0），并且 RL_TL0 与 TL0、RL_TH0 与 TH0 共用同一个单元地址。当 TR0=0，对 TL0、TH0 写入的内容会同时写入到 RL_TL0、RL_TH0 寄存器。当 TR0=1 启动 T0 时，定时计数值实际上并没有写入当前寄存器 TL0、TH0，而是写入到隐藏的寄存器 RL_TL0、RL_TH0 中。但是，当对 T0 读操作是，读出的是 TL0、TH0 的内容，而非 RL_TL0、RL_TH0 寄存器的值。

当定时器 T0 工作在模式 0 时，TL0、TH0 的溢出会置位 TF0=1，还会将 RL_TL0、RL_TH0 的内容自动重新装到 TL0、TH0 中。

当把 INT_CLKO 寄存器中的 T0CLKO 位配置为 1 时，则 P3.5/T1 引脚被设置为定时器 T0 的时钟输出 T0CLKO，输出时钟频率= T0 溢出率/2。

8.6.3　定时器/计数器的编程应用

例 8-6　使用 T0 作 10 ms 定时中断对 P1.0 取反，T0 工作在模式 0，f_{sys} = 6 MHz，为 1T 模式。T0 工作在模式 0 是 16 位自动重装模式，因 1T 模式，机器周期为 1/6 μs，则定时初值 x 为 $(2^{16} − x) \times 1/6 \ \mu s$=10 ms，因此，$x$=65 536 − 60 000=5536=15A0H。

```
AUXR    DATA    8EH
```

```
          ORG     0000
          LJMP    MAIN
          ORG     000BH          ;定时器 T0 中断入口地址
          LJMP    TM00
          ORG     0100H
MAIN:     MOV     SP,#6FH
          MOV     TMOD,#00
          MOV     AUXR,#80H      ;置 T0x12=1，配置定时器 T0 为 1T 模式
          MOV     TL0,#0A0H
          MOV     TH0,#15H
          SETB    ET1            ;置 ET1=1，允许 T0 中断
          SETB    TR0
          SETB    EA             ;置 EA=1，中断开放
          SJMP    $              ;等待中断触发（从 INT1 引脚按键输入下降沿信号）
TM00:     CPL     P1.0           ;
          RETI                   ;中断返回
          END
```

例 8-7　要求在 1T 模式下，用定时器 T2 产生时钟频率 38.4 kHz 输出（f_{sys}=18.432 MHz）。

定时器 T2 产生时钟频率从 P3.0/T2CLKO 引脚输出。T2 工作在模式 0 是 16 位自动重装模式，因 1T 模式，机器周期为 1/18.432 μs；要求输出时钟 38.4 kHz，由于输出的时钟频率是 T2 溢出率/2，因此，定时时间为 1/(2×38.4) ms，则 T2 定时器的定时初值 x 为 $(2^{16} - x)$/18.432 μs=1/(2×38.4) ms，因此，x=65 536 − 18 432/(2×38.4)=65 296=0FF10H。

```
AUXR        DATA     8EH       ;定义辅助寄存器地址
INT_CLKO    DATA     8FH       ;定义中断允许与时钟输出控制寄存器地址
T2H         DATA     0D6H      ;定义定时器 T2 的高 8 位寄存器地址
T2L         DATA     0D7H      ;定义定时器 T2 的低 8 位寄存器地址
T2CLKO      BIT      P3.0      ;定时器 T2 产生的时钟输出端口，即 P3.0/T2CLKO 引脚
            ORG      0000
            ORL      AUXR,#04H      ;置 T2x12=1，配置定时器 T2 为 1T 模式
            MOV      T2L,#10H
            MOV      T2H,#0FFH
            ORL      AUXR,#10H      ;置 T2R=1，启动 T2 开始计数
            MOV      INT_CLKO,#04  ;置 T2CLKO=1，允许 T2 定时器输出时钟频率
            SJMP     $              ;T2 工作在模式 0，自动重装方式，等待从 P3.0 输出时钟频率
            END
```

8.7　STC15 系列单片机串行通信

STC15 系列单片机内部集成了 1～4 个（串口 1、串口 2、串口 3 和串口 4）全双工高速异步串行通信口（Universal Asynchronous Receiver/Transmitter，UART）。每个串行口由两个数据缓冲器、一个移位寄存器、一个串行控制寄存器和一个波特率发生器等组成。串行口的数据缓冲器互相独立但共用一个地址，可以同时发送和接收数据，串口 2、串口 3 和串口 4 使用的缓冲器分别对应是 SnBUF（n=2～4）。

串行口 1 对应 RXD、TXD 硬件，默认使用 RXD/P3.0、TXD/P3.1 引脚做串口 1 的通信接口，也可通过 AUXR1、P_SW2 寄存器配置到其他引脚，具体切换控制位设置见表 8-9。

8.7.1　STC15 系列单片机串行通信口

（1）串口 1 的控制寄存器及使用

STC15 系列单片机最多的有 4 个串口，其中 STC15F2K60S2 系列有 2 个串口。串口 1 有 4 种工作方式，由 SCON 寄存器控制，使用方法与传统 8051 相同。串行口 1 的工作方式设置如表 8-7 所示。

表 8-7　串口 1 工作方式设置

SM0	SM1	工作方式
0	0	方式 0，同步移位串行方式。UART_M0x6=0 时，波特率=f_{sys}/12；UART_M0x6=1 时，波特率=f_{sys}/2
0	1	方式 1，8 位异步通信方式。用定时器 T1 或 T2 作波特率工作在模式 0 时，波特率=定时器 T1 或 T2 溢出率/4。用定时器 T1 作波特率工作在模式 2 时，波特率=(2^{SMOD}/32)×(定时器 T1 溢出率)
1	0	方式 2，9 位异步通信方式，波特率固定，波特率=(2^{SMOD}/64)×f_{sys}，可用于多机通信
1	1	方式 3，9 位异步通信方式，用定时器 T1 或 T2 作波特率工作在模式 0 时，波特率=定时器 T1 或 T2 溢出率/4。用定时器 T1 作波特率工作在模式 2 时，波特率=(2^{SMOD}/32)×(定时器 T1 溢出率)。可用于多机通信

例 8-8　用串口 1 工作在方式 1 发送 4 字节数据，波特率为 9600 b/s（f_{sys} = 11.0592 MHz）。

定时器初值 x：采用定时器 T1 模式 2 作 9600 b/s 波特率发生器，T1x12=0（12T 时钟），SMOD=0，则定时器 T1 溢出率=f_{osc}/{12×(256 − x)}，波特率=(2^{SMOD}/32)×(T1 溢出率)，因此 x=253=0FDH。如果置 T1x12=1（1T 时钟），则 T1 溢出率=f_{osc}/(256−x)，波特率=(2^{SMOD}/32)×(T1 溢出率)，因此，得到 x=220=0DCH。系统复位默认 f_{osc}=f_{sys}，即主时钟不分频。

设置串行口 1 工作在方式 1 发送数据，则 SCON=40H。

采用查询方式的发送程序设计如下：

```
      AUXR    DATA    8EH          ;定义辅助寄存器地址
              ORG     0000
              ORL     AUXR,#80H    ;置 T1x12=1，配置定时器 T1 为 1T 模式
              MOV     SCON,#40H    ;置串口 1 工作在方式 1，发送数据
              MOV     PCON,#00     ;置 SMOD=0
              MOV     TL1,#0DCH
              MOV     TH1,#0DCH
              SETB    TR1          ;置 TR1=1，启动 T1
              MOV     R0,#30H      ;发送数据起始地址
              MOV     R2,#04       ;发送字节数
      LOOP:   MOV     A,@R0
              MOV     SBUF,A       ;用串口 1 发送 1 字节数据
              JNB     TI,$
              CLR     TI
              INC     R0
              DJNZ    R2,LOOP
              SJMP    $            ;T2 工作在模式 0，自动重装方式，等待从 P3.0 输出时钟频率
              END
```

（2）串口 2 的控制寄存器及使用

串口 2、串口 3 和串口 4 用法相同，有两种波特率可变方式，可采用查询或中断方式处理数据接收/发送。与串行口的有关模式设置、中断允许及优先级控制寄存器前已介绍（见表 8-1），下面着重介绍串口 2 控制寄存器 2S2CON 和 P_SW2 的格式和各位功能（串口 3 和串口 4 用法与之相似）。

S2CON	S2SM0	—	S2SM2	S2REN	S2TB8	S2RB8	S2TI	S2RI	9AH
P_SW2	—	—	—	—	—	S4_S	S3_S	S2_S	BAH

S2SM0：串口 2 工作方式设置位：当置 S2SM0=0 方式 0，是 8 位异步通信方式(加起始位和停止位一共 10 位传输模式)，只能使用定时器 T2 做波特率发生器，波特率=T2 溢出率/4。接收成功后，停止位将放入 S2RB8 位。当置 S2SM0=1 方式 1，是 9 位异步通信方式(加起始位和停止位一共 11 位传输模式)，可用作多机通信，只能使用定时器 T2 做波特率发生器，波特率=T2 溢出率/4。

S2SM2：串 2 方式 1 多机通信控制位。如果置 S2SM2=1 且 S2REN=1 时，当收到第 9 位 S2RB8=1，才把接收的信息放入 S2BUF 缓冲器中，且自动置 S2RI=1；若当收到的第 9 位 S2RB8=0，则接收的数据丢弃，且保持 S2RI=0。如果置 S2SM2=0 且 S2REN=1 时，那么不管接收 S2RB8 位是 0 或 1，都把接收到的数据放入 S2BUF 缓冲器中，且自动置 S2RI=1。通过此方式可区分多机通信时的地址和数据。

S2REN：允许/禁止串行口 2 接收控制位，设置为 1 时允许接收，为 0 时禁止接收。

S2TB8、S2RB8：发送、接收的第 9 位，可作为奇偶校验位和多机通信地址/数据帧标志位。

S2TI、S2RI：发送、接收后中断请求标志位，为 1 请求中断，中断后需要软件清 0。

S2_S、S3_S、S4_S：串口 2、3、4 通信引脚切换位。为 0 用默认引脚，为 1 切到第 2 组引脚。例如 S2_S=0，用 P1.0/RXD2 和 P1.1/TXD2 做串口 2；S2_S=1，用 P4.6/RXD2_2 和 P4.7/TXD2_2 做串口 2。

例 8-9　利用串口 2 工作在方式 1 接收 4 字节数据，波特率为 19.2 Kb/s(f_{osc}=11.0592 MHz)。

定时器初值 x：采用定时器 T2 模式 0 作 19 200 b/s 波特率发生器，T2x12=0(12T 时钟)，则定时器 T2 溢出率=f_{sys}/{12×(65 536 − x)}，波特率=(T2 溢出率)/4，因此 x=65 488=0FFD0H。

如果置 T2x12=1(1T 时钟)，则 T1 溢出率=f_{sys}/(65 536 − x)，波特率=(T1 溢出率)/4。因此，得到 x=64 960=0FDC0H。系统默认不分频，f_{osc}=f_{sys}。

设置串口 2 工作在方式 1 接收数据，则 S2CON=90H。

采用中断方式的接收程序设计如下：

```
        AUXR    DATA    8EH             ;定义辅助寄存器地址
        S2CON   DATA    9AH             ;串口 2 方式控制寄存器
        S2BUF   DATA    9BH             ;串口 2 收/发缓冲器
        T2H     DATA    0D6H            ;定时器 T2 计数单元
        T2L     DATA    0D7H
        IE2     DATA    0AFH            ;中断允许寄存器
                ORG     0000
                LJMP    MAIN
                ORG     0043H           ;串口 2 中断入口地址
                LJMP    URAT2
                ORG     0100H
MAIN:           MOV     S2CON,#90H      ;置串口 1 工作在方式 1，发送数据
                MOV     T2L,#0C0H
                MOV     T2H,#0FDH
                MOV     AUXR,#14H       ;置 T2x12=1，T2R=1，C/T̄=0，启动 T2 为定时，工作在
                                        ; 1T 模式
                ORL     IE2,#01         ;允许串口 2 中断
                SETB    EA              ;开放中断
                MOV     R0,#30H         ;接收数据存储起始地址
                MOV     R2,#04          ;接收字节数
                SJMP    $               ;等待串口 2 中断
URAT2:          CLR     EA
```

```
LOOP:   JNB     RI,$            ;没有接收到数据就等待
        MOV     A,S2BUF
        MOV     @R0,A           ;用串口1接收1字节数据
        CLR     RI
        INC     R0
        DJNZ    R2,LOOP
        SJMP    $               ;T2工作在模式0,自动重装方式,等待从P3.0输出时钟频率
        END
```

8.7.2　SPI 同步串行外围接口

STC15 系列单片机提供 3 个高速串行通信接口（SPI 接口）。SPI 是一种全双工、高速、同步的通信总线，包含主模式和从模式 2 种操作模式，在主模式中支持 3 Mb/s 以上传输速率，还具有传输完成和写冲突标志保护。STC15F2K60S2 系列单片机有一个 SPI 接口，与 SPI 功能相关的寄存器见表 8-8。

表 8-8　SPI 相关寄存器

寄存器名	MSB			位地址或位名称				LSB	地址
SPCTL	SSIG	SPEN	DORD	MSTR	CPOL	CPHA	SPR1	SPR0	CEH
SPSTAT	SPIF	WCOL	—	—	—	—	—	—	CDH
SPDAT									CFH
AUXR1	S1_S1	S1_S0	CCP_S1	CCP_S0	SPI_S1	SPI_S0	—	DPS	A2H

（1）SPCTL：SPI 控制寄存器，各位的功能如下（从高位开始介绍）。

SSIG 是 $\overline{SS}$ 引脚忽略控制位。当 SSIG=1 时，由 MSTR 位确认器件为主机还是从机；当 SSIG=0 时，由 $\overline{SS}$ 引脚确认器件为主机还是从机，$\overline{SS}$ 引脚可作为 I/O 口使用。

SPEN：SPI 使能位。当 SPEN=1 时使能 SPI；置 SPEN=0 禁止 SPI，所有 SPI 引脚可作为 I/O 口。

DORD：设定 SPI 收/发位顺序。当 DORD=1 时从低位开始收/发，DORD=0 从高位开始收/发。

MSTR：主从模式选择位。

CPOL：SPI 时钟极性选择。当 CPOL=1 时，SCLK 空闲时为高电平，即 SCLK 的前时钟沿为下降沿，后时钟沿为上升沿；当 CPOL=0 时，SCLK 空闲时为低电平，与之相反。

SPHA：SPI 时钟相位选择。当 SPHA=1，数据在 SCLK 时钟的前时钟沿驱动，在后时钟沿采集；当 SPHA=0，数据在 SSIG=0 且 $\overline{SS}$=0 时驱动，在 SCLK 时钟的后时钟沿被改变，在前时钟沿被采集；

SPR1、SPR0：SPI 时钟速度选择位。SPR1、SPR0=00，SCLK=CPU_CLK/4；SPR1、SPR0=01，SCLK=CPU_CLK/16；SPR1、SPR0=10，SCLK=CPU_CLK/64；SPR1、SPR0=11，SCLK=CPU_CLK/128。

（2）SPSTAT：SPI 状态寄存器，包含 2 位，各位功能如下：

SPIF：SPI 传输完成标志位。当一次串行传输完成时，SPIF 置位，此时，若允许 SPI 中断，则将产生中断。如果当 SPI 处于主模式且 SSIG=0 时，如果 $\overline{SS}$=0，SPIF 也将置位，表示模式改变。SPIF 标志应软件向其写入 1 清 0。

WCOL：SPI 写冲突标志。在数据传输的过程中，如果对 SPI 数据寄存器 SPDAT 执行写操作，WCOL 将置位。WCOL 标志应软件向其写入 1 清 0。

（3）SPDAT：SPI 数据寄存器，需要传输的数据字节通过 SPDAT 进行收/发。

（4）AUXR1：功能切换寄存器。各位功能组合如表 8-9 所示。

表 8-9　引脚功能切换选择

S1_S1	S1_S0	串口 1 引脚切换选择
0	0	选择 P3.0/RXD，P3.1/TXD 做串口 1 接口
0	1	选择 P3.6/RXD_2，P3.7/TXD_2 做串口 1 接口
1	0	选择 P1.6/RXD_3，P1.7/TXD_3 做串口 1 接口
1	1	无效
CCP_S1	CCP_S0	CCP 引脚切换选择
0	0	选择 P1.2/ECI，P1.1/CCP0，P1.0/CCP1，P3.7/CCP2 做 CCP/PCA 接口
0	1	选择 P3.4/ECI_2，P3.5/CCP0_2，P3.6/CCP1_2，P3.7/CCP2_2 做 CCP/PCA 接口
1	0	选择 P2.4/ECI_3，P2.5/CCP0_3，P2.6/CCP1_3，P2.7/CCP2_3 做 CCP/PCA 接口
1	1	无效
SPI_S1	SPI_S0	SPI 引脚切换选择
0	0	选择 SS/P1.2，MOSI/P1.3，MISO/P1.4，SCLK/P1.5 做 SPI 接口
0	1	选择 SS_2/P2.4，MOSI_2/P2.3，MISO_2/P2.2，SCLK_2/P2.1 做 SPI 接口
1	0	选择 SS_3/P5.4，MOSI_3/P4.0，MISO_3/P4.1，SCLK_3/P4.3 做 SPI 接口
1	1	无效
串口 2 选择位 S2_S		S2_S=0，选用 P1.0/RXD2、P1.1/TXD2；当 S2_S=1，选用 P4.6/RXD2_2、P4.7/TXD2_2
串口 3 选择位 S3_S		S3_S=0，选用 RXD3/P0.0、TXD3/P0.1；当 S3_S=1，选用 RXD3_2/P5.0、TXD3_2/P5.1
串口 4 选择位 S4_S		S4_S=0，选用 RXD4/P0.2、TXD4/P0.3；当 S4_S=1，选用 RXD4_2/P5.2、TXD4_2/P5.3

1．SPI 接口的内部结构

SPI 的核心是一个 8 位移位寄存器和数据缓冲器，数据可以同时发送和接收。在 SPI 数据的传输过程中，发送和接收的数据都存储在数据缓冲器中。SPI 接口的内部结构如图 8-5 所示。

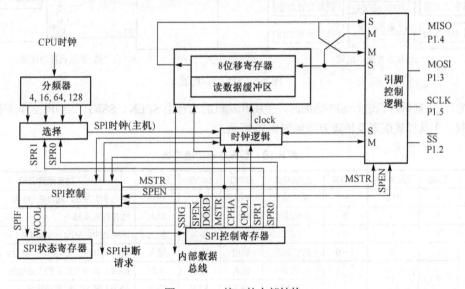

图 8-5　SPI 接口的内部结构

对于主模式，若要发送 1 字节数据，只需将这个数据写到 SPDAT 寄存器中。主模式下 $\overline{SS}$ 信号不是必需的；但是在从模式下，必须在 $\overline{SS}$ 信号变为有效并接收到合适的时钟信号后，方可进行数据传输。在从模式下，如果 1 字节传输完成后，$\overline{SS}$ 信号变为高电平，这个字节被硬件逻辑标志位接收完成，SPI接口准备接收下一个数据。

SPI 接口由 4 个信号线组成，可以在 3 组引脚之间切换（见表 8-9），各个信号线功能如下：

MOSI：主器件的输出和从器件的输入，用于主器件到从器件的数据传输。根据 SPI 规范，多个从机共享一根 MOSI 信号线。在时钟边界的前半周期，主机将数据放在 MOSI 信号线上，从机在该边界处获取该数据。

MISO：从器件的输出和主器件的输入，用于实现从器件到主器件的数据传输。一个主机可连接多个从机，因此，主机的 MISO 信号线会连接到多个从机上，或者说，多个从机共享一根 MISO 信号线。当主机与一个从机通信时，其他从机应将其 MISO 线驱动成高阻状态。

SCLK：串行时钟信号是主器件的输出和从器件的输入，用于同步主器件和从器件之间在 MOSI 和 MISO 线上的串行数据传输。当主器件启动一次数据传输时，自动产生输出 8 个 SCLK 时钟信号，每位数据在 SCLK 跳变沿时传输，每次传输 1 字节数据。

$\overline{SS}$：从机选择信号，低电平有效。主模式下，主机的 $\overline{SS}$ 引脚上拉成高电平。从模式时，SPI 主机用一个 I/O 口连接从机器件的 $\overline{SS}$ 引脚，并由主机控制从机 $\overline{SS}$ 的电平（低电平有效）。

2. SPI 接口的通信方式

STC15 系列单片机的 SPI 接口数据通信方式有三种，单主机-单从机方式、双器件方式、单主机-多从机方式，SPI 接口配置如图 8-6 所示。

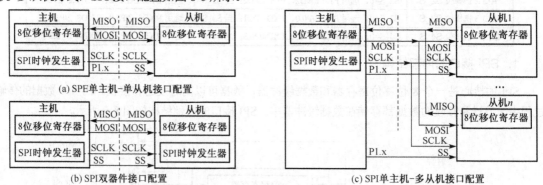

(a) SPE 单主机-单从机接口配置　(b) SPI 双器件接口配置　(c) SPI 单主机-多从机接口配置

图 8-6　SPI 接口配置

STC15 系列单片机进行 SPI 通信时，主机和从机的选择由 SPEN、SSIG、$\overline{SS}$/P1.2 引脚和 MSTR 联合控制，主从模式配置及传输方向如表 8-10 所示。

表 8-10　引脚功能切换选择

SPEN	SSIG	$\overline{SS}$/P1.2	MSTR	主/从模式	MISO	MOSI	SCLK	功能配置说明
0	×	P1.2	×	禁止 SPI	P1.4	P1.3	P1.5	禁止 SPI 功能，端口做 I/O 用
1	0	0	0	从机模式	输出	输入	输入	选择作为从机
1	0	1	0	从机未选中	高阻	输入	输入	未被选中，MISO 为高阻态
1	0	0	1→0	从机模式	输出	输入	输入	被选为从机，当 $\overline{SS}$=0，MSTR 被清 0
1	0	1	1	主（空闲）	输入	高阻	高阻	MOSI 和 SCLK 应接上拉电阻
				主（激活）	输入	输出	输出	MOSI 和 SCLK 推挽输出
1	1	P1.2	0	从机模式	输出	输入	输入	
1	1	P1.2	1	主机模式	输入	输出	输出	另一主机可将其 $\overline{SS}$ 置为低，作为从机

当 CPHA=0 时，必须 SSIG=0，$\overline{SS}$ 引脚必须取反并且在每个连续的串行字节之间重新设置高电平。如果 SPDAT 寄存器在 $\overline{SS}$=0 时执行写操作，将导致一个写冲突错。CPHA=0 且 SSIG=0 时操作未定义。

当 CPHA=1 时，可以置 SSIG=1。如果 SSIG=0，$\overline{SS}$ 引脚可在连续传输固定为低电平。这种方式适用于单固定主机和单从机驱动 MISO 数据线的情况。

在 SPI 中，传输总是由主机启动的。如果 SPEN=1 使能 SPI 作为主机，主机对 SPI 数据寄存器的写操作将启动 SPI 时钟发生器和数据的传输。在数据写入 SPDAT 后的 1 个时钟内出现在 MOSI 线上。

3. SPI 数据通信时序

SPI 通信时，主机控制从机 $\overline{SS}$ 引脚=0，写入主机 SPDAT 寄存器的数据从 MOSI 移出送到从机的 MOSI 信号线；同时，写入从机 SPDAT 寄存器的数据从 MISO 移出送到主机的 MISO 引脚，相当于数据在主机与从机之间交换。一个字节传输完后，SPI 时钟发生器停止，置 SPIF=1，产生 SPI 中断请求。

SPI 在发送时为单缓冲，在接收时为双缓冲。这样在前一次发送未完成之前，不能将新的数据写入 SPDAT，在发送时为单缓冲，否则将置 WCOL=1 指示数据冲突，但当前数据继续发送，被写入的数据被丢弃。接收数据时，数据将自动移入缓冲器，必须在后一个数据接收移入之前取出前一个数据，否则，前一个数据将被丢失。SPI 数据通信时序如图 8-7、图 8-8、图 8-9 和图 8-10 所示。

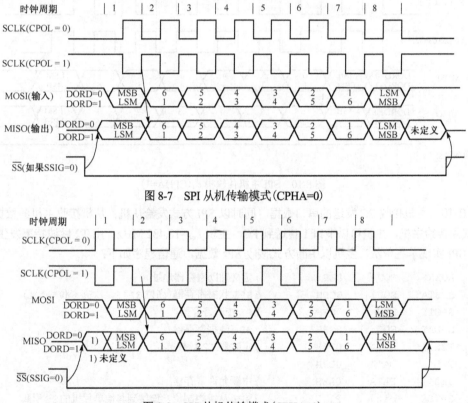

图 8-7 SPI 从机传输模式(CPHA=0)

图 8-8 SPI 从机传输模式(CPHA=1)

SPI 口的时钟信号线 SCLK 有 Idle 和 Active 两个状态，Idle 指在不进行数据传输时的 SCLK 时刻，Active 与 Idle 是相对的一种状态。时钟相位 CPHA 允许用户设置采样和改变数据的时钟边沿；时钟极性位 CPOL 设置时钟极性。如果 CPOL=0，则 Idle=0，Active=1；如果 CPOL=1，则 Idle=1，Active=0。从 Idle 状态转变到 Active 状态，称为 SCLK 的前沿，从 Active 状态转变到 Idle 状态，称为 SCLK 的后沿。一个 SCLK 前沿和后沿构成一个时钟周期，一个 SCLK 时钟周期传输 1 位数据。主机总是在 SCLK=Idle 状态时把数据送入到 MOSI 数据线上。

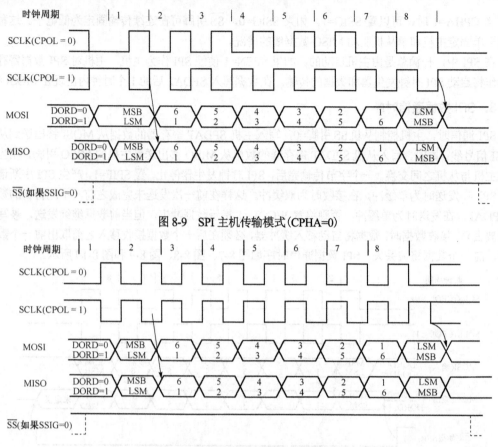

图 8-9　SPI 主机传输模式(CPHA=0)

图 8-10　SPI 主机传输模式(CPHA=1)

例 8-10　主机接收 PC 发送的串口数据，同时以 SPI 方式发给从机；从机接收主机的数据后又以 SPI 方式回传给主机，主机再以串口 1 传送到 PC。主机 f_{osc}=18.432 MHz，用 T2 做波特率发生器。

用 SPI 实现单主单从，主机以中断方式接收 SPI 数据，通信程序如下：

```
AUXR    EQU    8EH          ;定义辅助寄存器地址
SPSTAT  EQU    0CDH         ;SPI 状态寄存器(高位 SPIF, 次高 6 位 WCOL)
SPCTL   EQU    0CFH         SPI 控制寄存器
SPDAT   EQU    0CFH         ;SPI 数据寄存器
T2H     DATA   0D6H         ;定时器 T2 计数单元
T2L     DATA   0D7H
IE2     DATA   0AFH         ;中断允许寄存器
SPISS   bit    P1.3         ;SPI 从机控制位, 连接到其他单片机的 SS 引脚
        ORG    0000
        LJMP   MAIN
        ORG    004BH        ;串口 2 中断入口地址
        LJMP   SPINT
        ORG    0100H
MAIN:   MOV    SCON,#5AH     ;置串口 1 工作在方式 1, 波特率可变
        MOV    T2L,#0D8H     ;用 T2 做波特率发生器, 传输速率 15.2 Kb/s
        MOV    T2H,#0FFH
        MOV    AUXR,#14H     ;置 T2x12=1, T2R=1, C/T̄=0, 启动 T2 为定时, 工作在 1T 模式
```

```
           ORL      AUXR,#01H        ;选择 T2 作为串口 1 波特率发生器
           MOV      SPDAT,#00        ;初始化 SPI 数据寄存器=00
           MOV      SPSTAT,#0C0H     ;置 SPIF=WCOL=1,清 SPI 状态位
           MOV      SPCTL,#50H       ;置 SPEN=MSTR=1,设置为主机模式
           ORL      IE2,#02H         ;置 ESPI=1,允许 SPI 中断
           SETB     EA               ;置 EA=1,开放中断
   LOOP:   JNB      RI,$             ;主机接收串口 1 数据发送到从机
           CLR      RI
           MOV      A,SBUF
           CLR      SPDISS           ;主机输出低电平,把从机的 SS 拉成低电平
           MOV      SPDAT,A          ;触发 SPI 发送数据给从机
           SJMP     LOOP
   SPINT:  MOV      SPSTAT,#0C0H     ;置 SPIF=WCOL=1,清 SPI 状态位
           SETB     SPDISS           ;主机输出高电平,把从机的 SS 拉成高电平
           MOV      A,SPDAT          ;接收从机发送的 1 个 SPI 数据
           JNB      TI,$             ;把接收到的数据用串口 1 发给 PC
           CLR      TI
           MOV      SBUF,A
           RETI
           END
```

8.8　STC15 系列单片机片上 A/D 转换器

STC 系列单片机片内集成了 8 路高速电压输入型 A/D 转换器,可用于温度检测、电池电压检测、频谱检测、按键扫描等。本节以 STC15F2K60S2 系列单片机为例介绍片上 A/D 转换器的使用方法。

8.8.1　片上 A/D 转换器原理

STC15F2K60S2 系列单片机在 P1 口上复合了 8 路 10 位高速 A/D 转换器,A/D 转换速度可达到 250 kHz,单片机上电复位后 P1 口为弱上拉型 I/O 口,可以通过软件设置特殊功能寄存器(P1ASF)将 8 路中的任何一路作为 A/D 转换器使用,其他不用作 A/D 转换的端口可继续作为 I/O 口使用。与 A/D 转换有关的新增特殊功能寄存器如表 8-11 所示。

表 8-11　设置 A/D 转换的特殊功能寄存器表

寄存器名称	字节地址	功 能 描 述	复 位 值
P1ASF	9DH	P1 口模拟功能设置寄存器	0000 0000
ADC_CONTR	BCH	A/D 转换控制寄存器	0000 0000
ADC_RES	BDH	A/D 转换结果寄存器	0000 0000
ADC_RESL	BEH	A/D 转换结果寄存器低位	0000 0000
AUXR1	A2H	辅助寄存器	0000 0000

1. A/D 功能设置寄存器 P1ASF

P1ASF 是将 P1 口设置为 A/D 模拟功能的特殊功能寄存器,字节地址为 9DH,不能进行位寻址,复位时为 00H。P1ASF 格式说明如下:

	D7	D6	D5	D4	D3	D2	D1	D0
P1ASF	P17ASF	P16ASF	P15ASF	P14ASF	P13ASF	P12ASF	P11ASF	P10ASF

P1ASF 寄存器的 8 位对应于 P1 口的 8 位，当需要把 P1.x(x=0～7)用作 A/D 转换器使用时，只要将 P1ASF 寄存器的相应位置 1(如 P13ASF=1)，就可将 P1.x 设置为模拟功能 A/D 使用。

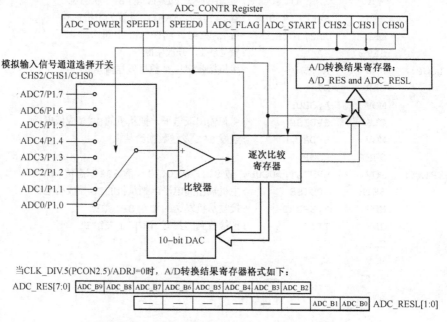

ADC_CONTR Register

| ADC_POWER | SPEED1 | SPEED0 | ADC_FLAG | ADC_START | CHS2 | CHS1 | CHS0 |

当CLK_DIV.5(PCON2.5)/ADRJ=0时，A/D转换结果寄存器格式如下：

ADC_RES[7:0]

| ADC_B9 | ADC_B8 | ADC_B7 | ADC_B6 | ADC_B5 | ADC_B4 | ADC_B3 | ADC_B2 |
| — | — | — | — | — | — | ADC_B1 | ADC_B0 | ADC_RESL[1:0]

图 8-11　STC15 系列单片机片内 A/D 内部结构

2．A/D 转换控制寄存器 ADC_CONTR

ADC_CONTR 是选择通道和启动 A/D 转换的特殊功能寄存器，字节地址为 BCH，不能进行位寻址。对 ADC_CONTR 寄存器操作时可采用 MOV 指令赋值，也可用与指令和或指令。ADC_CONTR 格式说明如下：

| ADC_CONTR | ADC_POWER | SPEED1 | SPEED0 | ADC_FLAG | ADC_START | CHS2 | CHS1 | CHS0 |

CHS2、CHS1、CHS0 是模拟输入通道选择位，通过这 3 位的不同组合选择 8 路 A/D 转换器的其中 1 路进行 A/D 转换。A/D 转换器通道选择设置如表 8-12 所示。

表 8-12　A/D 转换器通道选择设置

CHS2	CHS1	CHS0	模拟输入通道选择
0	0	0	选择 P1.0 作为 A/D 转换输入通道
0	0	1	选择 P1.1 作为 A/D 转换输入通道
0	1	0	选择 P1.2 作为 A/D 转换输入通道
0	1	1	选择 P1.3 作为 A/D 转换输入通道
1	0	0	选择 P1.4 作为 A/D 转换输入通道
1	0	1	选择 P1.5 作为 A/D 转换输入通道
1	1	0	选择 P1.6 作为 A/D 转换输入通道
1	1	1	选择 P1.7 作为 A/D 转换输入通道

ADC_START 是 A/D 转换启动控制位。当置 1 时，启动 A/D 开始转换，A/D 转换结束后该位自动清 0。

ADC_FLAG 是 A/D 转换结束标志位。当 A/D 转换结束后，ADC_FLAG=1，应由软件清 0。

SPEED1、SPEED0 是 A/D 转换速度选择控制位，转换速度设置如下：

SPEED1	SPEED0	A/D 转换时间
1	1	90 个时钟周期转换一次（f_{sys}=27 MHz 时，转换速度约为 300 kHz）
1	0	180 个时钟周期转换一次
0	1	360 个时钟周期转换一次
0	0	540 个时钟周期转换一次

A/D 转换器的时钟使用外部晶体时钟或内部 R/C 振荡器所产生的系统时钟，而不采用由时钟分频寄存器 CLK_DIV 对系统时钟分频后供给 CPU 工作所使用的时钟。这样可以为 ADC 提供较高的工作频率，提高 A/D 的转换速度，降低系统功耗。由于 CPU 和 ADC 分别采用了不同的时钟，在用指令对 ADC_CONTR 寄存器赋值设置后，应加 4 个空操作指令作为延时，以确保 CPU 有时间将数据设置到 ADC_CONTR 寄存器。

ADC_POWER 是电源控制位。该位为 1 时，打开接通 A/D 转换器电源，为 0 时关闭 A/D 转换器电源。因此，启动 A/D 转换前应先置 ADC_POWER=1，并适当延时，待模拟电源稳定后再启动 A/D 转换。A/D 转换结束后可关闭 AD 电源来节省功耗，也可不关闭。为了提高 A/D 转换精度，在 A/D 转换结束前，不能改变任何 I/O 口状态。

CLK_DIV 控制寄存器的 CLK_DIV.5 是 ADRJ 位，用于设置 A/D 转换结果存储方式。当该位为 0 时，10 位转换结果的高 8 位放入 ADC_RES 寄存器，低 2 位存储在 ADC_RESL 寄存器的低 2 位。A/D 转换结果计算公式：取 10 位结果（ADC_RES[7:0]，ADC_RESL[1:0]）理论计算值 $= 2^{10} \times \dfrac{V_{in}}{V_{CC}}$，取 8 位结果（ADC_RES[7:0]）理论计算值 $= 2^8 \times \dfrac{V_{in}}{V_{CC}}$。

当 ADRJ=1 时，10 位转换结果的高 2 位存储在 ADC_RES 寄存器的低 2 位，低 8 位存储在 ADC_RESL 寄存器。A/D 转换结果计算公式：取 10 位结果（ADC_RES[1:0]，ADC_RESL[7:0]）理论计算值 $= 2^{10} \times \dfrac{V_{in}}{V_{CC}}$，其中 V_{in} 为模拟输入通道的输入电压，V_{CC} 为单片机工作电压。为了得到高精度，可先测量出实际的工作电压值，并保存在片内 E²PROM 中，计算时取出实际电压值代入公式进行运算，可以得到较高的 A/D 转换精度。A/D 转换的参考电压不用外接，可用工作电压 V_{CC}，再通过算法软件校准。

8.8.2　片上 A/D 转换器的使用

使用 STC 单片机片上 A/D 转换器时，首先应先打开电源，然后选择端口，设置为模拟功能，再启动 A/D 转换。A/D 转换需要时间，因此应延时一段时间，待 A/D 转换结束后，即可读出 A/D 转换值进行计算。

例 8-11　用 STC15F2K60S2 系列单片机 P1.2 口作为模拟输入端，实现 A/D 转换。程序段如下：

```
ADC_CONTR   EQU    0BCH
ADC_RES     EQU    0BDH
P1ASF       EQU    9DH
CLK_DIV     EQU    97H
Get_ADC:    ANL    CLK_DIV,#0DFH          ;ADRJ=0，设置 A/D 转换结果存储形式
            ORL    ADC_CONTR,#80H        ;打开 A/D 转换电源
            MOV    A,#0000 0100B
            ORL    P1ASF,A                ;选择 P1.2 口为模拟输入端
            MOV    ADC_CONTR,#1110 0010B  ;设置转换周期，选择模拟输入通道
            ACALL  DEL1ms                 ;延时 1 ms，初次打开电源，待电源稳定后
```

```
                                                    ;启动 A/D 转换
              MOV      ADC_RES,#0
              ORL      ADC_CONTR,#0000 1000B         ;启动 A/D 转换
              NOP
Wait_AD:      MOV      A,#0001 0000B
              ANL      A,ADC_CONTR
              JZ       Wait_AD
              ANL      ADC_CONTR,#1110 0111B         ;清除标志，停止 A/D 转换
              MOV      A,ADC_RES                     ;读取 A/D 转换高 8 位结果
              RET
```

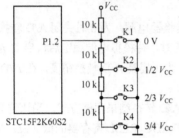

图 8-12   A/D 转换用作按键扫描电路

例 8-12   用 STC15F2K60S2 系列单片机的一个 A/D 模拟输入通道(P1.2)扩展 4 个按键，要求编程实现按键扫描。应用电路如图 8-12 所示。

将 A/D 转换作为按键扫描,通过按键改变不同模拟输入电压，并将电压值实时转换为相应的数字量，再根据数字量的大小，判断识别出按键。因此编程时，应先计算出各个按键的理论值，则 4 个按键理论值高 8 位分别为：Dk0=0，Dk1=80H，Dk2=AAH，Dk3=C0H。参考程序段如下：

```
KEY_IN:   ACALL    Get_ADC              ;读 A/D 转换值(键值)
          CJNE     A,#00,JK1            ;键值比较判断识别
          AJMP     PK0                  ;跳转到处理 K0 键
JK1:      CJNE     A,#80H,JK2
          AJMP     PK1                  ;跳转到处理 K1 键
JK2:      CJNE     A,#0AAH,JK3
          AJMP     PK2                  ;跳转到处理 K2 键
JK3:      CJNE     A,#0C0H,EXT
          AJMP     PK3                  ;跳转到处理 K3 键
EXT:      RET
```

8.9   STC15 系列单片机片上 PCA/PWM 模块

STC15 系列单片机的 CCP/PCA(Programmable Counter Array，可编程计数器阵列)模块，可以实现多种功能应用。下面介绍 STC15F2K60S2 系列单片机内部功能部件 PCA 和 PWM 的功能与应用。

8.9.1   PCA/PWM 模块工作原理

STC15 系列单片机集成了 3 路 CCP/PCA 模块,含有 3 个结构相同的 16 位捕捉/比较计数器,CCP/PCA 输出可以在 3 组引脚之间切换选择，切换方法如表 8-9 所示。每个模块均可以编程为 4 种工作模式：上升/下降沿捕捉、软件定时器、高速输出和脉宽调制(PWM)模式，PCA 模块结构如图 8-13 所示。

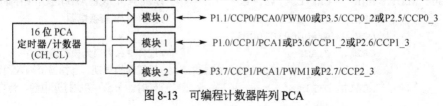

图 8-13   可编程计数器阵列 PCA

图中 3 个 PCA 计数模块共用一个 16 位加 1 定时器/计数器(CH、CL)作为计时基准, 计数脉冲来源可通过编程选择 8 种计数时钟源。与 CCP/PCA 模块有关的特殊功能寄存器如表 8-13 所示。

表 8-13　设置 PCA/PWM 部件的特殊功能寄存器表

寄存器名称	字节地址	功能描述	复位值
CCON	D8H	PCA 中断控制器寄存器	00xx xx00
CMOD	D9H	PCA 工作模式寄存器	0xxx 0000
CCAPM0	DAH	PCA 模块 0 方式控制寄存器	x000 0000
CCAPM1	DBH	PCA 模块 1 方式控制寄存器	x000 0000
CCAPM2	DCH	PCA 模块 1 方式控制寄存器	x000 0000
CL	E9H	PCA 工作计数器低 8 位	0000 0000
CH	F9H	PCA 工作计数器低 8 位	0000 0000
CCAP0L	EAH	PCA 模块 0 比较/捕获寄存器高 8 位	0000 0000
CCAP0H	FAH	PCA 模块 0 比较/捕获寄存器低 8 位	0000 0000
CCAP1L	EBH	PCA 模块 1 比较/捕获寄存器高 8 位	0000 0000
CCAP1H	FBH	PCA 模块 1 比较/捕获寄存器低 8 位	0000 0000
CCAP2L	ECH	PCA 模块 2 比较/捕获寄存器高 8 位	0000 0000
CCAP2H	FCH	PCA 模块 2 比较/捕获寄存器低 8 位	0000 0000
PCA_PWM0	F2H	PCA 模块 0 PWM 模式寄存器	xxxx xx00
PCA_PWM1	F3H	PCA 模块 1 PWM 模式寄存器	xxxx xx00
PCA_PWM2	F4H	PCA 模块 2 PWM 模式寄存器	xxxx xx00

(1) CCON：PCA 计数溢出检测和中断控制寄存器, 可通过软件置位 CR 启动运行 PCA, CR=0 时关闭 PCA；当 PCA 计数器溢出时, CF 被置 1, 如果 CMOD 寄存器中 ECF=1, 就触发中断申请。CF 位必须由软件清 0, 各位功能如下：

CCON	CF	CR	—	—	—	CCF2	CCF1	CCF0

CF 是 PCA 计数器溢出标志位。当 PCA 计数器溢出时, CF 被硬件置 1。如果 CMOD 寄存器的 ECF=1, CF 可用作 PCA 计数器中断请求标志。在 PCA 模块中断响应后, CF 不能自动清除, 必须由软件清 0。

CR 是 PCA 计数器阵列运行启动控制位。在正常状态下, CR=1 时, 计数脉冲开关闭合, 每来一个计数脉冲, 计数器加 1；当 CR=0 时, 关闭 PCA 计数器停止计数。

CCF0、CCF1、CCF2 分别是 PCA 模块 0、模块 1、模块 2 的匹配/捕获标志位, 可作为 PCA 模块中断请求标志位。当出现匹配(比较)或捕获时由硬件置 1。

(2) CMOD：PCA 模块的工作模式控制寄存器, 各位功能如下：

CMOD	CIDL	—	—	—	CPS2	CPS1	CPS0	ECF

CIDL 是计数器阵列空闲工作模式控制位。当 CIDL=0 时, 在空闲模式下 PCA 计数器继续工作；当 CIDL=1 时, 在空闲模式下 PCA 计数器停止工作。

ECF 是中断允许控制位。当 ECF=1 时, 允许 PCA 计数器中断, 这时如果 PCA 定时器溢出, 将使 PCA 计数溢出标志 CF 置 1 并触发中断申请。

CPS2、CPS1、CPS0 是 PCA 计数器时钟输入源选择控制位, 时钟源设置选择如表 8-14 所示。

表 8-14 PCA 计数器时钟源设置选择

CPS2	CPS1	CPS0	PCA/PWM 时钟输入源选择
0	0	0	选择系统时钟的 f_{sys}/12 做 PCA 模块的时钟输入
0	0	1	选择系统时钟 f_{sys}/2 做 PCA 模块的时钟输入
0	1	0	由定时器 0 溢出做 PCA 模块的时钟输入，实现 PWM 输出频率可调
0	1	1	由 ECI/P3.4 外部时钟输入，最大速率=f_{sys}/2
1	0	0	选择系统时钟 f_{sys}，PWM 的频率=f_{sys}/256
1	0	1	选择系统时钟的 f_{sys}/4
1	1	0	选择系统时钟的 f_{sys}/6
1	1	1	选择系统时钟的 f_{sys}/8

采用定时器 0 在方式 0 工作做时钟输入源，可对系统时钟进行 1～65 536 级分频，使 PWM 输出不同频率的方波。如果使用内部 RC 作为系统时钟，可以输出 14～19 kHz 频率的 PWM 方波信号。

PCA 包含两个模块，每个模块都对应一个控制模块工作方式的特殊功能寄存器：模块 0 对应 CCAPM0；模块 1 对应 CCAPM1。每个 PCA 模块还对应另外两个寄存器：CCAPnH 和 CCAPnL，当出现匹配或捕获时，它们用来保存 16 位计数值；当 PCA 模块用在 PWM 模式中时，它们用来控制输出波形的占空比。

(3) CCAPMn(n = 0～2)：PCA 模块的比较/捕获控制寄存器，每个模块对应一个 16 位比较/捕捉寄存器(即高 8 位 CCAPnH 和低 8 位 CCAPnL，n=0, 1)。每个模块的工作方式由相应模块的寄存器控制。寄存器各位的功能如下(n=0～2)：

CCAPMn	—	ECOMn	CAPPn	CAPNn	MATn	TOGn	PWMn	ECCFn

ECOMn 比较器使能控制位。当 ECOMn=1 时允许比较器功能，当 ECOMn=0 时禁止比较器功能。

CAPPn 正捕获功能控制位。当 CAPPn=1 时允许上升沿捕获。

CAPNn 负捕获功能控制位。当 CAPNn=1 时允许下降沿捕获。

MATn 匹配设置位。当 MATn=1 时，如果 PCA 计数器的值与模块的比较/捕获寄存器的值匹配时，CCON 寄存器的中断标志位 CCFn 将被置 1。

TOGn 翻转控制位。当 TOGn=1 时，在 PCA 高速输出模式下工作，PCA 计数器的值与模块的比较/捕获寄存器的值匹配时，将使 CCPn 引脚信号翻转。

PWMn 脉宽调节模式。当 PWMn=1 时，此时 CCPn 引脚作为 PWM 输出。

ECCFn 是 PCA 模块中断允许控制位。与 CCON 寄存器的 CCFn 比较/捕获中断请求标志位配合，用来产生 PCA 模块中断。

(4) CL、CH：PCA 模块的 16 位计数器。PCA 有 4 组计数值寄存器，其中 CL、CH 是 16 位工作计数器，用于保存 PCA 的装载值，通常从 0 开始计数；CCAP0L、CCAP0H/CCAP1L、CCAP1H/CCAP2L、CCAP2H 分别是模块 0、模块 1、模块 2 的比较/捕捉寄存器。

工作计数器用于启动 PCA 连续加 1 计数，计数时钟的输入频率可以选择。CCAPnL、CCAPnH (n=0～2)比较/捕获寄存器是软件设置的固定值，用于保存 PCA 的捕捉计数值，当工作计数器与比较/捕捉寄存器的值匹配相等时，将产生中断或改变输出信号。在 PWM 模式时，用于控制输出占空比。

(5) PCA_PWMn(n=0～2)：PCA 模块 PWM 寄存器，3 个寄存器功能相同，各位功能如下(n=0～2)：

PCA_PWMn	EBSn_1	EBSn_0	—	—	—	—	EPCnH	EPCnL

EBSn_1、EBSn_0(n=0～2)：当 PCA 模块工作于 PWM 模式时的功能选择位。2 位功能如下：

当 EBSn_1=0，EBSn_0=0 时，PCA 模块工作于 8 位 PWM 功能；当 EBSn_1=0，EBSn_0=1 时，PCA 模块工作于 7 位 PWM 功能；当 EBSn_1=1，EBSn_0=0 时，PCA 模块工作于 6 位 PWM 功能；当 EBSn_1=1，EBSn_0=1 时，无效，PCA 模块工作于 8 位 PWM 功能。

EPCnH、EPCnL（n=0~2）：在 PWM 模式下，与 CCAPnL、CCAPnH（n=0~2）组成 9 位数。

CCAPMn 寄存器各位的功能配置如表 8-15 所示。

表 8-15　CCAPMn 寄存器的功能配置表（n = 0~2）

EBSn_1	EBSn_0	ECOMn	CAPPn	CAPNn	MATn	TOGn	PWMn	ECCFn	模块触发中断功能
×	×	0	0	0	0	0	0	0	无操作
0	0	1	0	0	0	0	1	0	8 位 PWM 模式，无中断
0	1	1	0	0	0	0	1	0	7 位 PWM 模式，无中断
1	0	1	0	0	0	0	1	0	6 位 PWM 模式，无中断
1	1	1	0	0	0	0	1	0	8 位 PWM 模式，无中断
0	0	1	1	0	0	0	1	1	8 位 PWM 模式，上升沿中断
0	1	1	1	0	0	0	1	1	7 位 PWM 模式，上升沿中断
1	0	1	1	0	0	0	1	1	6 位 PWM 模式，上升沿中断
1	1	1	1	0	0	0	1	1	8 位 PWM 模式，上升沿中断
0	0	1	0	1	0	0	1	1	8 位 PWM 模式，下降沿中断
0	1	1	0	1	0	0	1	1	7 位 PWM 模式，下降沿中断
1	0	1	0	1	0	0	1	1	6 位 PWM 模式，下降沿中断
1	1	1	0	1	0	0	1	1	8 位 PWM 模式，下降沿中断
0	0	1	1	1	0	0	1	1	8 位 PWM，跳变触发中断
0	1	1	1	1	0	0	1	1	7 位 PWM，跳变触发中断
1	0	1	1	1	0	0	1	1	6 位 PWM，跳变触发中断
1	1	1	1	1	0	0	1	1	8 位 PWM，跳变触发中断
×	×	×	1	0	0	0	0	×	16 位捕获模式，上升沿触发
×	×	×	0	1	0	0	0	×	16 位捕获模式，下降沿触发
×	×	×	1	1	0	0	0	×	16 位捕获模式，跳变触发
×	×	1	0	0	1	0	0	×	16 位软件定时器
×	×	1	0	0	1	1	0	×	16 位高速脉冲输出

（6）PCA 计数器与中断控制：PCA 包括 PCA 计数器溢出中断和 PCA/PWM 中断，中断入口地址都是 003BH（见图8-14）。图中 PCA 模块的计数脉冲来源由寄存器 CMOD 的 CPS2、CPS1、CPS0 三位决定，可通过编程选择 8 种计数时钟源，由 CCON 的 CR 位控制 PCA 计数器的启动。这样每来一个脉冲，计数器加 1；当计数到 CH 溢出时，将 CCON 寄存器的溢出标志 CF 置 1；此时若 ECF=1，则产生 PCA 中断（CF 应软件清除）。CCFn（n=0~2）分别是 3 路 PCA 模块的标志位，当发送匹配和比较时，由硬件将 CCFn（n=0~2）置位。3 路 PCA 模块共用一个中断向量，共用一个 16 位加 1 定时器/计数器（CH、CL）作计时基准。

PCA 计数器溢出中断：PCA 计数器为 16 位计数器，由 CH 高 8 位和 CL 低 8 位构成，CL（低位）计数溢出时则向 CH（高位）进位；当 CH 高位计数溢出时，则置位 CCON 寄存器中的溢出标志位 CF。此时若 PCA 计数器溢出的中断允许控制位 ECF=1，EA=1，就会响应中断，进入 003BH 地址执行程序。

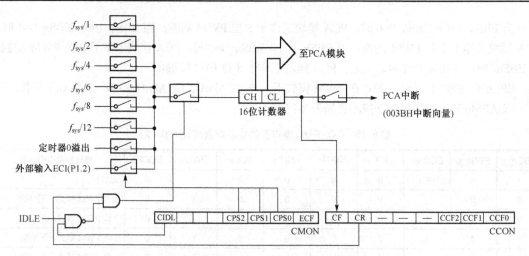

图 8-14　PCA 定时器/计数器及中断控制逻辑图

CCP/PCA 中断：PCA 模块包含 16 位捕获寄存器 CCAPnH 高 8 位和 CCAPnL 低 8 位，可检测外部 CCPn 引脚输入信号。当出现匹配或捕获时，能保存当前的计数值。由计数值可以分析计算出当前外部输入信号的脉冲宽度。同时，在出现匹配或捕获时，硬件自动将 PCA 模块的中断请求标志位 CCFn 置 1。若对应的中断使能位 ECCFn=1，EA=1，就会响应中断(n=0~2)。

8.9.2　CCP/PCA 模块的工作模式

PCA 模块可以编程实现 4 种工作模式：上升/下降沿捕获模式、软件定时器模式、高速输出模式、脉宽调制输出模式(PWM)。下面介绍这些工作模式的使用。

1. 上升/下降沿捕获模式

要使一个 PCA 模块工作在捕获模式(见图 8-15)，CCAPMn 寄存器中的 CAPNn 和 CAPPn 至少一位必须置 1，其中 CAPNn=1 时，下降沿捕获有效；CAPPn=1 时，上升沿捕获有效；当这两位都置 1 时，则上升沿和下降沿都可以进行捕获(各控制位配置见表 8-15)。

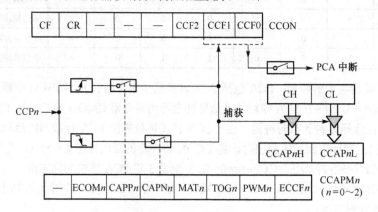

图 8-15　PCA 捕获模式

在捕获模式下，PCA 模块对外部引脚 CCPn 输入的脉冲信号进行采样，当采样到有跳变时，PCA 硬件将把 PCA 计数器 CH、CL 的值装载到模块的捕获寄存器 CCAPnH、CCAPnL 中。同时硬件自动将中断请求标志位 CCFn 置 1。若对应的中断使能位 ECCFn=1，EA=1，则 PWM 产生中断。

2．软件定时器模式

MATn=1 时，PCA 模块在软件定时模式下工作，即通过对 CCAPMn 寄存器的 ECOMn 位和 MATn 位置 1(其他位清 0)，可使 PCA 模块用作软件定时器，如图8-16 所示。

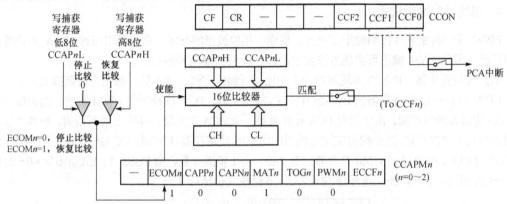

图 8-16　PCA 软件定时器模式/PCA 比较模式

定时时间由 PCA 模块 CH、CL 初值和比较/捕捉寄存器 CCAPnH、CCAPnL 决定。在比较/捕捉寄存器高 8 位 CCAPnH 装入后，PCA 定时器的值与模块捕获寄存器的值相比较，当两者匹配/比较相等时，硬件自动将中断请求标志位 CCFn 置 1。此时若对应的中断使能位 ECCFn=1、EA=1，则产生 PCA 计数器中断(中断不影响相关引脚的状态，即相应 CCPn 引脚依然可作为 I/O 口使用)。

例如，假设系统时钟 f_{sys} = 18.432 MHz，输入时钟源选择 f_{sys}/12，要求定时时间 t = 5 ms，计算 PCA 的计数器值。由于输入时钟源为 f_{sys}/12，则时钟周期 T = 12/f_{sys}，因此定时 5 ms 需要计数的时钟个数 = 5 ms/T，故 PCA 计数器值 = 5 ms/T = 7680 = 1E00H。也就是 PCA 计数器计数 1E00H 次，定时 5 ms，则 CCAPnH、CCAPnL 计数步长就是 1E00H。

3．高速输出模式

高速输出模式也是一种软件定时方式。若 TOGn=1，PCA 在高速 PCA 输出模式下工作，模块的 CCPn 引脚输出端将发生翻转。当 PCA 计数器的计数值与模块比较/捕获寄存器的值匹配(即到达定时时间)时，PCA 模块的 CCPn 输出将发生翻转，同时硬件自动将中断请求标志位 CCFn 置 1。若此时的 MATn、TOGn 和 ECOMn 位为 1，在触发引脚翻转的同时产生 PCA 中断请求，如图8-17 所示。使用高速 PCA 模式触发引脚状态获得的定时信号，比用软件定时器在中断服务程序中通过位操作指令 (SETB P1.x、CLR P1.x 或 CPL P1.x)获得的定时信号要精确得多。

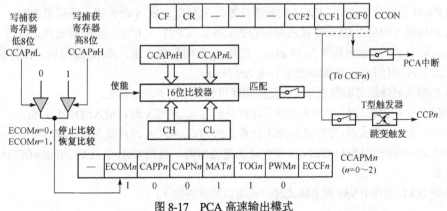

图 8-17　PCA 高速输出模式

CCAPnL 的值决定了 PCA 模块 n 的输出脉冲频率，输出脉冲频率=时钟源/(2×CCAPnL)。例如，设分频时钟 f_{sys}= 20 MHz，选择 PCA 时钟源为 f_{sys}/2，要求 PCA 输出频率 125 kHz 方波。则输出脉冲频率 = f_{sys}/(4×CCAPnL)，经计算和四舍五入取整数，可得到 CCAPnL=28H。

4．脉宽调制输出模式

PWM 是一种由程序控制波形占空比、周期、相位波形的技术，在电动机调速、D/A 转换等场合应用广泛，因此 PWM 输出可实现方波发生器和 D/A 转换器两种用途。

（1）方波发生器，由软件实现周期和占空比均可调的方波，成本低，输出方波范围大。

CCAPMn(n=1, 0) 寄存器的 PWMn=1、ECOMn=1 时，PCA 模块用作 PWM 输出，输出频率取决于 PCA 定时器的时钟源。由于所有 PCA 模块共用一个 PCA 定时器，其输出频率相同。但各个模块的输出占空比可独立变化，波形的占空比与使用的比较/捕获寄存器(EPCnL，CCAPnL)有关(见图 8-18)。EPCnH、EPCnL 是 PCA_PWMn 寄存器的低 2 位，用于辅助计数。由 EBSn_1、EBSn_0(n=0～2)两位控制 PCA 模块的 PWM 模式选择(8 位、7 位、6 位模式选择)。

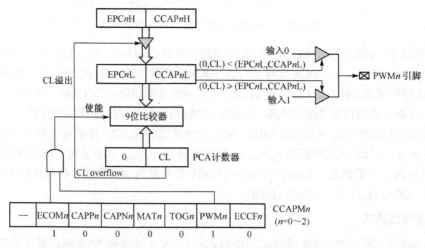

图 8-18　8 位 PWM 脉宽调制输出模式

在 PWM 输出模式下，由 EPCnL 与 CCAPnL 组合构成一个 9 位比较/捕获寄存器，EPCnH 与 CCAPnH 组合构成一个 9 位备份寄存器。当 CL 的值小于(EPCnL、CCAPnL)的值时，输出为低电平；当 CL 的值大于或等于(EPCnL、CCAPnL)的值时，输出为高电平；当 CL 的值溢出时，将(EPCnH、CCAPnH)的内容装载到(EPCnL、CCAPnL)中。这样就可无干扰地更新计数器，调节 PWM 输出脉冲宽度。当 PWM 是 8 位模式时，PWM 的频率计算公式为 f_{pwm}=PCA 时钟输入源频率/256。

PCA 时钟输入源可由 CMOD 模式寄存器的 CPS2、CPS1、CPS0 三位配置选择。

例如，要求 PWM 输出频率为 38 kHz，选择 f_{sys} 为时钟输入源，求出 f_{sys} 的值。由计算公式可得 38 000 = f_{sys}/256，得到 f_{sys}= 38 000×256×1 = 9.728 MHz。

PCA 的输入时钟源可编程选择，以便能实现可调频率的 PWM 输出。

当 PWM 是 7 位模式时，PWM 的频率计算公式为 f_{pwm}=PCA 时钟输入源频率/128。

当 PWM 是 6 位模式时，PWM 的频率计算公式为 f_{pwm}=PCA 时钟输入源频率/64。

当 EPCnL=0 且 CCAPnL=00H 时，PWM 固定输出高。当 EPCnL=1 且 CCAPnL=0FFH 时，PWM 固定输出低。

当某个 I/O 口用作 PWM 输出模式时，该端口的状态如下：

用作 PWM 前的状态	用作 PWM 输出口时的状态
弱上拉/准双向口	强推挽输出/强上拉输出，要加输出限流电阻 1～10 kΩ
强推挽输出/强上拉输出	强推挽输出/强上拉输出，要加输出限流电阻 1～10 kΩ
仅为输入/高阻	PWM 无效
开漏	开漏

(2) D/A 转换器。用 PWM 可以很方便地实现低速 D/A 转换功能。使用 PWM 输出模式做 D/A 转换器与直接采用标准 D/A 转换器件相比，在同样的输出分辨率的情况下，使用 PWM 输出模式时成本更低。由于用 PWM 输出模式 PCA 模块输出的模拟信号是方波信号经过平滑滤波后得到的，因此输出的模拟信号变化较慢，只能用来控制低速对象。

8.9.3　CCP/PCA 模块编程使用

1. 用 PCA 扩展外部中断

例 8-13　假定在 CCP0、CCP1 引脚输入 2 个不同频率的方波使 2 个 PCA 模块工作于中断方式，模块 0 为下降沿中断，模块 1 为边沿触发中断。模块 0 发生中断后对 P1.0 取反，模块 1 发生中断后对 P1.1 取反。程序设计如下(对新增功能寄存器和位操作时应加宏定义)：

```
           ORG      0000H
           LJMP     MAIN
           ORG      003BH
           LJMP     PCA_INT      ;PCA 中断服务程序入口地址
           ORG      0100H
MAIN:      MOV      SP,#6FH
           MOV      A,P_SW1      ;读引脚功能切换寄存器
           ANL      A,#0CFH      ;设置 CCP_S0=0, CCP_S1=0
           MOV      P_SW1,A  ;PCA 引脚选择 P1.2/ECI,P1.1/CCP0,P1.0/CCP1,P3.7/CCP2
           MOV      CMOD,#1000 000B  ;选择时钟源 f_osc/12，禁止 PCA 中断
           MOV      CCON,#00H    ;置 CF、CR、CCF0、CCF1 为 0
           MOV      CL,#00H      ;置 PCA 计数器初值为 0
           MOV      CH,#00H
           MOV      CCAPM0,#11H  ;模块 0 下降沿捕获，ECCF0=1 允许中断
           MOV      CCAPM1,#31H  ;模块 1 上升/下降沿都捕获，ECCF1=1 允许中断
           SETB     EA           ;开放中断
           SETB     CR           ;启动 PCA 计数器
           SJMP     $
PCA_INT:   PUSH     ACC
           PUSH     PSW
           JNB      CCF0,NPCA1   ;判断是否为模块 0 发生中断
           CPL      P1.0         ;是模块 0 中断，P1.0 取反
           CLR      CCF0         ;清除模块 0 的中断标志
NPCA1:     JNB      CCF1,PCA_EX  ;判断是否为模块 1 发生中断
           CPL      P1.1         ;是模块 1 中断，P1.1 取反
           CLR      CCF1         ;清除模块 1 的中断标志
PCA_EX:    POP      PSW
           POP      ACC
           RETI
           END
```

2. 用 PCA 做定时器/计数器使用

例 8-14 用 PCA 功能做定时器，实现在 P1.5 输出脉冲宽度为 500 ms 的方波。

系统时钟是 12T 模式时，PCA 定时器每 12 个时钟脉冲加 1，当 PCA 计数器的计数值增加到与捕获寄存器值相等时，硬件置 CCF0=1 并产生中断请求。中断响应后，中断服务程序给捕获寄存器重新赋初值，这样每次的中断时间间隔都相同。

本例中，设置 PCA 定时器每隔 5 ms 中断溢出一次（$T=5$ ms），如果选择分频时钟频率 $f_{sys}=12$ MHz，则 PCA 计数值 Val 为：$Val = T \times \dfrac{1}{12 \times (1/f_{sys})}$，式中 $T=5$ ms 定时值，代入计算得到：$Val = 5000$（即等于十六进制数 1388H）。所以，如果需要定时 500 ms，则要中断 100 次。这里用 R2 记录 PCA 定时中断次数，程序设计如下：

```
              ORG     0000H
              LJMP    MAIN
              ORG     003BH
              LJMP    PCA_INT  ;PCA中断服务程序入口地址
              ORG     0100H
      MAIN:   MOV     SP,#6FH
              MOV     A,P_SW1  ;读引脚功能切换寄存器
              ANL     A,#0CFH  ;设置CCP_S0=0,CCP_S1=0
              MOV     P_SW1,A  ;PCA引脚选择P1.2/ECI,P1.1/CCP0,P1.0/CCP1,P3.7/CCP2
              MOV     R2,#00H             ;记录中断次数
              MOV     CMOD,#1000 000B     ;选择时钟源f_osc/12，禁止PCA计数器溢出中断
              MOV     CCON,#00H           ;置CF、CR、CCF0、CCF1为0
              MOV     CH,#00H             ;置PCA计数器初值为0(工作计数器)
              MOV     CL,#00H
              MOV     CCAP0H,#13H         ;置比较/捕获寄存器初值(定时5 ms)
              MOV     CCAP0L,#88H
              MOV     CCAPM0,#49H         ;模块0为16位软件定时器，ECCF1=1允许中断
              SETB    EA                  ;开放中断
              SETB    CR                  ;启动PCA计数器
              SJMP    $
    PCA_INT:  MOV     A,#88H
              ADD     A,CCAP0L            ;比较/捕获寄存器加1388H
              MOV     CCAP0L,A
              MOV     A,#13H
              ADDC    A,CCAP0H
              MOV     CCAP0H,A
              JNB     CCF0,EXIT           ;判断是否为模块0发生的中断
              CLR     CCF0                ;清除模块0的中断标志
              INC     R2
              CJNE    R2,#100,EXIT
              MOV     R2,#00H
              CPL     P1.5                ;定时500 ms到，将P1.5取反输出
      EXIT:   RETI
              END
```

3. PCA 高速方波输出

例 8-15　用 STC15F2K60S2 系列单片机高速输出 f_{out} = 125 kHz 的方波（假设 f_{sys} = 20 MHz）。

使用单片机 PCA 功能模块 1 的 CCP1 引脚输出 f_{out} = 125 kHz 的方波，计算比较/捕获寄存器的初

值 Value：$f_{out} = \dfrac{f_{sys}}{4 \times \text{Value}}$，把 f_{out}、f_{sys} 代入得到 Value = 40（即等于十六进制数 28H）。

程序采用中断方式，当 PCA 计数器与比较/捕获寄存器的值发生匹配时触发中断，并使 PCA 模块 1 的 CCP1 引脚端输出信号翻转。程序设计如下：

```
            ORG     0000H
            LJMP    MAIN
            ORG     003BH
            LJMP    PCA_INT         ;PCA 中断服务程序入口地址
            ORG     0100H
MAIN:       MOV     SP,#6FH
            MOV     A,P_SW1         ;读引脚功能切换寄存器
            ANL     A,#0CFH         ;设置 CCP_S0=0, CCP_S1=0
            MOV     P_SW1,A         ;PCA 引脚选择 P1.2/ECI,P1.1/CCP0,P1.0/CCP1,P3.7/CCP2
            MOV     CMOD,#0000 0010B ;选择时钟源 f_osc/2，禁止 PCA 计数器溢出中断
            MOV     CCON,#00H       ;置 CF、CR、CCF0、CCF1 为 0
            MOV     CH,#00H         ;置 PCA 计数器初值为 0
            MOV     CL,#00H
            MOV     CCAP1H,#00H     ;置模块 1 捕获寄存器初值
            MOV     CCAP1L,#28H
            MOV     CCAPM1,#4DH     ;设置模块 1 为高速脉冲输出模式，允许中断
            SETB    EA              ;开放总中断
            SETB    CR              ;启动 PCA 定时器开始计数
            SJMP    $
PCA_INT:    CLR     CCF1            ;清除模块 0 的中断标志
            MOV     A,#28H          ;修改比较/捕获寄存器的值(A+28H)
            ADD     A,CCAP1L
            MOV     CCP1L,A
            CLR     A
            ADDC    A,#CCAP1H
            MOV     CCAP1H,A
EXIT:       RETI
            END
```

4. CCP/PCA 输出 PWM

例 8-16　利用 PCA 模块的 8 位 PWM 功能输出占空比可变的方波信号。

假设 PWM 脉宽最大值为 0F0H，则占空比为 93.75%；脉宽最小值 10H，占空比为 6.25%。改变脉冲宽度步长为 38H。PCA 模块从最小输出脉宽开始，按 38H 步长逐步加大脉宽（即修改比较/捕获寄存器的值），等到脉宽最大时再逐步减小；当脉宽减小到最小时又逐步加大脉宽，反复循环下去，使 CCP0、CCP1 引脚输出脉冲宽度可变的信号。程序设计如下：

```
            ORG     0000H
            LJMP    MAIN
            ORG     0050H
```

```
       MAIN:     MOV      A,P_SW1          ;读引脚功能切换寄存器
                 ANL      A,#0CFH          ;设置 CCP_S0=0，CCP_S1=0
                 MOV      P_SW1,A          ;PCA引脚选择P1.2/ECI,P1.1/CCP0,P1.0/CCP1,P3.7/CCP2
                 MOV      CMOD,#1000 0010B ;选择时钟源 f_osc/2，禁止 PCA 计数器中断
                 MOV      CCON,#00H        ;置 CF、CR、CCF0、CCF1 为 0
                 MOV      CH,#00H          ;置 PCA 计数器初值为 0
                 MOV      CL,#00H
                 MOV      CCAPM0,#42H      ;设置模块 0 为 PWM 输出模式，无中断
                 MOV      PCA_PWM0,#00     ;设置 PWM 模式为 8 位 PWM 输出模式，第 9 位清 0
                 MOV      CCAPM1,#42H      ;设置模块 1 为 PWM 输出模式，无中断
                 MOV      PCA_PWM1,#00     ;设置 PWM 模式为 8 位 PWM 输出模式，第 9 位清 0
                 SETB     CR               ;启动 PCA 计数器运行开始计数
                 MOV      R2,#10H          ;最小脉宽值
       PWM_A:    MOV      A,R2             ;输出 PWM 脉宽逐渐增大(加 1 个步长)
                 CLR      C
                 SUBB     A,#0F0H
                 JNC      PWM_B            ;比较脉宽状态，判断脉宽修改方向，C=0，跳到 PWM_B
                 MOV      A,R2             ;当前脉宽小，则增大脉宽(加 1 个步长)
                 MOV      CCAP0H,A
                 MOV      CCAP1H,A
                 ADD      A,#38H           ;脉宽加一个步长以增大脉冲宽度
                 MOV      R2,A
                 ACALL    DELAY            ;调用延时子程序
                 AJMP     PWM_A
       PWM_B:    MOV      A,R2             ;当前脉宽大，则减小脉宽(减 1 个步长)
                 CLR      C
                 SUBB     A,#10H
                 JC       PWM_A
                 JZ       PWM_A
                 MOV      A,R2
                 MOV      CCAP0H,A
                 MOV      CCAP1H,A
                 CLR      C
                 SUBB     A,#38H           ;脉宽减一个步长值以减小脉冲宽度
                 MOV      R2,A
                 ACALL    DELAY            ;调用延时子程序
                 AJMP     PWM_B
       DELAY:    …                         ;延时子程序略(延时时间根据实际脉宽要求定)
                 RET
                 END
```

8.10　STC15 系列单片机的时钟系统与节电模式

　　STC15F2K60S2 系列单片机有两种时钟源：内部 R/C 时钟和外部输入时钟或外接晶振产生时钟。内部 R/C 时钟精度为±1%温漂，常温下温漂±5%，精度高。内部时钟可在程序下载时使用 STC-ISP 软件进行配置与选择。外部时钟需要在单片机引脚（XT1/XT2）上外接时钟电路产生主时钟输入。

8.10.1　主时钟和系统时钟

　　如果希望降低系统功耗，可对主时钟进行分频。时钟分频采用控制寄存器 CLK_DIV（PCON2）进行，使单片机工作在较低频率下。CLK_DIV 寄存器格式和各位功能如下：

| CLK_DIV | mcko_S1 | mcko_S0 | ADRJ | Tx_Rx | Tx2_Rx 2 | CLKS2 | CLKS1 | CLKS0 | 地址 97H |

　　mcko_S1、mcko_S0：主时钟对外分频控制位。各位配置如下：

mcko_S1	mcko_S0	主时钟分频控制
0	0	主时钟不对外输出时钟
0	1	主时钟对外输出时钟，但时钟不被分频，输出时钟频率=f_{osc}/1
1	0	主时钟对外输出时钟，且时钟被 2 分频，输出时钟频率=f_{osc}/2
1	1	主时钟对外输出时钟，且时钟被 4 分频，输出时钟频率=f_{osc}/4

　　CLKS2、CLKS1、CLKS0：系统时钟频率选择控制位。各位功能配置如图 8-19 所示。

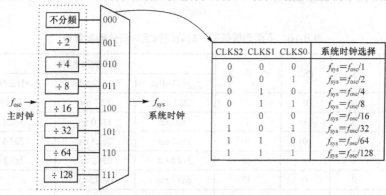

图 8-19　时钟系统分频结构与时钟选择

　　主时钟可以是内部 R/C 时钟、外部输入时钟或外接晶振产生的时钟。主时钟经过时钟选择控制位配置后进行分频，分频后形成系统时钟，用于供给 CPU、串行口、SPI、定时器/计数器、CCP/PWM/PCA、A/D 转换的实际工作时钟。STC15F2K60S2 系列单片机的主时钟可以从 MCLKO/P5.4 引脚输出，还可通过配置定时器/计数器输出时钟频率；但受 I/O 的速度限制，输出频率最大不超过 13.5 MHz。例如，只要设置 CLK_DIV=80H，从 MCLKO/P5.4 引脚上即可输出频率为 f_{osc} /2 的信号。

8.10.2　看门狗工作原理及应用

　　在由单片机构成的微型计算机系统中，常常因为受到外界电磁场的干扰，造成程序的跑飞从而陷入死循环，使程序的正常运行被打断，导致整个系统无法继续工作陷入停滞状态，有时会发生不可预料的后果。因此，为了对单片机系统运行状态实时监测，在单片机内部专门设计了一种用于监测单片机程序运行状态的看门狗部件，俗称"硬件看门狗"。看门狗使单片机可以在无人状态下实现连续工作。

1. 看门狗工作原理

　　硬件看门狗利用定时器监控主程序的运行。一般在系统运行后启动看门狗的计数器，看门狗开始自动计数。在单片机正常工作时，应每隔一段时间输出一个信号使看门狗定时器清 0 复位（又称喂狗）。如果超过规定的时间不清0（一般在程序跑飞时），看门狗定时器会溢出，此时应输出一个高电平使单片机复位，引导单片机从程序存储器的起始位置重新开始执行，这样可有效防止因程序发生死循环或程序跑飞造成的单片机死机现象。

2. 看门狗特殊功能寄存器 WDT_CONTR

STC15 系列单片机内部有看门狗部件，由特殊功能寄存器 WDT_CONTR 控制，各位功能如下：

WDT_CONTR	WDT_FLAG	—	EN_WDT	CLR_WDT	IDLE_WDT	PS2	PS1	PS0	0C1H

WDT_FLAG：看门狗计数器溢出标志位。当溢出时，该位由硬件置 1；需要用软件将其清 0。

EN_WDT：看门狗允许位。当软件置 EN_WDT=1 时，看门狗被启动运行。

CLR_WDT：看门狗清 0 位。当软件置 CLR_WDT=1 时，在看门狗被复位时，看门狗计数器重新计数；看门狗复位后，硬件自动将该位清 0。

IDLE_WDT：看门狗 IDLE 位。当软件置 IDLE_WDT=1 时，看门狗定时器在空闲模式下计数；当 IDLE_WDT=0 时，看门狗定时器在空闲模式时不计数。

PS2、PS1、PS0：看门狗定时器预分频值（Pre_scal）。定时分频配置如表 8-16 所示。

看门狗溢出周期 T 计算公式：$T = \dfrac{12 \times \text{Pre\_scal} \times 32\,768}{f_{\text{sys}}}$

表 8-16　不同晶振频率下的看门狗定时器分频配置表

PS2	PS1	PS0	预 分 频	看门狗溢出周期		
				f_{sys}= 20 MHz	f_{sys}= 12 MHz	f_{sys}=11.0592 MHz
0	0	0	2	39.3 ms	65.5 ms	71.1 ms
0	0	1	4	78.6 ms	131.0 ms	142.2 ms
0	1	0	8	156.3 ms	262.1 ms	284.4 ms
0	1	1	16	314.6 ms	524.2 ms	568.8 ms
1	0	0	32	629.1 ms	1048.5 ms	1137.7 ms
1	0	1	64	1250 ms	2097.1 ms	2275.5 ms
1	1	0	128	2500 ms	4194.3 ms	4551.1 ms
1	1	1	256	5000 ms	8388.6 ms	9102.2 ms

看门狗功能和分频系数可在程序下载时使用 STC-ISP 软件进行配置与选择。看门狗复位结束后，功能寄存器 IAP-CONTR 中的 SWBS 位不变，单片机将根据复位前的 SWBS 位的值选择是从用户应用程序区（SWBS=0）中启动，还是从系统 ISP 监控程序区启动。

3. 看门狗编程应用

例 8-17　设使用 STC15F2K16S2 单片机实现键盘扫描和显示功能，采用看门狗监测系统的状态，要求看门狗溢出周期达 1 s 左右。如果 f_{sys}=12 MHz，设置预分频值为 32，则程序代码段如下：

```
        ORG     0000H
        LJMP    MAIN
        ORG     0050H
MAIN:   MOV     WDT_CONTR,#3CH    ;启动看门狗，设置预分频值为 32
        …                        ;程序初始化
LOOP:   ACALL   KEY_IN            ;调用键盘扫描
        ACALL   DISP             ;调用显示
        MOV     WDT_CONTR,#3CH    ;看门狗清 0（喂狗）
        SJMP    LOOP
KEY_IN: …
        …
```

```
                RET
        DISP:   ···
                ···
                RET
                END
```

例 8-18　WDT_FLAG 是看门狗计数器溢出标志位，通过检测这个标志位，可以识别出是由系统复位还是由看门狗计数器溢出复位。程序设计如下：

```
                ORG     0000H
                LJMP    MAIN
                ORG     0050H
        MAIN:   MOV     A,#WDT_CONTR        ;检测是否为看门狗复位
                ANL     A,#1000 0000B
                JNZ     WDT_RST            ;WDT_CONTR=1 看门狗复位，跳转 WDT_RST
                MOV     WDT_CONTR,#3DH     ;启动看门狗，设置预分频值为 64
                SETB    PW_LED             ;上电复位灯 PW_LED 亮
                CLR     WDT_LED            ;看门狗灯灭
                SJMP    $
        WDT_RST:SETB    WDT_LED            ;看门狗灯亮
                CLR     PW_LED             ;上电复位灯灭
                SJMP    $
                END
```

8.10.3　STC15 系列单片机节电模式

对于采用电池供电的系统，功耗是首要考虑的问题。单片机内部有一个电源管理寄存器 PCON，可使单片机进入空闲模式和掉电模式，从而达到节电目的。

1. 空闲节电模式

空闲节电模式又称为待机模式，这种模式由软件产生。在空闲节电模式状态工作情况下，除 CPU 处于休眠状态外，其余硬件全部处于活动状态。如果已经启动了定时器，那么其计数器也将继续工作。此时，片内 RAM 和所有特殊功能寄存器的内容保持不变。

退出空闲模式的方式：可由任何允许的中断请求或硬件复位来终止空闲模式。

当使用中断请求唤醒单片机退出空闲模式时，程序从原来被终止的位置开始继续运行；当使用硬件复位唤醒单片机时，程序将从头开始执行。

2. 掉电模式

当单片机进入掉电模式时，外部晶振停振，CPU、定时器和串行接口全部停止工作，此时只有外部中断继续工作。使单片机进入休眠模式的指令将成为掉电前单片机执行的最后一条指令，进入休眠模式后，芯片中程序未涉及的数据存储器和特殊功能寄存器中的数据将被冻结并保持原值。

退出掉电模式的方法：必须由外部中断或者硬件复位唤醒单片机。

当使用中断请求唤醒单片机时，程序从原来被终止处继续运行；当使用硬件复位唤醒单片机时，程序将从头开始执行。

单片机以复位唤醒后，全部特殊功能寄存器被复位初始化，但不改变 RAM 中的内容。在电源 V_{CC} 恢复到正常工作电压前，复位无效，且必须保持一定时间以使振荡器重新启动并保持稳定工作。

空闲和掉电期间芯片引脚状态见表 2-9。

3. PCON 寄存器

PCON 是控制掉电、节电模式的特殊功能寄存器，各位功能定义如下：

PCON	SMOD	SMOD0	LVDF	POF	GF1	GF0	PD	IDL	87H

POF：上电复位标志位。单片机停电后再上电，该位被置 1，可由软件清 0。要判断是上电复位（冷启动），还是外部复位引脚输入复位信号产生的复位，或是内部看门狗复位，可按图 8-20 单片机复位流程图所示的方法来判断。

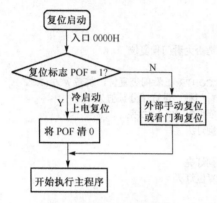

图 8-20　单片机复位流程

PD：掉电模式控制位。置 PD=1，单片机进入掉电模式，可由外部中断唤醒。进入掉电模式时，外部时钟停振，CPU、定时器、串行接口全部停止工作，只有外部中断继续工作。当任意一个外部中断源、定时器/计数器、PCA 计数器和串口引脚上出现有效的中断信号输入时，单片机将被唤醒，退出掉电模式，转为正常工作模式。

IDL：节电模式控制位。置 IDL=1，单片机进入空闲节电模式，除 CPU 停止工作外，其余的仍继续工作。节电模式可由任何一个中断指令唤醒。

GF1、GF0：通用工作标志位，由用户定义使用。

SMOD：波特率倍速位。置 SMOD=1，串行接口通信波特率将加快 1 倍。

掉电、节电模式一般应用在单片机系统空闲时，可以起到降低系统功耗、提高系统抗干扰能力的目的。以 STC15F2K60S2 系列单片机为例，单片机正常工作时的功耗通常为 4～7 mA，进入空闲模式时其功耗降至 1 mA，当单片机进入掉电模式时功耗小于 0.1 μA。由软件可设置系统进入掉电、节电模式。例如：

```
MOV  PCON,#0000 0010B    ;置 PD=1，使系统进入掉电模式
MOV  PCON,#0000 0001B    ;置 IDL=1，使系统进入空闲模式
```

SMOD0：串口通信帧错误检测控制位。

当使用帧错误检测时，丢失的位将会置位 SCON 中的 FE 位，FE 与 SM0 共用 SCON.7，通过 PCON.6（SMOD0 位）选择。若 SMOD0=1，SCON.7 作为 FE；若 SMOD0=0，SCON.7 作为 SM0。

LVDF：低压检测标志位，同时也是低压检测中断申请标志位。在正常和空闲工作状态时，如果内部工作电压 V_{CC} 低于低压检测门槛电压，该位自动置 1，与低压检测中断是否被允许无关。如果允许中断，还可申请中断。要求软件清 0，清 0 后若 V_{CC} 继续低于低压检测门槛电压，又自动置 1。

在进入掉电状态时，若 LVDF 不允许中断，则该低压检测电路不工作，以降低功耗；如果允许中断，则低压检测电路继续工作，若检测到 V_{CC} 小于门槛电压时，产生低压检测中断，将单片机唤醒。

STC15F2K60S2 系列单片机内置了 8 级可选的内部低压检测门槛电压（见表 8-17）。门槛电压的设置要在程序下载时使用 STC-ISP 下载软件进行设置，并配置好是否允许复位和中断。当配置为允许复位，则在检测到电源 V_{CC} 低于内置的门槛电压 LVD 时，可产生复位。内部低压检测复位是热启动复位中的硬复位之一。复位结束后，功能寄存器 IAP-CONTR 中的 SWBS 位不变，单片机将根据复位前的 SWBS 位的值选择是从用户应用程序区（SWBS=0）中启动，还是从系统 ISP 监控程序区启动。

表 8-17　单片机内置的 8 级低压检测门槛电压

5 V 单片机内部低压检测门槛电压 LVD/V			3.3 V 单片机内部低压检测门槛电压 LVD/V		
−40℃	25℃	80℃	−40℃	25℃	80℃
4.74	4.64	4.60	3.11	3.08	3.09
4.41	4.32	4.27	3.85	2.82	2.83
4.14	4.05	4.00	2.63	2.61	2.61
3.90	3.82	3.77	2.44	2.42	2.43
3.69	3.61	3.56	2.29	2.26	2.26
3.51	3.43	3.38	2.14	2.12	2.12
3.36	3.28	3.23	2.01	2.00	2.00
3.21	3.14	3.09	1.90	1.89	1.89

综上所述，掉电模式与空闲模式功能上的区别是：掉电模式下定时器不工作，串行口也不发数据。而空闲模式下定时器能够正常工作，串行口也会将没发完的 1 字节数据继续发完，且可以用定时中断唤醒单片机，使之退出空闲模式。由于掉电模式和空闲模式都可由中断唤醒，所以在使用节电模式时，应该安排好中断功能。

8.11　STC 系列单片机 ISP 编程

ISP（In System Programming），指电路板上的空白器件可以编程写入最终用户代码，而不需要从电路板上取下器件，已经编程的器件也可以用 ISP 方式擦除或再编程。ISP 技术是未来嵌入式系统的主要发展方向。

8.11.1　ISP 编程典型电路

使用 ISP 下载程序的方法是：在 PC 上运行一个下载软件，并通过 COM1 串口通信传输数据来进行改写单片机内部的 Flash 存储器。对于单片机来讲，通过 SPI 或串行接口功能，接收上位机传送来的数据并写入存储器中。所以，在应用系统中，即使将芯片焊接在电路板上，只要留出与上位机连接的这个串口，就可以实现单片机芯片内部存储器的改写，而无需再取下单片机芯片。

ISP 技术的优势在于不需要编程器就可以进行单片机的实验和开发，单片机的芯片可以直接焊接到电路板上，调试结束即成为成品，免去了调试时由于频繁在电路板上拔插单片机芯片而带来的不便。

目前市场上不少的单片机具有 ISP 功能，如 ATMEL 公司 AT89Sxx、AVR 系列，Philips 公司的 P89C51RX2xx 系列等单片机。但 STC 系列单片机提供的 ISP 编程功能更为方便，这些单片机内部都固化有 ISP 系统引导固件，并且巧妙地解决了固件地址和 Flash 的地址相互覆盖问题，使 ISP 功能实现变得简单。ST 公司的 μPSD32xx 系列单片机片内带 128 KB、256 KB 的 Flash 存储器及 32 KB Boot ROM，可通过 JTAG 串行接口能够很容易地实现 ISP 功能。ISP 的好处是省去了购买通用的编程器，单片机在用户目标板上就可下载/烧录用户程序，加快产品设计及进入市场的速度。

STC15 系列单片机的 ISP 功能采用串行口和 USB 口通信实现，所有的 STC 系列单片机都有这种 ISP 串行口下载功能。假设使用 STC15F2K16S2 单片机采用串口下载，则其下载接口电路如图 8-21 所示。图中在目标系统板上，只要将 STC15F2K16S2 单片机的串行口经过 MAX232 电平转换后连接到 PC 的 RS−232 串口（COM1）上，即可实现 ISP 在系统编程或应用程序升级。

由于现在很多计算机不具备 RS−232 串口（COM1），给用户编程带来不便，这时需要采用 USB 进行程序下载电路来实现（见图 8-22）。

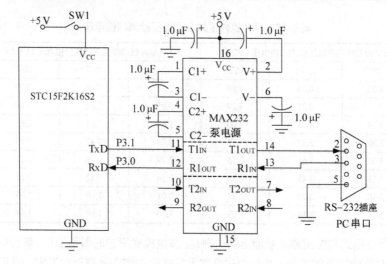

图 8-21　采用 RS–232 的 ISP 接口电路

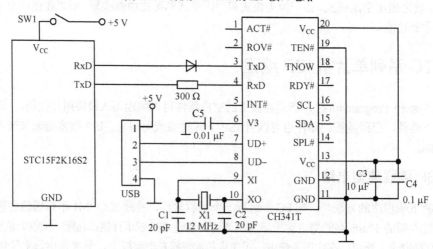

图 8-22　采用 USB 的 ISP 接口电路

8.11.2　ISP 编程下载软件

STC 系列单片机具有 ISP 可编程独特特性，可以很方便地在用户系统板上实现程序的下载编程与调试，省去购买通用编程器和仿真器。程序下载时需要使用 ISP 下载软件，如 STC_ISP_V6.15.exe。

STC_ISP_V6.18.exe 下载软件是 STC 宏晶公司开发的单片机应用程序专业下载软件，软件运行的人机界面友好，包含很多功能选项，如图 8-23 所示。通过"打开程序文件"选项装载用户应用程序（.hex 或.bin 文件）后，可以在"程序文件"窗口查看程序信息，也能对程序代码进行修改；若选用"打开 E^2PROM 文件"选项装载文件后，同样可以在"E^2PROM 文件"窗口修改数据；"串口助手"能按照文本或 hex 数据模式实现单片机与 PC 的串口通信，并将通信数据显示保存在窗口中；"波特率计算器"、"定时器计算器"和"软件延时计算器"选项可根据设置值自动生成波特率、定时器初值和软件延时的 C 或 ASM 程序代码；"头文件"选项提供了 STC15F 系列单片机的头文件信息；"范例程序"提供了 STC15F 系列单片机的编程处理方法与例程；"芯片选型"提供了 STC15F 系列单片机的芯片内部参数；最后的"官方网站"提供了一些数据手册和帮助。

在 ISP 下载软件的左边还有"硬件选项"用于下载程序时选择硬件和检测方式;"自动增量"用于选择代码存储位置;"RS485 控制"用于设置 RS485 通信是否有效;"用户自定义加密下载"用于选择生成下载密钥,保证下载到芯片内的程序代码的安全性和保密性;"自定义下载"用于选择下载通信方式。以下是用户程序下载过程和步骤:

(1) 源代码编辑调试。

① 安装 Keil 源程序编辑调试软件(如 Keil uVision3),UV3 版本,备份原来的 UV3.CDB,将 keil\uv2 文件夹下的 UV3.CDB 文件用 STC 提供的 UV3.CDB 代替;

② 运行 Keil uVision3 软件,进入程序编辑调试环境;

③ 建立工程,选择单片机型号(如 STC15F2K16S2)作为调试对象;

④ 编辑源程序,编译调试最后生成目标代码(如生成*.hex 文件);

⑤ 将生成的目标代码下载到 STC15 系列的单片机中运行。

(2) 目标代码编程下载。STC15 系列单片机目标程序下载方法如下:

① 设计、连接好接口电路;在 PC 端安装 STC_ISP 软件,如 STC_ISP_V6.85.exe;

② 在 PC 端执行 STC_ISP 软件,如图 8-23 所示;

③ 在"单片机型号"栏上选择单片机芯片(如 STC15F2K16S2),选择的型号应与目标系统上的单片机型号一致;

④ 单击"打开程序文件",选择需要下载的 .hex 文件;

⑤ 选择串行接口、波特率(一般用默认即可),确定硬件选项、用户自定义加密下载等;

⑥ 单击"下载/编程",将出现提示"正在尝试与 MCU 单片机握手连接",这时将目标系统板断电 3~5 秒后再上电启动系统 ISP 监控程序,当检测到有从 PC 传送的下载命令流时,程序就会开始下载到单片机的 Flash 中,直到下载完成。

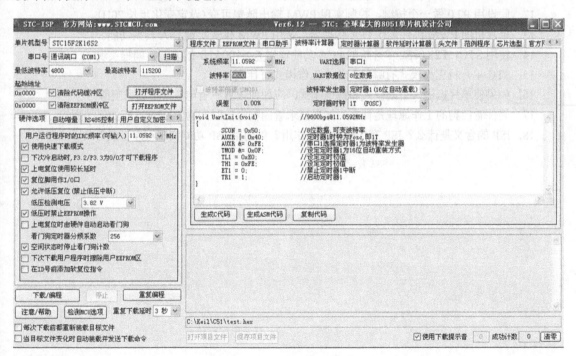

图 8-23　STC_ISP 软件操作界面

本章小结

随着单片机内部的功能部件越来越丰富，使单片机在中低端系统的应用中更加简便、快捷，减少了外部扩展，降低了成本。本章主要讲述 STC15F2K60S2 系列单片机内部功能的使用方法，重点应掌握新增 I/O 口功能设置、E²PROM、A/D、PWM 和看门狗的应用，以及低功耗模式设置。

练习与思考题

1. STC 单片机有什么性能特点？其内部新增了哪些功能部件？

2. 如何将单片机引脚设置为推挽输出 I/O 口工作方式？

3. STC15F2K60S2 系列单片机与 STC89C51、AT89C51 有哪些区别？编程把 STC15F2K16S2 单片机片内 100H 开始的 10 个单元内容复制并存储到 200H 开始存储。

4. STC 单片机片内的 E²PROM 和 Data Flash 存储器有什么区别？

5. IAP 的含义是什么？IAP 有什么功能？对今后的产品升级有什么意义？

6. STC15F2K08S2 单片机片内有多少 Data Flash？对 Data Flash 的访问有什么特点？

7. 假定要修改 STC15F2K16S2 的 E²PROM 中的 010H 地址的内容，应如何编程？

8. STC15F2K60S2 系列单片机有几个 A/D？如果要使用 P1.3 作为 A/D 转换器，应该如何设置？

9. 试使用 PCA 定时器实现 1 s 定时，完成程序的编写与实现。

10. 用 P1.2 作为 A/D 采集外部 0～500 mV 信号，试设计输入通道调理电路，并进行 A/D 采集。

11. 利用 PCA 模块的 PWM 功能输出占空比为 2∶1 的脉冲信号，编程实现。

12. 假设用 P2.0 做一个按键，控制实现 PWM 输出脉宽可变（设定变化步长 20H）。

13. 单片机的 PWM 部件能作 D/A 转换器，试用 PWM 模式实现 D/A 转换功能。

14. 使用 STC15F2K08S2 单片机的 PCA 功能输出 f_{out}=100 kHz 的方波，编程实现。

15. STC 单片机工作模式有哪些？各个工作模式有什么特点？

16. 如果使单片机进入空闲模式和掉电模式，应如何设置？省电模式下如何唤醒？

17. 硬件看门狗的工作原理是什么？如果要求看门狗溢出时间为 500 ms，应如何编程？

18. ISP 的含义是什么？ISP 有什么功能和作用？如何用 ISP 功能实现程序下载？

第9章 单片机系统的扩展

本章学习要点:

(1) 单片机外部扩展和总线构成原理,并行总线、串行总线扩展技术;

(2) 采用线选法、译码法扩展单片或多片存储器、TTL 芯片的方法;

(3) 扩展外部存储器或 TTL 芯片的端口地址编址方法;

(4) I^2C、SPI、1/2/3Wire 总线的接口、操作时序和编程应用。

随着单片机的广泛应用和深入发展,单片机的功能越来越强,内部集成的功能部件越来越多,一个单片机芯片就相当于一块单板机的功能,使得很多智能仪器、仪表、家用电器、小型测试系统和测控装置中只需要一个单片机芯片,无需扩展外围器件就能实现必需的功能,给应用系统的设计带来很大的便利,降低了成本,提高了系统的稳定性和可靠性。但是,对于一些大型的智能应用系统,例如需要大存储量、多 I/O 端口或高精度 A/D 转换器、D/A 转换器等场合,单靠单片机内部所包含的功能部件有时达不到设计要求,这时就需要在单片机的外围连接一些集成芯片,以满足系统的设计要求。

9.1 单片机系统扩展概述

在 20 世纪 80 年代以前,国内较多采用 8031 系列单片机作为应用系统设计。由于 8031 单片机片内没有程序存储器,数据存储器也很有限。在后来推出的单片机中(如 8051 系列、如 8751 系列),有的片内包含了 4 KB 程序存储器,但容量仍有限,应用系统的设计受到很大的束缚,通常无法单独使用一块芯片来完成系统设计,即不是真正意义上的"单片机"。传统的扩展办法是在单片机外部扩展并行器件,扩展外部程序存储器通常选用 2764、27128、27256、27512 等 ROM 器件。如果需要保存大量的数据,通常选用 6264、62128、62256、62512 或 2864 等 RAM 器件来扩展外部数据存储器。扩展这类存储器,单片机需要用 2 个 I/O 端口(P0 口和 P2 口),还剩下 2 个 I/O 口经常不够用,这时通常又需要用 8255A、8155H 等器件扩展可编程片外 I/O 端口。由于这些程序存储器、数据存储器和可编程 I/O 口器件都是并行接口的,因此需要采用三总线的方式进行扩展。图 9-1 是典型的系统总线扩展,通过三总线把单片机与外部器件连接起来,进行数据、地址、控制信号的传输。

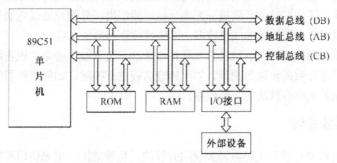

图 9-1 单片机系统总线扩展结构

8051 单片机扩展外部存储器或 I/O 口采用总线分时复用方式,程序存储器和数据存储器的空间完全分开，独立编址。扩展的存储空间统一采用一组地址总线、数据总线寻址访问，程序存储器和数据存储器的最大扩展空间均为 64 KB。扩展后，单片机系统形成了两个并行 64 KB 外部存储器空间。

目前，单片机功能各异、种类繁多，片内资源丰富，程序存储器和数据存储器的容量、I/O 端口的数量都有了很大的改变。因此，现代的单片机系统扩展有以下三种方式：

（1）片内扩充。重视单片机选型，根据不同的应用，选择不同性能的单片机芯片。

例如，STC12C5601 片内含 Flash 存储器 1 KB，而 STC12C5A32S2 单片机的片内包含了 32 KB 程序存储器和 29 KB 数据存储器，还有多达 44 个 I/O 口引脚，因此很少需要进行外部资源的扩展。如果需要扩展 I/O 端口一般可以选择多引脚的单片机。例如，C8051F020 单片机包含了 8 个 I/O 端口共 64 位 I/O 口；KS88C0016 三星单片机包含了 7 个 I/O 端口共 54 位 I/O 口；64 引脚的 PIC 单片机包含了多达 52 个 I/O 口线；48 引脚的 STC 单片机包含了多达 44 个 I/O 口线。由于单片机内部资源的丰富，在很多应用中只需单一芯片就能解决问题，成为真正的"单片机"应用系统。

（2）片外串行总线扩展。如果片内资源无法满足要求（如系统需要海量存储器），可选择串行总线扩展，接口简单、方便，利于节省成本。主要的 Flash 串行存储器有 I^{2}C 接口的 AT24Cxx 系列（如 AT24C64、AT24C512 等器件）和 SPI 接口的 W25Xxx 系列（如 W25X10、W25X80 等器件）闪存，最大容量（如 W25X64）高达 8 MB。

（3）片外并行总线扩展。通过单片机的三总线实现对外部并行器件的扩展连接。这种方式占用 I/O 口线多，电路连接复杂，使 PCB 面积大。优点是编程简单，数据传输速度快。

所以，8 位单片机的三总线并行扩展应用将越来越少。今后片外系统的扩展将以串行总线为主，传统的三总线的应用扩展将出现在以 ARM 为核心的大系统结构上。下面从扩展技术和原理的角度来介绍单片机并行三总线应用的系统扩展方法。

9.2　单片机系统总线的构造

电路是由元器件通过电线连接而成的。在模拟电路中，连线并不是问题，因为各类器件间一般是串行关系，各类器件之间的连线并不很多。但计算机电路却不一样，它是以微处理器为核心，各类器件都要与微处理器相连，各类器件之间的工作必须相互协调，所以需要的连线很多。如果仍与模拟电路一样，在各类微处理器和各类器件间单独连线，则连线的数量将多得惊人。所以在微处理机中引入了总线的概念，多个器件共同享用一条公共总线。

由于所有器件都挂接在一条总线上，因此不允许很多个器件同时送出数据，需要通过控制线进行选通，使器件分时工作，任何时候只能允许一个器件发送数据（可以有多个器件同时接收）。器件的数据线被称为数据总线，器件所有的控制线被称为控制总线。单片机系统内部存储器或外部存储器及其他器件中有存储单元，这些存储单元要被分配地址后才能使用，分配地址以电信号的形式给出。由于存储单元较多，所以用于分配地址的线也较多，这些线被称为地址总线。

单片机系统总线包括数据总线、地址总线和控制总线三大总线，是单片机在硬件资源不够时向外扩展和控制外部器件进行数据传输的通道。如何构造总线进行扩展、如何对扩展的器件正确的访问和控制，是单片机系统扩展需要解决的主要问题。

9.2.1　单片机系统总线

单片机在扩展外部并行接口电路时需要使用并行的三总线结构，用来访问和控制扩展的外部器件。三总线的作用如下：

（1）数据总线（Data Bus，DB）。数据总线用于在单片机与扩展的外部器件之间传输数据，是数据传输的通道，总线位数为 8 位。数据总线使用单片机的 P0 端口，可以双向传输数据，每次可以传输 1 字节数据。

(2) 地址总线(Address Bus，DB)。地址总线用于单片机向外发出地址信号，选择要访问的外部扩展器件端或存储单元，地址总线是单向总线，只能由单片机向外发出。地址总线的位数决定了可直接访问的外部扩展器件端口或存储单元的数量。从理论上计算，若地址总线 n 位可以编 2^n 个地址单元，8051 单片机的地址总线由 P0 口和 P2 口提供，最大 16 位，因此外部最多可扩展 64 KB 个端口或存储单元。

(3) 控制总线(Contrl Bus，DB)。控制总线实际上是一组控制信号线，可以由单片机产生并发出，也可以由外部器件产生并传送给单片机，每个控制信号都是单向传送。单片机扩展时常用的控制信号如下：

ALE：地址锁存信号，用以实现对低 8 位地址的锁存；

$\overline{\text{PSEN}}$：对片外程序存储器输出的取指令信号；

$\overline{\text{RD}}$：对片外数据存储器或端口输出的读信号；

$\overline{\text{WR}}$：对片外数据存储器或端口输出的写信号。

9.2.2 单片机系统三总线的构造

要完成单片机系统的扩展，首先应构造出三总线，然后才能往总线上"挂接"各种外部并行器件，从而实现单片机系统扩展目的。单片机的三总线分别由 P0 口、P2 口和控制信号构成，其中 P0 口身兼两用，既做数据总线，又做低 8 位地址总线，需要分时复用。为了把传输的数据分离出来，需在外部增加一个 8 位地址锁存器；P2 口作为高 8 位地址总线，构成的三总线如图9-2所示。

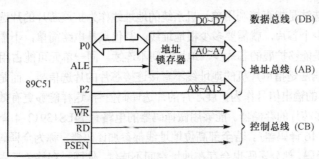

图 9-2 单片机系统的三总线构造

单片机三总线工作时，由 P0 口送出低 8 位地址后，同时地址锁存允许信号 ALE 变为高电平，之后在 ALE 由高电压变低电压时，将 P0 口输出的地址信号锁存到锁存器上(地址锁存器一般用 74LS373)。随后在其他控制信号的配合下，P0 口作为数据总线访问外部器件。

9.3 单片机系统的三总线接口应用

构造了单片机系统的三总线后，可以在片外扩展程序存储器(EPROM)、数据存储器(SRAM)和可编程 I/O 端口等并行器件。然而，要把这些并行器件合理地"挂接"到总线上，并非简单地直接"挂接"，需要掌握总线连接的方法。

9.3.1 外部并行器件的扩展

1. 总线式扩展与接口

(1) 查阅芯片资料，掌握器件的性能特点和引脚功能。

（2）按器件的引脚功能分类。并行器件一般都包含数据线引脚、地址线引脚、控制线引脚和电源引脚等。

（3）同类信号线相连，即把与三总线属性相同的引脚连接起来。连接时按引脚功能序号一一对应连接，如单片机的数据线 D0（即 P0.0）与器件的数据总线 D0 连接；D1（即 P0.1）与器件的数据总线 D1 连接，依此类推。器件地址线引脚 A0 与单片机引出的地址总线的 AB0 连接；A1 与地址总线的 AB1 连接，依此类推。控制线的连接方法也相同。

（4）片选信号接地址线。程序存储器、数据存储器和可编程 I/O 端口器件一般都有片选信号线，用于选择芯片做读、写操作。片选信号应与单片机引出的地址线连接。芯片的片选实质是通过单片机的地址线产生片选信号来选通器件完成对器件的读、写操作。

2．系统扩展规则

（1）能够区分不同的地址空间，每个存储单元或端口都应分配一个地址。

（2）能够控制不同的芯片，读、写操作时不会相互干扰。

（3）系统的地址编址不能重叠，避免发生数据冲突。

（4）单片机的地址总线 16 根，分为基本地址线、片选地址线，不用的地址悬空，作无关地址线。

3．地址空间分配方法

完成单片机的外部器件扩展后，必须给予分配确定的地址才能被单片机访问。常用的地址分配方法有下面两种：

（1）线选法。线选法是指直接利用单片机系统的地址线作为扩展芯片的片选译码信号。在这种方法下，系统扩展了多少个芯片，就需要多少根地址线。其优点是电路简单，不需要译码器电路，体积小，成本低。但缺点是能够扩展的芯片少，地址空间不连续，同一单元可能占用多个地址。

（2）译码法。译码法是指单片机的地址线不直接连接芯片的片选信号，而是先把地址用译码器进行译码，然后将译码器的输出信号作为扩展芯片的片选译码信号。这样能够更有效地利用存储器空间，适用于扩展大容量、多芯片的存储器。能够用做译码器的电路有 74LS139（2–4 译码器）、74LS138（3–8 译码器）、74LS154（4–16 译码器）。若全部高位地址线都参加译码，称为全译码；若只有部分地址线参加译码，称为部分译码。部分译码也会存在地址空间不连续，使同一存储单元占用多个地址的情况。

9.3.2　地址空间分配与编址

采用并行三总线扩展存储器、I/O 端口或其他并行器件时，数据线、地址线从低位开始一一对应连接，片选线一般从最高位地址线开始依次连接到各个芯片上。如果扩展的是数据存储器（SRAM），则其器件的读、写信号（$\overline{OE}$、$\overline{WE}$ 引脚）应分别与单片机的 $\overline{RD}$、$\overline{WR}$ 信号连接。而扩展的程序存储器（EPROM）要求只能读、不能随意写，其芯片的 $\overline{OE}$ 与单片机的 $\overline{RD}$ 信号连接，芯片的 $\overline{PGM}$ 引脚平时悬空，只有在编程时才连接单片机的 $\overline{PROG}$ 编程信号。

在对器件的地址空间分配时，按连接在器件芯片上的地址线和片选译码线来计算地址空间，编址方法如下：

（1）基本地址计算：把连接到芯片地址端上的地址线从小到大计算出基本地址范围。计算地址时按二进制数从 0 开始编址，一直编到最大（即全 1）。若芯片地址线有 n 根，则最大编址数为 2^n 个地址，编址范围为（$0 \sim 2^n - 1$）。

（2）加权地址计算：把连接到器件片选端上的片选译码地址线作为加权地址，其值根据引脚功能固定为 0 或 1（存储器的片选控制信号一般为 0 有效）。

（3）空地址线处理：未使用的地址线悬空，其值可以任意（全为 0 或 1），即成为浮变随意地址。

（4）将加权地址+浮变地址，再叠加到基本地址的高位上，得出器件的地址范围。

有了这些规则后，就很容易计算出外部扩展器件的地址空间。

例 9-1　假定扩展了两个芯片（IC1、IC2），其连接关系如图9-3所示，其中"·"表示未用地址线，"×"表示连接了芯片的基本地址线，最高两位的值固定，是芯片的片选码信号。设 IC1 片选端连接 P2.7，IC2 的片选端连接 P2.6，片选线的有效值分别为 1 和 0。要求计算这两个芯片的地址范围。

A15						...									A0
P2.7	P2.6	P2.5	P2.4	P2.3	P2.2	P2.1	P2.0	P0.7	P0.6	P0.5	P0.4	P0.3	P0.2	P0.1	P0.0
1	0	·	·	×	×	×	×	×	×	×	×	×	×	×	×

图 9-3　扩展存储器地址连接图

要计算此地址的范围，需要了解的是单片机一次只能访问一个芯片。因此，当 IC1 有效时（P2.7=1），IC2 应无效（P2.6=1）；当 IC2 有效时（P2.6=0），IC1 应无效（P2.7=0）。同时，P2.5、P2.4 是未用悬空地址线，可以作为 0 或 1 计算；基本地址线 12 根，则基本地址为 0000～0FFFH，加权地址线 4 根（在高 4 位），只要把加权的片选译码地址叠加到基本地址上就能够计算出芯片地址。所以，分配给 IC1、IC2 的地址空间如表 9-1 所示。

表 9-1　IC1 和 IC2 的地址空间

IC1 的地址空间					IC2 的地址空间				
P2.7	P2.6	P2.5	P2.4	地址范围	P2.7	P2.6	P2.5	P2.4	地址范围
1	1	0	0	C000H～CFFFH	0	0	0	0	0000H～0FFFH
1	1	0	1	D000H～DFFFH	0	0	0	1	1000H～1FFFH
1	1	1	0	E000H～EFFFH	0	0	1	0	2000H～2FFFH
1	1	1	1	F000H～FFFFH	0	0	1	1	3000H～3FFFH

9.3.3　单片机扩展存储器的接口设计

以上简单介绍了单片机扩展存储器和 I/O 端口器件的方法，以下以扩展 1 片 M2764A 和 2 片 HM6264B 为例，讲述单片机系统扩展的接口电路。

1. 2764 和 6264 的引脚功能

M2764A 是 8 KB 的 EPROM，HM6264B 是 8 KB 的 SRAM，其引脚排列分别如图9-4所示。各引脚功能如下：

（1）双向三态数据线 8 根：D0～D7。

（2）地址线 13 根：A0～A12。

（3）控制线：

$\overline{OE}$：输出允许控制端（读选通信号输入线），低电平有效；

$\overline{WE}$：写允许信号输入线，低电平有效；

$\overline{PGM}$：编程时，编程脉冲的输入端，低电平有效；

$\overline{CE}$：片选信号，低电平有效；

CS：片选信号端，高电平有效，即当 $\overline{CE}$=0，同时 CS=1 时，芯片才被有效选中。

（4）电源和地线：+5 V 供电。

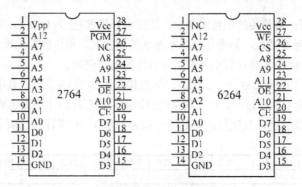

图 9-4   存储器引脚图

2．典型接口电路

根据 2764 和 6264 存储器的引脚功能，按照存储器的扩展方法，使用 STC89C51RC 单片机与存储器的典型接口电路如图9-5所示。

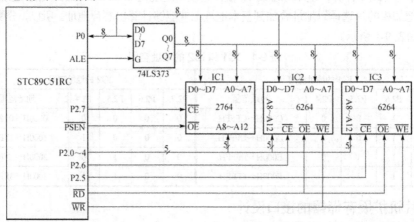

图 9-5   扩展 2764、6264 典型接口电路

从图9-5的电路连接关系可知，系统采用线选法，基本地址线 13 根，片选地址线 3 根，单片机系统的 16 根地址线已经全部使用，根据芯片选通原则可以确定 IC1、IC2 和 IC3 的地址分配如下：

```
IC1：6000H～7FFFH；
IC2：A000H～BFFFH；
IC3：C000H～DFFFH；
```

对 A100H 地址的读操作指令为：

```
MOV      DPTR,#0A100H
MOVX     A,@DPTR
```

对 C200H 地址的写操作指令为：

```
MOV      A,#Data
MOV      DPTR,#0C200H
MOVX     @DPTR,A
```

3．操作时序

单片机对程序存储器和数据存储器的操作是严格分开的。从图9-6可以看出，P0 口是分时复用的，在 ALE 和 $\overline{PSEN}$ 信号的配合下，既可输出数据，又可输出低 8 位地址，并实现数据与地址的分离。其工作原理如下：

（1）当 ALE 有效时（高电平），PCH 中的高 8 位地址 $A_{15} \sim A_8$ 从 P2 口输出，PCL 中的低 8 位地址 $A_7 \sim A_0$ 从 P0 口输出，在 ALE 的下降沿把 P0 口输出的低 8 位地址信号锁存到锁存器上。

（2）用 $\overline{PSEN}$ 信号选通外部程序存储器，将相应的单元的数据输出到 P0 口，当 $\overline{PSEN}$ 在上升沿时，CPU 完成对 P0 口的数据采集。

例如，假设一条 2 字节、1 周期指令 MOV A,#Data 已经存储在外部程序存储器的 0101H 和 0102H 地址单元中，则指令的操作过程如下：

首先在 S1 拍 $\overline{PSEN}$ 的上升沿取出指令的第 1 字节；接着 PC 指针加 1 输出指令的第二字节的地址，用 ALE 的下降沿锁存地址，在 S4 拍 $\overline{PSEN}$ 的上升沿取出指令的第 2 字节；然后又接着输出下一条指令的存储地址……详细取指令周期参看图 9-6（a）。

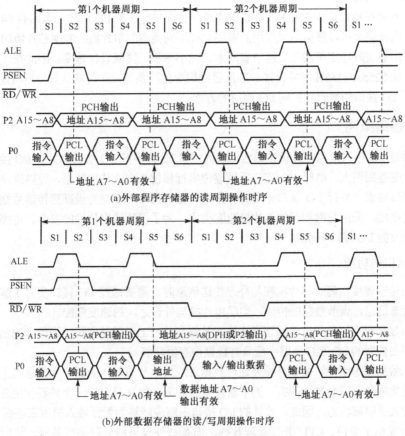

图 9-6 外部存储器操作时序图

对外部数据存储器的读操作（如 MOVX A,@DPTR）需要两个机器周期：第 1 个周期是在 S1 拍 $\overline{PSEN}$ 的上升沿，完成从外部程序存储器指定的地址单元中取出指令码；在 S4 拍 $\overline{PSEN}$ 的上升沿取指令无效，$\overline{PSEN}$ 变成高电平后；在 S5 拍输出外部 RAM 的地址；在 ALE 的下降沿锁存地址。第 2 个周期是从外部 RAM 指定的地址单元中读出数据。在这个周期里，用 $\overline{RD}$ 信号选通外部 RAM，利用 $\overline{RD}$ 低电平和锁存的外部 RAM 地址的信号组合，读出指定的外部 RAM 单元的内容，在 $\overline{RD}$ 为高电平时完成对外部 RAM 数据的读操作。

对外部数据存储器的写操作（如 MOVX @DPTR,A）与读操作过程完全类似。

　　至于其他 EPROM 存储器(如 27128、27256、27512 芯片)、E²PROM 存储器(如 2816A、2864A 芯片)和 Flash 存储器(如 28F256A、28F512、28F010 芯片)，以及 RAM 数据存储器(如 62128、62256、62512 芯片)的扩展方法，与 2764、6264 的扩展方法类似。

9.4　I/O 端口扩展与设计

　　输入/输出(I/O)端口是单片机与外部设备交换数据的桥梁，I/O 端口既可以使用集成在单片机芯片上的，也可以使用单独制成的芯片。当系统 I/O 端口不够用时，可以通过片外扩展的方式增加 I/O 端口，以弥补系统 I/O 端口资源的不足。

　　传统的 I/O 端口扩展通常采用 8255A/8155H 和 TTL 芯片，现代的 I/O 口扩展采取选择片内带有不同端口数量的单片机芯片。

　　现在的单片机在片内集成的 I/O 端口数量增多，少则只有 5 个 I/O 口线，多则有 64 个数字 I/O 引脚的单片机，因此完全可以根据不同应用的需要选择不同类型的单片机，实现芯片级的 I/O 口扩展。这样设计的应用系统既稳定可靠，又能节省成本、减小体积、降低设计难度。因此在现实应用中，片外扩展芯片，如 8255A/8155H 等并行接口芯片已经很少见。系统设计时应认真分析考虑。

　　本节介绍 I/O 接口的概念和扩展 I/O 端口的方法。

9.4.1　I/O 接口概述

　　单片机通过 I/O 接口电路与外设传送数据，I/O 接口分为串行 I/O 接口和并行 I/O 接口两种。不同外设的工作速度差别很大，串行 I/O 接口采用逐位串行移位的方式传输数据，可以满足速度要求不高的串行设备接口要求；并行 I/O 接口采用并行方式传输数据，可以与外设高速传输数据。然而，大多数外设的速度很慢，无法与微秒级的单片机速度相比。为了保证数据传输的安全、可靠，必须合理设计单片机与外设的 I/O 接口电路。

1．I/O 接口的功能

　　(1) 数据传输速度匹配。单片机在与外设传送信息时，需要通过 I/O 接口实时了解外设的状态，并根据这些状态信息，调节数据的传输，实现单片机与外设之间的速度匹配。

　　(2) 输出数据锁存。单片机传输速度很快，数据在总线上保留时间短，为保证输出数据能被外设备可靠接收，在扩展的 I/O 接口电路中应具有数据锁存器功能。

　　(3) 输入数据三态缓冲。由于外设要通过数据总线向单片机输入数据，如果总线上"挂"有多个外设，则传送数据时可能会发生冲突。为了避免数据冲突，每次只允许一个外设使用总线传送数据，其余的外设应处于隔离状态。因此，设计的 I/O 接口电路应能够为数据输入提供三态缓冲功能。

　　(4) 信号或电平变换。CPU 并行处理数据，而有些外设只能处理串行数据，这时由 I/O 口完成串/并转换；而单片机与 PC 串行通信时，因为通信双方电平不匹配，需要用 I/O 接口进行电平变换。

2．I/O 接口与端口的区别

　　I/O 接口(Interface)是 CPU 与外界的连接电路，是 CPU 与外界进行数据交换的通道，外设输入原始数据或状态信号，CPU 输出运算结果或发出命令等都要通过 I/O 接口电路。

　　I/O 端口(Port)是 CPU 与外设直接通信的地址，通常是把 I/O 接口电路中能够被 CPU 直接访问的寄存器或缓冲器称为端口。CPU 通过这些端口来读取状态、发送命令或传输数据。一个接口电路可以有一个或多个端口。例如，8255A 并行 I/O 接口芯片中就包含有 1 个命令/状态端口和 3 个数据端口。

3．I/O 端口编址

单片机采用地址的方式访问 I/O 端口，因此，所有接口中产生的 I/O 端口必须进行编址，以使 CPU 通过端口地址交换信息。常用 I/O 端口的编址有独立编址方式和统一编址方式。

(1) 独立编址方式

独立编址是把 I/O 端口地址空间和存储器地址空间严格分开，地址空间相互独立，编址界限分明。

(2) 统一编址方式

统一编址是把 I/O 端口地址空间与数据存储器单元同等对待，每个 I/O 端口作为一个外部数据存储器 RAM 地址单元编址。单片机操作 I/O 端口时如同访问外部存储器 RAM 那样进行读/写操作。

8051 单片机对 I/O 端口采用统一编址。

4．单片机与外设间的数据传送方式

单片机与外设间的数据传送方式有同步、异步和中断三种。无论采用哪种数据传送方式都需要通过 I/O 接口电路，以实现和不同外设速度的匹配。

(1) 同步传送方式。单片机与外设的速度相差不大时，采用同步方式传送数据，实现同步无条件的数据传送。例如，单片机和片外数据存储器之间的数据传输方式就是同步传送方式。

(2) 异步传送方式。单片机与外设的速度相差较大时，需要经过查询外设的状态进行有条件的传送数据，如外设空闲时，允许传输数据；外设忙时，禁止传输数据。异步传送的优点是通用性好，硬件连线和查询程序比较简单，但是数据传输效率不高。

(3) 中断传送方式。中断传送方式是指利用单片机本身的中断功能实现数据传送。外设准备就绪时，向单片机发出数据传送的中断请求信号，触发单片机中断。单片机响应中断后，进入中断服务程序，实现与外设之间的数据传送。采用中断方式可以大大提高单片机的工作效率。

5．I/O 接口电路种类

可编程 I/O 接口芯片的种类比较多，为单片机扩展 I/O 端口提供了便利。常用的片外 I/O 接口芯片有 TTL 芯片、CMOS 器件、可编程并行接口芯片（如 8155H、8255A）。但使用可编程 I/O 接口芯片时，扩展电路繁杂，实际已经很少使用。

9.4.2　TTL 电路扩展并行 I/O 口

在单片机应用系统设计中，采用 TTL 电路或 CMOS 电路的锁存器、三态门，使用总线式或非总线式扩展可以实现与单片机连接。总线式扩展是利用单片机访问片外 RAM 功能，将要扩展的 I/O 接口芯片挂在总线上，使其按统一规则进行读/写，这种扩展方式可以连接的芯片多，便于日后的升级，但电路连接比较固定，灵活性不强。非总线方式扩展是用单片机的 I/O 口直接与接口芯片连接，这种扩展方式的特点是灵活性强，但可连接的芯片少。

下面以 TTL 和 CMOS 电路为主，介绍 I/O 端口的扩展方法（这类芯片没有专门的片选信号）。

1．用 TTL 电路扩展并行 I/O 口

采用总线式扩展 TTL 电路可以构成简单输入/输出口，能够降低成本、减小体积。图 9-7 是使用 74LS573 和 74LS244 扩展的 I/O 接口电路，其中 74LS573 是 8D 锁存器，扩展输出口，输出端连接 8 个 LED 发光二极管。74LS244 是三态输入缓冲器，无锁存功能，可以用做 8 位总线驱动器，在这个实例中用来扩展输入口，输入端连接了 8 个按键。

LE 是 74LS573 的时钟脉冲信号，当 LE 为上升沿脉冲时，锁存器的输出等于输入，即 Q=D；当

LE=0 时，锁存器 Q 端保持原来的数据。$\overline{OE}$ 是使能端，$\overline{OE}$ =1 时输出为高阻态，$\overline{OE}$ =0 保持有效。$\overline{1G}$、$\overline{2G}$ 是 74LS244 的三态允许输出端，低电平有效。74LS573 和 74LS244 的选通操作逻辑如表 9-2 所示。

因此，图中用 74LS573 和 74LS244 扩展的 I/O 端口地址为 0000H 或 7FFFH。

例 9-2 按照图 9-7，LED 灯一一对应按键状态，若 K_1 按下对应 L1 亮，若没有键按下，则 LED 灯全灭，要求编程用点亮 LED 灯表示某按键是否按下，其参考程序段如下：

```
MOV    DPTR,#0000H        ;I/O 端口地址→DPTR
MOVX   A,@DPTR            ;读 74LS244 端口数据→A，产生 RD=0
MOVX   @DPTR,A            ;把数据写入 74LS573 锁存器，产生 WR=0
```

此外，用 74LS374、74LS377、74LS273 和 74LS574 同样可以扩展 I/O 口，其扩展方法与扩展 74LS573 的方法相似。其读、写操作要由地址与 $\overline{RD}$ 或 $\overline{WR}$ 产生的组合逻辑控制。

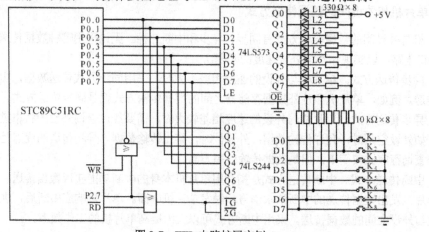

图 9-7   TTL 电路扩展实例

表 9-2   74LS573 和 74LS244 选通操作的逻辑功能表

74LS573				74LS244			
$\overline{WR}$	P2.7	LE	Q0~Q7	$\overline{RD}$	P2.7	$\overline{1G}$、$\overline{2G}$	Q0~Q7
↓	0	↑	Q=D	0	0	0	Q=D
0	1	0	保持	0	1	1	高阻态
1	0	0	保持	1	0	1	高阻态
1	1	0	保持	1	1	1	高阻态

2. 用串行接口扩展并行输入口

CD4014 和 74LS165 都是具有并行输入和串行移位输出的接口电路，使用这种芯片可以将单片机的串行接口扩展成并行输入口，接口电路如图 9-8 所示。

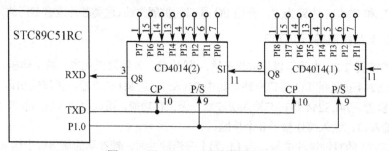

图 9-8   用 CD4014 扩展并行输入口

图中 CD4014 的 PI0～PI7 为 8 位并行输入端，Q8 为移位寄存器高位，SI 为串行数据输入端，CP 为时钟脉冲输入端，P/$\overline{\text{S}}$ 为并/串数据输入选择端。当 P/$\overline{\text{S}}$ =1 时，并行输入端数据被置入寄存器；当 P/$\overline{\text{S}}$ =0 时允许串行输入端数据移位输出，这时在 CP 脉冲的作用下将寄存器的数据从高位开始依次移位输出到单片机。按照这种连接方法可以级联扩展多个 8 位输入口，相邻两个芯片之间前一芯片的 Q8 与后一芯片的 SI 相连。

例 9-3 按照图 9-8，从扩展的 16 位输入口中读入 6 组数据(每组数 2 字节)，读入的数据存储在片内 30H 开始的单元。

```
RXDAT:  MOV   R2,#06        ;设置读入的字节数
        MOV   R0,#30H       ;设置读入数据存储指针
        MOV   SCON,#10H     ;设置串行口工作在方式 0，REN=1，启动接收
START:  SETB  P1.0          ;CD4014 的并行输入端数据送入寄存器
        MOV   R3,#02        ;设置每组读入的字节数
        CLR   P1.0          ;允许 CD4014 串行移位输出到串口
READAT: JNB   RI,$
        CLR   RI
        MOV   A,SBUF        ;读出串口接收的数据→A
        MOV   @R0,A
        INC   R0
        DJNZ  R3,READAT
        DJNZ  R2,START
        RET
```

3. 用串行接口扩展并行输出口

CD4094 和 74LS164 都是具有串行移位输入、并行输出的接口芯片，使用这种芯片可以将单片机的串行接口扩展成并行输出口，接口电路如图 9-9 所示。

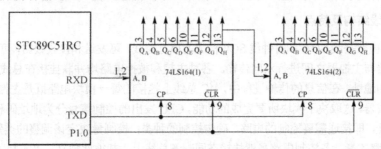

图 9-9 用 74LS164 扩展并行输出口

图中 74LS164 的 Q_A～Q_H 为 8 位并行输出端口，Q_H 为移位寄存器高位，A、B 为串行数据输入端，CP 为时钟脉冲输入端，$\overline{\text{CLR}}$ 为复位输入端，低电平有效。在串行输入数据时，单片机的串行接口从低位开始依次移位输出，由于 74LS164 没有并行输出控制端，因此其并行输出端的状态会不断变化。

例 9-4 按照图 9-9，把片内 30H、31H 单元的内容通过串行接口传送到扩展的 16 位输出口。程序段如下：

```
TXDAT:  MOV   R2,#02        ;设置发送的字节数
        MOV   R0,#30H       ;设置发送数据地址指针
        CLR   P1.0          ;复位，清除 74LS164 中的数据
        MOV   SCON,#00      ;设置串口工作在方式 0
START:  SETB  P1.0          ;允许 74LS164 移位工作
        MOV   A,@R0
```

```
        MOV    SBUF,A          ;启动发送数据
        JNB    TI,$
        CLR    TI
        INC    R0              ;指针加 1
        DJNZ   R2,START        ;判断数据是否发送完毕
        RET
```

9.5   串行总线的扩展应用

在现代消费类产品、通信类产品、仪器仪表和工业测控等系统中，都是以一个或多个单片机为核心组成的智能系统，单片机对外围电路的作用主要是实现控制功能。很多外设并不需要很高的传输速度。所以，在新一代 8 位单片机应用系统中，为了简化系统结构，提高系统可靠性，缩短产品开发周期，增加硬件构成的灵活性，越来越倾向采用串行数据传输技术。各个芯片制造公司都先后推出了可以实现芯片间串行数据传输技术的单片机，增加了芯片间的串行总线功能。串行总线因其独特的优势已被广大电子工程技术人员所认识，并越来越受到人们的重视。

并行总线在 8 位单片机的扩展应用中已渐行渐远，取而代之的是用串行总线技术扩展外部器件。常见的串行总线有 I^2C 总线、SPI 总线和 1/2/3Wire 总线。下面分别介绍这几种总线的接口应用技术。

9.5.1 I^2C 总线结构与工作原理

I^2C 总线(Inter Integrated Circuit)是 Philips 公司推出的芯片间串行数据传输总线，采用两线制实现全双工同步数据传送。带 I^2C 总线接口的器件越来越普遍，通过 I^2C 总线扩展串行 E^2PROM 存储器、日历/时钟器件、A/D 转换器、D/A 转换器、I/O 端口及显示驱动器构成的各种模块，也可以连接不带 I^2C 总线接口的各类单片机或其他微处理器。

1. I^2C 总线结构及特点

I^2C 总线是由数据线 SDA 和时钟线 SCL 构成的串行总线，可发送和接收数据，可在主控器与被控器之间、主控器与主控器之间进行双向传输。各种主控和被控电路均并联挂接在总线上，每个电路和模块都有唯一的地址。在信息的传输过程中，I^2C 总线上挂接的每一模块电路既是主控器或被控器，又是发送器或接收器，这取决于模块所要完成的功能。CPU 发出的控制信号分为地址码和控制量两部分，地址码用来选址，即接通需要控制的电路，确定控制的种类；控制量决定该调整的类别(如对比度、亮度等)及需要调整的量。各控制电路虽然挂接在同一条总线上，却彼此独立，互不相关。I^2C 总线典型应用结构如图 9-10 所示。

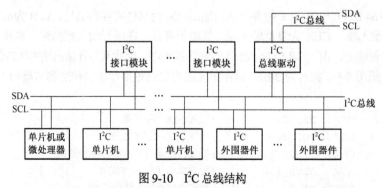

图 9-10 I^2C 总线结构

I^2C 总线数据传输速率在标准模式下最大可达 100 KB/s，在快速模式下最大可达 400 KB/s。总线

的长度可长达 25 英尺，能够以最大 10 KB/s 的传输速率支持 40 个芯片。I²C 总线采用器件地址硬件设置、软件寻址的方式进行寻址，不需要片选地址，电路接口简单，可以在总线上挂接多个接口器件。总线驱动能力受总线电容限制，无驱动扩展时总线的电容负载能力为 400 pF，能够带电拔插。I²C 总线完全避免了外部器件扩展的片选信号寻址问题，器件扩展灵活、简单，占用单片机 I/O 接口少，在单片机应用系统的扩展中得到越来越广泛的应用及普及。

2. I²C 总线特点

（1）两线传输。在 I²C 总线系统中，可以把带有 I²C 总线接口的器件或模块并联挂接在 I²C 总线上，挂接到 I²C 总线上的每个器件构成一个 I²C 总线节点，节点之间通过 SDA 和 SCL 相连。

（2）多主竞争中的仲裁和同步。在 I²C 总线系统中，可以有多个主器件节点，每个主器件都可作为总线的主控制器。如果多个主器件节点在运行时要控制总线，则形成多主竞争状态，I²C 总线系统可以保证多个器件节点在竞争总线时不会丢失数据，在总线竞争过程中进行总线控制权的仲裁和时钟同步，仲裁的结果是只运行其中一个主器件使之继续占用总线。多主竞争时的时钟同步和总线仲裁都利用硬件与标准软件模块自动完成，无需用户介入。

（3）I²C 总线传输数据时，采用状态码管理方式。对于总线数据传输时任何一种状态，在状态寄存器中都会出现相应的状态码，并且可以自动进入相应的状态处理程序中进行自动处理，无需用户介入。用户只要将 Philips 公司提供的标准状态处理程序装入程序存储器即可。

（4）系统中所有外围 I²C 总线器件或模块都采用器件地址与引脚地址相结合的方式进行编址。在 I²C 总线系统中，主器件对任何节点的寻址采用纯软件的寻址方法，避免了片选信号采用线选法或译码法带来的麻烦。系统中若有地址编码冲突，则可以通过改变地址引脚的电平设置来解决。

（5）所有带有 I²C 总线接口的器件都具有应答功能。对片内多个地址单元进行读/写操作时，数据读/写后都有地址加 1 功能。在 I²C 总线对某一器件进行连续多字节读/写时很容易实现自动操作，即只要设置好读/写入口条件，启动 I²C 总线就可以自动完成多字节的读/写操作。

（6）I²C 总线电气接口输出端是晶体管漏极开路或集电极开路结构，使用时必须外接上拉电阻。总线上的各个节点器件可以单独接电源，但需要共地。总线上的各个节点可以带电接入或撤出。

在 I²C 总线系统中，带有 I²C 总线的单片机提供了 I²C 总线输入/输出电气结构、相关特殊功能寄存器 (SFR) 设置，以及标准程序模块，为用户掌握 I²C 总线的系统设计和应用程序的编写带来很大方便。

3. I²C 总线的信号及时序定义

I²C 总线每传输一位数据都有一个时钟脉冲相对应，其逻辑 0 和 1 的信号电平取决于该节点的正端电源 V_{CC} 的电压。

（1）总线上数据的有效性。在 I²C 总线上传输数据时，在时钟线(SCL)为高电平期间，对应的数据线(SDA)上必须保持稳定的逻辑电平状态：高电平表示传输的数据位为 1，低电平表示传输的数据位为 0。只有在时钟线为低电平期间，才允许数据线上的电平发生变化。数据传输的有效性如图 9-11 所示。

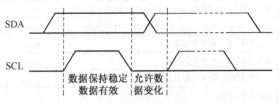

图 9-11　I²C 总线上的数据位传送

（2）数据传输的起始位和结束位。I²C 总线在传送数据过程中有三种类型信号，分别是起始信号、结束信号和应答信号。在 I²C 总线上，数据传输的起始信号和结束信号的定义如图 9-12 所示。

起始信号：在时钟线(SCL)为高电平期间，数据线(SDA)出现由高电平向低电平跳变(即下降沿)时，启动 I²C 总线，开始传送数据。

　　结束信号：在时钟线（SCL）为高电平期间，数据线（SDA）出现由低电平向高电平跳变（即上升沿）时，停止 I²C 总线，结束传送数据。

　　起始信号和结束信号都是由主控制器产生的。总线上带有 I²C 总线接口的器件很容易检测到这些信号。但是，对于不具备这些硬件接口的单片机来说，为了能够准确地检测到这些信号，必须提高对数据线的采样频率。通常在总线的每个时钟周期内对数据线至少应进行两次以上的采样。

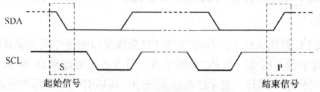

图 9-12　I²C 总线上的起始信号和结束信号

9.5.2　I²C 总线的时序

　　为了保证 I²C 总线数据的可靠传输，需要对 I²C 总线上的信号时序做严格规定。I²C 总线时序定义如图 9-13 所示。图中对主要信号时序给出了定义，并在表 9-3 中给出了具体数据。表中的 SCL 时钟信号最短的高电平周期和低电平周期决定了器件的最大数据传输速率。标准模式传输速率为 100 KB/s，高速模式传输速率为 400 KB/s。标准模式和高速模式的 I²C 总线器件都必须能够满足各自的最高数据传输速率要求。在实际应用中，I²C 总线的数据传输可以选择不同的数据传送速率，同时也可以采取延长 SCL 的低电平周期来控制和改变数据传送速率。

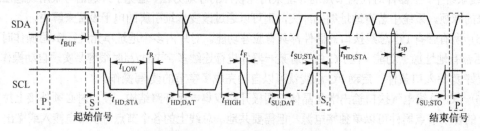

图 9-13　I²C 总线时序定义

表 9-3　I²C 总线信号定时要求

参　数	符　号	标　准　模　式		高　速　模　式		单　位
		最 小 值	最 大 值	最 小 值	最 大 值	
SCL 时钟频率	f_{SCL}	0	100	0	400	kHz
在一个停止信号和起始信号之间总线必须空闲的时间	t_{BUF}	4.7	—	1.3	—	μs
起始信号保持时间（此后可产生第一个时钟脉冲）	$t_{HD;STA}$	4.0	—	0.6	—	μs
SCL 时钟信号低电平周期	t_{LOW}	4.7	—	1.3	—	μs
SCL 时钟信号高电平周期	t_{HIGH}	4.0	—	0.6	—	μs
一个重复起始信号的建立时间	$t_{SU;STA}$	4.7	—	0.6	—	μs
数据保持时间	$t_{HD;DAT}$	5.0	—	—	—	μs
数据建立时间	$t_{SU;DAT}$	250	—	100	—	μs
SDA 和 SCL 信号的上升时间	t_R	—	1000	$20+0.1C_b$	300	μs
SDA 和 SCL 信号的下降时间	t_F	—	300	$20+0.1C_b$	300	μs
停止信号的建立时间	$t_{SU;STO}$	4.0	—	0.6	—	μs
总线上每条线的负载电容	C_b	—	400		400	pF

9.5.3 I²C 总线上的数据传输格式

I²C 总线上可以连续以 8 位(1 字节)二进制数的方式传输数据。但每启动一次 I²C 总线，其后的数据传输字节数没有限制。每传输 1 字节后都必须跟随等待一个应答位，并且首先发送的数据位为最高位，在全部数据传输结束后，主控制器发送结束信号，数据传输时序如图 9-14 所示。

1．数据传输时的总线控制

从图 9-14 中可以看出，没有时钟信号时数据传输将停止进行，I²C 总线接口的"线与"功能将使 SCL 在低电平时钳住总线。I²C 总线的这种特征可以用于当接收器收到一字节数据后，要进行一些其他工作而无法立即接收下一个数据时，迫使总线进入等待状态，直到接收器准备好接收新的数据时，接收器再释放时钟线，使数据传输能够继续正常进行。例如，当接收器按照图9-14中时序接收完主控制器的一字节的数据后，产生中断信号并进行中断处理，中断处理完毕后，才能接收下一字节数据，接收器在处理中断过程中将钳住 SCL 线为低电平，直到中断处理完毕后才释放 SCL 线。

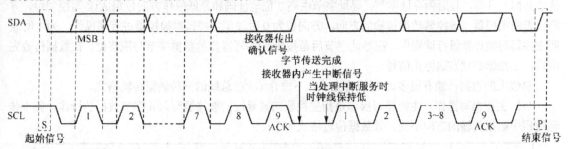

图 9-14 I²C 总线上的数据传输时序

2．应答信号

当 I²C 总线传输数据时，每传送一字节数据后必须跟随等待一个应答信号，即接收器在接收到一字节数据后，向发送器发出特定的低电平信号，表示已收到数据。与应答信号相对应的时钟由主控制器产生，这时发送器必须在这个时钟位上释放数据线，使其处于高电平状态，以便接收器在这一时钟位上送出应答信号。主控制器接收到应答信号后，根据实际情况做出是否继续传递应答信号的判断。若未收到应答信号，就可判断为受控单元出现故障。

图9-15是应答信号时序图，应答信号在第 9 个时钟位出现，接收器输出低电平作为应答信号(ACK)，输出高电平则为非应答信号。如果由于某种原因，被控器不产生应答信号时，必须释放总线，将数据线置为高电平，然后主控器可以通过产生一个结束信号来终止总线上的数据传输。

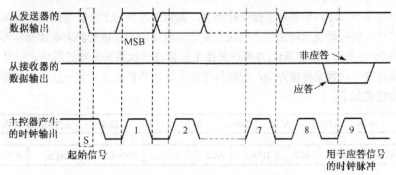

图 9-15 I²C 总线上应答信号时序图

主控器接收数据时，当接收到最后一个数据字节后，必须给被控制器发送一个非应答信号（$\overline{\text{ACK}}$），使被控器释放数据线，以便主控器发送停止信号，从而终止数据传输。I^2C 总线一次完整的数据传输时序如图 9-16 所示。

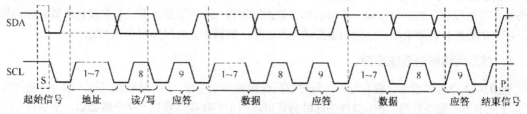

SDA

SCL

| S | 1~7 | 8 | 9 | 1~7 | 8 | 9 | 1~7 | 8 | 9 | P |

起始信号　地址　读/写　应答　　　　数据　　　应答　　　　数据　　　应答　结束信号

图 9-16　I^2C 总线一次完整的数据传输时序

3. 数据传送格式

在 I^2C 总线传输数据过程中，必须遵循规定的数据传送格式。按照总线约定，起始信号表明一次传输数据的开始，其后为寻址字节。寻址字节由高 7 位地址码和最低位作方向位组成读/写控制位，方向位表明主控器与被控器数据传输的方向，方向位为 0 时表明主控器对被控器进行写操作，为 1 时表明主控器对被控器进行读操作。在寻址字节后是按指定读/写操作的数据字节与应答位。在数据传输完成后，主控器必须发送停止信号。

总线上的数据传输有很多读/写组合方式，下面介绍 I^2C 总线的三种数据传输格式。

（1）主控器写操作。主控器写操作是指主控器向被寻址的被控器写入 n 字节数据的操作，整个传输过程中数据传输的方向不变，其数据传输格式如下：

| S | SLAW | ACK | Data-1 | ACK | Data-2 | ACK | … | Data-n | ACK/$\overline{\text{ACK}}$ | P |

SLAW：寻址字节（写），即器件写操作控制字；

S：起始信号（即输出下降沿）；

ACK：应答信号（即输出"0"电平）；

$\overline{\text{ACK}}$：非应答信号（即输出"1"电平）；

P：停止信号（即输出上升沿）；

Data-1～Data-n：写入到被控器的 n 字节数据。

（2）主控器读操作。主控器读操作是指主控器从被控器中读出 n 字节数据的操作，整个传输过程中除了寻址字节外，都是被控器发送、主控器接收的过程，其数据传输格式如下：

| S | SLAR | ACK | Data-1 | ACK | Data-2 | ACK | … | Data-n | $\overline{\text{ACK}}$ | P |

其中 SLAR 是寻址字节（读），即器件读操作控制字。其余的定义与主控器写操作中定义相同。

在上述格式中，主控器发送停止位之前应先发送非应答位，向被控器表明读操作结束。

（3）主控器读/写操作。主控器读/写操作是指主控器在一次数据传输过程中，需要改变数据传输方向的操作，每转变一次数据传输方向，起始信号和寻址字节都必须重复一次，但数据传输的方向相反。其数据传输格式如下：

| S | SLAW/R | ACK | Data-1 | ACK | Data-2 | ACK | … | Data-n | ACK/$\overline{\text{ACK}}$ | Sr | SLAR/W |

| ACK | Data-1 | ACK | Data-2 | ACK | … | Data-n | ACK/$\overline{\text{ACK}}$ | P |

在上述格式中，Sr 为重复起始信号。

从前面三种数据传送格式可以得出 I²C 总线数据传输操作规则如下：

① 起始、结束和寻址字节都由主控器发送，数据字节的传输方向由寻址字节的方向位确定。

② 寻址字节值表明器件地址及传输方向，器件内部的 n 个数据地址由器件设计者在该器件的 I²C 总线数据操作格式中指定，第一个数据字节作为器件内的单元地址数据，并设置了地址自动加、减功能，以减少单元地址寻址操作。

③ 每字节传输都必须有相应的应答信号或非应答信号。

④ I²C 总线被控器在接收到起始信号后必须将总线逻辑复位，以便对将要开始的被控器地址传送进行预处理。

9.5.4　I²C 总线的信号模拟与编程技术

启动条件：在 SCL 为高电平时，SDA 出现一个下降沿则启动 I²C 总线。

停止条件：在 SCL 为高电平时，SDA 出现一个上升沿则停止使用 I²C 总线。

稳定状态：除了启动和停止状态，在其余状态下，SCL 的高电平都对应 SDA 的数据稳定状态。

I²C 总线可以用 89C51 单片机的 I/O 端口模拟，可以用指令操作来模拟时序过程。假设采用 89C51 单片机普通 I/O 端口 P1.0、P1.1 模拟 I²C 总线，各种操作子程序设计如下。

(1) I²C 总线启动子程序 STAT

```
SCL     bit    P1.1
SDA     bit    P1.0
STAT:   SETB   SDA      ;SDA 置高电平
        SETB   SCL      ;SCL 置高电平
        NOP             ;延时
        NOP
        CLR    SDA      ;在 SCL 为高电平期间使 SDA 产生下降沿
        NOP
        NOP
        CLR    SCL      ;SCL 拉低，主控制器等待
        RET
```

(2) 停止子程序 STOP

```
STOP:   CLR    SDA      ;SDA 置低电平
        SETB   SCL      ;SCL 置高电平
        NOP             ;延时
        NOP
        SETB   SDA      ;在 SCL 为高电平期间使 SDA 产生上升沿
        NOP             ;延时
        NOP
        CLR    SCL      ;SCL 拉低，主控制器等待
        RET
```

(3) 发送应答信号 0 子程序 MACK

```
MACK:   CLR    SDA      ;SDA 置低电平
        SETB   SCL      ;SCL 置高电平
        NOP             ;延时
        NOP
        CLR    SCL      ;发送 0 信号，即应答位
        SETB   SDA
        RET
```

(4) 发送非应答信号 1 子程序 NACK

```
NACK:   SETB    SDA         ;SDA 置高电平
        SETB    SCL         ;SCL 置高电平
        NOP
        NOP
        CLR     SCL         ;发送 1 信号，即非应答位
        CLR     SDA
        RET
```

(5) 应答位检测子程序 CACK

当主控器发送完一字节，在被控器收到该字节的 8 位数据后，向主控器发送一个应答位，表示该字节接收完毕。

```
CACK:   SETB    SDA         ;置 SDA 为输入方式
        SETB    SCL         ;SCL 置 1 使 SDA 上数据有效
        CLR     F0          ;置 F0=0
        MOV     C,SDA       ;读 SDA 信号到 C
        JNC     CEND        ;若 SDA=0 为正常应答，保持 F0=0
        SETB    F0          ;否则无正常应答，置 F0=1
CEND:   CLR     SCL         ;SCL 拉低
        RET
```

(6) 发送一字节数据子程序 WRBYT

把要发送的数据放在累加器 A 中，需要占用 R0 和 C 进位标志。若资源有冲突，应加现场保护指令。

```
WRBYT:  MOV     R2,#08      ;置 1 字节 8 位数据，要发送的数据放在 A 中
WLP:    RLC     A           ;从高位开始逐位移出并发送
        JC      WR1         ;判断发送 1 还是 0，若发送 1 则转 WR1
        AJMP    WR0
WLP1:   DJNZ    R2,WLP      ;8 位数据未发送完，继续发送
        RET
WR1:    SETB    SDA         ;置 SDA=1，发送 1
        SETB    SCL
        NOP
        NOP
        CLR     SCL
        CLR     SDA         ;复位 SDA
        AJMP    WLP1
WR0:    CLR     SDA         ;置 SDA=0，发送 0
        SETB    SCL
        NOP
        NOP
        NOP
        CLR     SCL
        AJMP    WLP1
```

(7) 接收一字节数据子程序 RDBYT

从被控器上读出一字节数据并保存在 R2 中。

```
RDBYT:  MOV     R0,#08      ;置 8 位数据长度，读出的数据存入 R2 中
RLP:    SETB    SDA         ;置 SDA 为输入方式
        NOP
        SETB    SCL         ;置 SCL=1，使 SDA 上数据有效
        NOP
```

```
        NOP
        MOV     C,SDA           ;从数据线上读入一位到 C
        MOV     A,R2
        CLR     SCL             ;读一位结束
        RLC     A               ;把数据位移入到 A 再转存到 R2 中
        MOV     R2,A
        DJNZ    R0,RLP          ;8 位数据读完否，没有读完继续读下一位
        RET
```

用 I²C 总线传输的每一个数据位都由 SDA 线上的高电平和低电平表示，对应在 SCL 线上产生一个时钟脉冲。在时钟脉冲为高电平期间，SDA 线上的数据必须稳定，否则会被认为是控制信号。SDA 只能在时钟脉冲为低电平期间改变。启动后总线状态为"忙"，在结束信号过后的一定时间内，总线状态才被认为是"空闲"的。在启动和停止之间可传输的数据不受限制，但每字节必须为 8 位。数据传输时，从高位开始依次按串行方式传送，在每个字节传送完后必须跟一个响应位。主器件收发每个字节后产生一个时钟应答脉冲，在此期间，发送器必须保证 SDA 为高电平，由接收器将 SDA 拉低，称为应答信号（ACK）。主器件为接收器时，在接收了最后一字节之后不发应答信号，也称为非应答信号（$\overline{\text{ACK}}$）。当从器件不能再接收另外的字节时也会出现这种情况。

I²C 总线中每个器件都有自己唯一确定的地址。启动条件开始后，主机要先给器件发送 1 字节地址，其中最低位（D0）为方向位。方向位为 0 表示主器件发送（W）；方向位为 1 表示主器件接收（R）。总线上每个器件在启动条件开始后都把自己的地址与前 7 位相比较，如相同则器件被选中，产生应答，并根据读/写决定在数据传输中是接收还是发送。无论是主发、主收还是从发、从收都由主器件控制。在主发送方式下，由主器件先发出起始信号（S），接着发出从器件的 7 位地址（SLA）和表明主器件发送的方向位 0（W），即这字节内容为 SLA+W，被寻址的从器件在收到这字节后，返回一个应答信号（A），在确定主从握手应答正常后，主器件向从器件发送字节数据，从器件每收到一字节数据后都要返回一个应答信号，直到全部发送完为止。在主接收方式下，主器件先发出起始信号（S），接着发出从器件的 7 位地址（SLA）和表明主器件接收的方向位 1（R），即这一字节内容为 SLA+R，在发送完这一字节后，SCL 继续输出时钟，通过 SDA 接收从器件发来的串行数据。主器件每接收到一字节数据后都要发送一个应答信号（A）。当全部数据都发送或接收完毕后，主器件应发出结束信号（P）。

9.6　I²C 总线器件的接口应用

具备 I²C 总线接口的器件比较多，应用也越来越普遍，其中 AT24Cxx、PCF8563/8583 等器件都是目前广泛应用的 I²C 总线接口的器件。下面以串行 E²PROM 存储器 AT24Cxx 系列产品为例介绍 I²C 总线的接口应用。

9.6.1　串行 E²PROM 存储器接口应用

AT24Cxx 系列产品是串行 E²PROM 存储器，是 Philips 公司生产的典型 I²C 总线接口器件，具有掉电记忆功能，广泛应用于汽车电子、水表、电表、煤气表和电视机等电子产品中，用做数据保存。

1. AT24Cxx 存储器的主要特性

AT24Cxx 系列产品是典型的 I²C 总线接口器件，包含很多种型号，主要特性是：具有字节写入方式和页写入方式，允许在一个写周期内同时对一字节到一页字节数据编程写入，一页的大小取决于片内页寄存器的大小；可用于电擦写，功耗很低，供电电压可在 1.8～5.5 V 之间工作；1.8 V 供电时最高传输速率达 100 kHz，2.7 V 或 5 V 供电时传输速率达 400 kHz，AT24C128/256/512 在 5 V 供电时最大速率达 1 MHz；抗干扰能力强，噪声保护施密特触发输入技术和 ERS 最小达到 2000 V。AT24Cxx 系

列产品的主要特性如表 9-4 所示。

表 9-4　AT24Cxx 系列串行 E²PROM 存储器主要特性一览表

型　　号	容量 (Kbit)	页大小 (Byte)	地址 (bit)	最大写 周期(ms)	编程/擦写 周期(万次)	保存数据 (年)	工作电压 (V)
AT24C01	1	8	8	5	100	100	1.8～5.5
AT24C02	2	8	8	5	100	100	1.8～5.5
AT24C04	4	16	8	5	100	100	1.8～5.5
AT24C08	8	16	8	5	100	100	1.8～5.5
AT24C016	16	16	8	5	100	100	1.8～5.5
AT24C32	32	32	16	10	100	100	1.8～5.5
AT24C64	64	32	16	10	100	100	1.8～5.5
AT24C128	128	64	16	5	100	40	1.8～5.5
AT24C256	256	64	16	5	100	40	1.8～5.5
AT24C512	512	128	16	5	100	40	1.8～5.5
AT24C1024	1024	256	16	5	100	40	1.8～5.5

2．引脚功能与地址选择

AT24Cxx 系列串行 E²PROM 存储器采用了 DIP8 封装形式，各引脚功能如下：

A0、A1、A2：地址输入端，三位地址选择线允许在 I²C 总线上最多可并联 8 个芯片；

SCL：I²C 总线的时钟线；

SDA：I²C 总线的数据线；

WP：写保护端，当接到 V_{CC} 时，片内单元被写保护（只读），在实际中可接地；

V_{CC}、GND：电源，可以接 3.3 V 或 5 V 供电。

AT24Cxx 存储器含三位地址线，按照 Philips 公司 I²C 总线规定分配器件的地址。对于 AT24C01/02/04/08/16 的 E²PROM 存储器，对片内存储空间地址采用了一个 8 位的 WordADR 字节寻址，因此最大字节寻址范围为 256 字节。然而除 AT24C01/02 外，其他器件都大于 256 字节，如 AT24C08 的容量为 8 K 位共 1024 字节地址空间，应提供 2^{10}=1024 字节的寻址空间。因此，必须为解决芯片高端地址空间的寻址问题。其解决的办法是：把芯片引脚地址线(A2、A1、A0)作为存储空间的高端页地址(即 A8、A9、A10)，也就是把器件地址引脚作为片内存储器的高位地址(如表 9-5 所示)。当引脚地址作为页地址(或高位地址)后，该引脚在系统中不能再作为器件地址使用。

表 9-5　AT24Cxx 系列 E²PROM 的字节地址

芯片型号	器件地址使用	器件寻址控制字					扩展器件
AT24C01	A2-A1-A0 作器件地址	1 0 1 0	A2	A1	A0	R/$\overline{W}$	最多 8 个
AT24C02	A2-A1-A0 作器件地址	1 0 1 0	A2	A1	A0	R/$\overline{W}$	最多 8 个
AT24C04	A2-A1 作器件地址，A0 作页地址	1 0 1 0	A2	A1	A8	R/$\overline{W}$	最多 4 个
AT24C08	A2 作器件地址，A1-A0 作页地址	1 0 1 0	A2	A9	A8	R/$\overline{W}$	最多 2 个
AT24C16	A2-A1-A0 作页地址	1 0 1 0	A10	A9	A8	R/$\overline{W}$	最多 1 个
AT24C32	A2-A1-A0 作器件地址	1 0 1 0	A2	A1	A0	R/$\overline{W}$	最多 8 个
AT24C64	A2-A1-A0 作器件地址	1 0 1 0	A2	A1	A0	R/$\overline{W}$	最多 8 个
AT24C128	A1-A0 作器件地址，A2 为 NC	1 0 1 0	0	A1	A0	R/$\overline{W}$	最多 4 个
AT24C256	A1-A0 作器件地址，A2 为 NC	1 0 1 0	0	A1	A0	R/$\overline{W}$	最多 4 个
AT24C512	A1-A0 作器件地址，A2 为 NC	1 0 1 0	0	A1	A0	R/$\overline{W}$	最多 4 个
AT24C1024	A1 作器件地址，A2-A0 为 NC	1 0 1 0	0	A1	0	R/$\overline{W}$	最多 1 个

AT24C32/64/128/256/512/1024 的 E²PROM 存储器，其片内存储空间寻址采用了一个 16 位的 WordADR 字节寻址，因此最大字节寻址范围为 64 K 字节。器件容量大多在可寻址范围内，AT24C32/64 的 A2、A1、A0 作为器件地址，最多能够在 I²C 总线上连接 8 个 AT24C32/64；AT24C128/256/512 的 A1、A0 作为器件地址，A2 悬空，最多能够连接 4 个 AT24C128/256/512；AT24C1024 只有 A1 作为器件地址，A2、A0 悬空不用，最多能连接 1 个 AT24C1024，如表 9-5 所示。

3. 存储器的写操作

AT24Cxx 系列存储器把地址空间按物理分页，支持按页写操作模式，即在一次写操作中可连续写入一页。由于每次写操作之后必须等待新的写周期开始，才能继续对 E²PROM 进行操作。所以，文件系统采用页写模式可大大提高写文件速度。

对 E²PROM 读/写数据前，需先发一字节的器件地址以选择芯片进行读/写。器件地址的高 4 位为固定值 1010；A0～A2 用于对多个 E²PROM 进行区分，对 AT24Cxx 不同型号，当 A0～A2 用于指示片内物理地址时，相应其值由访问地址决定；当引脚为 NC，此时值置 0；最后一位为读/写操作位，1 表示读操作，0 表示写操作。数据通信格式见图 9-17。

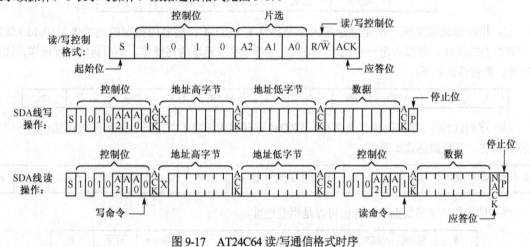

图 9-17 AT24C64 读/写通信格式时序

AT24Cxx 系列 E²PROM 存储器的写操作时序遵循 I²C 总线的操作时序要求，其写操作包括按字节写和按页写两种方式。

（1）按字节写。按字节写操作是指向 E²PROM 存储器内指定的地址单元（Addr）写入 1 字节数据的操作。其数据格式如下：

S	SLAW	ACK	Addr	ACK	Data	ACK	P

（2）按页写。按页写操作是指向 E²PROM 存储器内指定的首地址（Addr）开始连续写入 n 字节页写数据的操作。其数据格式如下：

S	SLAW	ACK	Data-1	ACK	Data-2	...	Data-n	ACK	P

AT24Cxx 提供的按页写功能，即在存储器中设置的一定容量的数据寄存器，可以一次连续写入整页或不大于页字节的数据（各芯片的页字节大小见表 9-4）。有了按页写功能，只要一次写入的字节数不大于页字节的数量，总线对 E²PROM 存储器的操作可视为对静态 RAM 的操作，但要求下一次的数据操作在 5～10 ms 之后才可以进行，因此可以用 E²PROM 存储器代替 RAM 作为外部数据存储器使用。

在按页写方式时，如果写入数据超出该物理页边界，则超出数据将重新写入到页首地址，即覆盖之前所写数据，形成地址空间"翻卷"现象。因此，如果要写入整页，必须计算好起始地址，当写入地址递增遇到页边界时，可以在软件中进行高位地址的加 1 操作。

4. 存储器的读操作

AT24Cxx 系列 E^2PROM 存储器的读操作与写操作基本相同，只是对 E^2PROM 存储器每读 1 字节，地址自动加 1。由于数据地址寄存器提供的地址空间与已写数据寄存器的空间相同，因此地址指针也会出现"翻卷"现象。因此，在读操作时也要注意页起始地址的计算。

AT24Cxx 存储器的读操作为 I^2C 总线的主接收方式，停止前应由主控器发送一个非应答信号。AT24Cxx 存储器的读操作分为当前地址读、指定地址读和序列读三种操作方式。

(1) 当前地址读操作。当前地址读操作是不指定字节地址(addr)的读操作，读出的内容为当前地址的数据。当前地址是片内地址寄存器中的内容，每完成 1 字节操作，地址自动加 1。如果当前操作后的地址加 1 使地址寄存器溢出，则下一个的读操作"翻卷"到该页的第一个地址单元。当前地址读操作的数据格式如下：

S	SLAR	ACK	Data	$\overline{ACK}$	P

(2) 指定地址读操作。指定地址读操作是指从 E^2PROM 存储器内指定的地址单元(Addr)读出 1 字节数据的操作。若要给定一个地址，必须先进行 1 字节地址的写操作，然后再转为读操作，读出 1 字节。数据格式如下：

S	SLAW	ACK	Addr	ACK	S	SLAR	ACK	Data	$\overline{ACK}$	P

(3) 序列读操作。序列读操作是指从 E^2PROM 存储器内指定的首地址(Addr)开始连续读出 n 字节数据的操作。其数据格式如下：

S	SLAW	ACK	Addr	ACK	S	SLAR	ACK	Data-1	ACK	Data-2	ACK	...	Data-n	$\overline{ACK}$	P

序列读操作的字节数据首地址也可以是当前地址。

S	SLAR	ACK	Data-1	ACK	Data-2	...	Data-n	$\overline{ACK}$	P

序列读操作是读出存储器中当前地址或指定地址的多字节的内容，也有可能出现"翻卷"现象。存储器的读/写时序如图9-17所示。

5. 与单片机的接口编程

利用 I^2C 总线技术，推出了很多带 I^2C 总线接口的芯片和单片机。有 I^2C 总线的单片机具有 SCL、SDA 两个第二功能引脚，可直接与带 I^2C 总线的器件连接进行数据传输。对于 STC89C51RC 单片机，虽不具备 I^2C 总线，但可用 I/O 口线通过软件模拟 I^2C 总线功能。下面以 STC89C51RC 单片机与 AT24C64 接口为例，介绍 I^2C 总线的编程应用。电路接口及连接图如图9-18所示。

图中用 I^2C 总线扩展两片存储量为 8 KB 的 AT24C64(最多可扩展 8 片)，芯片的编址范围均为 0000～1FFFH。IC2 的三位地址线 A2、A1、A0 接地，器件读/写地址为 A0H、A1H；IC1 的三位地址线 A2、A1 接地，A0 接 V_{CC}，器件读/写地址为 A2H、A3H。

由于 STC89C51RC 单片机没有 I^2C 总线接口，因此可采用普通 I/O 端口线(P1.6、P1.7)模拟 I^2C 总线的数据传输。按照 I^2C 总线的时序要求，除了规定了 SCL、SDA 信号的上升、下降的最大时间外，其他参数只规定了最小时间要求。因此，可以在 I^2C 总线的数据传输过程中，利用时钟同步机制延长低电平周期，降低数据传送速率，使普通 I/O 端口能够在模拟 I^2C 总线的数据传输时，所有信号的定时时间都满足表 9-3 的要求。在模拟 I^2C 总线时序时，最主要的就是要保证启动、停止、数据传输、保存及应答位等典型信号满足时序要求。

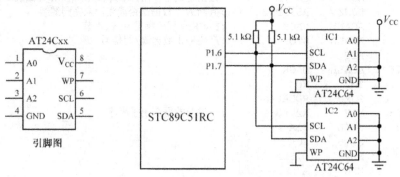

图 9-18　单片机与 I^2C 总线器件连接图

例 9-5　要求从 IC1 中的 120H 地址开始连续读出 8 字节数据，读出的数据存储在单片机片内 30H 开始的单元中（用 R0 作指针）。假定 AT24C64（IC1）器件内读出地址（120H）存储在 R7～R6 中，长度存储在 R5 中，即初值定义如下：

```
AddrH    EQU    01H          ;指定读器件内单元地址高字节
AddrL    EQU    20H          ;指定读器件内单元地址低字节
PAddr    EQU    30H          ;单片机片内地址
N        DATA   08           ;从 24C64 器件内读出数据长度
SDA      BIT    P1.7
SCL      BIT    P1.6
         MOV    R0,#PAddr    ;初始化
         MOV    R6,#AddrL
         MOV    R7,#AddrH
         MOV    R5,#N
```

对 E^2PROM 存储器中的数据读出操作过程为：① 先向器件发送读/写时序；② 发送写器件地址的命令；③ 发送读出的数据起始地址；④ 发送读器件地址的命令；⑤ 连续读出多字节的数据。多字节读出子程序如下：

```
RDCBY:   ACALL   STAT            ;产生数据读/写时序,子程序参见 9.5.4 节的 I²C 总线编程
         MOV     A,#0A2H         ;向 IC1 写器件地址操作命令字 A2H,准备数据写入
         ACALL   WR8B            ;调用一字节数据写入子程序
         ACALL   CACK            ;CACK 子程序参见 9.5.4 节
         JB      F0,RDCBY        ;判断命令字 A2H 写入是否成功
         MOV     A,R7            ;从 R7 取出起始地址高字节→A
         ACALL   WR8B            ;调用一字节数据写子程序,向器件写入地址高字节
         ACALL   CACK
         JB      F0,RDCBY        ;判断地址是否写入成功
         MOV     A,R6            ;从 R6 取出起始地址低字节→A
         ACALL   WR8B            ;调用一字节数据写子程序,向器件写入地址低字节
         ACALL   CACK
         JB      F0,RDCBY
RDN164:  ACALL   STAT            ;STAT 子程序参见 9.5.4 节
         MOV     A,#0A3H         ;向器件写入读控制字,准备读出 24C64 中的数据
         ACALL   WR8B
         ACALL   CACK
         JB      F0,RDN164       ;判断读出的数据是否成功
```

```
RDDA64:  ACALL    RD8B         ;调用一字节数据读出子程序，从指定的起始地址开始连续
                               ;读出 N 个数据
         MOV      @R0,A        ;读出的数据存储在单片机片内 30H 开始的单元
         DJNZ     R5,RDN264    ;判断 N 个数据是否读完，未完则继续
         ACALL    NACK         ;NACK 子程序参见 9.5.4 节
         ACALL    STOP         ;产生停止数据读/写信号
         RET
RDN264:  ACALL    MACK
         INC      R0
         SJMP     RDDA64
RD8B:    MOV      R2,#8        ;一字节数据读出子程序
RLP:     SETB     SDA
         SETB     SCL
         MOV      C,SDA
         RLC      A
         CLR      SCL
         DJNZ     R2,RLP
         RET
WR8B:    MOV      R2,#8        ;一字节数据写入子程序
WLP:     RLC      A
         MOV      SDA,C
         SETB     SCL
         DB       0,0,0,0
         CLR      SCL
         CLR      SDA
         DJNZ     R2,WLP
         RET
```

例 9-6　要求把单片机片内地址 30H 开始的 8 字节数据写入到 IC1 中的 3C0H 地址开始单元中。

对 E^2PROM 存储器进行数据写操作时，同样应先向器件发送写入的目标起始地址，然后在从这个地址开始连续写入多字节的数据。对 E^2PROM 存储器中的数据写入操作过程为：① 先向器件发送读/写时序；② 发送写器件地址的命令；③ 发送数据写入的起始地址；④ 连续写入多字节的数据。假定使用的资源与例 9-5 相同并已经初始化，多字节写入子程序如下：

```
WRCBY:   ACALL    STAT         ;24C64 数据写入子程序
         MOV      A,#0A2H      ;写入器件地址操作命令字 A2H，准备数据写入
         ACALL    WR8B         ;调用一字节数据写入子程序
         ACALL    CACK
         JB       F0,WRC64
         MOV      A,R7         ;从 R7 取出起始地址(高字节 03H)→A
         ACALL    WR8B         ;调用一字节数据写入子程序
         ACALL    CACK
         JB       F0,WRC64
         MOV      A,R6         ;从 R6 取出起始地址(低字节 0C0H)→A
         ACALL    WR8B
         ACALL    CACK
         JB       F0, WRC64
WRDA64:  MOV      A,@R0        ;从 30H 单元取一字节要写入的数据→A
         ACALL    WR8B         ;调用一字节数据写入子程序
         ACALL    CACK
         JB       F0,WRC64
         INC      R0
         DJNZ     R5,WRDA64    ;判断 N 个数据是否写完，未完则继续
         ACALL    STOP
         RET
```

9.6.2　串行日历时钟芯片的接口应用

PCF8563 是 Philips 公司推出的一款工业级、内含 I²C 总线接口功能、具有极低功耗的多功能 CMOS 实时时钟/日历芯片。PCF8563 具有多种报警功能、定时器功能、时钟输出功能及中断输出功能，能够完成各种复杂的定时服务，甚至可以为单片机提供看门狗功能、内部时钟电路、内部振荡电路、内部低电压检测电路(1.0 V)，以及两线制 I²C 总线通信方式等，总线速度为 400 KB/s，每次读/写数据操作后，内嵌的字地址寄存器会自动产生加 1 操作。PCF8563 是一款性价比较高的时钟芯片，已被广泛用于电池供电的仪器仪表等电子产品领域。

1. PCF8563 的主要特性

PCF8563 内部有 16 个 8 位寄存器，其中包括一个可自动增量的地址寄存器、一个内置为 32.768 kHz 的振荡器(含一个内部集成电容)、一个分频器(用于给实时时钟 RTC 提供源时钟)、一个可编程时钟输出(可编程输出 32 768 Hz、1024 Hz、32 Hz、1 Hz 频率)、一个定时器、一个报警器、一个掉电检测器和一个速度最高达 400 kHz 的 I²C 总线接口等。所有 16 个寄存器都被设计成可寻址的 8 位并行寄存器，但不是所有位都有用。当对一个 RTC 寄存器进行读操作时，所有计数器的内容将被锁存，因此在传送条件下，可以防止对时钟/日历芯片的错读。

PCF8563 的工作电压范围宽(1.0～5.5 V)，工作电流和休眠电流低(在 V_{DD} = 3.0 V、Tamb = 25℃时典型值为 0.25 µA)，片内电源有复位功能。PCF8563 具有闰年计算功能，当年计数器的值是闰年时，可自动给 2 月份的天数加 1，使其成为 29 天。PCF8563 采用 DIP8 封装，引脚排列如图9-19所示，各引脚功能说明如下：

OSCI、OSCO：振荡器输入、输出引脚；

$\overline{\text{INT}}$：中断输出开漏，低电平有效；

SDA、SCL：串行 I²C 总线的数据线和时钟线；

CLK：时钟输出(开漏)引脚；

V_{CC}、V_{SS}：5 V 电源正、负极引脚。

2. PCF8563 工作原理

PCF8563 片内 16 个寄存器是可寻址的 8 位并行寄存器，各寄存器的功能如表 9-6 所示。

(1) 控制/状态寄存器 1(地址 00H)。控制/状态寄存器 1 有 3 个有效位，用于控制芯片的工作方式，各个有效位说明如下：

① TEST 控制芯片的工作模式，为 0 时芯片工作于普通模式；为 1 时芯片工作于测试模式。

② STOP 控制芯片时钟运行，为 0 时芯片时钟运行；为 1 时所有芯片分频器异步置 0，芯片时钟停止运行，但在 CLK 引脚上可输出 32 768 Hz 的时钟脉冲。

③ TESTC 电源复位控制，为 0 时电源复位功能失效；为 1 时电源复位功能有效。工作在普通模式时 TESTC=0。

(2) 控制/状态寄存器 2(地址 01H)。控制/状态寄存器 2 有 5 个有效位，用于控制时钟报警与中断，各个有效位说明如下：

① TI/TP 是 $\overline{\text{INT}}$ 中断信号输出选择控制位，用于设置中断产生的条件。当 TI/TP=0，同时 TF=1 且 TIE=1 时，芯片引脚 $\overline{\text{INT}}$ 有效(输出低电平信号)；当 TI/TP=1，同时 TF=1 且 TIE=1 时，芯片引脚 $\overline{\text{INT}}$ 输出有效脉冲(脉冲周期与倒计时定时器的数值 n 有关，n 值见表 9-6 所示)。若 AF 和 AIE 都有效时，则 $\overline{\text{INT}}$ 一直有效。

表 9-6   PCF8563 的寄存器功能表

地　址	寄存器名称	D7	D6	D5	D4	D3	D2	D1	D0
00H	控制/状态寄存器 1	TEST	0	STOP	0	TESTC	0	0	0
01H	控制/状态寄存器 2	0	0	0	TI/TP	AF	TF	AIE	TIE
02H	秒	VL	\multicolumn{7}{c}{00~59 BCD 码数据}
03H	分钟				00~59 BCD 码数据				
04H	小时				00~23 BCD 码数据				
05H	日				00~31 BCD 码数据				
06H	星期	—	—	—	—	—	0~6 BCD 码数据		
07H	月/世纪	C				00~12 BCD 码数据			
08H	年				00~99 BCD 码数据				
09H	分钟报警	AE				00~59 BCD 码数据			
0AH	小时报警	AE				00~23 BCD 码数据			
0BH	日报警	AE				00~31 BCD 码数据			
0CH	星期报警	AE	—	—	—	—	0~6 BCD 码数据		
0DH	CLK 频率寄存器	FE	—	—	—	—	—	FD1	FD0
0EH	倒计时定时器控制	TE	—	—	—	—	—	TD1	TD0
0FH	倒计数器				定时器倒计时二进制数值				

② AF、TF 分别是定时报警和倒计时报警中断请求标志。当定时报警时间到时，AF=1 请求定时报警中断；当倒计时计数结束时，TF=1 请求倒时定时中断。进入中断服务程序后，AF 与 TF 应分别由软件清 0，否则它们在被软件重写前一直保持原有值。

③ AIE 是定时报警中断允许控制位，TIE 是倒计时定时中断允许控制位。即 AIE、TIE 相当于单片机中的中断允许控制位，而 AF、TF 相当于中断申请标志位。AIE=1 允许定时报警中断，AIE=0 禁止定时报警中断；TIE=1 允许倒计时定时中断，TIE=0 禁止倒计时定时中断。

（3）秒、月/世纪寄存器（地址 02H、07H）。

① 秒寄存器用来记录秒计时数据，高位 VL 控制时钟数据的准确性：VL=0，保证准确的时钟/日历数据；VL=1，不保证准确的时钟/日历数据。

秒寄存器的低 7 位是 BCD 格式的当前秒数值，例如，其值为 1011001 表示 59 s。

② 月/世纪寄存器用来记录月计时数据，高位 C 作世纪标志位：C=0，指定世纪数为 20××年；C=1，指定世纪数为 19××年。其中××为年寄存器中的值，当年寄存器中的值由 99 变为 00 时，世纪位会改变。

（4）分钟、小时、日、星期报警寄存器（地址 09H~0CH）。分钟、小时、日、星期报警寄存器存储定时报警匹配值，每个寄存器的高位 AE 控制分钟、小时、日或星期是否需要有效报警。AE=0 报警有效；AE=1 报警无效。

在给一个或多个报警寄存器写入报警时间点时，它们相应的AE=0，当这些报警时间点数值与当前时钟走时的分钟、小时、日或星期的数值相等时，AF 被置 1 且产生中断请求，这时只要 AIE=1，PCF8563 就会在 $\overline{INT}$ 引脚上输出中断信号。AF 需要用软件清除，AF 被清除后只有在时间增量与报警条件再次相匹配时才可再被置 1。

（5）CLK 频率寄存器（地址 0DH）。CLK 频率寄存器用于控制 CLK 引脚输出方波，并决定输出方波的频率。当 FE=0，CLK 成高阻态，禁止输出信号；FE=1，允许在 CLK 输出有效频率。频率输出选择如表 9-7 所示。

表 9-7　CLK 频率输出选择控制

FE	FD1	FD0	f_{CLK}
1	0	0	32 768 kHz（默认值）
1	0	1	1024 Hz
1	1	0	32 Hz
1	1	1	1 Hz
0	—	—	禁止频率输出

CLK 为开漏输出引脚，上电时输出有效，无效时为高阻态。

（6）定时器。倒计数器（0FH）由定时器控制寄存器（0EH）控制，定时器控制寄存器用于设置定时器有效（TE=1）或无效（TE=0），以及设置定时器的频率（如表 9-8 所示），定时器由软件设置 8 位二进制倒计数器的值，每次倒计数结束，定时器将置 TF=1 请求产生一个中断输出，每个倒计数周期产生一个脉冲作为中断信号，由 TI/TP 控制中断产生的条件。当读定时器时，返回当前倒计数的数值。为了能够精确读取倒计数的数值，I²C 总线时钟 SCL 的频率至少应为所选定的定时器时钟频率的 2 倍。

表 9-8　定时器时钟频率选择控制

TE	TD1	TD0	定时器时钟频率（Hz）	$\overline{INT}$ 输出周期	
				n=1	n>1
1	0	0	4096	1/8192	1/4096
1	0	1	64	1/128	1/64
1	1	0	1	1/64	1/64
1	1	1	1/60	1/64	1/64
0	—	—	禁止频率输出	—	—

表中数值 n 是倒计数器的 8 位二进制数，其范围为 00～FFH，则倒计数周期=n/时钟频率。

TD1 和 TD0 为定时器时钟频率选择位，决定倒计数定时器的时钟频率，不用时 TD1 和 TD0 应设为"11"（即选择 1/60 Hz），以降低电源损耗。

（7）复位电路。PCF8563 包含一个片内复位电路，当振荡器停止工作时，复位电路开始工作。在复位状态下 I²C 总线初始化，寄存器 TF、VL、TD1、TD0、TESTC、AE 被置 1，其他的寄存器和地址指针被清 0。

（8）掉电检测器和时钟监控。PCF8563 内嵌掉电检测器，当 V_{DD} 低于 V_{low} 时，秒寄存器的 VL 标志位被置 1，用于指明可能产生不准确的时钟、日历信息。VL 标志位只可以用软件清 0，当 V_{DD} 慢速降低，例如，以电池供电达到 V_{low} 时，标志位 VL 被设置 1，这时可能会产生中断。

3. PCF8563 与单片机的接口应用

PCF8563 与单片机的接口电路如图9-19所示。PCF8563 的 SCL 为时钟线，数据随时钟信号同步输入器件；SDA 为双向数据线，作为串行数据的输入/输出端口；$\overline{INT}$ 是中断信号输出端，可以通过设置报警寄存器按指定时间在该引脚产生报警信号；SDA、SCL、CLK、$\overline{INT}$ 均为漏极开路，使用时必须接上拉电阻；OSCI、OSCO 是反相放大器的输入/输出端，接 32 768 Hz 晶振，将时钟源配置为片内振荡器，频率微调电容 C3 取 1～20 pF，为防止掉电应接电池 BAT。

按 I²C 总线规定，PCF8563 有唯一的器件地址：读地址为 A3H、写地址为 A2H，并具有字节写和读两种状态。

当采用中断方式时，PCF8563 的 $\overline{INT}$ 引脚产生中断信号送给 STC89C51RC 的 $\overline{INT0}$ 引脚，CPU 响应中断后，通过 I²C 总线读取 PCF8563 的时钟数据。PCF8563 的时钟读/写编程方法如下：

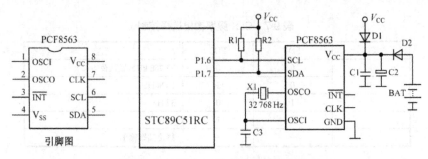

图 9-19   PCF8563 与单片机接口电路

（1）时钟读出子程序设计。把秒、分钟、小时、日、星期、月、年共 7 字节的时间信息读出并放入单片机片内 PAddr 开始的存储器中，时间读出后需进行整理，屏蔽无效位，才能够得出正确的信息。PCF8563 的 I²C 读/写程序可参照 AT24C64 的读/写子程序，但 PCF8563 的地址是单字节，即起始地址02H 放入 R6（不用 R7 高字节地址），读出长度为 7 字节。

```
RTC8563:    LCALL   RDCBY       ;调用读数据子程序,读出的数据放入 PAddr 缓冲区中,
                                ;RDCBY 子程序参见例 9-5
            MOV     A,PAddr     ;取秒字节
            ANL     A,#7FH      ;屏蔽无效位
            MOV     PAddr,A
            MOV     A,PAddr+1   ;取分钟字节
            ANL     A,#7FH      ;屏蔽无效位
            MOV     PAddr+1,A
            MOV     A,PAddr+2   ;取小时字节
            ANL     A,#3FH      ;屏蔽无效位
            MOV     PAddr+2,A
            MOV     A,PAddr +3  ;取日字节
            ANL     A,#3FH      ;屏蔽无效位
            MOV     PAddr+3,A
            MOV     A,PAddr+4   ;取星期字节
            ANL     A,#07H      ;屏蔽无效位
            MOV     PAddr+4,A
            MOV     A,PAddr+5   ;取月字节
            ANL     A,#1FH      ;屏蔽无效位
            MOV     PAddr+5,A
            RET     年字节
```

（2）时钟写入子程序设计。下面的程序把 2010 年 3 月 16 日星期 2 下午 15 点 39 分 56 秒的时间写入 PCF8563，即从 PCF8563 片内寄存器 00H 地址开始依次写入 Paddr 开始单元的内容（共 9 字节）。

```
WTC8563:    MOV     PAddr,#00H      ;启动时钟,将时间初值装入发送缓冲区 PAddr 中
            MOV     PAddr+1,#1FH    ;设置报警及定时器中断,定时器中断为脉冲形式
            MOV     PAddr+2,#56H    ;秒时间写入发送缓冲区中
            MOV     PAddr+3,#39H    ;分钟时间写入发送缓冲区中
            MOV     PAddr+4,#15H    ;小时时间写入发送缓冲区中
            MOV     PAddr+5,#16H    ;日时间写入发送缓冲区中
            MOV     PAddr+6,#02H    ;星期时间写入发送缓冲区中
            MOV     PAddr+7,#03H    ;月时间写入发送缓冲区中
            MOV     PAddr+8,#10H    ;年时间写入发送缓冲区中
            MOV     R5,#09H         ;写入 7 个时间信息和 2 个控制命令共 9 字节
            MOV     R6,#00          ;控制/状态寄存器 1 地址送入 R6
            LCALL   WRCBY           ;调用写数据子程序(参见例 9-6)
            RET
```

（3）报警功能的设置。PCF8563 共有 4 种报警方式，分别为小时报警(每小时的同一分钟时刻报警)、日报警(每天的同一小时时刻报警)、月报警(每月的同一天时刻报警)和星期报警(每星期的同一天时刻报警)。发生报警时 AF=1。设置报警有效的方法是将相应报警寄存器的最高位 AE 置 0，若同时置 AIE=1，则在 AF 置 1 的同时在 $\overline{\text{INT}}$ 引脚产生一个中断，低电平有效，中断响应后应软件置 AF=0。

　　例 9-7　让 PCF8563 在每小时的第 30 分钟产生报警并在 $\overline{\text{INT}}$ 端产生一个中断送给单片机。编程时先取寄存器的原控制信息进行或操作，目的是不破坏原来的配置。

```
    MOV     R6,#01H          ;取中断控制字节地址
    MOV     R5,#01H          ;读出 1 字节数据
    LCALL   RDCBY            ;调用读数据子程序，读中断控制字节信息存入 Paddr 中
    RET
```

中断配置：

```
    MOV     A,PAddr
    ORL     A,#02H           ;置 AIE=1
    MOV     PAddr,A
    MOV     R6,#01H          ;中断控制寄存器地址送入 R6
    MOV     R5,#01H          ;写入 1 字节数据
    LCALL   WDCBY            ;调用写数据子程序，写入中断控制字节命令
    RET
```

报警配置：

```
    MOV     PAddr,#30H       ;30 分钟报警时刻数据送 PAddr 地址(最高位 AE 为 0 报警有效)
    MOV     R6,#09H          ;小时报警控制寄存器地址送入 R6
    MOV     R5,#01H          ;写入 1 字节数据
    LCALL   WDCBY            ;送报警信息
    RET
```

　　以上配置完成后，即可在 $\overline{\text{INT}}$ 引脚产生中断信号，在软件清除 AF 位之前，该中断信号一直有效。清除中断信号的程序段如下：

```
    MOV     R6,#01H          ;中断控制寄存器地址送入 R6
    MOV     R5,#01H          ;读出 1 字节数据
    LCALL   RDCBY            ;读中断控制字节信息
    RET
```

中断配置：

```
    MOV     A,PAddr
    ANL     A,#17H           ;设置 AF=0，但保持其他位不变
    MOV     PAddr,A
    MOV     R6,#01H          ;中断控制寄存器地址送入 R6

    MOV     R5,#01H          ;写入 1 字节数据
    LCALL   WDCBY            ;调用写数据子程序，写入中断清除命令
    RET
```

　　（4）定时器功能的设置。PCF8563 的定时器为倒计数定时器，当 TE=1 时有效。当倒计数值为 0 时，TF=1，若此时 TIE=1，则在 TF 置 1 的同时在 $\overline{\text{INT}}$ 引脚产生一个中断信号。与报警中断不同的是定时器中断信号有两种方式：如果置 TI/TP=0，则中断信号和报警中断信号相同均为低电平方式，置 TF=0 可清除中断信号；若置 TI/TP=1，则中断信号为脉冲方式，其产生低电平脉冲宽度约为 15 ms，此时可不考虑 TF 位的影响。

例 9-8 让 PCF8563 每秒产生一次报警，并以 $\overline{\text{INT}}$ 作单片机外部中断信号，中断后读取时钟显示。

```
MOV     R6,#01H         ;中断控制寄存器地址送入 R6
MOV     R5,#01H         ;读出 1 字节数据
LCALL   RDCBY           ;调用读子程序，读出的中断控制字节信息存入 Paddr 缓冲区中
RET
```

中断配置：

```
MOV     A,PAddr         ;在读出缓冲区取数据给 A
ORL     A,#01H
MOV     PAddr,A
MOV     R6,#01H         ;中断控制寄存器地址送入 R6
MOV     R5,#01          ;写入 1 字节数据
LCALL   WDCBY           ;调用写入子程序，写入一字节的中断控制字节命令
RET
```

定时配置：要求输出 64 Hz 时钟频率。

```
MOV     PAddr,#81H      ;设置定时器命令暂存发送缓冲区 Paddr 单元
MOV     PAddr+1,#64     ;倒计数值暂存发送缓冲区（Paddr+1）单元
MOV     R6#0EH          ;定时器控制寄存器首地址送入 R6
MOV     R5,#02H         ;写入 2 字节数据
LCALL   WDCBY           ;调用写入子程序
RET
```

以上配置完成后，即可在 $\overline{\text{INT}}$ 引脚产生周期为 1 秒的中断脉冲信号。清除中断脉冲的方法有 3 种方式，即将 TIE、TE 或 0FH 寄存器三者中任一的内容清 0 即可。

（5）时钟输出功能的应用。

例 9-9 要求在 CLK 引脚输出一个 32 768 Hz 的方波。程序段如下：

```
MOV     PAddr,#80H      ;设置时钟输出使能命令值暂存发送缓冲区 Paddr 单元
MOV     R6,#0DH         ;时钟输出控制寄存器地址送入 R6
MOV     R5,#01H         ;写入 1 字节数据
LCALL   WDCBY           ;调用写数据子程序，实现时钟输出
RET
```

9.7　1/2/3Wire 总线器件的接口应用

1/2/3Wire 总线是 Dallas 公司研制开发的一种总线接口技术，并设计了可供家用电器及工业控温使用的器件。1/2/3Wire 总线接口技术简单，其中 2-Wire 总线接口与 I^2C 总线兼容，One-Wire 和 3-Wire 总线与其他串行扩展接口不同，各自有独特的操作方式。

9.7.1　单线制串行总线器件

One-Wire（单线制串行总线）是 Dallas 公司研制开发的一种协议，它由一个总线主节点、一个或多个从节点组成系统，通过一根信号线对从芯片进行数据的读取。每一个符合 One-Wire 协议的芯片都有一个唯一的地址，包括 8 位的家族代码、48 位的序列号和 8 位的 CRC 代码。主芯片对各个从芯片的寻址依据这 64 位的内容来进行。

1. DS18B20 性能特点

DS18B20 是 Dallas 公司生产的、具有 One-Wire 协议的数字式温度传感器。它设置地址线、数据线和控制线合用 1 根双向数据传输信号线（DQ）。传感器的供电寄生在通信的总线上，可以从总线通信中的高电平中取得，因此可以不需要外部的供电电源。作为替代也可以直接用供电端（V_{DD}）供电。一般在检测的温度超过 100℃时，建议使用供电端供电，供电的范围为 3～5.5 V。当使用总线寄生供电时，供电端必须接地，同时总线端口在空闲时必须保持高电平，以便对传感器充电。每一个 DS18B20 温度传感器都有一个唯一的芯片序列号，即 64 位的 ID 号，可以将多个温度传感器挂接在同一根总线上，实现多点温度的检测。

64 位的 ROM 光刻 ID 号为：开始 8 位（28H）是产品类型标号，接着是 48 位的 DS18B20 序列号，最后 8 位是前面 56 位的循环冗余校验码（CRC=X8+X5+X4+1）。

DS18B20 测温范围为–55～+125℃；转换精度为 9～12 位二进制数（含 1 位符号位），可以通过编程确定转换精度的位数。测温精度：9 位精度为 0.5℃；12 位精度为 0.0625℃。具有非易失性上、下限报警设定功能。转换时间：9 位精度时为 93.75 ms；10 位精度时为 187.5 ms；12 位精度时为 750 ms。

2. DS18B20 寄存器

DS18B20 内部有 9 字节的高速寄存器，各寄存器功能与编址如表 9-9 所示。

表 9-9　DS18B20 寄存器功能说明表

寄存器编址	功 能 作 用	寄存器编址	功 能 作 用
00H	温度转换值低 8 位	05H	保留（FFH）
01H	温度转换值高 8 位	06H	保留（0CH）
02H	温度上限寄存器 TH	07H	保留（10H）
03H	温度下限寄存器 TL	08H	CRC 校验
04H	系统配置寄存器	—	—

其中 00H、01H 地址是温度数据字节（可在系统配置寄存器中设置 9～12 位的温度转换位数），当接收到温度转换命令后，经转换所得的温度值以二字节补码形式存储在这两字节中。单片机可通过单总线接口读到该数据，读取时低位在前，高位在后。02H、03H 地址存储温度上、下限报警值。04H 地址是系统配置寄存器。08H 地址作为 CRC 校验码，是前面 8 字节的循环冗余校验码，在通信中检验数据传送的正确性。

3. DS18B20 系统配置寄存器数据格式

系统配置寄存器有 8 位，其中低 5 位值永远是 1。TM 是测试模式位，用于设置 DS18B20 在工作模式还是在测试模式。在 DS18B20 出厂时该位被设置为 0，用户能改动。R1 和 R2 用来设置分辨率（DS18B20 出厂时被设置为 12 位的分辨率）。系统配置寄存器数据格式如下：

TM	R1	R2	1	1	1	1	1

DS18B20 分辨率设置如下：

R1	R2	分辨率设置/位	测温精度/℃	转换时间/ms
0	0	9	0.5	93.75
0	1	10	0.25	187.5
1	0	11	0.125	375
1	1	12	0.0625	750

4．DS18B20 温度值存储格式

DS18B20 可完成对温度的测量，以 12 位精度为例，用 16 位带符号扩展的二进制补码读数形式，以 0.0625℃/LSB 形式表达。DS18B20 用 12 位精度测出的温度值用 16 位二进制补码形式表达如下：

位序	D15	D14	D13	D12	D11	D10	D9	D8	D7	D6	D5	D4	D3	D2	D1	D0
数值	S	S	S	S	S	2^6	2^5	2^4	2^3	2^2	2^1	2^0	2^{-1}	2^{-2}	2^{-3}	2^{-4}

其中，S 为符号扩展位，S=1 表示温度为负值；S=0 表示温度为正值。

DS18B20 采取 12 位精度测出的数字量用 16 位二进制补码形式表达如下：

温度值/℃	二进制数字输出	十六进制数字输出
+85	0000 0101 0101 0000	0550H
+25.0625	0000 0001 1001 0001	0191H
+10.125	0000 0000 1010 0010	00A2H
+0.5	0000 0000 0000 1000	0008H
0	0000 0000 0000 0000	0000H
−0.5	1111 1111 1111 1000	FFF8H
−10.125	1111 1111 0101 1110	FF5EH
−25.0625	1111 1111 0110 1111	FF6FH
−55	1111 1100 1001 0000	FC90H

5．DS18B20 命令字

根据 DS18B20 的通信协议，主机（单片机）控制 DS18B20 完成温度转换必须经过 3 个步骤：每一次读/写之前都要对 DS18B20 进行复位操作；复位成功后发送一条 ROM 指令；最后发送 RAM 指令，这样才能够对 DS18B20 进行预定的操作。复位操作要求主机将数据线下拉 500 μs，然后释放，当 DS18B20 收到信号后等待 16～60 μs，再发出 60～240 μs 的应答低脉冲，主机收到此信号表示复位成功。DS18B20 指令如表 9-10 所示。

表 9-10　DS18B20 指令表

序号	指令	代码	功　能
1	读 ROM	33H	读 DS18B20 温度传感器 ROM 中的编码（即 64 位地址）
2	匹配 ROM	55H	发 64 位 ROM 编码，访问单总线上与该编码相对应的 DS18B20，为下一步对该 DS18B20 的读/写做准备
3	搜索 ROM	0F0H	查寻挂接在同一总线上 DS18B20 的个数并识别 64 位 ROM 地址。为操作各器件做好准备
4	跳过 ROM	0CCH	跳过读 64 位 ROM 序列号地址，直接向 DS18B20 发温度变换命令。适用于单片工作
5	告警搜索	0ECH	指令执行后，温度超过设定值上限或下限时才做出响应
6	温度变换	44H	启动 DS18B20 进行温度转换，12 位转换的最长时间 750 ms（9 位为 93.75 ms），结果存入内部 9 字节 RAM 中
7	读寄存器	0BEH	读出寄存器（即内部 RAM）中 9 字节的内容
8	写寄存器	4EH	对第 2、3、4 地址写入上、下限温度数据和配置寄存器命令，发送命令后将 3 字节数据写入到第 2、3、4 地址中
9	复制暂存器	48H	将 RAM 中第 2、3 字节地址的内容复制到 E^2PROM 中
10	重调 E^2PROM	0B8H	将 E^2PROM 中内容恢复到 RAM 的第 2、3 字节地址中
11	读供电方式	0B4H	读 DS18B20 的供电模式。寄生供电时 DS18B20 发送 0，外接电源供电 DS18B20 发送 1

注：序号 1～5 是 ROM 指令，6～11 是 RAM 指令。

DS18B20 的工作是在发送操作指令的基础上完成的，上电后传感器处于空闲状态，需要控制器发送命令才能完成温度转换。对传感器操作时，首先完成对芯片内部的 ROM 操作，然后进行读、写和温度

转换功能（时序如图 9-20～图 9-22 所示）。读、写是在总线管理者发送下降沿时进行发送或接收一位数据的操作，只有传感器的响应脉冲是由传感器主动发送的，其余都是由总线管理者产生信号。

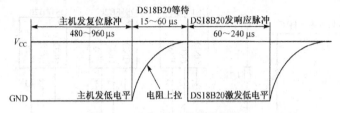

图 9-20　One-Wire 总线复位时序

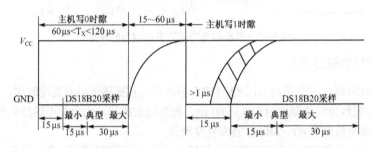

图 9-21　One-Wire 总线写时隙时序

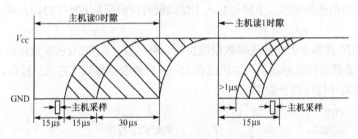

图 9-22　One-Wire 总线读时隙时序

6. DS18B20 的应用电路

根据 DS18B20 供电方式的不同，有以下三种不同的电路连接形式。

（1）寄生电源供电方式。DS18B20 寄生电源供电方式电路如图 9-23 所示。寄生电源方式有以下特点：① 进行远距离测温时，无需本地电源；② 可以在没有常规电源的条件下读取 ROM；③ 电路简洁，仅用一根 I/O 端口线实现测温；④ 只适应于单一温度传感器测温情况，不适于采用电池供电系统中。

（2）寄生电源强上拉供电方式。DS18B20 的寄生电源强上拉供电方式电路如图9-24所示。在强上拉供电方式下可以解决电流供应不足的问题，因此也适合于多点测温情况，缺点是要多占用一根 I/O 端口线进行强上拉切换。

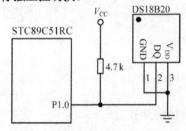

图 9-23　寄生电源供电方式电路图

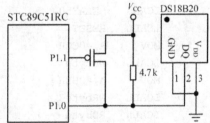

图 9-24　寄生电源强上拉供电方式电路图

（3）外部电源供电方式。外部电源供电方式是 DS18B20 最佳的工作方式，工作稳定可靠，抗干扰能力强，而且电路也比较简单，可以开发出稳定可靠的多点温度监控系统，如图 9-25 所示。

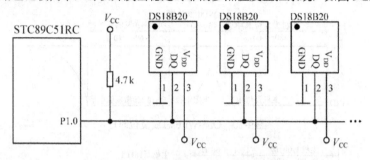

图 9-25　外部供电方式的多点测温电路图

7．DS18B20 的编程应用

在操作 DS18B20 时，主机采用 STC89C51RC 单片机。按照图 9-20 的复位时序，主机应先发送复位信号，主机将数据线拉低并保持为 480～960 μs，再释放数据线，由上拉电阻拉高为 15～60 μs，然后再由 DS18B20 发出低电平 60～240 μs 完成复位操作。

主机对 DS18B20 写数据时，应先将数据线拉低 1 μs 以上，再写入数据，待主机写入数据 15～60 μs 后，DS18B20 开始对数据线采样。主机每写入 1 位数据时间应保持 60～120 μs，两次写入数据的间隙应大于 1 μs。

主机对 DS18B20 读操作时，应先将数据线拉低，再释放，在 DS18B20 数据线从高电平到低电平跳变的 15 μs 内将数据送到数据线上，主机应在 15 μs 后读取数据线，完成读操作。主机对 DS18B20 初始化、复位、读/写子程序设计如下：

```
            DAT     bit P1.0
DSinit: LCALL   RESET           ;初始化子程序
        MOV     A,#0CCH         ;发跳过 ROM 命令
        LCALL   WRbyte          ;调用写入子程序
        MOV     A,#4EH          ;发写 TH 和 TL
        LCALL   WRbyte
        MOV     A,#CONFIG       ;写配置寄存器
        LCALL   WRbyte
        RET
RDtemp: LCALL   RESET           ;读出温度值的子程序
        MOV     A,#0CCH         ;发跳过 ROM 命令
        LCALL   WRbyte
        MOV     A,#44H          ;发读开始转换命令
        LCALL   WRbyte
        LCALL   DELAY500        ;延时 500 ms
        LCALL   RESET
        MOV     A,#0CCH         ;发跳过 ROM 命令
        LCALL   WRbyte
        MOV     A,#0BEH         ;发读存储器命令
        LCALL   WRbyte
        LCALL   RDbyte          ;读出温度的低字节
        MOV     TEMPL,A
```

```
                LCALL    RDbyte            ;读出温度的高字节
                MOV      TEMPH,A
                RET
RESET:          SETB     DAT               ;复位子程序
                MOV      R2,#200
LP1:            CLR      DAT
                DJNZ     R2,$              ;产生低电平的脉冲宽度
                SETB     DAT
                MOV      R2,#30
                DJNZ     R2,$              ;产生高电平的脉冲宽度
                CLR      C
                ORL      C,DAT
                JC       LP1
                MOV      R6,#80
LP2:            ORL      C,DAT
                JC       LP3
                DJNZ     R6,LP2
                SJMP     RESET
                DJNZ     R6,LP2
LP3:            MOV      R2,#250
                DJNZ     R2,$
                RET
WRbyte:         MOV      R3,#8             ;写一字节的子程序
WR1A:           SETB     DAT
                MOV      R4,#8
                RRC      A
                CLR      DAT
WR2A:           DJNZ     R4,WR2A           ;延时
                MOV      DAT,C
                MOV      R4,#30
WR3A:           DJNZ     R4,WR3A
                DJNZ     R3,WR1A
                SETB     DAT
                RET
RDbyte:         CLR      EA                ;读一字节的子程序
                MOV      R6,#8
RD1A:           CLR      DAT
                MOV      R4,#6
                NOP
                SETB     DAT
RD2A:           DJNZ     R4,RD2A
                MOV      C,DAT
                RRC      A
                MOV      R5,#30
RD3A:           DJNZ     R5,RD3A
                DJNZ     R6,RD1A
                SETB     DAT
                RET
DEL500:         …                         ;500 ms 延时子程序
                RET
```

9.7.2　双线制、三线制串行总线器件

DS1621 和 DS1620 都是由 Dallas 公司生产的串行接口总线数字式温度传感器，采用专用的片载温度测量技术，具有 9 位数据测温精度，分辨率为 0.5℃，测温范围为–55～+125℃，温度采集转换时间为 1 s。DS1621 是双线制接口，DS1620 是三线制接口。DS1621 总线的传输协议与 I^2C 总线兼容，读/写操作与 AT24C64 相似，其器件地址为 1001 $A_2A_1A_0$ R/$\overline{W}$。通过 $A_2A_1A_0$ 编码，一次最多可连接 8 片。

而 DS1620 器件则不同，下面以 DS1620 为例，介绍其功能和使用方法。DS1620 通过三线制串行接口，完成温度值的读取和 TH、TL 的设定。具有非易失性上、下限报警设定功能，有 3 个报警输出端(TH、TL、TCOM)，可单独用做温度控制器。

1．引脚功能

DS1620 采用 8 引脚封装，引脚功能说明如图9-28 所示，各引脚功能如下：

DQ：数据 I/O 线；

CLK/$\overline{COV}$：时钟线/独立工作控制线；

$\overline{RST}$：复位输入引脚；

$\overline{T}_{HIGH}$、$\overline{T}_{LOW}$：高温触发和低温触发引脚；

T_{COM}：高/低温结合触发引脚；

V_{CC}、V_{SS}：电源正、负极引脚。

2．操作和控制

控制/状态寄存器用于决定 DS1620 在不同场合的操作方式，也指示温度转换时的状态。寄存器有 8 位(D0～D7)，各位功能说明如下：

DONE	THF	TLF	NVB	1	0	CPU	ISHOT

DONE：温度转换完标志，值为 1 为转换完成，值为 0 转换正在进行中。

THF：温度过高标志。温度高于或等于 TH 寄存器中的设定值时 THF 值变为 1。当 THF 为 1 后，即使温度降到 TH 以下，THF 值也仍为 1。可以通过写入 0 或断开电源来清除这个标志。

TLF：温度过低标志。温度低于或等于 TL 寄存器中的设定值时 TLF 值变为 1。当 TLF 为 1 后，即使温度升高到 TL 以上，TLF 值也仍为 1。可以通过写入 0 或断开电源来清除这个标志。

NVB：非易失性存储器忙标志。值为 1 表示正在向存储器中写入数据；值为 0 表示存储器不忙。写入存储器需要时间为 10 ms。

CPU：使用 CPU 标志。值为 1 表示使用 CPU，DS1620 和 CPU 通过三线制进行数据传输；值为 0 表示不使用 CPU，CLK 作为转换控制使用。

ISHOT(D0)：该位为 1 时，收到转换指令后转换出温度值；该位为 0 时，收到转换指令后连续执行转换操作。

3．操作模式

DS1620 有单独工作模式和三线串行通信模式两种操作模式。

（1）单独工作模式。DS1620 可作为热继电器使用，常用连续转换方式，可在没有 CPU 参与下工作。这时，应预先写入控制寄存器操作模式和 TH、TL 寄存器的温度设定值，控制/状态寄存器的 CPU 标志位必须设为 0，CLK 用做转换开始控制端。当 CLK 为低电平时(10 ms 后置高)，则产生一次转换。

若 CLK 保持低电平，则 DS1620 连续进行转换。当 CPU 为 0 时，转换由 CLK 控制，而不受 ISHOT 控制位的限制。DS1620 有 3 个温度触发控制端，当采集温度高于或等于 TH 设定值时，THIGH 输出为高电平；当采集温度低于或等于 TL 设定值时，TLOW 输出高电平；当采集温度高于 TH 设定值时，TCOM 输出为高电平，直到温度下降到 TL 寄存器设定值以下时才会变为低电平。

（2）三线串行通信模式。采用单片机与 DS1620 通信，通过命令字完成对 DS1620 的各种操作。读、写数据时序如图 9-26、图 9-27 所示。DS1620 的命令字如表 9-11 所示。

表 9-11　DS1620 命令字

指　　令	功 能 说 明	指 令 码
Read temperature	读出温度值	AAH
Start convert T	开始温度转换	EEH
Stop convert T	停止温度转换	22H
Write TH	写温度上限	01H
Write TL	写温度下限	02H
Read TH	读温度上限	A1H
Read TL	读温度下限	A2H
Write config	写配置寄存器	0CH
Read config	读配置寄存器	ACH

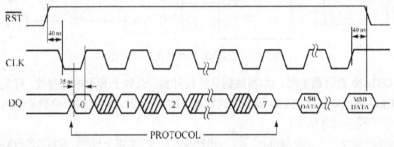

图 9-26　读数据时序图

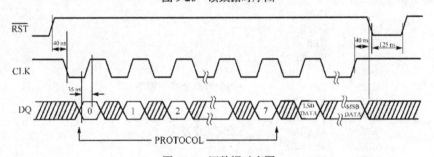

图 9-27　写数据时序图

4．温度值格式

DS1620 温度值采用带符号的二进制补码格式，共有 9 位有效数，最高位为符号位，1 表示负值，0 表示正值，其余 8 位为温度值。由于分辨率为 0.5℃，即数值转换时，先将温度值除以 2，再将数值转换成十进制数。如−50℃的补码格式为××××××××1 1100 1110，其中高 7 位未用，低 8 位为−50℃的补码。DS1620 输出数据与被测温度的对应关系如表 9-12 所示。

表 9-12　DS1620 输出数据与被测温度的对应关系

被测温度（℃）	二进制数据输出	十六进制数据输出
+125	0 1111 1010	00FAH
+25	0 0011 0010	0032H
+0.5	0 0000 0001	0001H
0	0 0000 0000	0000H
−0.5	1 1111 1111	01FFH
−50	1 1100 1110	01CEH
−55	1 1001 0010	0192H

5. DS1620 与单片机接口应用

DS1620 通过三线制串行接口与单片机连接，DQ 作为数据线，CLK 作为时钟线，$\overline{\text{RST}}$ 作为复位输入端，可作为热传感器或热继电器使用，有 3 个温控触发端控制加热或制冷装置，本例连接 3 个 LED 灯，操作时观察 LED 的亮/灭，接口电路如图 9-28 所示。

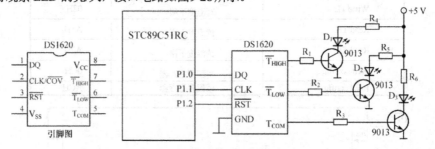

图 9-28　DS1620 与单片机接口电路

单片机与 DS1620 数据通信时，读/写数据从低位开始，时钟上升沿数据有效：即先使 $\overline{\text{RST}}$ 为高电平，在时钟线 CLK 为低电平时向 DQ 线上发送数据，CLK 为上升沿完成一位数据输入。DS1620 编程操作的读/写参考子程序设计如下：

```
WR1620:  MOV    R2,#08H      ;串行写入 1 字节数据子程序，要写入的数据在 A 中
WLP:     RRC    A
         CLR    CLK
         MOV    DQ,C
         SETB   CLK
         DJNZ   R2,WLP
         RET
CONFIG:  SETB   RST          ;写配置命令字子程序
         MOV    A,#0CH
         ACALL  WR1620
         MOV    A,#0AH       ;设定工作方式
         ACALL  WR1620
         CLR    RST
         RET
RD1620:  MOV    R2,#08       ;串行读出 1 字节数据子程序，读出数据在 A 中
         SETB   DQ           ;置数据线为高电平
RLP:     CLR    CLK
         MOV    C,DQ         ;读出 1 位数→C
         SETB   CLK
         RRC    A            ;把读出的数移入 A 中
         DJNZ   R2,RLP
```

```
               RET
```

如果需要设置上、下限温度值，子程序与 CONFIG 类似。下面是读出温度值子程序：

```
STCOV:   SETB    RST             ;启动开始转换子程序
         MOV     A,#0EEH
         ACALL   WR1620
         CLR     RST
         RET
RDS1620:SETB     RST             ;读出温度值子程序
         MOV     A,#0AAH         ;读出温度值命令字送 A
         ACALL   WR1620
         ACALL   RD1620          ;调用读子程序，读出温度值的低 8 位
         MOV     30H,A
         ACALL   RD1620          ;读出温度值的高 8 位
         MOV     31H,#0          ;31H 存符号位(0 为正，1 为负)
         ANL     A,#01           ;屏蔽高 7 位，保留温度符号位
         CJNE    A,#01,STP       ;判符号位，(A)=0 温度为正，(A)=1 温度为负
         MOV     31H,#40H        ;为负数，存符号位字形码给 31H("-"的字形码为 40H)
         MOV     A,30H           ;温度为负值，数据为补码，求反加 1 求原码
         CPL     A
         INC     A
         MOV     30H,A
STP:     MOV     A,30H           ;以下取温度值，把二进制温度值转化为十进制
         ...
         RET
```

9.8　SPI 总线器件的接口应用

SPI(Serial Peripheral Interface)总线是芯片间的串行外围接口，是 Motorola 公司推出的同步扩展接口，采用四线制(片选线、时钟线、数据输入、输出线)实现芯片间串行数据传输。SPI 串行扩展接口是全双工同步通信口，主机方式传送数据速率达 1.05 MB/s。

具有 SPI 串行总线接口的器件有 ISD4004 语音录/放芯片、W25X10A、LM74 高精度温度传感器、X5045P 和 X25045A 存储器等器件。本节以 ISD4004 为例介绍 SPI 串行总线扩展接口的应用。

9.8.1　ISD4004 语音录/放电路

ISD4004 是美国 ISD 公司生产的、带 SPI 串行接口的语音芯片，声音录/放采用了 Chip2-Corder 专利技术，即声音无需 A/D 转换和压缩就可以直接存储，没有 A/D 转换误差，在一个记录位(1BIT)可存储多达 250 级声音信号，相当于通常用 A/D 技术记录容量的 8 倍。片内集成了晶体振荡器、麦克风前置放大器、自动增益控制、抗混叠滤波器、平滑滤波器、声音功率放大器等，只需很少的外围器件，就可以构成一个完整的声音录/放系统。

1. 语音录/放芯片 ISD4004 特点

(1) 记录的声音没有段长度限制。

(2) 声音的记录无需 A/D 转换和压缩，放音自然、完美。

(3) 快速闪存作为存储介质，无需电源可保存数据长达 100 年，重复记录 1000 次以上。

(4) 内置 16 MB 非易失性存储器，语音记录时间长达 16 min，内部语音存储器可分为 2400 段，每段为 400 ms，分段地址范围为 0000H~0960H，可通过编程任选一段地址作为录音、放音操作的起始地址。

（5）接口简单，SPI 串行接口提供全部数据和控制操作。

（6）用 3 V 电压供电，电流小，待机时为 1 μA，放音时为 30 mA，录音时为 25 mA。

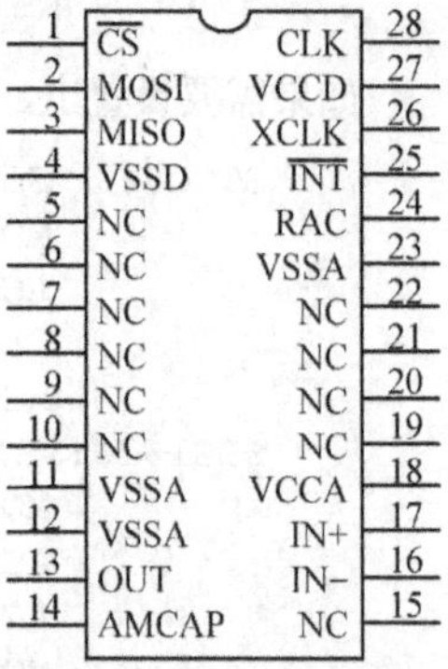

2. ISD4004 引脚功能说明

ISD4004 采用 28 引脚封装，引脚如图 9-29 所示，各引脚功能如下：

IN+：录音信号的同向输入端，输入放大器可采用单端或差分驱动；

IN−：录音信号的反向输入端；

OUT：音频输出端，可驱动 5 kΩ 的负载；

$\overline{\text{CS}}$：片选信号端，当置为低电平时，可向 ISD4004 发送数据；

MOSI：串行数据输入端，主控器必须在时钟低电平时将数据放入此端写入芯片；

MISO：串行数据输出端，通过此线主控器可读出芯片内数据；

CLK：时钟信号线，由主控器产生，以同步 MOSI、MISO 线上的数据输入和输出；

$\overline{\text{INT}}$：中断输出，漏极开路，当出现 EOM 或 OVF 时，输出低电平；

XCLK：外部时钟输入端（不用时接地）；

RAC：行地址时钟，漏极开路输出；

AMCAP：自动静噪音控制端。

图 9-29　ISD4004 引脚图

9.8.2　ISD4004 的工作时序

1. ISD4004 数据传输过程

① 串行数据传输开始时，应先将 $\overline{\text{CS}}$ 设置为低电平，ISD4004 才允许读/写。

② 由 CLK 产生时钟信号，主控器用 MOSI 线向 ISD4004 输入数据，在 CLK 上升沿将 MOSI 线上的数据写入 ISD4004，下降沿将 ISD4004 中送出的数据放到 MISO 线上，以供主控器读取。

③ ISD4004 接收到命令和地址后，才能开始录音或放音操作。

④ 命令格式是：8 位命令字+16 位地址（即 3 字节）或只有 8 位命令字。当编写 3 字节命令时，按低字节地址、高字节地址、命令字的顺序发送，并从低位开始传送。

⑤ ISD4004 在进行操作时，若遇到 EOM（信息结尾）或 OVF（存储器末尾），则产生 1 个中断信号输出，该中断状态要在下一个 SPI 周期开始时才被清除。

⑥ 所有命令操作都在 $\overline{\text{CS}}$ 为高电平时执行。ISD4004 工作时序如图 9-30 所示。

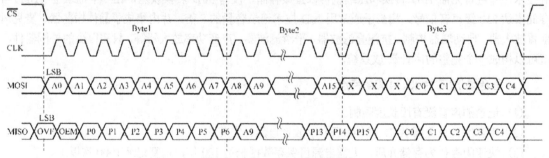

图 9-30　ISD4004 工作时序图

2. ISD4004 指令操作码格式

ISD4004 的指令码是 1 字节命令字，实际只用高 5 位（C0～C4），低 3 位无效（使用时以 0 处理）。

ISD4004 的指令码有 10 个，指令格式如表 9-13 所示。

表 9-13   ISD4004 指令码

指 令 类 型	C4	C3	C2	C1	C0	×	×	×	A15～A0
POWERUP 上电命令	0	0	1	0	0	×	×	×	无关位
SETPLAY 放声命令	1	1	1	0	0	×	×	×	A15～A0
SETREC 录音命令	1	0	1	0	0	×	×	×	A15～A0
SETMC 快进命令	1	1	1	0	1	×	×	×	A15～A0
PLAY 放音命令	1	1	1	1	0	×	×	×	无关位
REC 录音命令	1	0	1	1	0	×	×	×	无关位
MC 快进命令	1	1	1	1	1	×	×	×	无关位
STOP 停止命令	0	0	1	1	0	×	×	×	无关位
STOPWRDN 停止且掉电命令	0	0	0	1	0	×	×	×	无关位
RINT 读命令	0	0	1	1	0	×	×	×	无关位

① POWERUP 上电命令，命令字为 20H，无地址。

② SETPLAY 放音命令，命令字 E0H+地址(A0～A15)，从指定的地址开始放音。

③ SETREC 录音命令，命令字 A0H+地址(A0～A15)，控制录音和录音存储的首地址。

④ SETMC 快进命令，命令字 E8H+地址(A0～A15)，快进到指定的地址开始放音。

⑤ PLAY 放音命令，命令字 F0H，从当前地址开始连续放音，直到出现 EOM 或 OVF 为止。

⑥ REC 录音命令，命令字 B0H，从当前地址开始连续录音，直到出现 OVF 或停止指令为止。

⑦ MC 快进命令，命令字 F8H，快进到下一段，直到出现 EOM 为止。

⑧ STOP 停止命令，命令字 30H，停止当前操作。

⑨ STOPWRDN 停止且掉电命令，命令字 10H，停止当前操作并进入掉电模式(耗电 1 μA)。

⑩ RINT 读命令，命令字为 30H，读出中断状态位 OVF 和 EOM。

9.8.3   ISD4004 接口电路与编程应用

ISD4004 与单片机接口电路如图 9-31 所示。图中 MIC 作为语音输入的麦克风，SPK 作为语音输出的扬声器，LM386 作为语音放大器，单片机用 P1.0～P1.3 作为 SPI 模拟串行通信线。

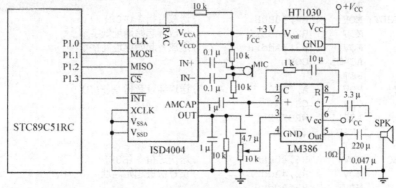

图 9-31   ISD4004 与单片机接口电路

```
CS      EQU     P1.3
CLK     EQU     P1.0
MOSI    EQU     P1.1
MISO    EQU     P1.2
```

假定录/放音的地址低字节(AddrL)存储在 R2 中，高字节(AddrH)存储在 R2 中，录/放音操作命令字存储在 R4 中。ISD4004 操作时的关键子程序设计如下：

```
WRBYTE:   CLR     MOSI              ;写一字节的数据子程序
          CLR     SCLK
          MOV     R7,#8
BITOUT:   CLR     SCLK
          RRC     A                 ;假设发送的数据已经存储在累加器 A 中
          MOV     MOSI,C
          NOP
          NOP
          SETB    SCLK
          NOP
          DJNZ    R7,BITOUT
          RET
COMM:     CLR     CS                ;写地址与命令字子程序，向 ISD4004 连续写 3 字节
          MOV     A,AddrL
          ACALL   WRBYTE
          MOV     A,AddrH
          ACALL   WRBYTE
          MOV     A,R4
          ACALL   WRBYTE
          SETB    CS
          RET
POWERUP:  MOV     A,#20H            ;发送上电指令(20H)
          CLR     CS
          ACALL   WRBYTE
          ACALL   DEL30MS           ;延时 30ms
          SETB    CS
          RET
RECSET:   MOV     R4,#0A0H          ;录音命令字
          MOV     R2,#AddrL         ;录音起始地址低字节
          MOV     R3,#AddrH         ;录音起始地址高字节
          ACALL   COMM
          RET
RECLX:    MOV     A,#0B0H           ;送连续录音指令(B0H)
          CLR     CS
          ACALL   WRBYTE
          SETB    CS
          RET
PLAYSET:  MOV     R4,#0E0H          ;送放音指令(E0H)
          MOV     R2,#AddrL         ;送放音起始地址低字节
          MOV     R3,#AddrH         ;送放音起始地址高字节
          ACALL   COMM
          RET
PLAY:     MOV     A,#0F0H           ;送连续录音指令(F0H)
          CLR     CS
          ACALL   WRBYTE
          SETB    CS
          RET
SETMC:    MOV     R4,#0E8H          ;送快进指令(E8H)
          MOV     R2,#AddrL         ;设置快进起始地址
          MOV     R3,AddrH
          ACALL   COMM
          RET
MC:       MOV     A,#0F8H           ;送执行快进指令(F8H)
          CLR     CS
          ACALL   WRBYTE
          SETB    CS
          RET
STOP:     MOV     A,#30H            ;送停止指令(30H)
```

```
            CLR     CS
            ACALL   WRBYTE
            SETB    CS
            RET
STOPDW:     MOV     A,#10H          ;送停止并掉电指令(10H)
            CLR     CS
            ACALL   WRBYTE
            SETB    CS
            RET
RINT:       MOV     A,#30H          ;送读状态位指令(30H)
            CLR     CS
            ACALL   WRBYTE
            SETB    CS
            RET
```

利用上述子程序段，可以很方便地编写录音、放音程序。

例 9-10　要求从指定的地址(如 0200H)开始录音(即 AddrLH=02H，AddrL=00)，连续录音 60 s 后停止录音，则录音程序段如下：

```
ORG         0000
ACALL       POWERUP         ;上电
ACALL       DEL30MS         ;延时 30 ms
ACALL       RECSET          ;从指定地址开始录音
ACALL       RECLX           ;连续录音
ACALL       DEL60S          ;延时 60 s
ACALL       STOP            ;停止录音
...
END
```

例 9-11　要求从指定的地址(如 0300H)开始放音(即 AddrLH=03H，AddrL=00)，连续放音 60 s 后停止，则放音程序段如下：

```
ORG         0000
ACALL       POWERUP         ;上电
ACALL       DEL30MS         ;延时 30 ms
ACALL       PLAYSET         ;从指定地址开始放音
ACALL       PLAY            ;连续放音
ACALL       DEL60S          ;延时 60 s
ACALL       STOP            ;停止录音
...
END
```

如果需要长时间录音，可以采用多个 ISD4004 级联。把器件的数据线、时钟线连接在一起，通过编程控制器件的片选端$\overline{CS}$信号，在一个时刻只能有一个器件有效，再编程查询 OVF 和 EOM 信号。当控制器检测到 OVF 和 EOM 信号时，$\overline{INT}$端变为低电平激活控制器的 OVF 检测程序，检测相应的软件标志位，当检测到某一片 OVF=1 时，通知解码器禁止该片的运行同时激活与之相连的下一个器件，以实现长时间录音。

本章小结

单片机的内部资源是有限的，因此要外部扩展电路。单片机扩展外部器件可以选用串行接口、并行接口。本章介绍了单片机系统扩展结构，三总线的构造方法。介绍了存储器、TTL 电路扩展接口和编址方法，重点应熟悉外部器件的特性和引脚功能，掌握串行总线(如 I^2C 总线、SPI 总线和 1/2/3Wire 总线)扩展外部器件的接口，理解操作时序和编程方法。

练习与思考题

1. 单片机系统扩展的基本方法有哪些？如何选择系统扩展的器件？

2. 8051 单片机并行总线由哪些端口构成？如何构造并行总线？

3. 单片机在扩展外部并行接口时需要使用的三总线是什么？

4. I/O 接口和 I/O 端口有什么区别？I/O 接口的功能是什么？

5. 常用的 I/O 端口编址有哪两种方式？它们各自有什么特点？8051 单片机的 I/O 端口编址采用的是哪种方式？

6. I/O 口数据传送有哪几种传送方式？分别在哪些场合下使用？

7. 已知单片机外部扩展一个芯片的地址译码关系图如下：

A15															A0
·	0	·	1	×	×	×	×	×	×	×	×	×	×	×	×

指出是何种译码方式，写出其所占用的全部地址范围（"·"为悬空未用地址位）。

8. 已知单片机外部扩展 2 个芯片的地址译码关系图为：

A15															A0
·	0	1	×	×	×	×	×	×	×	×	×	×	×	×	×

写出这 2 个芯片所占用的全部地址范围，指出基本地址、片选译码地址各使用了几根地址线。

9. 并行数据存储器的扩展与并行程序存储器的扩展的主要区别是什么？

10. 采用两片 6264 扩展片外数据存储器，应如何扩展？设计扩展接口电路和地址分配范围，并画出地址译码关系图。如果要扩展 8 片 6264 应该如何设计？

11. 采用两片 2764 扩展片外数据存储器，应如何扩展？设计出扩展接口电路和地址分配范围，并画出地址译码关系图。如果要扩展 8 片 2764 应该如何设计电路？

12. 采用三片 6264 和三片 2764 扩展片外存储器，应如何扩展？设计出扩展接口电路和地址分配范围，并画出地址译码关系图。

13. 采用两片 74LS573 和一片 74LS244 扩展片外端口，应如何扩展？设计出扩展接口电路和地址分配范围，并画出地址译码关系图。

14. 采用两片 74LS573 和两片 74LS377 扩展片外端口，应如何扩展？设计出扩展接口电路和地址分配范围，并画出地址译码关系图。

15. 采用两个共阳数码管扩展静态串行显示或动态串行显示，应如何扩展？设计出扩展接口电路。

16. 什么是 I^2C 总线？它有什么特点？采用 I^2C 总线传输数据时，应注意什么？

17. 编写程序对 AT24C64 中 100H～200H 地址单元进行清 0 操作。

18. PCF8563 有什么特点？能用它做万年历吗？试实现万年历的设计。

19. 1/2/3Wire 总线有什么特点？

20. DS18B20 是什么芯片？有什么特点？试采用它设计一个电子温度计。

21. 什么是 SPI 总线？它有什么特点？

22. ISD4004 是什么芯片？有什么特点？能应用在什么场合？

23. 说明图9-32中 7 个芯片各自的作用，并写出 IC1、IC2、IC3、IC4 各个芯片的地址范围。

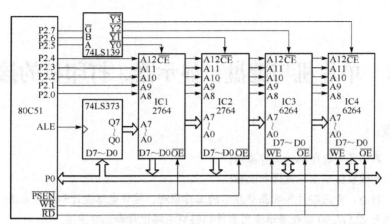

图 9-32 单片机扩展存储器电路

24. 使用 AT24C02 能设计 IC 卡吗? 应如何设计?

25. 28F010 是什么芯片? 有什么特点? 如果需要扩展 2 片 28F010, 试设计出接口电路?

26. 8051 单片机最多有____根数据线, 最多有____根地址线? 采用 12 根线最大能编____个地址, 编址范围____; 32 K 存储单元需要____根地址线; 如果最大编址到 3FFH, 则需要____根地址线。

第10章 单片机与键盘、显示器、打印机的接口设计

本章学习要点：

(1) 键盘、显示器、打印机的工作原理；

(2) 单片机与键盘接口电路设计和编程；

(3) 静态、动态、专用芯片和液晶屏显示的工作原理、接口电路设计和编程方法；

(4) 单片机与ZLG7290键盘显示专用器件的接口电路设计和编程方法。

单片机是智能仪表、智能系统的核心部件，通常需要配置外部输入设备和输出设备，以方便用户对系统运行结果进行观察。单片机常用的输入设备通常有键盘、拨码开关等；输出设备通常有LED数码显示器、LCD液晶显示器、打印机等。本章介绍基于8051内核的单片机与多种输入/输出设备的接口电路设计和软件编程技术。

本章难点在于各种接口电路设计和键盘、显示的编程思路、实现方法。

10.1 单片机与键盘的接口

键盘是由若干按键组成的开关阵列，是单片机或计算机最常用的输入设备，用户可以通过键盘向计算机输入指令、地址和数据，是人机对话的主要手段。键盘有编码键盘和非编码键盘之分。单片机系统中通常采用非编码键盘，非编码键盘主要由软件来识别闭合键，具有结构简单、使用灵活等特点，因此被广泛应用于单片机系统。

10.1.1 键盘的工作原理

1. 按键的特点

键盘是一组按键开关的集合，组成键盘的按键有触点式和非触点式两种。常用的键盘一般采用由机械触点构成的键盘开关，利用机械触点的接通与断开将电压信号输入到单片机的I/O端口。机械键盘在按键接触过程中通常会产生抖动，按键抖动时间的长短与开关的机械特性有关，一般在5～10 ms，如图10-1所示，图中t_1为按键抖动时间，t_2为按键稳定接通时间，时间长短由按键操作人确定，t_3为按键松键期，t_4为按键断开期。

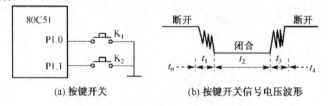

(a) 按键开关   (b) 按键开关信号电压波形

图 10-1 键盘与按键开关信号电压波形

2. 按键的识别

在图10-1中，当按键开关K_1没有按下时，K_1键的两个触点是断开的，这时P1.0输入为高电平；当K_1键被按下时，K_1键的两个触点是接通的，P1.0输入为低电平。通过对连接按键的I/O端口的电平检测，就能识别出K_1键是否被按下。

3．按键抖动的消除方法

由于按键是机械触点，当机械触点闭合和断开时，会有抖动，这种抖动对操作人来说是感觉不到的，但对计算机来说，则是完全可以感应到的。为了准确地判断每次有效按键，对每次按键只做一次响应，就必须考虑消除抖动。

常用的去抖动的方法有两种：硬件去抖和软件去抖。

硬件去抖采用双稳态去抖和滤波电路去抖。双稳态去抖法使用两个与非门构成 RS 触发器电路实现按键去抖；滤波电路去抖法可以采用 RC 积分电路滤除干扰脉冲达到按键去抖的目的。硬件去抖电路如图10-2所示。

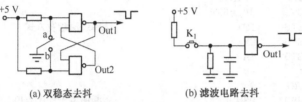

　　　(a) 双稳态去抖　　　　　　　　　(b) 滤波电路去抖

图 10-2　硬件去抖电路

单片机常用软件去抖法，即在第一次检测到有键按下时，不是立刻认定键的有效性，而是延时 5～10 ms 或更长时间后再检测一次该键，如果该键仍有效(假如该键与 P1.0 连接，则 P1.0=0)，才确认为有效按键。这样就可以避开按键按下时的抖动时间，以免发生误判断。在第一次检测到按键释放后(P1.0="1")应再延时 5～10 ms，以消除后沿的抖动，然后再对键值处理。

不过，如果不对按键释放的后沿进行处理，通常也能满足要求。当然，实际应用中对按键的要求也千差万别，要根据不同的需要编写处理程序。以上是软件消除键抖动的原则，对矩阵键盘的识别去抖也同样如此。

10.1.2　键盘的接口方式

单片机系统中通常采用非编码键盘，非编码键盘分为独立式键盘和行列式矩阵键盘。下面详细介绍这两种键盘接口的工作原理。

1．独立式键盘接口

独立式键盘是各个按键互相独立，每个按键单独连接一条输入线，另一端接地，通过检测输入线的电平就可以判断该键是否被按下。

独立式键盘适用于在按键较少的系统中或要求操作速度快的场合使用。当系统要求的按键数量比较多时，需要消耗比较多的输入口线，使电路结构繁杂。以下是几种常见的独立式键盘接口电路。

(1) 中断方式独立键盘接口。图10-3是采用中断方式设计的独立键盘接口电路，P1 端口是键盘输入口线，每个引脚上都接有一个上拉电阻，且独立连接了一个按键，同时各个按键都连接到一个 8 输入与门(CD4068)的输入端，CD4068 的输出端连接到外部中断输入引脚 $\overline{INT1}$。当没有按键被按下时，P1 端口的引脚是高电平，CD4068 的输出端为高电平，不会发生 $\overline{INT1}$ 中断；当有任何一

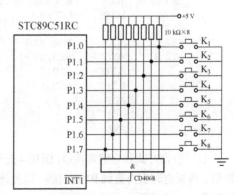

图 10-3　中断方式键盘接口电路

个按键被按下时，产生一个低电平，都会使 CD4068 输出低电平，$\overline{INT1}$ 引脚上发生从高到低的跳变从而引起单片机触发外部中断。单片机响应 $\overline{INT1}$ 中断后，再通过读 P1 端口的状态，就可以识别出哪一个按键被按下。这种方式的好处是不用在主程序中不断地循环查询，如果有键按下，单片机再去做相应的处理。这种键盘接口方式能够实时检测到按键，适用于键盘操作实时性要求较高的系统。

中断法查键处理程序设计如下：

```
               ORG    0000
               LJMP   MAIN
               ORG    0013H
               LJMP   KPINT1
     MAIN:     MOV    SP,#6FH
               SETB   IT1               ;选择边沿触发方式
               SETB   EX1
               SETB   EA
               ...
               SJMP   $
     KPINT1:   PUSH   PSW               ;中断服务子程序入口
               PUSH   ACC
               MOV    A,P1
               CPL    A
               JZ     EXIT              ;(A)=0，退出转 EXIT
               LCALL  DEL10MS
               MOV    A,P1
               CPL    A
               JZ     EXIT              ;(A)=0，退出转 EXIT
     KEY1:     CJNE   A,#01H,KEY2
               LJMP   KEYK1             ;是 K₁ 键，转入 K₁ 键处理子程序 KEYK1
     KEY2:     CJNE   A,#02H,KEY3
               LJMP   KEYK2             ;是 K₂ 键，转入 K₂ 键处理子程序 KEYK2
     KEY3:     CJNE   A,#04H,KEY4
               LJMP   KEYK3             ;是 K₃ 键，转入 K₃ 键处理子程序 KEYK3
     KEY4:     CJNE   A,#08H,KEY5
               LJMP   KEYK4             ;是 K₄ 键，转入 K₄ 键处理子程序 KEYK4
     KEY5:     CJNE   A,#10H,KEY6
               LJMP   KEYK5             ;是 K₅ 键，转入 K₅ 键处理子程序 KEYK5
     KEY6:     CJNE   A,#20H,KEY7
               LJMP   KEYK6             ;是 K₆ 键，转入 K₆ 键处理子程序 KEYK6
     KEY7:     CJNE   A,#40H,KEY8
               LJMP   KEYK7             ;是 K₇ 键，转入 K₇ 键处理子程序 KEYK7
     KEY8:     CJNE   A,#80H,EXIT
               LJMP   KEYK8             ;是 K₈ 键，转入 K₈ 键处理子程序 KEYK8
     EXIT:     RETI
     DEL10MS:  MOV    60H,#10           ;延时 10 ms 子程序，晶振 6 MHz
     LP1:      MOV    61H,#250
               DJNZ   61H,$
               DJNZ   60H,LP1
               RET
               ...
               END
```

（2）查询方式独立键盘接口。图10-4是采用查询方式设计的独立键盘接口电路，工作原理与图10-3相似。需要定时安排查询 P1 端口线，以免遗漏按键操作并处理，这种键盘接口方式适用于键盘操作实时性要求不高的系统。

（3）缓冲方式独立键盘接口。图10-5是采用缓冲器方式设计的独立键盘接口电路，按键信息通过缓冲器输入到单片机，单片机以并行总线的方式控制读取缓冲器的输出数据，缓冲器编址为 7FFFH。这种键盘接口方式适用于键盘操作实时性要求不高的系统。

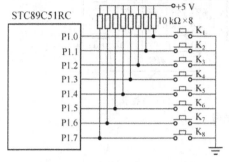

图 10-4　查询方式键盘接口电路

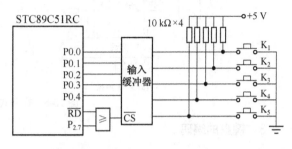

图 10-5　缓冲器输入方式键盘接口电路

针对图10-5编程时，要求只处理单一按键，如有两个或多个按键同时按下视为无效，不予以处理，单片机应定时查询数据总线 P0 端口，按键采用延时去抖。按键处理程序设计如下：

```
KEY_IN:   MOV    DPTR,#7FFFH
          MOVX   A,@DPTR        ;读按键值
          ANL    A,#1FH         ;屏蔽高 3 位
          CJNE   A,#1FH,KEYQD   ;判断是否有键按下
          LJMP   EXIT           ;无键按下，退出键盘扫描
KEYQD:    LCALL  DEL10MS        ;有键按下，延时 10 ms 去抖
          MOVX   A,@DPTR        ;再读按键值
          ANL    A,#1FH
          CJNE   A,#1FH,KEY1
          LJMP   EXIT
KEY1:     CJNE   A,#1EH,KEY2
          LJMP   KEYK1          ;是 K₁ 键，转入 K₁ 键处理子程序 KEYK1
KEY2:     CJNE   A,#1DH,KEY3
          LJMP   KEYK2          ;是 K₂ 键，转入 K₂ 键处理子程序 KEYK2
KEY3:     CJNE   A,#1BH,KEY4
          LJMP   KEYK3          ;是 K₃ 键，转入 K₃ 键处理子程序 KEYK3
KEY4:     CJNE   A,#17H,KEY5
          LJMP   KEYK4          ;是 K₄ 键，转入 K₄ 键处理子程序 KEYK4
KEY5:     CJNE   A,#0FH,EXIT
          LJMP   KEYK5          ;是 K₅ 键，转入 K₅ 键处理子程序 KEYK5
EXIT:     RET
DEL10MS:  MOV    60H,#10        ;延时 10 ms 子程序，晶振为 6 MHz
LP1:      MOV    61H,#250
          DJNZ   61H,$
          DJNZ   60H,LP1
          RET
          ...
```

2. 行列式键盘结构

行列式键盘是单片机常用的一种键盘接口，主要适用于要求按键数量较多的系统。行列式键盘采用行、列矩阵方式交叉排列，按键跨接在行线、列线的交叉点上，如图10-6所示。3×3 矩阵键盘可以构成 9 个按键，4×4 矩阵键盘可以构成 16 个按键。因此，在按键数据要求较多的单片机系统中，行列式键盘比独立式键盘结构更优越，能节省更多的 I/O 端口线。

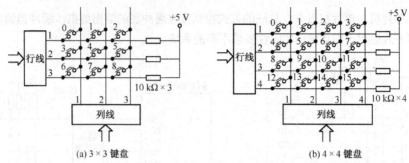

图 10-6　行列式键盘结构

3. 键盘的编码

对于独立式键盘，因为按键数量比较少，可根据实际需要灵活编码。对于行列式键盘，按键比较多，每个按键的位置决定于所连接的行线、列线值，因此一般采用依次排列键号的方式进行键盘编码。编码时，规定采用单键操作编码（如有需要也可按多键操作编码），各按键所在的行线、列线值为 0，其他线为 1，这样每个键唯一对应一个编码。按图 10-6 的 4×4 键盘进行编码，根据键名、键码、特征码的对应关系，可得到键码转换如表 10-1 所示。

表 10-1　4×4 键盘键码转换表

按键名称	顺序键码	键特征码	按键名称	顺序键码	键特征码
K0	00H	0EEH	K9	09H	0DBH
K1	01H	0DEH	KA	0AH	0BBH
K2	02H	0BEH	KB	0BH	7BH
K3	03H	7EH	KC	0CH	0E7H
K4	04H	0EDH	KD	0DH	0D7H
K5	05H	0DDH	KE	0EH	0B7H
K6	06H	0BDH	KF	0FH	77H
K7	07H	7DH	KC+KF	10H	67H
K8	08H	0EBH	未按	0FFH	0FFH

表格以 0FFH 作为结束标志，不设固定长度，以便于新的键码扩充（用于增加新的复合键）。

4. 行列式键盘工作原理和编程方法

按照行列式键盘的结构，按键跨接在行、列线的交叉点上，每根行线上均有上拉电阻。当无按键被按下时，行线处于高电平状态；当有按键被按下时，行线电平发生了改变，即与该键跨接的行、列线瞬间短接在一起，如果此时列线送出低电平 0，则该行线的电平就变为低电平，通过判断行线电平的状态就可得知是否有键按下。由于行列式键盘中的行、列线多键共用，首先需要对键盘按规定进行编码，然后对行、列线逐次分析，准确识别按键的位置，最后与键盘编码进行比对，准确识别出按键。下面介绍几种识别按键位置的方法。

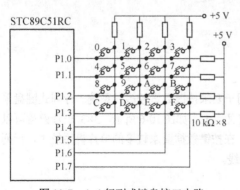

图 10-7　4×4 行列式键盘接口电路

（1）逐行扫描法

行扫描法又称逐行（或逐列）扫描键盘查询法，是一种最常用的按键识别方法，下面以图 10-7 所示的 4×4 行列式键盘介绍扫描法判键步骤。

① 判断键盘中有无键按下。先将全部行线置低电

平，然后检测列线的状态。如果有一列线的电平为低电平，则表示键盘中有键被按下，而且按键位于低电平的列线与 4 根行线相交叉的 4 个按键之中。若所有列线均为高电平，则键盘中无键按下。

例如，假定 6 号键被按下，则列线 P1.6 为低电平，列线 P1.6 与 4 根行线相交叉的 4 个按键分别是 2、6、A、E 键。

② 判断按键所在位置。在确认有键按下后，即可用逐行扫描法确认按键的具体位置。其方法是：依次将其中 1 根行线置为低电平，其他行线为高电平，以确定该按键所在的行线、列线位置。若检测到某列为低电平，则该列线与当前置为低电平的行线交叉处的键就是闭合按键。具体扫描过程如下：

先扫描第 1 行，即置行线 P1.0 为低电平，行线 P1.1～P1.3 为高电平，检测列线信号；若列线值为全 1，说明按键不在第 1 行线；若列线值不为全 1，说明第 1 行上有按键，按键的位于第 1 行和列线值不为 1 的列线交叉处。如果第 1 行无键按下，则用同样的办法再扫描第 2 行是否有键按下，主要逐行扫描下去，直到找到按键为止。

例如，假定 6 号键被按下了，先扫描第 1 行，置行线 P1.0 值为 "0"，行线 P1.1～P1.3 值为 1（即 1110），检测列线信号值为全 1，则第 1 行无按键；再扫描第 2 行，置行线 P1.1 值为 0，行线 P1.0、P1.2、P1.3 值全为 1（即 1101），检测列线信号值为 1011，列线值不全为 1，则表明按键在第 2 行（P1.1）、第 3 列（P1.6）的交叉处，即是 6 号键。

③ 求特征码。当找到按键后，根据其所对应的行线值和列线值，按特定的方式即可组合成为按键的特征值。键盘的行线、列线数目越多，方法越复杂。对于 4×4 键盘只要把行线的 4 位和列线的 4 位组合成 8 位码即可。在计算一个键盘的特征码时，每个键的特征值必须是唯一的，不能有重码。计算特征值的方法应尽量简单、可行。

例如，假定 6 号键被按下了，按键位于第 2 行、第 3 列的交叉处，当扫描到第 2 行时，置行线值为 1101，列线值为 1011，列线值不全为 1，表明找到了按键。这时只要把行线值和列线值合并成 1011 1101 即是该按键的特征码。行线值、列线值在合并时所放的位置并不重要，只要同一个键盘按照统一的规定组合特征码就可以。

④ 求键码。得到按键的特征码后，就可以计算出键盘的所有按键的特征码，按键码的顺序存储在一个表中，特征码在表中的顺序号就可作为该键的键码（或键值）。因此，只要找到按键的特征码就可通过查找特征码在表中具体位置，得到相应的键码，最后根据键码转到相应的键值处理子程序，就能够完成键值处理。

在行扫描法中，将所有行线作为输出端口，并逐行输出低电平，将所有列线作为输入端口，得到行、列线值后，也可以不采用查表的方式查找键码。下面这个行扫描法查键程序，采用了非查表法，比较巧妙地找到按键键码，查键处理程序设计如下：

```
    KEY_IN: MOV    P1,#0F0H      ;P1 端口低 4 位全部输出 0 电平
            MOV    A,P1          ;从 P1 端口高 4 位读入列信号
            ORL    A,#0FH        ;屏蔽低 4 位
            CPL    A             ;取反
            JZ     KPEXT         ;没有按键，即若 A=0，Z=1，跳转到 KPEXT
            MOV    R4,#0         ;键值初始化
            MOV    R2,#0FEH      ;行扫描码初始化
            MOV    R7,#4         ;扫描次数(行线数)
    KP1:    MOV    P1, R2        ;从 P1 端口低 4 位输出扫描码
            MOV    A,P1          ;从 P1 端口高 4 位读入列信息
            ORL    A,#0FH        ;屏蔽低 4 位
            CPL    A             ;取反
            JNZ    KP2           ;本行有按键被按下否? 若有键，跳转到 KP2
```

```
          MOV     A,R4                ;计算下一行键的起始键值
          ADD     A,#4
          MOV     R4,A
          MOV     A,R2                ;计算下一行的扫描码
          RL      A
          MOV     R2,A
          DJNZ    R7,KP1              ;全部扫描结束否
          SJMP    KPEXT               ;无按键操作
KP2:      JB      ACC.4,KP3           ;是否第一列(若 ACC.4=1,即为第一列有键)
          RR      A                   ;调整到下一列
          INC     R4                  ;调整键码
          SJMP    KP2                 ;继续判断
KP3:      MOV     A,R4                ;取键码,即键值
          RET                         ;返回键码
KPEXT:    MOV     A,#0FFH             ;没有按键操作,返回 0FFH
          RET
```

采用逐行扫描法时，列线上必须接上拉电阻，行线上可以不接。当然，也可以采用逐列扫描法识别按键，这时行线上必须接上拉电阻，列线上可以不接。

此外，单片机系统一般要求单键操作，不允许两键或多键同时按下（有设计需要的除外）。因此，为了防止两键或多键被同时按下，则从开始扫描第一行到最末一行时，若查询到只有一个按键，则确认为有效键；如果查询一遍后发现有两个以上按键，则全部作废，作为无效键处理。

（2）线反转法

扫描法需要逐行或逐列扫描，每个按键都需要被多次扫描才能够找到该键的行、列线值。线反转法也是识别按键常用方法，而且比较简便，查找每个按键只需要进行两次读键就能够获得该键的行、列线值，因此查键速度比逐行扫描法要快。但使用线反转法时，行、列线上都应接上拉电阻。现在以图 10-7 所示的 4×4 键盘为例，介绍线反转法的工作原理和查键步骤。

① 求按键的列线值：行线作为输出线，列线作为输入线，即可得到列线值。

② 求按键的行线值：行线作为输入线，列线作为输出线，即可得到行线值。

③ 求按键的特征码：把列线值和行线值合并，组合成为按键的特征码。

④ 查找键码：将键盘所有按键的特征编码按希望的顺序排成一张表，然后用当前读得的特征码查表，当表中有该特征码时，它的位置编码就是对应的顺序编码，当表中没有该特征码时，说明这是一个没有定义的键码，以无效键处理，并与没有按键(0FFH)同等看待。

例如，假定 6 号键被按下，用反转法查键，第 1 步先使行线输出全 0，即将 P1.0～P1.3 输出低电平，然后读出列线值 P1.4～P1.7，结果 P1.6=0，P1.4=P1.5=P1.7=1，得到特征码的高 4 位并暂时存储，说明第 3 列有按键；第 2 步再使列线输出全 0，即将 P1.4～P1.7 输出低电平，然后读出行线值 P1.0～P1.3，结果 P1.1=0，P1.0=P1.2=P1.3=1，得到特征码的低 4 位，说明第 2 行有按键；由此可得知键盘的第 2 行第 3 列按键被按下，即为 6 号键。把得到特征码的高 4 位和低 4 位合并相加，就获得按键的特征码。

线反转法查键及键码转换处理程序设计如下：

```
KEY_IN:   MOV     P1,#0F0H            ;行线低 4 位输出低电平
          MOV     A,P1                ;从高 4 位读取列线值
          ANL     A,#0F0H             ;屏蔽低 4 位获得列线值
          MOV     B,A                 ;暂存列线值→B
          MOV     P1,#0FH             ;列线高 4 位输出低电平
          MOV     A,P1                ;从低 4 位读取行线值
          ANL     A,#0FH              ;屏蔽高 4 位获得行线值
          ORL     A,B                 ;行、列值合并,得到按键特征码
          CJNE    A,#0FFH,KPIN1       ;判断有按键否
```

```
            AJMP    EXIT                        ;与 0FFH 相等，无按键，返回
    KPIN1:  MOV     B,A                         ;有按键，把特征码暂存→B
            MOV     DPTR,#TABKP                 ;DPTR 指向键码表首地址
            MOV     R3,#0                       ;顺序码初始化
    KPIN2:  MOV     A,R3                        ;按顺序码查表
            MOVC    A,@A+DPTR                   ;按顺序码查表
            CJNE    A,B,KPIN3                   ;按键特征码与查表特征码比较
            MOV     A,R3                        ;相等，顺序码有效，得到键码→A
            AJMP    EXIT                        ;返回对应的键码(A)
    KPIN3:  INC     R3                          ;不相等，调整顺序码，准备查下一个
            CJNE    A,#0FFH,KPIN2               ;是否为表格结束标志
    EXIT:   RET                                 ;查到表格末尾仍未找到，以无按键处理
    TABKP:  DB      0EEH,0DEH,0BEH,7EH          ;K0 到 K3 的特征码
            DB      0EDH,0DDH,0BDH,7DH          ;K4 到 K7 的特征码
            DB      0EBH,0DBH,0BBH,7BH          ;K8 到 KB 的特征码
            DB      0E7H,0D7H,0B7H,77H          ;KC 到 KF 的特征码
            DB      67H,0FFH                    ;KC+KF 的特征码和表格结束标志
```

5. 键的保护

键的保护是指当某一时刻同时有两个或多个键被按下时，应如何处理的问题。以矩阵行列式键盘为例，若在同一行上有两个键同时被按下，则对硬件电路不会有问题。但从软件方面来看，由于这时读入的列代码中存在两个 "0" 值，此代码与行值组合成的特征码不在原定的键值范围内。因此，键处理时，在键值表中查不出与该键相匹配的特征码。如果出现这种情况，则一般当做废键处理。

可是，如果在同一列上有两个键同时按下，采用反转法查询键不会出现硬件损坏，但这时若使用行扫描法可能会出现硬件损坏问题。因为 "0" 信号是逐行发出的(每次只有一个行线为 "0")，由于在同一条列线上有两个键被按下，此时就会扫描到一个键的所在行值为 "0"，另一个所在行值为 "1"，出现了两行线输出端口短路的现象，从而造成输出端口的损坏。采用行扫描法查键时，为了避免这种情况的发生，一般要采用短路保护电路，以防止两键或多键的同时按下。

10.1.3　键盘扫描工作方式

在单片机应用系统中，监控扫描键盘是单片机重要的工作之一。键盘监控得好，就能使按键灵敏，提高系统操作的可靠性。通常在智能系统中，单片机要完成各种功能，忙于多种任务，因此应考虑监控键盘的工作方式。选择键盘的工作方式应视单片机系统中 CPU 工作的忙闲情况而定，基本原则是既要保证按键操作的实时性，又要考虑查键时不占用 CPU 太多的工作时间。因此在实际应用时，可选用下列 4 种方式进行编程。

(1) 空闲扫描编程工作方式。这种编程工作方式利用在单片机空闲时，调用键盘子程序，扫描键盘是否有按键输入。进入键盘子程序后，反复扫描键盘，等待用户输入命令或数据。一旦查到并确认有按键输入，待按键松开后，则立即进行按键功能的处理操作。

这种编程工作方式以按键操作为主，只适用于单片机工作任务比较少、功能简单，且各功能操作耗时很少的场合，否则就会出现按键操作不灵敏的现象。

(2) 顺序扫描编程工作方式。这种编程工作方式是把系统将要实现的功能分成若干功能子程序模块，按事先规划好的程序结构，单片机按顺序调用执行功能模块。当单片机调用到键盘子程序模块时，程序才开始扫描键盘是否有按键输入。如果扫描到无按键输入，则返回主程序，调用其他模块并执行；当扫描到有按键输入，待按键松开后，按键处理功能模块开始操作。

这种编程工作方式对键盘扫描随机性比较大，只适用于任务少、功能简单的智能应用系统中。

(3) 定时扫描编程工作方式。在复杂的单片机应用系统中，为使按键操作灵敏，单片机通常采用

定时扫描方式对键盘进行扫描，即采用定时器/计数器作为定时，每隔一定的时间对键盘扫描一遍。例如，单片机用 T0 作定时器定时 10 ms，即每 10 ms 会产生一次定时中断。CPU 响应定时中断请求后，对键盘进行一次扫描，待识别出按键后返回键码，退出中断。主程序获得键码后执行相应的键处理程序。等到下一个 10 ms 定时中断产生后，又进行一次键盘扫描，如此反复。

这种键盘扫描工作方式，能有效克服前面几种键盘工作方式的缺点，提高系统的性能。但是，在不论有键、没键按下时，单片机都要不断地定时中断以便扫描键盘，因此影响其他子程序的执行，增大了程序执行的时间复杂度。

（4）中断扫描编程工作方式。为进一步提高单片机工作效率，可以采用外部中断方式扫描键盘。进行这种编程工作方式时，只有在键被按下时，才执行键盘扫描程序和键值处理。这种编程工作方式，克服了定时扫描编程工作方式的缺点，提高了按键响应的实时性，但是需要增加电路成本，并要多占用一个外部中断源。

10.1.4 键盘接口及应用

在单片机应用系统中，既要求节省资源，又要求系统在节约硬件成本的前提下实现更多的功能，因此需要把单片机有限的 I/O 端口线尽量发挥更大的功效，这对电路设计者来说是一个不小的挑战。单片机扩展键盘时需要很多 I/O 端口线，按照行列式键盘工作原理设计，16 个键的键盘一般需要 8 根线，20 个键的键盘需要 9 根线。下面介绍一种利用 7 根线设计 20 个键的键盘接口电路和编程方法。

1. 用 7 根线实现 5×4 行列式键盘电路设计

图 10-8 所示的键盘接口电路是用 P1 端口的 7 根 I/O 端口线设计的 20 个键键盘，其中 P1.0～P1.2 共 3 根端口线作为键盘的行线，P1.3～P1.6 共 4 根端口线作为键盘的列线。在 3 根行线中间巧妙地插入两根线，每根线通过 4 个二极管作为信号分隔接入到行线上，从而实现用 7 根线构成 20 个键的 5×4 行列式键盘。

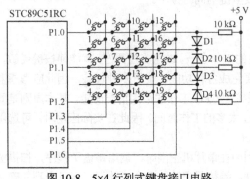

图 10-8　5×4 行列式键盘接口电路

（1）键盘特征码

计算键盘的特征码，与上述介绍行列矩阵键盘的方法相似。按键有效时与该按键相连接的两根线值为"0"，其他线值为 1。例如，假定 10 号键已被按下，其特征码的计算过程为：先送列线值，使 P1.3=P1.4=P1.6=1，P1.5=0，这时的列线低电平通过 10 号键输入到第 1 行，导致 P1.0=0，P1.1=P1.2=1，因此可计算出 10 号键的特征码为 5EH。

同样再假定 6 号键已被按下，其特征码的计算过程为：先送列线值，使 P1.3=P1.5=P1.6=1，P1.4=0，这时的 P1.4 列线低电平通过 6 号键传导到两个二极管 D1、D2 的负极，将第 1 行(即 P1.0 端口线)和第 2 行(即 P1.1 端口线)下拉成低电平，结果 P1.0=P1.1=0，P1.2=1，因此可计算出 6 号键的特征码为 6CH。

按照同样的方法，可计算出键盘上其他按键的特征码，根据各键的键名、键码、特征码的对应关系得到键码转换表如表 10-2 所示。

表格以 7FH 作为结束标志，不应设固定长度，这样便于新的键码扩充(用于增加新的复合键)。

（2）键盘扫描

图 10-8 的键盘接口电路键盘扫描方法可以采用逐列扫描法。扫描过程如下：

① 判断是否有键按下：列线值全输出 0，读行线值，若行线值全为 1，则表示无键被按下。如果行线值不全为 1，则表示有键被按下，需继续下一步的查键工作。

表 10-2　5×4 键盘键码转换表

按键名称	顺序键码	键特征码	按键名称	顺序键码	键特征码
K0	00	76H	K11	11	5CH
K1	01	74H	K12	12	5DH
K2	02	75H	K13	13	59H
K3	03	71H	K14	14	5BH
K4	04	73H	K15	15	3EH
K5	05	6EH	K16	16	3CH
K6	06	6CH	K17	17	3DH
K7	07	6DH	K18	18	39H
K8	08	69H	K19	19	3BH
K9	09	6BH	未按	7FH	7FH
K10	10	5EH	未按	7FH	7FH

② 逐列扫描键盘：将第 1 列输出 0，其他列输出 1，读行线值，若行线值全为 1，则表示这列无键被按下，继续扫描下一列；否则，如果行线值不全为 1，则表示这列有键被按下，求出按键的特征码。

③ 按键处理：每个键有独自的键名、键码、特征码等信息，键名由用户自定义；键码是用户按照特定序列编制的顺序号；特征码是按键扫描时对应的唯一编码，与电路连接关系有关，电路确定了，各键的唯一特征码也就确定了。编程时，把特征码按顺序位置形成表格，通过查找特征码在表格中的位置就能得到键码。有了键码，单片机就可以进行键值查询处理或按键功能处理，并编写出相应的程序。

2. 用 7 根线实现 5×5 行列式键盘电路设计

在不增加端口线的情况下，如果需要扩展更多的按键，可以在图 10-8 键盘接口电路的基础上，再增加一列构成 7 线制 5×5 行列式键盘。接口电路如图 10-9 所示。

在图 10-9 所示的电路中，新添了第 5 列线(接地)，即增加了 5 个键(20～24 号键)。第 20～24 号键相当于独立式按键，可采用独立按键方式处理键盘，即在执行逐列扫描程序之前，先读 P1 端口的信号，如果此时无按键，则读入 P1.0=P1.1= P1.2=1；如果有 20 号键被按下，则读入 P1.0=0，P1.1=P1.2=1，键码是 06H；如果有 21 号被键按下，则 21 号键通过 D1、D2 二极管把 P1.0 和 P1.1线下拉成低电平，这时 P1.0=P1.1=0，P1.2=1，键码是 04H；如果 22、23、24 号键分别被按下，它们的键码可分别计算出为 05H、01H、03H。

由于第 0～19 号键是行列式键盘，可仍然采用逐列扫描方法查找键码，具体查键方法与图 10-7 所示的行列式查键相同。

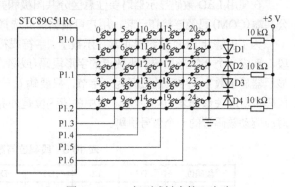

图 10-9　5×5 行列式键盘接口电路

10.2　单片机与显示器接口设计

LED(Light Emitting Diode)是发光二极管，常作为指示器，其导电特性与普通二极管类似。由 8

个 LED 按照规定的排列安装就可构成 LED 数码管，能够显示各种数字及部分英文字母，是单片机应用系统中普遍被使用的显示器。

10.2.1　显示器结构与工作原理

常见显示器有 8 段 LED 显示器（或称数码管），每段对应 1 个 LED 发光二极管。一个数码管由 8 个发光二极管组成，形成 8 段显示，其中 7 个 LED 组合成为数字字符显示，1 个用于显示小数点。每个数码管只能显示一个数字或字符，其内部结构如图 10-10 所示。

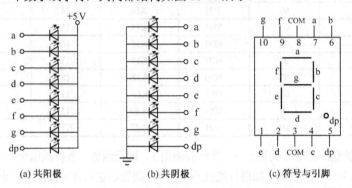

(a) 共阳极　　　　　(b) 共阴极　　　　　(c) 符号与引脚

图 10-10　8 段 LED 显示器结构

LED 显示器有共阳极和共阴极两种。

共阳数码管把内部 8 个发光二极管的阳极连在一起，称为共阳极显示器。使用时，其公共端通常接正电压(+5 V)。当内部某个发光二极管的阴极输入低电平时，该段发光二极管被点亮而显示；当某个发光二极管的阴极输入高电平时，该段发光二极管熄灭。

共阴数码管把内部 8 个发光二极管的阴极连在一起，称为共阴极显示器。使用时，其公共端通常接地，当内部某个发光二极管的阳极输入高电平时，该段发光二极管被点亮而显示；当输入低电平时，该段发光二极管熄灭。

在使用 LED 数码显示器时要注意区分共阳极和共阴极这两种不同的接法。显示器在出厂时其内部公共端(COM)已经连接在一起，用户可根据需要选择共阴极或共阳极的显示器。

为了能够让 LED 显示器正常显示数字、字符或符号，需要输入不同的组合信号，点亮不同的数码段，形成一个 8 字形加一个小数点的字形段码(或称为字形代码、笔形码)，共计 8 位段。因此，构成显示器显示数字、字符的段码为一字节，只要输入一字节的段码，即能够显示一个字形。数码管内各段码位对应关系如表 10-3 所示，表中的段码位是外界输入给 LED 显示器的 8 位数据(即段码)，每位对应驱动数码管的一个信号引脚。

表 10-3　段码位与数据线对应关系

段码位	D7	D6	D5	D4	D3	D2	D1	D0
显示段	dp	g	f	e	d	c	b	a

用数码管显示十六进制数字和部分字符的对应的字形码如表 10-4 所示。

另外要说明的是，数码显示的段码是相对的，段码与数码管的段码位和数据线的连接对应关系有关，当段码位与数据线连接的对应关系如表 10-5 所示时，其字形对应的段码就会完全发生改变，这时字形 0 的共阴段码变为 7DH。

以上介绍的是单字数码管 LED 显示器，除此之外，还有双字、三字和四字 LED 显示器，它们的内部结构复杂一些，但显示原理是相同的。如图10-11所示是双字 LED 显示器内部结构、引脚和符号。

其中图10-11(a)、图10-11(b)是分立式结构，数据输入线独立，对应的引脚符号如图 10-11(e)所示，引脚13 和引脚 14 是公共端，使用时可以用做静态显示和动态显示；而图10-11(c)、图10-11(d)是总线式结构，相同段的数据线连接在一起，对应引脚符号是图10-11(f)，引脚 7 和引脚 8 是公共端，使用时只能用做动态显示。确认数码管的引脚号要从数码管的正面观看，引脚顺序以左下角为起点是第 1 脚，按逆时针方向顺序排列。

表 10-4　字形与段码的对应关系表

字　形	共阳极段码	共阴极段码	字　形	共阳极段码	共阴极段码
0	C0H	3FH	C	C6H	39H
1	F9H	06H	D	A1H	5EH
2	A4H	5BH	E	86H	79H
3	B0H	4FH	F	84H	71H
4	99H	66H	H	76H	76H
5	92H	6DH	L	C7H	38H
6	82H	7DH	P	8CH	73H
7	F8H	07H	T	CEH	31H
8	80H	7FH	U	C1H	3EH
9	90H	6FH	y	91H	6EH
A	88H	77H	空白	FFH	00H
B	83H	7CH	—	BFH	40H

表 10-5　段码位与数据线连接对应关系

段码位	D0	D1	D2	D3	D4	D5	D6	D7
显示段	a	g	f	e	d	c	b	dp

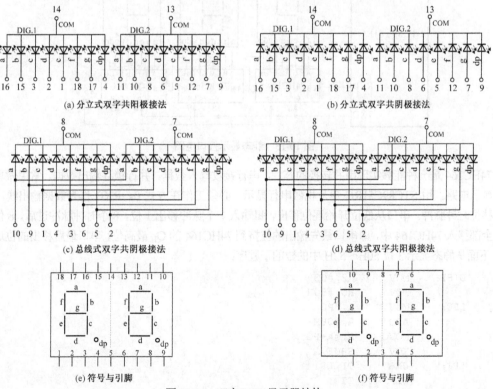

(a) 分立式双字共阳极接法   (b) 分立式双字共阴极接法

(c) 总线式双字共阴极接法   (d) 总线式双字共阳极接法

(e) 符号与引脚   (f) 符号与引脚

图 10-11　双字 LED 显示器结构

对于三字或四字一体的 LED 显示器，一个数码管能够显示 3 个或 4 个数字或字符，其内部结构与双字 LED 显示器基本相似，也有共阴、共阳和分立式、总线式之分，只是多集成了一个或两个字形而已，在使用式要加以区分。

10.2.2　LED 数码显示方式与接口电路设计

N 个 LED 单字数码管可接成 *N* 位数码显示，图10-12 是 4 位 LED 显示的电路原理图。

4 个 LED 数码管有 4 个位选线和 4×8=32 根段码线。段码线连接数据线，控制显示输出数字或字符的字形代码，而位选线是各个数码管的公共端，通过控制接通电流，从而控制各个数码管显示或不显示。根据电路的连接方式不同，LED 显示器有静态显示和动态显示两种显示方式。

1.　静态显示

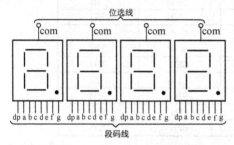

图 10-12　4 位 LED 显示电路原理图

静态显示是指每一个显示器都要占用单独的、具有锁存功能的 I/O 接口，以用于锁存字形代码。当显示某一个字符时，单片机仅需要把要显示的字形代码发送到接口电路，数码管的相应段恒定地导通和截止，稳定地显示数字或字符，直到要显示新的数据时，再发送新的字形码，因此，使用这种方法单片机的 CPU 开销小。实际应用中可以提供单独锁存的 I/O 接口电路很多，图 10-13 是一种常用静态显示电路。

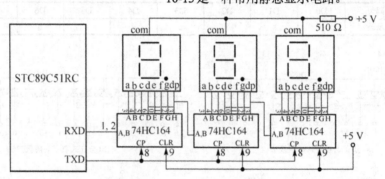

图 10-13　静态显示接口电路

74HC164 是一种能够实现串并转换的芯片，串行接收输入数据，并行锁存输出数据，常用做单片机串行显示电路。用 STC89C51RC 单片机做串行显示，必须工作在方式 0，RXD 作为数据输出线，TXD 作为移位时钟脉冲。串口从低位开始逐位移出，每输入 1 个脉冲移出 1 位，8 个时钟脉冲过后，8 位二进制数全部移入 74HC164 中，即串口最先输出的位挤到 74HC164 的 Q_H 最高位，串口最后移出的位送到了 Q_A。下面是静态显示 3 位 50H～52H 中的数的子程序：

```
DISP:   MOV    R2,#03
        MOV    R0,#50H
LP0:    MOV    A,@R0
        ADD    A,#0BH
        MOVC   A,@A+PC
        MOV    SBUF,A
LP1:    JNB    TI,LP1
        CLR    TI
        INC    R0
```

```
                DJNZ        R2,LP0
                RET
      TAB:      DB          03H,9FH,25H,0DH,99H,49H        ;笔形码表 0～9
                DB          41H,1FH,01H,09H,0FFH,0FFH
```

除此之外，还可以扩展其他电路(如用 74LS273、74LS573、74LS595 等扩展)实现静态显示接口。

静态显示的优点：显示稳定，显示亮度大，可节省 CPU 刷新时间，提高 CPU 工作效率。但静态显示显示位数增多时需要接口芯片多、使用 I/O 端口线也多，增大了显示成本，增加了 PCB 布线与制作难度。因此，当显示位数较多时，常采用动态显示。

2. 动态显示

动态显示是一位一位地轮流点亮各位数码管，需要分时送出段选码和位选码，每次控制一个数码管显示。动态显示时数码显示的亮度与导通电流有关，也与导通时间和间隔时间比例有关。调整电流和时间参数，使显示稳定、亮度提高。图 10-14 是用 74LS164、三极管和总线式四字一体的共阴数码管构成的动态显示电路。在四字数码管中，每个字的相同段位都连接在一起，每个字各引出一个公共端(com)。图 10-15 是用 74LS273、74LS139、4 个单字共阳数码管构成的动态显示电路。

图 10-14 选择一个四位一体共阴数码管构成动态显示，使用了单片机的串口和 4 根 I/O 口线，而图 10-15 使用了 10 根 I/O 口线，图中扩展了一片 74LS273 输出段码，CLK 高电平输出锁存驱动数码管；用一片 74LS139 二－四译码器送出位选码，分时选通一个数码管显示，即在同一时刻，4 个数码管中只有一个数码管显示数字或字符，其他 3 个不显示。这样，只要轮流显示的扫描速度足够快，就能在 4 个数码管上看到 4 个"静态"显示的数字或字符。动态显示程序设计如下：

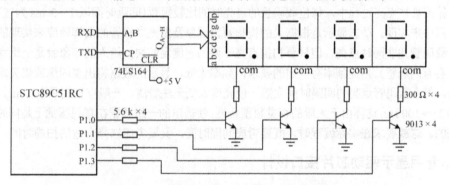

图 10-14　动态显示接口电路(串行口连接方式)

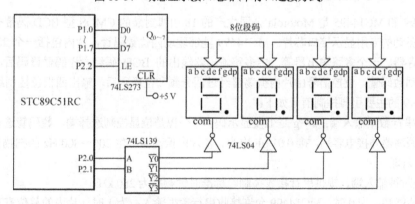

图 10-15　动态显示接口电路(并行连接方式)

```
      DISP:     MOV         R3,#00                         ;显示初值为 0
```

```
              MOV      R4,#0E8H           ;循环显示次数
              MOV      DPTR,#TAB          ;置笔形码表首地址
    LP0:      MOV      A,R3
              MOVC     A,@A+DPTR
              MOV      P1,A               ;送显示段选码
              SETB     P2.2               ;控制输出锁存
              CLR      P2.2               ;保存输出
    DELAY:    ACALL    DISP1
              DJNZ     R4,DELAY
              INC      R3
              CJNE     R3,#0AH,LP0        ;控制显示一遍 0～9 数字
              AJMP     EXQ
    DISP1:    MOV      R1,#04
              MOV      R5,#00
    DISP2:    MOV      A,R5
              MOV      P2,A               ;送位选码
              ACALL    DEL1               ;每位显示 1 ms
              INC      R5                 ;指向下一个 LED
              DJNZ     R1,DISP2           ;未显示完 4 位继续
              RET
    DEL1:     MOV      R6,#250            ;延时 1 ms（6 MHz 晶振）
    LP2:      DJNZ     R6,LP2
    EXQ:      RET
    TAB:      DB       0C0H,0F9H,0A4H,0B0H,99H      ;0～9 数字共阳笔形码
              DB       92H,82H,0F8H,80H,90H
```

　　动态显示采用分时送出段选码控制笔形，位选码控制各个数码管的 com 端，使各个数码管轮流被点亮。在轮流被被点亮过程中，每位数码管的点亮时间比较短暂（间隔时间以 1～3 ms 为宜），由调用一个延时程序来实现。动态显示是根据人的视觉暂留现象及发光二极管的余辉效应来实现的，尽管实际上各个数码管并非同时点亮，但只要扫描点亮一遍的速度足够快，给人的印象就是一组稳定的显示数据，不会有闪烁感。扫描频率有一定的要求；频率太低，显示的数据将出现闪烁或熄灭现象；如果频率太高，每个数码管点亮的间隔时间太短，使亮度太低无法看清。一般点亮间隔取 1 ms，扫描的频率一般为 25～100 Hz。这样由于人眼的视觉暂留特性，使输出的一组数据在直观感觉上是同时被点亮、显示出来的。这就要求在实际编程时，既要考虑间隔时间，又要考虑选择合适的扫描时间。

10.2.3　专用显示驱动芯片接口设计

1. MC14499 多位静态 LED 显示接口设计

　　MC14499 和 MC14495 是 Motorola 公司生产的 18 引脚封装的 CMOS 型 BCD 码带七段十六进制锁存、译码驱动的专用显示接口芯片。MC14499 能够驱动四位数码管，片内包括一个 20 位移位寄存器、一个锁存器、一个多路输出器等。由多路输出器输出的 BCD 码经段译码器译码后，变换成为笔形码输出驱动数码管，位控信号由片内振荡器经过四分频和位译码后，输出四根位控制线。

　　MC14499 的主要引脚控制信号如下：

　　DIN 是串行数据输入端；a～g 是七段显示码；Ⅰ～Ⅳ是位显控制选择端，数码管选通信号。

　　Osc 是振荡器外接电容端，接 0.01 μF 电容，使片内振荡器产生 200～800 Hz 的扫描信号，以防止 LED 显示器闪烁。

　　CLK 是时钟输入端，提供串行接收控制，标准时钟频率为 250 kHz。

　　$\overline{\text{EN}}$ 是使能端，为 0 时，MC14499 允许接收串行数据输入；为 1 时，片内的移位寄存器将数据送入锁存器中锁存。

　　MC14499 每次可以接收 20 位串行输入数据，这 20 位串行数据提供了 4 位 BCD 码和 4 位小数点选择位。其串行输入的时序如图 10-16 所示。

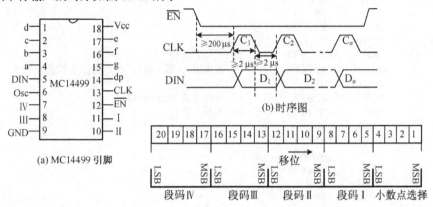

图 10-16　MC14499 引脚、时序、数据输入格式

　　送入一帧数据（20 位）后，这些数据就保存在 MC14499 片内锁存器中，其中前 4 位用于输出控制 4 个数码管的小数点是否显示（"1"显示，"0"熄灭），后 16 位是 4 个数码管的 BCD 码输入数据。当送入的数据多于 20 位时，MC14499 将保存最后的 20 位，前面的数在移位接收过程中被后面的数排挤出去；当送入的数少于 20 位时，MC14499 将保留移位寄存器中原来的一部分数组成 20 位。图 10-17 是 MC14499 显示接口电路，相应的字符如表 10-6 所示。

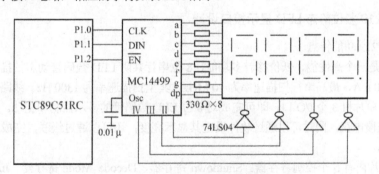

图 10-17　MC14499 单片机显示接口电路

表 10-6　MC14499 的 BCD 码显示字符

BCD 码	显 示 字 符	BCD 码	显 示 字 符
0000	0	1000	8
0001	1	1001	9
0010	2	1010	A
0011	3	1011	｜
0100	4	1100	‖
0101	5	1101	U
0110	6	1110	—
0111	7	1111	熄灭

按照图 10-17 电路，编写显示参考程序段如下：

```
EN      EQU     P1.2
```

```
        CLK     EQU     P1.0
        DIN     EQU     P1.1
DISP:   CLR     CLK
        CLR     EN
        MOV     R7,#60
DEL:    DJNZ    R7,DEL          ;延时
        MOV     R7,#04          ;控制写入 4 位
        MOV     A,#4FH          ;小数点送 A(高 4 位)，即点亮第 2 位的小数点
        ACALL   WRD
        MOV     A,@R0           ;读取显示的 BCD 码→A
        MOV     R7,#08          ;控制写入 8 位
        ACALL   WRD
        DEC     R0
        MOV     A,@R0
        MOV     R7,#08
        ACALL   WRD
        SETB    EN
        RET
WRD:    SETB    CLK             ;写入 n 个二进制位子程序
        RLC     A
        MOV     DIN,C
        CLR     CLK
        DJNZ    R7,WRD
        RET
```

当系统需要四位以上的 LED 显示器时，可将多个 MC14499 级联，每增加一片 MC14499 就可增加四位 LED 显示。

2. MAX7219 多位静态 LED 显示接口设计

（1）MAX7219 功能特点

MAX7219 是一个高性能、低价格、多功能、8 位串行共阴 LED 数码管动态扫描驱动电路，其峰值段电流可达 40 mA，最高串行扫描速率为 10 MHz，典型扫描速率为 1300 Hz。线路非常简单，控制方便，只需使用单片机 3 个 I/O 口，即可完成对 8 位 LED 数码管的显示控制和驱动。外围电路仅需一个电阻设定峰值段电流，同时可以通过软件设定其显示亮度；还可以通过级联，完成对多于 8 位的数码管的控制显示。

MAX7219 片内有 5 个控制寄存器：Shutdown 寄存器、Decode Mode 寄存器、Intensity 寄存器、Scan Limit 寄存器和 Display Test 寄存器。这 5 个寄存器的地址分别为 0CH、09H、0AH、0BH 和 0FH。锁存到控制寄存器中的数据 D7～D0 决定了 MAX7219 的工作特性。值得一提的是，当工作于关闭（Shutdown）方式时，不仅单片机仍可对其传送数据和修改控制方式，而且芯片耗电仅为 150 μA。

MAX7219 内部还具有 15×8 B 的 RAM 功能控制器寄存器，可方便寻址，对每位数字可单独控制、刷新，不需要重写整个显示器。数字控制可以显示亮度，每位都具有闪烁使能控制位，MAX7219 引脚和数据传输时序如图 10-18 所示。

当 MAX7219 的时钟信号 CLK 在上升沿时，将串行数据信号 DIN 锁存到芯片的 16 B 的移位寄存器中，串行数据以 16 B 为 1 组：D15～D12 任意；D11～D8 为寄存器地址；D7～D0 为寄存器数据。若移位寄存器 D11～D8 为 0001～0111，在 Load 信号的上升沿时，将移位寄存器中 D7～D0 的数据锁存到芯片内的静态显示存储器 RAM 中，译码后驱动数码管的各段显示，多路控制器自动完成对 8 位数码管的循环扫描。若移位寄存器 D11～D8 的数据为 1001～1111，则在 Load 信号的上升沿时，将移位寄存器中 D7～D0 的数据锁存到芯片内的控制寄存器中。

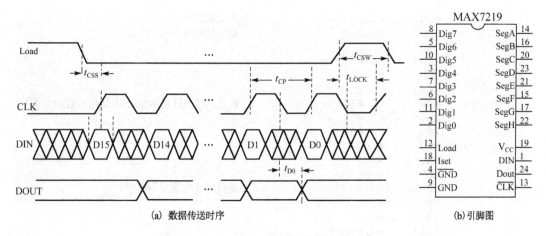

(a) 数据传送时序　　　　　　　　　　　(b) 引脚图

图 10-18　MAX7219 引脚与数据传送时序图

（2）单片机与 MAX7219 的应用接口和程序设计

单片机与 MAX7219 的接口电路简单，图10-19 是 STC89C51RC 单片机与 MAX7219 的接口电路。单片机用 P1.2 和 P1.0 分别作为 MAX7219 的串行数据输入信号 DIN 和时钟信号 CLK，P1.1 作为 MAX7219 的 Load 信号，通过软件控制对 MAX7219 的读/写和选通工作。上电时，MAX7219 处于关闭状态，数码显示器全灭，必须进行初始化后才能正常工作。

（3）单片机与 MAX7219 的通信

按照图 10-19 电路接口，单片机使用 P1.0、P1.1、P1.2 端口和 3 个 I/O 端口与 MAX7219 进行串行通信（实际上改用其他任意 3 个普通 I/O 口都一样），串行时钟由单片机 P1.2 端口产生。下面介绍 MAX7219 的工作原理和编程方法。

① 从单片机的 I/O 输出端口到 MAX7219 芯片 DIN 数据输入端口，基本数据传输格式为 16 位串行数据，不论是传送控制字还是显示数据，都按 16 位串行数据进行。

② 在使用单片机 MAX7219 显示时，传送的顺序从 Dig7～Dig0，即先送高位、后送低位，而且每一位所对应的 16 位串行数据也是从位 15 开始至位 0 结束，这一特性恰好与常用的单片机的串行移位寄存器相反。

③ 在使用多片 MAX7219 显示时应采用级联方式连接，单片机先对连接线上最远端的 MAX7219 芯片传送数据，然后依次由远及近，最后对最靠近单片机的一个 MAX7219 芯片传送显示数据。

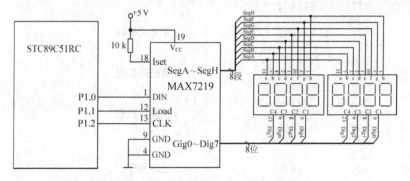

图 10-19　单片机与 MAX7219 的接口电路

单片机与 MAX7219 的通信程序设计如下：

```
DIN      EQU      P1.0                   ;定义数据线
```

```
        LOAD    EQU     P1.1                    ;定义装载线
        CLK     EQU     P1.2                    ;定义时钟线
                ORG     0000
                LJMP    MAIN
                ORG     0030H
        MAIN:   ACALL   INIT
        DISP:   MOV     R0,#30H                 ;置显示缓冲区起始地址(存储显示数 BCD 码)
                MOV     R1,#01
                MOV     R3,#08
        LOOP3:  MOV     A,@R0
                MOV     R4,A
                MOV     A,R1
                ACALL   WRITE                   ;调用写 8 位数据子程序
                INC     R0
                INC     R1
                DJNZ    R3,LOOP3
                LJMP    DISP
        WRITE:  MOV     R2,#08
                CLR     LOAD                    ;LOAD 引脚置低
                SETB    LOAD                    ;LOAD 引脚置高
        LOOP1:  CLR     CLK                     ;CLK 引脚置低
                RLC     A                       ;移位传送位控数据
                MOV     DIN, C
                CLR     CLK
                SETB    CLK
                DJNZ    R2, LOOP1
                MOV     A, R4
                MOV     R2, #08
        LOOP2:  CLR     CLK
                RLC     A                       ;移位传送段码数据
                MOV     DIN, C
                CLR     CLK
                SETB    CLK
                DJNZ    R2,LOOP2
                CLR     LOAD
                SETB    LOAD
                RET
```

以下是 MAX7219 控制寄存器初始化子程序：

```
        INIT:   MOV     A,#09H                  ;置译码方式
                MOV     R4,#0FFH
                ACALL   WRITE
                MOV     A,#0AH                  ;置亮度控制
                MOV     R4,#08
                ACALL   WRITE
                MOV     A,#0BH                  ;置扫描界线
                MOV     R4,#07
                ACALL   WRITE
                MOV     A,#0CH                  ;置掉电控制
                MOV     R4,#01
                ACALL   WRITE
                RET
        DELAY:  MOV     R7,#0                   ;延时程序
        AA:     NOP
                NOP
                DJNZ    R7,AA
                RET
```

按图10-19的电路设计方法，可以扩展成对两片 MAX7219 一次性同时传送数据，即采用 32 位串行数据移位通信方法。也可以充分利用 MAX7219 的工作方式寄存器，对两片 MAX7219 分别送 16 位串行数据，这样程序会更简洁，可读性更好。

10.3　单片机与键盘/显示器接口设计

在单片机应用系统设计中，一般都包含键盘和显示，因此需要把键盘和显示同时加以综合考虑。下面介绍几种实用的键盘/显示接口的设计方案。

10.3.1　用串行接口设计键盘/显示电路

在单片机的串行口不做通信用途时，可直接使用串行接口驱动 74LS164 来扩展键盘与显示器，这时单片机的串行接口应在方式 0 工作。如果单片机的串口需要用做通信或其他用处，则可以采用单片机的普通 I/O 口来模拟串行口工作，以达到同样的设计效果。接口电路如图 10-20 所示。

单片机用串口和 4 个 I/O 口线扩展了 24 个键和 6 位数码显示，使用了 7 片 74LS164 和 6 个共阳数码管。单片机 P1.1、P1.2、P1.3 作为键盘的 3 个行输入线，P1.0 作为 TXD 同步移位脉冲输出控制线。当 P1.0 输出低电平时，与门输出"0"电平，禁止同步移位脉冲输入到 74LS164(1) 的 CP 端口。采用这种静态显示方式亮度高、显示稳定可靠，主程序不需要重复扫描输出显示数据，使 CPU 有更多的时间处理其他事务。假设需要显示的数据已经分离出并存储在 30H～35H 单元，则程序段如下：

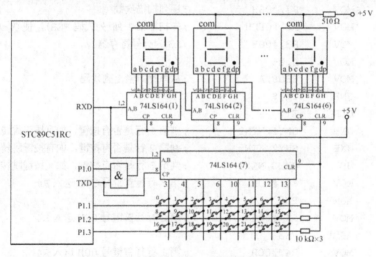

图 10-20　单片机串行口扩展键盘/显示器

```
    P1.0   bit    CLK
    P1.1   bit    SKY1
    P1.2   bit    SKY2
    P1.3   bit    SKY3
DISP:  SETB   CLK             ;CLK=1，允许 TXD 引脚同步移位脉冲输出显示
       MOV    R7,#06H         ;循环次数控制
       MOV    R0,#30H         ;R0 作为显示数据指针
DSP1:  MOV    A,@R0           ;取显示数送 A
       ADD    A,#0DH          ;加偏移量
       MOVC   A,@A+PC         ;查表取笔形码
       MOV    SBUF,A          ;将段码送 SBUF
       JNB    TI,$            ;输出段码，查询 TI 状态，1 字节的段码输出完否
       CLR    TI              ;1 字节的段码输出完，清 TI 标志
```

	INC	R0	;指向下一个显示数据单元
	DJNZ	R7,DSP1	;段码个数计数器 R7 是否为 0，若不为 0，转 DSP1 继续
	CLR	CLK	;CLK=0，禁止 TXD 输出同步移位脉冲到显示器
	RET		
TAB1:	DB	03H,9FH,25H,0DH,99H,	;共阳极段码表，对应 0, 1, 2, 3, 4
	DB	49H,41H,1FH,01H,09H	;5, 6, 7, 8, 9
	DB	11H,0C1H,63H,85H,61H	;A, B, C, D, E
	DB	71H,0FDH,31H,0FFH,0FFH	;F, 一, P, 暗

以下是键盘扫描子程序段：

KEY_IN:	CLR	CLK	;清 CLK=0，禁止串口移位输出显示
	MOV	A,#00H	;准备逐列扫描判键
	MOV	SBUF,A	;向 74LS164(7)输出 00H，使所有列线为低电平
	JNB	TI,$	
	CLR	TI	
KNO:	JNB	SKY1,KDY	;判第 1 行是否有按键，如有按键跳转 KDY
	JNB	SKY2,KDY	;判第 2 行是否有按键，如有按键跳转 KDY
	JB	SKY3,KNO	;判第 3 行是否有按键，无按键跳转 KNO
KDY:	ACALL	DELY	;软件去抖，调用延时 10 ms 子程序
	JNB	SKY1,KIN1	;判断是否抖动引起的
	JNB	SKY2,KIN1	
	JB	SKY3,KNO	
KIN1:	MOV	R7,#08H	;逐列扫描次数
	MOV	R6,#0FEH	;先扫描第 1 列（列代码 FEH），使 Q_A=0
	MOV	R3,#00H	;R3 为列号寄存器
	MOV	A,R6	
KIN3:	MOV	SBUF,A	;从串行口输出列代码
	JNB	TI,$	
	CLR	TI	
	JNB	SKY1,KIN2	;判第 1 行是否有按键，如有按键跳转 KIN2
	JNB	SKY2,KIN5	;判第 2 行是否有按键，如有按键跳转 KIN5
	JB	SKY3,NEXT	;判第 3 行是否有按键，如无按键跳转 NEXT
	MOV	R4,#10H	;第 3 行行首键号 10H 送入 R4
	AJMP	PK3	
KIN5:	MOV	R4,#08H	;第 2 行行首键号 08H 送入 R4
	AJMP	PK3	
KIN2:	MOV	R4,#00H	;第 1 行行首键号 00H 送入 R4
PK3:	MOV	SBUF,#00H	;等待松键，发送 00H 使所有列线为低电平
	JNB	TI,$	
	CLR	TI	
KIN4:	JNB	SKY1,KIN4	;判行线状态
	JNB	SKY2,KIN4	
	JNB	SKY3,KIN4	
	MOV	A,R4	;两行线均为高电平，表示键已松开
	ADD	A,R3	;行号+列号可得到键码→A
	RET		;找到键码，返回
NEXT:	MOV	A,R6	;列扫描码左移一位，判断下列键
	RL	A	
	MOV	R6,A	;记列扫描码于 R6 中

```
            INC       R3                    ;列号加 1
            DJNZ      R7,KIN3               ;判断是否扫描完 8 列
            RET                             ;8 列已扫描完毕返回
    DELY:   MOV       R7,#0AH               ;延时 10ms 子程序(晶振 6MHz)
    DL1:    MOV       R6,#250
            DJNZ      R6,$
            DJNZ      R7,DL1
            RET
```

10.3.2 ZLG7290 键盘/显示器接口设计

ZLG7290 是一种集键盘、显示功能于一体专用芯片，采用 I^2C 总线接口，可同时驱动 8 位数码管和 64 个按键，其内部具有 15×8 RAM 的功能控制寄存器，可方便寻址，对每位数字可单独控制、刷新，显示亮度可由数字控制，每位数码管都具有闪烁使能控制功能，无需任何外部元件便可通过多路复用自动扫描实现键盘和数码显示。

1. ZLG7290 的特点

（1）采用 I^2C 串行接口，提供键盘中断信号，方便与处理器接口。
（2）可驱动 8 位共阴数码管和 64 个按键或 64 个独立 LED。
（3）可控制扫描位数和任意数码管的闪烁。
（4）提供数据译码和循环移位段寻址等控制。
（5）8 个功能键可检测任一键的连击次数。
（6）无需外接元件即可直接驱动 LED，可扩展驱动电流和驱动电压。

2. ZLG7290 的引脚功能及内部结构

ZLG7290 的操作时序与引脚如图 10-21 所示，引脚功能如下：

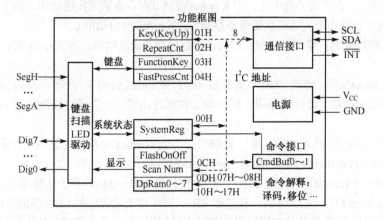

图 10-21 ZLG7290 内部结构与引脚图

Dig7～Dig0：LED 显示位驱动及键盘扫描线；
SegH～SegA：LED 显示段驱动及键盘扫描线；
SDA：I^2C 总线接口数据线/地址线；
SCL：I^2C 总线接口时钟线；
$\overline{INT}$：中断输出端，低电平有效；

$\overline{\text{RES}}$：复位输入端，低电平有效；

OSC1、OSC2：输入/输出端，连接晶振产生内部时钟；

V_{CC}、GND：电源，工作电压 3.5～5.5 V。

3. ZLG7290 的键盘功能

ZLG7290 可采样 64 个按键或传感器，可检测每个按键的连击次数，其基本功能如下：

（1）键盘去抖动处理：当按键被按下和放开时，可能出现电平状态反复变化，称为键盘抖动。若不做处理会引起按键命令错误，所以要进行去抖动处理，以读取稳定的键盘状态为准。

（2）双键互锁处理：当有两个以上按键被同时按下时，ZLG7290 只采样优先级别高的按键，优先顺序为 S1>S2>…>S64。例如，同时按下 S2 和 S18 时仅采样到 S2。

（3）连击键处理：当某个按键被按下时，输出一次键值后，如果该按键还未释放，该键值连续有效，就像连续按下该键一样，这种功能称为连击。连击次数计数器（RepeatCnt）可区别单击（某些功能不允许连击，如开/关）或连击。可以通过检测被按时间判断连击次数，以防止某些功能误操作（如连续按 5 s，可输入参数设置状态）。

（4）功能键处理：功能键能够实现两个以上按键同时被按下的情况，目的是扩展按键数目或实现特殊功能。如同 PC 上的 Shift + Ctrl + Alt 组合键，ZLG7290 设定 S57～S64 为功能键。

4. ZLG7290 的显示功能寄存器

在每个显示刷新周期，ZLG7290 按照扫描位数寄存器（ScanNum）指定的显示位数 N，把显示缓存 DpRam0～DpRamN 的内容按先后顺序送入 LED 驱动器以实现动态显示，减少 N 值可提高显示扫描时间的占空比，以提高 LED 亮度，显示缓存中的内容不会受影响。修改闪烁控制寄存器（Flash On Off）可改变闪烁频率和占空比（即亮和灭的时间）。下面分别介绍 ZLG7290 的显示功能寄存器。

（1）系统寄存器（SystemReg）：地址 00H，复位值 11110000B。系统寄存器保存 ZLG7290 系统状态，并可对系统运行状态进行配置。当 KeyAvi（即 SystemReg.0）置 1 时，表示有效的按键动作（普通键的单击、连击和功能键状态变化），$\overline{\text{INT}}$ 变为低电平；当 KeyAvi 被清 0 时，表示无按键动作，$\overline{\text{INT}}$ 变为高阻态，信号无效。有效的按键动作消失后或读键值寄存器后，KeyAvi 位自动清 0。

（2）键值寄存器（Key）：地址 01H，复位值 00H。键值寄存器保存按键的键值。当 Key=0 时，表示没有键被按下。

（3）连击次数计数器（RepeatCnt）：地址 02H，复位值 00H。RepeatCnt=0 时，表示单击键；RepeatCnt>0 时，表示按键的连击次数。该计数器用于区别单击键或连击键，可以通过检测被按时间判断连击次数。

（4）功能键寄存器（FunctionKey）：地址 03H，复位值 0FFH。FunctionKey 对应位的值为 0 表示对应功能键被按下（FunctionKey.7～FunctionKey.0 分别对应 S64～S57 按键）。

（5）命令缓冲区（CmdBuf0～CmdBuf1）：地址 07H～08H，复位值 00H～00H，用于传输指令。

（6）闪烁控制寄存器（FlashOnOff）：地址 0CH，复位值 77H。高 4 位表示闪烁时 LED 亮的时间，低 4 位表示闪烁时 LED 灭的时间，改变这些值的同时也改变了闪烁频率，也能改变亮和灭的占空比。FlashOnOff 的 1 个单位相当于 150～250 ms（亮和灭的时间范围为 1～16 0000 B 相当于 1 个时间单位），所有像素的闪烁频率和占空比相同。

（7）扫描位数寄存器（ScanNum）：地址 0DH，复位值 7。用于控制最大的扫描显示位数（有效范围为 0～7，对应的显示位数为 1～8），减少扫描位数可以提高每位显示扫描时间的占空比，以提高 LED 亮度。不扫描显示时显示缓存寄存器则保持不变。

如 ScanNum=3 时，只显示 DpRam0～DpRam3 的内容。

（8）显示缓存寄存器（DpRam0～DpRam7）：地址 10H～17H，复位值 00H～00H。缓存中一位置 1 表示该位像素亮，DpRam7～DpRam0 的显示内容对应 Dig7～Dig0 引脚。

5. ZLG7290 的命令字

（1）左移指令

命令缓冲区	Bit7	Bit6	Bit5	Bit4	Bit3	Bit2	Bit1	Bit0
CmdBuf0:	0	0	0	1	N3	N2	N1	N0

该指令使用与 ScanNum 相对应的显示数据和闪烁属性，自右向左移动 N 位（（N3～N0）+1）。移动后，右边 N 位无显示，与 ScanNum 不相关的显示数据和属性则不受影响。例如，DpRamB7～DpRam0="87654321"，其中 4 闪烁，ScanNum = 5（87 不显示），执行指令 00010001B 后，DpRam7～DpRam0="4321"。4 闪烁，高两位和低两位无显示。

（2）右移指令

通信缓冲区	Bit7	Bit6	Bit5	Bit4	Bit3	Bit2	Bit1	Bit0
CmdBuf0:	0	0	1	0	N3	N2	N1	N0

与左移指令类似，只是移动方向为自左向右，移动后，左边 N 位（（N3～N0）+1）无显示。例如，DpRam7～DpRam0="87654321"，其中 3 闪烁 ScanNum=5（"87" 不显示），执行指令 00100001B 后，DpRam7～DpRam0="6543"，3 闪烁，高 4 位无显示。

（3）按位下载数据且译码指令

通信缓冲区	Bit7	Bit6	Bit5	Bit4	Bit3	Bit2	Bit1	Bit0
CmdBuf0:	0	1	1	0	A3	A2	A1	A0
CmdBuf1:	DP	Flash	0	D4	D3	D2	D1	D0

其中 A3～A0 为显示缓存编号（范围为 0000B～0111B，对应 DpRam0～DpRam7，无效的编号不会产生任何作用）；DP=1 时点亮该位小数点；Flash=1 时该位闪烁显示，Flash=0 时该位正常显示；D5～D0 为要显示的数据，按表 10-7 所示规则进行译码。

表 10-7　显示数据译码表

D5	D4	D3	D2	D1	D0	十六进制	显示内容	D5	D4	D3	D2	D1	D0	十六进制	显示内容
0	0	0	0	0	0	00H	0	0	1	0	0	0	0	10H	G
0	0	0	0	0	1	01H	1	0	1	0	0	0	1	11H	H
0	0	0	0	1	0	02H	2	0	1	0	0	1	0	12H	i
0	0	0	0	1	1	03H	3	0	1	0	0	1	1	13H	J
0	0	0	1	0	0	04H	4	0	1	0	1	0	0	14H	L
0	0	0	1	0	1	05H	5	0	1	0	1	0	1	15H	o
0	0	0	1	1	0	06H	6	0	1	0	1	1	0	16H	P
0	0	0	1	1	1	07H	7	0	1	0	1	1	1	17H	q
0	0	1	0	0	0	08H	8	0	1	1	0	0	0	18H	r
0	0	1	0	0	1	09H	9	0	1	1	0	0	1	19H	t
0	0	1	0	1	0	0AH	A	0	1	1	0	1	0	1AH	U
0	0	1	0	1	1	0BH	b	0	1	1	0	1	1	1BH	y
0	0	1	1	0	0	0CH	C	0	1	1	1	0	0	1CH	c
0	0	1	1	0	1	0DH	d	0	1	1	1	0	1	1DH	h
0	0	1	1	1	0	0EH	E	0	1	1	1	1	0	1EH	T
0	0	1	1	1	1	0FH	F	0	1	1	1	1	1	1FH	无显示

(4) 闪烁控制指令

通信缓冲区	Bit7	Bit6	Bit5	Bit4	Bit3	Bit2	Bit1	Bit0
CmdBuf0:	0	1	1	1	×	×	×	×
CmdBuf1:	F7	F6	F5	F4	F3	F2	F1	F0

当 Fn=1 时，该位闪烁（n 的范围为 0～7，对应为 0～7 位）；当 Fn=0 时，该位不闪烁。该指令可改变所有像素的闪烁属性。例如，执行指令 01110000B 00000000B 后，所有数码管不再闪烁。

6. ZLG7290 的 I²C 通信接口电路

ZLG7290 的 I²C 总线传输速率可达 32 KB，与单片机接口方便，提供键盘中断信号，提高了主处理器的时间效率。ZLG7290 的引脚及应用接口电路如图 10-22 所示。ZLG7290 的从地址（Slave Address）为 70H。有效的按键动作，普通键的单击、连击和功能键状态的变化都会令系统寄存器（SystemReg）的 KeyAvi 位置 1，$\overline{\text{INT}}$ 引脚信号变为低电平有效。用户的键盘处理程序可由 $\overline{\text{INT}}$ 引脚低电平中断触发，以提高程序效率。为节省 I/O 口线，也可不采样 $\overline{\text{INT}}$ 信号，而采取查询 KeyAvi 位的方式，注意在读键值寄存器时会使 KeyAvi 位清 0 的同时，还会使 $\overline{\text{INT}}$ 引脚信号无效。为确保某个有效的按键动作，以及所有参数寄存器的同步性，可利用 I²C 通信的自动增址功能连续读取 ZLG7290 的 RepeatCnt、FunctionKey 和 Key 寄存器。

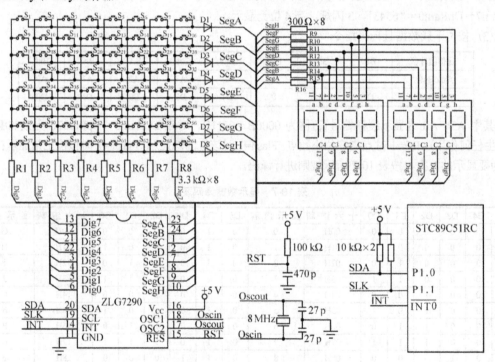

图 10-22　ZLG7290 引脚及应用电路

ZLG7290 内部可通过 I²C 总线访问寄存器的地址范围为 00H～17H，任意寄存器都可按字节大小直接读/写，也可以通过命令接口间接读/写或按位读/写。ZLG7290 支持自动增址功能和地址翻转功能。ZLG7290 的控制和状态查询均通过读/写寄存器实现。

一个有效的指令由一字节操作码和几个操作数组成，仅有操作码的指令称为纯指令，带操作数的指令称为复合指令。一个完整的指令须在一个 I²C 帧中（起始信号和结束信号间）连续传输到命令缓冲区（CmdBuf0～CmdBuf1）中，否则会引起错误。

7. ZLG7290 编程应用（假设 f_{osc}= 6 MHz）

按照图 10-22 电路连接编程，将扫描得到的按键值送出显示。程序设计如下：

```
        SDA        BIT     P1.0        ;I²C 总线定义
        SCL        BIT     P1.1
        ACK        BIT     00H         ;应答信号标志位
        MTD        DATA    30H         ;发送缓冲区(30H～37H)
        MRD        DATA    38H         ;接收缓冲区(38H～3FH)
        SLA        DATA    40H         ;器件从地址
        SUBA       DATA    41H         ;器件子地址
        NUMBYTE    DATA    42H         ;数据传输字节数
        DISP_BUF   DATA    43H         ;存储显示数据的缓冲区首地址(43H～4AH)
        DISP_NUM   DATA    4BH         ;数码显示个数
        CMD0       DATA    4CH         ;命令1
        CMD1       DATA    4DH         ;命令2
        ADDR       DATA    4EH         ;ZLG7290 内部寄存器地址
        DATA0      DATA    4FH         ;写入 ZLG7290 内部寄存器的数据存储单元
        BUF        DATA    50H         ;显示缓冲区的指针
        ZLG7290    EQU     70H         ;ZLG7290 的器件地址
        SUBCMD     EQU     07H         ;ZLG7290 的命令缓冲区地址
        SUBKEY     EQU     01H         ;ZLG7290 的键值寄存器地址
                   ORG     0000H       ;主程序
                   LJMP    MAIN
        MAIN:      MOV     SP,#60H
                   MOV     DISP_BUF,#01
                   MOV     DISP_BUF+1,#02
                   MOV     DISP_BUF+2,#03
                   MOV     DISP_BUF+3,#04
                   MOV     DISP_NUM,#04
                   LCALL   DISPLY
        LOOP:      LCALL   GET_KEY
                   MOV     A,MRD
                   JZ      LOOP
                   MOV     B,#10H
                   DIV     AB
                   MOV     DISP_BUF,A
                   MOV     DISP_BUF+1,B
                   MOV     DISP_NUM,#02
                   LCALL   DISPLY
                   LJMP    LOOP
        DISPLY:    MOV     BUF,#DISP_BUF   ;ZLG7290 送显示命令子程序
                   MOV     R7,DISP_NUM
                   MOV     CMD0,#60H       ;显示命令字(从 0 位置开始显示)
        DISP1:     MOV     R0,BUF
                   MOV     CMD1,@R0        ;读取显示数据
                   LCALL   SEND_CMD
                   INC     BUF
                   INC     CMD0
                   DJNZ    R7,DISP1
                   RET
        WR_RGE:    MOV     SLA,#ZLG7290    ;ZLG7290 写寄存器子程序
                   MOV     SUBA,ADDR
```

```
                MOV     MTD,DATA0
                MOV     NUMBYTE,#01
                LCALL   IWRNBYTE        ;调用数据写入子程序
                LCALL   DEL10MS
                RET
SEND_CMD:       MOV     SLA,#ZLG7290    ;ZLG7290 发送控制命令子程序
                MOV     SUBA,#SUBCMD
                MOV     MTD,CMD0
                MOV     MTD+1,CMD1
                MOV     NUMBYTE,#02
                LCALL   IWRNBYTE        ;调用数据写入子程序
                LCALL   DEL10MS
                RET
GET_KEY:        MOV     SLA,#ZLG7290    ;ZLG7290 读键值子程序
                MOV     SUBA,#SUBKEY
                MOV     NUMBYTE,#01
                LCALL   IRDNBYTE        ;调用数据读出子程序
DEL10MS:        MOV     51H,#4
DEL_B:          MOV     52H,#123
                DJNZ    52H,$
                DJNZ    51H,DEL_B
                RET
IWRNBYTE:       MOV     A,NUMBYTE       ;向器件指定子地址写入 N 字节子程序
                MOV     R3,A
                LCALL   START           ;启动总线，见 9.5.4 节的 I²C 总线常用子程序
                MOV     A,SLA
                LCALL   WRBYTE          ;发送器件从地址(参考 I²C 总线的写子程序)
                LCALL   CACK
                JNB     ACK,RETWRN      ;无应答则返回
                MOV     A,SUBA          ;指定子地址
                LCALL   WRBYTE
                LCALL   CACK
                MOV     R1,#MTD
WRDA:           MOV     A,@R1
                LCALL   WRBYTE          ;开始写入数据
                LCALL   CACK
                JNB     ACK,IWRNBYTE
                INC     R1
                DJNZ    R3,WRDA         ;判断写完没有
RETWRN:         LCALL   STOP
                RET
IRDNBYTE:       MOV     R3,NUMBYTE      ;向器件指定子地址读取 N 字节子程序
                LCALL   START
                MOV     A,SLA
                LCALL   WRBYTE          ;发送器件从地址
                LCALL   CACK
                JNB     ACK,RETRDN
                MOV     A,SUBA          ;指定子地址
                LCALL   WRBYTE
                LCALL   CACK
                LCALL   START           ;重新启动总线
                MOV     A,SLA
                INC     A               ;准备进行读操作
                LCALL   WRBYTE
```

```
                LCALL   CACK
                JNB     ACK,IRDNBYTE
                MOV     R1,#MRD
RDN1:           LCALL   RDBYTE          ;读操作开始
                MOV     @R1,A
                DJNZ    R3,SACK
                LCALL   MNACK           ;接收完数据后发送非应答位
RETRDN:         LCALL   STOP            ;结束总线
                RET
SACK:           LCALL   MACK
                INC     R1
                SJMP    RDN1
```

10.4 单片机与液晶显示器的接口设计

液晶显示器是一种将液晶显示屏、连接件、集成电路、PCB 线路板、背光源和结构件装配在一起的组件，称为液晶显示模块(Liquid Crystal Display Module)。与 LED 显示相比，LCD 具有工作电压低、功耗小、显示信息量大、寿命长、不产生电磁辐射污染，而且可显示复杂的文字及图形等优点，特别适合在低功耗设备中应用，因此在移动通信、仪器仪表、电子设备和家用电器等方面应用广泛。

10.4.1 液晶显示器类型与工作原理

液晶显示器的类型概括起来有以下几种。

1．字段型模块

字段型是以长条状组成的字符显示，主要用于显示数字和部分英文字母及字符，广泛应用于电子仪器、数字仪表和计算器中。

2．点阵字符型模块

点阵字符型模块由行、列驱动器，控制器及必要的连接件，结构件装配而成，内部固化了 192 个字模的字符库，可以显示数字、英文字母和字符。这种液晶模块本身具有字符发生器，显示容量大，功能丰富。一般该种模块最少可以显示 8 位 1 行或 16 位 1 行以上的字符。这种模块的点阵排列由 5×7、5×8 或 5×11 的多组点阵像素排列组成。每组为 1 位，每位之间有一点的间隔，每行之间也有一行的间隔，因此不能显示图形。

3．点阵图形型模块

点阵图形模块中的点阵像素是连续排列的，行和列在排布中均没有空隔，可以显示连续、完整的图形。由于它由 X-Y 矩阵像素构成，所以除显示图形外，也可以显示字符。

液晶显示器的功能相当于普通计算机中"显卡+监视器"的功能，里面有一个"显示缓冲区"，CPU 将需要显示的内容传送到"显示缓冲区"后，由显示屏内部的扫描与驱动部件完成显示任务。显示缓冲区分为"文本显示缓冲区"与"图形显示缓冲区"，对于 ASCII 字符，传送到"文本显示缓冲区"；对于图形，以点阵模式传送到"图形显示缓冲区"。

液晶显示器有三种显示模式：文本显示模式、图形显示模式和图文混合显示模式。在文本显示模式下，"文本显示缓冲区"的内容(通常是 ASCII 字符)将被显示。在图形显示模式下，"图形显示缓冲区"的内容按点阵对应方式进行显示。在图文混合显示模式下，两个缓冲区的内容进行混合显示，混合的方式有三种：与、或和异或。从混合显示的效果来看，异或方式较好。

液晶显示器中的"显示缓冲区"通常不能被 CPU 直接访问，一字节的操作需要先传送地址，再传送数据，需要若干指令才能完成。如果直接在其"图形显示缓冲区"中完成"绘图"过程，效率将会很低。为此，先在片外 RAM 中开辟一块"映像缓冲区"，在其中完成文本"显示"和图形"绘制"过程，然后通过专用命令进行高效的数据批量传送操作，将"映像缓冲区"的内容"克隆"到液晶显示屏内部的"显示缓冲区"中，以完成显示任务。

每一款液晶显示器在工作前均需要进行初始化，设定工作模式、内部显示缓冲区的起始地址等，这一过程的编程方法厂家均会在产品说明书中详细介绍，产品说明书中还会给出硬件接口电路和操作时序，以及相关的操作命令码，其硬件电路框图和软件操作流程如图10-23所示。

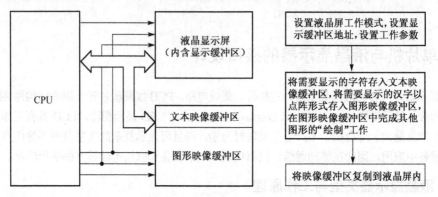

图 10-23　液晶屏硬件电路结构

10.4.2　字符型液晶显示器接口设计

1．TC1602E 的基本特点

TC1602E 是一款包含驱动芯片 KS0066 的字符型液晶显示器，基本特点如下：

（1）液晶显示屏由 5×7 或 5×10 点阵块组成的显示字符群构成，每个点阵块为一个字符位，字符间距和行距都为一个点的宽度；

（2）具有字符发生器 ROM，可显示 192 种字符(160 个 5×7 点阵字符和 32 个 5×10 点阵字符)；

（3）具有 64 字节的自定义字符 RAM，可自定义 8 个 5×7 点阵字符；

（4）具有 80 字节的 RAM；

（5）模块结构紧凑、轻巧、装配容易，有标准的接口特性，适配单片机的操作时序；

（6）电源+5 V，低功耗、长寿命、高可靠性。

2．液晶显示器引脚和时序

TC1602E 字符液晶显示器可以显示 5×7 和 5×10 两种点阵字符，分 1 行、2 行和 4 行三类，每行能够显示 8 个、16 个、24 个、40 个或 80 个字符(字母、数字、符号)长度，其引脚功能如表 10-8 所示。

表 10-8　液晶显示器引脚

引　脚　号	1	2	3	4	5	6	7～14	15	16
名　　称	Vss	V$_{CC}$	Vo	RS	R/$\overline{W}$	EN	DB0～DB7	A	K

其中，RS 为寄存器选择位，当值为 0 时选择指令寄存器，值为 1 时选择数据寄存器。EN 为使能信号，下降沿触发。R/$\overline{W}$ 为读/写信号，值为 0 时写入数据，值为 1 时读出数据。DB0～DB7 为 8 位数据总线。A 为背光电源输入引脚(+5 V)。K 为背光电源输入引脚(0 V)，不带背光的液晶显示模块无此引脚。

V_{CC} 为电源正极（接+5 V）。Vss 为地。Vo 为液晶显示偏压信号。

TC1602E 液晶显示器读/写时序如图 10-24 所示。

3. TC1602E 指令格式

TC1602E 液晶显示器内部包含字符发生寄存器 RAM（CGRAM）、地址计数器（AC）、显示数据寄存器（DDRAM）、字符发生寄存器 ROM（CGROM）和忙标志（BF）等。读/写操作格式如下：

RS	R/$\overline{W}$	操　作
0	0	写指令寄存器
0	1	读出 BF 信号和地址计数器 AC
1	0	写数据寄存器
1	1	读数据寄存器

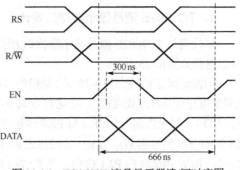

图 10-24　TC1602E 液晶显示器读/写时序图

指令格式如下：

RS	R/$\overline{W}$	D_7	D_6	D_5	D_4	D_3	D_2	D_1	D_0

TC1602E 液晶显示器共有 11 条操作指令，各指令操作码如表 10-9 所示。

表 10-9　TC1602E 液晶指令码功能表

指 令 类 型	RS	R/$\overline{W}$	D_7	D_6	D_5	D_4	D_3	D_2	D_1	D_0
清屏指令	0	0	0	0	0	0	0	0	0	1
归位指令	0	0	0	0	0	0	0	0	1	×
插入模式	0	0	0	0	0	0	0	1	I/D	S
显示开关控制	0	0	0	0	0	0	1	D	C	B
光标显示控制	0	0	0	0	0	1	S/C	R/L	×	×
功能设置	0	0	0	0	0	DL	N	F	×	×
CGRAM 地址设置	0	0	0	A_5	A_4	A_3	A_2	A_1	A_0	
DDRAM 地址设置	0	0	0	A_6	A_5	A_4	A_3	A_2	A_1	A_0
读 BF 及 AC	0	1	BF	A_6	A_5	A_4	A_3	A_2	A_1	A_0
写入数据	1	0	D_7	D_6	D_5	D_4	D_3	D_2	D_1	D_0
读出数据	1	1	D_7	D_6	D_5	D_4	D_3	D_2	D_1	D_0

（1）清屏指令：清除显示内容，把 DDRAM 全部清 0，并把 AC 置 0。

（2）归位指令：DDRAM 地址置为 0，AC 置 0，使光标回到原点（×表示不用）。

（3）插入模式：增量方式置 I/D=1，AC 自加 1；减量方式置 I/D=0，AC 自减 1。S=1 显示整体移位置，S=0 显示整体不移位置。

（4）显示开关控制：D=1 开显示，D=0 关显示；C=1 开光标，C=0 关光标；B=1 光标闪烁，B=0 光标不闪烁。

（5）光标显示控制：S/C=0、R/L=0，光标左移，AC 自动减 1；S/C=0、R/L=1，光标右移，AC 自动加 1；S/C=1、R/L=0，光标和显示字符一起左移；S/C=1、R/L=1，光标和显示字符一起右移。

（6）功能设置：DL=1 采用 8 位数据总线，DL=0 采用 4 位数据总线；N=1 显示双行，N=0 显示单行；F=1 采用 5×10 点阵，F=0 采用 5×17 点阵。

（7）CGRAM 地址设置：地址线为 A0～A5，地址范围为 00～3FH。

(8) DDRAM 地址设置：地址线为 A0～A6，地址范围为 00～7FH。

(9) 读 BF 及 AC：其中 BF 一位，AC 地址计数器 7 位，A0～A6 为地址。

(10) 写数据是向 CGRAM 与 DDRAM 显示缓冲区写入显示数据。

(11) 读数据是从 CGRAM 与 DDRAM 显示缓冲区中读出数据。

4．TC1602E 液晶显示器接口设计

单片机与 TC1602E 液晶显示器接口方法有两种：一种为直接访问方式，另一种为间接控制方式。接口电路如图10-25所示。

间接访问方式（见图 10-25（a））是指把 TC1602E 液晶显示模块作为存储器挂在单片机的三总线上（即采用并行总线方式连接）。在这种方式下，TC1602E 的读/写控制信号由 STC89C51RC 的读操作信号（$\overline{RD}$）、写操作信号（$\overline{WR}$）与 P2.7 地址信号合成产生，其 8 位数据总线与单片机的数据总线 P0 端口连接；EN 信号由 $\overline{WR}$ 与 $\overline{RD}$ 先经过逻辑与，再和片选信号 P2.7 或非后产生；RS 信号由地址线 P2.0 提供；R/$\overline{W}$ 由地址线 P2.1 提供。当 P2.7=1 时，禁止读/写。当 P2.7＝0 时，允许读/写。EN 下降沿由读、写信号产生。图中 20 kΩ 电阻电位器为 V0 提供了可调的驱动电压，用以调节显示对比度。

直接访问方式（见图10-25（b））是指把 TC1602E 液晶显示模块当做一个端口，直接与单片机的 I/O 线连接，数据读/写时以 I/O 端口方式操作。图中采用 P1 和 P2 端口直接和字符型液晶显示模块连接。

在编制液晶显示驱动子程序时，要注意时序的配合，在写操作时使能信号下降沿有效，在软件设置上，先设置 RS 和 R/$\overline{W}$ 状态，再设置数据，然后产生 EN 信号的脉冲，最后恢复 RS 和 R/$\overline{W}$ 状态。在读操作时，先设置 RS 和 R/$\overline{W}$ 状态，再产生 EN 信号脉冲，然后从数据口读取数据，最后恢复 RS 和 R/$\overline{W}$ 状态。

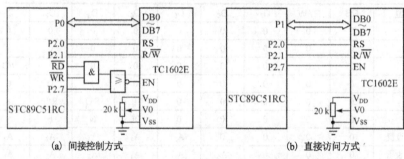

（a）间接控制方式　　　　　　　　　　　　　　（b）直接访问方式

图 10-25　TC1602E 模块与单片机的接口电路

例如，应用 TC1602 显示两行字符，采用如图 10-25（a）电路，程序段如下：

```
RS      EQU     P2.0                    ;定义接口
RW      EQU     P2.1
EN      EQU     P2.7
DATA    EQU     P1                      ;数据接口
CHK     BIT     00H
        ORG     0000H
        SJMP    MAIN
        ORG     0030H
MAIN:   MOV     SP,#70H                 ;堆栈指针初始化
        LCALL   INIT                    ;初始化
        MOV     A,#80H                  ;设定显示地址为第 1 行第 1 列
        LCALL   WRCOM                   ;调用写命令
        MOV     DPTR,#LINE1             ;DPTR 指向第 1 行字符串的起始地址
        LCALL   LDISP                   ;字符串送 LCD 显示
        MOV     A,#0C0H                 ;设定显示地址为第 2 行第 1 列
        LCALL   WRCOM                   ;调用写命令
```

```
            MOV     DPTR,#LINE2              ;DPTR 指向第 2 行字符串的起始地址
            LCALL   LDISP                    ;字符串送 LCD 显示
            SJMP    $
LINE1:      DB      "TODAY IS RAINNY",00H    ;第 1 行字符串
LINE2:      DB      "ENJOU YOURSELF",00H     ;第 2 行字符串
INIT:       LCALL   DEL5MS                   ;延时 5 ms
            SETB    CHK                      ;不检测忙信号
            MOV     A,#38H
            LCALL   WRCOM                    ;写入指令 38H
            LCALL   DEL5MS                   ;5 ms 延时
            MOV     A,#38H
            LCALL   WRCOM                    ;写入指令 38H
            LCALL   DEL5MS                   ;5 ms 延时
            MOV     A,#38H
            LCALL   WRCOM                    ;写入指令 38H
            CLR     CHK
            MOV     A,#38H
            LCALL   WRCOM                    ;写入指令 38H，设置显示模式
            MOV     A,#08H
            LCALL   WRCOM                    ;写入指令 08H，关闭显示
            MOV     A,#01H
            LCALL   WRCOM                    ;写入指令 01H，清屏
            MOV     A,#06H
            LCALL   WRCOM                    ;写入指令 06H，设置显示光标
            MOV     A,#0CH
            LCALL   WRCOM                    ;写入指令 0CH，设置显示开/关及光标
            RET
CBUSY:      PUSH    ACC                      ;保护累加器
BLOOP:      CLR     EN                       ;使能端清 0，开始准备读状态操作
            SETB    RW                       ;读/写选择端置位，准备读操作
            CLR     RS                       ;数据/命令选择端清 0，准备命令操作
            SETB    E                        ;使能端置位，准备读状态操作
            MOV     A,DATA                   ;读取状态，最高位：1 为禁止，0 为允许
            CLR     EN                       ;使能端清 0
            JB      ACC.7,BLOOP              ;判断是否可以进行读/写
            POP     ACC                      ;恢复累加器
            RET
WRCOM:      JB      CHK,WR0                  ;判断是否需要进行检测忙信号
            LCALL   CBUSY                    ;检测 LCD 是否忙
WR0:        CLR     EN                       ;使能端清 0
            CLR     RS                       ;数据/命令选择端清 0：准备命令操作
            CLR     RW                       ;读/写选择端清 0：准备写操作
            SETB    EN                       ;使能端置位，准备写命令操作
            MOV     DATA,A                   ;写命令字
            CLR     EN                       ;使能端清 0
            RET
WRDA:       LCALL   CBUSY                    ;检测 LCD 是否忙
            CLR     EN                       ;使能端清 0
            SETB    RS                       ;数据/命令选择端置位:准备数据操作
            CLR     RW                       ;读/写选择端清 0：准备写操作
            SETB    EN                       ;使能端置位，准备写数据操作
            MOV     DATA,A                   ;写数据
            CLR     EN                       ;使能端清 0
            RET
DE5MS:      MOV     51H,#20
D1:         MOV     52H,#123
```

```
            DJNZ    52H,$
            DJNZ    51H,D1
            RET
LDISP:      PUSH    ACC
DLOOP:      CLR     A
            MOVC    A,@A+DPTR        ;查表取显示字符串
            JZ      DEND             ;判断是否字符串结束
            LCALL   WRDA             ;写数据到 LCD
            INC     DPTR             ;指向下一个对象
            SJMP    DLOOP
DEND:       POP     ACC
            RET
            END
```

10.4.3　点阵图形液晶显示器接口设计

有图形显示功能的液晶显示器，其里面包含一个"图形显示缓冲区"。"图形显示缓冲区"的内容按点阵对应方式进行显示。液晶显示屏中的"显示缓冲区"通常不能被 CPU 直接访问，一字节的操作需要先传送地址，再传送数据，需要若干指令才能完成。如果直接在"图形显示缓冲区"中进行操作，则显示效率将很低。为此，可先在片外 RAM 中开辟一块"映像缓冲区"，先在这个缓冲区完成文本显示和图形绘制过程，然后通过专用命令将"映像缓冲区"的内容"克隆"到液晶显示屏内部的显示缓冲区中，完成显示任务。

1．LM3033 液晶模块引脚功能与接口电路设计

LM3033 是 128×64 蓝模、CCFL 背光、以 ST7920 作控制器的图形液晶显示器，带 16×16 点阵中文字库，有 20 个引脚，工作电压+5 V，可直接与单片机连接，引脚功能如表 10-10 所示。

表 10-10　LM3033 液晶屏引脚功能表

引脚号	名　称	功　能　说　明
1，2	电源	1 脚为 GND 电源地，2 脚为 V_{CC} 电源+5 V
3,16,18	NC	悬空脚
4	RS（CS）	数据/指令选择。高电平：将数据送入显示 RAM；低电平：将数据送入指令寄存器执行
5	R/$\overline{W}$（SID）	读/写选择。高电平：读数据；低电平：写数据
6	EN（SCLK）	读/写使能，高电平有效，下降沿锁定数据
7～14	DB0～DB7	8 位数据输入/输出引脚
15	PSB	数据流"串行/并行"控制模式："0"为串行模式，"1"为并行模式
17	$\overline{RST}$	复位信号，低电平有效
19，20	背光电源	19 脚 LEDA 为 LED+(5 V)，20 脚 LEDK 为 LED-(0 V)

LM3033 与单片机的接口可采用间接控制和直接访问两种方式连接，如图10-26是采用并行接口直接访问方式的接口电路，图 10-27 是读写操作时序。

2．LM3033 指令功能

LM3033 提供两套控制命令，基本指令集和扩充指令集，基本指令集包括了对液晶 LM3033 的基本操作，如判断控制器忙标志、清除显示、设定显示的地址写数据和读数据等。而扩充指令集则包括设置睡眠模式、设置图形显示、设置反白、设置滚动等功能。

单片机对 LM3033 的操作过程：单片机先确认 ST7920 内部处于非"忙"状态。即读取 BF 位，当 BF 为 0 时，LM3033 才可接收新的指令或数据。在操作时，LM3033 在单片机的时钟信号控制下 数

据通过数据线传写入 LM3033。当 LM3033 成功接收到数据后，转入内部时钟控制，封锁 I/O 口缓冲器，置"忙"标志。ST7920 根据接收数据中的 RW 和 RS 位判断所接收到的是数据还是指令，并进行相应的处理。处理完成后撤消 I/O 口缓冲器的封锁，"忙"标志清零。指令命令字如表 10-11 所示。

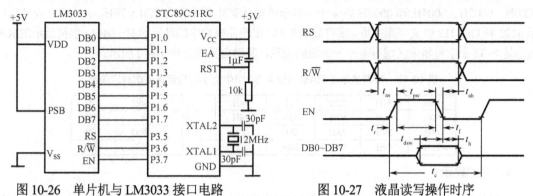

图 10-26　单片机与 LM3033 接口电路　　　图 10-27　液晶读写操作时序

表 10-11　LM3033 基本命令字功能表

指令命令名称	R/$\overline{W}$	RS	EN	DB7 DB6 DB5 DB4 DB3 DB2 DB1 DB0	功能说明
写指令	L	L	H→L	输入状态	写指令到液晶模块的寄存器
读忙标志	H	L	H	输出状态	读出忙标志和地址计数器状态
写数据	H	L	H→L	输入状态	写数据到液晶模块的寄存器
读数据	H	H	H	输出状态	从液晶寄存器中读出数据
清除显示	L	L	H→L	0　0　0　0　0　0　0　1	设置 DDRAM 地址器归0，清屏幕
AC 地址归零	L	L	H→L	0　0　0　0　0　0　1　x	放置光标到原点，AC 地址器归 0
进入设定点	L	L	H→L	0　0　0　0　0　1　I/D　S	I/D=0：光标左移，AC 自减 1 I/D=1：光标右移，AC 自加 1 S=0 画面不移动，S=1 画面移动
显示开关设定	L	L	H→L	0　0　0　0　1　D　C　B	D=0 关闭显示，D=1 打开屏幕显示 C=0 关闭光标，C=1 打开光标显示 B=0 正常显示，B=1 光标处反白
移位控制	L	L	H→L	0　0　0　1　S/C　R/L　x　x	S/C=0 和 R/L=0：光标向左移动 S/C=0 和 R/L=1：光标向右移动 S/C=1 和 R/L=0：显示向左移动 S/C=1 和 R/L=1：显示向右移动
功能设定	L	L	H→L	0　0　1　DL　x　RE　x　x	DL=0：4 位接口；DL=1：8 位接口 RE=0：基本指令；RE=1：扩展指令
设定 CGRAM 地址	L	L	H→L	0　1　AC5 AC4 AC3 AC2 AC1 AC0	设置 CGRAM 地址(00~3FH,SR=0)
设定 DDRAM 地址	L	L	H→L	1　0　AC5 AC4 AC3 AC2 AC1 AC0	设置 DDRAM 地址到计数器 AC： 第 1 行 AC=80~8FH,后面接第 3 行 第 2 行 AC=90~9FH,后面接第 4 行
读 BF 忙标志和地址	L	L	H→L	BF　AC6 AC5 AC4 AC3 AC2 AC1 AC0	读忙标志（BF）和 AC 地址值
写显示数据	H	L	H→L	D7　D6　D5　D4　D3　D2　D1　D0	把数据 D7~D0 写入液晶 RAM
读显示数据	H	H	H→L	D7　D6　D5　D4　D3　D2　D1　D0	读出液晶 RAM 中的数据
待命模式	1	0	H→L	0　0　0　0　0　0　0　1	执行其他命令可以结束待命模式
卷动或 RAM 地址选择	L	L	H→L	0　0　0　0　0　0　1　SR	SR=1 使能垂直滚屏 SR=0 允许输入指令（默认）
行反白显示	L	L	H→L	0　0　0　0　0　1　0　R0	R0=0 第 1 行反白,R0=1 第 2 行反白
睡眠模式	L	L	H→L	0　0　0　0　1　SL　0　0	SL=0 睡眠，SL=1 退出睡眠
设定绘图地址	L	L	H→L	1　A6　A5　A4　A3　A2　A1　A0	垂直地址 A0~A6；水平地址 A0~A3

3. 字符显示

LM3033 液晶每屏可显示 4 行 8 列共 32 个 16×16 点阵的汉字，每个显示 RAM 可显示 1 个中文字符或 2 个 16×8 点阵 ASCII 码字符，即每屏最多可实现 32 个中文字符或 64 字符。内部提供 128×2 字节的字符显示 RAM 缓冲区(DDRAM)。字符显示是通过将字符显示编码写入该字符显示 RAM 实现的。根据写入内容的不同，可分别在液晶屏上显示 CGROM（中文字库）、HCGROM(ASCII 码字库)及 CGRAM(自定义字形)的内容。三种不同字符/字型的选择编码范围为：显示自定义字型其代码分别是 0000H、0002H、0004H 和 0006H 共 4 个，显示半宽 ASCII 码字符为 02H～7FH，A1A0H～F7FFH 显示 8192 种 GB2312 中文字库字形。字符显示 RAM 在液晶模块中的地址 80H～9FH。字符显示的 RAM 的地址与 32 个字符显示区域有着一一对应的关系，其对应关系如表 10-12 所示。

表 10-12 字符显示的 RAM 地址与 32 个中文字符显示区域的对应关系

80H	81H	82H	83H	84H	85H	86H	87H
90H	91H	92H	93H	94H	95H	96H	97H
88H	89H	8AH	8BH	8CH	8DH	8EH	8FH
98H	99H	9AH	9BH	9CH	9DH	9EH	9FH

4．图形显示

绘图显示 RAM 提供 64×32 个位元组的记忆空间（由扩充指令设定绘图 RAM 位址），在更改绘图 RAM 时，由扩充指令设定 GDRAM 位址先设置垂直位址，再设置水平位址（连续写入两个位元组来完成垂直与水平的坐标位址），再写入两个 8 位数到绘图 RAM，而位址计数器（AC）会自动加一，绘图 RAM 与液晶屏幕显示区域的对应关系如图10-28所示，整个写入绘图 RAM 的步骤如下：

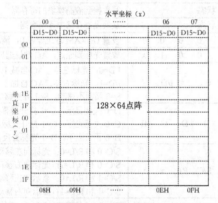

图 10-28 绘图 RAM 与屏幕显示对应关系

① 关闭绘图显示功能；
② 将垂直的位元组(Y)写入绘图 RAM 位址；
③ 将水平的位元组(X)写入绘图 RAM 位址；
④ 将 D15~D8 写入到 RAM 中；
⑤ 将 D7~D0 写入到 RAM 中。

5．LM3033 液晶显示方法

对 LM3033 的软件编程主要包括两部分：一部分是给液晶写指令，另一部分是给液晶写数据。由于液晶内部自带汉字模块，只需发送汉字对应的代码，就可以实现汉字的显示，其代码可以在 ST7920 模块的资料中查找。图形和曲线显示的原理类似，只需要设置好相应的水平地址和垂直地址，并把相应的图形编码写入液晶模块就可显示出所要显示的内容。液晶显示的基本步骤是先写入指令对液晶初始化；显示信息时先设定显示位置，再写入显示数据。以下是关键的 3 个子程序，有了这几个基本的子程序就可以构造出各种实用的液晶显示程序。

```
        RS      BIT     P3.5
        RW      BIT     P3.7
        EN      BIT     P3.6
INST:   ACAL    DELAY           ;INST 初始化子程序，先调用延时子程序
        MOV     A,#30H
        ACALL   WRCMD           ;写 30H 选择基本指令集，8 位并行
        MOV     A,#0CH
        ACALL   WRCMD           ;写 0CH 打开显示，无光标，不反白
        MOV     A,#01
        ACALL   WRCMD           ;清除显示
        MOV     A,#04
        ACALL   WRCMD           ;光标右移，AC 加 1，显示画面不移动
        RET
```

```
WRDATA: SETB    RS              ;写数据子程序(DATA)
        CLR     RW
        SETB    EN
        MOV     P1,A
        CLR     EN
        RET
WRCMD:  CLR     RS              ;写指令
        CLR     RW
        SETB    EN
        MOV     P1, A
        CLR     EN
        RET
```

10.5 单片机与微型打印机的接口设计

在单片机应用系统中,有时要求打印有关数据、表格或曲线。这时通常会配备体积小、功耗低、成本低的微型打印机,或提供标准打印接口和软件供用户外接打印机。目前国内流行的微型打印机主要有 MP–D16、GP–16、TP/μP40B、PP40 等。本节仅以 MP–D16 为例对微型打印机的接口电路和驱动程序设计作简单介绍。

10.5.1 MP–D16 微型打印机的接口电路设计

MP–D16–8+是智能微型打印机,机芯采用 M–150 Ⅱ型 16 行微型针式打印头或 M–153 热敏打印头,内部控制器由 8051 单片机组成,包括并行接口和串行接口,接口信号为 RS–232 与 TTL 电平,可直接与主机(单片机或 PC)的串行口、并行口连接,接口方便。主机通过接口电路实现对打印机动作的控制,将主机送来的数据以字符串、数据或图形形式打印出来。

点阵式打印机是靠垂直排列的钢针在电磁铁的驱动完成打印动作。当钢针向前打击时,把色带上的油墨打印到纸上,形成一个色点。当打印完 1 列后,打印头随着台架平移一格,然后打印第 2 列,再平移一格,打印第 3 格……如此打印,就能用若干点阵表示出一个字符。MP–D16 微型打印机每行为 96 列。

MP–D16 微型打印机的接口信号如表10-13 所示,接口电路如图10-29 所示。MP–D16 控制器具有数据锁存功能,采用 I/O 接口方式与单片机连接。其中 D0～D7 为数据线连接单片机 P1 口,这是单片机与 MP–D16 之间传送命令、状态和数据信息的传输线;P2.1 接 $\overline{STB}$ 做数据选通信号;P2.1 接 $\overline{ACK}$ 做应答信号;P2.2 接 BUSY 作打印机"忙"信号线,高电平有效,低电平允许接收单片机的命令和数据,BUSY 信号可供单片机查询或作为中断信号。

表 10-13 MP–D16 微型打印机的接口信号表

引 脚 号	信 号	方 向	功 能 说 明
1	$\overline{STB}$	输入	数据选通触发脉冲,上升沿时读入数据
3, 5, 7, 9, 11, 13, 15, 17	D0～D7	输入	并行数据信号线,信号为 TTL 电平
19	$\overline{ACK}$	输出	应答信号,低电平表示数据已被接收
21	BUSY	输出	高电平,表示打印机正忙不接收数据
23	PE	—	接地线
25	SEL	输出	经电阻上拉高电平表示打印机在线
4	$\overline{ERR}$	输出	经电阻上拉高电平表示无故障
2, 6, 8, 26	NC	—	悬空未用
10～24	GND	—	接地线

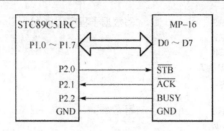

图 10-29   MP–D16 微型打印机的接口电路

10.5.2   MP–D16 微型打印机的使用

MP–D16 微型打印机内部含有国际标准 ASCII 码（分为字符集 1 和字符集 2）字符库和汉字库，在打印时只需将相应的字符代码和汉字代码送到打印机中即可实现数据的打印。该微型打印机提供了多种打印命令，可以选择汉字字体和字符集、纸进给方式，执行回车换行、调整字符间距和行间距等指令。

MP–D16 有 52 个不同的打印命令（表 10-14 列出了其部分命令字），每个命令占 1～2 字节，有的还带参数 n。MP–D16 打印 6×8 点阵字符，即每个字符占据 8 个点行，字符行之间的行间距默认为 3 个点行。控制打印时，单片机先给打印机输入“命令”，再输入“参数”，然后输入需要打印的“数据”，最后输入打印“确认命令”。

表 10-14   MP–D16 微型打印机的操作码

十六进制命令字			功　能
1BH	40H		初始化打印机命令
1BH	38H	n	选择不同点阵汉字打印（n 默认值为 0）
1BH	36H		选择字符集 1（含 6×8 点阵字符 224 个，代码为 20H～FFH）
1BH	37H		选择字符集 2（含 6×8 点阵字符 224 个，代码为 20H～FFH）
1BH	4AH	n	走纸 n 个点行（n 为 1～255）
1BH	4BH	$n1$ $n2$…	打印 $n1$×8 点阵图形
0AH			换行（走纸 1 个字符行，即 8+行间距）
0CH	n（n 默认为 40）		换页，页长度设置为 n 个字符行（n 为 0～255）
0D			回车，打印确认

（1）打印机初始化

打印机 MP–D16–8+接收到该命令后，对打印机进行初始化操作，清除打印缓冲区，恢复默认值：包括选择字符集 1、禁止上划线、下划线、侧划线、反白打印、打印反向字符、行间距为 3、字间距为 0、页长为 40、装订长为 0、打印浓度设置为 4 级。打印机初始化程序如下：

```
START:    MOV      A,#1BH              ;初始化命令
          ACALL    PRT
          MOV      A,#40H
          ACALL    PRT
          RET
PRT:      JB       BUSY,PRT           ;打印机忙，即 BUSY=1，等待
          MOV      P1,A               ;数据送打印机打印
          CLR      STB
          NOP
          NOP
          SETB     STB
          RET
```

（2）空走纸命令

MP–D16 接收到该命令后，打印机空走纸 $n×mm$ 点行，其间忙标志 BUSY 置位，执行完后清 0，以下命令中 BUSY 的状态均如此变化。如命令 1BH 4AH 20 将空走纸 20 点行，控制打印机空走纸的程序如下：

```
PASS:   MOV     A,#1BH          ;置空走纸命令
        ACALL   PRT
        MOV     A,#4AH
        ACALL   PRT
        MOV     A,#20           ;空走纸 20 个点行
        ACALL   PRT
        MOV     A,#0DH          ;空走纸 20 个点行
        ACALL   PRT             ;执行打印功能
        RET
```

（3）打印字符串命令

MP–D16 默认选择字符集 1（ASCII 码），接收到该命令后，等待主机写入字符数据后，转入打印。例如，要求打印出 X=36，字符串打印程序段如下：

```
PRTSC:  MOV     A,'X'
        ACALL   PRT
        MOV     A,'='
        ACALL   PRT
        MOV     A,'3'
        ACALL   PRT
        MOV     A,'6'
        ACALL   PRT
        MOV     A,#0DH          ;执行打印命令，打印出 X=36
        ACALL   PRT
        RET
```

（4）打印汉字命令

MP–D16 在接收到汉字打印命令后，将切换到汉字打印方式。在汉字打印方式中，打印机接收的汉字代码（即双字节汉字标准机内码），先接收机内码的高位字节，再接收低位字节。MP–D16 可以打印多种点阵的汉字，采用 1BH 38H n 命令格式传送（默认 $n=0$），其中：$n=0$ 时选择 16×16 点阵汉字打印；$n=1$ 时选择 8×16 点阵汉字打印；$n=2$ 时选择 16×8 点阵汉字打印；$n=3$ 时选择 8×8 点阵汉字打印；$n=4$ 时选择 12×12 点阵汉字打印；$n=5$ 时选择 6×12 点阵汉字打印；$n=6$ 时选择 8×16 点阵 ASCII 字符打印；$n=7$ 时选择 8×12 点阵 ASCII 字符打印。

双字节的汉字内码通过区位码计算：高字节数值范围为 A1H～F7H，对应 1～87 区汉字，计算方法是"区码+A0H"；低字节数值范围为 A1H～FEH，对应汉字位码 1～94，计算方法是"位码+A0H"。汉字的区位码可通过汉字区位码表查找。

例如，"荣"字的区位码是 4057，即 40 区（28H），第 57 个字（39H），经过计算得其机内码为 C8 D9。

MP–D16 在汉字模式下打印时，当高字节输入代码在 20H～A0H 之间，则自动选择 ASCII 码打印。当高字节输入代码大于 A0H 时，但输入的低字节小于 A1H，也自动选择 ASCII 码打印，否则打印汉字。

例如，打印一行字符串，字符串存储在表格中，打印示例程序段如下：

```
PRTHC:  MOV     A,#1BH          ;选择打印汉字命令
        ACALL   PRT
        MOV     A,#38H
        ACALL   PRT
        MOV     A,#04           ;选择 12×12 点阵汉字
```

```
            ACALL    PRT
            MOV      R2,#11          ;连续取出表格里的数据，共 11 个字符
            MOV      DPTR,#TABN      ;打印数据表
LOOP:       CLR      A
            MOVC     A,@A+DPTR       ;按顺序查表取出数据
            INC      DPTR
            ACALL    PRT             ;送入打印机
            DJNZ     R2,LOOP
            MOV      A,#0DH          ;输入回车，确认打印
            ACALL    PRT
TABN:       DB       "共 1386.92 元"  ;待打印的字符串表格
            RET
```

本章小结

　　键盘、显示器、打印机是计算机常用的人机接口器件。本章介绍了按键开关、行列式键盘、数码管、液晶显示屏、微型打印机等常用器件的工作原理和器件特性。介绍了键盘接口、键盘扫描和静态显示、动态显示、专用芯片显示、ZLG7290 键盘/显示专用芯片、液晶屏显示接口电路、编程方法，以及微型打印机与单片机的接口和编程技术。重点应掌握键盘扫描、数值显示电路设计和编程技术。

练习与思考题

1．为什么要消除按键的机械抖动？消除按键的机械抖动的方法有哪些？原理是什么？

2．采用软件方法消抖时，延时时间一般取多长时间段？

3．当采用反转法扫描键盘时，行线、列线是否必须加上拉电阻，为什么？

4．需要选择什么类型的液晶屏才能显示汉字？

5．键盘的类型和接口方式有哪些？说明矩阵键盘按键的识别原理。扫描键码方法有哪些？

6．设计一个 4×4 键盘和 2 位数码显示电路，编程实现按键输入、数码显示按键值的程序。

7．键盘扫描工作方式有几种？每种有什么优缺点？说明行扫描法的判键过程。

8．数码管的工作原理是什么？数码管有哪些类型？

9．用 7 根线如何实现 5×4 和 5×5 的行列式键盘？完成程序设计。

10．用数码管做静态显示方式与动态显示方式有何区别？各有什么优缺点？

11．总线连接式数码管与独立式数码管有什么区别？各有什么适用场合？

12．动态显示的扫描时间应如何选择？

13．按照图 10-15 和图 10-14 的电路分别编写程序，要求静态显示出 30H、31H 单元中的内容。

14．MC14499 有什么功能及特点？试采用图 10-17 电路，编程显示数据 5、6、7、8。

15．MAX7219 有什么功能及特点？试采用图 10-19 电路，编程显示数据 1、2、3、4、5、6、7、8。

16．ZLG7290 是什么芯片？有什么功能及特点？

17．用图 10-22 电路编程显示片内 30～33H 中的数（BCD 码）。

18．液晶显示原理是什么？液晶显示器有哪些类型？

19．试采用图 10-25（b）电路，编程设计显示一串字符"www.edu.cn"。

20．OCM12864 与 TC1602 液晶显示模块有什么区别？

21．如何用 OCM12864 显示汉字或图形？采用图 10-26 接口电路，完成显示字符串"OCM12864

液晶显示器"。

22. 简述微型打印机接口的主要信号线功能。与单片机相连接时，如何采用总线或 I/O 接口方式连接电路，其控制线应如何连接？

23. 打印机的 BUSY 信号有什么作用？如果与 8051 单片机的 $\overline{INT0}$ 线相接，简述电路的工作原理，并编写出把 30H 为首址的连续 20 个单元的输出打印程序。

24. 图 10-30 是共阳数码管，a、b、c、d、e、f、g、dp 是 8 位数据输入端（假设已分别依次与数据线 $D_0 \sim D_7$ 连接），对这 8 个数据位输入不同的数据，数码管会显示不同的数字，如果要显示 3、6、E，则其输入的笔形码数据是什么？

25. 利用 DS18B20、ZLG7290 和单片机设计一个数字温度计，精度精确到小数点后 2 位。

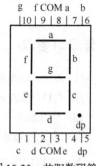

图 10-30　共阳数码管

26. 什么是编码键盘？什么是非编码键盘？各有什么特点？

27. 什么是按键的键值？什么是按键的特征码？两者有什么关系？

28. 对于一个小键盘，为什么要避免双键或多键同时按下？

29. 为确保 CPU 对一次按键只响应一次，常用的方法有哪些？编程时应如何处理键值？

30. 按图 10-31 电路设计显示程序，将 40H、41H 单元的十六进制数静态地显示在 4 位数码管上。

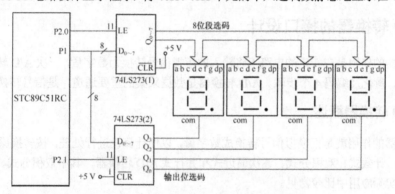

图 10-31　用两片 74LS273 扩展的动态显示电路

31. 若要求将图 10-31 电路改为使用并行总线的方式扩展，应如何进行电路设计和程序设计？

第11章 单片机与 A/D、D/A 转换器的接口设计

本章学习要点:

(1) A/D、D/A 转换器的工作原理,A/D、D/A 转换器主要技术指标;

(2) A/D、D/A 转换器分辨率计算与选型;

(3) 单片机与并行 A/D、串行 A/D 转换器的接口及数据采集方法;

(4) 单片机与并行 D/A、串行 D/A 转换器的接口及编程控制。

在单片机应用系统中,经常需要测量如温度、压力、流量、速度等非电物理量。这些非电物理量首先必须利用相应的传感器将其转换为模拟电信号(如电压或电流),然后把模拟电信号转换成数字量后才能使用单片机进行数据处理。单片机处理的数字量,也常常需要被转换为模拟信号。把模拟信号转换成数字量的器件称为 A/D 转换器,把数字量转换成模拟信号的器件称为 D/A 转换器。

本章将着重介绍 A/D、D/A 转换的原理和接口设计方法,并结合几种具体的 A/D、D/A 转换集成芯片,介绍它们与单片机的硬件接口设计及软件编程应用。

11.1 A/D 转换器的接口设计

A/D 转换器的作用是在特定的电路下将输入的模拟信号转换为数字量,一次 A/D 转换一般需要经过采样、保持、量化及编码 4 个步骤。A/D 转换器是数据采集的重要通道,是信号转换的主要方式。

11.1.1 A/D 转换器概述

A/D 转换器的作用就是把模拟信号转换成数字量,以便计算机进行处理。按转换原理可将 A/D 转换器分成四种:计数式、双积分式、逐次逼近式和并行式 A/D 转换器。其中双积分式、逐次逼近式的 A/D 转换器在实际应用中比较常见。

双积分式 A/D 转换器的主要优点是转换精度高、抗干扰性能好、价格相对低廉;缺点是转换速度慢。并行式 A/D 转换器的特点是转换速度快、价格较昂贵,主要用于要求高速度的场合。逐次逼近式 A/D 转换器在精度、速度和价格上都适中,转换速度在几微秒到几百微秒之间,是最常用的 A/D 转换器。

按接口方式不同可将 A/D 转换器分为串行接口和并行接口 A/D 转换器。串行接口 A/D 转换器电路连接简单,可以降低制板成本,是今后主要应用的一种接口方式。但这种 A/D 读/写速度相对偏低,适用于对采样速度要求不高的场合。并行接口 A/D 转换器读/写速度快,但连路接线复杂,需要占用的 I/O 线多,适合应用于高速数据采集的场合。

随着超大规模集成电路技术的飞速发展,很多单片机片内也集成了 A/D 转换器。因此,在实际应用中,如果要求高精度、高分辨率,一般要选择片外 A/D 转换器。如果要求分辨率不高(如 10 位或 8 位),可以选择片内带 A/D 转换器的单片机,以便降低设计成本。

1. A/D 转换器的主要技术指标

(1) 分辨率

A/D 转换器的分辨率习惯上用输出二进制位数或 BCD 码位数表示,是满刻度电压值与 2^n 的比值(n 为 A/D 转换器的位数),表明对输入信号的敏感度或转换 1LSB 对应的电压值。

例 11-1 一个可输出二进制码的 12 位 A/D 转换器，能够分辨出满刻度的 $1/2^{12}$，用百分数表示为 0.0244%，用 2^{12} 的级数进行量化，其分辨率为 1LSB。如果满刻度为 10 V，则 12 位 A/D 可分辨的最小电压变化值为 10 V×0.0244% = 2.4 mV，即 1LSB = 2.4 mV。

例 11-2 输出为 $3\frac{1}{2}$ BCD 码的 A/D 转换器，其分辨率为三位半，满数字值为 1999，用百分数表示其分辨率为 1/1999×100% = 0.05%。

A/D 转换器分为二进制输出的 4 位、8 位、10 位、12 位、14 位、16 位、20 位和 24 位，以及 BCD 码输出的 $3\frac{1}{2}$ 位、$4\frac{1}{2}$ 位、$4\frac{3}{4}$ 位、$5\frac{1}{2}$ 位、$6\frac{1}{2}$、$8\frac{1}{2}$ 等多种。按照输出代码的有效位数划分 A/D 转换器可分为低、中、高三类：把输出 3～8 位二进制数的 A/D 转换器视为低分辨率；9～12 位的 A/D 转换器视为中分辨率，输出 $3\frac{1}{2}$ BCD 码的 A/D 转换器也属中分辨率；13 位以上 A/D 转换器为高分辨率。

(2) 转换时间和转换速率

A/D 转换器从启动转换到转换结束，最终输出稳定的数字量，需要一定的时间，完成一次转换所需要的时间就是 A/D 转换器的转换时间。转换速率就是每秒能够完成的转换次数。转换速率描述的是 A/D 转换器能够重复进行数据转换的速度，转换时间与转换速率互为倒数关系。

根据转换速率的不同，A/D 转换器可分为超高速(转换时间≤1 ns，转换次数为每秒几兆次)、高速(转换时间≤1 μs，转换次数为每秒几十万次)、中速(转换时间≤1 ms，转换次数为每秒几万次)、低速(转换时间≤1 s，转换次数为每秒几次)等几种不同转换速度的芯片。转换速率越快，进行 A/D 采样的频率越高，单位时间内采集到的数据越多，误差也越小。

对于并行式 A/D 转换器，转换时间最短的约为 20～50 ns，速率为 $5\times10^7\sim2\times10^7$ 次/s；双极型逐次比较式转换时间约为 0.4 μs，速率为 2.5×10^6 次/s。

(3) 转换精度

将连续的模拟信号转换成离散的数字量会产生一定的误差，这个误差的大小就是转换精度。A/D 转换器的转换精度是指一个实际的输出与理想的输出在量化值上的差值，它反映 A/D 转换器的实际输出接近理想输出的精确程度，可用绝对误差或相对误差表示。

(4) 量化误差

量化误差是由 A/D 转换器的有限分辨率引起的误差。在不计其他误差的情况下，一个分辨率有限的 A/D 转换器的阶梯状转换特性曲线，与具有无限分辨率的 A/D 转换特性曲线之间的最大偏差，称为量化误差。量化误差理论上规定为 1 个单位分辨率的 ±1/2 LSB。提高 A/D 的分辨率可降低量化误差。

2．A/D 转换器的选择

在设计数据采集系统、测控系统或智能仪器仪表时，都需要使用 A/D 转换器。选择 A/D 转换器时，既要满足应用系统设计要求，又要考虑产品性价比。因此，如何选择合适的 A/D 转换器是设计采集系统的关键。下面从不同角度介绍选择 A/D 转换器的要点。

(1) 根据检测精度要求选择 A/D 转换器

对于一个具体的测控系统，其技术指标中包括检测精度。根据这个指标就可以换算出所需要的 A/D 转换器的最低指标。只要选择转换精度比这个换算出来的最低指标高一些的 A/D 器件就可以满足系统的设计要求。通常精度和分辨率是不同的。受非线性误差的影响，分辨率高的 A/D 转换器其精度不一定高。当器件的非线性误差控制在 1 位以内时，A/D 转换器用"位数"表示的分辨率与其转换精度基本相同，因此，习惯上就用"位数"来衡量其转换精度。

A/D 转换器位数在一定程度上可以衡量测控系统的精度，但又不能唯一地确定系统的精度。因为系统精度涉及的环节包括传感器变换精度、信号调理电路精度和 A/D 转换器、输出电路及控制机构的精度，甚至还与软件控制算法有关。因此，实际选取的 A/D 转换器的位数应与其他环节所能达到的精度相对应。原则上选择 A/D 转换器的位数至少要比系统精度要求的最低分辨率高出 1～2 位，在精度要求更高的场合，可以高出 2～4 位。但器件选择不是精度越高越好，精度越高的 A/D 器件越贵，对信号调理电路的要求也越高。所以，选取太高精度的 A/D 转换器既没意义，也不利于控制系统的成本。

（2）根据采样频率要求选择 A/D 转换器

被检测的信号有其频率特性，为了获取该信号的真实数据，采样频率至少要超过被测信号上限频率的两倍。由于工作原理和制造工艺的不同，A/D 转换器件的工作频率也不同。因此，应该根据不同的采样频率选择工作频率不同的 A/D 转换器件。

积分型、电荷平衡型、跟踪比较型 A/D 转换器转换速度慢，转换时间从几毫秒到几十毫秒不等，只能构成低速 A/D 转换器，可用于对温度、压力、流量等缓慢变化的信号进行检测和控制。逐次比较型 A/D 的转换时间在 1～100 μs 之间，属中速 A/D 转换器，可用于工业多通道控制系统和声频数字转换等系统。双极型或 CMOS 工艺制成的全并行型、串并行型和电压转移函数型的高速 A/D，其转换时间在 20～100 ns 之间，适用于雷达、数字通信、实时光谱分析、实时瞬态记录及视频数字转换等系统。

例如，选用转换时间为 100 μs 的集成 A/D 转换器，其转换速率为 10^4 次/秒。根据采样定理和实际需要，1 个周期需采样 10 次，这样的 A/D 转换器最高只能处理 1 kHz 的信号；如果选择转换时间为 10 μs 的 A/D 转换器，那么可以采样处理 10 kHz 频率的信号。但对一般单片机或其他微处理器来说，要在 10 μs 内连续完成 A/D 转换、数据读取、数据存储、循环计数等工作比较困难。因此，在高速采集数据系统中，一般不能使用 CPU 控制，而必须采用直接存储器访问技术（DMA）实现。

（3）采样保持器

一般对直流和变化缓慢的信号进行采样时不需要采样保持器，而在其他情况下，在 A/D 转换器的输入端应加采样保持电路。在理想的数据采集系统中，为了使采样输出信号能够无失真地复现原输入信号，根据采样定理，必须使采样频率 f_s 至少为输入信号最高有效频率 f_{max} 的 2 倍，即 $f_s \geq 2f_{max}$，否则会出现频率混叠误差。但在实际使用时，为了保证数据采集精度，一般需要增加每个周期的采样数，通常 $f_s = (5～10) f_{max}$。

采样保持器可根据分辨率、转换时间和信号带宽确定。例如，一个 8 位 A/D 转换器的转换时间是 100 ms，在没有采样保持器时，允许输入信号频率应≤10.12 Hz；若采用 12 位 A/D 转换器，则输入信号频率应小于等于 10.0077 Hz。如果 8 位 A/D 转换器的转换时间是 100 μs，则输入信号频率应小于等于 12 Hz；而 12 位时的输入信号频率应小于等于 10.77 Hz。

（4）工作电压和基准电压

一般 A/D 转换器需要工作电源和基准电压。有的 A/D 转换器的工作电压使用 ±15 V 电源，有的 A/D 转换器工作电压在 +12～+15 V 范围内，因此设计一个单片机测量系统时就需要多种电源。如果选择单电源 +5 V 工作电压的 A/D 转换芯片，就可以与单片机系统共用一个电源。

基准电压是 A/D 转换器在转换时所需要的参考电压，这是保证 A/D 转换精度的基本条件。在要求较高的转换精度时，基准电压要单独用高精度稳压电源提供给 A/D 转换器。

为适应系统集成的需要，有些 A/D 转换器还将多路转换开关、时钟电路、基准电压源、二-十进制译码器和转换电路集成在一个芯片内，为用户提供了很多方便。

（5）其他选择考虑条件

① 片内 A/D：当精度要求不超过 12 位时，可选用片内集成 A/D 转换部件的单片机，使应用系统结构更加紧凑。

② 串行 A/D：今后单片机应用系统的发展趋势是"单芯片系统"，使用没有三总线的设计方案可以简化电路设计。

③ 封装：常见的封装是 DIP。现在表面安装工艺的发展使得表贴型 SO 封装的应用越来越多。

11.1.2　单片机与 AD574 的并行接口设计

在一般的单片机应用系统中，扩展并行接口的 A/D 转换器既不经济，也不实用。一般当系统要求速度不高、精度在 10 位以内时，通常选择片内 A/D 转换器。只有在系统要求高速、高精度(12 位以上)时，才需要外部扩展并行 A/D 转换器。本节以 12 位 AD574 为例，介绍 A/D 转换器与单片机的并行接口方法，并给出实例介绍。

1．AD574 性能及其引脚功能介绍

AD574 是 AD 公司的 12 位逐次比较型、并行接口 A/D 转换器。片内含三态输出缓冲电路，可直接与各种典型的 8 位或 16 位的微处理器相连，无需附加逻辑接口电路，能够与 CMOS 及 TTL 兼容。

(1) AD574 主要特性

① 分辨率：12 位。可并行输出 12 位，也可分 4 位和 8 位 2 次输出。

② 非线性误差：±1 LSB 或±1/2 LSB。

③ 模拟输入：单极性有 0～10 V 和 0～20 V 两挡；双极性有±5 V 和±10 V 两挡。

④ 转换时间为 15～35 μs；转换精度为 0.05%。

⑤ 电源：数字逻辑部分电源用+5 V，模拟部分电源用±12 V 或±15 V。

⑥ 内部参考电压：10±0.1 V(最大值)。

⑦ 低功耗：正常工作时典型功耗为 390 mW。

(2) AD574 引脚功能

AD574 以 DIP28 封装，引脚如图 11-1 所示。各引脚功能如下：

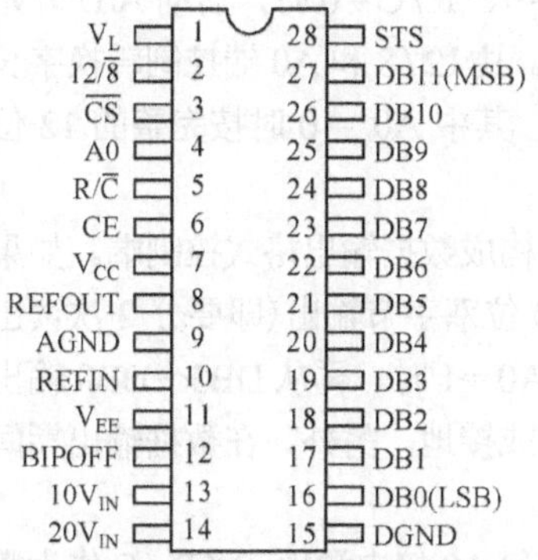

$\overline{CS}$：片选信号，低电平有效。

CE：启动信号引脚，高电平有效。

$R/\overline{C}$：读/启动转换控制信号引脚。

$12/\overline{8}$：数据输出格式选择信号引脚。当 $12/\overline{8}=1$ 时，12 位转换结果同时在 12 条数据线上输出。当 $12/\overline{8}=0$ 时，12 位转换结果分 2 次输出：先输出高 8 位，再输出低 4 位。

图 11-1　AD574 引脚图

A0：字节选择控制线。在转换期间，当 A0=0 时，AD574 进行全 12 位转换，转换时间为 25 μs；当 A0=1 时，则进行 8 位转换，转换时间为 16 μs。

在读出期间，当 $12/\overline{8}=0$ 时数据分 2 次读出，其中 A0=0 时，读出高 8 位；当 A0=1 时，转换结果的低 4 位有效，中间 4 位为 0，高 4 位为三态。因此，当采用分 2 次读出 12 位转换数据时，12 位数据应遵循左对齐原则，读出数据格式如下：$12/\overline{8}=0$，A0=0，读出结果的高 8 位；$12/\overline{8}=0$，A0=1，读出结果的低 4 位加上 4 位尾数 "0000"。

AD574 的控制信号组合的真值表如表 11-1 所示。

表 11-1　AD574 控制信号组合的真值表

CE	$\overline{CS}$	$R/\overline{C}$	$12/\overline{8}$	A0	操作功能
0	×	×	×	×	无操作
×	1	×	×	×	无操作
1	0	0	×	0	启动 12 位转换
1	0	0	×	1	启动 8 位转换
1	0	1	接+5 V	×	12 位并行输出有效(读)
1	0	1	接地	0	高 8 位并行输出有效(读)
1	0	1	接地	1	低 4 位加 4 位尾 0 输出有效(读)

STS：工作状态信号输出引脚。转换开始时，STS 为高电平，转换过程中保持高电平。转换完成后输出为低电平。STS 信号可作为转换结束信号，单片机通过查询 STS 信号可判断 A/D 转换是否完成，以便及时读取转换结果。

REFOUT：10 V 内部参考电压输出端。

REFIN：内部解码网络所需参考电压输入端。

BIPOFF：补偿调整，可外接 100 Ω 电位器用做零点校正。

$10V_{IN}$、$20V_{IN}$：10 V 和 20 V 量程的模拟输入端。被测信号从这个端口接入。

V_L：数字逻辑部分电源，接+5 V 电源。

V_{CC}：模拟部分正电源，接+12 V 或+15 V 电源。

V_{EE}：模拟部分负电源，接–12 V 或–15 V 电源。

DGND：数字地。

AGND：模拟地。

DB0～DB11：转换后的 12 位二进制数输出端。

2. AD574 的操作控制方法

AD574 的工作状态由 CE、$\overline{CS}$、R/$\overline{C}$、12/$\overline{8}$、A0 五个控制信号决定。如表 11-1 所示，当 CE = 1、$\overline{CS}$ = 0 同时满足时，AD574 才能处于工作状态。当 CE = 1、$\overline{CS}$ = 0、R/$\overline{C}$ = 0 时，启动 A/D 开始转换；在转换结束后，置 CE = 1、$\overline{CS}$ = 0、R/$\overline{C}$ = 1 时允许读出数据。由 12/$\overline{8}$ 和 A0 端控制转换字长和数据格式。在启动 A/D 转换期间，12/$\overline{8}$ 和 A0 是转换字长控制端，其中 A0 = 0 时按完整的 12 位 A/D 转换方式工作；A0 = 1 时则按 8 位 A/D 转换方式工作。

当 AD574 处于数据读出工作状态（R/$\overline{C}$ = 1）时，由 12/$\overline{8}$ 和 A0 构成数据输出格式控制端。如果 12/$\overline{8}$ = 1，A/D 转换结果 12 位同时并行输出。当 12/$\overline{8}$ = 0，则对应 8 位双字节输出（即要分 2 次读出 12 位转换结果），其中 A0 = 0 时，从 DB11～DB4 输出高 8 位；再置 A0 = 1 时，再从 DB3～DB0 输出低 4 位。由于 12/$\overline{8}$ 端与 TTL 电平不兼容，所以只能直接接至+5 V 或接地。另外，在数据输出期间 A0 的值不能变化。

若 AD574 以独立方式工作，这时可将 CE 和 12/$\overline{8}$ 端接+5 V，CS 和 A0 接电源地，将 R/$\overline{C}$ 作为数据读出和数据转换启动的控制。当 R/$\overline{C}$ = 0 时，启动一次 A/D 转换。在延时 0.5 μs 后，若 STS = 1，则表示正在 A/D 转换。经过 1 个转换周期（典型值为 25 μs）后，如果 STS 端变为低电平，则表示 A/D 转换结束。这时只要置 R/$\overline{C}$ = 1，即可读出出现在数据线上的 12 位转换结果。

注意：只有在 CE = 1 和 $\overline{CS}$ = 0 时才能启动转换。在启动信号有效前，R/$\overline{C}$ 端必须为低电平，否则将产生读取数据的操作。

3. AD574 的单极性和双极性输入接法

AD574 的模拟输入量可通过改变 8、10、12 引脚的外接电路，即可连接成单极性和双极性接法，如图 11-2(a) 所示为单极性转换电路，可实现对 0～10 V 或 0～20 V 模拟输入信号的转换。如图 11-2(b) 所示为双极性转换电路，可实现–5～+5 V 或–10～+10 V 模拟输入信号的转换。RW1 电位器用做零点调节，RW2 用做增益调整。为防止两个电位器相互影响，应先调节零点，再调整增益。

调节零点时，应将模拟输入信号调到最小，即单极性时接近 0 V，双极性时接近–V_{FSR}/2（V_{FSR} 为满量程值）。当输入端选择 0～10 V 量程时（AD574 的 1 LSB = 0.00244 V），设置输入一个电压为 1/2 LSB = 0.0012 V 模拟信号，调节零点电位器 RW1，使输出数字量在 0～10 LSB 之间跳动，则可确认零点已经调节好。选择 0～20 V 量程的零点调节方法与此相似。

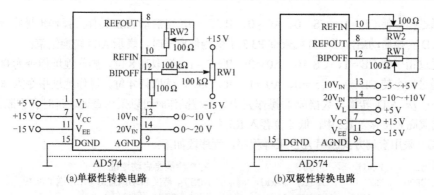

图 11-2　AD574 模拟输入电路与参考电源的外部接法

　　调节增益时，在模拟输入信号的最大值附近进行。当输入端选择 0～10 V 量程，设置输入一个电压为 (10 V–1.5 LSB) = 9.9964 V 模拟信号，调节增益电位器 RW2，使最大输出的数字量在 FFEH～FFFH 之间跳动，则可确认增益已经调节好。选择 0～20 V 量程的增益调节方法与此相似。

　　在电路设计时，模拟信号的地线与数字地应分开，并通过一个点连接起来，可避免前后干扰。模拟地、数字地连接到信号地时，其接触电阻应尽可能小。

4. 单片机与 AD574 的接口设计及应用

　　图 11-3 是 AD574 与 STC89C51RC 单片机的接口电路。由于 AD574 片内含有高精度的基准电压源和时钟电路，所以不需要任何外加电路和时钟信号就可完成 A/D 转换。AD574 的输出带有三态控制，其输出可以直接与数据总线连接。由于 12/$\overline{8}$ 端接地，所以转换后的 12 位数据要分两次读出，先读高 8 位，再读低 4 位。

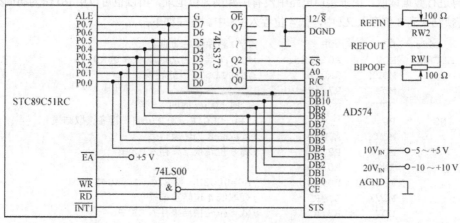

图 11-3　单片机与 AD574 的接口电路

　　该电路采用双极性输入接法，可对 –5～+5 V 或 –10～+10 V 模拟信号进行 A/D 转换。转换结果的高 8 位从 DB11～DB4 输出，低 4 位从 DB3～DB0 输出。当 A0 = 0 时，读取转换结果的高 8 位；当 A0 = 1 时，读取低 4 位。由于 DB3～DB0 接单片机的 P0.7～P0.4 引脚，则读出低 4 位转换结果时存入字节的高 4 位。STS 引脚接单片机的 $\overline{\text{INT1}}$ (P3.3) 引脚，采用查询方式或中断方式读取 A/D 转换结果。

　　单片机对 AD574 的操作控制是把它当做外部数据存储器或片外 I/O 端口来读/写，即采用 MOVX 指令产生读/写控制信号。图 11-3 接口电路中只使用了 3 根地址线。若规定未使用的地址线都被当做 0 来看待，则可计算出 AD574 的读/写操作地址。具体读/写工作过程如下：

（1）通过指令使 CE=1、$\overline{CS}$=0、A0=0、R/$\overline{C}$=0，可启动 A/D 转换，操作地址指令为 0000H；

（2）A/D 转换启动后，当单片机查询 P3.3 引脚为低电平时，表示 A/D 转换结束；

（3）通过指令使 CE=1、$\overline{CS}$=0、A0=0、R/$\overline{C}$=1，读取高 8 位，操作地址指令为 0001H；

（4）通过指令使 CE=1、$\overline{CS}$=0、A0=1、R/$\overline{C}$=1，读取低 4 位，操作地址指令为 0003H。

至此，一次 A/D 转换与数据读/写操作完毕。编程操作时可以采用查询、延时和中断三种方式进行，转换结果高 8 位存入 R2 中，低 4 位存入 R3 中。

例 11-3　采用查询方式编写 A/D 采样程序。程序段如下：

```
Addr    EQU     0000H           ;A/D 转换器启动地址
ADCRW:  MOV     DPTR, #Addr     ;AD574 转换启动地址 0000H 送 DPTR
        MOVX    @DPTR,A         ;启动 AD574 开始转换
        SETB    P3.3            ;置 P3.3=1
LOOP:   NOP
        JB      P3.3,LOOP       ;查询 A/D 转换是否结束，若 P3.3=0 转换完成
        INC     DPTR            ;DPTR=0001H, 使 R/C̄=1, 准备读取结果
        MOVX    A,@DPTR         ;读取高 8 位转换结果
        MOV     R2,A            ;高 8 位转换结果存入 R2 中
        INC     DPTR
        INC     DPTR            ;DPTR=0003H, 使 R/C̄= 1, A0=1
        MOVX    A,@DPTR         ;读取低 4 位转换结果
        MOV     R3,A            ;低 4 位转换结果存入 R3 中
        ...
```

例 11-4　采用延时方式编写 A/D 采样程序（f_{osc}=12 MHz）。

根据 AD574 的转换速率，转换一次 12 位数据最长需要 35 μs 时间，因此，启动转换后可以延时 50 μs 后再进行数据读取。由于接口电路中没有用到高 8 位地址，所以也可以用 R0 作为访问外部地址指针，转换结果高 8 位存入 R2 中，低 4 位存入 R3 中。程序如下：

```
Addr    EQU     00H             ;A/D 转换器启动地址
ADCRW:  MOV     R0,#Addr        ;AD574 转换启动地址 00H 送 R0
        MOVX    @R0,A           ;启动 AD574 开始转换
        MOV     R7,#25
        DJNZ    R7,$            ;延时 50 μs 时间
INC     R0                      ; R0=0001H, 使 R/C̄=1, 准备读取结果
        MOVX    A,@R0           ;读取高 8 为转换结果
        MOV     R2,A            ;高 8 位转换结果存入 R2 中
        INC     R0
        INC     R0              ;R0=0003H, 使 R/C̄= 1, A0=1
        MOVX    A,@R0           ;读取低 4 位转换结果
        MOV     R3,A            ;低 4 位转换结果存入 R3 中
        ...
```

例 11-5　采用中断方式编写 A/D 采样程序。

根据 AD574 的 STS 引脚信号特点，在 A/D 转换时，STS 输出高电平。当 A/D 转换结束后，会自动产生低电平。因此，可将 STS 信号作为单片机外部中断输入信号，采用边沿触发方式触发中断。一旦 A/D 转换完成，就可触发中断，使单片机及时读取转换结果。A/D 转换数据读出后，高 8 位存入 R2 中，低 4 位存入 R3 中。程序段如下：

```
        ORG     0000H
        LJMP    MAIN
        ORG     0013H           ;外部中断 1 入口地址
```

```
           LJMP      ADCRW
           ORG       0030H
           MOV       SP,#6FH
           SETB      IT1                 ;设置下降沿触发中断
           SETB      EX1                 ;允许外部中断 1 中断
           SETB      EA                  ;开放使能中断
           MOV       R0,#Addr            ;AD574 转换启动地址 00H 送 R0
           MOVX      @R0,A               ;启动 AD574 开始转换
           SJMP      $                   ;等待中断
ADCRW:     INC       R0                  ;R0=01H，使 R/C̄ =1，准备读取结果
           MOVX      A,@R0               ;读取高 8 位转换结果
           MOV       R2,A                ;高 8 位转换结果存入 R2 中
           INC       R0
           INC       R0                  ;R0=03H，使 R/C̄ =1，A0=1
           MOVX      A,@R0               ;读取低 4 位转换结果
           MOV       R3,A                ;低 4 位转换结果存入 R3 中
           …                             ;转换数据处理
           RETI
           END
```

按照图 11-3 所示的接口电路设计 PCB 时，要注意电源去耦、布线路径、数字地、模拟地线的布置。电路连接好后，在模拟输入端输入一个稳定的标准电压，启动 A/D 转换，测试 A/D 转换出的 12 位数据是否稳定。如果数据值变化较大，说明电路稳定性差，则要从电源及接地布线等方面查找原因。AD574 要求供电电源有较好的稳定性和较小的噪声，噪声大的电源会使 AD574 产生不稳定的输出代码。

因此，AD574 电源要进行滤波调整，所有的电源引脚都要接去耦电容。+5 V 电源的去耦电容直接接在引脚 1 和引脚 15 之间；V_{CC} 和 V_{EE} 要通过电容耦合到模拟地上，去耦电容采用 4.7 μF 的钽电容，再并联一个 0.1 μF 的陶瓷电容。此外，还要避开高频噪声源，否则 mV 级的噪声能够在 12 位 ADC 中引起好几位的误差。

除了 AD574 外，还有很多更高性能的并行 A/D 转换芯片，例如，AD574A 的最大转换速度达 15 μs；带有采样/保持器的 12 位 A/D 转换器 AD1674 比 AD574 的性能价格更优越。

11.1.3　单片机与串行 A/D 转换器 MCP3202 接口设计

前面介绍的 AD574 是并行接口的 A/D 转换器，需要占用单片机很多 I/O 口线，连接线复杂，成本高，不利于设计便携式产品。如果系统性能允许，可以选择单片机片内集成 A/D 转换器或扩展片外串行 A/D 转换器，这样既节省成本，也可以减少挤占 I/O 口，从而使系统电路设计简单、灵活、方便。串行接口的 A/D 转换器优势明显，已成为设计智能数据采集系统的首选。本节以 12 位 MCP320x 系列芯片为例介绍串行 A/D 转换器的接口使用。

1. MCP3202 的主要特性

MCP320x 是 12 位分辨率、多通道、逐次逼近型、SPI 串行接口的 A/D 转换器（其 MCP3202/4/8 分别是 2、4、8 个通道模拟输入），差分非线性和积分非线性失真最大值均为 ± 1 LSB。MCP3202 的特性是：MCP3202 模拟输入可以编程为单端输入或伪差分输入对；片上包含采样和保持电路，在 $V_{CC} = 5$ V 时的最大采样速率为 100 ksps，在 $V_{CC} = 2.7$ V 时的最大采样速率为 50 ksps；采用低功耗 CMOS 技术，单电源供电，电压范围为 2.7～5.5 V，静态电流为 0.5 μA，工作电流为 400 μA，待机电流小于 5 μA；工业级温度范围为–40℃～+85℃；具有高采样速度、低电压、低功耗、宽温度范围、低线性误差、SPI 总线接口等特点，可广泛应用于手写输入板触摸屏（如 PDA）、数字化仪表（如测量仪表）、医疗电子产品（如心率计、血糖仪、血压计）、现场数据采集（如现场巡检设备、环境监测设备）等领域。

2．MCP3202 引脚功能

MCP3202 采用 8 引脚 MSOP、PDIP、SOIC 和 TSSOP 封装，内部结构及引脚如图 11-4 所示。

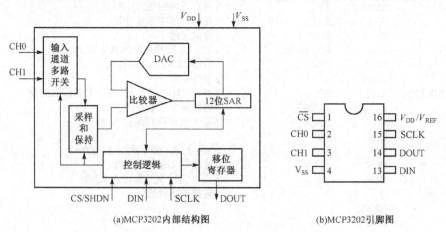

(a)MCP3202内部结构图   (b)MCP3202引脚图

图 11-4　MCP3202 内部结构与引脚图

MCP3202 引脚功能说明如下：

CH0/CH1：通道 0 和通道 1 的模拟输入端。可通过编程将两个通道用做单端模式下的两个独立通道或伪差分输入对。

SCLK：SPI 串行时钟输入端。引脚时钟用于启动转换，并在转换发生时为输出转换结果提供时钟。

DIN：SPI 串行数据输入端，用于移入输入通道的配置数据。

DOUT：SPI 串行数据输出端，用于移出 A/D 转换的结果。A/D 转换输出时，数据总是在每个时钟的下降沿发生改变。

$\overline{\text{CS}}$：片选/关断信号输入端，将其拉为低电平时可启动与器件的通信；将其拉为高电平时，可终止转换并使器件进入低功耗待机模式。在两次转换之间，必须将该引脚拉为高电平。

3．工作原理

MCP3202 串行 A/D 转换器使用传统的 SAR 架构。在此架构下，当接收到启动位后，在串行时钟的第 2 个上升沿开始，由内部采样保持电容对信号采集 1.5 个时钟周期。采样结束后，打开转换器的输入开关，器件使用内部采样保持电容收集的电荷产生一个 12 位的串行数字输出编码，其转换速率可达 100 ksps。MCP3202 使用 3 线 SPI 兼容接口实现串行数据通信。

MCP3202 有两种工作模式，可通过编程将模拟输入通道配置为 2 个单端输入或一个伪差分输入对。当用做伪差分模式时，将 CH0 和 CH1 通道分别配置为 IN+和 IN−输入端，IN+输入的变化范围从 IN−至（V_{DD}+IN−），IN−输入被限定在 V_{SS} 满幅值 ± 100 mV 的范围内。IN−输入可用于消除 IN+和 IN−输入端存在的小信号共模噪声。

在伪差分模式工作时，如果 IN+端的电压≤IN−端的电压，则结果编码为 000H。如果 IN+的电压≥{[V_{DD} +（IN−）] − 1LSB}，则输出编码为 FFFH。如果 IN−端的电压比 V_{SS} 电压低 1 个 LSB 以上，则 IN+端的输入电压必须小于 V_{SS}，才能输出 000H 编码。反之，如果 IN−比 V_{SS} 电压高 1 个 LSB 以上，则 IN+输入电压必须高于 V_{CC} 电平，才能输出 FFFH 编码。信号源阻抗应尽量小，以减小转换的失调误差、增益误差和积分线性误差。

由 A/D 转换器产生的数字输出编码是输入信号 V_{IN} 和参考电压的函数（假设用 V_{CC} 作参考电压）。随着 V_{CC} 电压的减小，LSB 的大小也会相应的减小。理论上 12 位 A/D 转换器产生的数字输出编码为：

$$数字输出码 \ B = \frac{2^{12} \times V_{\text{IN}}}{V_{\text{CC}}}$$

4. 器件工作时序

MCP3202 按 SPI 协议的串行接口传输数据，$\overline{\text{CS}} = 0$ 时，启动与器件串行通信。如果在引脚 $\overline{\text{CS}}$ 为低电平时需要给器件上电，则必须首先将此引脚拉高，然后再拉低才能启动通信。MCP3202 的 SPI 串行通信时序如图 11-5 所示。

根据图 11-5 时序，在 $\overline{\text{CS}} = 0$，且 DIN = 1 时，A/D 接收到的第一个时钟构成启动位。启动位后面为 SGL / $\overline{\text{DIFF}}$ 位和 ODD / $\overline{\text{SIGN}}$ 位（用于选择输入通道配置），其中 SGL / $\overline{\text{DIFF}}$ 位用来选择单端输入或伪差分输入模式。ODD / $\overline{\text{SIGN}}$ 位在单端模式下，用做选择使用的通道；而在伪差分模式下，用来确定通道的极性。MCP3202 的输入配置位功能说明如表 11-2 所示。器件将在接收到启动位后在时钟的第 2 个上升沿开始对模拟输入信号进行采样。采样周期在启动位后的第 3 个时钟的下降沿结束。

表 11-2　MCP3202 的输入配置位功能说明

	配　置　位		通　道　选　择		地
	SGL / $\overline{\text{DIFF}}$	ODD / $\overline{\text{SIGN}}$	0	1	
单端模式	1	0	+	×	−
	1	1	×	+	−
伪差分模式	0	0	IN+	IN−	
	0	1	IN−	IN+	

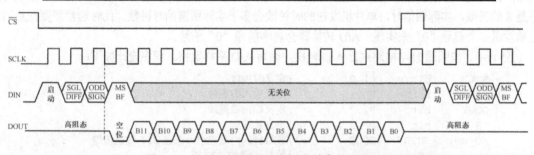

图 11-5　按 MSB 格式输出的通信时序（MSBF = 1）

在进行 SPI 串行通信时，$\overline{\text{CS}} = 0$，依次发送启动位、SGL / $\overline{\text{DIFF}}$ 位和 ODD / $\overline{\text{SIGN}}$，在 ODD / $\overline{\text{SIGN}}$ 位后发送 MSBF 位。MSBF 位用于选择发送数据的格式。如果 MSBF 位为高电平，则首先传输 MSB 的格式为从器件输出数据，数据发送完成后只要 $\overline{\text{CS}}$ 引脚仍为低电平，接下来的时钟器件输出就为零（其串行通信时序如图 11-5 所示）。如果 MSBF 位为低电平，则器件将首先以 MSB 的格式输出发送转换结果，然后又反过来按 LSB 的格式，即从低位到高位开始重新发送输出数据（其串行通信时序如图 11-6 所示）。需要时，可将 $\overline{\text{CS}}$ 拉为低电平，在启动位之前通过 DIN 线输入前导零。

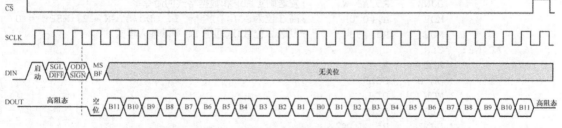

图 11-6　按 LSB 格式输出的通信时序（MSBF = 0）

5. 单片机与 MCP3202 的接口设计

单片机通过 I/O 口模拟实现与 MCP3202 的 SPI 通信，通信时将该端口配置成为在时钟下降沿输出数据，在时钟上升沿锁存数据。单片机与 MCP3202 接口电路比较简单，图 11-7 是一种典型数据采集电路。MCP3202 采用单极性接法，其中 N1、R3、R4、C3 组成一个低通滤波器；C4、R5 可滤除直流；R1、R2 用于将模拟输入信号变换成 0~+5 V，以适应 MCP3202 单极性要求；被采集的传感器信号输入到 N1 运算放大器正向端，经过 N1 整形放大后送入 CH0 通道；MCP3202 的 SPI 串行总线直接与单片机的 I/O 口（P1.0~P1.3）连接，编程采用模拟编程方式。

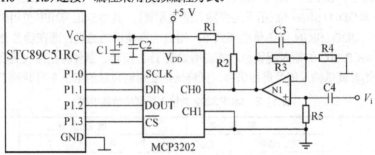

图 11-7　单片机与 MCP3202 接口电路

通信时，单片机通常需要给 SPI 端口一次性发送 8 位数据组，并将端口配置为在时钟下降沿输出数据，在时间上升沿锁存数据，产生的通信时钟脉冲应是 8 的倍数。但有时通信所需的时钟数很可能不是 8 的倍数，实际通信时，单片机发送的时钟数会多于实际所需的时钟数。此时通常需要在启动位之前发送多个前导 "0" 来实现，A/D 转换器会忽略前导 "0" 信号。

例 11-6　按照图 11-7 电路进行 A/D 转换，编写 A/D 采样数据。程序设计如下：

```
SCLK     bit     P1.0           ;定义时钟线
DIN      bit     P1.1           ;定义输入数据线
DOUT     bit     P1.2           ;定义输出数据线
CS       bit     P1.3           ;定义片选线
AD_RW:   SETB    DOUT           ;置数据线为高电平，准备 SPI 数据传输
         SETB    CS             ;暂时关闭 MPC2302
         CLR     SCLK           ;初始化时钟，空闲状态为低电平
         CLR     CS             ;选中使能 ADC，使之处于工作状态
         MOV     R5,#08         ;发送 8 位数据
         MOV     A,#01H         ;发送 8 位数据，其中高 7 位作前导 0，D0=1 是启动位
AD_W1:   CLR     C
         RLC     A              ;从最高位开始发送写入数据
         SETB    SCLK           ;每发一位要给出高低电平，形成脉冲
         MOV     DIN,C
         CLR     SCLK
         DJNZ    R5,AD_W1       ;发送确定通道和数据格式的命令字
         MOV     A,#0C0H        ;高 3 位为 SGL/DIFF = 1、ODD/SIGN = 1，MSBF = 0
         MOV     R5,#03         ;发送 3 位数(选通道 1、单端输入模式)
AD_W2:   CLR     C
         RLC     A
         SETB    SCLK
         MOV     DIN,C
         CLR     SCLK
         DJNZ    R5,AD_W2
         MOV     R5,#09H        ;数据位一共 13 位(包括空位)先接收高 9 位
```

```
                CLR     A                      ;从高位数据读起，最高位为空位
    AD_RD1:     CLR     C
                SETB    SCLK                   ;高电平将 ADC 输出位(DOUT)锁存
                MOV     C,DOUT                 ;读取 1 位送入 C 中
                CLR     SCLK
                RLC     A
                DJNZ    R5,AD_RD1              ;接收 9 位后，最先接收到的"空位"被移出→C
                MOV     30H,A                  ;将接收的高 8 位数据保存到 30H 单元
                MOV     R5,#04                 ;准备接收转换结果的低 4 位
                CLR     A
    AD_RD2:     CLR     C
                SETB    SCLK
                MOV     C,DOUT
                CLR     SCLK
                RLC     A
                DJNZ    R5,AD_RD2
                MOV     31H,A                  ;将低 4 位存储在 31H 单元
                SETB    CS                     ;关闭 MPC2302，停止 A/D 转换
                RET
```

程序段先写入前导位、启动位和配置位共 11 个时钟，然后 A/D 转换器输出转换结果，单片机读取转换数据，需要 13 个时钟信号，其中一个时钟读出空位，12 个时钟读出转换有效数据。

此外还有很多高精度 A/D 转换器，例如 24 位串行接口的 AD7714 与 AD7705/7706 的用法基本相同，如果需要对微弱信号更高分辨率的测量，可以考虑选用 AD7714，省去 A/D 转换器前级的高精度放大器。若需要多个模拟输入通道时可以选择 ADS1278(8 通道、24 位高精度 A/D 转换器)或 ADS1258(16 通道、24 位高精度 A/D 转换器)。

11.1.4　单片机与 MC14433 接口设计

双积分型 A/D 采用两次积分实现 A/D 转换，所以转换精度比较高，抗干扰性能也较好，对周期变化的干扰信号积分为零。但转换一次要求的时间长，转换速度较慢。

双积分 A/D 转换器集成电路芯片很多，大部分应用于数字测量仪器上。常用的 $3\frac{1}{2}$ 位双积分 A/D 转换器 MC14433(精度相当于 11 位二进制数)和 $4\frac{1}{2}$ 位双积分 A/D 转换器 ICL7135(精度相当于 14 位二进制数)，MAX1497/MAX1499 是 $3\frac{1}{2}$、$4\frac{1}{2}$ 位低功耗 A/D 转换器。下面以 MC14433 为例介绍 BCD 码输出型 A/D 转换器的使用。

1. MC14433 性能与引脚功能

MC14433 是美国摩托罗拉公司生产的 $3\frac{1}{2}$ 位双积分 BCD 码输出型的 A/D 转换器，具有精度高、抗干扰性能好等优点，其缺点为转换速度慢(约 1～10 次/秒)。在不要求高速转换的数据采集系统中，被广泛应用。MC14433 与国产 5G14433 完全相同，可以互换。

MC14433 A/D 转换器的模拟输入电压转换量程为 199.9 mV 或 1.999 V。转换完成后，数据以 BCD 码的形式分 4 次送出。MC14433 A/D 转换器引脚如图 11-8 所示，各引脚的功能说明如下：

(1) Q0～Q3：BCD 码输出线。一位 BCD 码由 4 位二进制数组成，其中 Q0 为最低位，Q3 为最高位。当 DS2、DS3 和 DS4 选通期间，Q0～Q3 输出 3 位完整的 BCD 码数，但在千位 DS1 选通期间，BCD 码输出端 Q0～Q3 除了表示千位的 0 或 1 外，还表示被转换电压的正、负极性以及是欠量程还是过量程，其具体含义如表 11-3 所示。

表 11-3   DS1 选通时 Q0～Q3 代表的结果

Q3	Q2	Q1	Q0	数据各位的含义
1	×	×	0	千位数为 0
0	×	×	0	千位数为 1
×	1	×	0	转换结果为正数
×	0	×	0	转换结果为负数
0	×	×	1	输入过量程
1	×	×	1	输入欠量程

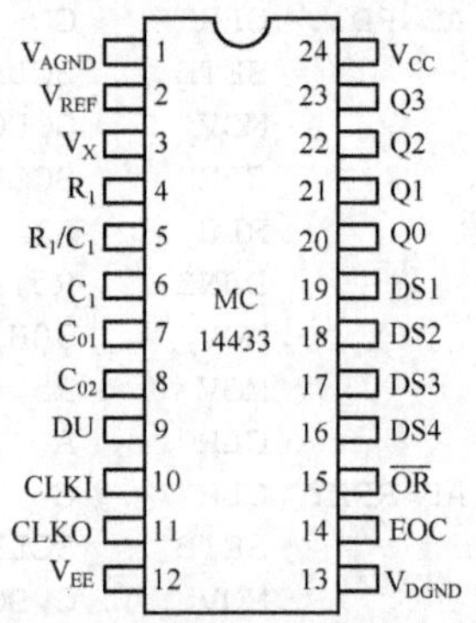

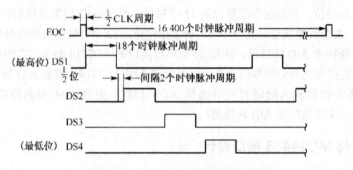

图 11-8   MC14433 引脚图

(2) DS4～DS1：位选通控制端，正脉冲有效。其中 DS1 是千位输出的选通脉冲，DS2 对应百位，DS3 对应十位，DS4 对应个位。每个选通脉冲宽度为 18 个时钟周期，每 2 个相应脉冲之间间隔为 2 个时钟周期，A/D 转换器转换一次需要 16400 个时钟周期，选通脉冲时序图如图11-9 所示。

图 11-9   MC14433 选通脉冲时序图

(3) 外接电阻及电容端

R_1 是积分电阻输入端，当模拟信号输入端(V_X)转换电压量程选择 2 V 时，R1 连接 470 kΩ 电阻；当选择 200 mV 量程时，R1 连接 27 kΩ 电阻。

C_1 是积分电容输入端，C_1 一般取 0.1 μF。引脚 R_1/C_1 是 R_1 与 C_1 的公共端。

CLKI 及 CLKO 外接振荡器时钟调节电阻 R_C，R_C 一般取 470 Ω 左右。

(4) 转换启动/结束信号端

EOC：转换结束信号输出端，正脉冲有效。

DU：启动新的转换(高电平有效)。若 DU 与 EOC 相连，每当 A/D 转换器转换结束后，产生并输出的 EOC 结束信号会自动启动新的转换。

(5) $\overline{OR}$：过量程信号输出端。当$|V_X|<V_R$，过量程 OR 输出低电平。

(6) 电源地线端

V_{CC}：工作电源+5 V。

V_{EE}：模拟部分的负电源端，接–5 V。

V_{AGND}：模拟地端。

V_{DGND}：数字地端。

V_{REF}：基准电压输入端。

2．MC14433 与单片机的接口设计

MC14433 的 A/D 转换结果是动态分时输出的 BCD 码，千、百、十、个位的 BCD 码分时从 Q3～Q0 数据线上输出，由 DS1～DS4 输出分别为千、百、十、个位的选通信号。图 11-10 是 MC14433 与 STC89C51RC 单片机的接口电路。

图中 MC1403 为+2.5 V 精密集成电压基准源，经电位器分压后作为 A/D 转换器转换用基准电压。DU 端与 EOC 端相连再连接到单片机的 $\overline{INT1}$（P3.3）引脚，这样可以连续启动 A/D 转换器的转换。即开始由单片机的 P3.3 输出启动 A/D 转换，这时 EOC 端变为低电平；待一次转换结束后，在 EOC 端产生一个宽度为 2 个时钟周期的脉冲，这个脉冲一方面输入到 DU 端，使 A/D 重新启动转换；另一方面输入到 $\overline{INT1}$ 触发外部中断。使单片机及时读取转换结果。因此，STC89C51RC 可以采用中断方式或查询方式读取 A/D 转换器转换结果。

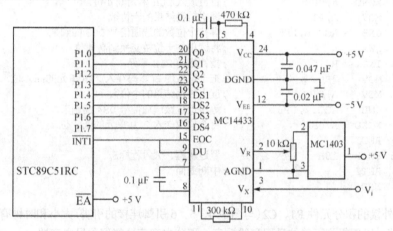

图 11-10　MC14433 与单片机的接口电路

若选用中断方式读取 A/D 转换结果，应选用跳沿触发方式。假设将转换的结果读出后存储到单片机片内 RAM 的 20H、21H 单元中，则存储的格式如表 11-4 所示。

表 11-4　MC14433 中 D0～D7 存储格式

二进制位	D7	D6	D5	D4	D3	D2	D1	D0
20H	符号	×	×	千位	BCD 码百位数			
21H	BCD 码十位数				BCD 码个位数			

例 11-7　按照图11-10 接口电路，采用中断方式编写 A/D 转换器采集程序。

使用 $\overline{INT1}$ 接收中断信号，置外部中断 1 为跳沿触发方式。每次 A/D 转换结束，都向 CPU 请求中断，CPU 响应中断，执行中断服务程序，读取 A/D 转换器转换结果。程序段如下：

```
        ORG   0000
        LJMP  MAIN
        ORG   0013H
        LJMP  INT1      ;跳至外部中断 1 的中断服务程序
        ORG   0030H
MAIN:   SETB  IT1       ;初始化程序，选择外部中断 1 为跳沿触发方式
        SETB  EX1       ;CPU 开中断，允许外部中断 1 的中断
        SETB  EA
        MOV   R0,#20H    ;指针指向 20H 单元
        SJMP  $
```

```
INT1:  MOV    A,P1                  ;外部中断 1 的服务程序
       JNB    ACC.4,INT1           ;等待 DS1 选通信号的到来
       JB     ACC.0,PEOR           ;判断是否过、欠量程,如是则转向 PEOR 处理
       JB     ACC.2,LP1            ;判断转换结果是正数还是负数,是正数则跳至 LP1
       SETB   07H                  ;如结果为负数,则符号位 07H 置 1
       AJMP   LP2
LP1:   CLR    07H                  ;如结果为正数,则符号位清 0
LP2:   JB     ACC.3,LP3            ;千位的结果,千位为 0,则跳 LP3
       SETB   04H                  ;如千位为 1,把 04H 位(即 20H 单元的 D4 位)置 1
       AJMP   LP4
LP3:   CLR    04H                  ;如千位为 0,把 04H 位清 0
LP4:   MOV    A,P1                 ;读出转换结果的百位数
       JNB    ACC.5,LP4            ;等待百位的选通信号 DS2
       XCHD   A,@R0               ;百位放入 20H 单元低 4 位
LP5:   MOV    A,P1                 ;读出转换结果的十位数
       JNB    ACC.6,LP5            ;等待十位数的选通信号 DS3 的到来
       SWAP   A                    ;将读出的十位数交换到高 4 位
       INC    R0                   ;指针指向 21H 单元
       MOV    @R0,A               ;把十位数的 BCD 码存入 21H 单元的高 4 位
LP6:   MOV    A,P1                 ;读出转换结果的个位数
       JNB    ACC.7,LP6            ;等待个位数选通信号 DS4 的到来
       XCHD   A,@R0               ;将个位数送入 21H 单元的低 4 位
       RETI
PEOR:  SETB   10H                  ;置过量程、欠量程标志
       RETI                        ;中断返回
       END
```

MC14433 外接的积分元件 R1、C2（与图中 4、5、6 引脚连接的引脚）大小和时钟有关，在实际应用中应加以调整，以便得到正确的量程和线性度。积分电容应选择聚丙烯电容器。

11.2　D/A 转换器接口设计

在单片机应用系统中，通常要通过输出模拟量来驱动外部设备，并完成控制功能。而单片机输出的是数字信号，如要驱动控制外部设备，则需要将数字信号转换为模拟信号。D/A 转换器就是完成将数字量转换到模拟信号的器件，是单片机等微处理器实现对外设控制的重要手段。下面将从应用的角度，介绍 D/A 转换器的工作原理和接口设计。

11.2.1　D/A 转换器概述

1. D/A 转换器工作原理

D/A 转换器输入的是数字量，经转换后输出的是模拟量。

数字量是由多位二进制数组成的，其中每一位二进制数对应一定的权值。将数字量转换为模拟量的转换过程是把单片机送到 D/A 转换器的每一位的数字代码按其权值转换为相应的模拟分量，然后再以叠加方法把各个模拟分量相加，得到的总和就是 D/A 转换的结果。例如，数字量 $D = d_{n-1} d_{n-2} \cdots d_2 d_1 d_0$，其对应的模拟量为 $V_o = (d_{n-1} \times 2^{n-1} + d_{n-2} \times 2^{n-2} + \cdots + d_2 \times 2^2 + d_1 \times 2^1 + d_0 \times 2^0) \times V_{ref}$，其中 V_{ref} 是一个有足够精度的标准电源。

D/A 转换器的种类很多，按解码网络结构可分为权电阻网络 DAC、T 形电阻网络和倒 T 形电阻网络 DAC、权电流 DAC 等。在实际应用系统中，通常采用倒 T 形电阻网络的形式实现数字量到模拟电

流的转换，若需要输出电压时，还需要用一级运算放大器将电流转换为电压。图11-11 是四位倒 T 形电阻网络 D/A 转换器原理图。

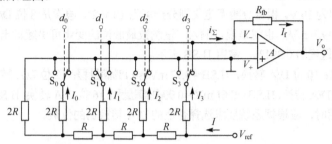

图 11-11 倒 T 形电阻网络 D/A 转换原理图

图中数字量控制模拟电子开关($S_0 \sim S_3$)，数字为 "0" 时开关接地，数字为 "1" 时开关接 V_{ref}。假设输入的四位数字为 $d_3 d_2 d_1 d_0 = 1011$，则根据叠加原理将这些电压分量叠加，经过求和放大后的输出模拟电压为(取 $R=R_{fb}$)：$V_o = -\dfrac{V_{ref}}{2^4}(d_3 2^3 + d_2 2^2 + d_1 2^1 + d_0 2^0)$

由此可知，输出模拟量与输入的数字量成正比。由此也可以推导出 n 位数字量经过 D/A 转换后的模拟电压。

2．D/A 转换器的输出形式

D/A 转换器有多种不同的输出形式，在使用不同输出形式的 D/A 转换器时，要采取不同的接口电路设计，因此在使用时应注意区分。

（1）D/A 转换器的输出形式

D/A 转换器有两种输出形式，一种是电压输出形式，即输入的是数字量，输出为模拟电压值；一种是电流输出形式，即输入数字量转换后输出为模拟电流值。在实际应用中，对于电流输出的 D/A 转换器，如要得到模拟电压输出，需要在输出端加上一级运算放大器构成电流/电压转换电路，将电流输出转换为电压输出。

（2）D/A 转换器的数据输入形式

由于 D/A 转换器转换需要一定时间，在进行模/数转换期间，D/A 转换器输入端的数字量应保持稳定，为此应当在 D/A 转换器的输入端设置锁存器，以提供数据锁存功能。根据输入形式不同，D/A 转换器可分为内部无锁存器和内部带锁存器两类。

内部无锁存器的 D/A 转换器，由于输入端不具有数据锁存功能，在与单片机连接时，因为 P1 口和 P2 口的输出有锁存功能，因此输入端只能与 P1 口、P2 口直接相接。如果要与 P0 口相接时，需要在 D/A 转换器的前端增加锁存器电路。

内部带有锁存器的 D/A 转换器，芯片内部包含锁存器和地址译码电路，有的还具有双重或多重的数据缓冲电路，因此这种 D/A 转换器可与单片机的 P0 口、P1 口、P2 口、P3 口直接相接。

3．D/A 转换器的主要性能指标

D/A 转换器的技术指标决定了性能的好坏。虽然 D/A 转换器的指标很多，但用户最关心的性能指标仅有如下几种：

（1）分辨率

分辨率是指输入的单位数字量变化引起的模拟量输出的变化，是一个最小的二进制数引起的变化量与最大的输入量的比值。分辨率反映了输出对输入量变化敏感程度的描述。通常定义分辨率为输出

满刻度值与 2^n 之比（n 为 D/A 转换器的二进制位数）。显然二进制位数越多，分辨率越高，即 D/A 转换器对输入量变化的敏感程度越高。

例如，若满量程为 10 V，根据分辨率定义则分辨率为 10 V/2^n。假设是 8 位 D/A 转换器，即 $n=8$，分辨率为 10 V/2^n=39.1 mV，也就是说，输入二进制数最低位的变化可引起输出的模拟电压变化量为 39.1 mV，该值占满量程的 0.391%，常用 1LSB 表示。

同样可以推算出：10 位 D/A 转换，1LSB=9.77 mV=0.1%满量程；12 位 D/A 转换，1LSB=2.44 mV=0.024%满量程；14 位 D/A 转换，1LSB=0.61 mV=0.006%满量程；16 位 D/A 转换，1LSB=0.076 mV=0.0076%满量程。在实际使用时，应根据系统要求选择合适的 D/A 转换器的位数。

（2）转换精度

理想情况下，由于不考虑 D/A 转换器的误差，因此转换精度与分辨率基本一致，位数越多精度越高。但由于电源电压、参考电压、电阻等各种因素存在着误差，会引起线性误差、比例误差或漂移误差。这些误差综合起来就反映了 D/A 转换器的精度。

严格讲，转换精度与分辨率并不完全一致。前者表明 D/A 转换后输出的实际值相对于理想值的接近程度；后者反映的是能够对转换结果产生影响的最小输入量。因此，只要位数相同，分辨率则相同，但相同位数的不同转换器精度会有所不同。实际上有些位数很高的 D/A 转换器，其精度并不是很高。

（3）建立时间

当大信号方式工作时，D/A 转换器输出的模拟量达到规定值的范围所需要的时间称为建立时间。这是描述 D/A 转换器转换快慢的一个参数，用于反映转换速度。通常规定的范围是满刻度值 $\pm\frac{1}{2}$LSB。

不同的 D/A 转换器，其建立时间不同，一般从几微秒到几毫秒之间。电流输出型的 D/A 转换器其转换时间较短，转换速度很快。而电压输出型的 D/A 转换器，由于内部完成 I/V 转换的运算放大器在工作时存在延迟时间，故建立时间要长一些。快速的 D/A 转换器的建立时间可达 1 μs 以下。

（4）线性度

线性度是指 D/A 转换器产生的非线性误差的大小。非线性误差就是理想的输入/输出特性的偏差与满刻度输出的百分比。

（5）温度系数

温度系数是指在满刻度输出的条件下，温度每升高 1℃时输出变化的百分数。通常系统要求 D/A 转换器转换的值不应受温度的影响太大，所以温度系数越小越好。

（6）输出电平

电压输出型 D/A 转换器的输出电平一般在 5～10 V 之间，有的则可以在 24～30 V 之间。电流输出型 D/A 转换器其输出范围很大，低的从几毫安到几十毫安，最大的可达 3 A。

11.2.2　DAC0832 的功能特性

目前，很多单片机都集成了低精度 D/A 转换器。因此，使用 D/A 转换器时，如果速度要求不高、精度在 10 位以内时，可以选用单片机片内的 D/A 转换器来完成设计。只有在要求精度在 12 位以上时，才需要外部扩展。外部 D/A 转换器种类很多，典型的如计算机声卡上输出音频流的 D/A 转换器。本节从介绍原理的角度，采用 DAC0832 介绍 D/A 转换器与单片机的并行接口方法。只要掌握了基本的设计方法，在需要扩展其他的 D/A 转换器时，就能举一反三地完成与单片机的接口连接。

1．DAC0832 芯片特性

DAC0832 是美国半导体公司生产的具有两个输入数据寄存器的 8 位 D/A 转换器，可以直接与单片机相连接，芯片的主要特性：分辨率为 8 位；电流输出型，稳定时间为 1 μs；可双缓冲输入、单缓冲输入或直接数字输入；单一电源供电(+5～+15 V)；低功耗为 20 mW。

2. DAC0832 的引脚及逻辑结构

DAC0832 的内部逻辑结构和引脚如图11-12、图11-13 所示。

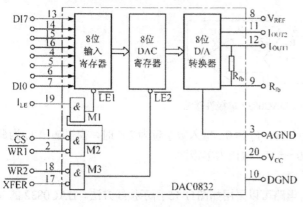

图 11-12　DAC0832 的逻辑结构

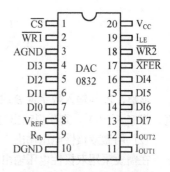

图 11-13　DAC0832 引脚图

由图 11-13 可知，DAC0832 内部包含三部分电路，其中 8 位输入寄存器用于存储单片机传送来的数字量，由 LE1 端控制使输入的数字量得到缓冲和锁存；8 位 DAC 寄存器用于存储待转换的数字量，由 LE2 端控制；8 位 D/A 转换电路由 8 位 T 形电阻网络和电子开关组成，电子开关受 8 位 DAC 寄存器输出的数字量控制，T 型电阻网络输出与数字量成正比的模拟电流。因此，DAC0832 通常需要外接运算放大器，将电流变换成电压，最后得到模拟输出电压。

DAC0832 芯片各引脚功能解释如下：

DI0～DI7：8 位数字信号输入端，与单片机的数据总线相连，用于传送待转换的数字量，其中 DI0 为最低位，DI7 为最高位。

I_{LE}：数据锁存允许控制端，高电平有效。

$\overline{CS}$：片选端，低电平有效。当 $\overline{CS}$ 为低电平时，芯片被选中并允许操作。

$\overline{WR1}$：第一级输入寄存器写选通控制，低电平有效。当 $\overline{CS}=0$、$I_{LE}=1$、$WR1=0$ 时，数据信号被锁存到第一级 8 位输入寄存器中。

$\overline{WR2}$：DAC 寄存器写选通控制端，低电平有效。当 $\overline{XFER}=0$，$\overline{WR2}=0$ 时，输入寄存器状态传入 8 位 DAC 寄存器中。

$\overline{XFER}$：数据传送控制，低电平有效。

I_{OUT1}、I_{OUT2}：D/A 转换器电流输出端，输入数字量全为 1 时，I_{OUT1} 电流输出最大；输入数字量全为 0 时，I_{OUT1} 输出电流最小，但 $I_{OUT2}+I_{OUT1}=$ 常数。

R_{fb}：外部反馈信号输入端，内部已有反馈电阻 R_{fb}，根据需要也可外接反馈电阻。

V_{CC}：供电电源正极端，可接+5～+15 V 范围的工作电压。

DGND：数字信号地。

AGND：模拟信号地，最好与基准电压共地。

3. DAC0832 的应用

DAC0832 与单片机的接口和 D/A 转换器的具体应用有关，根据 DAC0832 的特性可以有以下三种具体应用。

（1）用做单极性电压输出

在需要单极性模拟电压情况下，电路可以采用如图11-14所示连接。由于 DAC0832 是 8 位的 D/A 转换器，故可得输出电压 V_o 与输入数字量 B 的关系为 $V_\text{o} = -B\dfrac{V_\text{REF}}{256}$，其中 $B = d_7 \times 2^7 + d_6 \times 2^6 + \cdots + d_2 \times 2^2 + d_1 \times 2^1 + d_0 \times 2^0$，$V_\text{REF}/256$ 为一个常数。

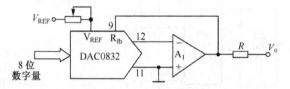

图 11-14　DAC0832 单极性接法

显然，V_o 与输入数字量 B 成正比。B 为 0 时，V_o 为 0；输入数字量为 255 时，模拟输出 V_o 为最大值。若 $V_\text{REF} = 5\,\text{V}$，则模拟输出电压范围在 0～5 V，输出为单极性。

（2）用做双极性电压输出

在需要采用双极性电压输出的情况下，电路可以采用如图11-15所示接线方法。DAC0832 的 8 位数字量由 CPU 传送来，A1 和 A2 为运算放大器，V_o 通过 2R 电阻反馈到运算放大器 A2 的反向输入端。G 为虚拟地，A2 构成加法运算电路，故由基尔霍夫定律列出方程组，并解得 $V_\text{o} = (B-128)\dfrac{V_\text{REF}}{128}$，由此可知，在选用参考电压为正极性（$+V_\text{REF}$）时，若输入的 8 位数字量最高位 $b_7 = 1$，则 D/A 转换器输出的模拟电压 V_o 为正；若输入数字量最高位 $b_7 = 0$，则输出模拟电压 V_o 为负。故在选用参考电压$-V_\text{REF}$时，V_o 输出值正好与选用$+V_\text{REF}$时的极性相反。

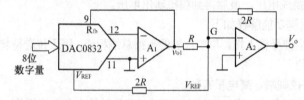

图 11-15　DAC0832 双极性接法

（3）用做程控放大器

DAC0832 还可以用做程控放大器使用，图11-16是用做程控电压放大器的连接线路。放大器的电压放大倍数可由 CPU 通过程序传送出的数字量控制。图中将需要放大的电压 v_i 与反馈输入端 R_fb 相接，运算放大器输出 V_o 作为 DAC0832 的基准电压 V_REF，数字量由 CPU 传送出来。由图11-11可知，DAC0832 内部 I_Σ 一边和 T 形电阻网络相接，另一边又通过内部反馈电阻 R_fb 和 v_i 相通，这时由 v_i 经 R_fb 送到反向输入端的电流为 $I_\text{i} = v_\text{i}/R_\text{fb}$。由于 V_o 与 V_REF 连接，则 T 形电阻网络就变成了反馈电阻，经反馈电阻到 V_o 的电流为 $I_\text{out1} = I_\Sigma = \dfrac{V_\text{ref}}{2^n \times R}(d_n 2^n + d_{n-1} 2^{n-1} + \cdots + d_2 2^2 + d_1 2^1 + d_0 2^0) = \dfrac{V_\text{ref}}{2^n \times R} \times B$。

因为 $I_\text{i} \approx I_\text{out1}$，$n = 8$，$V_\text{o} = V_\text{REF}$，故可得到 D/A 转换器输入和输出间的关系 $V_\text{o} = -\dfrac{v_I}{B} \times \dfrac{R}{R_\text{fb}} \times 256$。

只要选取 $R = R_\text{fb}$，则上式可变换为 $V_\text{o} = -\dfrac{256}{B} \times v_\text{i}$

在上式中，把 256/B 看做放大倍数，但输入的数字量 B 不得为 0，否则放大倍数为无限大，此时放大器处于饱和状态。

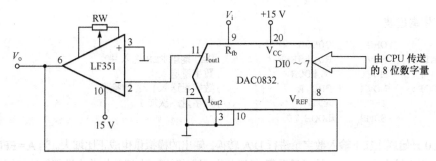

图 11-16　DAC0832 用做程控放大器

11.2.3　DAC0832 与单片机并行接口设计

DAC0832 内部包含两级锁存器，具有两级锁存控制功能。在同时使用多片 DAC0832 时，需要实现多个参数模拟量的同时输出，以便实现同步输出控制，这时的接口方式称为双缓冲连接方式，这在一些应用中很有用。如果应用系统只有一路 D/A 转换，或者多路 D/A 转换不需要同时输出模拟量时，可以采用单缓冲接口方式。下面详细介绍 DAC0832 单缓冲方式或双缓冲方式的应用。

1.　单缓冲方式

单缓冲方式是指 DAC0832 内部的两个数据缓冲器一个处于直通方式，另外一个处于受单片机控制的锁存方式。如图 11-17 所示为单缓冲方式的接口电路。

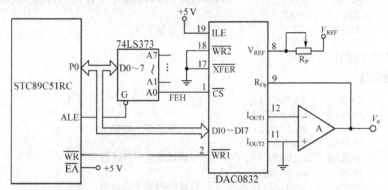

图 11-17　DAC0832 与单片机的单缓冲接口电路

从图中可见，$\overline{WR2}$ 和 $\overline{XFER}$ 引脚接地，因此 DAC0832 内部的 8 位 DAC 寄存器工作于直通方式，8 位 DAC 寄存器一直有效，只要有数据输入到 8 位输入寄存器就启动 A/D 转换。8 位输入寄存器受 $\overline{CS}$ 和 $\overline{WR1}$ 端的信号控制，片选端 $\overline{CS}$ 由地址线 A0 控制。由于高 8 位地址线(P2)没有使用，实际只用了低 8 位的 1 根地址线 A0，故 DAC0832 的编址为 0FEH 或 00H。只要单片机执行如下 2 条指令，就可在 $\overline{CS}$ 和 $\overline{WR1}$ 上产生低电平信号，使 DAC0832 接收 STC89C51RC 单片机输出的数字量。

```
MOV      R0,#0FEH     ;DAC 地址 FEH 送入 R0
MOVX     @R0,A        ;单片机的 WR 和 A0 输出有效
```

例 11-8　DAC0832 用做波形发生器。根据图 11-17 电路编程，使 D/A 转换器输出锯齿波、三角波和矩形波。

在图 11-17 中，运算放大器 A 用做电流变换，输出的模拟电压 V_o 直接反馈到 R_{fb}，因此这种连接电路产生的模拟输出电压是单极性的。

（1）产生锯齿波

```
            ORG     0000H
MAIN:       MOV     R0,#0FEH        ;DAC 地址 FEH 送入 R0
            MOV     A,#00H          ;数字量送入 A
LOOP:       MOVX    @R0,A           ;数字量送入 D/A 转换器
            INC     A               ;数字量逐次加 1
            SJMP    LOOP
```

程序从 0 开始逐次加 1 输入数字量进行 D/A 转换，输出的模拟量也成正比增大。当 A＝FFH 时，再加 1 则为 00H，模拟输出也为 0 V，然后又重复上述过程。不断循环，在运放的输出端就能输出锯齿波，波形如图 11-18 所示。但实际上，这个波形的每个周期的上升斜边分成 256 个小台阶，每个小台阶暂留时间为执行程序中后 3 条指令的执行时间。因此，若在程序的 INC　A 指令的前、后插入 NOP 指令延时，则可以改变锯齿波的频率。如果要提高波形频率，则需要通过提高系统的时钟频率或减少转换次数来实现。

（2）产生三角波

```
            ORG     0000H
MIAN:       MOV     R0,#0FEH        ;R0 指针，D/A 转换器地址→R0
            MOV     A,#00H
TOUP:       MOVX    @R0,A           ;三角波上升边(数字量(A)送入 DAC)
UP:         INC     A
            JNZ     TOUP
DOWN:       DEC     A
            MOVX    @R0,A           ;A = 0 时再减 1 又为 FFH(将(A)→((R0)))
            JNZ     DOWN
            SJMP    UP              ;三角波下降边
```

输出的三角波如图 11-19 所示。

（3）产生矩形波

```
            ORG     0000H
MAIN:       MOV     R0,#0FEH
LOOP:       MOV     A,#data1        ;置矩形波上限电平
            MOVX    @R0,A
            LCALL   DELAY1          ;调用高电平延时程序
            MOV     A,#data2
            MOVX    @R0,A           ;置矩形波下限电平
            LCALL   DELAY2          ;调用低电平延时程序
            SJMP    LOOP            ;重复进行下一个周期
DELAY1:     …                      ;延时子程序
            RET
DELAY2:     …                      ;延时子程序
            RET
            END
```

DELAY1、DELAY2 为两个延时子程序，分别决定输出的矩形波的高、低电平的持续宽度。矩形波如图 11-20 所示。矩形波的频率也可采用调节延时时间长短的方法来改变。

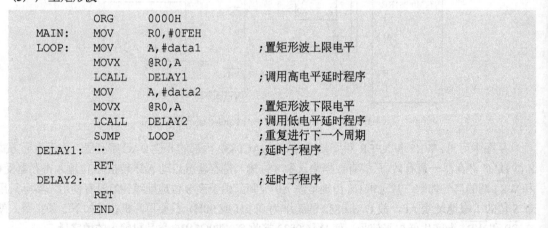

图 11-18　DAC 产生锯齿波　　　　图 11-19　DAC 产生三角波　　　　图 11-20　DAC 产生矩形波

2. 双缓冲方式

对多路的 D/A 转换，要求同步输出 D/A 转换信号时，必须采用双缓冲方式(如图11-21 所示)。以双缓冲方式工作时，控制 DAC0832 的数字量输入锁存和 D/A 转换器的转换输出需要分两步完成：

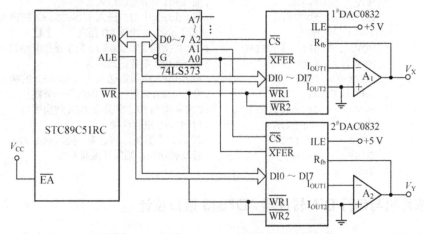

图 11-21　两片 DAC0832 与单片机的双缓冲接口电路

（1）首先单片机通过 A2 和 $\overline{WR}$ 信号控制 $1^{\#}$DAC0832 的 LE1 有效，并将 X 方向的数字量锁存到其内部的 8 位输入寄存器(参考图11-12 的 DAC0832 的逻辑结构)。

（2）然后单片机通过 A1 和 $\overline{WR}$ 信号控制 $2^{\#}$DAC0832 的 LE1 有效，并将 Y 方向的数字量锁存到其内部的 8 位输入寄存器。

（3）最后单片机通过 A0 和 $\overline{WR}$ 信号控制 $1^{\#}$ 和 $2^{\#}$ DAC0832 的 LE2 同时有效，并将 8 位输入寄存器的数字量送入 DAC 寄存器，同时启动 D/A 转换。

采用图11-21 双缓冲接口，输出的模拟电压 V_X 和 V_Y 可以用来控制 X-Y 绘图，则应把 V_X 和 V_Y 分别加到 X-Y 绘图仪的 X 通道和 Y 通道。而 X-Y 绘图仪由 X、Y 两个方向的步进电机驱动，其中一个电机控制绘笔沿 X 方向运动；另一个电机控制绘笔沿 Y 方向运动。因此，对 X-Y 绘图仪的控制有两点基本要求：一是需要两个 D/A 转换器分别给 X 通道和 Y 通道提供模拟电压信号，使绘图笔能沿 X-Y 轴做平面运动；二是两路模拟信号要同步输出，使绘制的曲线光滑，否则绘制的曲线就会呈现阶梯状。采用双缓冲的编程思路即可实现控制绘图仪在平面上绘图的目的。

例 11-9　假设 STC89C51RC 内部 RAM 中存储有两个长度为 20H 字节的数据块，其起始地址分别为 addr1 和 addr2，根据图11-21，编程实现将 addr1 和 addr2 中数据分别从 $1^{\#}$ 和 $2^{\#}$DAC0832 同步输出模拟量控制绘图仪在平面上绘制出曲线上的 X、Y 坐标点。

图11-21 接口电路采用的是总线接口方式，未使用高 8 位地址，只用到 3 根低位地址线，所以地址可采用 16 位或 8 位表示，未使用的地址可以当做"0"或"1"电平看待。因此，计算出 DAC0832 各端口地址。FBH 或 03H：$1^{\#}$DAC0832 数字量输入控制端口；FDH 或 05H：$2^{\#}$DAC0832 数字量输入控制端口；FEH 或 06H：同时对 $1^{\#}$ 和 $2^{\#}$ DAC0832 启动 D/A 转换器转换端口。

编程时用到的资源分配如下：R0 作为 X 方向数据指针，R1 作为 Y 方向数据指针；DPTR 作为 D/A 寄存器端口寻址，R2 存储数据块长度。

编写的相应程序段如下：

```
addr1    DATA    30H        ;定义 X 方向存储单元首地址
addr2    DATA    50H        ;定义 Y 方向存储单元首地址
ORG      0000H
```

```
MAIN:     MOV     R0,#addr1         ;R0 指向 addr1
          MOV     R1,#addr2         ;R1 指向 addr2
          MOV     R2,#20H           ;数据块长度送 R2
LOOP:     MOV     DPTR,#00FBH       ;DPTR 指向 1#DAC0832 数字量控制端口
          MOV     A,@R0             ;取 addr1 中数据送入 A
          MOVX    @DPTR,A           ;将 addr1 中数据送入 1#DAC0832 的输入寄存器
          INC     R0                ;修改 addr1 指针 R0 指向下一个数
          MOV     DPTR,#00FDH       ;DPTR 指向 2#DAC0832 数字量控制端口
          MOV     A,@R1             ;取 addr2 中数据送入 A
          MOVX    @DPTR,A           ;将 addr2 中数据送入 2#DAC0832 的输入寄存器
          INC     R1                ;修改 addr2 指针 R1 指向下一个数
          MOV     DPTR,#00FEH       ;DPTR 指向 DAC 的启动 D/A 转换端口
          MOVX    @DPTR,A           ;启动 DAC 进行转换
          DJNZ    R2,LOOP           ;若 20H 个数据未传送完，则跳至 LOOP
          LJMP    MAIN              ;若数据送完，则循环重新开始
          END
```

11.2.4　单片机与串行 D/A 转换器 AD7543 接口设计

前面介绍的 DAC0832 是并行 D/A 转换器，与单片机连接时需要的 I/O 接口线很多，控制也比较复杂，不利于系统的小型化。在系统性能要求满足的情况下，为节省成本和 I/O 接口资源，当需要 10 位以下的低精度时，可以选择单片机片内集成的 D/A 转换器；如果需要 12 位以上的高精度时，可以选择片外串行 D/A 转换器如 FLC5618。使用串行 D/A 转换器具有接口简单、使用方便、控制灵活的特点，有很好的应用前景。本节以 AD7543 芯片为例介绍串行 D/A 转换器的接口使用。

1. AD7543 的主要特性

AD7543 是美国模拟器件公司（Analog Devices）生产的 12 位串行接口 D/A 转换器，其主要的性能如下：12 位分辨率，分辨率较高；线性度好，非线性误差为 ± 1/2 LSB；+5 V 单电源供电，功耗低，最大功耗为 40 mW；接正选通或负选通进行串行加载；采用非同步清除输入，使其初始化；价格低，性价比高，节省成本。

2. AD7543 内部结构与引脚功能

AD7543 的逻辑电路由 12 位串行输入/并行输出的移位寄存器 A、12 位 DAC 输入寄存器 B 和 12 位 D/A 转换电路组成。在选通输入信号的前沿或后沿（由用户选择），定时把 SRI 引脚上的串行数据装入寄存器 A。当寄存器 A 装满后，在加载脉冲的控制下，寄存器 A 的数据便装入寄存器 B，并启动 D/A 进行转换。AD7543 的内部结构和引脚如图 11-22 所示。

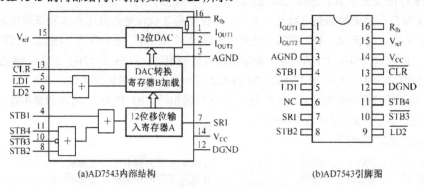

(a)AD7543 内部结构　　　　　　　　(b)AD7543 引脚图

图 11-22　AD7543 内部结构与引脚图

AD7543 采用 DIP16 封装，其引脚功能说明如下：

I_{OUT1}、I_{OUT2}：D/A 转换后电流输出端。

STB1、STB2、$\overline{STB3}$、STB4：寄存器 A 选通输入端，其选通的逻辑输入与操作关系如表 11-5 所示。

$\overline{LD1}$、$\overline{LD2}$：寄存器 B 加载输入选择端，逻辑控制关系如表 11-5 所示。

SRI：输入到寄存器 A 的串行数据输入端。需要转换的数据从单片机串行输入到 SRI 端进入移位寄存器 A，并由 STB1、STB2、$\overline{STB3}$、STB4 逻辑关系控制，如表 11-5 所示。

$\overline{CLR}$：寄存器 B 清除输入端，低电平有效，用于异步将寄存器 B 复位为 0。

V_{ref}：基准电压输入端。

R_{fb}：D/A 转换器反馈输入端。

V_{CC}、AGND、DGND：模拟地和数字地。

表 11-5　AD7543 逻辑选择与操作关系

AD7543 逻辑输入							AD7543 操作
寄存器 A 控制输入				寄存器 B 控制输入			
STB4	$\overline{STB3}$	STB2	STB1	$\overline{CLR}$	$\overline{LD1}$	$\overline{LD2}$	
0	1	0	↑	×	×	×	SRI 输入端数据移位寄存器 A。其中： ↑为上升沿 ↓为下降沿
0	1	↑	0	×	×	×	
1	↓	0	0	×	×	×	
↑	1	0	0	×	×	×	
1	×	×					寄存器 A 无操作
×		×	×				
×	×		×				
×	×	×					
				0	×	×	复位寄存器 B = 0
				1	1	×	寄存器 B 无操作
				1	×	1	
				1	0	0	寄存器 A 的内容装入 B

3. AD7543 与单片机的接口设计

单片机与 AD7543 的接口有两种方式：串行口连接方式和普通 I/O 口连接方式。两种接口方式对 D/A 转换器的转换速度、数据传送的波特率等技术指标要求有所不同。下面分别介绍这两种接口方式的使用。

（1）单片机串行口与 AD7543 的接口设计

STC89C51RC 单片机的串行口方式 0，可以在串行移位方式下工作。利用这个特点，单片机串行口可以直接与 AD7543 连接，TXD 端输出的移位脉冲在下降沿时将 RXD 输出的移位数据送入 AD7543 的移位寄存器 A 中。接口电路如图11-23 所示。

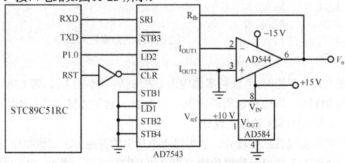

图 11-23　AD7543 与单片机串行口连接电路图

图中，P1.0 用来产生数据加载电平，低电平有效，将 AD7543 内部移位寄存器 A 中的内容送入寄存器 B 中进行 D/A 转换，单片机复位端 RST 接至 AD7543 的 $\overline{\text{CLR}}$ 端，用来实现系统同步复位。

AD7543 的 12 位数据应从高位 MSB 到低位 LSB 依次串行移位送入寄存器 A 中。而单片机的串行口在方式 0 工作时，输出数据从最低位开始串行移位输出。因此，在使用串行口输出数据前必须把数据调整好，以便适应 AD7543 的时序的要求。

例 11-10   按照图 11-23 电路，假设要转换的 12 位数的高 4 位存储在 31H 的低半字节，低 8 位存储在 30H 单元。D/A 转换程序设计如下：

```
              DACL    data    30H      ;定义待转换的数据低 8 位存储单元
              DACH    data    31H      ;定义待转换的数据高 4 位存储单元
              LD2     bit     P1.0     ;定义加载脉冲控制位
      DACW:   MOV     SCON,   #00      ;设置串口在工作方式 0
              MOV     R0,#30H          ;R0 指向数据存储地址
              MOV     A,@R0            ;取待转换的低 8 位数据
              ACALL   MLSB            ;调用数据倒装子程序，把原数据位 D7 存储到 D0
              MOV     @R0,A           ;倒装好的低 8 位数存入 30H 单元
              INC     R0
              MOV     A,@R0           ;取待转换的高 4 位数据
              ACALL   MLSB            ;倒装后，待转换的数在 A 的高 4 位，低 4 位为 0
              MOV     SBUF,A          ;发送高 4 位（串口从 A 的低位起发送）
              JNZ     TI,$
              CLR     TI
              DEC     R0              ;R0 指针指向 30H
              MOV     A,@R0           ;取低 8 位数据
              MOV     SBUF,A          ;发送低 8 位（串口 2 次发送实际发送了 16 位）
              JNZ     TI,$            ;发送完成后，最先移入 D/A 的 4 位 0000 被排挤出去
              CLR     TI
              CLR     LD2             ;将移入 D/A 的数据加载到 B 寄存器，启动 D/A 转换
              NOP
              NOP
              SETB    LD2             ;加载完成，恢复高电平
              RET
      MLSB:   MOV     R2,#08          ;把单字节按二进制位倒装存储
              MOV     R3,#00
              CLR     C
      ALC:    RLC     A
              XCH     A,R3
              RRC     A
              XCH     A,R3
              DJNZ    R2,ALC
              XCH     A,R3            ;把倒装的数据存入 A 中
              RET
```

单片机串行口在方式 0 工作时，其波特率固定为 CPU 时钟频率的 1/12，若 CPU 的频率 $f_{\text{osc}} = 6$ MHz 时，串行口波特率为 50 kHz，即位传送周期为 20 μs。因此，这种连接方式只能用于高速传输系统。

（2）用普通 I/O 口与 AD7543 的接口设计

除了采用串行口可以实现数据传输外，也可以用单片机的普通 I/O 口模拟串行移位寄存器的工作方式，完成单片机与 AD7543 的串行数据传输。在这种工作方式下，通用 I/O 口移位的波特率可以利用编程来调节，数据传输速度可由程序控制，因此这种工作方式适用于不同的传输速度。

例 11-11 采用通用 I/O 口与 AD7543 的接口电路与图11-23 类似，只要把串行口的 TXD、RXD 分别改为用 P1.1、P1.2 与 AD7543 相连，其他连接不变，即可实现用 I/O 口模拟串行移位寄存器输出串行数据。参考程序段如下：

```
                DACL    data    30H     ;定义待转换的数据低 8 位存储单元
                DACH    data    31H     ;定义待转换的数据高 4 位存储单元
                LD2     bit     P1.0    ;定义加载脉冲控制位
                CLK     bit     P1.1    ;定义 P1.1 作为串行时钟线
                DAT     bit     P1.2    ;定义 P1.2 作为串行数据线
        DACW:   MOV     R0,#31H         ;R0 指向高字节数据存储地址
                MOV     R2,#04
                MOV     A,@R0           ;取高字节数，低半字节有效
                SWAP    A               ;把有效位调换到高 4 位
                SETB    CLK
        LOP1:   CLR     CLK             ;先发高 4 位
                RLC     A
                MOV     DAT,C
                SETB    CLK
                DJNZ    R2,LOP1
                DEC     R0
                MOV     A,@R0
                MOV     R2,#08
        LOP2:   CLR     CLK             ;再发低 8 位
                RLC     A
                MOV     DAT,C
                SETB    CLK
                DJNZ    R2,LOP2
                CLR     LD2             ;将 A 寄存器数据加载到 B 寄存器，启动 D/A 转换
                NOP
                NOP
                SETB    LD2             ;加载完成，恢复高电平
                RET
```

假设系统 CPU 的时钟频率 f_{osc} = 6 MHz，数据串行传输波特率约为 20 kHz。只要修改延时时间常数 R3 的值即可改变波特率。

11.3 单片机与 V/F 转换器接口设计

数据的采集与处理被广泛地应用在自动化领域中，由于应用的场合不同，对数据采集与处理所要求的硬件也不相同。在某些要求数据远距离传输，精确度和精密度要求高，成本要求低，对采集与处理速度要求不太高的场合，采用一般的 A/D 转换技术有很多不便，这时可使用 V/F 转换器代替 A/D 转换器。

V/F 转换器是把电压信号转变为频率信号的器件，作用是先将被测物理量经传感器转换成为与被测信号成比例的连续变化的电压(或电流)量，再转换为电压 V(或电流 I)的脉冲频率(f)或周期(T)。V/F 转换器有良好的精度、线性度和积分输入的特点，应用电路简单，外围元器件性能要求不高，适应环境能力强，转换速度不低于一般的双积分型 A/D 转换器，且价格低，经常被应用于调频、调相、模/数转换、数字电压表、数据测量仪器及远距离遥测/遥控设备中。

11.3.1 V/F 转换器实现 A/D 转换的原理

用 V/F 转换器实现 A/D 转换需要采用频率计数器和定时器，把 V/F 转换器输出的频率信号作为计数脉冲，同时启动频率计数器和定时器，定时器采用基准频率作为定时计数脉冲。当达到约定的定时

计数时间时，定时器产生输出信号促使频率计数器停止计数。计数器的计数值与频率之间的关系表达式为 $f = \dfrac{D}{T}$，其中 D 为计数值，T 为定时计数时间。

为了能够方便地实现频率的计算处理，可以先对已知的基准频率 (f_s) 进行约定的时间 (T) 计数，得到计数器初值为 D_s，则 $T = \dfrac{D_s}{f_s}$，式中 D_s 为定时计数器初值，f_s 为基准频率。整理以上关系式，得到 V/F 转换时计数值与频率之间的关系表达式为 $f = \dfrac{D}{D_s} f_s$

由此可见，只要知道了 D 值，就可以通过计算求出 V/F 转换器的输出频率，这样就实现了 A/D 转换。实际应用时，定时器和频率计数值可用单片机内部的定时器和频率计数器，通过单片机进行定时和计数，并完成数据处理，即可得到转换结果。

11.3.2　V/F 转换器的接口方法

使用 V/F 转换器用做 A/D 转换具有独特的优点，V/F 转换器具有良好的精度、线性和积分输入特性，能够获得其他转换器无法达到的性能。

1. V/F 转换器的接口特点

(1) 接口简单、占用单片机硬件资源少。处理一路模拟信号只要一个输入通道。

(2) 频率信号输入灵活。频率信号可送入到单片机的任意一个 I/O 口线或作为中断源的输入、计数脉冲等。

(3) 抗干扰性能好。用 V/F 转换器实现 A/D 转换，是一个频率计数过程，相当于在计数时间内对频率信号进行积分，因而能够对噪声或变化的输入信号进行平滑处理，有较强的抗干扰能力。

(4) 便于远距离传输。可以把频率调制在射频信号上进行无线传输，实现遥测；也可以调制成光脉冲进行光纤传送，不受电磁干扰。

2. V/F 转换器的接口形式

针对 V/F 转换器的特点，V/F 转换器接口可以采用以下三种形式：

(1) 直接与单片机 I/O 口连接

单片机对 V/F 转换的信号主要是计数处理，V/F 转换出来的频率信号应输入到单片机的定时器和频率计数器 T0/T1 端进行计数处理。这种接口方式如图11-24 所示。

(2) 通过光电隔离器件与单片机连接

在恶劣的环境中，模拟输入通道容易受到电源的干扰，为减小输入通道和电源的干扰，V/F 转换出频率可以采用光电隔离的方式与单片机连接，如图11-25 所示。

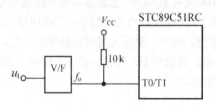

图 11-24　V/F 转换器直接与单片机接口

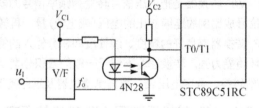

图 11-25　V/F 转换器通过光电隔离器与单片机接口

(3) 通过光纤或无线传输的方式连接

当 V/F 转换出的信号需要远距离传输时，可通过双绞线、光纤或无线的方式传送到单片机进行信号采集处理，如图 11-26 所示。采用光纤传输信号时，需要增加驱动和放大电路。采用无线传输时，需要配置无线发射和接收装置。

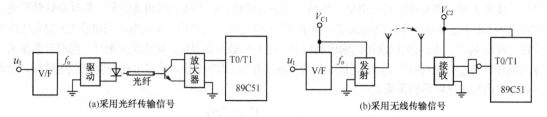

(a)采用光纤传输信号　　　　　　　　(b)采用无线传输信号

图 11-26　采用光纤或无线传输 V/F 转换信号的接口

11.3.3　V/F 转换器与单片机的接口设计及应用

LM331 是美国 NS 公司生产的性价比较高的集成芯片。LM331 适用于 V/F 转换器、A/D 转换器、线性频率调制或解调器和长时间积分器等电路。

1. LM331 主要特性

LM331 是通用的 V/F 变换器，其线性度好，最大非线性失真小于 0.01%；工作频率范围为 1～100 kHz，在 0.1 Hz 时，尚有较好的线性；变换精度高，数字分辨率可达 12 位；可以单电源或双电源供电，正常工作电压范围为 4～40 V；外接电路简单，只需要几个外部元件就可以方便地构成 V/F 或 F/V 等变换电路，并容易保证转换精度。LM331 有两种封装形式，如图 11-27 所示。

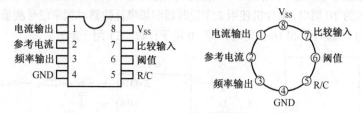

图 11-27　LM331 封装图

2. LM331 内部结构与典型电路

LM331 内部结构和典型电路原理如图 11-28 所示。LM331 输出驱动级采用集电极开路形式，因而可以通过选择逻辑电流和外接电阻来灵活改变输出脉冲的逻辑电平，以便适配 TTL、DTL 和 CMOS 等不同的逻辑电路。

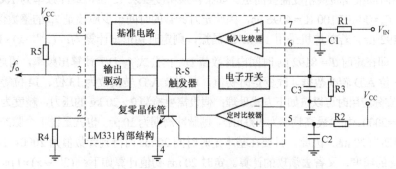

图 11-28　LM331 内部结构及典型电路原理图

当输入端 V_{IN} 输入正电压时，输入比较器输出高电平，使 R-S 触发器置位，输出高电平，输出驱动管导通，输出端为逻辑低电平，复零晶体管截止，同时电子开关接通电流源 I_R，对 C3 充电。此时，电源 V_{CC} 通过电阻 R2 对电容 C2 充电，当电容 C2 两端充电电压大于 V_{CC} 的 2/3 时，定时比较器输出高电平，使 R-S 触发器复位输出低电平，使输出驱动管截止，输出端为逻辑高电平，复零晶体管导通。此时电容 C2 通过复零晶体管迅速放电，电子开关使电容 C3 对电阻 R3 放电。当电容 C3 放电电压等于输入电压 V_{IN} 时，输入比较器再次输出高电平，使 R-S 触发器置位。如此反复循环，构成自激振荡。输出信号频率 f_o 与输入电压 V_{IN} 成正比，从而实现了电压-频率变换。通过分析计算充放电过程，可得出输入电压和输出频率的关系为：

$$f_o = \frac{(V_{IN} \times R4)}{(2.09 \times R3 \times R2 \times C2)}$$

电路中的 R2、R3、R4 和 C2 直接影响转换结果输出的频率 f_o。因此，可根据转换精度适当选择元件的精度。电阻 R1 和电容 C1 组成低通滤波器，可减少输入电压中的干扰脉冲，有利于提高转换精度。

3. V/F 转换器与单片机接口设计

一个 0～V_{CC} 变化的模拟信号 V_{IN}，通过 LM331 进行 V/F 转换后，变成与电压成正比的频率信号 f_o，再使用单片机测量出信号频率就实现了模拟信号到数字信号的转换。单片机对频率信号的测量有测频法和测周法两种：

（1）用测频法测量 V/F 转换频率

假设图 11-29 是测频法检测压力 0～20 kg 的电路图，测量精度为 1 g，压力传感器输出信号经过调理后输出 V_{IN} 电压值为 0～5 V，用 LM331（输出频率范围 1～100 kHz）进行 V/F 转换后得到的频率信号 f_o 输入到单片机的 T0 端口，单片机使用 2 个定时器和频率计数器对频率信号测量。假设用 T0、T1，其工作方式分别为 16 位计数和 16 位定时，即 T0 用于计数，T1 用于定时。

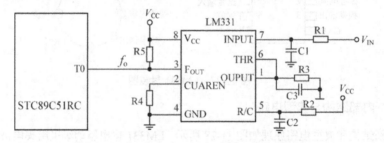

图 11-29　测频法 V/F 转换器与单片机的接口

T1 的定时时间根据转换精度需要而定。如果转换精度要求 12 位，最高频率为 100 kHz，则计数满量程时间为 T_m =FFFH/100 K = 4096 μs，因此定时计数的时间至少应该是 T_m 的整数倍，这里假设定时时间设为 8192 μs。若单片机采用 12 MHz 晶振，则定时初值 x 计算为：$(2^{16} - x) \times 1\,\mu s = 8192\,\mu s$，则 x = E000H，即在定时 T = 8192 μs 时间内计数值 D，由公式 $f = D/T$ 计算出频率，再通过频率可求得压力，得到 12 位 A/D 转换数据。改变定时初值，可调节 A/D 转换位为 13 位、14 位等。

但是，在实际应用时可以按如下方式处理：假设需要检测 0～20 kg 的压力，精度为 1 g，则分辨级数为 20 kg/1 g =2000。如果最高频率为 100 kHz，则脉冲周期为 10 μs。也就是说 1 个脉冲周期为 10 μs，2000 个脉冲周期为 20 ms，因此，只要在基本定时时间 20 ms 内得到计数值为 2000，压力就是 20 kg，这样既保证 1 g 的精度，又省去烦琐的计算。定时 20 ms 初值计算如下：$(2^{16} - x) \times 1\,\mu s = 2000\,\mu s$，则 x =B1E0H。设计程序时，设定 T1 基本定时时间为 20 ms，在 T0 端输入低电平时启动定时器和频率计数器，当定时 20 ms 到时，停止计数，取出计数值处理换算成压力。程序设计如下：

```
            ORG     0000
            AJMP    MAIN
            ORG     001BH          ;T1 定时器中断入口地址
            AJMP    TRM1
            ORG     0030H
MAIN:       MOV     TMOD,#15H      ;设置 T0 计数，T1 定时(工作方式 1)
            MOV     TH0,#00        ;置 T0 计数初值为 0000
            MOV     TL0,#00
            MOV     TH1,#0B1H      ;置 T1 定时 20ms 初值为 B1E0H
            MOV     TL1,#0E0H
            MOV     IE,#88H        ;ET1=1，EA=1，允许 T1 定时中断，开放中断
WAIT:       JB      P3.4,WAIT      ;检测低电平，P3.4=1 等待
            SETB    TR0            ;输入脉冲信号为低电平时，启动定时和频率计数
            SETB    TR1
            …                      ;可执行输出显示等处理
            AJMP    WAIT
TRM1:       CLR     TR0            ;定时器中断子程序入口
            CLR     TR1
            MOV     R3,TH0         ;取出计数值(十六进制数)
            MOV     R2,TL0
            ACALL   BINBCD         ;把计数值转换为 BCD 码(程序参考例 4-17)
            MOV     TH0,#00
            MOV     TL0,#00
            MOV     TH1,#0B1H
            MOV     TL1,#0E0H
            RETI
            END
```

考虑到实际中存在 1 个字的计数误差，定时计数时间可以延长为基本定时时间的整数倍，这样可以减小误差。通过改变基本定时时间，理论上测量精度可以达到无穷小。但是定时计数时间无限延长，不可避免地受环境的影响和信号的波动，为频率计数带来很多不确定性，甚至使频率计数值无意义。

(2) 测周法测量 V/F 转换频率

采用测频法，外部计数输入信号不能超过 500 kHz，而当 V/F 转换输出频率较低时，将产生较大误差，因此降低了测量精度。采用测周法能够提高精度，测周法电路示意图如图 11-30 所示。将 V/F 输出的频率经过 D 触发器二分频后送入单片机 $\overline{INT1}$ 端口作为 T1 计数器的控制信号，T1 设置在 16 位定时计数工作方式，在 $\overline{INT1}$ 和 TR1 共同作用下，实现脉冲宽度测量，由脉宽计算出频率，再通过频率可以求得实际物理量。这种方法，只能测量信号周期小于 65536 个机器周期的频率信号。当被测信号周期大于 65536 个机器周期时，应增加软件计数单元。程序设计如下：

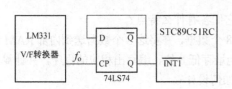

图 11-30　测周法测量 V/F 转换器与单片机的接口

```
START:      MOV     TMOD,#90H      ;定时器 T1 工作方式初始化
LOOP:       MOV     TH1,#00
            MOV     TL1,#00
            JB      P3.3,$         ;等待脉冲低电平的到来
            SETB    TR1            ;是低电平就启动 T1
            JNB     P3.3,$         ;等待脉冲上升沿开始计数
            JB      P3.3,$         ;等待脉冲下升沿
            CLR     TR1            ;脉冲下升沿到来就关闭 T1 计数
            MOV     R6,TL1         ;将计数结果低位存入 R6
            MOV     R7,TH1         ;将计数结果低位存入 R7
            …                      ;进行数值运算处理
            AJMP    LOOP
```

本章小结

A/D 转换器和 D/A 转换器在信号检测、转换、控制及信息处理等方面发挥着越来越重要的作用。A/D 转换器分为并行 A/D、逐次逼近型 A/D、双积分 A/D 三类转换器。A/D 转换的主要性能指标有转换时间、转换速率、转换精度、量化误差等。D/A 转换器的输出形式有电流型和电压型两种。电流型输出的 D/A 转换器采用运算放大器将输出电流转换成输出电压。D/A 转换器的主要性能指标有转换速度、转换精度、分辨率、线性度、输出极性及范围、温度系数等。本章应重点应掌握 A/D、D/A 技术指标、选型、接口设计与编程方法。

练习与思考题

1. A/D 转换器的主要技术指标有哪些？10 位 A/D 转换器的分辨率是多少？若满量程为 5 V，则 1 LSB 等于多少？MC14433、AD7714、ADS1278、ADS1258 的分辨率分别是多少？

2. A/D 转换后，单片机读取数据的方式有哪些？

3. 按照图 11-17 的 D/A 转换电路编程输出周期为 0.2 s、幅度为 4 V 的三角波。

4. D/A 转换器中有几种输出形式？电流输出型的 D/A 转换器为了得到电压的转换结果，应如何进行电流/电压的转换？

5. D/A 转换器的主要性能指标有哪些？12 位 D/A 转换器的分辨率是多少？满量程 5 V，1 LSB=？

6. 说明用 DAC 做程控放大器的工作原理。

7. 使用双缓冲方式的 D/A 转换器，能实现多路模拟信号的同步输出吗？

8. 当用单片机与 DAC0832 接口时，有哪三种连接方式？各有什么特点和适用场合？

9. MCP3202 芯片有什么特点？与单片机如何接口？

10. A/D 转换器两个最重要的指标是什么？分析应如何对 A/D、D/A 进行选型。

11. 分析 A/D 转换器产生量化误差的原因。一个 14 位的 A/D 转换器，当输入电压为 0~5 V 时，其最大的量化误差是多少？

12. 目前常用的 A/D 转换器主要有以哪几种类型？它们各有什么特点？

13. 根据图 11-7，单片机控制 MCP3202 转换器采集 8 个数据，并将这 8 个数据送到内部 RAM 起始地址为 30H 开始的单元中，偶地址单元存高 4 位，奇地址存低 8 位，编写出相应的程序，并计算其平均值。若采用 AD574 作数据采集，接口电路和程序应如何设计？

14. D/A 转换器和 A/D 转换器的主要技术指标中，"量化误差"、"分辨率"和"精度"有何区别？

15. 根据图 11-3 编写程序，要求单片机控制 AD574 转换器采集 10 个数据，并将这 10 个数据送到内部 RAM 起始地址为 30H 开始的单元中（偶数地址单元存高 4 位，奇数地址存低 8 位）。

16. 判断下列说法是否正确？

（A）"转换速度"这一指标仅适用于 A/D 转换器，D/A 转换器不用考虑"转换速度"这一问题。

（B）AD574 可以利用"转换结束"信号 STS 向单片机发出中断请求。

（C）输出模拟量的最小变化量称为 A/D 转换器的分辨率。

（D）选用双积分的 A/D 和合适的积分元件，可以消除周期性干扰电压带来的转换误差。

17. 分别说明 DAC0832 用做单极性和双极性电压输出的工作原理。

18. AD7543 芯片有什么特点？直接用 I/O 口与 AD7543 接口，编程输出 100 Hz 的方波。

19. 什么是 V/F 转换器？V/F 转换器有几种接口形式？V/F 转换器的精度如何计算？

第12章 单片机 C51 程序设计

本章学习要点：

(1) C51 语法基础和程序结构，C51 数据结构和结构化程序设计；

(2) C51 函数定义和调用，C51 对单片机硬件访问、端口读/写与中断系统编程应用；

(3) C51 与汇编语言的混合编程方法及编程规范。

12.1 C51 概述

汇编语言是一种比较流行的编程语言。长期以来，由于不少程序员对使用汇编语言开发硬件系统的习惯性，以及对编译效率的偏见，使得 C 语言在不少地方遭到冷落。汇编语言程序的确有很高的执行效率，但其移植性和可读性差，用汇编语言开发出来的产品在维护和功能升级方面都有极大的困难。而使用 C 语言进行嵌入式系统的开发，有着汇编语言不可比拟的优势，例如，编程调试更加灵活方便，便于模块化开发，可移植性好，便于升级管理和维护等。当前较好的 C 语言编译系统编译出来的代码效率只比直接使用汇编语言的效率低 20%左右，甚至可以更低。

C 语言程序比汇编语言更符合人们的思考习惯，开发者可以更专心地考虑算法，而不是一些细节问题，从而减少了开发和调试的时间。

使用 C 语言的程序员，可以不必十分熟悉处理器的运算过程，这意味着对新的处理器也能很快上手。不必知道处理器的具体内部结构，使得用 C 语言编写的程序比汇编语言编写的程序有更好的可移植性。目前很多处理器都支持 C 编译器。

以上并不说明汇编语言就没了应用之处，很多系统特别是时间要求比较严格的系统都是用 C 语言与汇编语言混合编程。在实际的系统设计中，当设计对象只是一个小的嵌入式系统时，汇编语言是一个很好的选择，因为汇编语言代码一般都不超过 8 K，而且编译比较简单。当一个系统对时钟要求严格时，使用汇编语言成了唯一的方法。除此之外，包括硬件接口的操作等用 C 编程更方便。C 语言的特点是可以尽量少地对硬件进行操作，是一种功能性和结构性很强的语言。

随着单片机开发技术的不断发展，目前已有越来越多的人从普遍使用汇编语言到逐渐使用高级语言开发，其中主要是以 C 语言为主，市场上几种常见的单片机均有 C 语言开发环境。应用于 51 系列单片机的 C 语言一般称为 C51。

12.2 C51 数据结构和语法

C51 由标准 C 语言衍生而来，所以大部分的数据结构和语法都与标准 C 语言一样。但是 C51 是专用于 51 系列单片机的语言，也有其特殊之处。

12.2.1 常量与变量

在程序运行过程中，值不能被改变的量称为常量。常量分为几种不同的类型，例如：12、0 为整型常量，3.14、2.55 为实型常量，a、b 是字符型常量。下面是常量使用的示例程序段：

```
/* 在 P1 口接有 8 个 LED, 执行下面的程序 */
#define   LIGHT0   0xfe
#include  "reg51.h"
void main()
{   P1 = LIGHT0;   }
```

程序中用#define   LIGHT0   0xfe 来定义符号 LIGHT0 等于 0xfe, 以后程序中所有出现 LIGHT0 的地方均用 0xfe 来替代。因此, 这个程序执行结果就是 P1 = 0xfe, 即接在 P1.0 引脚上的 LED 被点亮。

用标识符代表的常量, 称为符号常量。使用符号常量的好处如下:

(1) 含义清楚。在单片机程序中, 常有一些量具有特定含义, 如某单片机系统扩展了一些外部芯片, 每一块芯片的地址即可用符号常量定义, 如:

```
#define   PORTA 0x7fff
#define   PORTB 0x7ffe
```

程序中可以用 PORTA、PORTB 来对端口进行操作, 而不必写 0x7fff、0x7ffe。显然, 这两个符号比两个数字更能令人明白其含义。在给符号常量起名字时, 尽量做到"见名知意"这一特点。

(2) 在需要改变一个常量时能做到一改全改。如果由于某种原因, 端口的地址发生了变化(如修改了硬件), 由 0x7fff 改成了 0x3fff, 那么只要改动一下所定义的语句#define   PORTA   0x3fff 即可, 不仅方便, 而且能够避免出错。如果不用符号常量, 要在成百上千行程序中把所有表示端口地址的 0x7fff 找出来并改掉不是件容易的事。

符号常量不同于变量, 它的值在整个作用域范围内不能改变, 也不能被再次赋值。比如下面的语句是错误的 LIGHT = 0x01;

值可以改变的量称为变量。每一个变量应该有一个名字, 在内存中占据一定的存储单元, 在该存储单元中存储这个变量的值。

用来标识变量名、符号常量名、函数名、数组名、类型名等的有效字符序列称为标识符。

简单地说, 标识符就是一个名字。C 语言规定标识符只能由字母、数字和下画线三种字符组成, 且第一个字符必须为字母或下画线, 要注意的是 C 语言中大写字母与小写字母被认为是两个不同的字符, 即 Sum 与 sum 是两个不同的标识符。标准 C 语言并没有规定标识符的长度, 但是各个 C 编译系统有自己的规定, 在 Keil C 编译器中可以使用长达数十个字符的标识符。在 C 语言中, 要求必须对所有用到的变量做强制定义, 也就是"先定义, 后使用"。

常量和变量在程序中各自的用途可通过一个延时程序的调用例子加以说明。例如, mDelay (1000); 其中括号中参数 1000 决定了延时时间的长短, 如果直接将 1000 写入程序中, 这就是常量。显然, 这个数据不能在现场修改。如果使用中希望改变延时时间, 那么只能重新编程、写入芯片才能更改。

如果在现场有修改延时时间的要求, 括号中就不能写入一个常数, 为此可以定义一个变量(如 Speed), 程序可以改写为 mDelay(Speed);然后再编写一段程序, 使得 Speed 的值可以通过按键被修改, 延时时间就可以在现场修改了。

12.2.2 整型变量与字符型变量

1. 整型变量

整型变量的基本类型是 int, 可以加上有关数值范围的修饰符。这些修饰符分两类, 一类是 short 和 long, 另一类是 unsigned, 这两类修饰符可以同时使用。在 int 前加上 short 或 long 可以表示数的大小, 在 Keil C 中, 加 short 和不加 short 效果是一样的(在有些 C 语言编译系统中效果是不一样的)。如果在 int 前加上 long 修饰符，那么这个被定义的数就称为长整数，在 Keil C 中，长整数占用 4 字节(基本的 int 型数占 2 字节)。显然，长整数所能表达的范围比整数要大，一个长整数表达的范围可以有：$-2^{31} < x < 2^{31} - 1$(大概是在正负 21 亿多)。而不加 long 修饰的 int 型数据的范围是 –32 768～32 767，可见二者相差很远。

第二类修饰符是 unsigned，即无符号，如果数据前加上了这样的一个修饰符，就说明其后的数是一个无符号的数。无符号、有符号的差别还是数的范围不一样。对于 unsigned int 而言，仍占用 2 字节表示一个数，但其数的范围是 0～65 535；对于 unsigned long int 而言，仍占用 4 字节表示一个数，但其数的范围是 $0～2^{32} - 1$。

整型数据在内存中以补码的形式存储，例如，定义一个 int 型变量 i：

```
int i=10;　/*定义 i 为整型变量，并将 10 赋给该变量*/
```

在 Keil C 中规定使用 2 字节表示 int 型数据，因此变量 i 在内存中的实际占用情况如：

```
0000,0000,0000,1010
```

整型数据用双字节存储，不足部分用 0 补齐。事实上，数值以补码的形式存在。一个正数的补码和其原码的形式是相同的。如果数值是负的，补码的形式则不一样。求负数的补码的方法是：将该数的绝对值的二进制形式取反加 1。例如，–10，第一步取–10 的绝对值 10，其二进制编码是 1010，由于是整型数占 2 字节，所以其二进制形式实为 0000 0000 0000 1010，取反即变为 1111 1111 1111 0101，然后再加 1 变成 1111 1111 1111 0110，这就是数–10 在内存中的存储形式。

2．字符型变量

字符型变量只有一个修饰符 unsigned(即无符号的)。对于一个字符型变量来说，其表达的范围是–128～+127，而加上了 unsigned 后，其表达的范围变为 0～255。对于二进制形式而言，char 型变量表达的范围都是 0000 0000～1111 1111，而 int 型变量表达的范围是 0000 0000 0000 0000～1111 1111 1111 1111。

使用 Keil C 时，不论是 char 型还是 int 型，编程人员都喜欢用 unsigned 型的数据，这是因为在处理有符号的数时，程序要对有符号数的符号进行判断和处理，系统的运算速度会减慢。因为对单片机而言，运行速度比不上 PC，又在实时状态工作，任何提高效率的手段都要考虑。

字符型数据在内存中以二进制形式存储，例如，定义一个 char 型变量 c：

```
char  c = 10;　 /*定义 c 为字符型变量，并将 10 赋给该变量*/
```

十进制数 10 的二进制形式为 1010，在 Keil C 中规定使用一字节表示 char 型数据，因此，变量 c 在内存中的实际占用情况为 0000 1010。

3．数的溢出

一个字符型数的最大值为 255，一个整型数的最大值为 32 767，如果再加 1，会出现什么情况呢？下面用一个例子来说明。

```
#include "reg51.h"
void main( )
{   unsigned char a,b;
    int c,d;
    a = 255;
    c = 32767;
    b = a + 1;
    d = a + 1;
}
```

用 Keil C 软件运行后可以看到 b 和 d 在加 1 之后分别变成了 0 和 −32 768，下面从数字在内存中的二进制存储形式进行分析和理解。

首先变量 a 的值是 255，类型是无符号字符型，因此该变量在内存中以 8 位（1 字节）存储，将 255 转化为二进制即 1111 1111，如果将该值加 1，其结果是 1 0000 0000。由于该变量只能存储 8 位，所以最高位的 1 丢失，于是该数字就变成 0000 0000，变为十进制的 0。

32 767 在内存中存储的形式是 0111 1111 1111 1111，当其加 1 后就变成 1000 0000 0000 0000，而这个二进制数正是−32 768 在内存中的存储形式，所以 c 加 1 后就变成−32 768。

在出现这样的问题时 C 编译系统不会给出提示，这有利于编出灵活的程序，也会引起一些副作用，这就要求 C 程序员对硬件知识有较多的了解，必须清楚数据在内存中的存储等基本知识。

12.2.3　关系运算符和关系表达式

所谓"关系运算"实际上是将两个值做一个比较，判断其比较的结果是否符合给定的条件。关系运算的结果只有两种可能，即真和假。例如，3 > 2 的结果为真，而 3 < 2 的结果为假。

C 语言一共提供了 6 种关系运算符：<（小于）、<=（小于等于）、>（大于）、>=（大于等于）、==（等于）和! =（不等于）。

用关系运算符将两个表达式连接起来的式子，称为关系表达式。例如，a > b，a + b > b + c，(a = 3) >= (b = 5) 等都是合法的关系表达式。关系表达式的值只有两种可能，即真和假。在 C 语言中，没有专用的逻辑型变量，如果运算的结果是真，用数值 1 表示，运算的结果是假则用数值 0 表示。

如 x1 = 3 > 2 的结果是 x1 等于 1，原因是 3 > 2 的结果是"真"，即其结果为 1，该结果被"="号赋给了 x1，这里须注意，"="不表示等于（C 语言中等于用= =表示），而是赋值号，即将该号后面的值赋给该号前面的变量，所以最终结果 x1 等于 1。

12.2.4　逻辑运算符和逻辑表达式

用逻辑运算符将关系表达式或逻辑量连接起来的式子就是逻辑表达式。C 语言提供了三种逻辑运算符：&&（逻辑与）、||（逻辑或）和!（逻辑非）。

C 语言编译系统在给出逻辑运算的结果时，用"1"表示真，用"0"表示假。但是在判断一个量是否是"真"时，以 0 代表"假"，而以非 0 代表"真"。

若 a = 10，则!a 的值为 0，因为 10 被作为真处理，取反后为假，系统给出的假的值为 0。

若 a = −2，则!a 的值为 0，原因同上，不能误以为负值为假。

若 a = 10，b = 20，则 a && b 的值为 1，a||b 的结果也为 1，原因是参与逻辑运算时不论 a 与 b 的值究竟是多少，只要是非零，就被当做真，真与真相与或者相或，结果都为真，系统给出的结果是 1。

12.3　C51 流程控制语句

C 语言是一种结构化编程语言。这种结构化语言有一套编程控制语句，不同的分支程序不允许交叉。结构化语言的基本元素是模块，模块是程序的一部分，它只有一个入口、一个出口。进入和退出有严格的保护和堆栈恢复机制，不允许随便跳入或跳出。

结构化程序由若干模块组成，每个模块中包含着若干基本结构，每个基本结构由若干语句组成。归纳起来 C 语言有三种基本结构：顺序结构、选择结构、循环结构。主要由 if 语句、swith/case 语句、while 语句、do-while 语句和 for 语句构成。

12.3.1 if 语句

if 语句用来判定所给定的条件是否满足，并根据判定的结果(真或假)决定执行给出的两种操作中的一种。C 语言提供了以下 3 种形式的 if 语句。

(1) if(表达式) {语句块}

如果表达式的结果为真，则执行语句块，否则不执行。

(2) if(表达式) {语句块1} else {语句块2}

如果表达式的结果为真，则执行语句块1，否则执行语句块2。

(3) if(表达式1) {语句块1}
    else if(表达式2) {语句块2}
       else if(表达式3) {语句块3}
       ...
           else if(表达式 *m*) {语句块 *m*}
          else   {语句块 *n*}

如果表达式 1 的结果为真，则执行语句块 1，否则判断表达式 2，依此类推。

在 if 语句中又包含一个或多个 if 语句的形式，称为 if 语句的嵌套。一般形式如下：

```
if(表达式1)
{  if(表达式2) {语句块1}
   else        {语句块2}
}
else
{  if(表达式3) {语句块3}
   else        {语句块4}
}
```

应注意 if 与 else 的配对关系，else 总是与它上面的最近的 if 配对。如果写成：

```
if()
    if(){语句块1}
else  {语句块2}
```

程序的本意是外层的 if 与 else 配对，缩进的 if 语句为内嵌的 if 语句。但实际上 else 将与缩进的那个 if 配对，因为两者最近，从而会造成歧义。为避免这种情况，编程时应使用大括号将内嵌的 if 语句括起来。例如：

```
if()
{  if(){语句块1}

}
else  {语句块2}
```

12.3.2 switch 语句

当程序中有几个分支时，可以使用 if 嵌套实现，但是当分支较多时，则嵌套的 if 语句的层数较多，程序冗长且可读性降低。C 语言提供了 switch 语句直接处理多分支选择。switch 的一般形式如下：

```
switch(表达式)
{  case 常量表达式1：语句1
   case 常量表达式2：语句2
```

```
    …
    case 常量表达式 n：语句 n
    default：语句 n+1
}
```

switch 后面括号内的"表达式"允许为任何类型。当表达式的值与某一个 case 后面的常量表达式相等时，就执行此 case 后面的语句；若所有 case 中的常量表达式的值与表达式值都不匹配，就执行 default 后面的语句。每一个 case 的常量表达式的值必须不同。各个 case 和 default 的出现次序不影响执行结果。

另外特别需要说明的是，执行完一个 case 后面的语句后，并不会自动跳出 switch 语句，而是继续去执行其后面的语句。如上述例子写为：

```
switch （KValue）
{  case 0xfb: Start=1;
   case 0xf7: Start=0;
   case 0xef: UpDown=1;
   case 0xdf: UpDown=0;
}
if(Start)
{…}
```

假如 KValue 的值是 0xf b，则在转到执行 Start = 1 后，并不是转去执行 switch 语句下面的 if 语句，而是将从这一行开始，依次执行下面的语句即 Start = 0、UpDown = 1、UpDown = 0。显然，这样不能满足要求，因此，通常在每一段 case 的结束加入 break 语句，使程序流程退出 switch 结构，从而终止 switch 语句的执行。例如：

```
switch(表达式)
{  case 常量表达式 1：语句 1; break;
   case 常量表达式 2：语句 2; break;
   …
   case 常量表达式 n：语句 n; break;
   default：语句 n+1; break;
}
```

12.3.3 for 语句

C 语言中的 for 语句使用最为灵活，不仅可以用于循环次数已经确定的情况，而且可以用于循环次数不确定而只给出循环结束条件的情况。for 语句的一般形式为：for(表达式 1；表达式 2；表达式 3)｛语句块｝

执行过程如下：

（1）求解表达式 1；

（2）求解表达式 2，若其值为真，则执行 for 语句中指定的内嵌语句（即循环体），然后执行第（3）步，如果为假，则结束循环；

（3）求解表达式 3；

（4）转回上面的第（2）步继续执行。

for 语句典型形式为：for(循环变量初值；循环条件；循环变量增值) 语句

例如，延时程序可用 for 语句表达为：for(j = 0; j < 125; j++) {;}

执行这行程序时，首先执行 j = 0，然后判断 j 是否小于 125，如果小于 125 则执行循环体(这个例子中循环体没有做任何工作)，然后执行 j++，执行后再去判断 j 是否小于 125……如此循环，直到 j>=125 时条件不满足为止。

　　如果变量初值在 for 语句前面赋值，则 for 语句中的表达式 1 应省略，但其后的分号不能省略。程序中有 for(; DelayTime > 0; DelayTime--){···}的写法，省略了表达式 1，因为这里的变量 DelayTime 值由参数传入，不能在这个式子里赋初值。表达式 2 也可以省略，但是同样不能省略其后的分号，如果省略分号，将不判断循环条件，循环将无终止地进行下去，即认为表达式始终为真。表达式 3 也可以省略，但此时编程者应该另外设法保证循环能正常结束。表达式 1、2 和 3 都可以省略，即形成如 for(;;)的形式，这种形式作用相当于语句 while(1)，即构建一个无限循环的过程。

　　for 循环可以嵌套，两个 for 语句嵌套使用构成二重循环。

12.3.4　while 语句

　　while 语句用于实现"当……执行"循环结构，其一般形式为：while(表达式)　　{语句块}

　　当表达式为非 0 值(即真)时，执行 while 语句中的内嵌语句。其特点是：先判断表达式，后执行语句。如果表达式总是为真，则语句永远被执行，构成了无限循环。

　　while 语句也可以嵌套使用。

12.3.5　do-while 语句

　　do-while 语句用来实现"直到……执行"循环，特点是先执行循环体，然后判断循环条件是否成立。其一般形式如下：

```
do{
    循环体语句
} while(表达式);
```

　　对同一个问题，既可以用 while 语句处理，也可以用 do-while 语句处理。但是这两个语句有区别，do-while 语句的特点是：先执行语句，后判断表达式；若表达式为真，则再次执行语句。

　　while{}循环时，若表达式为假，则不执行循环语句。而 do-while 语句不管表达式为真还是为假，至少执行一次循环语句。

12.3.6　其他语句

　　(1) break 语句

　　在一个循环程序中，可以通过循环语句中的表达式来控制循环程序是否结束，此外还可以通过 break 语句强行退出循环语句。

　　如利用 break 语句强制跳出 for 循环语句，示例如下：

```
for(i = 0; i < 8; i++)
{
    if((P3 | 0xf7) != 0xff) break;
}
i = 0;
...
```

　　如果在 for 循环过程中，判断(P3|0xf7)!= 0xff 的结果为假，则程序需要循环 8 次后才执行下面的 i = 0 语句，而如果在 for 循环过程中，判断(P3|0xf7)!= 0xff 的结果为真，则立即结束 for 循环，执行下面的 i = 0 语句。

　　利用 break 语句同样可以强制跳出 while 或 do-while 循环，示例如下：

```
i=0;
while(i < 8)
{
```

```
        if((P3 | 0xf7) != 0xff) break;
        i++;
    }
    i = 1;
    ...
```

如果在 while 循环过程中，判断(P3|0xf7)!= 0xff 的结果为假，则程序需要循环 8 次后才能执行下面的 i = 1 语句。而如果在 while 循环过程中，判断(P3|0xf7) != 0xff 的结果为真，则立即结束 while 循环，执行下面的 i = 1 语句。

（2）continue 语句

continue 语句的用途是结束本次循环，即跳过循环体中下面尚未执行的语句，接着进行下一次是否执行循环的判定。continue 语句和 break 语句的区别是：continue 语句只结束本次循环，而不是终止整个循环的执行；而 break 语句则结束整个循环过程，不会再去判断循环条件是否满足。

利用 continue 语句强制结束 for 当次循环的语句示例如下：

```
    j = 0;
    for(i = 0; i < 8; i++)
    {
        if((P3 | 0xf7) != 0xff) continue;
        j++;
    }
    i = 0;
    ...
```

如果在 for 循环过程中，判断(P3|0xf7)!= 0xff 的结果为真，则立即结束本次 for 循环，不再执行 j++语句，而是接着跳到 for(i = 0; i < 8; i++)进行下一次循环的判断。

12.4　C51 构造数据类型

12.4.1　结构体

结构体是一种定义类型，允许程序员把一系列变量集中到一个单元中，当某些变量相关时使用这种类型将很方便。例如，用一系列变量描述一天的时间，则需要定义时、分、秒 3 个变量：unsigned char hour,min,sec;，还要定义一个表示天的变量：unsigned int days;

通过使用结构体可以把这 4 个变量定义在一起，并定义一个共同的名字，声明结构体的语法如下：

```
    struct time_str{
        unsigned char hour,min,sec;
        unsigned int days;
    }time_of_day;
```

这种语句告诉编译器定义了一个类型名为 time_str 的结构体，并定义一个名为 time_of_day 的结构体变量。变量成员的引用形式为：结构体的变量名.结构成员。例如：

```
    time_of_day.hour = XBYTE[HOURS];
    time_of_day.days = XBYTE[DAYS];
    time_of_day.min  = time_of_day.sec
    curdays          = time_of_day.days;
```

成员变量和其他变量一样，但前面必须有结构体名。可以定义很多结构体变量，编译器把这些结构体变量看成新的变量，例如：struct time_str oldtime,newtime;，这样就产生了两个新的结构体变量，这些变量是相互独立的，就像定义了很多 int 类型的变量一样。结构体变量可以很容易地复制，如 oldtime=time_of_day;，这使代码容易阅读，也减少了编程的工作量，当然也可以一句一句的复制，例如：

```
oldtime.hour = time_of_day.hour;
oldtime.min = time_of_day. min;
oldtime.sec = time_of_day. sec;
oldtime.days = time_of_day.days;
```

在 Keil C 和大多数 C 编译器中，提供了连续的存储空间给结构体，用成员名对结构内部进行寻址。结构 time_str 被提供了连续 5 字节的空间，空间内的变量顺序和定义时的变量顺序一样，如表 12-1 所示。

定义一个结构体类型，可以看做一个新定义的变量类型，也可建立一个结构体数组、包含结构体的结构体、指向结构体的指针等。

表 12-1 结构体成员变量在存储器中的存储形式

offset (偏移量)	member (成员)	bytes (占用字节)
0	hour	1
1	min	1
2	sec	1
3	days	2

12.4.2 共用体

共用体(也称为联合)和结构体相似，由相关的变量组成，这些变量构成了共用体的成员，但是这些成员在任何时刻只能有一个起作用。共用体的所有成员变量共用存储空间。共用体的成员变量可以是任何有效类型，包括 C 语言本身拥有的类型和由用户定义的类型，如结构体和共用体。定义共用体的示例如下：

```
union time_type {
    unsigned long  secs_in_year;
    struct time_str  time;
}mytime;
```

用一个长整型变量存储从本年初开始到现在的秒数，另一个可选项是用 time_str 结构存储从本年初开始到现在的时间。不管共用体中包含什么，都可在任何时候引用它的成员，例如：

```
mytime.secs_in_year  = JUNEIST;
mytime.time.hour      = 5;
curdays               = mytime.time.days;
```

像结构体一样，共用体也以连续的空间存储，空间大小等于共用体中最大字节数的成员所需的空间。如表 12-2 所示，其中因为最大字节数的成员需要 5 字节，则共用体的存储大小为 5 字节。当共用体的成员为 secs_in_year 时，第 5 字节没有使用(注意偏移量与结构体的区别)。

共用体经常被用来提供同一个数据的不同的表达方式，例如，假设有一个长整型变量用来存储 4 个寄存器的值，如果希望这些数据有两种表达方法，可以在共用体中定义一个长整型变量的同时再定义一字节数组。例如：

表 12-2 共用体成员变量在存储器中的存储形式

offset (偏移量)	member (成员)	bytes (占用字节)
0	secs_in_year	4
0	time	5

```
union status_type{
    unsigned char status[4];
    unsigned long status_val;
}io_status;
io_status.status_val = 0x12345678;
if(io_status.status[2] & 0x10)
```

```
{
    ...
}
```

12.4.3　指针

指针是包含存储区地址的变量。指针中包含了变量的地址，因此可以对指针所指向的变量进行寻址。使用指针可以方便从一个变量移到下一个变量，所以可以写出对大量变量进行操作的通用程序。

指针要定义类型，说明指向何种类型的变量。假设用关键字 long 定义一个指针，C 语言可以把指针所指的地址看成一个长整型变量的基址。这并不说明这个指针被强迫指向长整型的变量，而是说明 C 语言把该指针所指的变量看成长整型变量。下面是指针定义的例子：

```
unsigned char   *my_ptr, *anther_ptr;
unsigned int    *int_ptr;
float           *float_ptr;
time_str        *time_ptr;
```

指针可被赋予任何已经定义的变量或存储器的地址，例如：

```
my_ptr    = &char_val;
int_ptr   = &int_array[10];
time_str  = &oldtime;
```

可以通过加减来移动指针指向不同的存储区地址，在处理数组时，这一点特别有用。当指针加 1 时，其结果是加上指针所指数据类型的长度（注意：指针加 1，并不表示将地址加 1），例如：

```
time_ptr = (time_str *) (0x0000);    //指向地址 0，(time_str *)(0x0000)的作
//用是将数据 0x0000 强制类型转换为 time_str 类型的指针
time_ptr++;                          //指向地址 5
```

指针间可像其他变量那样互相赋值。指针所指向的数据也可通过引用指针来赋值，例如：

```
time_ptr = oldtime_ptr;              //两个指针指向同一地址
*int_ptr = 0x4500;                   //把 0x4500 赋给 int_ptr 所指的变量
```

当用指针来引用结构体或共用体的成员时，可用如下两种方法：

```
time_ptr->days  = 234;
*time_ptr.hour  = 12;
```

12.4.4　typedef 类型定义

在 C 语言中进行类型定义就是对已给定的类型取一个新的类型名。换句话说就是给类型一个新的名字。例如，需要给结构体 time_str 起一个新的名字，可定义如下：

```
typedef struct time_str{
    unsigned char  hour,min,sec;
    unsigned int   days;
} time_type;
```

这样就可以像定义其他变量那样定义 time_type 的类型变量。例如，用新定义的结构体类型 time_type 分别定义一个结构体变量、一个结构体指针、一个结构体数组：

```
time_type  time,*time_ptr,time_array[10];
```

类型定义也可用来重新命名 C 语言中的标准类型，例如：

```
typedef unsigned char UBYTE;
typedef char *strptr;
strptr name;
```

使用类型定义可使代码的可读性加强，节省了一些打字的时间。但是，如果使用大量的类型定义，将增加程序阅读的难度。

12.5　C51 和标准 C 语言的异同

一般采用 Keil C 软件进行 C51 编程，Keil 编译器除了少数一些关键地方外，基本类似于 ANSI C。差异主要在于 Keil 可以让用户针对 8051 的结构进行程序设计，其他差异则是由 8051 的一些局限引起的。

12.5.1　Keil C51 数据类型

Keil C 包含 ANSI C 的所有标准数据类型。除此之外，为了更加有利地利用 8051 的结构，还加入了一些特殊的数据类型。表 12-3 显示了标准数据类型在 8051 中占据的字节数。注意整型和长整型的符号位字节在最低的地址中（即高字节在低地址中，或者可以看做先存储高字节，后存储低字节）。

除了表 12-3 中这些标准数据类型外，编译器还支持一种位数据类型。位变量存在于内部 RAM 的可位寻址区域中，可以像操作其他变量那样对位变量进行操作，而位数组和位指针是非法的。

表 12-3　标准数据类型在 8051
中占据的字节数

数 据 类 型	大小（byte）
char/unsigned char	1
int/unsigned int	2
long/unsigned long	4
float/double	4
generic pointer	3

12.5.2　8051 的特殊功能寄存器

8051 系列单片机拥有特殊功能寄存器，其类型用 sfr 来定义。而 sfr16 用来定义 16 位的特殊功能寄存器，如 DPTR。

系统可以通过名字或地址来引用特殊功能寄存器。地址必须高于 80H。可位寻址的特殊功能寄存器的位变量用关键字 sbit 定义。SFR 的定义如下面的示例所示。对于大多数 8051 成员，Keil 提供了一个包含了所有特殊功能寄存器和位定义的头文件。通过包含头文件可以很容易地进行新的扩展。

```
sfr SCON = 0X98; //定义 SCON
sbit SM0 = 0X9F; //定义 SCON 的各位
sbit SM1 = 0X9E;
sbit SM2 = 0X9D;
sbit REN = 0x9C;
sbit TB8 = 0X9B;
sbit RB8 = 0X9A;
sbit TI = 0X99;
sbit RI = 0X98;
...
```

12.5.3　8051 的存储类型

Keil 允许使用者指定程序变量的存储区，并可以控制存储区的使用。编译器可识别表12-4所示的所有存储区。

表 12-4   8051 系列单片机的存储区类型

存储类型	存储位置	位数	范围
DATA	直接寻址片内 RAM 的 00～7FH 地址	8	0～127
BDATA	片内 RAM 的可位寻址	8	0～127
IDATA	间接寻址片内 RAM 的 00～FFH 地址	8	0～255
PDATA	分页寻址外部 RAM，使用指令 MOVX A,@Ri	8	0～255
XDATA	使用 DPTR，寻址外部 RAM	16	0～65535
CODE	使用 DPTR，寻址程序存储器	16	0～65535

1. DATA 存储类型

DATA 存储类型变量可直接寻址片内 RAM 的 00H～7FH 地址，寻址速度快。由于空间有限，应该把使用频率高的变量放在 DATA 区。DATA 区变量声明如下：

```
unsigned char data system_status = 0;
unsigned int data unit_id[2];
char data inp_string[16];
```

2. BDATA 存储类型

BDATA 存储类型变量可对片内 20H～2FH 的位进行位寻址，允许位与字节混合访问。对 BDATA 区的变量声明如下：

```
unsigned char bdata status_byte;
unsigned int bdata status_word;
sbit stat_flag = status_byte ^ 4;
```

系统不允许在 BDATA 段中定义 float 和 double 类型的变量。如果需要对浮点数的每位寻址，可以通过包含 float 和 long 的共用体来实现，例如：

```
typedef union{              //定义共用体类型
    unsigned long lvalue;   //长整型 32 位
    float fvalue;           //浮点数 32 位
}bit_float;                 //联合名
bit_float bdata myfloat;    //在 BDATA 段中声名共用体
sbit float_ld = myfloat ^ 31;  //定义位变量名
```

3. IDATA 存储类型

IDATA 存储类型变量可间接寻址片内 00H～FFH 的地址，可将使用比较频繁的变量定义在这个空间内，它的指令执行周期和代码长度都比较短。变量声明如下：

```
unsigned char idata system_status = 0;
unsigned int idata unit_id[2];
float idata outp_value;
```

4. PDATA 和 XDATA 存储类型

这两个存储类型的变量声明与其他变量一样。PDATA 可由指令 MOVX A,@Ri 分页寻址片外 00H～FFH 空间的地址。XDATA 可由指令 MOVX A,@DPTR 寻址 0000H～FFFFH 空间的地址。变量声明如下：

```
unsigned char xdata system_status=0;
unsigned int pdata unit_id[2];
char xdata inp_string[16];
float pdata outp_value;
```

PDATA 和 XDATA 的变量操作相似。系统对 PDATA 区寻址比对 XDATA 区寻址快。

外部地址段除包含存储器地址外，还包含 I/O 器件的地址。对外部器件寻址可通过指针或 C51 中头文件 absacc.h 提供的绝对"宏"进行操作。建议使用宏对外部器件进行寻址，这样更有可读性(但 BDATA 和 BIT 存储区不能如此寻址)。

因此编程时，在程序中应采用#include <absacc.h>语句包含 absacc.h 头文件，即可使用其中定义的宏来访问某一绝对地址。absacc.h 包括的宏有 CBYTE、XBYTE、PWORD、DBYTE、CWORD、XWORD、PBYTE、DWORD 等。外部器件寻址方法如下：

```
unsigned char inp byte, out val,c;      //定义字符型变量
unsigned int inp word;                  //定义整型变量

inp byte = XBYTE[0x8500];               //从地址 8500H 读一字节
inp word = XWORD[0x4000];               //从地址 4000H 读一个字和 2001H
c = *((char xdata *) 0x0000);           //从地址 0000 读一字节
XBYTE[0x7500] = out val;                //写一字节到 7500H
```

也可以利用指向外部存储空间或外部 IO 器件地址的指针进行访问，例如：

```
unsigned char xdata *p = 0x8500; //定义一个指向外部 XDATA 区的指针并指向 0x8500
inp_byte = *p;                          //从地址 8500H 读 1 字节的数据
*p = out_val;                           //写一字节到 8500H
```

5. CODE 区

CODE 存储类型变量可以由指令 MOVC A,@A+DPTR 访问 0000～FFFFH 程序存储器中的地址。代码段的数据不可改变，8051 的代码段不可重写。一般代码段中可存储数据表、跳转向量和状态表。对 CODE 区的访问时间和对 XDATA 段的访问时间是一样的，CODE 区变量声明如下：

```
unsigned int code unit id[2] = 1234;
unsigned char code disp tab[16] = {
  0x00,0x01,0x02,0x03,0x04,0x05,0x06,0x07,
  0x08,0x09,0x10,0x11,0x12,0x13,0x14,0x15
};
```

6. 变量定位到绝对地址

在一些情况下，可能希望把一些变量定位在 51 单片机某个固定的地址空间上。C51 为此专门提供了一个关键字_at_。使用示例如下：

```
unsigned char i _at_ 0x30;          //变量 i 存储在 data 区的 0x30 地址处
idata unsigned char j _at_ 0x40; //变量 j 存储在 idata 区的 0x40 地址处
xdata int k _at_ 0x8000;            //int 型变量 k 存储在 xdata 区的 0x8000 地址处
```

12.5.4 Keil C51 的指针

C51 提供一个 3 字节的通用存储器指针。通用存储器指针的头一字节表明指针所指的存储区空间，另外两字节存储 16 位偏移量。对于 DATA 区、IDATA 区和 PDATA 区，只需要 8 位偏移量。

Keil 允许使用者规定指针指向具体的存储区，这种指向具体存储区的指针叫做具体指针。使用具体指针的好处是节省了存储空间，编译器不用为存储器的选择和决定正确的存储器操作指令产生代码，使代码更加简短，但必须保证指针不指向程序所声明的存储区以外的地方。否则会产生错误，并很难调试。C51 各种指针类型和占用字

表 12-5 C51 各种指针类型
及其占用字节大小

指 针 类 型	大小（byte）
通用指针	3
XDATA 指针	2
CODE 指针	2
IDATA 指针	1
DATA 指针	1
PDATA 指针	1

节大小如表12-5所示。

以下是各类指针定义和使用的示例：

```
unsigned char *generic_ptr;          //通用指针
unsigned char xdata *xd_ptr;         //指向 xdata 区的指针
unsigned char code *c_ptr;           //指向 code 区的指针
unsigned char idata *id_ptr;         //指向 idata 区的指针
unsigned char data *d_ptr;           //指向 data 区的指针
unsigned char pdata *pd_ptr;         //指向 pdata 区的指针
generic_ptr = &i;                    //通用指针赋值为变量 i 的地址
xd_ptr = dac0832_addr;               //xdata 区指针赋值为外部器件 dac0832 的地址
c_ptr = disp_tab;                    //code 区指针赋值为显示缓冲区表格的首址
id_ptr = &buffer[0];                 //idata 区指针赋值为缓冲数组 buffer[]的首址
d_ptr = buffer1;                     //data 区指针赋值为缓冲数组 buffer1[]的首址
pd_ptr = lcd_addr;                   //pdata 区指针赋值为外部 LCD 模块的地址
*generic_ptr = 1;                    //向通用指针指向的单元写一字节数据
j = *generic_ptr;                    //从通用指针指向的单元读一字节数据
*xd_ptr = 0x55;                      //向外部器件 dac0832 写一字节数据
k = *(c_ptr + i);                    //从显示缓冲区表格中读取一字节数据
*(id_ptr + 1) = 0x01;                //向缓冲数组 buffer[1]写一字节数据
k = (d_ptr + 2);                     //从缓冲数组 buffer1[2]读一字节数据
*pd_ptr = 0xaa;                      //向 LCD 模块写一字节数据
```

由于使用具体指针能够节省不少时间，所以一般都不使用通用指针。

12.5.5   Keil C51 的使用

Keil 编译器能让 C 程序源代码生成高度优化的代码，编程人员可以帮助编译器产生更好的代码。

1．采用短变量

一个提高代码效率的最基本的方式就是减小变量的长度，使用 C++等编程时，一般会采用 int 类型对循环变量进行控制，但对 8 位的单片机来说，此时应该采用 unsigned char 类型的变量，否则资源浪费会很大。

2．尽量使用无符号类型

因为 8051 不支持符号变量，运算程序中也不要使用含有带符号变量的外部代码。除了根据变量长度来选择变量类型外，还要考虑变量是否会被用于有负数的场合。如果程序中可以不需要负数，那么就要把变量定义成为无符号类型。

3．避免使用浮点指针

在 8 位操作系统上使用 32 位浮点数会浪费大量的时间，因此应当慎重使用。可以通过提高数值数量级和使用整型运算来消除浮点指针。处理 int 和 long 类型比处理 double 和 float 类型要方便得多，代码执行起来会更快。

4．使用位变量

对于某些标志位，应使用位变量而不是使用 unsigned char，这样能够节省内存资源，而且位变量在访问时只需要一个处理周期。

5．用局部变量代替全局变量

把变量定义成局部变量比全局变量更有效率。局部变量是在函数内部定义的变量，只在定义它的函数内部有效，只是在调用函数时才为它分配内存单元，函数结束则释放该变量空间。全局变量又称为外部变量，是在函数外部定义的变量，可以被多个函数共同使用，其有效作用范围是从它定义的位置开始直到整个程序结束。全局变量在整个程序的执行过程中都要占用内存单元。

6．用宏替代函数

对于小段代码，可用宏替代函数，使得程序有更好的可读性。用宏代替函数的方法如下：

```
#define led_on() {                                  \
        led state = LED ON;                         \
        XBYTE[LED_CNTRL] = 0x01;}
#define led_off() {                                 \
        led state = LED OFF;                        \
        XBYTE[LED_CNTRL] = 0x00;}
#define checkvalue(val)                             \
        ( (val < MINVAL || val > MAXVAL) ? 0 : 1 )
```

上面的反斜杠"\"表示续行符，当宏定义语句超过一行时，需要用此符号来续行。

宏使得访问多层结构和数组更加容易。用宏替代程序中使用的复杂语句，有更好的可读性和可维护性。

7．存储器模式

C51 提供了小存储器模式、压缩存储模式和大存储模式三种存储器模式来存储变量、函数参数和分配再入函数堆栈。

如果系统所需要的内存数小于内部 RAM 数时，应使用小存储器模式进行编译。在这种模式下，DATA 段是所有内部变量和全局变量的默认存储段，所有参数传递都发生在 DATA 段中。如果有函数被声明为再入函数，编译器会在内部 RAM 中为它分配空间。这种模式的数据存取速度很快，但存储空间只有 128 字节(实际只有 120 字节，有 8 字节被寄存器组使用)，还要为程序调用开辟足够的堆栈。

如果系统拥有 256 字节(或更少)的外部 RAM，可以使用压缩存储模式。此时，若不另加说明，变量将被分配在 PDATA 段中。这种模式将扩充能够使用的 RAM 数量，在内部 RAM 中进行变量的参数传递，存储速度比较快。对 PDATA 段的数据可通过 R0 和 R1 进行间接寻址，比用 DPTR 速度要快。

在大存储模式中，所有变量的默认存储区是 XDATA 段，Keil C51 尽量使用内部寄存器组进行参数传递。在寄存器组中可以传递参数的数量与压缩存储模式一样，再入函数的模拟栈将在 XDATA 中。对 XDATA 段数据访问速度最慢，所以要仔细考虑变量存储的位置，使数据的存储速度得到优化。

12.5.6　C51 关键字

关键字是编程语言保留的特殊标识符，它们具有固定的名称和含义，在程序编写中不允许将关键字另做它用。C51 中的关键字除了 ANSI C 标准的 32 个关键字外，还根据 MCS-51 单片机的特点扩展了相关的关键字。C51 关键字如表 12-6 所示。

表 12-6　C51 关键字

关　键　字	用　　途	说　　　明
auto	存储种类说明	用以说明局部自动变量，通常可忽略此关键字
break	程序语句	退出最内层循环和 switch 语句
case	程序语句	switch 语句中的选择项
char	数据类型说明	单字节整型数据或字符型数据
const	存储种类说明	在程序执行过程中不可更改的常量值
continue	程序语句	转向下一次循环
default	程序语句	Switch 语句中的失败选择项

（续表）

关 键 字	用 途	说 明
do	程序语句	构成 do-while 循环结构
double	数据类型说明	双精度浮点数
else	程序语句	构成 if-else 选择结构
enum	数据类型说明	枚举
extern	存储种类说明	在其他程序模块中说明过的全局变量
float	数据类型说明	单精度浮点数
for	程序语句	构成 for 循环结构
goto	程序语句	构成 goto 转移结构
if	程序语句	构成 if-else 选择结构
int	数据类型说明	基本整型数据
long	数据类型说明	长整型数据
register	存储种类说明	使用 CPU 内部寄存器变量
return	程序语句	函数返回
short	数据类型说明	短整型数据
signed	数据类型说明	有符号数据，二进制数据的最高位为符号位
sizeof	运算符	计算表达式或数据类型的字节数
static	存储种类说明	静态变量
struct	数据类型说明	结构类型数据
switch	程序语句	构成 switch 选择结构
typedef	数据类型说明	重新进行数据类型定义
union	数据类型说明	联合类型数据
unsigned	数据类型说明	无符号数据
void	数据类型说明	无类型数据
volatile	数据类型说明	该变量在程序执行中可被隐含地改变
while	程序语句	构成 wihle 和 do-while 循环结构
bit	位变量声明	声明一个位变量或位类型函数
sbit	位标量声明	声明一个可位寻址变量
sfr	特殊功能寄存器声明	声明一个特殊功能寄存器
sfr16	特殊功能寄存器声明	声明一个 16 位的特殊功能寄存器
data	存储器类型说明	直接寻址的内部数据存储器
bdata	存储器类型说明	可位寻址的内部数据存储器
idata	存储器类型说明	间接寻址的内部数据存储器
pdata	存储器类型说明	分页寻址的内部数据存储器
xdata	存储器类型说明	外部数据存储器
code	存储器类型说明	程序存储器
interrupt	中断函数说明	定义一个中断函数
reentrant	再入函数说明	定义一个再入函数
using	寄存器组定义	定义芯片的工作寄存器

12.6　C51 硬件编程

8051 系列单片机作为中、低档嵌入式系统的核心部分，集成了作为微型计算机所必需的众多功能部件和硬件接口，如基本 I/O 接口、定时器/计数器、串行接口等。

12.6.1　8051 的 I/O 接口编程

8051 单片机的输入/输出(I/O)接口是单片机和外部设备之间进行信息交换和控制的桥梁。8051 单片机 I/O 接口可以工作于标准的三总线方式，可以当做并行 I/O 接口进行读/写操作，也可以直接控制单个 I/O 接口的读/写。

例如，P1.0 与 P1.1 分别接两个按键 KEY1 和 KEY2，P2 口接 8 个 LED 指示灯，要求用 C51 编程完成：当 KEY1 与 KEY2 同时按下时，8 个 LED 全部点亮；当仅有 KEY1 按下时，前 4 个 LED 点亮；当仅有 KEY2 按下时，后 4 个 LED 点亮；无键按下时，8 个 LED 全部熄灭。示例程序段如下：

```
#include <reg51.h>        /* reg51.h 头文件中包含了特殊功能寄存器 P1 和 P2 的定义*/
sbit    KEY1 = P1^0;      /* 定义位变量，将 P1.0 定义名称为 KEY1 */
sbit    KEY2 = P1^1;
#define LED P2             /* 宏定义，将 P2 定义名称为 LED */
main()
{ while(1)                /* 循环判断输入信号 KEY1、KEY2 */
    {  if((KEY1 == 0) && (KEY2 == 0)) LED = 0x00;
       else if(KEY1 == 0) LED = 0x0f;
       else if(KEY2 == 0) LED = 0xf0;
       else LED = 0xff;    /* 无键按下，熄灭所有 LED */
    }
}
```

对于 I/O 接口在三总线方式下工作的编程示例见 12.8 节"C51 程序设计实例"。

12.6.2   8051 的定时器编程

定时器编程主要是通过对定时器进行初始化来设置定时器工作模式、确定计数初值等工作的。使用 C 语言编程和使用汇编语言编程方法类似。比如要用定时器实现 P1 口所接 LED 灯每隔 60 ms 闪烁一次(设系统晶振频率为 12 MHz)，C51 方式编程的示例程序段如下：

```
#include <reg51.h>
sbit    P1_0 = P1^0;
void main()
{    P1   = 0xff;              //关闭 P1 口接的所有灯
     TMOD = 0x01;              //确定定时器工作模式
     TH0  = 0x15;
     TL0  = 0xa0;
     TR0  = 1;
     for( ; ; )
     {  if(TF0)                //如果 TF0 等于 1
        {   TF0  = 0;          //清 TF0
            TH0  = 0x15;       //重置初值
            TL0  = 0xa0;
            P1_0 = !P1_0;      //LED 灯亮灭状态切换
        }
     }
}
```

要使用单片机的定时器，首先要设置定时器的工作方式，然后给定时器赋初值，即进行定时器的初始化。这里选择定时器 T0 实现定时功能，使用方式 1，即 16 位定时/计数的工作方式，不使用门控位。由此可以确定定时器的工作方式字 TMOD 应为 0x01。定时初值应为 65536 − 60 000 = 5536，由于不能直接给 T0 赋 16 位的值，必须将 5536 转化为十六进制即为 0x15a0，这样就可以写出初始化程序段为：

```
TMOD = 0x01;
TH0  = 0x15;
TL0  = 0xa0;
```

初始化定时器后，要使定时器开始工作，必须将 TR0 置 1，程序中用 TR0 = 1 来实现。可以使用中断也可以使用查询的方式来使用定时器，本例使用查询方式。

当定时器溢出后，TF0 被置 1，因此只需要查询 TF0 是否等于 1 即可得知定时时间是否到达，程序中用 if(TF0){...} 来判断。如果 TF0 = 0，则条件不满足，大括号中的程序段不会被执行；当 TF1 = 1 后，条件满足，即执行大括号中的程序段：首先将 TF0 清 0，然后重置定时初值，最后取反 P1.0 的状态。

12.6.3　8051 的中断服务

8051 的中断系统十分重要，C51 能够用 C 来声明中断，编写中断服务程序。中断过程通过使用 interrupt 关键字和中断号（0～31）来实现。中断号可以告诉编译器中断程序的入口地址。中断号对应着 IE 寄存器中的使能位，IE 寄存器中的 0 位对应着外部中断 0，即相应的外部中断 0 的中断号是 0。C51 的中断号和 IE 寄存器位对应关系如表 12-7 所示。

中断服务程序没有输入参数，也没有返回值。编译器不需要担心寄存器组参数的使用，也不用考虑对累加器 ACC、状态寄存器 PSW、B 寄存器、数据指针 DPTR 和默认的寄存器（如 PC）的保护。只要这些寄存器在中断程序中被用到，编译时软件会自动把它们分别压栈，在中断程序结束时又将它们分别恢复。中断程序的入口地址被编译器放在中断向量中。C51 支持所有 5 个 8051 标准中断源（中断号为 0～4）（只有 8052 才有定时器 2 中断）。中断程序的格式为：返回值　函数名　interrupt　n

表 12-7　C51 的中断号和 IE 及中断源的关系

IE 使能位和 C51 的中断号	中　断　源
0	外部中断 0
1	定时器 0 溢出
2	外部中断 1
3	定时器 1 溢出
4	串行口中断
5	定时器 2 溢出

典型的中断服务程序设计如下：

```c
#include <reg51.h>
#define RELOADVALH 0x3C
#define RELOADVALL 0xB0
extern unsigned int tick count;
void timer0(void) interrupt 1 {
    TR0=0;                        //停止定时器 0
    TH0=RELOADVALH;              //设定溢出时间 50 ms
    TL0=RELOADVALL;
    TR0=1;                        //启动 T0
    tick count++;               //时间计数器加 1
}
```

当指定中断程序的工作寄存器组时，保护工作寄存器的工作可以被省略。使用关键字 using，后跟一个 0～3 的数对应着 4 组工作寄存器。当指定工作寄存器组时，默认的工作寄存器组不会被压入堆栈，这将节省 32 个处理周期，因为入栈和出栈都需要 2 个处理周期。为中断程序指定工作寄存器组的缺点是，所有被中断调用的函数都必须使用同一个寄存器组，否则参数传递会发生错误。下面的例子给出了定时器 0 的中断服务程序，同时告诉编译器使用寄存器组 0。

```c
#include <reg51.h>
#define RELOADVALH 0x3C
#define RELOADVALL 0xB0
extern unsigned int tick count;
void timer0(void) interrupt 1 using 0
{   TR0=0;                        //停止定时器 0
    TH0=RELOADVALH;              //设定溢出时间 50 ms
    TL0=RELOADVALL;
```

```
        TR0=1;                                    //启动 T0
        tick_count++;                             //时间计数器加 1
    }
```

因为 8051 内部堆栈空间的限制，C51 没有如大系统那样使用调用堆栈。一般 C 语言中调用函数时，会把函数的参数和函数中使用的局部变量压栈。为了提高效率，C51 没有提供这种堆栈，而是提供一种压缩栈。每个函数被指定一个空间用于存储局部变量，函数中的每个变量都存储在这个空间的固定位置，当递归调用这个函数时，会导致变量被覆盖。

在某些实际应用中，函数被定义为非再入函数是不可取的，因为在函数调用时，程序可能会被中断程序中断，而在中断程序中可能再次调用这个函数。所以 C51 允许将函数定义成再入函数，再入函数可被递归调用和多重调用，而不用担心变量被覆盖，因为每次函数调用时的局部变量都会被单独保存。因为这些堆栈是模拟的，再入函数存储空间一般都比较大，运行起来也比较慢。模拟栈不允许传递 bit 类型的变量，也不能定义局部位标量。

12.6.4　8051 的串行口编程

8051 系列单片机片中 UART 函数用于串行通信，8051 中有两个 SBUF，一个用做发送缓冲器，另一个用做接收缓冲器。在完成串口的初始化后，只要将数据送入发送 SBUF，即可按设定好的波特率将数据发送出去；而在接收到数据后，可以从接收 SBUF 中读取接收到的数据。下面通过一个例子来了解串行口编程的方法。

例 12-1　甲机上电后等待乙机发来的命令 0x55，接收到该命令后点亮接在 P1.0 口的 LED 灯，同时向乙机发送应答命令 0xaa。甲机串行口发送采用查询方式，接收采用中断方式。甲机程序段示例如下：

```c
#include <reg51.h>
#define uchar unsigned char
sbit  LED = P1^0;
bit   Status = 0;                   //是否接收到命令 0x55，是则将该位置 1
void SendData(uchar Dat);           //发送函数声明
void main()
{    LED = 1;                       //关闭 LED 灯
     TMOD = 0x20;                   //确定定时器工作模式
     TH1 = 0xFD;
     TL1 = 0xFD;                    //定时初值
     PCON = 0x80;                   //SMOD=1
     TR1 = 1;                       //开启定时器 1
     SCON = 0x40;                   //串口工作方式 1
     REN = 1;                       //允许接收
     while (1)
     { if(Status)
         {   LED = 0;               //点亮 LED 灯
             SendData(0xaa);
             Status = 0;
         }
     }
}
/* 串行口查询发送程序 */
void SendData(uchar Dat)
{   SBUF = Dat;
    while(!TI);                     //等待发送完成
    TI = 0;
}
```

```
/* 串行口中断接收程序 */
void UART int(void) interrupt 4
{  uchar i;
   i = SBUF;                    //从接收 SBUF 中读取数据
   RI = 0;                      //接收中断标志清 0
   if(i == 0x55)  Status = 1;   //判断接收到的数据是否为 0x55，是则 Status 置 1
}
```

本程序使用 T1 作为波特率发生器，在方式 2 工作（8 位自动重装方式），波特率为 19 200bps，串行口在方式 1 工作，PCON 中的 SMOD 位置 1，可使波特率翻倍。根据以上条件不难算出 T1 的定时初值为 0xfd，TMOD 应初始化为 0x20，SCON 应初始化为 0x40，主程序 main 的开头对这些初值进行了设置。设置好初值后，使用 TR1=1 开启定时器 1，使用 REN=1 允许接收数据，然后即进入无限循环中开始正常工作。先等待乙机发送命令标志位 Status 有效，当在串口接收中断程序中接收到从乙机发来的命令字节为 0x55 时，置位标志 Status。Status 为 1 后点亮 LED 灯，并通过串口发送函数 SendData 向乙机发送应答命令 0xaa。

发送函数 SendData 中有一个参数 Dat 需要传递，即等待发送的字符。函数将等待发送的字符送入 SBUF 后，使用一个无限循环等待发送完成，在循环中通过检测 TI 来判断数据是否发送完毕。

12.7　C51 与汇编语言的混合编程

Keil C51 是一种专门针对 8051 系列微处理器的 C 语言开发工具，它提供了丰富的库函数，具有很强的数据处理能力。由于 C51 在编程中对 8051 寄存器和存储器的分配均由编译器自动管理，因此通常用 C51 来编写主程序。然而，有时也需要在 C 程序中调用一些用汇编 A51 编写的子程序。例如，以前用汇编语言编写的子程序、要求有较高的处理速度且必须用更简练的汇编语言编写的特殊函数，或因时序要求严格而不得不使用灵活性更强的汇编语言编写的某些接口程序。另外，在以汇编语言为主体的程序开发过程中，如果涉及复杂的数学运算，往往需要借助 C 语言工具的运算库函数和强大的数据处理能力，这就要求在汇编中调用 C 函数。

1. C51 编译器格式规范

C51 程序模块编译成的目标文件后，其中的函数名依据其定义的性质不同会转换为其他不同的函数名，因此在 C 语言和汇编程序的相互调用中，要求汇编程序必须服从这种函数名的转换规则，否则将无法调用到所需的函数或在运行时出现错误。C51 中函数名的转换规则如表 12-8 所示。

表 12-8　C51 中函数名的转换规则

C51 函数声明	转换函数名	说　明
void func(void)	FUNC	无参数传递或参数不通过寄存器传递的函数其函数名不做改变转入目标文件中
void func1(char)	_FUNC1	参数通过寄存器传递的函数在其名字前加上前缀“_”字符以示区别，它表明这类函数包含寄存器内的参数传递
void func2(void) reentrant	_?FUNC2	对再入函数在其名字前加上前缀“_?”字符以示区别，它包含堆栈内的参数传递

2. C51 函数及其相关段的命名规则

一个 C51 源程序模块被编译后，其中的每一个函数以“? PR? 函数名? 模块名”为命名规则被分配到一个独立的 CODE 段。例如，如果模块 FUNC51 内包含一个名为 func 的函数，则其 CODE 段的名字是? PR? FUNC? FUNC51。如果一个函数包含有 data 和 bit 对象的局部变量，编译器将按“? 函数名? BYTE”和“? 函数名? BIT”命名规则分别建立一个 data 和 bit 段，它们代表所要传递参数的起始位置，其偏移量为零。这些段是公开的，因此它们的地址可被其他模块访问。另外，这些段被编译器赋予 OVERLAYABLE 标志，所以可以被 L51 连接/定位器做覆盖分析。依赖于所使用的存储器模式，这些段名按表12-9所列规则命名，在相互调用时，汇编语言必须服从 C51 有关段名的命名规则。

表 12-9　C51 有关段名的汇编命名规则

数　　据	段 类 型	段　　名
程序代码	CODE	?PR?函数名?模块名(所有存储器模式)
局部变量	DATA	?DT?函数名?模块名(SMALL 模式)
	PDATA	?PD?函数名?模块名(COMPACT 模式)
	XDATA	?XD?函数名?模块名(LARGE 模式)
局部 bit 变量	BIT	?BI?函数名?模块名(所有存储器模式)

另外，程序存储器中常量的段名前缀是"?CO?"，可位寻址的内部数据存储区的段名前缀是"?BA?"，间接数据寻址空间的段名前缀是 "?ID?"。

3．C51 函数的参数传递规则

C51 和汇编接口参数传递的关键在于要清楚 C 函数的参数传递规则。Keil C51 具有特定的参数传递规则，这就为二者间接口参数传递提供了条件。Keil C51 函数最多可通过 CPU 寄存器传递 3 个参数，这种传递技术的优点是可以产生比汇编语言高效的代码。表 12-10 是利用寄存器传递参数的规则。

表 12-10　利用寄存器传递参数的规则

参数 数目	char/ 1 字节指针	int/ 2 字节指针	long/ float	一 般 指 针
(第)1 个参数	R7	R6，R7	R4~R7	R1，R2，R3
(第)2 个参数	R5	R4，R5	R4~R7	R1，R2，R3
(第)3 个参数	R3	R2，R3	无	R1，R2，R3

如果由于参数较多而使得寄存器不够用时，部分参数将在固定的存储区域内传送，这种混合的情况有时会令程序员在了解每一个参数的传递方式时发生困难。如果在源程序中选择了编译控制命令 #pragma NOREGPARMS，则所有参数传递都发生在固定的存储区域，所使用的地址空间依赖于所选择的存储器模式。这种参数传递技术的优点是传递途径清晰，缺点是代码效率不高、速度较慢。下面是几个说明参数传递规则的例子：

func1(int a)：a 在 R6、R7 中传递；

func2(int b, int c, int *d)：b 和 c 分别在 R6、R7 和 R4、R5 中传递，d 在 R1、R2、R3 中传递；

func3(long e, long f)：e 在 R4、R5、R6、R7 中传递，f 在参数段中传递。

当函数有返回值时，也需要传递参数，这种返回值参数的传递均是通过 CPU 内部寄存器完成，其传递规则如表 12-11 所示。

表 12-11　利用 CPU 内部寄存器进行返回值参数传递规则

返 回 类 型	使用寄存器	说　　明
bit	Carry_Flag	单个位经由进位标志 C 返回
(unsigned) char	R7	1 字节指针，单字节类型经由 R7 返回
(unsigned) int	R6，R7	2 字节指针，高字节在 R6，低字节在 R7
(unsigned) long	R4~R7	最高字节在 R4，最低字节在 R7
float	R4~R7	32 位 IEEE 格式
一般指针	R1~R3	存储器类型在 R3，高字节在 R2，低字节在 R1

4．SRC 编译控制命令

SRC 是一个十分有用的编译控制命令，它可令 C51 编译器将一个 C 语言源文件编译成一个相应的汇编语言源文件，而不是编译成目标文件。在这个汇编文件中，可以清楚地看到每一个参数的传递方法。例如，对于下面的 C 语言源文件（文件名 ASM.C）：

```
#include <reg51.h>
#define uchar unsigned char
uchar func(uchar x,uchar y);        /*函数 func 原型声明*/
void main(void)                     /* 主函数 */
{ func(0x12,0x34);                  /* 调用函数 func */
}
uchar func(uchar x,uchar y)         /* 函数 func */
{ return (x/y);                     /* 计算 x/y 并返回结果 */
}
```

编译后将产生如下的汇编输出文件（此处限于篇幅有所省略）：

```
;ASM.SRC generated from: ASM.C
?PR?main?ASM              SEGMENT CODE       ;主函数 main 代码段声明
?PR? func?ASM             SEGMENT CODE       ;函数 func 代码段声明
PUBLIC  func                                 ;公开函数名以便可被其他模块调用
PUBLIC main
         RSEG ?PR?main?ASM
main:                                        ;主函数代码段起始
;{
;func(0x12,0x34);
    MOV R7,#12H                              ;R7 传递第 1 个 char 参数
    MOV R5,#034H                             ;R5 传递第 2 个 char 参数
    LCALL  func                              ;调用函数 func
;}
    RET
; uchar func(uchar x,uchar y)
    RSEG  ?PR? func?ASM func:                ;函数 func 代码段起始
;{
; return (x/y);
    MOV    A,R7                              ;计算 x/y
    MOV    B,R5
    DIV     AB
    MOV    R7,A                              ;结果经 R7 返回
; }
    RET
    END
```

从上列汇编程序可以看出，函数名 func 前有一个前缀字符"_"，这表明该函数含有寄存器内的参数传递，寄存器 R7 和 R5 用来传递参数，计算结果经 R7 返回。如果在前述的 C 源文件中用#pragma NOREGPARMS 控制命令禁止寄存器内的参数传递，则所有参数均通过固定的存储区域传递。

5．C51 与汇编语言的混合编程

C51 与汇编语言混合编程时可以在 C 语言中调用汇编子程序，也可以在汇编语言中调用 C 语言子程序。下面以实例的方式介绍这两种混合编程调用的方法。

（1）在 C51 中调用汇编程序

设计在 P1.7 输出一个方波程序，输出的方波频率固定，程序通过每延时一段时间将 P1.7 取反的办法实现输出方波。主程序采用 C51 语言编程，延时函数通过汇编语言编写。

C51 主程序段如下：

```
#include <reg51.h>
sbit OUT = P1^7;
extern void delay(unsigned char num);              //延时函数声明
void main()
{  while(1)
    {   OUT = ~OUT;
        delay(10);
    }
}
```

汇编延时子程序如下（文件名为 delay.asm）：

```
NAME DELAY
?PR?_delay?DELAY_1   SEGMENT CODE
    PUBLIC   _delay
    RSEG     ?PR? delay?DELAY
_delay: USING    0
        CLR      A
        MOV      R6,A
?C0001: MOV      A,R6
        CLR      C
        SUBB     A,R7
        JNC      ?C0007
        CLR      A
        MOV      R5,A
?C0004: MOV      A,R6
        CLR      C
        SUBB     A,#064H
        JNC      ?C0003
        INC      R5
        SJMP     ?C0004
?C0003: INC      R6
        SJMP     ?C0001
?C0007: RET
        END
```

（2）汇编中调用 C51 函数

使用 C51 源文件 func51.c 中一个名为 func 的函数，可以完成某算术运算功能，该 C 源文件程序段如下：

```
#pragma NOREGPARMS
#include <reg51.h>
#include <math.h>
unsigned char func(unsigned int v_a,unsigned int v_b)
{
return sqrt(v_a / v_b);                  /* 计算 √v_a/v_b 并返回结果 */
}
```

该函数需要传递两个用于运算的参数，本例用 NOREGPARMS 命令禁止寄存器内的参数传递，即两个参数均在存储器区域内传递，且选择 SMALL 存储器模式。在汇编中调用该函数的程序段如下（文件名 ASM51.asm）：

```
        EXTRN    CODE (func)          ;外部函数 func 声明
        EXTRN    DATA (?func?BYTE)    ;外部函数 func 局部变量传送段声明
        VAR      SEGMENT DATA         ;局部变量段声明
        STACK    SEGMENT IDATA        ;堆栈段声明
        RSEG     VAR                  ;局部变量段
```

```
a_v:      DS    2                              ;用于存储第 1 个 int 参数的变量
b_v:      DS    2                              ;用于存储第 2 个 int 参数的变量
result:   DS    1                              ;存储 func 函数 char 结果的变量
          RSEG  STACK
          DS    20H                            ;为堆栈保留 32 字节
          RSEG  funca51                        ;funca51 代码段起始
          JMP   START
START:    MOV   SP,#STACK-1                     ;初始化堆栈
          MOV   ?func?BYTE+0,a_v+0              ;取第 1 个 int 参数
          MOV   ?func?BYTE+1,a_v+1
          MOV   ?func?BYTE+2,b_v+0              ;取第 2 个 int 参数
          MOV   ?func?BYTE+3,b_v+1
          LCALL func                           ;调用 C 函数 func
          MOV   result, R7                      ;存取结果
          END
```

分别用 C51 和 A51 编译器对上述 func51.c 和 ASM51.asm 编译，再执行链接：

```
L51 ASM51.obj, func51.obj   NOOVERLAY
```

即可实现在 ASM 51 中调用 C 函数 func。链接时选择 NOOVERLAY 是为了禁止覆盖数据段和位段。

（3）内联汇编代码

实际应用时有时需要使用汇编语言编程，比如对硬件进行操作或一些对时钟要求很严格的场合，但又不希望用汇编语言编写全部程序或调用用汇编语言编写的函数。那么可以通过预编译指令 asm 在 C 代码中插入汇编代码。示例程序段如下：

```
#include <reg51.h>
extern unsigned char code newval[256];
void func1(unsigned char param)
{   unsigned char temp;
    temp = newval[param];
    temp *= 2;
    temp /= 3;
#pragma asm
    MOV  P1, R7 ; 输出 temp 中的数据
    NOP
    NOP
    NOP
    MOV  P1, #0
#pragma endasm
}
```

当编译器在命令行加入 src 选项时，在 asm 和 endasm 中的代码将被复制到输出的 SRC 文件中。指定 src 选项的方法是：将此源文件加入要编译的工程文件，将光标指向此文件，选择右键菜单 option for file 'asm.c'，将属性菜单 properties 中的 Generate Assembler SRC File 和 Assemble SRC File 两项选中（复选框打"√"），将 Link Public Only 的"√"去掉，再编译即可。

如果不指定 src 选项，编译器将忽略在 asm 和 endasm 中的代码，从而不编译这段代码，并把这段代码放入它所产生的目标文件中，必须使用.src 文件，经过编译后再得到.obj 文件。

12.8　C51 程序设计实例

例 12-2　程序设计用单片机控制 DAC0832 产生、输出三角波。

图 12-1 所示为 STC89C51RC 单片机与 DAC0832 双极性接口产生三角波输出电路。

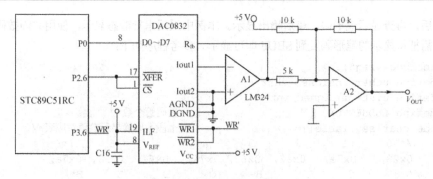

图 12-1　单片机与 DAC0832 接口电路

DAC0832 是一款 8 位逐次逼近型的 D/A 转换器，按照图 12-1 接口电路，DAC0832 的编址为 0xbfff。如要输出产生三角波，则需要对 D/A 输入不同的数字量。波形频率与 D/A 转换速度、每周期输出点数有关。下面是一段输出固定频率、幅度的三角波（读者可以参照此例自行编程实现幅度可调、频率可控的三角波输出），程序段示例如下：

```c
#include <reg51.h>
#define uchar unsigned char
void Delay(uchar num);
void main()
{   uchar i;
    uchar xdata *pDAC0832 = 0xbfff;        //DAC0832 的地址
    for( ; ; )
    {   *pDAC0832 = i;                      //输出一个点
        i++;
        Delay(1);
    }
}
void Delay(uchar num)                      //定义延时函数
{   uchar i,j;
    for(i = 0; i < num; i++)
        for(j = 0; j< 10; j++);
}
```

例 12-3　键盘和 LED 数码显示程序设计。

键盘和 LED 数码显示是单片机与嵌入式系统常用的人机交互功能，图 12-2 是单片机扩展 4×4 键盘，2 位串行数码显示接口电路。要求单片机扫描键盘，把键值送入数码管显示。

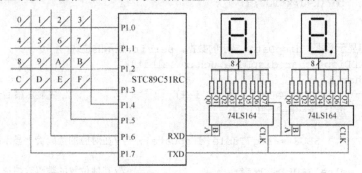

图 12-2　单片机与键盘、LED 数码显示接口电路

单片机扫描 4×4 键盘可采取逐行扫描的方法或行列反转方法。查键时采用 10 ms 延时去抖，查询

到有效键值后，再查显示笔形码，最后输出显示。本例中采用串行静态显示，使用共阳数码管，低电平点亮，只需把待显示的笔形码发到 SBUF 即可显示。参考程序如下：

```c
#include <reg51.h>
#define uchar unsigned char
#define uint  unsigned int
#define LEDSEGNUM  2                          /*数码管个数*/
code char seg7Table[]=                        /*七段数码管显示数值对应表*/
{   /* 0      1      2      3      4      5      6      7*/
    0x28,  0x7e,  0xa2, 0x62, 0x74,  0x61, 0x21, 0x7a,
    /* 8      9      A      B      C      D      E      F*/
    0x20,  0x60,  0x30,  0x25, 0xa9,  0x26, 0xa1, 0xb1,
    0xff     /*无显示        */
};
#define KEY_PORT P1                                   //矩阵键盘口
code uchar  KeyCode[] =                               //按键扫描码表
{   0x7e,0xbe,0xde,0xee,0x7d,0xbd,0xdd,0xed,
    0x7b,0xbb,0xdb,0xeb,0x77,0xb7,0xd7,0xe7
};
code uchar keyValue[]= {0,1,2,3,4,5,6,7,8,9,10,11,12,13,14,15};
void Delay(unsigned int i);                           //延时函数声明
void LEDDisp(uchar dispData,uchar selbit);            //数码管显示函数声明
uchar MatrixKeyScan(void);                            //按键扫描函数声明

void main(void)
{   uchar key;
    SCON = 0x00;                                      //串行接口在方式 0 工作
    while(1)
    {
        key = MatrixKeyScan();                        //读取按键值
        LEDDisp(key, 0x01);                           //在某一位数码管上显示键值
    }
}
/*完成一定时间的延时，用于非准确延时*/
void Delay(unsigned int i)
{   unsigned int j;
    char k;
    for(j=0;j<i;j++)
    {   for(k=0;k<100;k++) ;
    }
}
/*用数码显示数据, dispData:显示的数据, selbit:显示的位选*/
void LEDDisp(uchar dispData,uchar selbit)
{   uchar i;
    for(i = LEDSEGNUM; i > 0; i--)                    //先显示最后一位数码管
    {   if(i == selbit)
        {
            SBUF = seg7Table[dispData]; //在对应的数码管上显示数据
        }
        else SBUF = 0xff;                             //其他位置的数码管熄灭
    }
}
```

本章小结

在实际应用中，经常使用 C51 编程实现程序结构化、模块化设计。本章介绍了 C51 的数据结构、表达式、基本语句和关键字，介绍了 8051 系列单片机特殊功能寄存器、存储器类型，C51 软、硬件编程，以及 C51 混合编程方法。重点应掌握 C51 硬件编程、中断系统编程和混合编程。

练习与思考题

1. Keil C51 与标准的 C 语言有何异同？
2. continue 语句与 break 语句有何区别？
3. while 语句与 do-while 语句有何异同？
4. 宏与函数在使用上有何异同？
5. 哪些数据类型是 8051 单片机直接支持的？
6. 写出 C51 程序的结构。
7. 8051 系列单片机有哪几种存储区类型？各有什么作用？
8. 如何定义内部 RAM 中可位寻址区的字符变量？
9. 编写程序，将内部数据存储器 40H 和 41H 单元内容传送到外部数据存储器 0100H 和 0101H 单元中去。
10. 编写程序，将外部数据存储器 40H 单元中的内容传送到外部 50H 单元。
11. 结合串行显示电路，编写程序将 (R3 R2)×(R5 R4) 的结果转换成 BCD 码，并送串行口静态显示。
12. 编写程序，将 R2 中的各位倒序排列后送入 R3 中。
13. 编写程序，将 P1 口的高 5 位置位，低 3 位不变。
14. 编写程序，将 8 次采样值(假设已依次存储在 30～37H 的连续单元中)进行算术平均值滤波并求采样平均值，结果保留在 40H 单元中。
15. 从 30H 单元开始有一无符号数据块，其长度在 20H 单元中。编写程序找出数据块中最小值和最大值，分别存入 40H 和 41H 单元中。
16. 采用 C51 编程时，在什么情况下有必要调用汇编语言程序？
17. 混合编程应注意的问题是什么？结合流水灯电路，编写控制流动灯显示程序。
18. 总结如何规范编程，如何编写高效的单片机 C51 程序。
19. 用 8051 单片机和 AD574 设计一个 A/D 采样电路，用 C51 编写一个 A/D 采样程序，采样结果输出到数码管显示。

第13章　单片机应用系统设计

本章学习要点：

(1) 单片机应用系统设计基本原则，单片机应用系统设计方法与步骤；

(2) 单片机应用系统基本结构、设计方案和软件、硬件编程设计实例；

单片机系统在工业控制、智能化仪器、机器人、玩具及家用电器等领域得到广泛应用，掌握单片机应用系统设计方法，对于从事电子行业的工程技术人员具有十分重要的作用。本章以实例的方式介绍单片机应用系统的硬件电路设计、软件设计、开发手段和系统调试方法。

13.1　单片机应用系统设计的基本原则

单片机应用系统设计原则要从以下几点考虑。

(1) 高可靠性。高可靠性是系统应用的前提，是系统设计的首要设计准则。通常应从以下 5 方面进行考虑：

① 选用可靠性高的电子元器件；

② 采取必要的抗干扰措施，防止环境干扰、信号串扰，以及电源或地线的干扰；单片机作为测控系统的主控端，在对电动机、继电器等对象进行控制时必须采用低电平触发，以防止其误动作。

③ 整个系统中相关器件的性能应匹配，如读/写速度匹配、精度匹配等；

④ 当单片机外接电路较多时，必须考虑其驱动能力。若驱动能力不够，则应增加总线驱动器或减少芯片功耗，从而降低总线负载。

⑤ 在软件上应做必要的冗余设计，增加自诊断功能。

(2) 高性能价格比。在开发某个产品时，应考虑性能价格比，尽量降低成本，简化电路，强化软件功能。一个好的产品如果价格很贵，同样没有市场竞争力。

(3) 操作简单方便。一个好的产品除功能强、性价比高、可靠性高外，还必须有一个友好的操作界面。因此在产品设计时，应尽量减少人机交互接口，多考虑设计傻瓜式、学习型的操作界面，以方便任何人使用。

(4) 设计周期短。只有缩短设计周期，才能有效降低设计费用，充分发挥系统技术优势，尽早占领市场，提高产品的竞争力。

13.2　单片机应用系统设计及开发过程

1. 产品需求分析和可行性分析

调查市场和用户需求，了解用户对未来产品性能的希望和要求。对国内外同类产品状况进行调查，包括结构及性能存在的问题，搜集该产品的各种技术资料，整理供求关系和可行性分析报告，得出市场和用户的需求、经济效益和社会效益情况、技术支持与开发环境，以及现在的竞争力与未来的生命力等结论。

2．确定系统的功能和性能

系统的功能主要有数据采集、数据处理和输出控制等，对各项功能要进行细分。系统性能主要有精度、速度、功耗、硬件、体积、重量、价格和可靠性等技术指标。一旦产品的功能和性能指标确定，就应该在这些指标的限定下进行设计。

3．系统设计方案

系统设计方案是系统实现的基础。方案的设计主要依据市场和用户的需求、应用环境状况、关键技术支持、同类系统经验借鉴和开发人员的设计经验，主要内容包括：系统结构设计、系统功能设计、系统实现方法等，方案中应提供系统模型如硬件结构框图与程序流程图。

4．系统硬件电路设计

根据系统设计方案，将硬件电路框图转化为具体的电路。电路设计包括单片机的选型、外围器件的选择、外围电路的连接方法，PCB 设计、加工，以及元器件采购、焊接、组装和调试等工作。

在硬件设计方面，全世界半导体公司(如 STC、Intel、Atmel、Philiph、Motorola 等公司)都竞相推出各种高性能、低功耗的单片机和外围芯片，使在进行硬件设计时可以很快地得到最先进的芯片。在这种情况下，硬件设计的外部条件越来越好，集成度越来越高，在实现相同功能的情况下线路越来越简化。

5．系统软件设计

在做系统软件设计前首先应进行软件功能规划，主要内容是功能性设计、可靠性设计和管理设计。工作内容是把系统要实现的任务划分成多个子功能，把各子功能分解成为若干程序模块。功能性设计和运行管理设计通过各种不同程序模块来实现，可靠性设计渗透到各模块的设计之中。因此，整个软件系统可以看成由若干功能模块组成。

完成功能模块设计后，还要进行软件层次规划，要清楚主程序、中断程序、子程序之间的层次关系，将各功能模块合理地组织到主程序及各中断子程序中去。由于每个功能模块的实现都在一定程度上与硬件电路有关，因此每个功能模块的安排方式一般不是唯一的，对应不同的硬件设计可以有不同的安排。

在软件设计方面，虽然开发工具和程序设计语言在不断提高，但技术人员本身的软件素质对软件设计水平无疑起决定作用。软件设计水平在单片机系统产品开发的过程中占有重要地位，直接影响到产品的水平和竞争力。软件设计是一门科学，有其自身的规律，也有很多成熟的理论和算法。因此在软件开发过程中，需要不断学习软件设计理论和算法思想，通过模仿和实验相结合，总结软件设计规律和设计经验，以提高自身的软件设计能力和水平。

6．系统调试

系统调试的作用是检验所设计的系统是否正确可靠，从中发现软、硬件设计或组装过程中出现的错误。硬件电路设计问题可采用万用表、逻辑笔、示波器、信号源及逻辑分析仪等手段进行检查和排除。软件设计问题应采用单片机仿真器、仿真软件调试环境(如 Keil μVision3)对系统调试板和各种程序进行逐一编译、调试、运行，保证其通过，最后进行程序连接、系统综合统调和测试，直到程序运行正确为止。最后，把程序编译并生成扩展名为 hex 的目标文件，再将此文件写入到单片机即可进行整机测试。

7．系统方案局部修改及再调试

对于在系统综合调试过程中发现的问题、错误及出现的不可靠因素要提出有效的解决办法，然后对原方案进行局部修改，再进行调试运行，直到运行成功并达到系统设计要求。

8. 生成正式产品

作为正式产品，不仅要有正确、可靠的软、硬件系统，还应提供该产品的全部文档资料，包括系统设计方案、电路原理图、软件清单（加注释）、软硬件功能说明书、配置说明书和系统操作手册等。此外还需要考虑产品的外观设计、包装、运输、促销及售后服务等商品化问题。

13.3　单片机应用系统设计的基本结构

随着应用领域的不断深入，对单片机应用系统的设计要求越来越高，应用规模越来越大，单片机应用系统由传统的单机结构正逐步向多机结构方向发展。

1. 单机结构

单机结构只有一片单片机，并以单片机为核心，系统的设计仅围绕着这一片单片机展开，系统运行靠这一片单片机控制，这种结构是目前单片机应用系统中采用最多的一种结构，适用于小规模的单片机应用系统。图 13-1 是典型的单机结构框图。

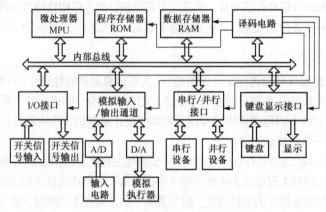

图 13-1　典型单机结构框图

单机结构设计简单、系统紧凑、性价比高，但在大规模应用系统中，难以实现多任务的处理、控制及高速运行，因此无法满足大规模应用的系统功能和性能要求。

2. 多机结构

多机结构面向大规模单片机应用系统而设计，在整个系统中有多个单片机同时工作，按照拓扑结构的不同，可把多机结构系统分为多级、多机分布式控制结构和局域网络结构等系统结构，其中分布式控制结构可以在多任务情况下提高应用系统的工作速度，有效提高系统的可靠性，因此在实际应用中得到广泛应用。图 13-2 是两级多机分布式系统结构框图。在这个两级多机分布式控制系统中，第一级是主机系统，主要负责完成对下一级单片机系统的监督与管理、处理单片机系统提供的信息与通信、巡检下位机的工作情况及在其发生故障时提出应急处理办法。第二级为单片机系统，是系统的执行机构，起上传下达的桥梁作用，主要完成各自的信息传输、处理和输出控制等任务。

两级控制系统之间涉及互连技术。如果单片机不允许扩展外部存储器，那么主机系统与单片机系统的通信一般采用串行通信。因此在某一时刻，主机系统只能与其中一个单片机系统进行通信，为此要设计一个通信协议来管理主机系统与单片机系统之间的短距离通信。常用的通信协议方式有轮询、中断和时间片三种，也可采用 GPIB 通信方式。

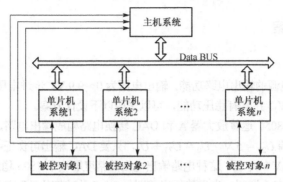

图 13-2 两级多机分布式系统结构框图

如果单片机允许扩展外部存储器，那么可以采用多端口共享同一个存储器的方式实现主机系统与单片机系统的通信。但为了防止读/写数据之间的冲突，对共享存储器应做如下处理：为共享存储器的每个端口规定不同的优先级，防止出现数据竞争；对共享存储器进行分区，使主机系统和单片机系统之间交换数据时，仅在它们设置的固定区域内的存储器中读/写，防止数据之间出现串扰。

多端口存储器结构可以大大地提高通信系统的速度，但多端口存储器应用得比较少。

13.4 单片机应用系统设计实例

前面介绍了电子产品的设计方法和过程，综合起来主要分为三个环节：功能设计、可靠性设计和产品化设计，下面以数控直流电压源设计为例介绍单片机应用系统的设计方法。

13.4.1 系统任务设计

1. 设计任务

试设计出有一定输出电压范围和功能的数控直流电源，要求输出电压的范围为 0～+9.9 V，步进电压为 0.1 V，纹波不大于 10 mV，输出电流大于 500 mA，能够预置输出初值，输出电压值由数码管显示。其电路结构框图如图 13-3 所示。

图 13-3 数控直流电源结构框图

2. 任务分析

按照任务，要设计这样的数控直流稳压电源，关键要设计以下 3 个电路：

（1）输出电路设计。实现输出电压为 0～+9.9 V，步进电压为 0.1 V；输出电流达到 500 mA；稳压特性良好，纹波小于 10 mV，输出电压误差要尽量小。

（2）数控电路设计。实现输出初值能够预置，具有手动和自动扫描两种工作方式，能够有效地控制输出电压，并能够数字化显示电压值。

（3）扩展低频信号源，能够输出方波、三角波、锯齿波、正弦波，并要求波形频率可控。

13.4.2　系统设计方案

1. 输出电路

根据数控直流稳压电源的输出电路功能：输出电压为 0～9.9 V，步进电压为 0.1 V，输出电流大于 500 mA，纹波小于 10 mV，并具有稳压功能，可以采取以下设计方案。

由三端集成稳压器 7805、运算放大器 A 和 DAC 转换电路构成输出电路，如图 13-4 所示。在该电路中，7805 稳压器输出端 $U_{23} = 5$ V，$U_0 = U_{23} + U_3$，只要 DAC 输出可保证–5 V～+4.9 V，则输出端 U_0 就能保证输出 0～+9.9 V 的电压。这种电路输出电压的精度取决于 7805 稳压器输出电压的误差，步进电压由 DAC 输入的数字量控制，步进值的误差则与 DAC 的转换位数和基准电压有关。

为了达到 0.1 V 的步进控制精度，对输出–5 V～+4.9 V 的电压范围至少要能够分辨出 99 个不同状态数据，而 8 位 DAC 能够分辨出 256 个状态，因此采用 8 位 DAC 能够满足系统设计要求。本例中 DAC 选用 DAC0832 双极性输出，电路设计如图 13-5 所示。

DAC 输出电压 U_{01} 与输入数字量 B 的关系如下：

$$U_{01} = -B \frac{V_{REF}}{256}，\text{则由运放 A2 构成的加法器得到} U_{out} = (B - 128) \frac{V_{REF}}{128}$$

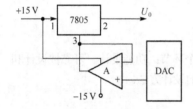

图 13-4　输出电路实现方案

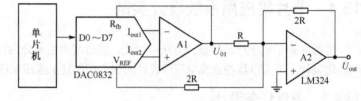

图 13-5　DAC 输出电路

2. 数控电路

要实现数控、数字显示和数值预置，数控电路可以由单片机、4×4 键盘和串行显示电路组成，单片机接收键盘输入数字并控制 DAC 电压输出从而实现 0.1 V 步进，并在显示器上直观显示输出电压值。电路如图 13-6 所示。

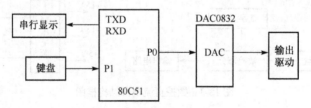

图 13-6　数控电路框图

3. 输出电压扩展电路

为产生输出多种波形可以采取 MCU 加 DAC 的设计方案，根据不同的按键输入选择输出不同的波形，并分时循环输出某一种波形的对应数据。波形数据由 DAC 转换后形成模拟信号输出，必要时在 DAC 输出端加滤波器输出波形。每种波形均由 n 个离散值构成，n 为波形每周期由 DAC 输出的离散量。由于 DAC 保持每周期输出 n 个模拟量值，从而形成连续的波形输出。输出波形的频率为

$$f = \frac{1}{nT_r}$$

其中，T_r 为模拟输出一个点所需要的时间，n 为波形每周期输出的点数。波形参数(即各个波形点输出的数字量)要事先通过计算以数据表格的形式存储在程序存储器中，然后通过查表取数送入 DAC 输出不同的波形。

当然也可以采用 ICL8038 函数发生器产生正弦波、方波和三角波，如图 13-7 所示。该电路产生的频率为：

$$f = \frac{1}{\frac{5}{3} R_1 C \left(1 + \frac{R_2}{2R_1 - R_2}\right)}$$

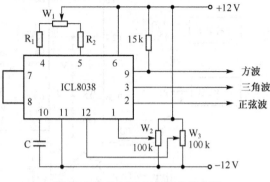

图 13-7 ICL8038 函数发生器电路

图中 W_2、W_3 两个电位器用来调节正弦波、方波和三角波的失真。如果 $R_1 = R_2 = 4.7$ kΩ，$C = 0.1$ μF，电源为 ± 15 V，则根据上式理论上可计算输出信号的频率为：

$$f = \frac{0.3}{RC} = 5769 \text{ Hz}$$

正弦波的峰-峰电压值达+7 V，方波幅度约为 ± 15 V，三角波幅度约为+10 V。

13.4.3 系统整体电路设计

通过以上考虑，采用第一种 7805 加 DAC 的设计方案，可以设计出数控直流稳压电源的整体电路原理图(f_{osc}=12 MHz)，如图 13-8 所示。图中电路采用低频变压器降压。整流后，一路整流、稳压输出+5 V 电源给单片机系统供电。另一路整流、稳压输出 ± 15 V 给 DAC0832 供电。DAC0832 采用双极性接法，DAC 转换输出的模拟电压 V_{out}(范围为−5～+4.98 V)，送到 LM7805 的负极端，相当于在稳压器 LM7805 的输出端叠加一个−5～+4.98 V 的电压。因此，改变 DAC0832 的数字量，就能够实现 0～+9.9 V 电压输出。对于系统设计的键盘和显示采用了通用接口电路，参考第 10 章的相关电路。

13.4.4 系统软件设计

1. 资源分配

(1) P1 口扩展 4×4 键盘接口，共 16 个键，其中 10 个数字键(0～9)用于预置输出电压或波形的频率；2 个步进键 "+"、"−" 用于步进微调，改变输出电压或波形频率；3 个功能键控制选择产生三种波形输出。将 a、b 连接起来即可输出可调电压；断开 a、b 两点，可在 V_{out} 输出频率可调的波形(实际应用中可再扩展 1 片 DAC0832 输出产生方波、三角波和正弦波)；1 个确认键。

(2) P0 口作为数据总线，读、写 D/A 转换数据。

(3) TXD、RXD 作为串行口数码显示，负责数字化显示输出电压值。

(4) T0 定时器/计数器产生 10 ms 定时中断，用于定时扫描键盘。

(5) D/A 转换器 DAC0832 的片选地址为 7FFFH。

(6) 片内 30H 作为 D/A 转换寄存器，31H 作为显示寄存器低位，32H 作为显示寄存器高位，33H 作为键码寄存器，34H 作为键龄寄存器，20H.0 作为按键的响应标志位。

2. 规范编程

在编写大型程序时，对于系统使用的硬件引脚资源、外部端口、存储器和接口地址等应该统一分配，并在程序开始之前用伪指令进行常量、变量、标志位和存储器的定义和说明，以便日后阅读和方便程序升级。

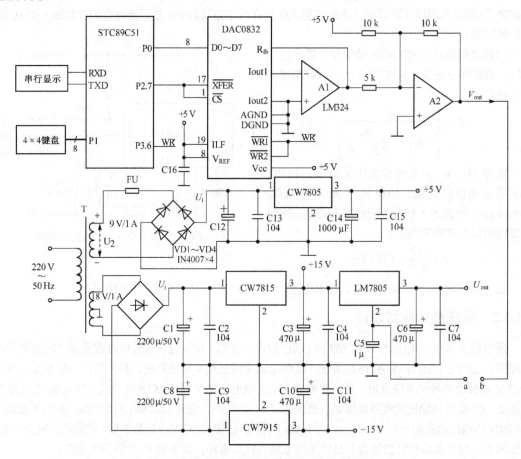

图 13-8　数控直流稳压电源的整体电路原理图

涉及的地址常量一般可以使用伪指令 EQU 定义；变量和资源分配可以使用 DATA 伪指令定义；标志位、I/O 引脚位的资源分配可以使用 BIT 伪指令定义，并详细加以说明。

3. 软件功能模块设计

在设计系统软件时，首先应详细分析系统的功能，并做好功能结构和层次结构的设计与规划。然后把各功能模块合理地组织到主程序和中断服务程序中，其他功能子程序由主程序或中断服务程序进行调用。

为了完成本系统功能，首先需要完成用数字键盘预置输出电压，步进微调输出电压值，显示当前输出的电压值（只要再扩展 1 片 DAC0832 电路，用按键可同时控制产生三种波形）。因此，整个软件系统可划分为如下功能模块：

（1）自检与初始化模块：在系统上电时，在执行主程序前需要先调用一次自检模块，以确认系统启动时是否处于正常状态。为了发现系统运行中出现的故障，可以在时钟模块的配合下进行定时自检，即每隔规定时间段调用一次自检模块。为了消除操作者对系统状态的疑虑，也可以通过按键操作临时调用一次自检模块，这个工作可以在监控模块的配合下实现。自检之后进行初始化，然后执行主程序进入无限循环。

（2）时钟模块：一般采用软件时钟，用于定时扫描键盘或采集数据。时钟模块安排在定时中断子程序中。

（3）监控模块：采用定时查询方式读键，用于监控键盘。监控模块可安排在定时中断子程序中。

（4）控制决策模块：对按键进行判断，并做出相应的反应，控制执行相应的模块。

（5）信号输出模块：根据控制决策模块的结论，输出对应的数字信号进行 D/A 转换，控制输出电压或波形以便达到预期目标。

（6）数据显示模块：一般安排在监控模块之后，以便及时反映系统信息与操作结果。

按照软件功能可划分为主程序、定时中断子程序两个层次。主程序完成自检与初始化和输出显示。把键盘监控、判断决策、信号输出和显示模块放在中断子程序中完成。主程序和定时中断子程序流程图分别如图 13-9、图 13-10 所示。

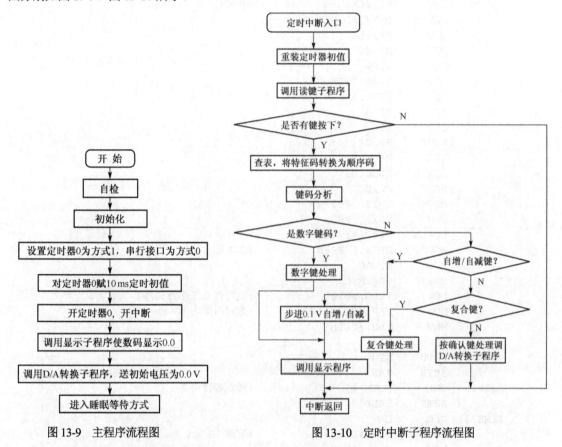

图 13-9　主程序流程图　　　　　　　　　图 13-10　定时中断子程序流程图

这样，通过按+、−键步进加、减电压，每按一次就加或减 0.1 V，按键可以连击；输出电压变化范围为 0.0～+9.9 V，数码管显示当前电压值，按 RESET 键可以使电压值复位为 0.0 V。实现数控直流电源的参考程序段如下（$f_{osc}=12\ \text{MHz}$）：

```
DAC      DATA    30H              ;D/A 转换寄存器
UDIS0    DATA    31H              ;显示寄存器低位
UDIS1    DATA    32H              ;显示寄存器高位
KEYCODE  DATA    33H              ;键码寄存器
KEYT     DATA    34H              ;键龄寄存器
BZ       DATA    20H
KEYOK    BIT     BZ.0             ;按键响应位
         ORG     0000H
         LJMP    MAIN
```

```
                ORG     000BH
                LJMP    TIME0
                ORG     0030H
MAIN:           MOV     R2,#05
                MOV     R0,#30H
                CLR     A
CLS:            MOV     @R0,A
                INC     R0
                DJNZ    R2,CLS
                MOV     20H,#00
                MOV     R2,#0AH         ;自检
                MOV     DPTR,#DISLIST
                MOV     R4,#00
ZJ:             MOV     R3,#02
                MOV     A,R4
                MOVC    A,@A+DPTR
SF:             MOV     SBUF,A
                JNB     TI,$
                CLR     TI
                DJNZ    R3,SF
                INC     R4
                LCALL   DL500MS
                DJNZ    R2,ZJ
                MOV     UDIS0,#00
                MOV     UDIS1,#00
                LCALL   DISPLAY
                MOV     DPTR,#7FFFH     ;D/A 芯片地址
                MOV     A,DAC
                MOVX    @DPTR,A
                MOV     TMOD,#01H       ;定时器 0 工作方式为 1
                MOV     TH0,#0D8H       ;定时时间为 10 ms
                MOV     TL0,#0F0H
                SETB    EA
                SETB    ET0
                SETB    TR0
SLEP:           ORL     PCON,#1         ;睡眠等待中断
                AJMP    SLEP
TIME0:          CLR     EA
                MOV     TH0,#0D8H       ;定时 10 ms
                MOV     TL0,#0F0H
                LCALL   KEY
                SETB    EA
                RETI
DISPLAY:        MOV     DPTR,#DISLIST   ;送显子程序
                MOV     A,UDIS1         ;送显高位
                MOVC    A,@A+DPTR
                CLR     ACC.3           ;小数点点亮
                MOV     SBUF,A
                JNB     TI,$
                CLR     TI
                MOV     A,UDIS0         ;送显低位
                MOVC    A,@A+DPTR
                MOV     SBUF,A
```

```asm
        JNB     TI,$
        CLR     TI
        RET
KEY:    MOV     P1,#0FH
        MOV     A,P1            ;键盘解释子程序
        ORL     A,#0F0H
        CPL     A
        JNZ     KEY0
        CLR     KEYOK           ;键释放后清除按键响应标志
        LJMP    KEYEXT          ;无键退出 KEY 子程序
KEY0:   MOV     P1,#0FH         ;进行反转法读键
        MOV     A,P1
        ANL     A,#0FH
        MOV     B,A
        MOV     P1,#0F0H
        MOV     A,P1
        ANL     A,#0F0H
        ORL     A,B
        MOV     B,A             ;按键扫描码暂存于B
        MOV     R3,#16          ;4×4 共 16 个按键需要比对
        MOV     R4,#00          ;存储键值
        MOV     DPTR,#KEYTAB    ;按键扫描码对应表格
KEYFIND0:MOV    A,R4
        MOVC    A,@A+DPTR
        CJNE    A,B,KEYFIND
        LJMP    KEYFIND1
KEYFIND: INC    R4
        DJNZ    R3,KEYFIND0
        LJMP    KEYEXT          ;没找到正确的键值
KEYFIND1:MOV    A,R4            ;找到键值
        CJNE    A,#03,KLP       ;排除键
        LJMP    KEYEXT
KLP:    CJNE    A,KEYCODE,KEY0  ;与上次的键相同否，不同则释放键
        LJMP    KEY1
KEY0:   MOV     KEYCODE,A       ;释放键
        MOV     KEYT,#00
        CLR     KEYOK
        LJMP    KEYEXT
KEY1:   MOV     A,KEYT          ;键龄加 1
        INC     A
        MOV     KEYT,A
        JNB     KEYOK,KEY2      ;响应位为 1 否?
        MOV     A,#04           ;判断该键是否允许连击
        XRL     A,KEYCODE
        JZ      KEYOUT
KEY2:   MOV     B,#0FEH
        JNB     KEYOK,KEY3
        MOV     B,#0E7H         ;连击间隔时间控制
KEY3:   MOV     A,KEYT
        ADD     A,B
        JNC     KEYEXT
        MOV     A,KEYCODE
        CJNE    A,#01,KEYM2
```

```
                LCALL    ADDMODE
                LJMP     KEYOUT
KEYM2:   CJNE    A,#02,KEYM3
                LCALL    SUBMODE
                LJMP     KEYOUT
KEYM3:   CJNE    A,#03,KEYEXT
                LCALL    REST
KEYOUT:  SETB    KEYOK
                MOV     KEYT,#00
KEYEXT:  RET
ADDMODE: CLR     C              ;步进 0.1 V 子程序
                MOV     A,DAC          ;每按一下"+"键，DAC 步进 03H
                ADD     A,#03H         ;每步进 03H，电压值升高 0.1 V
                JC      EXT0           ;电压到 9.9 V 时 DAC 的值不变
                MOV     DAC,A
                MOV     A,UDIS0        ;显示单元加 1
                CJNE    A,#09,ADU0
                MOV     A,UDIS1
                CJNE    A,#09,ADU1
                AJMP    ADDIS
ADU0:    INC     A
                MOV     UDIS0,A
                AJMP    ADDIS
ADU1:    INC     A
                MOV     UDIS1,A
                MOV     UDIS0,#00
ADDIS:   LCALL    DISPLAY        ;送显
                MOV     DPTR,#7FFFH    ;送 DAC
                MOV     A,DAC
                MOVX    @DPTR,A
EXT0:    RET                     ;以下是步减 0.1 V 子程序
SUBMODE: MOV     A,DAC          ;每按一下"-"键，DAC 步减 03H
                SUBB    A,#03H         ;每步减 03H，电压值降低 0.1 V
                JC      EXT1           ;电压值为 0.0 V 时 DAC 的值不变
                MOV     DAC,A
                MOV     A,UDIS0        ;显示单元减 1
                CJNE    A,#00,SBU0
                MOV     A,UDIS1
                CJNE    A,#00,SBU1
                AJMP    SBDIS
SBU0:    DEC     A
                MOV     UDIS0,A
                AJMP    SBDIS
SBU1:    DEC     A
                MOV     UDIS1,A
                MOV     UDIS0,#9
SBDIS:   LCALL    DISPLAY        ;送显
                MOV     DPTR,#7FFFH    ;送 DAC
                MOV     A,DAC
                MOVX    @DPTR,A
EXT1:    RET
REST:    MOV     UDIS0,#00               ;复位子程序
                MOV     UDIS1,#00
```

```
                MOV        DAC,#00
                RET
DL500MS:        …                                    ;延时子程序略
                RET
DISLIST:  DB    09H,0EBH,98H,8AH,6AH,0EH,0CH,0CBH,08H,0AH    ;笔形码
KEYTAB:   DB    0EEH, 0DEH, 0BEH, 7EH, 0EDH, 0DDH, 0BDH, 7DH,
          DB    0EBH,0DBH,0BBH,7BH, 0E7H,0D7H,0B7H,77H
                END
```

限于篇幅，数字键和确认键的处理程序略。有兴趣的读者可以进一步编程产生低频信号发生器，实现输出频率可控的方波、三角波、锯齿波和正弦波信号。

本章小结

前面几章介绍了单片机的内部结构，外部器件的扩展方法和编程要点，设计了单片机与众多单个外部器件的接口电路。本章主要从整体应用的角度介绍单片机系统设计的方法、步骤和电路的选型，并用实例说明单片机应用系统的硬件、软件设计方法。本章重点应掌握单片机应用系统设计过程中各个阶段的要点和技巧，包括方案设计、器件选择、电路优化和功能模块程序设计。

练习与思考题

1. 一个产品化设计要经历哪些阶段？一个产品要推向市场成为真正的产品需要具备哪些条件？

2. 用单片机设计一个有实用价值的产品电路，并实现其功能(如汽车电子倒车雷达等)。

3. 总结串行接口器件的数据读/写时序与规律，利用 DS1302 或 PCF8563 设计一个数字电子钟。

4. 试用单片机和温度、湿度等多种传感器检测正常气温、最高气温、最低气温、相对湿度、风向、风速、大气压等空气参数，完成气象预报显示系统设计，实现自动气象预报。

5. 设计一个单片机测控系统，一般包括哪几个环节，需要哪几个步骤？

6. 单片机最小应用系统有哪几部分组成？

7. 数据采集系统一般由哪些部分组成？各组成部分的功能是什么？有哪些技术指标要求？

8. 设计 4×4 键盘和数码显示电路，采用逐行扫描编写键盘查询程序并将键值显示出来。

9. 说明用总线方式与 I/O 接口方式扩展外部器件的优缺点。

10. 用 TM2262-IR 红外接收器和单片机红外遥控电路，实现红外发射和接收。

11. 用单片机设计一个超声波测距电路方案，实现 0～2 m 内的精确测量。

12. 用单片机设计一个汽车测速电路方案，实现车速和路程的精确测量。

第 14 章　Proteus 电路设计与仿真技术

本章学习要点：

(1) Proteus 软件功能、软件操作和使用方法；

(2) Proteus 信号源、虚拟仪器使用，Proteus 电路设计，程序编辑、编译和仿真；

(3) Proteus 与 Keil 的协同仿真方法。

Proteus 是一个完整的嵌入式系统软、硬件设计仿真平台，它包括 ISIS（电路原理图设计、电路原理仿真）、ARES（印制电路板设计）两个应用软件，三大基本功能。其电路原理仿真功能，除了具有普通分离器件、小规模集成器件的仿真功能以外，还有多种带有 CPU 的可编程序器件的仿真功能，如 8051 系列、68 系列、PIC 系列等；具有多种总线、存储器、RS-232 终端仿真功能；具有电动机、液晶显示器等特殊器件的仿真功能。对于可编程器件可以灵活地外挂各种编译、编辑工具，使用非常方便。提供多种虚拟仪器，如测量仪表、示波器、逻辑分析仪和信号发生器等，可以完成实时仿真调试，在课堂教学上是一个非常好的演示工具。具有传输特性、频率特性、电压波动分析、噪声分析等多种图形分析工具，可以完成电路参数分析和可靠性分析。

14.1　Proteus 快速入门

Proteus ISIS 是英国 Labcenter 公司开发的电路设计、分析与仿真软件，功能强大。使用 Proteus 可以在电路图上用箭头显示电流方向、用颜色显示电流的大小等信息，大量的快捷图标和单独的仿真按钮使操作直观方便。下面以 Proteus V7.8 专业版为例，介绍单片机接口电路设计与编程仿真技术。

14.1.1　Proteus 工作界面

Proteus ISIS 的工作界面是一种标准的类似 Windows 的界面，人机界面直观，软件操作简单。双击桌面上的 ISIS 7 Professional 图标或选择"开始"→"程序"→"Proteus 7 Professional"→"ISIS 7 Professional"命令，出现如图 14-1 所示界面，进入了 Proteus ISIS 集成环境。在这个操作界面下，就可以开始各种电路的设计和仿真工作。

1. ISIS 系统主界面

ISIS 集成环境可分成 3 个区域：编辑窗口、预览窗口和工具栏。整个工作界面包括标题栏、菜单栏、标准工具栏、绘图工具栏、状态栏、对象选择按钮、预览对象方位控制按钮、仿真进程控制按钮、预览窗口、对象选择器窗口和图形编辑窗口。

2. ISIS 系统主菜单

ISIS 系统软件以菜单、快捷键方式操作，操作主菜单如图 14-2 所示，各个菜单的主要功能介绍如下：

(1) 文件菜单：新建、加载、保存、打印等文件操作。

(2) 浏览菜单：图纸网格设置、快捷工具选项、图纸的放大缩小等操作。

(3) 编辑菜单：编辑取消、剪切、复制、粘贴、器件清理等操作。

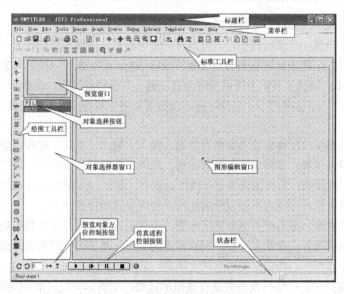

图 14-1　ISIS 集成环境工作界面

(4) 库操作菜单：器件封装、库编译、库管理等操作。

(5) 工具菜单：实时标注、自动放线、网络表生成、电气规则检查、材料清单生成等操作。

(6) 设计菜单：设计属性编辑、添加和删除图纸、电源配置等操作。

(7) 图形菜单：传输特性、频率特性分析菜单、编辑图形、添加曲线、分析运行等操作。

(8) 源文件菜单：选择可编程器件的源文件、编译工具、外部编辑器、建立目标文件等操作。

(9) 调试菜单：启动调试、复位显示窗口等操作。

(10) 模板菜单：设置模板格式、加载模板等操作。

(11) 系统菜单：设置运行环境、系统信息、文件路径等操作。

(12) 帮助菜单：打开帮助文件、设计实例、版本信息等操作。

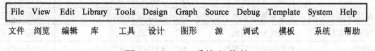

File	View	Edit	Library	Tools	Design	Graph	Source	Debug	Template	System	Help
文件	浏览	编辑	库	工具	设计	图形	源	调试	模板	系统	帮助

图 14-2　ISIS 系统主菜单

Proteus ISIS 软件通过这些操作菜单和快捷方式，能够很方便地进行电路原理图设计、编辑、修改，实现电路的仿真。

3. 工具栏

工具栏由两大部分组成，标准工具栏和绘图工具栏。标准工具栏有很多功能按钮，与文件菜单功能相对应。绘图工具栏有丰富的操作工具，分为对象工具箱、调试工具箱、绘图工具箱，选择不同的工具箱图标按钮，系统将提供相应的操作功能。各个工具箱包含的按钮功能如下：

(1) 对象工具箱。又称为对象选择器，对象选择器有 7 种不同的功能按钮，选择不同的图标按钮，可以放置原理图需要的对象类型。7 种功能按钮说明如下：

←放置器件：在工具箱选中器件，在编辑窗移动鼠标，单击左键放置器件。

←放置节点：当两根连线交叉时，放置一个节点表示连通。

←放置网络标号：电路连线可以用网络标号替代，具有相同标号的线是连通的。

←放置文本说明：输入脚本，对电路做必要的说明，与电路仿真无关。

←放置总线：当多线并行连接时，可以放置总线以简化连线。

←放置子电路：当图纸较小时，可以将部分电路以子电路形式画在另一张图纸上。

←移动鼠标：单击此键取消当前左键的放置功能，但仍然可以编辑对象。

（2）调试工具箱。调试工具箱中提供多种仿真工具，其中曲线图表、激励源和虚拟仪器包含的仿真工具名称如表 14-1、表 14-2 所示。选择对应的按钮图标可以放置所需的仿真调试工具。调试按钮功能说明如下：

←放置终端接口：终端接口类型有普通、输入、输出、双向、电源、接地、总线等。

←放置器件引脚：器件引脚类型有普通、反向、正时钟、负时钟、短引脚、总线等。

←放置曲线图表：曲线图表类型有模拟、数字、混合、频率特性、传输特性、噪声分析等。

←放置录音机：可以将声音记录成文件，也可以回放声音文件。

←放置激励源：激励源类型有直流电源、正弦信号源、脉冲信号源和数据文件等。

←放置电源探针：在仿真时显示网络线上的电压，是图形分析的信号输入点。

←放置电流探针：在指定的网络线上串联，显示电流大小。

←放置虚拟设备：虚拟设备类型有虚拟示波器、逻辑分析仪、信号发生器、模式发生器、虚拟终端、交直流电压表和电流表、计数器/定时器、SPI 调试器、I^{2}C 调试器。

表 14-1 Proteus 的仿真工具表

13 种曲线图表		12 种虚拟仪器	
ANALOGUE	模拟图表	OSCILLOSCOPE	虚拟示波器
DIGITAL	数字图表	LOGIC ANALYSER	逻辑分析仪
MIXED	混合分析图表	COUNTER TIMER	计数器/定时器
FREQUENCY	频率分析图表	VIRTUAL TERMINAL	虚拟终端
TRANSFER	转移特殊分析图表	SPI DEBUGER	SPI 调试器
NOISE	噪声分析图表	I^{2}C DEBUGER	I^{2}C 调试器
DISTORTION	失真分析图表	SIGNAL GENERATOR	信号发生器
FOURIER	傅里叶分析图表	PATTERN GENERATOR	模式发生器
AUDIO	音频分析图表	DC VOLTMETER	直流电压表
INTERACTIVE	交互分析图表	DC AMMRTER	直流电流表
CONFORMANCE	一致性分析图表	AC VOLTMETER	交流电压表
DC SWEEP	直流扫描分析图表	AC AMMRTER	交流电流表
AC SWEEP	交流扫描分析图表		

表 14-2 激励源仿真工具表

DC	直流电压源	AUDIO	音频信号发生器
SINE	正弦波发生器	DSTATE	稳态逻辑电平发生器
PULSE	脉冲发生器	DEDGE	单边沿信号发生器
EXP	指数脉冲发生器	DPULSE	单周期数字脉冲发生器
SFFM	单频率调频波信号发生器	DCLOCK	数字时钟信号发生器
PWLIN	任意分段性线性脉冲信号发生器	DPATTERN	模拟信号发生器
FILE	文件信号发生器，数据来源于 ASCII 码文件		

（3）绘图工具箱。Proteus 提供多种二维手工绘图和标签放置功能，选择对应的按钮图标可以绘制需要的图形。此工具箱放置的对象无电气特性，在仿真时不考虑。绘图按钮功能说明如下：

←绘制各种线：各种线类型有器件、引脚、端口、图形线和总线等。

←绘制矩形框：移动鼠标到一个角，单击左键拖动画出矩形框。

←绘制圆形图：移动鼠标到一圆心，单击左键拖动画出圆心图。

　　←绘制圆弧线：移动鼠标到起点，单击左键拖动画出圆弧线。

　　←绘制闭合多边形：移动鼠标到起点，单击产生折点，闭合后画出多边形。

　　←绘制标签：在编辑窗放置文本说明标签。

　　←绘制特殊图形：可以从库中选取各种图形。

　　←绘制特殊标记：标记类型有原点、节点、标签引脚名、引脚号等。

14.1.2　Proteus ISIS 软件基本操作

　　电路原理图是由电子器件符号和连接导线组成的。电路原理图中的器件包含编号、名称、参数等属性，连接导线包括名称、连接的器件引脚等属性。电路原理图设计过程：查找器件，放置器件，把相应的器件引脚用导线连接起来，合理修改器件和导线的属性。

1. 设计文件建立

　　打开 ISIS 系统，选择文件菜单中的新建（"File"→"New Design"）窗口，打开图纸选择窗口，选择合适的图纸类型，确认后自动建立一个默认标题(Untitled)的文件，选择文件菜单可另存为 newfile（建立自己名称的设计文件）。Proteus ISIS 使用了下列的文件类型：

　　设计文件 Design Files（*.DSN）；

　　备份文件 Backup Files（*.DBK）；

　　部分电路存盘文件 Section Files（*.SEC）；

　　器件仿真模式文件 Module Files（*.MOD）；

　　器件库文件 Library Files（*.LIB）；

　　网络列表文件 Netlist Files（*.SDF）。

　　当创建新的一页时，无论是使用缺省的首页，还是使用 Design 菜单中的 New Sheet 命令，页面的大小总是由 System 菜单的 Set Sheet Sizes 设置决定，页面的扩展部分不会在实际的打印输出纸张上显示出来。

2. 对象放置

　　ISIS 支持对多种类型的对象进行操作，器件、电源、仪表等在设计过程中都是可操作对象，虽然类型不同，但放置、编辑、移动、复制、旋转、删除各种对象的基本步骤都是一样的。下面以放置对象为例介绍操作对象的方法。放置对象步骤如下：

　　(1) 根据对象的类别在工具箱选择相应模式的图标(Mode Icon)。

　　(2) 根据对象的具体类型选择子模式图标(Sub-mode Icon)。

　　(3) 如果对象类型是元件、端点、引脚、图形、符号或标记，从选择器(Selector)选择需要对象的名字。对于元件、端点、引脚和符号，首先需要从库中调出。

　　(4) 如果对象是有方向性的，将在预览窗口显示出来，可以通过单击旋转和镜像图标调整对象的朝向。

　　(5) 最后，指向编辑窗口并单击鼠标左键放置对象。

　　对象放置好后，使用鼠标可以选择、删除、移动和复制对象，可以调整对象的朝向，旋转、编辑对象等。

3. 器件对象放置

　　器件是电路设计的主体，也是对象的一种。首先单击工具箱左上角的 P 按钮，即可弹出选取元件(Pick Devices)界面（如图 14-3 所示）。在 Keyword 窗口填入器件名称，可自动搜索到需要的器件，或在种类窗口(Category)中选择器件类型库，在子种类窗口(Sub-category)中选择器件系列，再从 Results 窗口选择具体器件，双击器件名称器件将进入工具箱中。

图 14-3　选取元件界面

在操作窗口右边有两个 Preview 窗，可以看到选择器件的原理图符号和 PCB 封装形式，原理图窗中显示 No Simulator Model 的器件将不能仿真调试。系统提供的器件库如表 14-3 所示。

表 14-3　Proteus ISIS 提供的器件库

Analog Ics	模拟集成电路库	Modelling Primitives	简单模拟库，如电流源、电压源等
Capacitors	电容器件库	Operational Amplifiers	运算放大器库
CMOS 4000 Series	CMOS 4000 系列器件库	Optoelectronics	光电器件、数码管器件库
Connectors	连接器、插头、插座器件库	PLDs & FPGAs	可编程逻辑器件库
Data Converters	数据转换库（ADC、DAC）	Resistors	电阻、电位器
Debugging Tools	调试工具库	Simulator Primitives	简单模拟器件库
Diodes	二极管器件库	Speakers & Sounders	扬声器和音响器件库
ECL 10000 Series	ECL 10000 系列器件库	Switches & Relays	开关和继电器库
Electromechanical	电动机器件库	Switching & Devices	开关器件（可控硅）库
Inductors	电感器件库	Thermionic Valves	热电子器件（电子管）库
Laplace Primitives	拉普拉斯变换库	Transistors	晶体管器件库
Memory ICs	存储器库	TTL 74 Series	TTL 74 系列器件库
Microprocessor ICs	微处理器库	TTL 74LS Series	TTL 74LS 系列器件库
Miscellaneous	其他混合类型库		

4．连线放置方法

布线（Wire Placement）：Proteus 支持自动布线，分别单击两个引脚，这两个引脚之间便会自动添加连线。也可以手动连线。

ISIS 的智能软件系统，能够自动检测画线，不需要选择画线模式。两个对象需要连线时，如果想让 ISIS 自动定出走线路径，先用鼠标单击第一个对象连接点并按左键，再用鼠标单击另一个对象连接点按左键即可。如果想自己决定走线路径，只需在想要拐弯点处单击鼠标左键拖动即可。

重复布线（Wire Repeat）：当连接了一条线之后，将鼠标移到另一个器件引脚，双击就可以画出同样的一条线。

拖线（Dragging Wires）：如果拖动线的一个角，则该线的这个角就随着鼠标指针移动。如果鼠标指向一个线段的中间或两端，就会出现一个角，然后就可以拖动。也可以使用块移动命令来移动线段或线段组。

14.2 Proteus 电路原理图设计

使用 Proteus ISIS 设计电路原理图需要从器件库中把器件调入到对象选择器，然后从对象选择器放置到图形编辑窗口，最后调整元件布局，连接电路线路，完成电路设计。下面以 8 个 LED 流动灯电路设计为例，介绍 Proteus ISIS 电路原理图设计的过程。

14.2.1 元器件选取与放置

LED 流动灯电路需要单片机、发光二极管(LED)、电阻(RES)、电容(CAP 与 CAP-elec)、晶振(Crystal)、按键(Button)元器件及供电电源。元件存储在器件库中，选择器件需要使用对象选择器。

1．对象选择器的使用

在使用对象选择器中单击 P，进入如图 14-3 所示的界面，出现元件挑选窗口，在器件库中选择需要的器件。选择调入这些元器件的方法有如下两种：

(1) 如果知道器件的名称或名称中的一部分，可以在左上角的关键字搜索栏 Keywords 中输入，例如，输入 80C51 或 8051，即可在 Results 栏中筛选出该名称或包含该名称的器件，双击 Results 栏中的名称 80C51 或 8051，即可将其添加到对象选择器中。

(2) 如果不知道器件的名称，可逐步分类检索。在 Category(器件种类)栏下面，找到该器件所在的类别，如对于单片机，应选择 Microprocessor ICs 类别，在对话框的右侧 Results 栏中会显示常见的各种型号的单片机。如果器件太多，可进一步在下方元件子类 Sub-category 中找到该单片机所在的子系列(如 8051 Family)，然后在 Results 栏中选择、双击所需要的器件，即可将其添加到对象选择器，例如，单击 80C51，在右边的预览窗口可显示其电路符号和封装。

电阻、电容、二极管等器件同样可以采取如上办法进行选择。

2．对象的选取

器件、电源和仪表等都是电路设计时操作的对象，只要在对象选择器的元件列表中的相应元件名上单击鼠标左键就可以从对象选择器中将元器件选中并放入图形编辑窗口。

(1) 器件的选取：例如，要选取单片机，先在对象选择器列表中选中单片机型号(如 80C51)，再在图形编辑窗口中单击鼠标左键，这样 80C51 就被放到编辑窗口中。其他各元件采用同样方法放置。如果元件的方向不对，可以在放置以前用方向工具转动或翻转后再放入。对于已放置的元件，可以先选定，再用方向工具或块旋转工具将器件转动至合适的方向。

(2) 终端接口的选取：用鼠标左键单击工具栏中的终端接口图标 🖁，在对象选择器中出现各种终端符号，从中挑选出地线(Ground)和电源(Power)，再在图形编辑窗口中用鼠标左键单击即可放置到编辑窗口中。

(3) 虚拟仪器选取：若要添加示波器，先用鼠标左键单击工具栏中的虚拟仪器图标 🖾，在对象选择器中出现各种虚拟仪器符号，然后用鼠标左键单击 Oscilloscope，选中示波器，再在图形编辑窗口中用鼠标左键单击，这样示波器就被放置到编辑窗口中。其他仪器采取同样的方法放置。

14.2.2 电路连线设计

按照电气特性，绘制电路连线有两种方式：一种是直接连线法；另一种是总线加网络标号连接法。

1．直接连线法

把电路图需要的所有元件都放置到图形编辑窗口后，调整元件布局，将鼠标移动到元件的引脚处，出现笔形符号后单击鼠标左键，即为导线的起始点，然后移动鼠标(导线跟着鼠标移动，并会自动拐弯)

到目标元件的引脚上再单击左键，即为导线的终点，完成一条导线连线，按照线路图需求反复操作，就能完成电路连线设计。

2．总线加网络标号连接法

在实际中经常会用到总线连接，这样可以简化线路。

（1）总线生成：使用总线连接电路时，先在工具栏中选中总线图标 ┿，然后将鼠标移动到编辑窗口合适的位置单击左键，即为总线的起始点，然后移动鼠标(总线跟着鼠标移动，并会自动拐弯；也可手工在拐弯处单击鼠标左键设置拐弯点)到目标位置处再双击左键，即可完成一条总线。

（2）总线分支：有了总线后，需要连接总线与引脚的总线分支。这时用导线连接的办法，将鼠标移动到元件的引脚处，出现笔形符号后单击鼠标左键，即为导线的起始点，然后移动鼠标到总线附近单击左键画出平行线(也是导线的折点)，再斜移鼠标到总线上，同时按 Ctrl 键和鼠标左键可绘制斜线，完成一根总线分支。重复以上操作可以完成其他引脚到总线的连接，也可在下一个引脚上双击鼠标左键，可以复制以上连接的导线。

（3）网络标号设置：选中工具栏中网络标号按钮 ，在连通的引脚两端放置相同的网络标号。如图 14-4 所示的 LED 流动灯电路图就是采用总线加网络标号完成的电路设计。

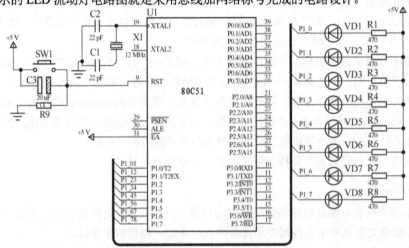

图 14-4 LED 流动灯电路设计

14.3 Proteus 电路仿真

Proteus 可以完成多种电路设计与仿真实验，包括电路原理实验(电阻、电容、电感、开关、继电器、电动机和指示灯等)，模拟电子技术实验(二极管、三极管、场效应管、晶闸管、光电管和运算放大器等)，数字电子技术实验(4000 系列、74 系列、ECL10000 系列逻辑器件和 PLD 器件等)，单片机与接口实验(51 系列、68 系列、PIC 系列、存储器、ADC 和 DAC 器件等)，ARM7 接口实验(主要是 LPC2100 系列芯片)。

设计了电路原理图后，对于纯硬件电路可以直接通过仿真按钮进行仿真，而单片机必须需要下载程序后才能运行。所以需要建立源代码文件，并将其编译通过后生成仿真程序的调试文件或目标文件下载到单片机芯片中，最终实现单片机系统设计仿真。

14.3.1 单片机源代码生成与编译

选择主菜单上的"Source"→"Add/Remove Source files"命令，出现一个操作对话窗口(如图 14-5 所示)，在 Code Generation Tool 栏中选择 ASEM51 代码编译器，单击"New"按钮新建源文件，选择文件存储文件夹,输入文件名(如 Led8.asm),确定创建新文件。然后在主菜单选择"Source"→"Led8.asm"打开源文件,就可以进行单片机程序的编辑、修改和保存。源程序编辑完成后,再选择主菜单"Source"→"Build All"选项进行程序编译。编译如果有错误,系统将提示出错的代码行,转到源文件编辑窗口去修改文件,再编译,直到程序编译没有错误为止。

　　Proteus 可仿真多种单片机类型,不同的单片机应选择不同的代码生成器。编译代码生成工具通过主菜单"Source"→"Define Code Generation Tools"选项进行选择。

图 14-5　源文件创建选择对话框

14.3.2　目标文件装载与仿真

　　单片机程序编写完成后,进行编译并将自动生成目标文件 Led8.hex。将 Led8.hex 文件下载到单片机就可以调试运行程序。

　　装载目标文件的方法是:先用鼠标双击 89C51,出现 Edit Componet 对话框,在 Program File 选项中单击出现文件浏览对话框(如图 14-6 所示),找到 LED8.hex 文件,单击"OK"按钮即可将 LED8.hex 仿真程序装入单片机。修改晶振时钟频率,单击"OK"按钮退出,回到图形编辑窗口(这个过程相当于实际应用中的对单片机程序烧录)。然后在仿真进程控制按钮栏中单击开始仿真,此时可以看到程序的运行结果;单击暂停/终止按钮分别可以暂停/终止仿真运行,控制仿真进程。

　　如果对仿真结果不满意,可以返回重新修改程序、编译、再下载目标文件和仿真运行,改变 8 个 LED 流动显示效果,直到满意为止。

　　仿真时,元件上的引脚会出现颜色变化:红色代表高电平,蓝色代表低电平,灰色代表悬空 (floating)。单击暂停仿真,可以打开多种观测窗口,包括单片机源程序代码窗口、内部数据存储器窗口、SFR 寄存器窗口、CPV 寄存器窗口和数据观测窗口,如图 14-7 所示。有了这些窗口,可以方便地进行单步、全速执行调试程序。

图 14-6　目标代码装载对话框

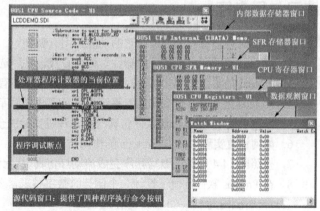

图 14-7　仿真观测窗口

14.4　Keil 与 Proteus 的协同仿真

　　要实现 Keil 与 Proteus 的协同仿真,需要给 Keil 软件安装第三方插件,把这个第三方插件安装在 Keil 工作文件夹下。

　　Keil 与 Proteus 协同仿真的第三方插件为 vdmagdi.exe,执行 vdmagdi.exe 即可完成软件安装。软件安装完成后,需要分别对 Proteus 和 Keil 仿真工具进行设置。

1．Keil 仿真工具设置

启动 Keil 软件，新建工程后，鼠标移到工程名点右键进入"Options for Target"→"Target 1"设置框（或者按 Alt+F7），单击 Debug 选项，出现仿真设备选择对话框，这时在 Use 选项中设置选择仿真设备为 Proteus VSM Simulator，表明当前 Keil 使用 Proteus ISIS 电路设计平台调试运行程序，启动 Keil 运行程序，将把程序下载传送到 Proteus 的单片机中进行电路仿真。

2．Proteus 仿真程序设置

Proteus 仿真设置比较简单，只要把主菜单"Debug"→"Use Remote Debug Monitor"选项的功能选中（即打"√"）就可以了。这样就将 Keil 和 Proteus 连接起来，从而实现 Keil 与 Proteus 的协同仿真。

3．Keil 与 Proteus 的协同仿真操作

先启动 Keil，并在 Keil 中建立一个工程，按照 Proteus 设计的电路进行编写源程序，源程序编译通过后，单击主菜单"Debug"→"Start/Stop Debug Session"选项或工具按钮 ⊕ 可进入程序调试状态。

调整、缩小 Keil 和 Proteus 集成工作界面，并同时排列在屏幕上，使两个工作界面各占屏幕的一边。

在 Keil 工作界面上操作调试单步执行、全速执行程序，程序运行的结果将在 Proteus 设计的电路上做出相应的反应。观测程序运行结果，如果有问题，则需要在 Keil 中修改程序，或转到 Proteus 操作环境中修改电路。修改完成后再调试运行，观测运行结果，直到满足设计要求为止。

本章小结

Proteus 是一个完整的嵌入式系统软、硬件设计仿真平台。本章重点学习 Proteus 电路原理图设计，实现硬件编程仿真，掌握 Keil 与 Proteus 的协同仿真方法。通过大量的实践活动，一定能提高电路设计与编程能力。

练习与思考题

1．Proteus 软件有什么特点？它的功能作用有哪些？

2．Proteus 集成有多少类型的器件？如何查找器件、选择对象和电路设计？

3．Proteus 的界面有哪些工具栏？分哪些功能窗口？有哪些类型的虚拟仪器？

4．Proteus 激励源有什么作用？系统提供了哪些器件库？

5．举例说明利用 Proteus 软件仿真一个单片机实验的全过程。

6．如何设置实现 Keil 与 Proteus 的协同仿真？

7．按照图 14-4 电路，编写程序完成流动灯仿真（从上到下逐个点亮 LED 灯）。

8．在 Proteus 软件环境下设计一个倒计时数字秒表，要求有如下功能：

（1）定时范围为 59～00 秒，每秒减 1；

（2）设计两位数码管显示；

（3）设计 2 个按键（K_1、K_2），K_1 按下，秒表开始工作；K_2 按下，秒表停止工作。

9．在 Proteus 软件环境下设计一个 4×4 键盘和数码显示，假设键盘各键对应键值为 0～9，A～F，试编程仿真实现键盘扫描和把按键值送显示。

10．在 Proteus 环境下设计单片机与 DAC0832 接口，编程仿真在虚拟示波器输出三角波。

11．在 Proteus 环境下设计单片机与 LCD1602 显示接口，编程仿真显示"LCD1602 Test"信息。

第15章 单片机实验与指导

本章学习要点:

(1) 单片机与嵌入式系统是一门实践性、综合性很强的课程,学好单片机应用的诀窍就是:坚持在学中"做"、做中"学";

(2) 通过实验提升技能,加深理解,体验单片机硬件电路设计和软件设计方法,提高动手能力;

(3) 培养学生发现问题、分析问题、解决问题的能力。

科学实验是科学理论的源泉,是自然科学的根本,是工程技术的基础。单片机原理及应用是一门实践型很强的课程,课程的任务是培养学生掌握单片机原理与应用方面的基本原理、基本知识和基本技能,培养学生分析问题、解决问题的能力。本章以STC89C51RC单片机实验开发板为基础,以软件实验、资源使用实验和典型接口电路实验为主,介绍单片机的实践应用,使学生巩固所学知识,加深对单片机体系结构的理解,熟练掌握编程方法,掌握单片机应用系统开发的基本技能。

本章精选了9个单片机应用实验,在普通PC、Keil C51-V9.0版编程环境下,使用STC89C51RC单片机设计的实验开发板完成软、硬件实验的调试。

15.1 单片机实验系统设计

在电子产品的设计中,单片机作为系统的控制核心得到了广泛的应用。为了方便初学者学好单片机,本节重点介绍单片机实验系统的设计与制作。

15.1.1 单片机应用开发板结构

典型的单片机应用开发板一般由时钟电路、复位电路、片外扩展 RAM、键盘、数码显示、液晶显示、ISP 程序下载、外部扩展接口等部分组成,图 15-1 是单片机应用开发板实验结构框图。

在实验开发板上集成众多常用接口电路,如 I^2C 接口的实时时钟芯片,I^2C 接口的 E^2PROM 存储器,串行 A/D、D/A 转换电路,字符型、点阵图形和 TFT 液晶接口,独立 4 单键与 4×4 键盘,6 位数码显示,8 个 LED,ISP 编程的 USB 串行通信接口,温度与红外传感器接口,无源蜂鸣器电路及供电电路。单片机的 5 组 I/O 端口都外接插座,必要时可以使用这些 I/O 口作为其他接口连接电路。这些实用接口电路涵盖了单片机的各个应用领域,给用户提供了实际应用设计方法。电路信号的切换通过跳线器进行选择,可靠性高,使用方便。

15.1.2 单片机应用开发板电路设计

图 15-2 是单片机应用开发板实验电路原理图。在开发板中,采用并行接口扩展了键盘、数码显示和液晶显示电路,使用了串行接口扩展 A/D、D/A 转换器、E^2PROM 存储器、实时时钟和温度、红外传感器电路,各个电路按独立性设计,可根据实验要求用插线连接完成某一个电路实验。系统采用STC89C51RC 单片机为核心,其抗干扰性强,加密性高,可很方便地编程及下载。各部分电路设计介绍如下。

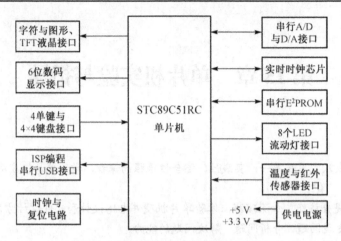

图 15-1　单片机应用系统实验结构框图

1. 键盘接口

在图 15-2 中，键盘使用 16 个机械触点做按键，可构成 4×4、4×3 矩阵键盘和 4 个单键接口。用短路片把 SK1 与 1 连接，16 个键构成 4×4 键盘；SK1 与 1 连接时，把 16 个键的 S1～S4 可作为 4 个独立按键使用，其他 12 键构成 4×3 键盘。按键通过机械上触点可以转换成为电气的逻辑关系，提供标准的 TTL 逻辑电平。键盘与单片机的 P3 口连接，可采用逐行扫描法、线反转法读出键码。

2. 数码显示接口

数码显示电路有多种形式，可以使用 2 片 74HC595 驱动 8 个数码管，也可用 1 片 74LS164 和多个三极管构成多个字的数码显示。在图 15-2 中，系统使用两片 74LS573 设计了 6 个数码管做动态显示。单片机与 74LS573 采用直接 I/O 口连接方式，显示数据从 P0 口输出，其中 U3 输出驱动段选码，U4 输出驱动位选码。数码管既可使用共阴的、也可用共阳的。

3. 液晶显示接口

在有些单片机应用系统中，需要显示的内容比较多，传统的数码显示方式有时不能满足复杂操作界面的显示要求，通常需要液晶显示。当前，液晶显示有字符型、图形点阵型和 TFT 彩色屏。

在图 15-2 中，系统设计有字符型 LCD1602 接口、不带汉字库图形点阵型 XL12864 接口、TFT12864 彩屏接口和 TFT SD 串行接口，与单片机采用 I/O 口接口方式。实验时，只要把短路片 J4 短接到地就可做 TFT12864 彩屏实验；当把 J4 的引脚 2 与 J5 的 NC 引脚连接时，可完成普通 XL12864 液晶屏实验；为方便汉字显示，还可选用带汉字库的 LM3033 液晶。液晶显示时，在向液晶写入数据或命令后，应延时一段时间再向液晶写入新的数据，以免因液晶忙而导致写入数据出错。

4. 串行总线接口

A/D、D/A 转换器是数据采集系统的重要器件，若精度要求不高，可选用片内 A/D，现在很多单片机都包含 10 位 A/D 转换器；当要求高精度数据采集时，需要外接 A/D。为了简化外部连接电路，通常会采用串行接口。在图 15-2 中，外部扩展了一个串行 A/D、D/A 转换器。串行 A/D 转换器选用 DIP8 或 SOP8 封装的 MCP3202，MCP3202 是 12 位精度的串行 A/D。串行 D/A 转换器可选用 DIP8 或 SOP8 封装的、精度为 12 位的 TLC5618 芯片。需要更高精度的 D/A，可以选择 16 位精度的 TM7715 芯片。A/D、D/A 芯片的控制引脚可以用杜邦线连接到单片机的 I/O 口进行实验操作。

此外，系统扩展了一片 SPI 接口的实时时钟 PCF8563，能计算到 2100 年之前的时、分、秒、年、月、日和星期，并有闰年调整功能。扩展的这些芯片其通信接口都已经引出插针，可通过连线与单片机的 I/O 口连接，实验方便，端口连接可选择。

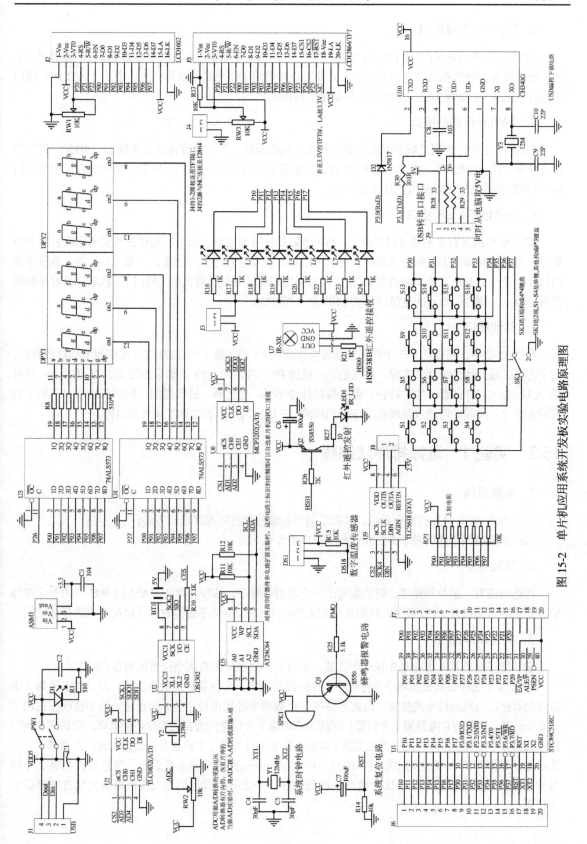

图 15-2 单片机应用系统开发板实验电路原理图

5. I²C 串行总线接口

在图 15-2 中，采用 I²C 串行总线方式扩展了 AT24C64 存储器，单片机用普通 I/O 接口模拟 I²C 总线。数据线和时钟线都已经引出到插针，只要用连接线将 I²C 总线与单片机的任意 2 个 I/O 线连接即可进行 AT24C64 读/写实验，串行总线需要接上拉电阻。

6. 1-Wire 传感器接口

在图 15-2 中，扩展了数字温度传感器和红外接收模块。数字温度传感器选择 DS18B20，红外接收模块可选用 LF0038E、IR1838 或 HS0038，它们都是 3 个引脚封装的、单总线输出接口，用单片机 I/O 口模拟其数据输出时序可直接读出数据。

7. ISP 编程 USB 接口

STC 单片机具有在系统可编程特性，ISP 的好处是可节省开发成本，能省去购买通用编程器和仿真器，可直接将程序下载到目标板的单片机上运行，并观看程序执行结果。在图 15-2 中，系统使用 CH341G 设计了 ISP 下载编程的 USB 接口，方便用户直接利用计算机的 USB 口下载单片机程序到用户目标板上。同时，系统的电源也可从 USB 上直接取电。

8. 其他接口

在图 15-2 中，还设计了一个蜂鸣器报警电路和用 P1 口扩展 8 个 LED 灯，可实现流动灯的控制。为了方便扩展其他外部器件实验，系统把单片机的 P0、P1、P2、P3 口都引出到 J6、J7 插针上；同时把 A/D、D/A、存储器、实时时钟、温度与红外传感器、电位器、蜂鸣器的控制端口也都引出到了对应的插针上，实验时可通过跳线选择连接相应的 I/O 口，为用户自由地扩展外部器件。

15.2 实验 1 选择排序法编程

1. 实验目的

（1）熟悉 8051 单片机指令系统，掌握汇编语言编程和循环程序设计方法。
（2）掌握数据排序的基本方法和选择式排序的算法思路。

2. 实验内容

用选择法对一组数据排序。要求编写出一个通用子程序，实现将片内 RAM 的 30H 开始单元存储的 N 个单字节无符号二进制整数，按照从小到大的顺序排序，将排序后的数据存储在原来的存储空间。

3. 实验原理说明

选择排序法的基本思路是先找一个位置，然后再寻找应该占有这个位置的对象（数据）。

对于 N 个无序数据要按升序进行排序，首先确定为第 1 个位置寻找数据对象，即寻找占用第 1 个位置的数据，当然是最小的数据，也就是要在 N 个数据中寻找出最小值。假设这个最小值现在占用了第 k 个位置，需要将它搬到第 1 个位置；而原来占用第 1 个位置的数据元素也不能破坏，应将它放到空出来的第 k 个位置上，即这两个单元交换了数据。接下来再为第 2 个位置寻找数据对象，占用第 2 个位置的数据是剩下的 N–1 个无序数据中的最小的数据。寻找到这个最小数据后，将它与占用第 2 个位置的数据元素交换位置即可。依此类推，直到最后一个数据，肯定是最大值，理所当然占用最后一个位置。

4．实验程序流程图

按照选择排序法的算法思路，编写程序流程图如图 15-3 所示。

5．实验参考程序

编程时，假设需要排序的一组 8 个单字节无符号整数事先放在程序表格 LIST 中，程序开始需要把这组 8 个待排序数据转到以 30H 为首地址的单元中存储，然后开始调用选择排序子程序。参考程序段如下：

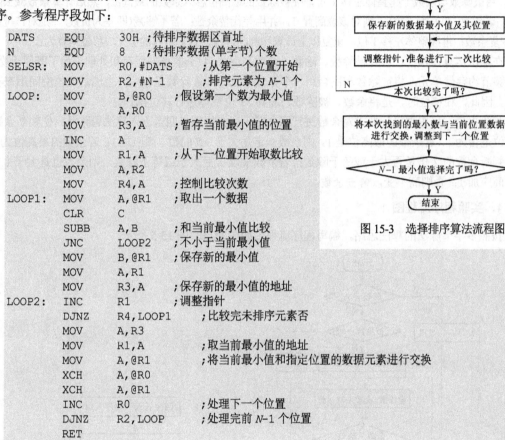

```
DATS    EQU     30H     ;待排序数据区首址
N       EQU     8       ;待排序数据(单字节)个数
SELSR:  MOV     R0,#DATS        ;从第一个位置开始
        MOV     R2,#N-1         ;排序元素为 N-1 个
LOOP:   MOV     B,@R0   ;假设第一个数为最小值
        MOV     A,R0
        MOV     R3,A            ;暂存当前最小值的位置
        INC     A
        MOV     R1,A            ;从下一位置开始取数比较
        MOV     A,R2
        MOV     R4,A            ;控制比较次数
LOOP1:  MOV     A,@R1   ;取出一个数据
        CLR     C
        SUBB    A,B             ;和当前最小值比较
        JNC     LOOP2   ;不小于当前最小值
        MOV     B,@R1   ;保存新的最小值
        MOV     A,R1
        MOV     R3,A            ;保存新的最小值的地址
LOOP2:  INC     R1      ;调整指针
        DJNZ    R4,LOOP1        ;比较完未排序元素否
        MOV     A,R3
        MOV     R1,A            ;取当前最小值的地址
        MOV     A,@R1           ;将当前最小值和指定位置的数据元素进行交换
        XCH     A,@R0
        XCH     A,@R1
        INC     R0      ;处理下一个位置
        DJNZ    R2,LOOP ;处理完前 N-1 个位置
        RET
```

图 15-3　选择排序算法流程图

6．实验报告要求

（1）根据实验任务要求，将本例改编成为 C51 源程序。

（2）上机调试程序，记录调试过程和实验数据，分析实验调试结果。

（3）总结排序算法思想，思考插入排序、冒泡排序的算法思路，比较它们的优、缺点和适用范围。

15.3　实验 2　多字节数的除法编程

1．实验目的

（1）熟悉 8051 单片机指令系统，熟练掌握汇编语言程序设计和子程序设计。

（2）掌握多字节乘法、除法的算法思路和程序设计方法。

2．实验内容

编写双字节无符号二进制数除以双字节无符号二进制数的通用子程序。

3．实验原理说明

8051 单片机指令系统都是单字节二进制数操作指令或运算指令，而多字节的加、减、乘、除运算，还需要通过设计算法进行计算。多字节数的除法常用"移位相减法"进行计算，具体算法思路是：先设余数为 0，将被除数与余数一起整体左移 1 位，使被除数的最高位移入余数的最低位，然后计算余数减去除数的差，若够减（即差为正数），则对该位商置 1，并用差代替余数；若不够减（即差为负数），则对该位商置 0，恢复余数；继续整体左移 1 位，重复以上计算和判断过程，直到所有的位完成移位运算为止。

在除法运算过程中，涉及被除数、除数、余数和商共 4 个数据的保存和处理。为了既便于操作，又能够节约存储单元，将被除数和商合用一个存储单元，即被除数左移后，空出的低位空间用来存储商值。因此，在移位时，是将余数、被除数、商共 32 位整体进行移位操作。

相除之后，可根据设计要求对余数进行四舍五入运算处理。四舍五入算法思路是：先判断余数的最高位是否为 1，若余数的最高位是 1，则余数一定是大于 0.5 的数，商应加 1；若余数的最高位为 0，需再判断余数的 2 倍是否大于或等于除数；若余数乘以 2 后大于或等于除数，则余数也是大于 0.5 的数，商应加 1；否则商不变，舍去余数。

4．实验程序流程图

按照多字节除法的算法思路，编写程序流程图如图 15-4、图 15-5 所示。

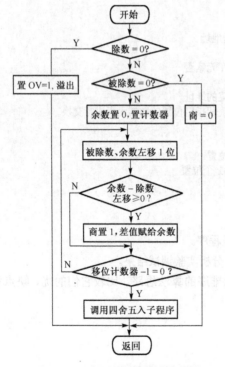

图 15-4　双字节数除法算法流程图

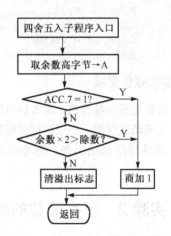

图 15-5　四舍五入算法流程图

5. 实验参考程序

入口条件：除数在 R7、R6 中，被除数在 R5、R4 中，余数在 R3、R2 中。

出口信息：OV = 0 时，双字节商在 R5、R4 中，OV = 1 时溢出。

影响资源：PSW、A、B、R1～R7。

堆栈需求：2 字节。

通用双字节无符号二进制数的除法子程序段如下：

```
DIVD:    MOV     R2,#00          ;子程序段开始，余数清 0
         MOV     R3,#00
         MOV     A,R7            ;判断除数是否为零
         JNZ     COMT
         MOV     A,R6
         JNZ     COMT
         SETB    OV
         AJMP    EXIT            ;除数为 0，置溢出 OV=1
COMT:    CLR     C               ;比较被除数和除数
         MOV     A,R4
         SUBB    A,R6
         MOV     A,R5
         SUBB    A,R7
         JNC     DVD1            ;若被除数大于或等于除数则转除法运算
         MOV     A,R5            ;若被除数小于除数，则置商为 0，返回
         MOV     R3,A
         MOV     A,R4
         MOV     R2,A
         MOV     R4,#00
         MOV     R5,#00
         ACALL   SW54
         AJMP    EXIT
DVD1:    MOV     B,#10H          ;双字节除法计数器（循环移位次数）
DVD2:    CLR     C               ;部分商和余数同时左移一位
         MOV     A,R4            ;被除数低字节送 A
         RLC     A
         MOV     R4,A
         MOV     A,R5            ;被除数高字节送 A
         RLC     A
         MOV     R5,A
         MOV     A,R2            ;余数低字节送 A
         RLC     A
         MOV     R2,A
         XCH     A,R3            ;余数高字节送 A
         RLC     A
         XCH     A,R3
         MOV     F0,C            ;保存最高位
         CLR     C
         SUBB    A,R6            ;计算（R3R2-R7R6）
         MOV     R1,A
         MOV     A,R3
         SUBB    A,R7            ;余数 R3（高字节）减除数 R7（高字节）
         ANL     C,/F0           ;结果判断
         JC      DVD3
         MOV     R3,A            ;余数够减，存储新的余数
         MOV     A,R1
         MOV     R2,A
         INC     R4              ;商的低位置 1
DVD3:    DJNZ    B,DVD2          ;16 位没有除完则继续
```

```
              ACALL   SW54                    ;调用四舍五入子程序
              AJMP    EXIT
SW54:         MOV     A,R3                    ;开始对余数四舍五入处理
              JB      ACC.7,ADD1
              CLR     C
              MOV     A,R2
              RLC     A
              MOV     R2,A
              MOV     A,R3
              RLC     A                       ;余数乘以 2
              SUBB    A,R7                    ;2 倍的余数高字节与除数高字节比较
              JC      EXIT
              JNZ     ADD1
              MOV     A,R2
              SUBB    A,R6
              JC      EXIT
ADD1:         MOV     A,R4
              ADD     A,#01
              MOV     R4,A
              MOV     A,R5
              ADDC    A,#00
              MOV     R5,A
EXIT:         RET
```

6. 实验报告要求

（1）根据实验任务要求，将本例改编成为 C51 源程序。

（2）上机调试程序，记录调试过程和实验数据，分析实验调试结果。

（3）总结多字节除法算法思想，思考无符号的多字节除法、乘法、加法、减法的算法思路，以及有符号的算术运算编程方法。

15.4　实验 3　定时器/计数器的使用

1. 实验目的

（1）学习单片机定时器/计数器的工作方式和使用。

（2）加深对定时器/计数器内部结构、工作原理的理解。

（3）掌握定时、计数方式的编程控制和中断服务程序设计方法。

2. 实验内容

（1）定时实验内容

用 P1 口连接 8 个 LED 发光二极管，用 T0 定时中断编程控制 LED 闪亮，过程如下：开始第 1 秒 L1、L3 亮，第 2 秒 L2、L4 亮，第 3 秒 L5、L7 亮，第 4 秒 L6、L8 亮，第 5 秒 L1、L3、L5、L7 同时亮，第 6 秒 L2、L4、L6、L8 同时亮，第 7 秒 8 只灯全亮，第 8 秒 8 个灯全灭，第 9 秒以后又从头开始，一直循环下去。

（2）计数实验内容

用 T1 对外部输入脉冲进行计数，P1 口连接 8 个 LED，过程如下：开始时 8 个 LED 全灭；由 T1 开始计数，计数到 10 个脉冲后，8 个 LED 全亮；再计数到 10 个脉冲后，8 个 LED 又全灭；再计数到 10 个脉冲后，8 个 LED 全亮，如此反复循环。

3．实验原理说明

单片机内部有 2 个定时器/计数器，每个定时器/计数器都有 4 种工作方式。无论用做定时或计数，其实际作用都是加 1 计数器。当对内部机器周期进行计数时，它是定时器；当对外部脉冲计数时，它是计数器。定时器/计数器电路参考见图 6-3。

（1）定时器初值计算

对于定时实验，让 T0 在方式 1 工作。要实现 1 秒延时，需要设置由 T0 作为基本定时并用软件计数相结合来完成。可以设置 T0 定时为 50 ms，软件计数 20 次（即 T0 定时中断 20 次）实现 1 秒定时。假设 f_{osc} = 12 MHz，则机器周期为 1 μs，可以设置定时器/计数器 T0 定时初值为：

$$(65\ 536-x) \times 机器周期 - 50\ ms$$
$$x - 65\ 536 - 50\ 000 - 15\ 536 = 3CB0H$$

所以，定时器/计数器 T0 计数初值设置为 TH0 = 3CH，TL0 = 0B0H。

（2）定时器 T0 初始化

定时器初始化和中断初始化，主要是对 IP、IE、TCON 和 TMOD 寄存器的相应位进行正确的设置，实现定时器的操作模式和控制功能。

（3）定时器 T0 启动步骤

首先设置 TMOD = 01H，允许 T0 中断置 ET0 = 1，置定时器初值，然后开放中断置 EA = 1，最后启动定时器置 TR0 = 1，完成定时器启动工作。

（4）对于计数实验，让 T1 在方式 2 工作，即 TMOD = 60H，则计数初值为 256 - 10 = 246。计数器 T1 初始化和启动步骤与定时器 T0 一样。

实验在图 15-2 所示电路的开发板上调试，需要使用 P1 口、8 个 LED 和定时器 T1 端口。具体连接电路是：把 P1 口与 L1~L8 连接，在计数器 T1 端外接入一个方波发生器，频率调节在 10~30 Hz。具体电路按照图 15-2 所示的电路连接。

4．实验程序流程图

定时实验采用中断方式编程，定时 1 秒输出数据，改变 LED 点亮形式，8 秒一个轮回，共有 8 个不同数据。可以将 8 个数据形成一个数据表格，采用查表的方法实现。主程序完成初始化后进入踏步等待中断，T0 中断服务程序完成 1 秒时间计数和查表，输出控制 LED 亮灭形式。

计数器实验采用查询方式编程，计数器 T1 在方式 2 工作，自动重装计数初值（TH1=TL1=246），启动计数后，查询 T1 溢出标志 TF1，若 TF1=1 则计数到 10 个脉冲，对 P1 口输出数据；T1 自动重装计数初值继续计数，程序继续查询 TF1 标志位。程序流程图如图 15-6、图 15-7 所示。

5．实验参考程序

根据实验原理分析和程序流程图，把 LED 亮闪方式做一个表格数据，采用查表方式，每秒查表一次，输出控制 LED 闪亮，低电平点亮 LED。编程时用 R2 作为软件计数单元，R3 作为查表偏移量。T0 用中断方式编程；T1 用查询方式编程。

（1）用 T0 做定时实验程序段如下：

```
ORG     0000
LJMP    MAIN
ORG     000BH
LJMP    TM00
ORG     0030H
```

```
MAIN:    MOV    TMOD,#01H              ;T0 在方式 1 工作, 定时方式
         MOV    TH0,#3CH              ;定时初值 50 ms
         MOV    TL0,#0B0H
         SETB   ET0
         SETB   EA
         MOV    R2,#20
         MOV    R3,#00
         MOV    DPTR,#TAB
         SETB   TR0
         SJMP   $
TM00:    MOV    TH0,#3CH              ;重置定时初值 50 ms
         MOV    TL0,#0B0H
         DJNZ   R2,EXIT
         MOV    A,R3
         MOVC   A,@A+DPTR
         MOV    P1,A
         MOV    R2,#20
         INC    R3
         CJNE   R3,#08,EXIT
         MOV    R3,#00
EXIT:    RETI
TAB:     DB     0FAH,0F5H,0AFH,5FH,0AAH,55H,00,0FFH  ;LED 显示数据表格
         END
```

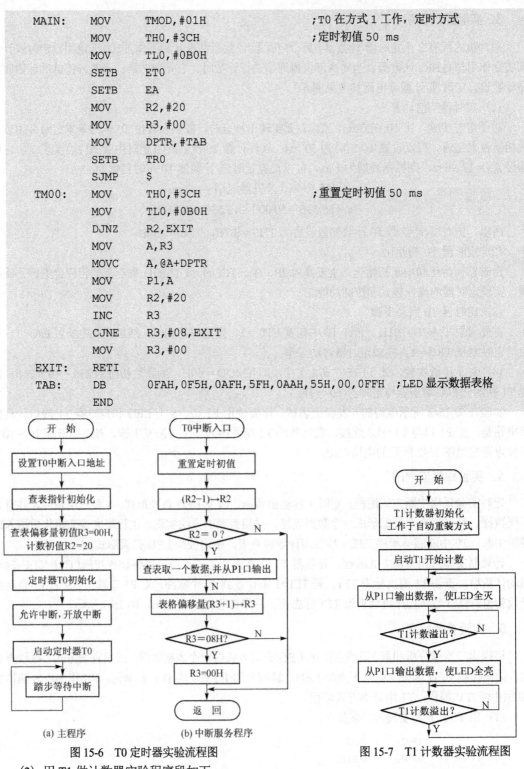

(a) 主程序　　　(b) 中断服务程序

图 15-6　T0 定时器实验流程图

图 15-7　T1 计数器实验流程图

(2) 用 T1 做计数器实验程序段如下：

```
         ORG    0000
MAIN:    MOV    TMOD,#60H              ;T1 在方式 2 工作, 计数方式
         MOV    TH1,#246              ;置计数初值=256-10
```

```
            MOV     TL1,#246
            SETB    TR1
LOOP:       ORL     P1,#0FFH        ;P1 口输出高电平，把 LED 熄灭
            JNB     TF1,$           ;等待 T1 计数器溢出
            CLR     TF1             ;T1 计数器溢出，清除溢出标志
            ANL     P1,#00H         ;P1 口输出低电平，把 LED 点亮
            JNB     TF1,$           ;等待 T1 计数器溢出
            CLR     TF1             ;T1 计数器溢出，清除溢出标志
            AJMP    LOOP
            END
```

6．实验报告要求

(1) 根据实验任务要求，将本例改编成 C51 源程序。

(2) 上机调试程序，记录调试过程和实验数据，分析实验调试结果。

(3) 考虑当需要改变定时长度，实现定时 1 分钟时，应如何设计。

(4) 总结定时器/计数器编程及使用方法，说明定时器、计数器使用的区别，思考电子时钟、秒表的编程思路。

15.5　实验 4　外部中断的使用

1．实验目的

(1) 学习单片机的中断系统内部结构、工作原理，理解中断的处理过程。

(2) 掌握外部中断的使用和编程方法。

2．实验内容

(1) 用 2 个按键(S3、S4)作为外部中断输入，实现按键中断计数显示，过程是：每按下一次 S4 键，按 BCD 码计数加 1 并显示，按键计数加到 99 后，当再按 S4 键计数加 1 时，计数清 0。

(2) 按键计数功能受 S3 键控制过程是：当首次按下 S3 键时开启功能，再次按下 S3 键时禁止功能，第 3 次再按下 S3 键时又开启功能，依此类推。

3．实验原理说明

STC89C52 单片机常用中断源有三类：外部中断 2 个($\overline{INT0}$ 和 $\overline{INT1}$)，定时器/计数器中断 2 个(T0和 T1)和串行口中断 1 个(RI/TI)。单片机设置了 4 个特殊功能寄存器(IE、TCON、IP、SCON)来实现中断的控制与管理，当单片机上电时，寄存器被复位。外部中断有电平触发和边沿触发两种中断触发方式，通常可采用边沿触发方式。

实验在图 15-2 所示电路的开发板上调试，需要使用 2 个外部中断端口、2 个独立按键和 2 位共阴数码管显示。具体连接电路是：把短路片 SK 连接 2 端，使用 P3.2、P3.3 作外部中断输入，并分别连接 2 个单键(S3、S4)，单片机 P0 口输出数据控制 2 片锁存器 74LS573 驱动显示。锁存器的 11 引脚为1 时数据锁存输出，为 0 时数据不锁存；数据管用图 15-2 的低 2 位(即分别由 Q1、Q2 控制位选)。

4．实验程序流程图

按照要求，用 2 个外部中断作为按键中断，都选用边沿触发方式，用 $\overline{INT1}$ (S4)作按键计数，$\overline{INT0}$(S3)作按键功能控制。程序开始时 $\overline{INT1}$ 中断禁止，$\overline{INT0}$ 中断允许，$\overline{INT0}$ 中断优先级高于 $\overline{INT1}$。设置一个软件标志 F0 记录按键的奇偶性，当按下 S3 键进入 $\overline{INT0}$ 中断后，对标志 F0 取反；若 F0 = 0

时 $\overline{\text{INT1}}$ 允许中断，即开启了按键加 1 计数功能；当 F0 = 1 时，$\overline{\text{INT1}}$ 禁止中断，也就是关闭按键加 1 计数功能。整个软件分为如下 3 个部分：

(1) 主程序，负责中断初始化和送计数值动态扫描显示；

(2) $\overline{\text{INT0}}$ 中断服务程序，负责启动/关闭按键计数加 1 功能；

(3) $\overline{\text{INT1}}$ 中断服务程序，负责按键后进入中断，把软件计数器加 1。

程序流程图如图 15-8 所示。

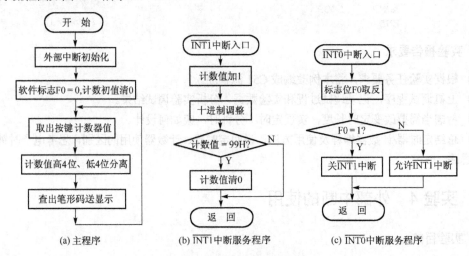

(a) 主程序   (b) $\overline{\text{INT1}}$ 中断服务程序   (c) $\overline{\text{INT0}}$ 中断服务程序

图 15-8 外部中断程序流程图

5. 实验参考程序

根据实验原理分析和程序流程图，用 R2 作为软件计数单元，F0 自定义标志位记录按键的奇偶性，采用共阴数码管动态显示，用外部中断作为按键计数功能的程序段如下：

```
DPY     BIT     P2.6            ;段选码锁存器(U1)控制
DPL     BIT     P2.7            ;位选码锁存器(U2)控制
        ORG     0000
        LJMP    MAIN
        ORG     0003H           ;外部中断 0 入口地址
        LJMP    INT-0
        ORG     0013H           ;外部中断 1 入口地址
        LJMP    INT-1
        ORG     0030H
MAIN:   MOV     SP,#6FH
        MOV     TCON,#05H       ;设置外部中断为跳变触发
        MOV     IE,#85H         ;允许外部中断，开放中断
        MOV     IP,#01H         ;INT0 为高优先级，INT1 为低优先级
        ANL     P2,#3FH         ;使 2 个 74LS573 锁存器的 11 引脚为 0，禁止锁存
        CLR     F0              ;清除标志
        MOV     R2,#00          ;置计数显示单元初值为 00
LOOP:   MOV     A,R2
        ACALL   DISP            ;调用显示
        AJMP    LOOP
INT-1:  MOV     A,R2
        ADD     A,#01           ;按键计数单元加 1
        DA      A               ;十进制调整
        MOV     R2,A
        CJNE    R2,#99H,QUIT    ;比较计数值是否等于 99
```

```
               MOV      R2,#00                 ;等于 99,则计数值清 0
               RETI
    INT-0:     CPL      F0
               JNB      F0,NEXT
               CLR      ET1                    ;禁止 INT1 中断
               AJMP     QUIT
    NEXT:      SETB     ET1                    ;允许 INT1 中断
    QUIT:      RETI
    DISP:      MOV      DPTR,#TAB              ;显示笔形码表首地址
               MOV      A,R2                   ;取计数值
               ANL      A,#0FH                 ;保留低位
               MOV      R6,#0DFH               ;位选码,控制显示个位数
               LCALL    DSPI
               MOV      A,R2                   ; 取计数值
               SWAP     A
               ANL      A,#0FH                 ;分离出高位数
               MOV      R6,#0EFH               ;位选码,控制显示十位数
               LCALL    DSPI
               RET
    DSPI:      MOVC     A,@A+DPTR              ;查笔形码
               SETB     DPY                    ;控制锁存器 U1 允许锁存
               MOV      P0,A                   ;输出低位的段选码
               CLR      DPY                    ;控制锁存器 U1 禁止锁存
               SETB     DPL                    ;控制锁存器 U2 允许锁存
               MOV      P0,R6                  ;输出位选码
               CLR      DPL                    ;控制锁存器 U2 禁止锁存
               DJNZ     R7,$                   ;延时
               RET
    TAB:       DB       3FH,06H,5BH,4FH,66H,6DH,7DH,07H,7FH,6FH   ;0~9 笔形码表
               END
```

6. 实验报告要求

(1) 根据实验任务要求,将本例改编成为 C51 源程序。

(2) 上机调试程序,记录调试过程和实验数据,分析实验调试结果。

(3) 总结外部中断编程使用方法,思考如何采用外部中断和定时器/计数器实现脉冲宽度测量。

15.6 实验 5 可控交通灯实现

1. 实验目的

(1) 学习交通灯控制方式和工作规律。

(2) 学习数码管动态显示原理和扩展动态数码显示方法。

(3) 掌握交通灯控制方法与数码显示的编程方法。

2. 实验内容

(1) 实验基本功能

用 12 个 LED 发光二极管作为交通灯,用 4 组 2 位 LED 数码管分别显示东、西、南、北方向的通行时间,模拟城市街道十字路口交通灯管理,交通灯示意图如图 15-9 所示。

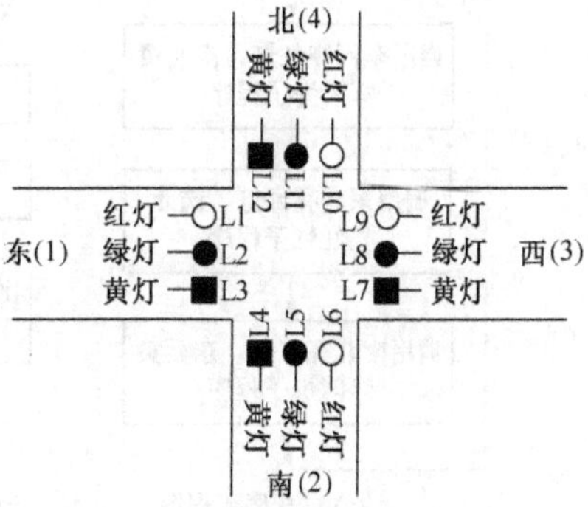

(2) 实验应急处理功能

在基本功能的基础上,能够用按键控制让急救车优先通行,即按下键后,东、西、南、北均为红灯,

图 15-9 十字路口交通灯示意图

以便让急救车通行。

3．实验原理说明

（1）交通灯工作规律

设有一个十字路口，2、4 为南北方向，1、3 为东西方向，初始状态为 4 个路口的红灯全亮，两秒之后，交通灯开始按如下规律工作：

状态 0：南北方向绿灯亮 30 秒，同时东西方向红灯亮，南北方向允许车辆通行。

状态 1：南北方向绿灯熄灭，黄灯闪烁 5 秒，东西方向还是亮红灯。

状态 2：东西方向绿灯亮 30 秒，同时南北方向红灯亮，东西方向允许车辆通行。

状态 3：东西方向绿灯熄灭，黄灯闪烁 5 秒，南北方向还是亮红灯。

系统在"状态 0→状态 1→状态 2→状态 3→状态 0 ……"反复循环下去。

（2）当有急救车来时，可用 $\overline{INT0}$、$\overline{INT1}$ 外部中断分别接 S3、S4 按键，按下 S2 键进入中断，置东、西、南、北方向全亮红灯；待急救车过去后，按 S3 键恢复系统正常工作。

实验在图 15-2 所示电路的开发板上调试，需要使用 12 个 LED，外部中断口（P3.2、P3.3），2 个单键（S3、S4）和 6 位数码显示（用高 2 位数码管显示东西向，低 2 位显示南北向的时长数值）。具体电路连接方式如下：把短路片 SK 接地，P3.2（$\overline{INT0}$）连接 S3 键；P3.3（$\overline{INT1}$）连接 S4 键；P1、P4.4～P4.7 分别接 L1～L12 发光二极管；显示数据从 P0 口输出到锁存器。

4．实验程序流程图

正常情况下，交通灯的红灯可以直接变成绿灯，但绿灯不能直接变成红灯。在变成红灯之前需要先变成黄灯，并显示出时间。定时器 T0 工作在方式 1、定时 50ms，中断 20 次就 1 秒。当有紧急情况发生时，采用按键 K2 触发外部中断 0，控制东西南北灯亮红灯；当外部情况撤销时，采用 K3 触发外部中断 1，恢复交通灯正常工作，LED 灯低电平点亮。编程流程图如图 15-10 所示。

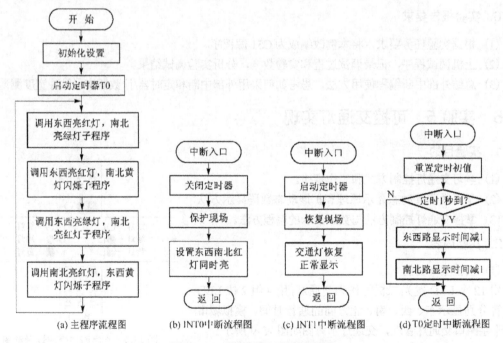

图 15-10　可控交通灯程序流程图

5．实验参考程序

根据实验原理分析和程序流程图，用 R2 作为软件计数器，F0 自定义标志位作为按键标志，记录按键的奇偶性，采用共阴数码管动态显示，用外部中断作为按键计数功能，程序段如下：

```
        SEC     EQU     20              ;常数 20 次
        EWTM    EQU     20H             ;定义东西时长显示单元
        SNTM    EQU     21H             ;定义南北时长显示单元
                ORG     0000H
                AJMP    MAIN
                ORG     0003H           ;INT0 外部中断入口
                LJMP    INT00
                ORG     000BH           ;T0 定时器中断入口
                LJMP    TMR0
                ORG     0013H           ;INT1 外部中断入口
                LJMP    INT01
                ORG     0030H
MAIN:           MOV     SP,#50H         ;设置堆栈
                MOV     TCON,#00H       ;TCON 清 0
                MOV     TMOD,#01H       ;设置 T0 为工作方式 1
                MOV     TH0,#3CH        ;设置定时器初值
                MOV     TL0,#0B0H
                MOV     IE,#87Hh        ;设置中断允许，开放中断
                MOV     IP,#05H         ;设置中断优先级
                SETB    TR0             ;启动定时器 T0
                MOV     EWTM,#30        ;东西方向显示初值 30 s
                MOV     SNTM,#35        ;南北方向显示初值 35 s
                MOV     R0,#SEC         ;控制延时 1 s
                MOV     P4SW,#70H       ;将 P4 口设为 I/O 口，实际要用 0BBH 地址
START:          LCALL   SY1             ;东西亮绿灯，南北亮红灯
                LCALL   SY2             ;东西黄灯闪烁，南北亮红灯
                LCALL   SY3             ;东西亮红灯，南北亮绿灯
                LCALL   SY4             ;东西亮红灯，南北黄灯闪烁
                SJMP    START
SY1:            MOV     P1,#75H
                MOV     P4,#7FH         ;东西亮绿灯，南北亮红灯
                LCALL   EWDISP          ;调用显示东西方向时长
                LCALL   NSDISP          ;调用显示南北方向时长
                MOV     A,EWTM
                CJNE    A,#00H,SY1      ;判断数码显示倒计时是否为零
                MOV     EWTM,#05        ;设置下一状态东西向时长初值
                RET
SY2:            CLR     C
                MOV     A,#10           ;T0 中断 10 次为 0.5 s
                SUBB    A,R0
                JC      S21             ;判断是否到 0.5 s
                MOV     P1,#0F7H
                MOV     P4,#7FH         ;东西灯灭，南北亮红灯
                AJMP    S22
S21:            MOV     P1,#0B3H
                MOV     P4,#7FH         ;东西亮黄灯，南北亮红灯
S22:            LCALL   EWDISP          ;调用显示东西方向时长
                LCALL   NSDISP          ;调用显示南北方向时长
                MOV     A,EWTM
                CJNE    A,#00H,SY2      ;判断数码显示倒计时是否为零
                MOV     EWTM,#35        ;设置下一状态东西向时长初值
```

```
                MOV     SNTM,#30            ;设置下一状态南北向时长初值
                RET
SY3:    MOV     P1,#0EEH
        MOV     P4,#0AFH            ;东西亮红灯，南北亮绿灯
        LCALL   EWDISP             ;调用显示东西方向时长
        LCALL   NSDISP             ;调用显示南北东西方向时长
        MOV     A,SNTM
        CJNE    A,#00H,SY3         ;判断数码管倒计时是否到零
        MOV     SNTM,#5            ;设置下一状态南北显示初值
        RET
SY4:    CLR     C
        MOV     A,#10
        SUBB    A,R0
        JC      S41
        MOV     P1,#0FEH
        MOV     P4,#0EFH           ;东西亮红灯，南北灯灭
        AJMP    S42
S41:    MOV     P1,#0DEH
        MOV     P4,#0CFH           ;东西亮红灯，南北亮黄灯
S42:    LCALL   EWDISP             ;调用显示东西东西方向时长
        LCALL   NSDISP             ;调用显示南北东西方向时长
        MOV     A,SNTM
        CJNE    A,#00,SY4
        MOV     EWTM,#30           ;设置下一状态东西显示初值
        MOV     SNTM,#35           ;设置下一状态南北显示初值
        RET
EWDISP: MOV     A,EWTM             ;取东西时长数值
        MOV     B,#10              ;设置除数为 10
        DIV     AB                 ;最多显示 2 位：个位和十位数
        MOV     R6,#0FDH           ;位显控制码
        LCALL   DISP               ;调显示，送低位显示
        MOV     R6,#0F5H           ;位显控制码
        MOV     A,B
        LCALL   DISP               ;调显示，送高位显示
        RET
NSDISP: MOV     R2,#0AFH           ;位显控制
        MOV     A,SNTM             ;取南北时长数值
        MOV     B,#10              ;设置除数为 10
        DIV     AB
        MOV     R6,#0DFH           ;位显控制码
        LCALL   DISP               ;调显示
        MOV     R6,#0EFH           ;位显控制码
        MOV     A,B
        LCALL   DISP               ;调显示，送高位显示
        RET
DISP:   MOVC    A,@A+DPTR          ;查笔形码
        SETB    P2.6               ;控制锁存器 U1 允许锁存
        MOV     P0,A               ;输出低位的段选码
        CLR     P2.6               ;控制锁存器 U1 禁止锁存
        SETB    P2.7               ;控制锁存器 U2 允许锁存
        MOV     P0,R6              ;输出位选码
        CLR     P2.7               ;控制锁存器 U2 禁止锁存
        DJNZ    R7,$               ;延时
        RET
TMR0:   MOV     TH0,#3CH
        MOV     TL0,#0B0H
```

```
            DJNZ    R0,EXIT          ;1 s 控制字减一
            MOV     R0,#SEC          ;1 s 控制字赋值
            DEC     EWTM             ;东西方向时长单元倒计时减一
            DEC     SNTM             ;南北方向时长单元倒计时减一
    EXIT:   RETI
    INT00:  CLR     TR0
            MOV     R3,P1
            MOV     R4,P2            ;保存紧急情况之前状态
            MOV     P1,#0B6H
            MOV     P2,#0DFH         ;红灯全亮
            RETI
    INT01:  SETB    TR0
            MOV     P1,R3
            MOV     P2,R4            ;恢复紧急情况之前状态
            RETI
    TAB:    DB      3FH,06H,5BH,4FH,66H,6DH,7DH,07H,7FH,6FH    ;0~9 共阴笔形码表
            END
```

6．实验报告要求

（1）根据实验任务要求，将本例改编成为 C51 源程序。

（2）上机调试程序，记录调试过程和实验数据，分析实验调试结果。

（3）总结外部中断使用方法，完成交通灯控制系统的硬件电路设计和软件设计，包括硬件资源分配和软件资源分配，说明各个功能模块的功能、算法思路和程序流程图。

（4）用两个按键，使其能够根据实际路口车辆情况，调整其道路通行时间（如当东西路口车辆过往较多时，用手工按键将东西路口绿灯时间延长 10 s，以减少东西路口积压滞留的车辆）。

15.7　实验 6　键盘与数码显示

1．实验目的

（1）学习单片机键盘工作原理和扩展矩阵键盘的方法，理解键盘扫描的处理过程。

（2）学习数码管动态显示原理和扩展动态数码显示方法。

（3）掌握键盘扫描和数码显示的编程方法。

2．实验内容

设计 4×4 矩阵键盘和数码显示电路，要求扫描键盘，读出键值，并把读出的键值显示出来。

3．实验原理说明

（1）矩阵键盘通过检查行、列线上电平的变化来识别按键，矩阵键盘扫描可以采取逐行扫描法或反转法。查键值时，由于键盘的机械触点会产生抖动，需要采用硬件的方式或软件的方式消除抖动。采用软件消除抖动时可用采取软件延时法和定时延时法。但是软件延时法要占用 CPU 时间，因此当要实现的功能较多时，应采用定时延时法。

（2）数码管显示简单方便，使用动态显示是利用人的视觉暂留效应实现显示，需要快速扫描并送显示，才能使显示清晰、稳定、实时明亮。因此，应注意选取显示的延时时间。

实验在图 15-2 所示电路的开发板上调试，需要把 SK 连接到 1 端，使用 P3 口扩展 4×4 矩阵键盘（16 个按键值 0~F），用 P0 口、P2 口和 2 片 74LS573 使用 I/O 口直接连接法扩展动态显示。

4．实验程序流程图

按照要求，要实现键盘扫描和数码显示两大功能，即单片机不断扫描键盘，读取键值，把键值送显示。因此，从软件层次上可划分为主程序、键盘扫描模块、显示模块和延时模块。扫描键盘采用延时方式去抖，系统时钟 12 MHz。程序流程如图 15-11 所示。

5．实验参考程序

根据实验原理分析和程序流程图 15-11，用 R2 存储行扫描码，R4 存储键值，然后通过键值查表求笔形码送显示即可实现键盘扫描及显示功能，参考程序段如下：

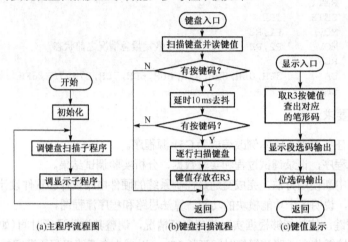

图 15-11　键盘扫描及显示程序流程图

```
                ORG     0000H
                LJMP    MAIN
                ORG     0030H
MAIN:   MOV     SP,#6FH             ;主程序
LOOP:   ACALL   KEY_IN
                ACALL   DISP
                AJNP    LOOP
FKEY_IN: MOV    P3,#0F0H            ;行线输出 0 电平
                MOV     A,P3               ;读 P3 口
                ORL     A,#0FH             ;屏蔽低 4 位，得列线值
                CPL     A                  ;取反
                JZ      KPEXT              ;若 A=0，则 Z=1，无按键操作跳转 KPEXT
                ACALL   DELAY              ;否则有键，延时去抖
                MOV     P3,#0F0H           ;送行线为 0 电平，再查询是否有键
                MOV     A,P3
                ORL     A,#0FH
                CPL     A
                JZ      KPEXT              ;若无按键操作跳转 KPEXT
                MOV     R4,#00             ;否则有按键，则先初始化键值存储单元 R4
                MOV     R2,#0FEH           ;行扫描码初始化
                MOV     R5,#04             ;扫描次数(行线数)
KP1:    MOV     P3,R2              ;第 1 行送 0 电平
                MOV     A,P3               ;读列信号
                ORL     A,#0FH             ;屏蔽低 4 位，得列键值
                CPL     A                  ;取反
                JNZ     KP2                ;若 A≠0，则本行有按键按下，转 KP2
                MOV     A,R4               ;否则，本行无键就计算下一行键的起始键值
```

```
                ADD     A,#04
                MOV     R4,A
                MOV     A,R2            ;计算下一行的扫描码
                RL      A
                MOV     R2,A
                DJNZ    R5,KP1          ;全部扫描结束否
                SJMP    KPEXT           ;无按键操作
        KP2:    JB      ACC.4,KP3       ;是否第一列有键,ACC.4=1 有键转 KP3
                RR      A               ;该列无键则调整到下一列
                INC     R4              ;调整键值(加 1)
                SJMP    KP2             ;继续判断
        KP3:    MOV     A,R4            ;取键值
                AJMP    EXIT            ;返回键值
        KPEXT:  MOV     A,#0FFH         ;没有按键操作,返回 0FFH
        EXIT:   RET
        DISP:   MOV     DPTR,#TAB2      ;动态显示子程序
                MOV     A,R4
                MOVC    A,@A+DPTR
                MOV     P0,A            ;送显示段选码
                SETB    2.6             ;锁存器 U1 锁存段选码数据
                CLR     P2.6
                MOV     P0,#0FEH        ;送位选码 FEH,使 1 位数码管亮;若输出 00 全亮
                SETB    P2.7            ;锁存器 U2 锁存位选码数据
                CLR     P2.7
                ACALL   DELAY           ;延时(时间可以延时长一些)
                RET
        DELAY:  MOV     R7,#25          ;10ms 延时程序
        DE1:    MOV     R6,#200
                DJNZ    R6,$
                DJNZ    R7,DE1
                RET
        TAB1:   DB      0FEH, 0FDH,0FBH,0F7H,0EFH,0DFH,0BFH,7FH   ;按键特征码
                DB      0FEH, 0FDH,0FBH,0F7H,0EFH,0DFH,0BFH,7FH
        TAB2:   DB      3FH,06H,5BH,4FH,66H,6DH,7DH,07H,7FH,6FH   ;0~9 共阴笔形码表
                DB      77H,7CH,39H,5EH,79H,71H                   ;A~F 共阴笔形码表
                END
```

6. 实验报告要求

（1）根据实验任务要求，将本例改编成为 C51 源程序。

（2）上机调试程序，记录调试过程和实验数据，分析实验调试结果。

（3）总结扫描法和反转法的键盘采集方法、特点和编程方法。思考如何提高键盘按键的灵敏度，如何实现按键一次显示一次，怎么处理键盘连击问题。

（4）分析总结编程调试过程中出现的问题和解决办法。

15.8　实验 7　A/D 转换

1. 实验目的

（1）学习 A/D 转换器工作原理，掌握单片机进行数据采集方法。

（2）掌握单片机与串行 A/D 转换器接口方法及编程方法。

2. 实验内容

用单片机扩展 TLC0832 串行 A/D 转换接口，通过 TLC0832 的输入通道输入模拟电压，将其转换

成为数字量，并用两个 8 段数码管显示出当前转换的电压值。

3. 实验原理说明

TLC0832 是双通道 8 位串行 A/D 转换器，是逐次逼近型 A/D 转换器。TLC0832 采用 8 引脚 DIP 封装，其中 CS 是片选控制信号，低电平有效，整个转换过程中 CS 应保持低电平。在转换过程中，转换数据从 DO 端输出，以最高位(MSB)开头，经过 8 个时钟后转换完成。当 CS 变为高电平时，内部所有寄存器清 0。如果希望再启动新一次转换，CS 必须从高电平到低电平跳变，后面紧跟着在 DI 端输入地址数据等操作(以最高位开始输入数据)。

TLC0832 每次输出两遍转换数据，先以最高位开头输出数据流后，接着又以最低位开头重新输出一遍数据流。由于 DI 端只在多路器寻地址时被检测，而其他时间 DO 处于高阻状态，因此，DI 和 DO 端可以连接在一起，并通过一根线与单片机的 I/O 接口连接。

TLC0832 的地址通过 DI 端移入，选择模拟输入通道，同时决定单端输入或差分输入。当差分输入时，要分配通道的极性，通道的两个输入端都可以作为正极或负极。

A/D 转换器启动前控制线应置高电平。在时钟上升沿，DI 端的数据移入到 A/D 转换器内部寄存器，第 1 位应输入高电平，表示启始位，紧接着输入 2 位配置位 SG 和 OD，通道配置如表 15-1 所示。在时钟下降沿，数据输出锁存到 DO 输出端，读/写时序如图 15-12 所示。当启始位移入寄存器后，输入通道选通，转换开始。

表 15-1　输入通道配置表

多路器地址		通 道 号		
SG	OD	CH0	CH1	输 入 模 式
0	0	+	−	差分输入，CH0 为+极性
0	1	−	+	差分输入，CH1 为+极性
1	0	+	地	CH0 作单端输入
1	1	地	+	CH1 作单端输入

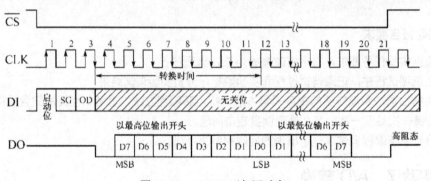

图 15-12　TLC0832 读/写时序

实验在图 15-2 所示电路的开发板上调试，需要使用 TLC0832 串行 A/D 转换器和动态数码显示（显示两位 BCD 电压值）。可用连线把用 P1.0、P1.1、P1.2、P1.3 连接 TLC0832，输入通道接 RW2 的 ADC 端输入模拟电压；显示采用 P0 口、P2 口与 2 片 74HC573 做动态显示。

4. 实验程序流程图

按照要求，本实验应实现 A/D 转换器采样和显示 BCD 电压值，即在主程序上应编写数据采集、数值转换和数值显示等功能模块。程序流程图如图 15-13 所示。

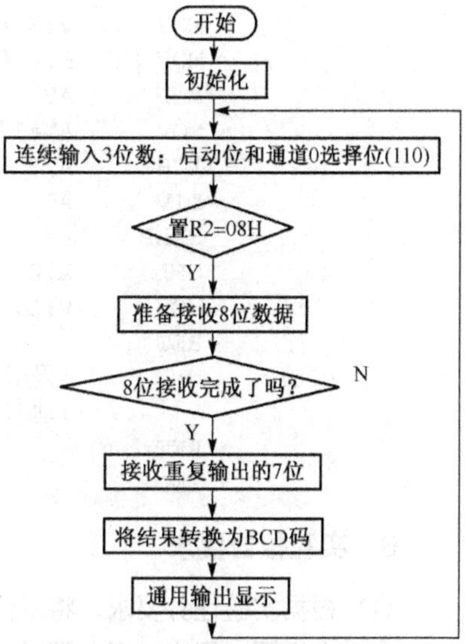

5. 实验参考程序

根据实验原理分析和程序流程图，用 R0 作为数据指针指向 30H，用于存储 A/D 转换结果，R2 作为传送数据长度控制，并完成显示功能，程序段如下：

```
CLK     BIT     P1.0        ;时钟线
DO      BIT     P1.1        ;数据输出线
DI      BIT     P1.2        ;数据输入线
CS      BIT     P1.3        ;片选控制线
VIH     DATA    30H         ;待测电压整数部分存
                            ;储单元(BCD 码)
VIL     DATA    31H         ;待测电压小数部分存
                            ;储单元(BCD 码)
        ORG     0000H
        CLR     C
MAIN:   SETB    CS          ;CS=1，A/D 转换复位
        CLR     CLK
        MOV     A,#03H      ;置启动位=1，SG=1，OD=0，采用单端输入
        MOV     R2,#03      ;传送 3 位数据，从(A)的低位开始传输
        CLR     CS          ;启动 A/D 开始采集数据
WADC:   CLR     CLK
        RRC     A
        MOV     DI,C        ;启动位输入 1
        SETB    CLK         ;写入数据，选择单极性对地输入模式
        DJNZ    R2,WADC
        CLR     CLK
        NOP
        SETB    CLK
        MOV     R2,#08H
        CLR     C
        CLR     A
RADC1:  SETB    CLK
        MOV     C,DO
        RRC     A
        CLR     CLK
        DJNZ    R2,RADC1    ;接收 8 位 A/D 转换结果
        MOV     VIH,A       ;转换结果暂存在 30H 单元
        MOV     R2,#08
RADC2:  SETB    CLK
        NOP
        CLR     CLK
        DJNZ    R2,RADC2
        MOV     R2,#50
        DJNZ    R2,$        ;A/D 转换完成后，延时 100 μs
        SETB    CS          ;停止 A/D 转换
        ACALL   BBCD        ;将转换的数据变换为 BCD 码
        ACALL   DISP        ;调用显示，显示新的检测结果
        AJMP    MAIN        ;返回，准备启动下一次 A/D 转换
BBCD:   MOV     A,VIH       ;读取 A/D 转换结果
        MOV     B,#05       ;取量程
        MUL     AB          ;相乘后，高字节是整数在 B 中，余数在 A 中
```

图 15-13 程序设计流程图

```
            MOV     VIH,B              ;保存电压的整数部分
            MOV     B,#100             ;小数扩大 100 倍
            MUL     AB
            MOV     A,#10              ;将小数部分转换为 BCD 码
            XCH     A,B
            DIV     AB
            SWAP    A
            ORL     A,B
            MOV     VIL,A              ;保存电压的小数部分
            RET
    DISP:   …                  ;采用 4 位动态数码显示，整数部分 2 位，小数部分 2 位
                               ;动态显示程序可参考前面的两个实验
            RET
            END
```

6. 实验报告要求

（1）根据实验任务要求，将本例改编成为 C51 源程序。

（2）上机调试程序，记录调试过程和实验数据，分析实验调试结果。

（3）总结 A/D 转换的编程方法，计算 A/D 转换的精度。思考 A/D 转换的分辨率对数据采样的影响。设计数字电压表时如何使显示数值稳定、可靠。

（4）观察电位器改变时数值显示变化情况，分析其变化原因。

15.9 实验 8 D/A 转换

1. 实验目的

（1）学习 D/A 转换器工作原理，掌握单片机进行数据采集方法。

（2）掌握单片机与串行 D/A 转换器接口方法及编程方法。

2. 实验内容

使用串行 12 位 D/A 转换器 TLC5618 完成 D/A 转换过程，编写程序使 TLC5618 作为波形发生器产生方波、锯齿波或三角波，用示波器观测产生的波形形状和频率。

3. 实验原理说明

TLC5618 是双路 12 位串行 D/A 转换器，其输出带有短路保护，并能够直接驱动 100 pF 电容的 2 kΩ 负载。外加基准电压，基准电压决定了 D/A 输出的幅度。芯片是 8 引脚封装三线制接口，其中 DIN（1）作为数据输入，SCLK（2）作为串行时钟输入；$\overline{CS}$（3）作为芯片选择，低电平有效；OUTA（4）作为模拟通道 A 输出；AGND（5）作为模拟地；REFIN（6）作为基准电压输入；OUTB（7）作为模拟通道 B 输出；VDD（8）作为正电源。

当片选（nCS）为低电平时，输入数据由时钟定时，以最高位在前的方式送入 16 位移位寄存器，其中最高位前 4 位为编程位，后 12 位为数据位。当 SCLK 时钟线的下降沿时把数据移入寄存器，然后在 $\overline{CS}$ 的上升沿把数据送到 DAC 寄存器开始 D/A 转换。所有 $\overline{CS}$ 的跳变应当发生在 SCLK 输入为低电平时。可编程位 D15～D12 的功能见表 15-2。具体编程可根据其工作时序进行，TLC5618 的工作时序如图 15-14 所示。TLC5618 输入 16 位数据格式如下：

D15	D14	D13	D12	D11(MSB)，D10，…，D1，D0(LSB)

本实验实际上是单片机通过 D/A 转换打出波形点的技术。假设要输出一个 100 Hz 的波形，波形周

期为 10 ms，即要求单片机在 10 ms 内完成一个周期波形的输出。波形由点组成，一个周期内输出的点越多，波形分辨率就越好。如果每周期内输出 256 个点，则单片机每隔 39 μs 就要输出一个数字量。如果输出的频率越大，每个点输出的时间就会越短，因此可以减少每个周期输出的波形点来改变输出时间。

表 15-2 可编程位 D15～D12 的功能

可 编 程 位				器 件 功 能
D15	D14	D13	D12	
1	×	×	×	把串行接口寄存器的数据写入锁存器 A，并用缓冲器锁存数据更新锁存器 B
0	×	×	0	写锁存器 B 和双缓冲锁存器
0	×	×	1	仅写双缓冲锁存器
×	1	×	×	14 μs 建立时间
×	0	×	×	3 μs 建立时间
×	×	0	×	上电操作
×	×	1	×	断电方式

注：表中，x 表示 0 或 1 任意。

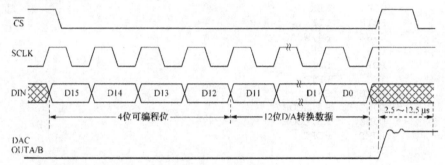

图 15-14 TLC5618 工作时序图

每个周期的输出点数与波形的频率有关，频率越大，输出点数减少，波形分辨率下降。

实验在图 15-2 所示电路的开发板上调试，需要使用 STC 单片机，可选用 P1.0、P1.1 和 P1.2 三个 I/O 接口与 TLC5618 串行 D/A 转换芯片连接，示波器探头连接 J10，可观察输出波形。

4．实验程序流程图

按照要求，本实验用 TLC5618 产生方波、三角波和锯齿波，主要应注意控制串行时钟线、数据线的信号，数据应从高位开始逐位移入 D/A 转换器，时钟下降沿锁存数据。产生三角波的程序流程图如图 15-15 所示。

5．实验参考程序

根据实验原理分析，按照 TLC5618 的工作时序编写程序，用 DPTR 存储 D/A 转换时需要传送的 16 位数据，用 R2、R3 控制输出三角波一个周期 4096 个波形点，输出产生三角波的参考程序段如下：

```
CS      bit     P1.0        ;片选控制线
CLK     bit     P1.1        ;串行时钟线
DIN     bit     P1.2        ;串行数据线
        ORG     0000
```

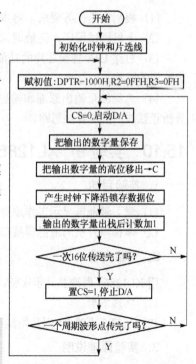

图 15-15 产生三角波程序流程图

```
            SETB    CS
            CLR     CLK
REPT:       MOV     DPTR,#1000H         ;预置输入数据，最高位=1，选择输出通道 A
            MOV     R2,#0FFH
            MOV     R3,#0FH
            SETB    CLK
LOOP:       CLR     CS                  ;片选线=0，启动 D/A
            PUSH    DPL
            PUSH    DPH
            MOV     R4,#16              ;准备连续传送 16 位二进制数
WDAC:       CLR     C
            MOV     A,DPL
            RLC     A
            MOV     DPL,A
            MOV     A,DPH
            RLC     A
            MOV     DPH,A
            MOV     DIN,C               ;输入 1 位数据
            CLR     CLK
            SETB    CLK
            DJNZ    R4,WDAC
            POP     DPH
            POP     DPL
            INC     DPTR
            SETB    CS
            DJNZ    R2,LOOP
            DJNZ    R3,LOOP
            LJMP    REPT
            END
```

6．实验报告要求

（1）根据实验任务要求，将本例改编成为 C51 源程序。

（2）上机调试程序，记录调试过程和实验数据，分析实验调试结果。

（3）总结 D/A 转换芯片的功能及编程方法，计算 D/A 转换的精度，思考 D/A 转换的分辨率对输出波形的影响。

（4）总结波形输出原理和输出方法，分析最大能够输出多少频率的波形。思考如何产生正弦波。分析正弦波产生的算法思路。

15.10 实验 9 XL12864 图形液晶显示器的使用

1．实验目的

（1）学习液晶屏显示工作原理。

（2）掌握单片机与液晶屏接口方法及编程方法。

2．实验内容

用 XL12864 做液晶显示实验，要求如下：

（1）实现清屏；

（2）从第 3 页第 24 列开始显示一行共 10 个字符。

3．实验原理说明

XL12864 属于点阵图形型液晶，在平板上排列多行和多列点阵，形成矩阵式的晶格点，所以需要

熟悉液晶屏的接口电路，通过连接电路计算出液晶屏数据存储器地址，并根据液晶屏的写入命令和写入数据的地址进行数据显示操作。XL12864 分左右两个半屏，SC1=1 选择写左半屏，SC2=1 选择写右半屏；EN 是使能信号，EN=0 对液晶屏的指令寄存器写，EN=1 对液晶屏数据存储器 RAM 写。

实验在图 15-2 所示电路的开发板上调试，需要使用 XL12864 采用直接 I/O 接口方式，只要把短路片 J4 的 1～2 引脚连接到地就可做 TFT12864 彩屏实验；当把 J4 的 2 引脚与 J5 的 NC 引脚连接时，可进行普通 XL12864 液晶屏实验。连接关系与编址如表 15-3 所示。

表 15-3　单片机控制信号与液晶屏的连接关系与编址

液晶引脚	SC2	SC1	EN	R/$\overline{W}$	RS	功能地址
控制信号	P2.4	P2.3	P2.2	P2.1	P2.0	
1	0	1	0	0	0	0E8H 写左半屏指令
2	1	0	0	0	0	0F0H 写右半屏指令
3	0	1	0	0	1	0E1H 写左半屏数据
4	1	0	0	0	1	0F1H 写右半屏数据

4．实验参考程序

根据实验原理分析，液晶屏采用总线连接方式连接，要求编写从第 3 页第 24 列开始显示一行 E 字符(10 个 E 字符)。要实现液晶屏显示信息时，应先分别确定页地址和列地址，以指令的形式写入到指令寄存器，然后写入显示数据。XL12864 液晶屏分左半屏和右半屏，应分别进行写命令字和写数据操作，每写 1 列后，列计数自动加 1。程序段如下：

```
        WRLC    EQU     0E8H            ;左半屏命令字
        WRRC    EQU     0F0H            ;右半屏命令字
        WRLD    EQU     0E1H            ;数据写入左半屏
        WRRD    EQU     0F1H            ;数据写入右半屏
        PAG     DATA    30H             ;显示起始页命令存储单元
        COL     DATA    31H             ;显示起始列命令存储单元
        OFFSET  DATA    34H
        NUM1    DATA    35H
        NUM2    DATA    36H
        NUM3    DATA    37H             ;字符显示的列数
        ORG     0000H
MAIN:   MOV     P0,#3FH                 ;写入打开显示命令字
        MOV     P2,#WRLC                ;左半屏允许读/写
        MOV     P2,#WRRC                ;右半屏允许读/写
        LCALL   CLRM                    ;调用清屏子程序
        LCALL   LEFT                    ;对左半屏写入 8×8 字符数据
        LCALL   RIGH                    ;对右半屏写入 8×8 字符数据
        SJMP    $
LEFT:   MOV     NUM1,#5                 ;左边显示 5 个字符
        MOV     A,#0B8H                 ;起始页命令字
        ADD     A,#03                   ;从第 3 页开始写入显示数据
        MOV     P0,A
        MOV     P2,#WRLC                ;页写指令写入左半屏
        MOV     A,#40H                  ;起始列命令字
        ADD     A,#24                   ;从第 24 列开始写入显示数据
        MOV     P0,A
        MOV     P2,#WRLC                ;列写指令写入左半屏，准备写入数据
LOOP1:  MOV     OFFSET,#00              ;表格偏移量清 0
        MOV     NUM3,#08                ;每个字符占 8 列
```

```
LEFT1:   MOV    A,OFFSET
         MOV    DPTR,#TAB
         MOVC   A,@A+DPTR        ;查表取字符点阵数据
         MOV    P0,A             ;送数据
         MOVX   P2,#WRLD         ;显示数据写入左半屏
         INC    OFFSET           ;偏移量加 1
         DJNZ   NUM3,LEFT1       ;判断一个字符的 8 列是否写完
         DJNZ   NUM1,LOOP1       ;判断左边 5 个字符是否写完
         RET
RIGH:    MOV    NUM1,#05         ;右边显示 5 个字符
         MOV    A,#0B8H          ;起始页命令字
         ADD    A,#03            ;从第 3 页开始写入显示数据
         MOV    P0,A             ;送页写指令
         MOVX   P2,#WRRC         ;写入右半屏
         MOV    P0,#40H          ;送起始列命令字
         MOV    P2,#WRRC         ;列指令写入右半屏
LOOP2:   MOV    OFFSET,#00       ;表格偏移量清 0
         MOV    NUM3,#08         ;每个字符占 8 列
RIGH1:   MOV    A,OFFSET
         MOV    DPTR,#TAB
         MOVC   A,@A+DPTR        ;查表
         MOV    P0,A             ;送显示数据
         MOVX   P2,#WRRD         ;显示数据写入右半屏
         INC    OFFSET           ;表格偏移量自加 1
         DJNZ   NUM3,RIGH1       ;判断一个字符的 8 列是否写完
         DJNZ   NUM1,LOOP2       ;判断 5 个字符是否写完
         RET
CLRM:    MOV    P0,#40H          ;读/写液晶屏首列命令字→P0
         MOV    P2,#WRLC         ;写入列指令,从左半屏的页首、列首开始写数据
         MOV    P2,#WRRC         ;写入列指令,从右半屏的页首、列首开始写数据
         MOV    NUM2,#08         ;液晶屏显示页数(共 8 页)
         MOV    PAG,#0B8H        ;起始页命令字
CLS_B:   MOV    P0,PAG           ;读/写液晶屏首页命令字→A
         MOV    P2,#WRLC         ;写入页指令,从左半屏的页首开始写数据
         MOV    P2,#WRRC         ;写入页指令,从右半屏的页首开始写数据
         MOV    NUM3,#64         ;半屏共 64 列
CLS_C:   CLR    A                ;累加器清 0
         MOV    P0,A             ;送显示数据
         MOVX   P2,#WRLD         ;显示数据写入左半屏
         MOV    P2,#WRRD         ;显示数据写入右半屏
         DJNZ   NUM3,CLS_C       ;判断 64 列是否清完
         INC    PAG              ;显示起始页自加 1
         DJNZ   NUM2,CLS_B       ;判断 8 页数据缓冲区是否清 0
         RET
TAB:     DB     0FFH,099H,099H,099H,099H,099H,081H,000H    ;E 字符点阵数据
         END
```

5. 实验报告要求

（1）根据实验任务要求，将本例改编成为 C51 源程序。

（2）上机调试程序，记录调试过程和实验数据，分析实验调试结果。

（3）总结液晶显示工作原理、操作方法、显示技术。思考如何获取汉字点阵信息，完成液晶屏的字符显示程序和汉字显示程序编写。使用 LM3033 带汉字液晶如何编程显示汉字。

（4）分析总结编程调试过程中出现的问题和解决办法。

附录 A 8051 单片机指令表

助 记 符		操 作 功 能	机 器 码	字节数	机器周期
数据传送类指令					
MOV	A, Rn	寄存器内容送累加器	E8H～EFH	1	1
MOV	Rn, A	累加器内容送寄存器	F8H～FFH	1	1
MOV	A, @Ri	片内 RAM 内容送累加器	E6H～E7H	1	1
MOV	@Ri, A	累加器内容送片内 RAM	F6H～F7H	1	1
MOV	A, direct	直接寻址单元内容送累加器	E5H direct	2	1
MOV	direct, A	累加器内容送直接寻址单元	F5H direct	2	1
MOV	direct, Rn	寄存器内容送直接寻址单元	88H～8FH direct	2	2
MOV	Rn, direct	直接寻址单元内容送寄存器	A8H～AFH direct	2	2
MOV	direct, @Ri	片内 RAM 内容送直接寻址单元	86H～87H direct	2	2
MOV	@Ri, direct	直接寻址单元内容送片内 RAM	A6H～A7H direct	2	2
MOV	direct, direct	直接寻址单元内容送另一直接寻址单元	85H direct direct	3	2
MOV	A, #data	立即数送累加器	74H data	2	1
MOV	Rn, #data	立即数送寄存器	78H～7FH data	2	1
MOV	@Ri, #data	立即数送片内 RAM 寻址单元	76H～77H data	2	1
MOV	direct, #data	立即数送直接寻址单元	75H direct data	3	2
MOV	DPTR, #data16	16 位立即数送数据指针寄存器	90H data15～8 data7～0	3	2
MOVX	A, @Ri	片外 RAM 内容送累加器(8 位地址)	E2H～E3H	1	2
MOVX	@Ri, A	累加器内容送片外 RAM(8 位地址)	F2H～E3H	1	2
MOVX	A, @DPTR	片外 RAM 内容送累加器(16 位地址)	E0H	1	2
MOVX	@DPTR, A	累加器内容送片外 RAM(16 位地址)	F0H	1	2
MOVC	A, @A+DPTR	相对数据指针(查表)内容送累加器	93H	1	2
MOVC	A, @A+PC	相对程序计数器(查表)内容送累加器	83H	1	2
XCH	A, Rn	累加器与寄存器交换内容	C8H～CFH	1	1
XCH	A, @Ri	累加器与片内 RAM 交换内容	C6H～C7H	1	1
XCH	A, direct	累加器与直接寻址单元交换内容	C5H direct	2	1
XCHD	A, @Ri	累加器与片内 RAM 交换低 4 位内容	D6H～D7H	1	1
SWAP	A	累加器的高、低半字节内容交换	C4H	1	1
PUSH	direct	直接寻址单元内容压入堆栈栈顶	C0H direct	2	2
POP	direct	堆栈栈顶内容弹出到直接寻址单元	D0H direct	2	2
算术操作类指令					
ADD	A, Rn	寄存器与累加器内容相加	28H～2FH	1	1
ADD	A, @Ri	片内 RAM 与累加器内容相加	26H～27H	1	1
ADD	A, direct	直接寻址单元与累加器内容相加	25H direct	2	1
ADD	A, #data	立即数与累加器内容相加	24H data	2	1
ADDC	A, Rn	寄存器、累加器与进位位的内容相加	38H～3FH	1	1
ADDC	A, @Ri	片内 RAM、累加器与进位位的内容相加	36H～37H	1	1
ADDC	A, direct	直接寻址、累加器与进位位的内容相加	35H direct	2	1
ADDC	A, #data	立即数、累加器与进位位的内容相加	34H data	2	1
DA	A	累加器内容十进制调整	D4H	1	1
SUBB	A, Rn	累加器内容减去寄存器与进位位内容	98H～9FH	1	1
SUBB	A, @Ri	累加器减去片内 RAM 与进位位内容	96H～97H	1	1

（续表）

助 记 符	操 作 功 能	机 器 码	字节数	机器周期
SUBB A, direct	累加器内容减去直接寻址与进位位内容	95H direct	2	1
SUBB A, #data	累加器内容减去立即数与进位位内容	94H data	2	1
MUL AB	累加器内容乘以寄存器 B 内容	A4H	1	4
DIV AB	累加器内容除以寄存器 B 内容	84H	1	4
自加、自减类指令				
INC A	累加器内容自加 1	04H	1	1
INC Rn	寄存器内容自加 1	08H~0FH	1	1
INC @Ri	片内 RAM 单元内容自加 1	06H~07H	1	1
INC direct	直接寻址单元内容自加 1	05H direct	2	1
INC DPTR	数据指针寄存器内容自加 1	A3H	1	2
DEC A	累加器内容自减 1	14H	1	1
DEC Rn	寄存器内容自减 1	18H~1FH	1	1
DEC @Rn	片内 RAM 内容自减 1	16H~17H	1	1
DEC direct	直接寻址字节内容自减 1	15H direct	2	1
逻辑操作类指令				
ANL A, Rn	寄存器内容"与"累加器内容	58H~5FH	1	1
ANL A, @Ri	片内 RAM 内容"与"累加器内容	56H~57H	1	1
ANL A, direct	直接寻址单元内容"与"累加器内容	55H direct	2	1
ANL direct, A	累加器内容"与"直接寻址单元内容	52H direct	2	1
ANL A, #data	立即数"与"累加器内容	54H data	2	1
ANL direct, #data	立即数"与"直接寻址单元内容	53H direct data	3	2
ORL A, Rn	寄存器内容"或"累加器内容	48H~4FH	1	1
ORL A, @Ri	片内 RAM 内容"或"累加器内容	46H,47H	1	1
ORL A, direct	直接寻址单元内容"或"累加器内容	45H direct	2	1
ORL direct, A	累加器内容"或"直接寻址单元内容	42H direct	2	1
ORL A, #data	立即数"或"累加器内容	44H data	2	1
ORL direct, #data	立即数"或"直接寻址单元内容	43H direct data	3	2
XRL A, Rn	寄存器内容"异或"累加器内容	68H~6FH	1	1
XRL A, @Ri	片内 RAM 内容"异或"累加器内容	66H~67H	1	1
XRL A, direct	直接寻址字节内容"异或"累加器内容	65H direct	2	1
XRL direct, A	累加器内容"异或"直接寻址单元内容	62H direct	2	1
XRL A, #data	立即数"异或"累加器内容	64H data	2	1
XRL direct, #data	立即数"异或"直接寻址单元内容	63H direct data	3	2
CPL A	累加器内容"取反"	F4H	1	1
CLR A	累加器内容清 0	E4H	1	1
RL A	累加器内容向左环移一位	23H	1	1
RR A	累加器内容向右环移一位	03H	1	1
RLC A	累加器内容带进位位向左环移一位	33H	1	1
RRC A	累加器内容带进位位向右环移一位	13H	1	1
控制转移类指令				
AJMP addr11	绝对转移（2 KB 地址内）	$a_{10}a_9a_8$ 00001 addr7~0	2	2
LJMP addr16	长转移（64 KB 地址内）	02H addr15~8 addr7~0	3	2
SJMP rel	相对短转移（−128~+127 B 地址内）	80H rel	2	2
JMP @A+DPTR	相对长转移（64 KB 地址内）	73H	1	2
JZ rel	累加器内容为零则转移	60H rel	2	2
JNZ rel	累加器内容不为零则转移	70H rel	2	2

（续表）

助 记 符	操 作 功 能	机 器 码	字节数	机器周期
CJNE A, direct, rel	比较累加器内容与直接地址内容不等则转移	B5H direct rel	3	2
CJNE A, #data, rel	比较累加器内容与立即数不等则转移	B4H data rel	3	2
CJNE Rn,#data, rel	比较寄存器内容与立即数不等则转移	B8H～BFH data rel	3	2
CJNE @Ri,#data, rel	比较片内 RAM 内容与立即数不等则转移	B6H～B7H data rel	3	2
DJNZ Rn, rel	寄存器内容减 1 不为零则转移	D8H～DFH rel	2	2
DJNZ direct, rel	直接寻址单元内容减 1 不为零则转移	D5H direct rel	3	2
ACALL addr11	子程序绝对短调用(2 KB 地址内)	$a_{10}a_9a_8$ 10001 addr7～0	2	2
LACALL addr16	子程序绝对长调用(64 KB 地址内)	12H addr15～8 addr7～0	3	2
RET	子程序返回	22H	1	2
RETI	中断返回	32H	1	2
NOP	空操作	00	1	1
位操作类指令				
MOV C, bit	直接寻址位内容送进位位	A2H bit	2	1
MOV bit, C	进位位内容送直接寻址位	92H bit	2	1
CPL C	进位位取反	B3H	1	1
CLR C	进位位清 0	C3H	1	1
SETB C	进位位置位	D3H	1	1
CPL bit	直接寻址位取反	B2H bit	2	1
CLR bit	直接寻址位清 0	C2H bit	2	1
SETB bit	直接寻址位置位	D2H bit	2	1
ANL C, bit	直接寻址位内容"与"进位位内容	82H bit	2	2
ORL C, bit	直接寻址位内容"或"进位位内容	72H bit	2	2
ANL C, /bit	直接寻址位内容取反"与"进位位内容	B0H bit	2	2
ORL C, /bit	直接寻址为内容取反"或"进位位内容	A0H bit	2	2
JC rel	进位位为 1 则转移	40H rel	2	2
JNC rel	进位位不为 1 则转移	50H rel	2	2
JB bit, rel	直接寻址位为 1 则转移	20H bit rel	3	2
JNB bit, rel	直接寻址位不为 1 则转移	30H bit rel	3	2
JBC bit, rel	直接寻址位为 1 则转移，且该位清 0	10H bit rel	3	2

注：表中所有指令的机器码都采用十六进制数表示。

附录 B　ASCII 码与控制字符功能

表 B-1　ASCII字符与编码对照表 1

低四位	十进制	字符	ASCII 非打印控制字符 (0000)				ASCII 非打印控制字符 (0001)					打印 (0010)		(0011)		(0100)		(0101)		(0110)		(0111)	
高四位			字符	ctrl	代码	字符解释	十进制	字符	ctrl	代码	字符解释	十进制	字符	十进制	字符	十进制	字符	十进制	字符	十进制	字符	十进制	字符
0000	0	0	BLANK NULL	^@	NUL	空	16	►	^P	DLE	数字链路转意	32		48	0	64	@	80	P	96	`	112	p
0001	1	1	☺	^A	SOH	头标开始	17	◄	^Q	DC1	设备控制1	33	!	49	1	65	A	81	Q	97	a	113	q
0010	2	2	☻	^B	STX	正文开始	18	↕	^R	DC2	设备控制2	34	"	50	2	66	B	82	R	98	b	114	r
0011	3	3	♥	^C	ETX	正文结束	19	‼	^S	DC3	设备控制3	35	#	51	3	67	C	83	S	99	c	115	s
0100	4	4	♦	^D	EOT	传输结束	20	¶	^T	DC4	设备控制4	36	$	52	4	68	D	84	T	100	d	116	t
0101	5	5	♣	^E	ENQ	查询	21	§	^U	NAK	反确认	37	%	53	5	69	E	85	U	101	e	117	u
0110	6	6	♠	^F	ACK	确认	22	▬	^V	SYN	同步空闲	38	&	54	6	70	F	86	V	102	f	118	v
0111	7	7	•	^G	BEL	震铃	23	↨	^W	ETB	传输块结束	39	'	55	7	71	G	87	W	103	g	119	w
1000	8	8	◘	^H	BS	退格	24	↑	^X	CAN	取消	40	(	56	8	72	H	88	X	104	h	120	x
1001	9	9	○	^I	TAB	水平制表符	25	↓	^Y	EM	媒体结束	41	)	57	9	73	I	89	Y	105	i	121	y
1010	10	A	◙	^J	LF	换行/新行	26	→	^Z	SUB	替换	42	*	58	:	74	J	90	Z	106	j	122	z
1011	11	B	♂	^K	VT	竖直制表符	27	←	^[	ESC	转意	43	+	59	;	75	K	91	[	107	k	123	{
1100	12	C	♀	^L	FF	换页/新页	28	∟	^\	FS	文件分隔符	44	,	60	<	76	L	92	\	108	l	124	|
1101	13	D	♪	^M	CR	回车	29	↔	^]	GS	组分隔符	45	-	61	=	77	M	93	]	109	m	125	}
1110	14	E	♫	^N	SO	移出	30	▲	^^	RS	记录分隔符	46	.	62	>	78	N	94	^	110	n	126	~
1111	15	F	☼	^O	SI	移入	31	▼	^_	US	单元分隔符	47	/	63	?	79	O	95	_	111	o	127	⌂ ^Back space

注：表中的 ASCII 字符可以用 ALT+ "小键盘上的数字键" 输入。

表 B-2　ASCII 字符与编码对照表 2

高四位 低四位		扩充 ASCII 码字符集														
		1000		1001		1010		1011		1100		1101		1110		1111
		8		9		A/10		B/16		C/32		D/48		E/64		F/80
		十进制	字符	十进制	字符	十进制	字符	十进制	字符	十进制	字符	十进制	字符	十进制	字符	十进制	字符
0000	0	128	Ç	144	É	160	á	176	░	192	└	208	╨	224	α	240	≡
0001	1	129	ü	145	æ	161	í	177	▒	193	┴	209	╤	225	ß	241	±
0010	2	130	é	146	Æ	162	ó	178	▓	194	┬	210	╥	226	Γ	242	≥
0011	3	131	â	147	ô	163	ú	179	│	195	├	211	╙	227	π	243	≤
0100	4	132	ä	148	ö	164	ñ	180	┤	196	─	212	Ô	228	Σ	244	⌠
0101	5	133	à	149	ò	165	Ñ	181	╡	197	┼	213	╒	229	σ	245	⌡
0110	6	134	å	150	û	166	ª	182	╢	198	╞	214	╓	230	µ	246	÷
0111	7	135	ç	151	ù	167	º	183	╖	199	╟	215	╫	231	τ	247	≈
1000	8	136	ê	152	ÿ	168	¿	184	╕	200	╚	216	╪	232	Φ	248	°
1001	9	137	ë	153	Ö	169	⌐	185	╣	201	╔	217	┘	233	Θ	249	•
1010	A	138	è	154	Ü	170	¬	186	║	202	╩	218	┌	234	Ω	250	·
1011	B	139	ï	155	¢	171	½	187	╗	203	╦	219	█	235	δ	251	√
1100	C	140	î	156	£	172	¼	188	╝	204	╠	220	▄	236	∞	252	ⁿ
1101	D	141	ì	157	¥	173	¡	189	╜	205	═	221	▌	237	φ	253	²
1110	E	142	Ä	158	₧	174	«	190	╛	206	╬	222	▐	238	ε	254	■
1111	F	143	Å	159	ƒ	175	»	191	┐	207	╧	223	▀	239	∩	255	BLANKFF

注：表中的 ASCII 字符可以用 ALT +"小键盘上的数字键"输入。

参 考 文 献

[1] 张毅刚，彭喜元，董继成. 单片机原理及应用. 北京：高等教育出版社，2003.12.

[2] 周航慈. 单片机应用程序设计技术(修订版). 北京：北京航空航天大学出版社，2002.11.

[3] 何立民. I²C 总线应用系统设计. 北京：北京航空航天大学出版社，2002.9.

[4] 万光毅等. 单片机实验与实践教程. 北京：北京航空航天大学出版社，2003.12.

[5] 周航慈，朱兆优，李跃忠. 智能仪器原理与设计. 北京：北京航空航天大学出版社，2005.3.

[6] 张毅坤等. 单片微型计算机原理及应用. 西安：西安电子科技大学出版社，2003.2.

[7] 周航慈. 单片机程序设计基础(修订版). 北京：北京航空航天大学出版社，2003.11.

[8] 朱兆优. 电子电路设计技术. 北京：国防工业出版社，2007.3.

[9] 唐俊翟. 单片机原理与应用. 北京：冶金工业出版社，2004.4.

[10] 宏晶科技. STC15F2K60S2 系列单片机器件资料，2012.

[11] 朱兆优 姚永平. 单片微机原理及接口技术. 北京：机械工业出版社，2015.11.